区域稻麦秸秆全量利用理论、技术与实践

常志州 等 著

科学出版社
北 京

内 容 简 介

秸秆露天无序焚烧与随意丢弃引发的大气、水体等环境污染问题，已引起政府与全社会的高度关注。针对中国秸秆田间露天无序焚烧“屡禁不止”现象，本书系统定量地分析了秸秆大面积露天焚烧产生的客观原因、当前秸秆禁烧与综合利用中存在的问题，提出“区域统筹、整体推进、终端扶持”的策略，并系统阐述了“区域统筹、整体推进”的原则、方法与程序。以稻麦轮作区域秸秆全量利用为对象，详细介绍了稻麦秸秆全量还田技术，初步回答了秸秆最小、适宜及最大还田量，稻麦还田时序等科学问题；提出了区域秸秆产生量、可收集量估算以及秸秆收贮运方法；同时，围绕秸秆大量、快捷、经济利用的需求，形成了秸秆块墙体日光温室、稻秸青贮饲料化、秸秆厌氧发酵产甲烷、秸秆吸附养殖粪污水等全程技术体系；创建了区域秸秆“还田主导型”“产业主导型”“多元利用型”3种全量利用模式；按照“终端扶持”思路，较系统地分析了区域秸秆全量利用长效运行机制与政策、法规体系。

本书适用于秸秆禁烧、综合利用管理者，从事秸秆禁烧、综合利用等研究的科技工作者，及秸秆利用企业或合作社等基层技术人员。

图书在版编目（CIP）数据

区域稻麦秸秆全量利用理论、技术与实践 / 常志州等著. —北京：科学出版社，2020.12

ISBN 978-7-03-054612-8

Ⅰ. ①区… Ⅱ. ①常… Ⅲ. ①秸秆-综合利用 Ⅳ. ①S38

中国版本图书馆 CIP 数据核字（2017）第 238250 号

责任编辑：吴卓晶 / 责任校对：马英菊

责任印制：吕春珉 / 封面设计：北京睿宸弘文文化传播有限公司

科学出版社 出版

北京东黄城根北街 16 号

邮政编码：100717

http://www.sciencep.com

北京中科印刷有限公司 印刷

科学出版社发行　各地新华书店经销

*

2020 年 12 月第 一 版　开本：B5（720×1000）

2020 年 12 月第一次印刷　印张：29

字数：580 000

定价：239.00 元

（如有印装质量问题，我社负责调换〈中科〉）

销售部电话 010-62136230　编辑部电话 010-62143239（BN12）

本书为江苏省农业科技自主创新资金项目“区域秸秆全量利用关键技术研究与应用推广”课题[CX(12)1002]与农业部农村能源综合建设项目“稻麦(油)轮作区秸秆全量利用技术模式研究”课题的部分研究成果

主　　著　常志州

其他著者　（按姓氏音序排列）

陈广银　陈新华　丁成龙　董臣飞

杜　静　方　迪　顾克军　黄红英

靳红梅　石祖梁　孙恩惠　王　飞

王　琳　王　雪　王德建　吴华山

武国峰　奚永兰　杨四军　叶小梅

尹昌斌　于建光　张传辉

序　　言

党的十八大以来，党中央国务院高度重视绿色发展，提出了创新、协调、绿色、开放、共享的发展理念。习近平总书记强调，绿水青山就是金山银山，要像保护眼睛一样保护生态环境，像对待生命一样对待生态环境。

当前，中国农业农村经济发展已进入动力转换、结构转型、方式转变的新时期，迫切要求我们牢固树立新发展理念，以农业供给侧结构性改革为主线，以绿色发展为导向，以体制改革和机制创新为动力，走出一条产出高效、产品安全、资源节约、环境友好的农业现代化道路。农业发展的新形势对秸秆综合利用工作提出了新的要求，赋予了新的使命。

秸秆是重要的农产品，农作物光合作用的产物一半在籽粒，一半在秸秆。近年来，中国粮食生产实现“十三连丰”，农产品供给充裕，农作物秸秆产量也逐年递增。2015 年全国秸秆产量达到 10.4 亿 t。目前，由于无法得到快速有效的处理利用，秸秆出现了区域性、季节性和结构性过剩。露天焚烧与随意丢弃现象时有发生，一定程度上带来了局部地区大气、水体污染等环境问题，引起政府与全社会的高度关注。

切实提高秸秆肥料化、饲料化、燃料化、基料化、原料化利用水平，有利于促进用地与养地结合，提升耕地质量，保障粮食安全；有利于促进种养结合、循环利用，推动农业投入品减量替代，提高农业发展质量和效益；有利于培育新型经营主体，壮大农村新产业、新动能，增加就业机会和农民收入；也有利于增加清洁能源供给，实现为蓝天“减负”。因此，加快秸秆资源化利用对农业清洁生产、农村生态环境保护和农业绿色发展都有着非常重要的意义，是当前“三农”工作的一个重点难点问题，迫切需要我们不断加大研究力度，拓宽秸秆利用途径，构建适应新形势的秸秆综合利用技术体系和政策体系。

常志州研究员长期从事秸秆领域科研工作，具有很高的学术造诣，对秸秆综合利用有独到的见解。本书从区域秸秆全面禁烧、全量利用的视角，以大量实践数据为支撑，系统分析了秸秆露天焚烧的客观原因、秸秆禁烧与综合利用中存在的问题，提出了“区域统筹、整体推进、终端扶持”的理论与技术体系，并深入阐述了该理论的内涵、原则与方法。同时，以稻麦轮作区为样本，提出了区域秸秆产生量、可收集量估算方法；介绍了稻麦秸秆全量还田技术、秸秆收贮运技术，以及秸秆块墙体日光温室大棚、青贮饲料化、厌氧发酵、基料化利用等技术体系；总结了“还田主导型”“产业主导型”“多元利用型”等区域全量利用模式，并系统阐述了区域秸秆全量利用长效运行机制与政策、法规体系。相信本书构建的新理论、新途径，能够为从事秸秆综合利用的管理人员、技术人员和科技工作者，提供良好的参考借鉴，助推中国秸秆综合利用工作迈上新台阶。

2017 年 9 月

前　言

20 世纪 80 年代末期，出现农作物秸秆田头焚烧现象，此后逐渐由零星、局部地区向连片和全国范围内蔓延，并呈愈来愈严重趋势。自此秸秆利用与禁烧工作逐步受到政府与社会的重视与关注。

2007 年，作者承担了国家科技支撑计划有关秸秆利用与禁烧的相关研究课题，开始深入接触与思考秸秆综合利用的问题。文献调研发现，围绕农作物秸秆产生数量、区域及时间分布，秸秆露天焚烧的客观原因及其对大气、水环境和农田生态系统的危害，秸秆利用“五化”技术及经济、生态效益，秸秆收贮运模式和成本等方面，已有诸多研究成果。仔细分析，大多研究成果是以田块为单元，或仅以秸秆为对象，缺少以区域为单元的全量利用方法体系，企业利用秸秆所要求的全程技术体系也较为缺乏，因而造成许多技术难以大面积推广应用，即使有技术可解决眼下秸秆禁烧问题，也难以长远、持续运用。

对此，我们提出以区域（县、乡单元）为尺度，整体推进秸秆全量利用的思路。2012 年，在得到“江苏省农业科技自主创新资金项目”资助后，选择了 3 个乡镇，以区域秸秆全量利用为目标，按“区域统筹、整体推进、终端扶持”的思想，进行技术创新、集成与示范研究。通过大家的共同努力，项目实施进展顺利，阶段性成果得到了政府与社会的广泛认可，部分成果还在全国其他地区得以推广应用。随着研究不断深入，我们对秸秆本身及秸秆综合利用工作，特别是对区域秸秆利用的长效运行管理机制，有了更新、更高、更深的认识。为使广大同仁能够分享我们的研究成果，共同推进秸秆综合利用，我们撰写本书，以飨读者。希望本书的出版对中国秸秆综合利用工作有所裨益。

全书共分 7 章，其中第 1～3 章阐述了秸秆问题由来，秸秆田间露天焚烧与遗弃对环境的影响，区域稻麦秸秆全量利用理论与方法，及秸秆产生量与空间分布的估算方法；第 4 章着重介绍了稻麦轮作区秸秆全量还田技术以及还田的农学、环境效应；第 5 章主要围绕秸秆的收集贮运等技术，阐述了作者最新研究成果与国内相关技术、装备；第 6 章介绍了秸秆块墙体日光温室等 6 种秸秆利用新技术、新途径；第 7 章总结了区域稻麦秸秆全量利用实践的效果、模式，同时提出了长效运行的机制与政策建议。

在本书即将出版之际，感谢“江苏省农业科技自主创新资金项目”“农业部农村能源综合建设项目”给予的资助！感谢各级领导与同事对两个课题顺利立项、实施与完成给予的无私帮助、支持与关心！还要感谢为书稿的完成和出版作出默默贡献的众多研究生、博士后！

特别感谢农业部农业生态与资源保护总站王久臣站长为本书作序，感谢总站对我们工作的支持与帮助！

对于书中存在的不足之处，敬请批评指正。

作　者

2017 年 9 月

目　　录

第1章 绪 论

1.1 秸秆问题由来

秸秆是指作物籽粒、果实或可食用部分收获或采摘后的残余物，它主要包括茎、叶、叶鞘、穗轴等器官。植物光合作用产物一半以上遗留在秸秆中。20 世纪 80 年代之前，秸秆作为主要的农村生活资料与农业生产资料，几乎 100%被有效利用。此后，秸秆逐步出现了区域性、季节性和结构性过剩，秸秆焚烧或遗弃现象由局部零星地区逐步发展到全国大部分地区。进入 21 世纪，秸秆问题日益突出，成为中国严重的生态环境问题。

秸秆田间露天无序焚烧与随意遗弃，不仅浪费了大量生物质及矿质养分等资源，还会造成大气、水体等环境污染。田间露天无序焚烧还易引发火灾或交通事故，造成财产损失和人身伤害。中国每年约 0.94 亿 t 粮食作物秸秆被露天焚烧，约占粮食作物秸秆总量的 19%。这些粮食作物秸秆露天焚烧排放到大气中的 CO、CO_2 的量每年分别达到 919 万 t 和 10 700 万 t。因此，秸秆田间露天无序焚烧与随意遗弃，引起了各级政府及全社会的高度关注。秸秆禁烧、禁抛与综合利用已成为生态文明建设、生态环境改善和资源高效利用等重中之重的工作。

针对秸秆出现区域性、季节性和结构性过剩的客观原因，国内学者进行了众多分析与总结，其对秸秆过剩产生的客观原因均为定性描述，缺少定量的系统分析。为揭示秸秆焚烧的客观因素，本书依据文献资料和政策文件，对全国特别是江苏省出现秸秆区域性、季节性和结构性过剩的客观原因进行了定量分析，以期对秸秆问题有更科学的认识。

1.1.1 全国性秸秆过剩和露天无序焚烧发生过程

20 世纪 80 年代之后各种媒体上陆续出现秸秆田间露天无序焚烧的相关报道和文献，秸秆焚烧现象愈演愈烈。有文献指出，河北省大规模焚烧秸秆开始于 1988 年，每年秸秆焚烧期长达 10d 至半月之久。1997 年全国秸秆焚烧现象严重，对机场、高速公路和通信电缆设施的正常运转等造成严重影响，河北、河南、四川、江苏等省份的报纸对秸秆焚烧和遗弃事件都有大量报道。在中国知网数据库中，以“秸秆焚烧”为关键词搜索报纸新闻，相关报道 2000 年为 17 篇，2006 年增加到 124 篇，2006～2016 年每年相关报道都超过 100 篇，涉及全国多数省份。

分别以“秸秆焚烧”“秸秆禁烧”“秸秆利用”为关键词，在中国知网数据库中检索相关文章出现的时间与数量（图 1-1），发现以“秸秆焚烧”和“秸秆禁烧”为关键词的文章最早出现在 1995 年和 1997 年，此后逐年快速增加，2015 年分别为 676 篇和 932 篇。以“秸秆利用”为关键词的文章最早出现在 1953 年，20 世纪 90 年代以后增长迅猛，2015 年达 25 270 篇。

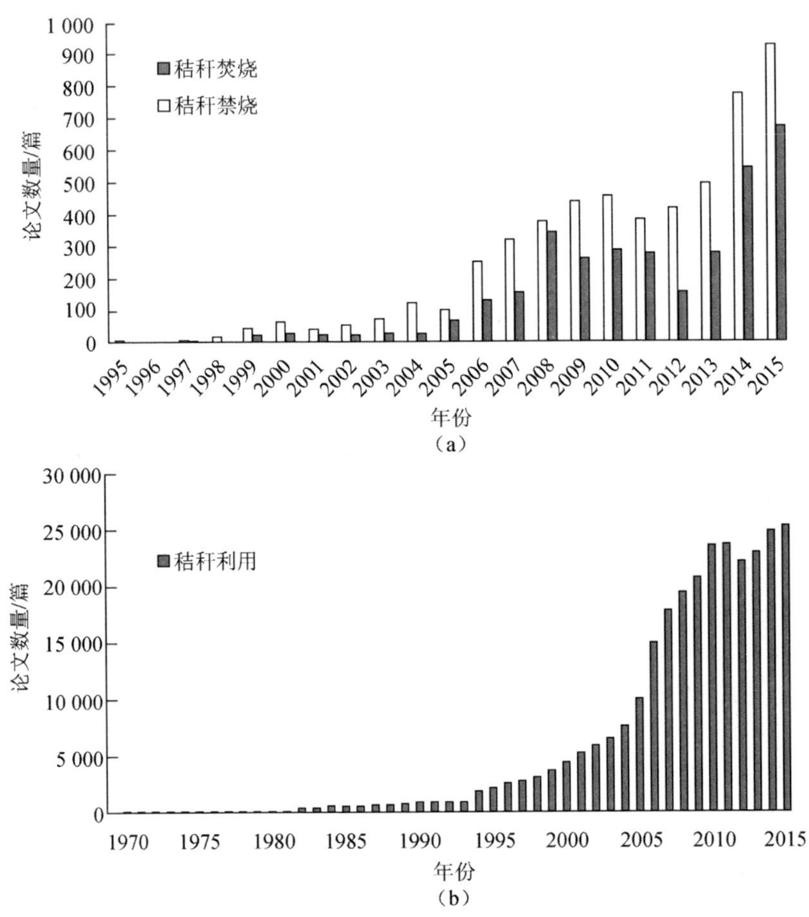

图 1-1 “秸秆焚烧”“秸秆禁烧”“秸秆利用”文献数量统计

查阅国家相关部委有关秸秆禁烧和秸秆利用方面的文件，发现农业部（现农业农村部）早在 1992 年就开始发文推动秸秆养畜技术的应用。1996 年国务院办公厅转发了农业部《关于 1996—2000 年全国秸秆养畜过腹还田项目发展纲要》(国办发〔1996〕43 号)。1997 年农业部开始关注秸秆焚烧现象，1997 年 5、6 月连发两个通知，即《关于严禁焚烧秸秆切实做好夏收农作物秸秆还田工作的通知》和《关于严禁焚烧秸秆做好秸秆综合利用工作的紧急通知》，禁止焚烧秸秆，促进秸秆综合利用，并于当年 8 月在山东省淄博市桓台县组织召开了“全国秸秆禁烧和综合利用现场会议”。1998 年之后，秸秆禁烧执法工作由国家环境保护局负责，此后每 1～2 年都要发布一个秸秆禁烧文件（表 1-1）（张会恒，2012），可见秸秆焚烧现象在全国的普遍性和严重性。

表 1-1 秸秆禁烧文件

文件名称	文号
关于严禁焚烧秸秆切实做好夏收农作物秸秆还田工作的通知	农业部（1997 年 5 月）
关于严禁焚烧秸秆做好秸秆综合利用工作的紧急通知	农业部（1997 年 6 月）
关于严禁焚烧秸秆保护生态环境的通知	农业部（1998 年）
关于发布《秸秆禁烧和综合利用管理办法》的通知	环发〔1999〕98 号
关于做好 2001 年秋季秸秆禁烧工作的紧急通知	环发〔2001〕155 号
关于加强秸秆禁烧和综合利用工作的通知	环发〔2003〕78 号
关于进一步做好秸秆禁烧和综合利用工作的通知	环发〔2005〕52 号
关于进一步加强秸秆禁烧工作的紧急通知	环办〔2007〕68 号
关于进一步加强秸秆禁烧工作的通知	环办〔2008〕22 号
关于做好 2009 年秋季秸秆禁烧工作的通知	环办函〔2009〕712 号
关于做好 2011 年秸秆禁烧工作的紧急通知	环办〔2011〕78 号
关于做好 2012 年夏秋两季秸秆禁烧工作的通知	环办函〔2012〕561 号

秸秆田间露天无序焚烧自 20 世纪 80 年代末期出现至今仍没有彻底消除，成为一大社会问题。

1.1.2 秸秆过剩产生的客观原因分析

1.1.2.1 秸秆产生量不断增加

全国秸秆总产生量，近几十年来呈增加趋势。毕于运等（2010）研究表明，1990 年全国秸秆总产生量不到 7 亿 t，1998 年首次突破 8 亿 t，1998～2003 年呈波动性下降，2004～2005 年又快速增长，2005 年全国秸秆总产生量已达 8.4 亿 t。2005 年全国农作物播种总面积为 23.32 亿亩（1 亩≈667m^2），比 1990 年的 22.25 亿亩仅增加了 4.8%，而同期秸秆产生量却增加了 21.2%，增幅远高于播种面积增幅。由此可见，秸秆总产生量大幅增加的一部分原因是农作物播种总面积的增加，更主要的原因应该是我国农业综合生产水平提高带来的农作物单产增加。

1.1.2.2 秸秆传统利用方式消耗的数量显著减少

作为家庭生活能源和牲畜饲料是以往农村秸秆利用的主要途径。随着农民生活方式和农村生产方式的改变，这两种途径消耗的秸秆数量近年来都显著减少。

20 世纪 90 年代以前，中国农村地区家庭生活能源主要由秸秆和薪柴提供，但是近 20 多年来农村地区的能源消费结构改变。2010 年对江苏省典型地区农村家庭人均能源消费状况进行调查，发现苏南、苏中和苏北地区秸秆人均消费量分别为 149.61、190.11、117.08（kgce）（折标煤），占能源消费的比例为 34.90%、

49.63%和 28.80%，电力、煤炭和液化气等能源占 33.8%～53.89%（表 1-2）。2014 年对京津冀农村地区农村生活能源消费状况进行调查，结果表明，北京市、天津市和河北省秸秆在农村生活能源消费结构中分别占 0.30%、11.61%和 6.73%。随着中国农村地区的发展和城镇化进程推进，以液化气和电力为代表的优质商品能使用比例不断增加，作为家庭生活能源消耗的秸秆数量将会继续降低。

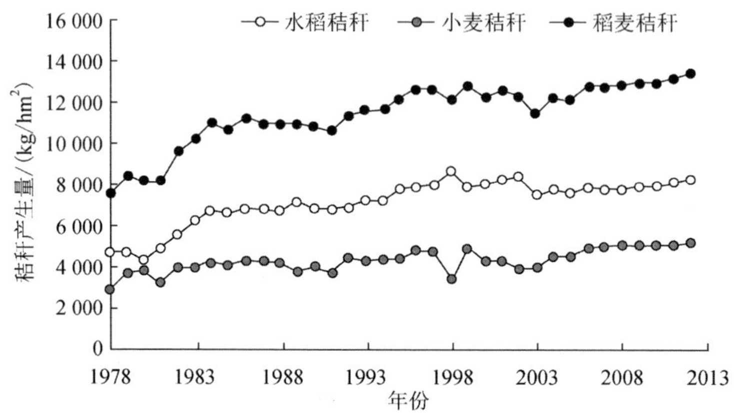

图 1-2 江苏省稻麦秸秆产量变化（1978～2012）

资料来源：中华人民共和国农业部，2009. 新中国农业 60 年统计资料. 中国农业出版社.

表 1-2 江苏省典型地区农村家庭人均能源消费结构 （单位：%）

地区	薪柴	秸秆	沼气	电力	煤炭	液化气	合计
苏南	11.21	34.90	—	44.37	2.79	6.73	100.00
苏中	4.84	49.63	0.43	33.29	5.54	6.27	100.00
苏北	28.81	28.80	8.59	25.72	2.01	6.07	100.00

秸秆养畜在中国具有悠久的历史。以往养殖骡马牛驴等食草动物主要以秸秆为粗饲料。近二三十年来，一方面，随着农田耕作逐渐被农业机械替代，耕作或运输等使用的大牲畜（骡马牛驴）养殖及存栏量锐减，作为粗饲料消耗的秸秆量也随之锐减。以江苏省为例，1984 年江苏省大牲畜年末存栏量为 89.33 万头，其中作为农事运输的马和驴分别为 3.56 万头和 11.45 万头，到 2010 年江苏省大牲畜年末存栏量已降为 40.90 万头，此后一直徘徊在 30 万～35 万头。按每头大牲畜年消耗秸秆量 2t 计算，仅此 1 项，江苏省每年少消耗秸秆近 100 万 t。另一方面，以肉、奶生产为主的牲畜养殖逐渐以集约化养殖为主导，虽然养殖数量增加，但为了提高生产效率和保证畜产品品质，秸秆作为粗饲料在饲料中所占比例逐渐降低，尤其是稻麦秸秆，取而代之的是苜蓿草、燕麦草和全株玉米青贮饲料等优质粗饲料，客观上又减少了对稻秸、麦秸等的消耗。对不同奶牛场调查发现，一些高产[产奶量达到 8.5t/（头·年）以上]奶牛场很少以稻秸为粗饲料。

1.1.2.3　秸秆利用机会成本不断增加，农户利用秸秆的意愿降低

机会成本是指在面临多方案择一决策时，被舍弃的选项中的最高价值者。秸秆利用除还田外，其他利用方式或途径机械化程度低，费时费工。近年来，中国劳动力价格增长很快，农民在工厂做工，或者从事其他工作，相同工时所得到的收益通常大于秸秆利用，尤其是在江苏省等经济发达地区。这就是说，秸秆利用的机会成本大于秸秆利用本身的收益。调查结果表明：秸秆离田（农户自行收集和运输）成本为每亩 67 元，其中田间人工打捆 34 元，运输成本 20 元，堆垛成本 13 元，1 人 1d 收集 2 亩秸秆，净收入不足 100 元，低于劳务收入。江苏省水稻生产中雇工工价从 2001 年的 22.2 元/d 增长到 2013 年的 79.7 元/d，扣除物价因素，实际增长 255%。

另外，随着城镇化的快速发展，中国农业就业人数和比重持续减少，尤其是江苏省等经济发达地区。2013 年，江苏省农业就业人数为 956.74 万人，比 2001 年减少 875.51 万人，下降幅度达到 48%，高于同期全国 34%的降幅。与此同时，农业就业人数所占比重从 2001 年的 41%下降到 2013 年的 20%。

劳动力工资上涨和农业就业人数减少，提高了秸秆利用的机会成本。从投资与收益角度上讲，农民摒弃传统秸秆利用方式成为必然。

1.1.2.4　收种换茬时间缩短，秸秆收集困难

随着农业耕作栽培方式和生产上稻麦等作物主推品种变化，主栽作物品种生育期越来越长，留给秸秆收集利用的时间不断压缩，秸秆收集利用的难度增加，加剧了秸秆过剩现象。

例如，江苏省自 1992 年开始实施“籼改粳”，在苏中和苏北地区大力推广应用单产潜力较高的粳稻品种。至 21 世纪初，江苏省已成为全国粳米的主产区，全省 90%以上的水稻都是粳稻，粳稻种植面积占全国的 25.9%，粳稻产量占全国的 30.2%。推广普及粳稻，在提高江苏省稻米品质的同时，也带来水稻腾茬晚，小麦播期推迟的问题。籼稻安全生育期为 159～170d，而粳稻安全生育期为 170～185d，粳稻安全生育期明显长于籼稻。江苏省小麦的适宜播期在苏北地区为 10 月上中旬，苏中地区为 10 月下旬，苏南地区为 11 月上旬。改种粳稻之后，江苏省苏北、苏中地区水稻的腾茬时间与小麦的播种适期基本重叠，收稻与种麦之间没有晒田、整地、施肥等秋播作业时间，甚至水稻的腾茬时间错过小麦的播种适期，客观上使秸秆收集愈加困难。

1.1.3　秸秆过剩的区域性、季节性和结构性特点

从全国范围来看，秸秆过剩现象具有十分突出的区域性、季节性和结构性的特点。

1.1.3.1 区域性

秸秆过剩是全国性的社会、生态环境问题，但也表现出明显的区域性特征。2002～2005 年 MODIS（Moderate-Resolution Imaging Spectroradiometer）焚烧点分布数据表明，秸秆焚烧最严重的区域主要集中在淮河流域以及陕西关中平原，其次是河北南部、山西中部和内蒙古东部，青海、西藏基本无秸秆焚烧现象（王丽等，2008）。近年来，东北地区也逐渐成为秸秆焚烧频发的地区。秸秆焚烧现象主要出现在农业比较发达的平原地区。同时平原地区秸秆过剩和焚烧的程度不同，这与当地的农业生产类型、社会经济发展水平以及自然条件等都有一定关系。例如，江苏经济发达，秸秆利用的机会成本高于秸秆利用本身的收益，农户利用秸秆的意愿相对较低；安徽北部地区，秸秆产量大，稻麦收获期间农时紧张，秸秆难以收集；河南等地，作物产量高，秸秆产生量大，冬春季雨水少、温度低，还田秸秆当季难以腐烂，秸秆高值利用途径少，造成秸秆大量过剩。

1.1.3.2 季节性

秸秆过剩和焚烧、丢弃现象集中出现在作物收获季节，具有季节性特征。从全国来看，秸秆焚烧与丢弃北方集中在夏、秋季节，南方集中在冬、春季节。收获季节，作物换茬时间短，劳动力紧缺，秸秆难以收集，而下茬作物播种或栽插季节又迫在眉睫，秸秆过剩无法及时处理，客观上只能选择焚烧或者丢弃。调查研究表明，大多数农户对焚烧秸秆给环境带来的危害都有一些了解。在作物收获期间，如果能及时有效地将秸秆收集或还田，并且不影响下茬作物种植，农民就不会选择焚烧或者丢弃。

1.1.3.3 结构性

不同种类秸秆由于自身特点，利用价值不同，收集难度不同，造成了秸秆过剩的结构性特征。粮食作物秸秆是中国主要作物秸秆类型，其中稻秸、玉米秸和麦秸数量最高，分别占全国秸秆总量的 25.10%、24.00%和 12.73%。在主要作物秸秆中，玉米秸由于含糖量高，矿物质含量低，无论作饲料还是作生物质能原料，均优于稻秸和麦秸，因此一般农区玉米秸利用率高于稻秸和麦秸；而小麦收获季节农时比水稻收获季节更短，因而麦秸焚烧和堆积遗弃之和比例高于稻秸；油菜无法大面积运用机械收获，人工收获后难以还田，因而油菜秸成为众多地区遗弃比例最高的作物秸秆（表 1-3）。

表 1-3 3 种作物秸秆的不同处理方式所占比例 （单位：%）

类型	焚烧	还田	堆积遗弃	饲料	燃料	交由政府或企业	柴薪
水稻秸	1.09	21.09	8.00	2.91	2.91	4.36	59.64
小麦秸	0.59	28.82	22.35	0	3.53	8.83	35.88
油菜秸	0.74	7.35	46.32	0	0.74	3.68	41.17

1.2 秸秆田间露天焚烧与遗弃对环境的影响

秸秆田间露天焚烧不仅造成秸秆中 C、N、P 与 K 等养分损失，焚烧中还会产生 CO、CO_2、SO_2、炭黑气溶胶、二噁英等有害气体以及 PM10、PM2.5 等细小颗粒，危害人体健康，降低能见度，影响交通，改变对流层臭氧，产生光化学烟雾，污染空气，影响气候等。

此外，秸秆田间露天焚烧还会对土壤生态系统产生影响。李明等（2013）研究了不同秸秆焚烧量对土壤环境的影响，认为秸秆焚烧对不同耕层影响主要集中于表层 0～5cm 土壤，对深度超过 5cm 土壤环境的影响不明显。陈亮等（2012）在研究秸秆焚烧对不同耕层土壤酶活性和土壤微生物数量影响时发现，秸秆焚烧会导致过氧化氢酶、磷酸酶、脲酶和多酚氧化酶的活性不同程度降低，其中在耕层 0～2cm 和 2～5cm 酶活性降幅较大，5～13cm 变化较小，13～20cm 没有影响。微生物数量也在耕层 0～2cm 和 2～5cm 受到影响，5cm 以下没有变化。而解爱华等（2006）在研究秸秆焚烧对土壤动物群落结构的影响时发现，秸秆焚烧使土壤动物类群和数量均不同程度减少，群落数量高峰期明显后延，群落的多样性稍有降低。这些文章着重研究秸秆焚烧对土壤生物学某一或两方面的影响，难以全面解释秸秆焚烧对土壤生态系统的影响。

近年来微生物高通量测序技术的发展，为土壤生物学性质的研究提供了更便捷、更科学的技术手段。高通量测序是一种前沿的分子生物学分析方法，能够直接从环境样本中扩增微生物核糖体 RNA（rRNA）高变区域。rRNA 是目前应用最广泛的分子标记，它们在功能上高度保守，不会发生大规模基因横向迁移。微生物高通量测序技术可以对数百万个分子同时进行测序，这使得对一个物种的转录组和基因组进行细致全面的分析成为可能，以客观还原麦秸焚烧前后微生物菌群结构的变化。

有关秸秆还田、好氧高温堆肥或厌氧发酵腐解、添加催化剂腐解、秸秆水解生物转化等方面，已有大量研究与文献报道。以南京近郊麦田为研究对象，对比麦秸焚烧前后不同耕层土壤酶活性、土壤动物数量、微生物数量以及土壤理化性质的变化情况，同时，采用室内模拟方法，观察麦秸腐解中水体理化性质变化，揭示秸秆在水体中腐熟规律及 N、P、化学需氧量（chemical oxygen demand，COD）释放量，可为准确评估丢弃秸秆对水体环境的影响提供科学依据。

1.2.1 秸秆焚烧对土壤生物学性质的影响

以位于江苏南京浦口近郊小麦试验田为对象，将其分隔为若干块 3m×3m 的焚烧点，对麦秸焚烧前后的土壤，采用 S 形方法，分层采集 0～5cm、5～10cm、10～20cm 的土样进行分析。

1.2.1.1 秸秆焚烧对土壤酶活性的影响

以麦秸焚烧前为对照（CK），研究表明麦秸焚烧前后不同耕层过氧化氢酶、脲酶、磷酸酶、多酚氧化酶的活性均有变化，见表 1-4。

表 1-4 秸秆焚烧前后土壤酶活性变化

土深/cm	过氧化氢酶/（mL/g）		脲酶/（mg/g）		磷酸酶/（mg/g）		多酚氧化酶/（mg/g）	
	CK	麦秸	CK	麦秸	CK	麦秸	CK	麦秸
0～5	1.52±0.00	1.47±0.02	0.41±0.03	0.30±0.01	3.09±0.11	2.15±0.01	3.37±0.02	2.78±0.06
5～10	1.55±0.02	1.59±0.02	0.36±0.02	0.31±0.01	2.74±0.03	2.50±0.08	3.28±0.04	3.30±0.03
10～20	1.50±0.03	1.63±0.03	0.31±0.01	0.30±0.01	2.01±0.30	2.21±0.07	3.23±0.05	3.22±0.05

由表 1-4 数据可以看出，麦秸焚烧后，表层 0～5cm 土壤中 4 种酶的活性均有下降，其中过氧化氢酶活性下降了 3.3%，脲酶活性下降了 26.8%，磷酸酶活性下降了 30.4%，多酚氧化酶活性下降了 17.5%。而麦秸焚烧对于 5～10cm 和 10～20cm 的耕层中 4 种酶活性基本没有影响。从酶活性降低的程度可以看出，5～10cm 和 10～20cm 两个耕层受到的影响明显小于 0～5cm。这说明焚烧秸秆对于土壤酶活性的影响主要发生在 0～5cm 耕层。陈亮等（2012）的研究指出，过氧化氢酶、脲酶、磷酸酶和多酚氧化酶活性在焚烧秸秆后有不同程度的降低，其中耕层 0～5cm 土壤酶活性在焚烧前后有显著差异，耕层 5～10cm 土壤酶活性变化较小，耕层 10～20cm 土壤酶活性没有显著变化，与本试验结果一致。这是因为麦秸焚烧产生的高温会导致土壤表层酶活性极大降低甚至失活。

1.2.1.2 秸秆焚烧对土壤微生物数量的影响

土壤微生物数量的多少是衡量土壤肥力高低的重要指标。比较麦秸焚烧前后不同耕层土壤微生物数量及整体群落结构的变化，结果见图 1-3。由图可见，麦秸焚烧后，不同耕层土壤微生物分属于细菌的 18 个门，其中主要的门包括放线菌门（Actinobacteria）、酸杆菌门（Acidobacteria）、拟杆菌门（Bacteroidetes）、绿弯菌门（Chloroflexi）、芽单胞菌门（Gemmatimonadetes）、黏胶球形菌门（Lentisphaerae）、浮霉菌门（Planctomycetes）、变形菌门（Proteobacteria）、疣微菌门（Verrucomicrobia），占总序列的 90%左右。此外，剩余门中的细菌在绝大多数土壤中占较低的相对丰度。

由图 1-4 可以看出主要细菌门在麦秸焚烧前后不同耕层土壤中的相对丰度。其中麦秸焚烧后酸杆菌门和绿弯菌门在表层 0～5cm 土壤中相对丰度稍微上升，而变形菌门在表层 0～5cm 土壤中相对丰度下降；在 5～10cm 土壤中酸杆菌门和绿弯菌门的相对丰度均下降，而变形菌门在 5～10cm 土壤中相对丰度增加；在

10～20cm 土壤中酸杆菌门和绿弯菌门的相对丰度呈明显上升的趋势，而变形菌门在10～20cm 土壤中相对丰度大幅度下降。

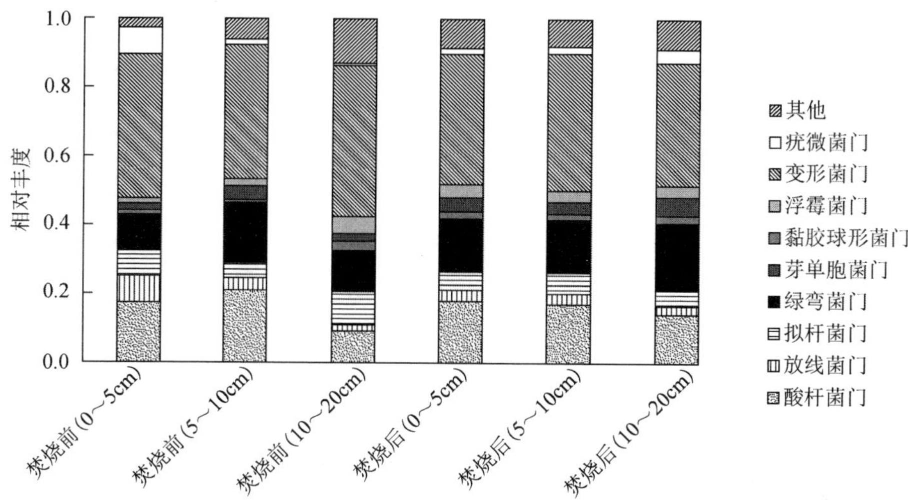

图 1-3 麦秸焚烧前后不同耕层土壤细菌的相对丰度

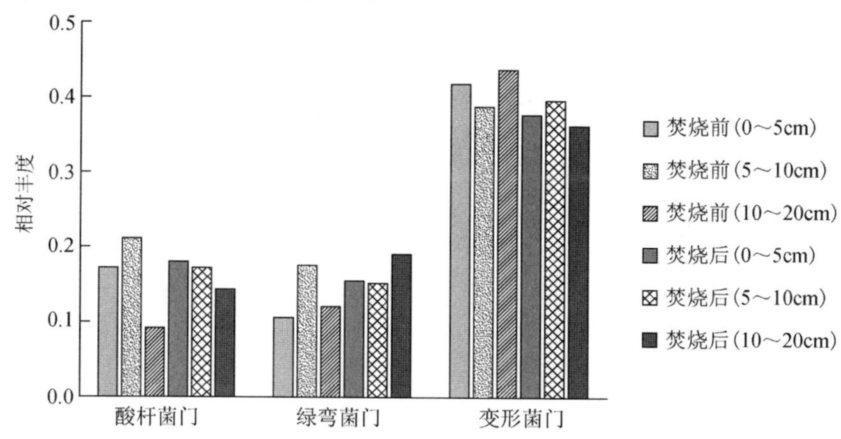

图 1-4 麦秸焚烧前后不同耕层土壤主要细菌门相对丰度

由图 1-5 可以看出，麦秸焚烧前后，不同耕层土壤细菌 Shannon 指数都相对较高，说明土壤细菌的丰富度较高。麦秸焚烧前，随着耕层深度增加，Shannon 指数升高；麦秸焚烧后，随着耕层深度增加，Shannon 指数稍微下降。此外，麦秸焚烧后与焚烧前相比，各个耕层 Shannon 指数都略有上升。表明随着土壤耕层深度增加，土壤细菌丰富度变大，而小范围麦秸焚烧对细菌丰富度影响较小，并且小范围不完全的麦秸焚烧有助于各种细菌的滋生。

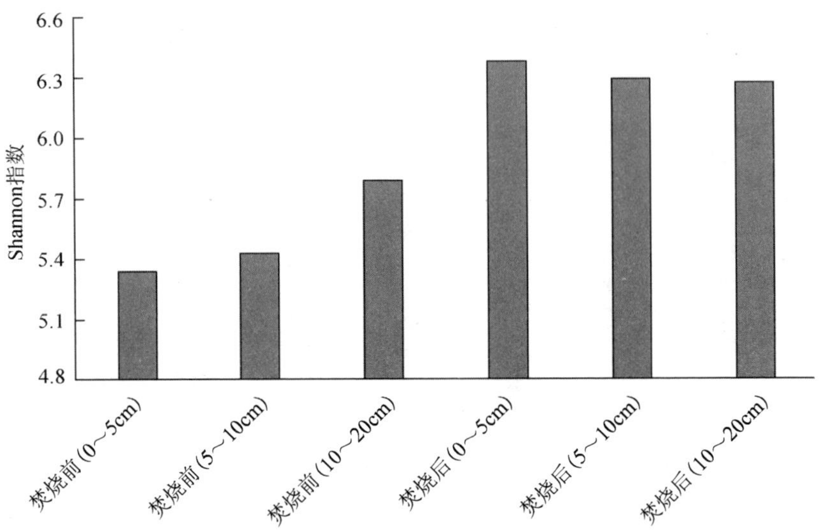

图 1-5　麦秸焚烧前后不同耕层土壤细菌的 Shannon 指数

1.2.1.3　秸秆焚烧对土壤动物数量的影响

土壤动物是指生命活动的全部过程或一段时间在土壤中度过，并对土壤有一定影响的动物。麦秸焚烧前后土壤动物数量的变化见表 1-5。

表 1-5　麦秸焚烧前后土壤动物数量的变化

类群	焚烧前/头	焚烧后/头
弹尾目（Collembola）	165	183
前气门目（Prostigmata）	603	646
中气门目（Mesostigmata）	257	212
甲螨目（Oribatida）	192	171
隐气门目（Cryptostigmata）	516	647
线虫纲（Nematoda）	3 124	2 513
合计	4 857	4 372

由表 1-5 可以看出，线虫纲是该地区土壤动物的优势类群，弹尾目、前气门目、中气门目、甲螨目、隐气门目、线虫纲构成该地区土壤动物类群的主体。麦秸焚烧对线虫纲和隐气门目的影响比较大，焚烧后线虫纲数量下降了 19.5%，隐气门目数量上升了 25.4%，其余土壤动物类群变化不大。

1.2.1.4　秸秆焚烧对土壤理化性质的影响

土壤协调养分和环境间的能力主要依赖于土壤胶体与土壤的团聚作用，即土壤的物理性质，是制订合理耕作和灌排等管理措施的重要依据。土壤物理结构变差会制约土壤肥力水平，进而影响植物生长，其中土壤容重和土壤含水量是评价土壤物理性质的重要指标。土壤容重反映了土壤的供水供肥及通气能力。土壤水是土壤的重要组成部分，也是土壤肥力最活跃的因素之一，不仅影响土壤的形成、气热状况，还深刻影响土壤内部许多物质间的转化。土壤含水量是对土壤水含量的直接反映，与作物的出苗与生长均密切相关，且受外界环境的影响较大。土壤有机质是土壤的重要组成部分，是衡量土壤肥力高低的重要指标，其不仅是土壤中各种养分元素的重要来源，还能改善土壤的物理和化学性质，有利于土壤团粒结构的形成，促进植物的生长和养分吸收。N、P 是土壤养分元素的重要组成部分，作物生产中，作物对 N 的需要量较多。而作物秸秆焚烧会造成秸秆中 N 的大量损失，同时土壤中的 N 也会部分损失。

表 1-6 研究发现，较秸秆未焚烧土壤，秸秆焚烧造成 0～2cm 耕层土壤含水量下降 38.3%，2～5cm 耕层土壤含水量下降 20%。同样，秸秆焚烧影响土壤有机质含量，使 0～13cm 土层有机质含量降低。

表 1-6　麦秸焚烧前后土壤有机质、含水量、速效养分的变化

指标	处理	土壤耕层深度			
		0～2cm	2～5cm	5～13cm	13～20cm
有机质含量/（g/kg）	CK	32.60±0.95	32.00±0.84	32.20±0.76	28.70±0.82
	焚烧	20.70±0.93	30.00±0.98	29.90±0.65	28.70±0.86
含水量/%	CK	6.47±0.45	13.46±0.46	15.48±1.20	16.56±0.96
	焚烧	3.99±0.44	10.76±0.96	15.45±1.55	16.56±0.88
碱解 N 含量/（mg/kg）	CK	187.46±1.90	191.07±2.10	180.6±1.86	173.8±1.77
	焚烧	162.23±2.15	133.39±1.83	133.3±1.83	173.0±1.50
速效 P 含量/（mg/kg）	CK	21.70±0.85	20.27±0.56	20.10±0.91	39.34±1.38
	焚烧	50.07±1.16	36.27±0.76	30.99±1.11	39.35±1.12
速效 K 含量/（mg/kg）	CK	48.28±1.23	28.97±0.91	30.20±1.52	29.00±1.00
	焚烧	135.17±2.26	67.59±1.22	57.93±1.99	77.24±1.82

资料来源：陈亮，赵兰坡，赵兴敏，2012. 秸秆焚烧对不同耕层土壤酶活性、微生物数量以及土壤理化性状的影响[J]. 水土保持学报, 26(4): 118-122.

秸秆焚烧对作物耕层的影响主要集中在 0～5cm，对 0～20cm 耕层速效养分含量都有影响。秸秆焚烧后 0～13cm 耕层速效 P 含量大幅度增加，其中耕层 0～2cm 增加 131%，2～5cm 增加 79%，5～13cm 增加 54%，13～20cm 没有显著变化。焚烧后 3 个耕层速效 P 逐渐递减，说明秸秆焚烧对土壤速效 P 的影响随耕层深度增加逐渐减弱。秸秆焚烧对作物 4 个耕层中速效 K 都有极显著的影响，4 个耕层速效 K 含量分别增加 180%、133%、92%、166%。可见秸秆焚烧可以增加速效 P、速效 K 含量，有利于改善土壤理化性状，提高土壤肥力。

1.2.2 麦秸在水体中腐解过程及其对水环境的影响

在 20～25℃的温室内，每个方形塑料桶（70L）内加入 2kg 河道底泥（湿重），再加入池塘水至总重量 75kg，不同方形塑料桶中分别放入 200g（记为 A）、300g（记为 B）、500g（记为 C）的麦秸（自然晾干，含水率 10.76%），并放入多个小网兜，各装入 10g 的麦秸，用于采集秸秆样品。每周用新鲜池塘水补充蒸发量。另外每周还用 20L 新鲜池塘水将一个方形塑料桶（放 500g 麦秸，记为 D）中的腐解水置换掉，以模拟流动水体对麦秸腐解的影响。

1.2.2.1 麦秸自然腐解过程中纤维素、半纤维素、木质素含量的变化

经过 14 周的腐解，麦秸与水体已经变黑，并伴有轻微恶臭。在麦秸中，纤维素含量约占 1/3，其变化与麦秸腐解有较大关系。腐解 1 周时纤维素含量为 33.4%，纤维素含量在前 7 周呈缓慢下降的趋势。随着时间的延长，后 7 周 4 个处理中的纤维素含量快速下降，到第 14 周下降到最低水平，其中处理 D 的纤维素含量变化幅度最大，最终 A、B、C、D 4 个处理的纤维素含量分别为 27.67%、19.2%、17.7%、15.6%，腐解率分别达到 32.0%、42.6%、47.1%、53.1%（图 1-6）。

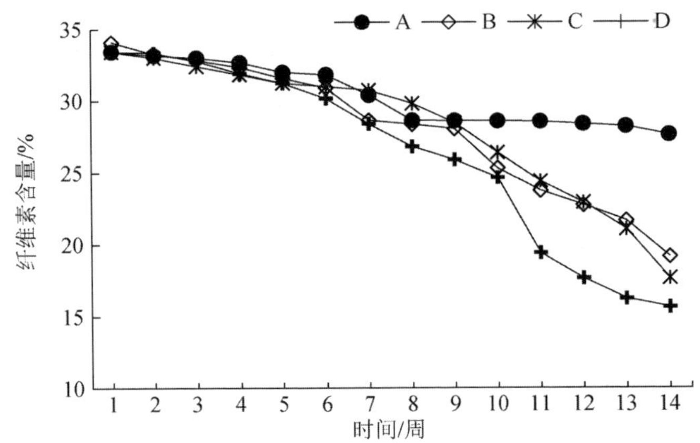

A 为 200g 麦秸；B 为 300g 麦秸；C 为 500g 麦秸；D 为 500g 麦秸，置换腐解水。

图 1-6　麦秸自然腐解过程中纤维素含量的变化

在麦秸中，半纤维素的含量虽不如纤维素的多，但也占近 1/4。麦秸中的半纤维素能被缓慢释放出来，总体趋势较为平缓。随着麦秸的腐解，到第 14 周半纤维素含量分别下降到 17.6%、15.7%、14.5%、13.8%，腐解率分别达到 33.1%、40.3%、44.9%、47.5%（图 1-7）。

木质素在麦秸中的含量最少，只有约 1/6。前 7 周木质素的含量变化缓慢，后 7 周含量下降较快。随着麦秸的腐解，到第 14 周木质素的含量分别下降到 11.0%、9.6%、8.8%、7.8%，腐解率分别达到 33.9%、42.6%、47.1%、53.1%（图 1-8）。

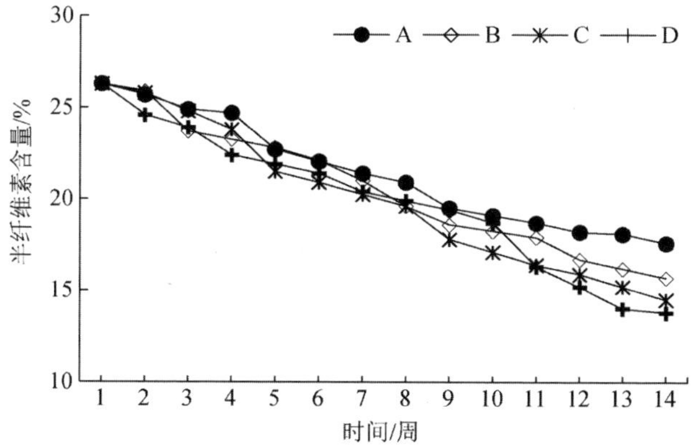

A为200g麦秸；B为300g麦秸；C为500g麦秸；D为500g麦秸，置换腐解水。

图1-7 麦秸自然腐解过程中半纤维素含量的变化

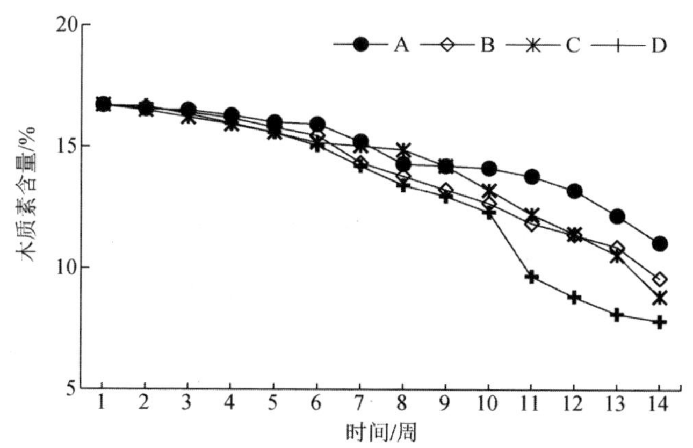

A为200g麦秸；B为300g麦秸；C为500g麦秸；D为500g麦秸，置换腐解水。

图1-8 麦秸自然腐解过程中木质素含量的变化

1.2.2.2 麦秸自然腐解过程中多糖含量的变化

水样中的多糖主要由纤维素、半纤维素等分解而来，A、B、C处理水样中的多糖含量都在第2周达到最大值，D处理水样中的多糖含量在第3周达到最大值215.2mg/L。随后第3～7周，多糖含量急剧下降，多糖释放到水中的速率逐渐变慢，之后维持在一个较低水平。所以多糖进入水体的含量趋势是先急剧增加，后缓慢减少，最后趋于稳定（图1-9）。

1.2.2.3 麦秸自然腐解过程中水样色度与pH的变化

色度是判断秸秆腐解程度的一个重要参数。A、B、C、D 4个处理中的水样色度于第5周达到最大值，分别为38、48、44、52，之后的3周水样色度逐渐变小，下降到30左右，随后变化不大（图1-10）。

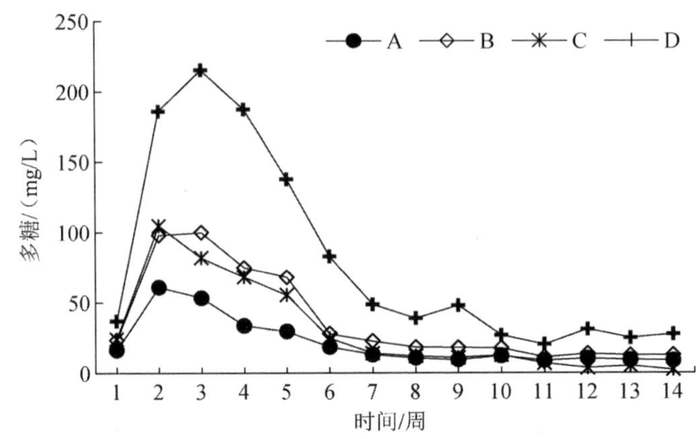

A 为 200g 麦秸；B 为 300g 麦秸；C 为 500g 麦秸；D 为 500g 麦秸，置换腐解水。

图 1-9　麦秸自然腐解过程中水样多糖含量的变化

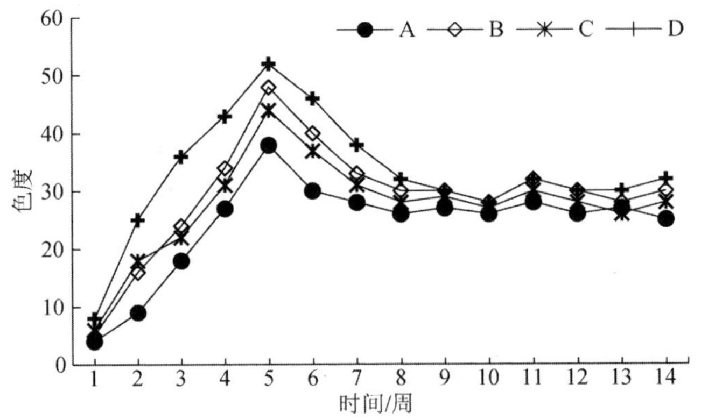

A 为 200g 麦秸；B 为 300g 麦秸；C 为 500g 麦秸；D 为 500g 麦秸，置换腐解水。

图 1-10　麦秸自然腐解过程中水样色度的变化

在 14 周的腐解过程中，各处理水样的 pH 在 6.0～8.5，开始时各处理水样的 pH 在 7.02～7.28。麦秸腐解初期，水样 pH 有一定程度的下降，在第 3 周 A、B、C、D 各处理 pH 达到最小值，分别为 6.76、6.35、6.67、6.19，之后又缓慢上升并超过起始 pH，第 7 周后，4 个处理水样的 pH 稳定在 8.0 左右（图 1-11）。

1.2.2.4　麦秸自然腐解过程中水样 TP（total phosphorus，总磷）与 TN（total nitrogen，总氮）浓度的变化

A、B、C、D 4 个处理水样 TP 的浓度在第 3 周达到较高的水平，分别为 0.94、1.52、1.33、1.91（mg/L），均超过水体富营养化标准（P 的浓度大于 0.01mg/L）。之后，随着腐解的进行，TP 浓度呈现缓慢下降的趋势，第 8 周以后，各个处理的 TP 浓度稳定在 0.10mg/L 左右（图 1-12）。

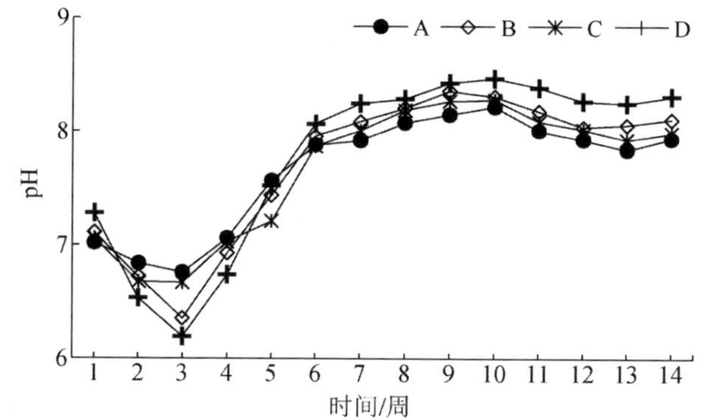

A为200g麦秸；B为300g麦秸；C为500g麦秸；D为500g麦秸，置换腐解水。

图1-11 麦秸自然腐解过程中水样pH的变化

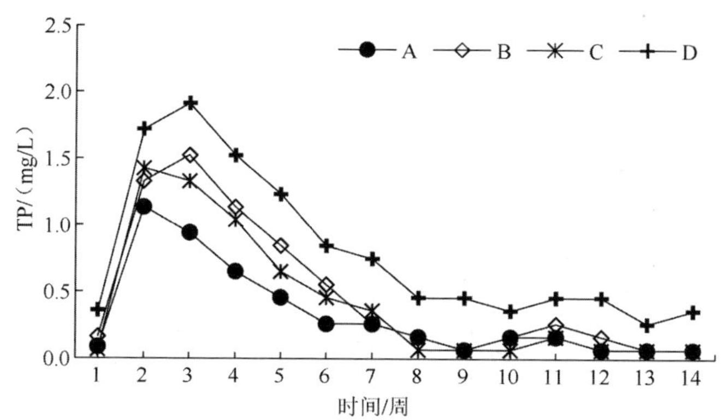

A为200g麦秸；B为300g麦秸；C为500g麦秸；D为500g麦秸，置换腐解水。

图1-12 麦秸自然腐解过程中水样TP浓度的变化

麦秸N的释放表现出前期快、后期慢的趋势。处理A、B、C、D中最大TN（总氮）浓度分别为9.25、12.5、11.8、16.6（mg/L），腐解后期TN浓度稳定在初期加入麦秸时的浓度水平6～8mg/L。因为腐解速率与作物残体的化学组分有关，水溶性物、苯醇溶性物和粗蛋白物质分解最快，半纤维素次之，纤维素更次之，木质素最难分解。麦秸在开始腐解的两周，水溶性物、苯醇溶性物和粗蛋白物质较快进入水体，从而增加了水体中TN的含量。在微生物的作用下，通过氨化、硝化、反硝化作用，部分N呈气态逸出水体（图1-13）。

1.2.2.5 麦秸自然腐解过程中水样COD和TOC（total organic carbon，总有机碳）含量的变化

麦秸自然腐解过程中，有机物会释放到水体中，COD在前3周逐渐增加，在第3周达到比较高的水平，A、B、C、D 4个处理分别为204、345、300、455（mg/L）（图1-14）。之后，麦秸腐解过程形成的有机物被微生物利用，COD含量逐步下降到第7周的40mg/L左右，并一直维持在这个水平。

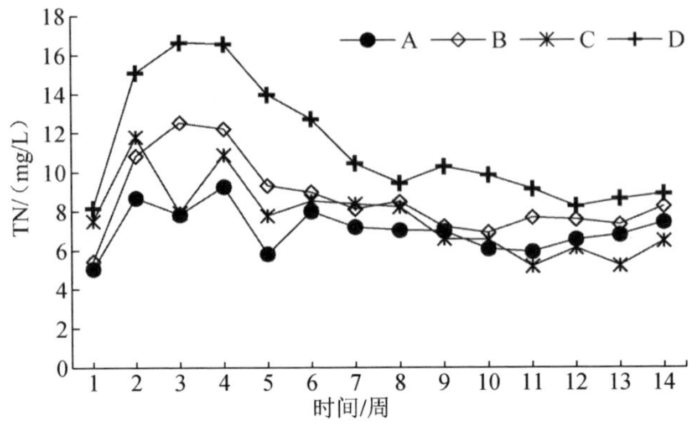

A 为 200g 麦秸；B 为 300g 麦秸；C 为 500g 麦秸；D 为 500g 麦秸，置换腐解水。

图 1-13　麦秸自然腐解过程中水样 TN 浓度的变化

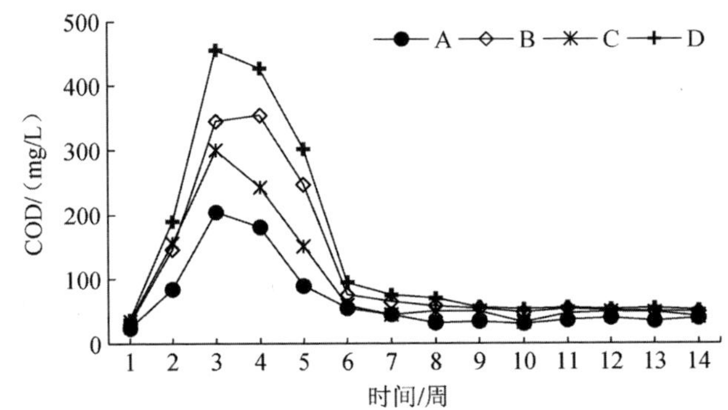

A 为 200g 麦秸；B 为 300g 麦秸；C 为 500g 麦秸；D 为 500g 麦秸，置换腐解水。

图 1-14　麦秸自然腐解过程中水样 COD 的变化

麦秸自然腐解过程中，A、B、C、D 处理水样中的 TOC 第 3 周分别达到 70、121、94、140（mg/L），之后逐渐降低至 36mg/L 左右（图 1-15）。

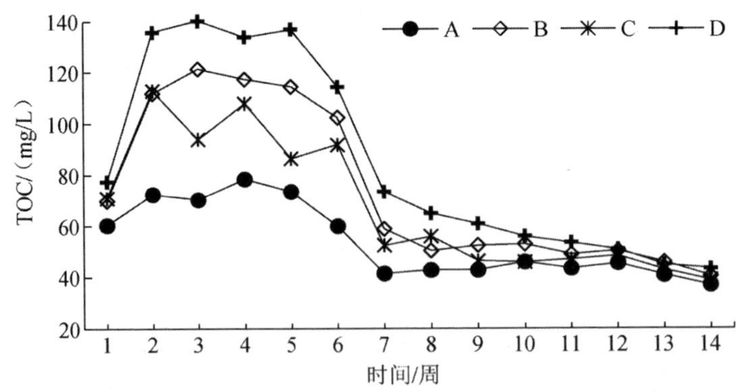

A 为 200g 麦秸；B 为 300g 麦秸；C 为 500g 麦秸；D 为 500g 麦秸，置换腐解水。

图 1-15　麦秸自然腐解过程中水样 TOC 的变化

由此可见，秸秆焚烧造成大气严重污染，秸秆被遗弃在水体环境中腐解，造成水体污染。在当今世界提倡节能减排、低碳经济的背景下，全面禁止秸秆田间露天焚烧，加强秸秆收贮体系建设，控制秸秆的随意遗弃，加强秸秆还田等技术的研究具有非常重要的意义。

参考文献

毕于运，高春雨，王亚静，等，2009．中国秸秆资源数量估算[J]．农业工程学报，25(12)：211-217.

常志州，王德建，杨四军，等，2014．对稻麦秸秆还田问题的思考[J]．江苏农业学报，30(2)：304-309.

陈亮，赵兰坡，赵兴敏，2012．秸秆焚烧对不同耕层土壤酶活性、微生物数量以及土壤理化性状的影响[J]．水土保持学报，26(4)：118-122.

冯伟，张利群，庞中伟，等，2011．中国秸秆废弃焚烧与资源化利用的经济与环境分析[J]．中国农学通报，27(6)：350-354.

高婕，赵晓静，2015．秸秆类饲料在奶牛生产中的应用[J]．黑龙江畜牧兽医(7)：153-156.

高翔，2010．江苏省农作物秸秆综合利用技术分析[J]．江西农业学报，22(12)：130-133.

贺京，李涵茂，方丽，等，2011．秸秆还田对中国农田土壤温室气体排放的影响[J]．中国农学通报，27(20)：246-250.

李明，2013．不同秸秆焚烧量对土壤环境及下茬作物产量的影响研究[D]．杨凌：西北农林科技大学.

李晓然，2011．基于核糖体 RNA 高通量测序分析微生物群落结构[D]．上海：复旦大学.

林向红，孙玮，2010．关于农作物秸秆“焚烧”与“禁烧”的经济问题研究[J]．安徽农业科学，38(31)：17878-17879.

逯非，王效科，韩冰，等，2010．稻田秸秆还田：土壤固碳与甲烷增排[J]．应用生态学报，21(1)：99-108.

石祖梁，杨四军，常志州，等，2014．秸秆产生利用现状调查与焚烧面临难点分析——以江苏省某乡镇为例[J]．农业资源与环境学报，31(2)：103-109.

王丽，李雪铭，许妍，2008．中国大陆秸秆露天焚烧的经济损失研究[J]．干旱区资源与环境，22(2)：170-175.

王效华，2012．江苏农村家庭能源消费研究[J]．中国农学通报，28(26)：196-200.

邬莉，陈静，朱晓东，等，2001．农村秸秆焚烧的原因及对策研究[J]．中国人口资源与环境，11(S1)：110-112.

吴家旺，朱小梅，薛良鹏，等，2011．秸秆还田对稻麦产量的影响研究进展[J]．现代农业科技(23)：92.

吴克炜，刘明华，金英，2000．上海秸秆禁烧和综合利用的目标与对策[J]．上海农村经济(9)：8-11.

解爱华，付荣恕，2006．秸秆焚烧对农田土壤动物群落结构的影响[J]．山东农业科学(3)：56-57.

邢爱华，刘罡，王垚，等，2008．生物质资源收集过程成本、能耗及环境影响分析[J]．过程工程学报，8(2)：305-313.

徐蒋来，胡乃娟，张政文，等，2016．连续秸秆还田对稻麦轮作农田土壤养分及碳库的影响[J]．土壤，48(1)：71-75.

徐勇，勇强，余世袁，2013．构建秸秆高效综合利用体系的对策与措施——以江苏省为例[J]．生物质化学工程，47(3)：11-16.

张彩庆，郑金成，臧鹏飞，等，2015．京津冀农村生活能源消费结构及影响因素研究[J]．中国农学通报，31(19)：258-262.

张会恒，2012．政府规制工具的组合选择：由秸秆禁烧困境生发[J]．改革(10)：136-141.

张岳芳，陈留根，朱普华，等，2012．秸秆还田对稻麦两熟高产农田净增温潜势影响的初步研究[J]．农业环境科学学报，31(8)：1647-1653.

TAN Z, LAL R, LIU S, 2006. Using experimental and geospatial data to estimate regional carbon sequestration potential under no-till practice[J]. Soil Science, 171: 950-959.

第2章　区域秸秆全量利用的理论与方法

2.1　区域秸秆全量利用的思想与内涵

农作物秸秆田间地头露天无序焚烧或随意丢弃，会引发大气、水体等环境污染，会破坏正常生态系统。

秸秆禁烧与综合利用工作得到各级政府的高度重视。2008年国务院办公厅下发《国务院办公厅关于加快推进农作物秸秆综合利用的意见》（以下简称《推进意见》），2009年中华人民共和国发展和改革委员会（简称国家发改委）和农业部联合发布《关于印发编制秸秆综合利用规划的指导意见的通知》，2012年国家发改委、农业部、财政部联合印发《"十二五"农作物秸秆综合利用实施方案》。2009年江苏省人大常委会审议通过《关于促进农作物秸秆综合利用的决定》（以下简称《决定》），同年江苏省政府还制定了《江苏省农作物秸秆综合利用规划（2010—2015年）》，2015年国家发改委、财政部、农业部、环境保护部（现生态环境部）又联合发文《关于进一步加快推进农作物秸秆综合利用和禁烧工作的通知》，大力推进秸秆综合利用与禁烧工作。

此外，各级政府还出台了一系列推进秸秆还田与综合利用优惠或补贴政策。2015年，农业部副部长张桃林在全国农业资源环境保护工作会议上，明确提出加大秸秆机械化还田力度，全面推进秸秆循环利用。

与此同时，社会各界围绕农作物秸秆的全面禁烧、秸秆还田、秸秆收集利用、生态补偿等，开展了大量调查研究与科学试验，仅2013～2015年就发表文章6 000多篇。

以上相关政策的出台、秸秆利用技术的进步以及各级政府的强力监管，极大地推动了秸秆禁烧与综合利用工作，但是在部分地区仍然存在着禁烧期内时有焚烧，禁烧期后集中焚烧及随意遗弃等现象。

2.1.1　当前秸秆禁烧与综合利用工作存在的问题

2.1.1.1　管理方面

（1）法规—规划—财政资金不配套。江苏省人大常委会《决定》规定："财政部门应当加大对秸秆综合利用的支持力度，将秸秆综合利用资金列入财政预算，对秸秆还田、秸秆气化、固化成型等资源化利用给予适当补助""省财政应当将秸秆还田、打捆、青贮等机具纳入农业机械购置补贴范围，并对秸秆机械化还田作业给予补贴”；江苏省政府《江苏省农作物秸秆综合利用规划（2010—2015 年）》（以下简称《规划》）提出，到 2015 年秸秆综合利用率超过 90%，并确定了秸秆不同利用途径应分别达到的利用率指标。将《规划》与财政补贴政策对比，可以看出，无论是财政扶持对象还是补贴标准，均未对应《规划》中提出的目标。例如：《规划》中要求秸秆饲料化、基料化等利用率达 7%，而《决定》未将其列入补贴对象；江苏省政府《关于加快推进秸秆综合利用若干政策措施的通知》（苏政办发〔2013〕184 号）中，也未将其列入扶持对象；部分秸秆综合利用项目虽然列入了省、市、县各级政府财政资金扶持对象，但其补贴标准缺乏科学依据或补贴较低，难以使秸秆还田持续推进，秸秆利用企业化运行。

（2）法规—规划—技术支撑不到位。主要表现在：①江苏省人大常委会《决定》或江苏省政府《规划》提出了秸秆利用中存在的技术难点问题，而科技管理部门未能相应地安排科技计划；②技术不配套，如秸秆气化或生物转化等技术攻关中，并未考虑秸秆收集、机械或人工收集秸秆的理化特性差异等，秸秆利用技术在工程运行中难以实现实验室或中试达到的技术经济指标；再如，秸秆还田仅考虑如何将秸秆还田，而未充分考虑还田与后茬作物相衔接，也未考虑秸秆还田过程中的能耗及可能引发的环境负面效应等问题。

（3）环保—农机—农业不协调。现行秸秆利用与禁烧工作采用条块式管理体制，环保部门负责禁烧，农机部门负责秸秆还田，农业委员会（农委）负责秸秆综合利用。由于各部门缺少项目间协调，①部分地区项目重叠，出现秸秆收贮企业因秸秆全部还田而无秸秆可收；②强调秸秆收贮利用，使部分田块长期得不到还田秸秆，土地生产能力下降；③既无秸秆还田也无综合利用等项目资助的区域，秸秆禁烧压力巨大，工作难以开展。结果造成了秸秆利用与禁烧工作时好时坏、此好彼坏等现象，加大了秸秆禁烧工作的难度，且难以持续发展。

（4）农民—干部—政府责任界限不清。主要表现在，①作为“经济人”的农民，秸秆利用或焚烧的取舍由成本一收益核算决定，以私人成本最小化或收益最大化原则来调整自身经济行为。但国家《大气污染防治法》《环境保护法》等法律均明文规定：“一切单位和个人都有保护环境的义务”，江苏省人大常委会《决定》也明确提出：“任何单位和个人不得将秸秆弃置于河道、湖泊、水库、沟渠等水体内”，如何界定秸秆禁烧中作为秸秆产生者的农民应负多大责任或应承担多少成本，并无明确规定。②国务院《推进意见》以及江苏省人大常委会《决定》指出：“地方各级人民政府是推进秸秆综合利用和秸秆禁烧工作的责任主体”。在秸秆禁烧工作实施中，采取各区县与各乡镇、村逐级签订秸秆综合利用责任状的方式，由各村镇干部直接承担秸秆禁烧的责任，而村镇干部既无执法权，也无行政处罚权，更无秸秆还田或秸秆综合利用等项目话语权、管理权，无疑加重了秸秆禁烧工作管理混乱、干群关系恶化、行政成本过高等不良现象。

2.1.1.2　技术方面

（1）关键技术有待突破。近年，围绕农作物秸秆综合利用，各级政府及社会各行各业科研机构均投入了大量人力、物力，开展了广泛、系统、深入且卓有成效的研究工作，形成了秸秆利用的“五料”技术，即肥料、饲料、燃料、基料、原料。这些技术成果的广泛应用，对推动秸秆禁烧工作起到关键性的支撑作用。也正因为如此，许多科技或行政主管部门误认为，秸秆利用技术已有数十种，无须再开发秸秆利用新途径或现有技术无须再提升。而事实上，无论是省级范围还是一个乡镇范围，现有的秸秆利用途径均无法全部解决秸秆的出路问题，最重要的原因之一是关键技术并未真正的突破，现有技术在应用时问题较多或经济性不好。例如秸秆还田，长期大量秸秆还田综合效应及最少还田量至今仍不清楚，不同还田技术及装备在不同区域的适宜性缺少评价，还田技术暂无法面对秸秆产生量越来越多、收种季节矛盾越来越突出的问题等，以至于秸秆还田技术年年有进步，但年年都有因秸秆还田造成作物减产、农民积极性不高的报道；再如，秸秆收集装置种类繁多，但运行效率低、易损坏，且与农时季节矛盾突出等，都有待于技术完善，关键技术及装备的突破，在技术先进性、可靠性、稳定性、经济性与可操作性等结合上实现质的飞跃。

（2）技术单一、不配套、不系统。由于秸秆还田、秸秆禁烧与秸秆利用隶属于不同部门管理，部门立项时较少考虑与其他部门的技术衔接；即使是科技管理部门立项时，也多考虑单项关键技术突破或追求技术创新性，而较少考虑所突破技术与已有或后续配套技术的关联配套问题，以及创新技术如何解决大量、分散、短时集中产生的秸秆利用问题，结果“路修好桥未造”或“桥造好路不通”现象屡见不鲜。例如，众多秸秆发电厂收集不到足够的秸秆；实际收集的秸秆与实验室所用秸秆存在较大理化性状差异，使科技成果在产业化过程中难以达到预期的技术指标；强调麦秸还田，致使稻田温室气体排放大量增加等，均大大降低了秸秆利用技术实际应用的经济效益、社会效益与生态效益。

2.1.2　区域秸秆全量利用的策略

针对秸秆禁烧工作中存在的问题，为全面推进秸秆全量利用，实现秸秆禁烧与利用的可持续发展，在秸秆禁烧与全量利用工作上，应采取以下策略。

2.1.2.1　要确立区域统筹、整体推进的秸秆禁烧工作思路

重点以乡镇与县域为尺度，对区域内秸秆产生量及时空分布，秸秆收集、还田数量及空间布局，秸秆还田时序及空间布局等进行统筹；着眼常态化运行机制建立与长效运行的同时，还应统筹农民利益及责任、政府责任、企业运行利润。国务院《推进意见》中指出：“地方各级人民政府是推进秸秆综合利用和秸秆禁烧

工作的责任主体”“统筹规划，完善秸秆禁烧的相关法规和管理办法，抓紧制定加快推进秸秆综合利用的具体政策，狠抓各项措施和规定的落实，努力实现秸秆综合利用和禁烧目标”。因此，采用以块为主体、以乡镇域为尺度，提倡秸秆禁烧与全量利用工作统筹的理念，符合中央文件精神。张立萍（2013）也提出“结合不同农作物秸秆特性、区域分布情况、区域能源结构等具体情况，制定不同区域秸秆综合利用方案。”

区域统筹，首先，应以乡镇域尺度为基础与重点，这不仅因为乡政府是秸秆综合利用和秸秆禁烧工作的最直接、最基层的责任主体，还因为在现行秸秆禁烧与利用工作条块管理模式中，乡是“条线”管理的汇集点，是“块”管理的最集中体现；其次，以江苏省为例，目前乡镇平均耕地面积为 5 400 多公顷，稻麦秸秆产生量在 7 万～10 万 t，可收集数量在 3 万～5 万 t，如果进行秸秆收集，在不压缩的条件下，收集运输距离小于 30km，收集量可满足一般企业所需，符合秸秆经济收集所要求的半径范围；再次，现行的农民合作经济组织，特别是农机化服务合作组织，均以乡或镇为单元或数个行政村进行组建，以乡或镇域为尺度，进行秸秆还田或收集利用统筹，便于农机服务组织统一调度与安排。整体推进，就是以区域秸秆全量利用为目标，涉及秸秆禁烧与利用的各部门联动，按区域统筹原则，推进秸秆还田、收贮运与离地利用各项工作；同时，从规划、技术、装备和政策 4 个方面着手，科技部门解决秸秆还田、收集和利用过程中的技术及配套农机装备问题，政府管理部门在科学规划的前提下，提出有利于社会资本投入、多种主体参与并能够长效运行的惩罚、激励、奖励等配套的政策；各部门和多种主体通力合作，创新机制，建立起以秸秆为核心资源的环保产业链，确保区域内秸秆全量利用目标的实现。

2.1.2.2　要确立区域秸秆“收还结合”的利用策略

所谓“收还结合”，就是要统筹好区域内秸秆还田面积与秸秆收集面积、秸秆还田田块与收集田块、一年两熟或多熟与多年之间的相互关系，统筹好秸秆综合利用与土地生产能力可持续提升之间的关系。至于如何统筹“收还结合”，已有研究表明，要实现土壤生产力维持与持续提高，必须保证一定量秸秆还田或有机肥施用，仅施用化学肥料，虽然对稻麦产量影响不大，但影响产量的稳定性，且难以显著提高土壤肥力水平。美国科学家的研究结果也表明，在美国现有土壤肥力状况下，最大可收集秸秆利用量仅占秸秆产生量的 30%～50%。稻麦两季秸秆或麦玉两季秸秆长期全量还田，只要秸秆还田方法与技术措施得当，就可避免因秸秆还田对作物生长产生的负面影响，且会提升土壤肥力及土壤固碳量。技术上是可行的，但对稻麦轮作区而言，同时会带来稻田温室气体排放增加；对麦玉轮作区，会增加灌溉水用量，增加机械能耗，破坏土壤结构等。因此，需要更科学合理地平衡秸秆收集与还田的相互关系。

2.1.2.3　要构建基于政策引导的秸秆利用市场运行机制

国务院《推进意见》中指出："加大政策引导和扶持力度，利用价格和税收杠杆调动企业和农民的积极性，形成以政策为导向、企业为主体、农民广泛参与的长效机制。"现阶段各级政府均出台了若干有关秸秆还田或综合利用的扶持政策，以期引导秸秆禁烧与综合利用工作走向常态化与长效化。但事实上，整体工作仍呈现条块分割、模式化、阶段性和运动式的特点。如何做好政策引导及扶持工作，仍需不断探索。要真正实现秸秆综合利用的市场化运作，应做好 4 个方面的政策引导工作。

一是引导农民提高责任意识。农民作为"经济人"，会以私人成本最小化或收益最大化来调整自身经济行为。焚烧或遗弃秸秆会产生负外部性，即焚烧秸秆让他人和社会受损，造成环境污染，影响交通等，但农民却没有承担应有的责任。虽然政府制订秸秆禁烧政策，对相关的污染进行罚款或者收费，让污染者承担相应社会成本，但农村的分散性与农民"经济人"的经济弱势性质，使得禁烧政策实施困难，故需要更多的政策引导，让农民在秸秆禁烧与综合利用中，树立起应有的责任意识。

二是引导科技管理部门更多、更持续地将公共财政资金投入到秸秆还田和收集利用的关键技术攻关与关键设备研发的公共利益领域。江苏省人大常委会《决定》及农业部副部长张桃林的讲话均要求农业、科技、农机等部门应当优先安排资金，重点支持秸秆综合利用技术与设备的研究开发项目。但长期以来，科技资源分散，项目短视化，以及农情、农艺及社会形势不断变化等因素，使得秸秆收集利用的关键技术与设备至今未得到有效解决，已有秸秆还田与利用技术面临新挑战。因而需要政府进一步加大力度引导各类科技管理部门，在不同区域设立中长期和近期目标，整合科技资源，并持续支持，形成秸秆收集、利用技术协同创新与持续创新的局面。

三是引导环境受益者从道义、资金、人才、技术等方面支持秸秆禁烧与秸秆综合利用的各项工作。秸秆禁烧不仅涉及环保和农业等部门，还涉及公安、消防、银行、保险、林业、电力、科技、交通等部门。因此，需要各部门达成共识，并能协同共管；此外，这些部门同时也是秸秆禁烧的环境受益者，应该分担秸秆综合利用的成本。作为秸秆禁烧与综合利用责任主体的各级政府，理应从政策上、舆论上加大宣传与引导，让更多的行业关注秸秆禁烧工作，支持秸秆综合利用。

四是引导各种有限的公共财政资金集中投向有利于秸秆终端利用的市场化运作方向。综合分析从中央到省市县各级政府出台的有关秸秆还田或利用的扶持政策，可以发现，各种优惠政策或扶持政策均以单一技术、单一节点、项目化或运动式等为主，部门间各唱各的调，较少考虑区域性、技术性、全程性、连续性等。而且秸秆收集利用涉及众多技术环节和利用方式，使政府难以实现科学、合理、完整、系统的扶持政策，即使能够出台此类政策，也无法实现有效管理与监督。因而，应以技术效率与市场价格为基准，建立起扶持或补贴秸秆终端利用企业或用户的政策架构，以促进秸秆利用；包括还田利用，驱动秸秆收集、贮运、加工技术的创新与市场化运作机制的建立，引导各类扶持政策或资金统一到促进秸秆收集利用的市场化运行方向，确保秸秆禁烧与利用的可持续发展。

2.1.2.4　要遵照“区域整体推进、收还统筹、突破收集、开拓用途、创新机制”的思路，攻克关键技术或装备，提升与完善技术体系

在秸秆还田技术方面，需要着重解决“如何还、还下去、还得好”的问题，同时需要结合不同轮作与耕作制度、不同土壤类型与墒情、不同经营方式与田块大小等实际情况，开发相应农机农艺相结合的秸秆还田技术。此外，还需要回答诸如适宜还田量、最大还田量、最小还田量以及还田时序优选方案等问题。秸秆收集上，需要着重解决田间到田头 100m“如何收、收上来”的难点技术与装备，同时，需要满足收种转换季节紧、收集成本低效率高的要求，协调好秸秆收集与其后续利用间的衔接问题。在秸秆利用上，目前各种利用技术已有数十种，甚至达百种以上，但能够短时间大量消纳秸秆的方法或途径少之又少，尤其缺少“大量、快捷与经济”的秸秆利用方法，缺少可本地消纳的秸秆利用技术。因此，需要因地制宜，开拓秸秆利用新途径，创造秸秆利用新潜力，从根本上解决“用得掉、用得好”的问题。在机制创新上，应解决好秸秆禁烧与利用中的“谁主导、谁运行、补多少、补给谁”的问题，真正构建起基于政策引导的区域秸秆全量利用市场化运行体制与机制。通过技术创新、装备研发、机制创新，构建秸秆利用的全程化技术，实现区域秸秆的“全区域、全年、全量利用”目标。

2.2　区域稻麦秸秆全量利用路径与方法

区域秸秆全量利用的概念，是在全面禁止露天无序焚烧秸秆和禁止随意丢弃秸秆情况下提出的，是指某行政区域内所有农作物秸秆均得到有效利用或有效处置，不发生秸秆露天无序焚烧与随意丢弃等现象。该概念的提出是基于 2009 年 5 月 20 日江苏省第十一届人民代表大会常务委员会第九次会议通过的《关于促进农作物秸秆综合利用的决定》。该《决定》第九条与第十条中明确指出：“设区的市、县（县级市）人民政府应当根据本行政区域秸秆综合利用情况，逐步扩大禁止露天焚烧秸秆的区域范围，到 2012 年年底实行全行政区域禁止露天焚烧秸秆”“任何单位和个人不得将秸秆弃置于河道、湖泊、水库、沟渠等水体内”。2015 年 10 月 10 日，农业部副部长张桃林在全国农作物秸秆综合利用暨农机深松整地作业现场会上的讲话中，明确提出“要抓紧启动一批秸秆全量化利用试点，探索可复制、可推广的全量化利用模式”。因此，在全国秸秆禁烧区域，探索区域秸秆全量化利

用模式，推进区域秸秆全量化利用工作，将是“十三五”秸秆综合利用、生态文明建设等工作的重要内容之一。

区域秸秆全量利用，是以秸秆全面禁烧（露天无序焚烧）与禁抛（随意丢弃）为目标，近期以生态效益、社会效益为主，经济效益为辅，以就地消化利用为主、离田异地利用为辅；中远期以秸秆产业化利用为主要发展方向，注重生态效益、社会效益与经济效益并重，在满足耕地质量提升所要求的秸秆最小还田量基础上，大力发展秸秆高值利用、梯级利用、多级利用等产业化，在确保生态效益的同时，努力提高秸秆生产者（农民）、秸秆利用企业的经济收益。

区域秸秆全量利用，是在某特定的区域，通过将秸秆肥料化、饲料化、燃料化、基料化和原料化 5 种技术途径进行因地制宜组合，构建区域秸秆全量处理利用技术模式与全程技术体系，实现区域秸秆全量化处理利用目标。它要求：①依据区域内秸秆产生量及时空分布，统筹好秸秆综合利用与土地生产能力可持续提升之间的关系，提出秸秆还田数量、还田时序及空间布局；②统筹区域内秸秆还田面积与秸秆收集面积、秸秆还田田块与秸秆收集田块、一年与多年利用之间的相互关系；③依据秸秆利用不同技术成熟度、市场化程度，当地社会经济发展水平与社会经济、农业发展等规划，秸秆利用项目或工程的可操作性等，统筹农作物秸秆肥料化、饲料化、燃料化、基料化与原料化秸秆用量比例与时序；④依据因地制宜与实事求是原则，在编制顶层设计时，既要有秸秆综合利用的目标与方案，也要有短期多余秸秆的有效处置方式，以防露天无序焚烧或随意丢弃；⑤区域秸秆全量化利用工作上，应遵循因地制宜、区域统筹、整体推进的基本原则。

因地制宜原则，要求应充分考虑当地秸秆种类、种植与耕作制度、食草动物养殖发展状况与规划目标、秸秆产业发展状况与条件、社会经济发展水平、环境发展目标等内容，充分发挥当地秸秆消纳与利用潜力，同时，注重协调发展。

区域统筹、整体推进原则，要求以区域农作物秸秆全量化处理利用为目标，以乡镇或县域为尺度，依据区域内秸秆产生量及时空分布，统筹秸秆还田数量与收集离田数量、秸秆还田时序及时空布局，统筹秸秆离田“四料”利用比例与数量；统筹秸秆就地消纳与秸秆产业发展长远目标；统筹农民利益及责任、政府责任、企业运行利润间的关系；建立运行机制与长效运行；采用顶层设计，整体推进全区域秸秆综合利用工作。

2.2.1　区域秸秆全量利用方案设计的方法与步骤

2.2.1.1　估算区域秸秆资源与可收集利用量

依据区域内作物种类、播种面积、产量水平、草谷比等参数，估算秸秆产生总量；依据收获方式、留茬高度、收获季节、收集条件、道路交通等因素，估算区域内实际秸秆可收集利用量。

2.2.1.2　摸清区域内秸秆综合利用现状

实地调研区域内现有的不同作物秸秆利用状况，秸秆利用相关企业数量、规模及分布情况，秸秆收贮点数量和面积，现有实际收贮能力等。根据区域种植业、养殖业、秸秆为主原料的加工产业等发展规划、发展趋势，分析预测未来秸秆资源及利用情况。

2.2.1.3　确定土壤地力持续提升的秸秆还田量

依据区域内土壤肥力状况及地力培肥长远目标、秸秆产生量及时空分布，确定秸秆还田数量和还田季节，筛选配套农机具和适宜农艺技术，避免因秸秆还田数量或技术不当带来的负面影响。

2.2.1.4　确定秸秆离田利用数量

依据秸秆利用的技术成熟度、市场化程度、工程转化效率、节能减排效益，社会经济发展水平、政策导向及利用现状等，优选秸秆利用技术途径，合理设计秸秆用于饲料、基料、燃料与原料的数量比例与时序，促进秸秆离田利用产业化发展。

2.2.1.5　合理布局秸秆收贮场地

依据秸秆产业化利用特性，系统评判秸秆收集时限、收集强度、收集半径和收集技术，确定离田秸秆种类、离田数量和离田田块，建设规模适宜的收贮场地，配套相关收集装备和收集人员队伍，提高秸秆收贮运效率和市场竞争力。

2.2.1.6　区域全量利用统筹方法

在摸清区域秸秆产生量、可收集量以及当前利用量等数据基础上，首先确定区域秸秆最小还田量，依据区域内秸秆基料、饲料及肥料利用现状与未来 5 年利用潜力，秸秆能源、原料利用现状与未来 5 年发展规划，确定近期、中期（5 年）秸秆离田量（离田量应等于或略少于区域秸秆可收集利用资源量）。当近期、中期秸秆离田量估算值小于区域秸秆可收集利用资源量，按全量利用要求，应调增秸秆还田量，同时增加秸秆还田所需配套农机具，改进并提升秸秆还田农艺措施；或调整种植制度与更新品种，减少秸秆产生量；或开拓秸秆利用新途径，新增秸秆离田利用量。调增还田秸秆量应小于或等于最大还田量，如仍有多余秸秆，应设计秸秆就地堆沤方案，对多余秸秆进行有效处理利用；此后，随着区域秸秆利用产业发展，秸秆离田量需求增加，应将秸秆还田量调整到适宜还田或大于等于最小还田量。

在一年两熟或多熟制地区，选择还田秸秆作物时，要统筹兼顾秸秆收集贮存与还田腐解的适宜性、可操作性、经济性以及环境效应等。

收集离田的秸秆在满足食草动物所需要粗饲料前提下，依据其利用与收集相一致原则，社会效益、经济效益及生态效益统一原则对不同利用途径进行优化组合。

2.2.1.7　健全秸秆全量利用的政策保障

从组织、管理、资金投入、政策创设、技术支撑等方面制定切实可行的保障措施，构建基于政策引导的秸秆全量利用机制，推动区域秸秆综合利用的长效运行与可持续发展。

2.2.2　秸秆利用的适宜性

区域秸秆全量利用方案需结合当地农作物秸秆种类及数量，遵循不同秸秆利用的技术适宜性，提出合理的秸秆利用途径。不同秸秆利用途径适宜秸秆种类见表 2-1。

表 2-1　不同秸秆利用途径的适宜秸秆种类

技术途径	技术名称	适宜秸秆
肥料化	直接还田技术	玉米秸、麦秸、稻秸、油菜秸、棉花秸等
	腐熟还田技术	稻秸、麦秸等
	生物反应堆技术	玉米秸、麦秸、稻秸、豆秸等
	堆沤还田技术	除重金属超标的农田秸秆外的所有秸秆
饲料化	青（黄）贮技术	玉米秸、高粱秆、稻秸等
	碱化/氨化技术	麦秸、稻秸等
	压块加工技术	稻秸、豆秸、薯类作物茎叶、向日葵秸、花生秧等
	揉搓丝化技术	玉米秸、豆秸、向日葵秸等
	微贮技术	甘薯藤、豆秸、玉米秸、稻秸、麦秸等
	气爆技术	稻秸、玉米秸等
燃料化	固化成型技术	玉米秸、稻秸、麦秸、棉秸、油菜秸、烟秆等
	秸秆炭化技术	玉米秸、棉秆、油菜秸、烟秆、稻壳等
	沼气生产技术	玉米秸、稻麦秸、豆秸、薯类作物茎叶等
	纤维素乙醇技术	玉米秸、稻麦秸、高粱秆等
	热解气化技术	玉米秸、稻麦秸、稻壳、棉秸、油菜秸等
	直燃发电技术	玉米秸、稻麦秸、稻壳、棉秸、油菜秸等
基料化	食用菌种植和植物栽培基质技术	玉米秸、豆秸、棉秸、油菜秸、麻秆、稻麦秸、向日葵秸等
原料化	人造板材技术	稻麦秸、玉米秸、棉秸等
	复合材料技术	包括大部分秸秆类别
	清洁制浆技术	稻麦秸、棉秸、玉米秸等
	木糖醇生产技术	玉米芯、棉籽壳、玉米秸等
	秸秆块墙体材料	稻麦秸、油菜秸、玉米秸等

2.2.3　不同技术途径的秸秆利用潜力

2.2.3.1　秸秆直接还田利用技术

秸秆最小还田量，是在保证土壤有机质提升、土壤结构改善、土壤肥力持续提高的基础上，确立的最小还田量（即每年单位面积农田最低秸秆归还量）。在江淮及长江中下游的一年两熟制地区，每年秸秆最小还田量应在 2.0～3.0t/hm^2。

秸秆最大还田量，是在不妨碍耕作、不影响出苗、不增加病虫害、维持产量稳定以及现有农机装备能力等的基础上，为确保区域秸秆全面禁烧与禁抛目标的实现而确立的最大还田量，即每年单位面积农田最大秸秆直接还田量。在江淮及长江中下游的一年两熟制地区，具深旋或深翻农机装备条件，可长期实现两季秸秆还田，在秸秆综合利用技术成熟后，应逐步调整秸秆最大还田量到最适宜还田量。

秸秆适宜还田量，是综合平衡土地生产力持续提升、农作物高产稳产、还田作业成本、环境友好等因素，确定的每年单位面积农田秸秆归还量。

还田时序，即在一年两熟或三熟制地区，要依据作物秸秆类型，秸秆还田的农学效应、环境效应以及农时要求、机械装备、还收统筹等原则，确定哪季秸秆还田，哪季秸秆收集利用。在江苏省稻麦轮作区，应以稻秸还田为主、麦秸还田为辅的原则确定还田秸秆。

2.2.3.2　秸秆其他还田利用技术

秸秆生物反应堆还田技术，即在田间或大棚内开沟或在大棚外挖坑，将秸秆埋在沟内或坑内，再覆盖土。秸秆生物反应堆还田技术的秸秆利用潜力见表 2-2。

表 2-2　秸秆生物反应堆秸秆需求量

生物反应堆类型	行下内置式	行间内置式	树下内置式	外置式
秸秆用量/（kg/亩）	3 000～5 000	2 500～3 000	3 000～4 000	4 000～7 000

秸秆覆盖还田技术，主要指将秸秆收集后用于果园、茶园、苗圃、土豆种植等覆盖，也可原位覆盖还田，以协调土壤水肥气热状况，改善作物生长生境条件。不同植物秸秆覆盖还田适宜量见表 2-3。

表 2-3　不同植物秸秆覆盖还田适宜量

作物种类	甘薯	马铃薯	冬大蒜	棉花	茶果树
秸秆用量*/（kg/亩）	400～600	500～1 000	250～300	180～250	1 000～1 200

* 在实际操作中，要依据当时的气候条件与土壤墒情酌情增减。

秸秆堆腐有机肥制作方法为将秸秆粉碎到 1～5cm，和畜禽粪便等其他含氮量较高的物料进行混合，调节原料的碳氮比（C/N）为（25～30）∶1，含水率为 60%左右，通过接种腐解菌剂，堆制发酵制成有机肥料。秸秆资源丰富的地方均可应用本技术。秸秆有机肥以 1∶（1.5～2.0）的比例估算秸秆需求量，即每生产 1t 有机肥，需要 1.5t 以上农作物秸秆。秸秆有机肥质量指标应满足《NY 525—2012 有机肥料标准》的有关规定。

2.2.3.3　秸秆饲料化利用技术

秸秆饲料化利用技术主要包括青（黄）贮（裹包）、碱（氨）化、压块（颗粒）

饲料、揉搓丝化、微贮、气爆等。可用于动物饲料的秸秆种类，应参考其营养价值合理利用。主要秸秆饲料营养价值排序为甘薯藤>花生秸>豆秸>玉米秸>谷子秸>稻秸>麦秸。相同的农作物秸秆，新鲜秸秆的动物表观消化率高于风干后秸秆的动物表观消化率。

在秸秆全量利用方案中，应明确区域内现有草食动物存栏量及规模化养殖水平，参考当地畜禽养殖土地承载量和畜牧业发展中长期规划，确定未来的养殖规模，估算农作物秸秆饲料化利用的近期、远期需求量。以风干秸秆为依据计算，一只羊 1 年的秸秆可消纳量为 110～330kg，其他食草动物的秸秆可消纳量用羊单位换算系数分别为：牛、马、驴、骡各等于 5 个羊单位，10 只鹅等于 1 个羊单位。

秸秆饲料化是秸秆利用的重要途径之一，但因秸秆饲料消耗量与食草动物存栏量有直接关系，秸秆饲料利用量存在着天花板效应。就江苏省而言，近十年来，江苏全省大型食草动物存栏量均在 30 万头上下波动，羊存栏量有增加趋势，但总存栏量不足 500 万头。如果使江苏省人均奶消费水平、食草动物肉消费水平达到世界平均水平，在现有存栏量的基础上，奶牛存栏量应增加 3 倍，肉牛与羊存栏量应增加 2 倍。粗略估算年最大可消耗的秸秆量不超过 620 万 t，仅为江苏全省秸秆产生量的 16%左右。

据江苏省主要农作物秸秆饲料营养价值测定值（表 2-4），不同秸秆饲料综合营养价值由高到低依次为青贮玉米秸、豆秸（大豆与蚕豆）、花生藤、甘薯藤、油菜秸、稻秸与麦秸。另根据江苏省 2014 年统计年鉴，江苏省玉米秸秆、甘薯藤、花生藤与豆秸产生量分别为 298.1 万 t、23.8 万 t、52.9 万 t、110 万 t，合计为 484.8 万 t。在不外售情况下，稻麦秸秆饲料利用潜力每年应不足 200 万 t。

表 2-4　秸秆营养成分及消化率

秸秆种类	消化能/（MJ/kg）		可消化蛋白/（g/kg）	其他成分含量/%				
	牛	猪		粗纤维	灰分	钙	磷	木质素
稻秸	8.318	5.058	2.0	35.1	17.0	0.21	0.08	—
麦秸	8.897	—	5.0	43.6	7.0	0.16	0.08	12.8
青贮玉米秸	10.620	2.161	23.0	34.0	6.0	0.60	0.10	—
大豆秸	7.774	3.912	14.0	44.3	6.4	1.59	0.06	—
蚕豆秸	8.151	2.305	55.0	41.5	8.7	—	—	—
花生藤	—	6.900	68.0	21.8	—	2.80	0.10	—
甘薯藤	—	5.980	38.0	25.7	—	2.44	0.16	—
油菜秸	—	负值	负值	48.2	—	0.83	0.04	—

资料来源：中国畜牧业信息网。

注：1. 表中“—”为未搜集到相关数据。

2. 表中数据引自不同资料，是经综合整理后制成的，由于各地农作物品系和种植条件不同，饲料中营养含量会有所差异。

2.2.3.4 秸秆基料化利用技术

秸秆基料化利用技术主要包括秸秆食用菌种植技术和秸秆栽培基质技术（水稻育秧、蔬菜育苗、花卉苗木栽培等）。中国大部分地区都可利用秸秆生产基质，没有严格的地域性要求。相关基质生产应符合《NY/T 1935—2010 食用菌栽培基质质量安全要求》《LY/T 1970—2011 绿化用有机基质》《NY/T 2118—2012 蔬菜栽培基质》等技术规范。

秸秆全量利用方案中，应明确区域内现有的基质生产与使用量、食用菌与相关种植业的发展规划，计算农作物秸秆基质化利用的近期、远期需求量。

以秸秆为栽培基质的食用菌主要为草腐菌，包括双孢蘑菇、高温蘑菇、棕色蘑菇、姬松茸、草菇、平菇和鸡腿菇等。依据表 2-5 数据与区域内不同草腐菌年生产量，估算区域秸秆需求量。

表 2-5 不同草腐菌秸秆转化效率

食用菌种类	每吨秸秆生产食用菌量/kg	食用菌种类	每吨秸秆生产食用菌量/kg
双孢蘑菇	550	棕色蘑菇	1 000
草菇	200～250	姬松茸	1 000
平菇	600～750	鸡腿菇	1 000
高温蘑菇	1 000	……	

秸秆作为水稻育秧基质、蔬菜育苗基质、花卉苗木基质的需求量（Si）（风干秸秆）计算公式为

$$Si = \sum_{i=1}^{n} \text{种植面积} \times \text{基质需求量} \times 1.8 / 1\,000$$

式中，n 为基质栽培植物的种类；1.8 为秸秆基质化利用系数；水稻以每亩机插秧需育秧基质 40kg 计算；蔬菜采用穴盘育苗移栽，以每亩需育苗基质 60kg 计算；花卉育苗基质按每亩需要育苗基质 90kg 计算。

2.2.3.5 秸秆燃料化利用技术

秸秆燃料化利用技术主要包括秸秆固化成型、秸秆热解气化、秸秆沼气生产、秸秆直燃发电、秸秆炭化、秸秆纤维素乙醇生产、秸秆生物质原油等。不同秸秆低位热值见表 2-6。

表 2-6 不同秸秆低位热值参数（风干计）* （单位：kJ/kg）

秸秆种类	热值	秸秆种类	热值
稻秸	14 059～14 176	花生秧	15 033
玉米秸	14 356～14 519	油菜秆	14 142～14 347
小麦秸	14 766	甘薯蔓	14 753
大麦秸	13 720～14 728	马铃薯茎叶	13 498

续表

秸秆种类	热值	秸秆种类	热值
高粱秆	15 105	向日葵盘	15 021
谷子秸	14 569～15 146	胡麻秆	15 439
大豆秸	15 079～15 146	平均**	14 226
其他豆类	13 983～14 912	标准煤	29 037
棉花秸	14 979	薪柴	16 736

* 风干秸秆指含水量为 15%左右的秸秆。

** 平均指表中所有种类秸秆热值的平均值。

秸秆全量利用方案中，应明确区域内现有秸秆燃料化利用量（包括农户柴薪）、生产能力、生物质锅炉数量、生物质发电装机容量、煤炭消耗量及区域内生物质能源中长期发展规划，依据区域能力和实际需求进行统筹，适度发展相关能源化利用技术。不同秸秆能源化利用方式产品转化量及热值利用率见表 2-7。

表 2-7　秸秆燃料化利用产品转化参数

利用途径	每吨秸秆转化量	产品低位热值	热值利用率/%
固化成型	1.1 t	≥12.6MJ/kg	>30（炊事炉具） >65（采暖炉具及工业锅炉）
热解气化	300～2 000m^3	5～12MJ/m^3	>55（灶具）
秸秆沼气生产	270m^3	22MJ/m^3	40～60
直燃发电	1 000kW · h	3.6MJ/（kW · h）（当量值）	100
秸秆炭化	0.3t	20MJ/kg	40
纤维素乙醇生产	0.14～0.2t	27MJ/kg	70
生物质原油	0.4t	15MJ/kg（高位热值）	50～70

区域秸秆燃料化利用技术的选择还应考虑技术成熟度、市场容量与认可度，其中技术基本成熟、市场潜力大的应优先发展，包括秸秆固化成型燃料、直燃发电、秸秆沼气生产、秸秆炭化等技术。市场潜力大，技术尚未成熟或现阶段经济性不强的可持续关注，包括秸秆热解气化、秸秆纤维素乙醇生产、秸秆生物质原油等技术。

2.2.3.6　秸秆原料化利用技术

秸秆原料化利用技术主要包括秸秆板材、秸秆清洁制浆、秸秆复合材料、秸秆木糖醇、秸秆成型容器、秸秆编织等。

秸秆全量利用方案中，应依据区域内现有秸秆原料化利用水平和市场化发展趋势，合理规划秸秆原料化利用方式和建设规模。不同秸秆原料化利用技术秸秆需求量参考表 2-8。

表 2-8　秸秆原料化利用需求量参数

秸秆原料化利用技术	单位	秸秆需求量/t
秸秆清洁制浆	1t	3
秸秆复合材料	1t	0.5
秸秆板材	1 万 m^3 生产线	12 000
秸秆木糖醇	1t	8～12（玉米芯）
秸秆墙温室大棚	标准大棚（宽 11m、长 100m、肩高 4.5m）	30～40
秸秆成型容器	6 900 只	1
秸秆编织	1t	1

参 考 文 献

毕于运，2010．秸秆资源评价与利用研究[D]．北京：中国农业科学院．

常志州，靳红梅，黄红英，等，2016．“十三五”江苏省秸秆综合利用策略与秸秆产业发展的思考[J]．江苏农业学报，32(3)：534-541．

常志州，石祖梁，张斯梅，等，2015．“区域统筹、整体推进、终端扶持”是破解秸秆禁烧与全量利用的根本出路[J]．农业资源与环境学报，32(4)：321-326．

崔明，赵立欣，田宜水，等，2008．中国主要农作物秸秆资源能源化利用分析评价[J]．农业工程学报，24(12)：291-296．

田宜水，2010．生物质发电[M]．北京：化学工业出版社．

王亚静，毕于运，高春雨，2010．中国秸秆资源可收集利用量及其适宜性评价[J]．中国农业科学，43(9)：1852-1859．

徐勇，勇强，余世袁，2013．构建秸秆高效综合利用体系的对策与措施——以江苏省为例[J]．生物质化学工程，47(3)：11-16．

张立萍，2013．我国农作物秸秆资源化综合利用的思考[J]．中国农业信息(5)：15-16．

张桃林，2014．增强责任感提高执行力，努力开创农业资源环境保护工作新局面[J]．农业资源与环境学报，31(6)：487-494．

第 3 章　秸秆产生量与空间分布的估算方法

秸秆资源调查和估算，是秸秆利用规划与秸秆综合利用的基础性工作。2008 年，国务院办公厅颁发了《关于加快推进农作物秸秆综合利用的意见》(国办发〔2008〕105 号)，号召“开展秸秆资源调查，进一步摸清秸秆资源情况和利用现状”。2009 年，农业部组织制订《农作物秸秆资源调查与评价技术规范》(以下简称《规范》)，该《规范》规定秸秆资源量（本书表述为秸秆产生量）的调查方法，即通过农户问卷调查与农作物收获时直接采样测试，结合草谷比的方法，进行秸秆产生量的估算。

草谷比，即某种作物单位面积的秸秆产量（不含地下根系）与籽粒产量的比值。已有研究表明，中国水稻草谷比为 0.6～2.5，小麦草谷比为 0.73～1.77。Summers 等（2003）研究认为，美国加州典型条件下的水稻草谷比为 0.81～2.29，平均值为 1.27。由于传统的草谷比数据变幅很大，根据不同草谷比估算得到的秸秆产生量差别也相当大。针对目前中国作物秸秆资源估算时草谷比取值不当的现象，毕于运等（2009）通过文献查阅和实地试验调查，对多种作物的草谷比进行了订正，得到同一作物相对统一的草谷比，对各地秸秆产生量的估算具有一定的指导意义，但该研究未能将作物秸秆及其籽粒含水率进行统一，因而得到的草谷比值仍欠科学。此外，各地区生态条件差异巨大，同一作物类型品种众多，产量水平差异较大，欲要科学估算特定地区秸秆产生量，仍需对本地作物的草谷比进行调查研究。

对于省市、县区等大尺度秸秆产生量调查与估算，采用《规范》规定方法，可以获取较为准确的统计数据。然而，随着秸秆资源综合利用工作的不断深入，这种方法得到的秸秆资源数据难以满足更为具体的秸秆资源规划、收贮设施选址、秸秆物流调度等工作需求。因此，更加准确、方便、快捷的乡镇区域尺度秸秆资源调查方法显得尤为重要。

乡镇区域的秸秆资源调查与省级、县级区域的秸秆资源调查不同。两者之间的差异。不仅表现在目标区域的面积不同，在用途、精度、方法等方面也有较大差异。主要表现在：①乡镇区域秸秆资源调查目标不仅在于宏观地掌握目标区域的秸秆资源产生和利用情况，更重要的是精准制订秸秆利用规划、秸秆收贮设施选址、秸秆物流调度等具体的应用目标；②乡镇区域的秸秆资源调查要有更高的精度，至少精确到田块级别，还需要有秸秆资源的空间和时间分布，以及目标区域的农田道路等信息，以便更科学地统筹秸秆收集、贮存时间和地址；③乡镇区域秸秆资源调查的方法可建立在地理信息系统的基础之上，通过遥感和传统抽样方法相结合以获得更高的精度和效率。

目前文献报道的秸秆资源估算方法是针对县级以上尺度的研究，而对乡镇区域的秸秆资源调查估算方法极少见。

因此，针对某特定区域作物栽培方式、作物类型及品种、产量水平等情况，调查研究获得更为准确的作物草谷比以及探索建立更为精准的乡镇区域秸秆产生量及时空分布等特征的估算方法，对区域秸秆综合利用规划与技术途径选择极为重要。

3.1　主要农作物秸秆产生量

3.1.1　稻秸产生量

以江苏省主栽水稻品种为研究对象，对不同品种类型、不同种植方式和不同单产水平的水稻植株进行取样调查，确定江苏省水稻草谷比，估算江苏省水稻秸秆资源总量。2009 年在江苏省沭阳、丹阳和扬中等地，共选用当地代表性水稻品种 23 个（粳稻品种 19 个、籼稻品种 4 个），包括“武运粳 21 号”“武育粳 23”“南粳 44”“扬粳 4038”“宁粳 3 号”“镇稻 10 号”“镇稻 413”“徐稻 3 号”“徐稻 4 号”“徐稻 5 号”“连粳 4 号”“泗稻 12”“华粳 6 号”“郑稻 18”“9 优 418”“徐 68 优 201”“徐优 631”“徐优 733”“69 优 8”“两优培九”“Ⅱ优 1259”“Y 两优 1 号”“科优 8377”。选择 4 种不同的水稻种植方式，即人工栽插、机械插秧、抛秧和直播。各取样地点不同水稻品种种植面积均大于 0.33hm^2。在水稻收割前 2～3d 取样，每个品种随机取 4 个点，每点取样面积为 1m^2，取样后，将水稻植株浸在水中略漂洗以去除浮尘，然后用自来水将根部冲洗干净，待植株表面水分自然晾干后剪去根部，并剪下穗部，单独装入尼龙网袋，风干后称重。

3.1.1.1　江苏省水稻草谷比

江苏省籼稻和粳稻间的草谷比基本接近，差异不显著（表 3-1）。以往的一些研究显示，江苏省水稻草谷比平均值为 1.04，显然比本研究结果略高，可能与计算草谷比时的籽粒和秸秆的含水量不一致有关，也可能与育种进步、生产条件不同等其他因素有关。

表 3-1　不同生产条件下水稻草谷比

项目		稻秸产量/（kg/hm^2）	稻谷产量/（kg/hm^2）	草谷比
品种类型	粳稻	7 874.17aA	7 628.55aA	1.03aA
	籼稻	7 066.83bA	7 237.95aA	0.98aA
种植方式	机械插秧	8 664.83aA	7 415.47abA	1.19aA
	直播	7 403.40abAB	7 206.75bA	1.03aA
	人工栽插	7 456.29abAB	7 602.92abA	0.98abAB
	抛秧	6 539.58bB	8 219.41aA	0.80bB

续表

项目		稻秸产量/（kg/hm²）	稻谷产量/（kg/hm²）	草谷比
产量水平/（kg/hm²）	>6 000～6 750	7 373.24aA	6 575.90aA	1.12aA
	>6 750～7 500	7 498.72aA	7 101.16bB	1.06aA
	>7 500～8 250	7 775.97aA	7 905.94cC	0.98abA
	>8 250～9 000	7 908.46aA	8 401.95dD	0.94abA
	>9 000 以上	8 013.60aA	9 708.30eE	0.83bA

注：不同品种类型、种植方式和产量水平间同列不同大、小写字母分别表示差异极显著（P<0.01）和显著（P<0.05）。秸秆重量为风干重。

不同种植方式下，稻秸与稻谷产量变化较大（表 3-1）。其中单位面积稻秸产量由多到少的顺序为机械插秧>人工栽插>直播>抛秧，而单位面积稻谷产量由多到少的顺序为抛秧>人工栽插>机械插秧>直播，因而草谷比变化较大。草谷比由高到低依次为机械插秧>直播>人工栽插>抛秧，其中抛秧与机械插秧和直播的差异达极显著水平（P<0.01），与人工栽插的差异不显著。

不同产量水平下，稻秸产量间差异并不显著（表 3-1），说明稻谷产量的提高并未对稻秸产量带来显著影响。结果显示，随稻谷产量水平不断提高，草谷比呈不断下降趋势。水稻产量水平在>6 750～9 000kg/hm^2，不同产量水平间草谷比差异不显著；而草谷比在较低产量水平（>6 000～6 750kg/hm^2）与较高产量水平（>9 000kg/hm^2）间差异达显著水平（P<0.05），表明稻谷产量的逐步提高对草谷比的同步下降产生了累积影响。

3.1.1.2 江苏省稻秸产生量估算

1. 按品种类型估算稻秸产生量

根据《江苏统计年鉴—2010》资料，2009 年江苏省水稻种植面积 223.32 万 hm^2，总产 1 802.89 万 t，平均单产 8 073kg/hm^2。其中籼稻种植面积 37.21 万 hm^2，粳稻（含糯稻 5.07 万 hm^2）种植面积 186.11 万 hm^2；籼稻平均单产 6 923kg/hm^2，总产 257.60 万 t，粳稻平均单产 8 303kg/hm^2，总产 1 545.3 万 t。由表 3-1 中的粳籼稻草谷比推算：粳稻秸秆总量为 1 591.66 万 t，籼稻秸秆总量为 252.45 万 t，水稻秸秆总量为 1 844.11 万 t，按 14.0%的含水率折算成纯干重为 1 585.93 万 t。

2. 按种植方式估算稻秸产生量

由于缺乏江苏全省不同种植方式下水稻产量的统计数据，以调查样本在不同种植方式下单位面积稻秸量来估算江苏省稻秸产生量。依据江苏省农委作物栽培技术指导站（简称：作栽站）对不同种植方式水稻种植面积统计资料，2009 年江苏省水稻种植面积为 217.44 万 hm^2。因作栽站统计数据比《江苏统计年鉴》公布数据少 5.88 万 hm^2，为便于统一分析，将江苏省农委作物栽培技术指导站统计的水稻种植总面积调整到 223.32 万 hm^2，与江苏省统计局的数据一致。按统一增加 2.7%的比例修正后，不同种植方式水稻种植面积分别为：机械插秧稻 51.51 万 hm^2，人工栽插稻 96.26 万 hm^2，抛秧稻 21.38 万 hm^2，直播稻 54.15 万 hm^2（由于麦田套播稻面积较小，仅为 4.04 万 hm^2，将其并入直播稻面积计算）。

表 3-1 显示，人工栽插稻、机械插秧稻、直播稻和抛秧稻的单位面积稻秸干重依次为 7 456.29、8 664.83、7 403.40 和 6 539.58（kg/hm^2），而相应的种植面积分别为 96.26 万、51.51 万、54.15 万和 21.38 万（hm^2）。因此，人工栽插、机械插秧、直播和抛秧稻稻秸量依次为 717.74 万、446.33 万、400.89 万和 139.82 万（t），合计秸秆总量纯干重为 1 704.78 万 t。

3. 按产量水平估算稻秸产生量

根据全省 2009 年水稻收获统计资料，按 14.0%的含水率将全省各县区水稻产量统一折算成纯干重，结果表明（表 3-2），江苏省稻秸总量为 1 599.48 万 t。

表 3-2　水稻不同产量水平下秸秆产生估算量（2009，江苏）

产量水平/（kg/hm^2）	比例/%	草谷比	水稻总产/万 t	秸秆产生量/万 t
>6 000～6 750	8.4	1.12	130.24	145.87
>6 750～7 500	49.8	1.06	772.14	818.47
>7 500～8 250	41.8	0.98	648.10	635.14
总计	—	—	1 550.48	1 599.48

综合不同品种类型、种植方式和产量水平进行估算，江苏省稻秸资源干重总量为 1 585.93 万～1 704.78 万 t，而传统的估算值为 1 800 万 t（一般以风干重估算），按 14%的含水率折算，其干重为 1 548 万 t。显然，本研究结果比传统估算值高，变幅在 2.45%～10.13%，这可能是本研究充分考虑了产量水平与种植方式对水稻草谷比的影响，估算值应该更贴近实际情况。

3.1.2　麦秸产生量

以江苏省主栽小麦品种为研究对象，通过两年对不同品种类型和不同产量水平的小麦植株进行取样调查，确定江苏省小麦草谷比，并估算小麦秸秆产生量。

江苏省位于东经 116°、北纬 30°，属于暖温带半湿润地区，处于南北气候过渡带。根据全国小麦生态区划分，江苏省属于两个麦区，以淮河为界，淮南地区属于长江中下游冬麦区的一部分，淮北地区属于黄淮冬麦区的一部分。淮南麦区属亚热带季风气候，年平均温度 14～16℃，年积温 4 500～5 640℃，年日照时数 2 000～2 300h，小麦全生育期降雨量 500mm 以上。淮北麦区属暖温带季风气候，年平均温度 13～14℃，年积温 4 340～4 690℃，年日照时数 2 300～2 600h，小麦全生育期降雨量 250～400mm。因此全区小麦品种生态类型具有过渡特点，两个麦区的小麦品种类型及其生长发育特性也具有明显差别，即从南到北对温度反应从春性到冬性，对光照反应从不敏感到敏感。江苏省淮南麦区以春性品种为主，淮北麦区以半冬性品种为主。

2010～2011 年江苏省小麦生育期间光照足、积温多、降雨少，前期干旱，返青期、灌浆期全省普降大雨，对小麦苗期转化、后期灌浆以及提高抗倒能力十分有利。2012～2013 年全省小麦生育期间总积温、光照和降雨比常年略高，前期偏冷略旱，中后期频遭冷空气侵袭，其中 2013 年 3～4 月出现多次较强冷空气，小麦受冻较严重。

分别于 2010 年和 2013 年的 5 月底至 6 月初，在江苏省淮北麦区的铜山、睢宁、东海、宿城、新沂、淮阴和淮南麦区的亭湖、高邮、姜堰、扬中、金坛等县（市、区），选择当地种植的代表性小麦品种 32 个，包括宁麦 13、宁麦 17、扬麦 16、扬麦 17、扬麦 18、扬辐麦 4 号、镇麦 5 号、镇麦 9 号、镇麦 10 号、镇麦 168、生选 6 号、苏麦 188、华麦 5 号 13 个春性品种，以及淮麦 20、淮麦 26、淮麦 28、淮麦 31、淮麦 32、徐麦 30、徐麦 31、连麦 6 号、明麦 1 号、华麦 4 号、迁麦 1 号、苏徐 1 号、保麦 2 号、保麦 1018、济麦 22、烟农 19、周麦 21、周麦 26、鲁原 502 共 19 个半冬性品种。每个小麦品种随机选择 1 个田块，每个田块面积大于 $0.33hm^2$。2011 年共采集春性品种 12 个，计 180 个样点，半冬性品种 16 个，计 240 个样点；2013 年共采集春性品种 11 个，计 165 个样点，半冬性品种 17 个，计 255 个样点。两年调查采集的小麦品种基本一致。在小麦收割前 2～3d 取样，利用 S 形取样法，每个品种在田间随机取 5 个点，每点取样面积为 $1m^2$，将小麦连根挖起。取样后将小麦植株根部冲洗干净，然后剪去根部，并剪下穗部，单独置入尼龙网袋。对穗部做进一步脱粒。

3.1.2.1 小麦草谷比

1. 不同生态类型小麦草谷比

两年的调查结果显示（表 3-3），春性小麦草谷比极显著低于半冬性小麦，这主要是由于两类品种小麦籽粒产量相近，而春性小麦品种的秸秆产量极显著低于半冬性小麦品种。两年平均结果显示，半冬性品种籽粒产量比春性品种低 0.49%，而半冬性品种秸秆产量比春性品种高 31.45%，因而导致半冬性品种草谷比比春性品种高 31.13%。这可能与江苏省南北生态气候条件以及春性和半冬性品种类型的生长发育特性有关。淮河以南麦区尤其苏南地区气温与降雨量较高，生产上常稀播，多选用大穗型春性品种，以改善群体，提高通风透光性，增强抵御植株病害与渍害能力；淮河以北麦区麦季气温与降雨量较低，较少考虑渍害，生产上常以多穗夺高产，多选用半冬性多穗型或中穗型品种，同时生产条件不如淮南，导致播量也偏大。这可能都是构成半冬性小麦草谷比高于春性小麦的主要原因。

表 3-3　不同生态类型小麦草谷比

年份	品种类型	秸秆产量/（kg/hm²）	籽粒产量/（kg/hm²）	草谷比
2010～2011	春性	7 065.5a	6 764.3a	1.05A
	半冬性	9 695.5b	6 923.4a	1.40B
2012～2013	春性	6 731.7a	6 335.3a	1.07A
	半冬性	8 440.9b	6 112.0a	1.38B

注：同列不同大、小写字母表示差异显著（$P<0.05$）和极显著（$P<0.01$）。

春性品种与半冬性品种的草谷比年际间变化不大，春性品种的草谷比稳定在 1.05～1.07，半冬性品种的草谷比稳定在 1.38～1.40。

2. 产量水平对小麦草谷比的影响

春性小麦品种不同产量水平的草谷比（表 3-4）显示，2010～2011 年春性小麦品种，籽粒产量大于 4 750kg/hm^2 时，各产量区间的草谷比显著小于低产水平（籽粒产量>4 000～4 750kg/hm^2），籽粒产量>4 750kg/hm^2 时草谷比有随产量增加而缓慢减少的趋势；籽粒产量达到超高产（>8 500kg/hm^2）水平时，草谷比显著低于籽粒产量在>4 750～6 250kg/hm^2 的草谷比，表明小麦籽粒产量的逐步提高对草谷比的同步下降产生了累积效应，这与水稻草谷比随产量的变化趋势一致。2012～2013 年春性小麦品种，籽粒产量处于>4 750～8 500kg/hm^2 时，草谷比没有显著差异，变幅在 1.01～1.13。小麦品种低产群体后期光合产物的形成与运转能力往往低于高产群体。而生产上小麦低产往往是由于群体过大引起，这种过大的群体不仅造成后期光合产物的形成与转运效率低，也降低了小麦籽粒的经济系数，扩大了草谷比，增加了秸秆产量。

表 3-4　春性小麦不同产量水平的草谷比

年份	产量区间/（kg/hm²）	秸秆产量/（kg/hm²）	籽粒产量/（kg/hm²）	草谷比
2010～2011	>4 000～4 750	6 226.7cd	4 378.1a	1.42a
	>4 750～5 500	6 092.2d	5 254.5b	1.16b
	>5 500～6 250	6 446.2cd	5 953.8c	1.08bc
	>6 250～7 000	6 795.5c	6 614.5d	1.03cd
	>7 000～7 750	7 553.6b	7 349.3e	1.03cd
	>7 750～8 500	8 279.6a	8 139.6f	1.02cd
	>8 500	8 390.0a	8 714.0g	0.96d
2012～2013	>4 000～4 750	—	—	—
	>4 750～5 500	5 289.0a	5 939.5a	1.13a
	>5 500～6 250	5 926.0b	6 626.3ab	1.12a
	>6 250～7 000	6 536.1c	6 647.4ab	1.02a
	>7 000～7 750	7 256.2d	7 334.0b	1.01a
	>7 750～8 500	7 960.9e	8 223.3c	1.03a
	>8 500	—	—	—

注：同列数据后不同小写字母表示相同年份间差异显著（$P<0.05$）。

半冬性小麦品种不同产量水平的草谷比（表 3-5）变化规律类似于春性品种，年际间也有所不同。2010～2011 年半冬性小麦草谷比有随产量增加而降低的趋势，变幅较大（1.21～1.77）。统计分析表明，籽粒产量在>4 000～4 750kg/hm^{2}时，草谷比显著高于籽粒产量大于 5 500kg/hm^2 时的各产量区间，且与超高产水平（>8 500kg/hm^2）草谷比的差异达极显著水平（P<0.01）。表明半冬性小麦在偏旱年份与春性小麦一样，低产水平与高产或超高产水平间，由于群体结构、光合能力与物质转运效率等不同，高产小麦有更多的光合产物转移至籽粒，从而使草谷比产生了显著不同。在 2012～2013 年，不同产量水平间草谷比无显著差异，籽粒产量从 4 000kg/hm^2 增加到 8 500kg/hm^2 以上，草谷比变化比较稳定，变幅在 1.33～1.44。

表 3-5　半冬性小麦不同产量水平的草谷比

年份	产量区间/（kg/hm^2）	秸秆产量/（kg/hm^2）	籽粒产量/（kg/hm^2）	草谷比
2010～2011	>4 000～4 750	7 620.3c	4 315.4a	1.77a
	>4 750～5 500	8 497.5bc	5 107.5b	1.65ab
	>5 500～6 250	9 020.7bc	5 843.3c	1.54bc
	>6 250～7 000	9 961.5ab	6 672.0d	1.49bcd
	>7 000～7 750	9 782.3ab	7 389.0e	1.33cde
	>7 750～8 500	10 192.4ab	8 152.1f	1.25de
	>8 500	11 378.3a	9 394.2g	1.21e
2012～2013	>4 000～4 750	6 316.4a	4 631.8a	1.37a
	>4 750～5 500	7 479.0b	5 201.7b	1.44a
	>5 500～6 250	7 862.6bc	5 756.6c	1.37a
	>6 250～7 000	8 653.0c	6 418.2d	1.35a
	>7 000～7 750	10 026.2d	7 510.1e	1.33a
	>7 750～8 500	11 509.7e	8 084.4f	1.43a
	>8 500	12 614.6f	8 975.5g	1.40a

注：同列数据后不同小写字母表示相同年份间差异显著（P<0.05）。

江苏省淮北地区小麦播种量常常偏大，在 2010～2011 年麦季前期偏旱条件下，群体反而较为适中，中后期及时降雨使小麦叶片光合能力迅速得到恢复，有利于壮秆和籽粒灌浆。一般产量水平的田块由于干旱，叶面积下降，光合能力并不能完全恢复至正常水平，籽粒粒重有所下降，收获指数下降，草谷比上升。高产水平则可能由于该类品种具有一定抗旱能力和更加适宜的群体，中后期降雨导致植株出现净光合速率的旱后超补偿效应，提高了小麦收获指数，降低了草谷比。较低产量水平的小麦几乎都为高秆品种或具有过大的群体，容易出现倒伏，群体光能利用率较低，籽粒产量下降，收获指数降低，进而引起草谷比增加。

3.1.2.2　小麦秸秆产生量

依据表 3-4 和表 3-5 提供的小麦草谷比，根据《江苏农业年鉴》统计数据，

2013 年江苏省小麦秸秆总量（干物质）为 1 427.3 万 t。该数值比以往报道的江苏省小麦秸秆产生量估算值要高。分析其原因，一方面是小麦产量不断提高，秸秆产生量必然增加；另一方面可能与冬季温度偏高小麦营养生长旺盛、草谷比增加有关。

基于小麦产量与草谷比，按《江苏统计年鉴—2013》提供的各地区小麦播种面积，估算出江苏省各市小麦秸秆产生量（表 3-6）。

表 3-6　江苏省不同地区小麦秸秆产生量（风干重）

地区	市别	面积/万亩	产量水平/（kg/亩）	草谷比	秸秆产量/（kg/亩）	资源总量/万 t
淮北地区	徐州市	520.64	369.84	1.38	510.38	265.72
	连云港市	360.50	382.41	1.38	527.73	190.25
	宿迁市	414.99	367.69	1.38	507.41	210.57
	淮安市	457.97	377.26	1.38	520.62	238.43
沿淮苏中	盐城市	689.30	376.57	1.07	402.93	277.74
	扬州市	287.09	391.06	1.07	418.43	120.13
	泰州市	303.56	398.15	1.07	426.02	129.32
	南通市	347.30	340.41	1.07	364.23	126.50
苏南地区	南京市	75.17	341.43	1.07	365.33	27.46
	镇江市	110.75	334.59	1.07	358.01	39.65
	常州市	90.17	344.42	1.07	368.53	33.23
	无锡市	78.71	357.66	1.07	382.70	30.12
	苏州市	104.61	348.91	1.07	373.33	39.05
合计		3 840.71	371.06	—	—	1 737.22

由表 3-6，江苏省小麦秸秆产生量最多的是盐城市，其次是徐州市，而苏南 5 市小麦秸秆总量仅为 169.51 万 t，仅是盐城市的 61%，可见，盐城市麦秸禁烧与利用的压力最大。

对两年不同品种类型、不同产量水平下小麦草谷比调查分析发现，小麦秸秆产生量在年际间存在着变化，其变幅可达 20%以上。因此，在小麦秸秆利用规划中，要充分考虑到小麦秸秆产生量年际间变化可能会给秸秆收集利用带来的影响。

3.1.2.3　大麦秸秆产生量

采用实地调查与抽样方法，调查估算了大麦草谷比与秸秆产生量，数据见表 3-7。

表 3-7　不同大麦品种草谷比

品种名称	采样地点	种植方式	密度/（万株/亩）	秸秆产量/（kg/亩）	草谷比
西引 2 号	东辛农场	机条播	15	368.4	1.12
AK-68	射阳	机条播	16	357.7	1.23
扬农啤 7 号	射阳	机条播	16	382.5	1.23
苏啤 6 号	盐都	人工撒播	20	340.6	1.33

注：随机选择田块，采用 S 型 5 点取样方法，抽样调查，每个样点 $1m^2$。

3.1.2.4 油菜秸秆产生量

为估算油菜秸秆产生量，2016 年对苏北大田油菜秸秆产生量进行了抽样调查，结果见表 3-8。可见，不同品种与移栽方式均影响油菜的草谷比。在估算油菜秸秆产生量时，应充分考虑油菜的移栽方式与品种间的差异。

表 3-8 不同油菜品种秸秆产量及草谷比

品种名称	采样地点	种植方式	密度/（万株/亩）	秸秆产量/（kg/亩）	草谷比
沣油 737	阜宁	人工移栽	0.74	227.4	1.64
秦优 7 号	滨海	人工移栽	0.82	196.5	1.61
秦优 10 号	射阳	人工移栽	0.76	202.6	1.97
盐油杂 3 号	盐都	机栽	1.26	176.3	2.03

3.2 稻麦秸秆空间分布及产生量估算方法

一般采用田间调查方法，结合草谷比以及统计资料，可以估算全省及各市区域秸秆产生量，但这种方法获得的秸秆产生量不能反映秸秆产生的时空特征，难以满足区域秸秆收、贮、运的选址规划需求，同时也难用于秸秆收集的运筹安排。因此，还需要开发一种更为准确并带有时空特征信息且更为简单易行的乡镇区域秸秆产生量估算方法。为此，基于天地图影像，结合 MODIS（moderate resolution imaging spectroradiometer，中分辨率成像光谱仪）时间序列数据与 GPS、GIS（地理信息系统）数据，建立一种乡镇区域秸秆产生量的估算方法。

3.2.1 基于天地图影像绘制乡镇区域农田电子地图

前文提到，构建区域秸秆全量利用技术体系，应主要以乡镇区域为尺度，为此，本章节以乡镇为基本单元，构建秸秆产生量估算方法。

大比例尺农田电子地图，是秸秆资源调查、秸秆收贮加工设施选址、秸秆物流建模等工作最重要最基础的数据信息来源。电子地图数据是针对在线浏览和专题标图的需要，对矢量数据、影像数据进行内容选取组合所形成的数据集。电子地图是电子地图数据经符号化处理、图面整饰后形成重点突出、色彩协调、符号形象、图面美观的视屏显示地图。农田电子地图是以农田地物为主要描绘对象的主要应用于农业科研和农业生产管理的电子地图。

目前面向公众的电子地图服务如谷歌、必应、百度、天地图等都以图像格式呈现，而很少提供电子地图数据服务。这些电子地图只能用于显示和简单的标绘，不能直接用于秸秆资源调查和秸秆设施规划等专业的研究和生产领域。农田方面的专业电子地图资源更少，目前仅国土资源部（现自然资源部）第二次全国土地调查（以下简称二调）的成果较为接近专业应用的目标。然而，由于二调的专题属性设置服务于土地确权的目标，与秸秆综合利用规划的目标不完全吻合，作物种类、种植结构方面明显不足，农田道路、农田水系方面不够精细，属性设置也不充分，因而不能直接用于秸秆资源规划。因此，需要依据已有公开的图像格式重新构建农田电子地图。

构建农田电子地图的方法大致可分为 3 种。一是传统的测绘方法，得到的数据精度高，但工作量大，费工费时，即使是乡镇、村组级别的农田，农田田块数也成百上千，测绘工作繁重，成本高。二是根据已有的土地利用现状图进行矢量化，但这些图大多成图年代较早，多有遗失或残缺，不能反映最新的农田状况。三是用遥感影像或者航空影像矢量化构建电子地图，简便，工作量相对较小，精度高，现势性好。主要缺点是所需高分辨率影像价格较高（一般为 100～150 元/km^2），以 100km^2 的乡镇为例，仅影像费用就需要几万元。另外，这种方法过程复杂，技术要求高，需要专业人员应用专业的软件在较高配置的计算机或工作站上才能完成。不菲的费用和技术门槛大大限制了其实用价值。为解决这两个问题，本研究探索应用天地图免费影像绘制大比例尺农田电子地图。

天地图·江苏省为天地图省级分节点，由江苏省测绘地理信息局开发和维护。其影像地图覆盖江苏省全境，分辨率高，即使是在农村地区和某些特定农田区域，瓦片级别普遍达到 17 级（地面分辨率为 1.19m/像素）以上，田埂清晰可见，市级节点更是达到 18～20 级（0.6～0.15m/像素），完全能够满足农田电子地图制图的需要。天地图影像是经过校准的数字正射影像，无须前期处理，可大大降低绘制地图的技术门槛，提高效率。

3.2.1.1　农田基本地理要素

农田基本地理要素是指与农田相关的位于目标农田区域内的基础地理信息要素。根据基础地理信息要素的定义和分类，农田基础地理信息要素主要包括农田地块、农田道路、农田水系、农田植被与土质、农田设施等。区域内的境界和政区、居民地、各种注记等非农田特异性的要素也是绘制农田电子地图所必需，但不归于农田基本地理信息要素。对农田地块、农田道路、农田水系等要素需要加以详细说明。

1）农田地块

农田地块是指被沟、渠、路、田埂等线状地物分割的种植农作物的土地地块。这些线状地物不仅阻止了水分、养分、农田污染物的自由流动，也使得农田在耕翻、收割、管理方面成为相互独立的单元，因此以此作为分割界线能够正确反映农田的栽培管理特征，应用上会更加方便。在高分辨率影像地图上，这些线状地物与农田作物具有明显差异，很容易区分。如图 3-1 所示，越冬以后的小麦田，田埂和田间沟渠与麦田的颜色差异十分明显，易于识别和辨认。

图 3-1　农田地块影像截图

基于中国农村家庭联产承包的现状，以这种方法分割得到的田块往往是一个宗地的单元，即隶属于自然村或村民小组的较大田块，而不是基本的种植单元。一个地块可能包括多个承包户的土地，种植的作物种类、季节往往存在差异，在影像上难以准确区分。即使因种植作物的不同或空闲可以准确区分，年度之间也不稳定，这给精确的空间分析和设施规划带来困难。

2）农田道路

农田道路由公共道路、田间道、生产路和一部分田埂组成。农田道路要素主要用于估算秸秆物流成本、收贮加工设施优化选址。

（1）公共道路。公共道路是指穿行于农田区域之间的用于普通运输的交通线，其主要功能是普通客货运输，道路起始点不一定与农田相连，运输的货物也不一定与农田有关（图 3-2）。天地图 • 江苏影像地图上将道路分为国道、省道、主干道、次干道、县道、乡道、机耕路（大路）、乡村路（小路）几个等级。这些道路一般是公共道路，其中有些大路、乡村路与田间道重合。

（2）田间道和生产路。田间道和生产路是农田专用道路，与特定农田田块相连接，专用于农机人畜通行、农资农产品运输和田间管理作业（图 3-2）。

田间道宽一般为 3～4m，可行驶拖拉机、收割机等大型农机具。生产路宽 2～2.5m，可行驶平板车、三轮车等小型农用车辆。在天地图 • 江苏线划地图上未标出田间道和生产路，需要利用影像地图绘制，同时结合田间调查确定其连通性和通行能力。

田间道、生产路是农田道路系统的主要组成部分，其地理和属性信息是农产品、农资物流成本计算和规划的基础数据。

（3）田埂。田埂用于分隔农田种植区块，以便于施肥、播种等田间操作，也可作为手工收获的临时通道（图 3-2）。田埂宽 0.5～1m，略高于农田地面。较宽的田埂也具有一定的通行能力，可供单人行走。在规划良好的农田，田埂不作为农田道路系统的一部分，但在沟渠道路系统并不完善的地方，如本研究样本试验区的朱岗村的岗坡地，地块较小，田间道路依地势自然形成，较宽的田埂可作为道路使用，也可纳入农田道路体系。

（a）公共道路

（b）田间道

（c）生产路

（d）田埂

图 3-2　农田道路分类示意图

3）农田水系

农田水系由农田区域中的河流、湖泊、水库、水塘、灌排渠沟、暗管组成。与农田道路系统相对应，农田水系包括公共水系、斗渠（沟）、农渠（沟）和一部分毛渠（沟）四个级别。农田水系要素用于分割农田地块、构建水系拓扑结构和建立秸秆养分及污染物迁移模型。

公共水系：农田小区域中的河流、湖泊、水库一般具有公共溶泄的功能，不与特定的农田田块相连，属于公共水系。灌区内干渠（沟）、支渠（沟）承担较大区域的农田灌排功能，在绘制小区域农田电子地图时也归入公共水系。

斗渠（沟）、农渠（沟）：规划良好的农田，斗渠（沟）对应于田间道，与农作物种植方向垂直。农渠（沟）对应于生产路，与农作物种植方向平行，三者并行或相间排列。农渠为最末级固定渠道，农沟为最末级固定沟，是农田地块的主要分割界线。试验区内车门街道东部农田显示了典型的农田沟渠路布局（图 3-3），其他农田大都遵循这种布局方式，或在此基础上有因地制宜的变化。

图 3-3　农田沟渠系统示意图

毛渠、毛沟、墒沟：天地图 • 江苏影像地图上能够清楚地区分农渠、农沟以上级别的渠沟。分辨率较高时，也能分辨出毛渠、毛沟和墒沟。毛渠、毛沟和墒沟多数情况下不是固定沟，随着作物种类、季节的变化临时开掘，在计算作物布局、种植面积、秸秆资源量、污染物动态时可以不予考虑，因此，在估算时可以不考虑毛渠、毛沟和墒沟。

农田电子地图还应该包括乡、村行政界线，居民地，各种注记等辅助要素。为清晰明了显示地图，将这些与专题属性关系不大的要素不作为主要标绘目标。而与专题属性相关的一些要素则可作适当的扩充。本电子地图的应用目标为秸秆资源规划，因此设置土地类型、作物种类、秸秆资源、秸秆收贮设施等专业要素。

3.2.1.2　方法和步骤

1. 软硬件及其配置

绘图软件，采用作物实验室软件 Croplab 的地图插件绘图和分析。Croplab 是作者自主研发的作物科研专用软件，其地图插件专用于生产大田和试验小区的地理信息管理，具备农田矢量化、数据采集、空间分析的功能。Croplab 运行于 Microsoft .NET Framework 4.0 之下。

硬件设备，绘制农田电子地图需要较高配置的计算机（CPU 2.0GHz 以上，内存 2GB 以上）。应用联想 ThinkCentre 个人计算机，CPU 为 Intel Core i5 四核 2.67GHz，内存 4.0GB，操作系统为 Win7 家庭版。田间位置数据采集使用合众思壮 UniStrong MG838 高精度差分 GPS 接收机，实时差分精度小于 0.5m，支持 SBAS 和 CORS 两种差分模式。

2. 绘图步骤

农田电子地图采用坐标系为 2000 国家大地坐标系（CGCS2000），坐标单位为度，无投影。绘图分 4 步：图层及属性设计、源地图矢量化、标记地物属性、符号化。

1）图层及属性设计

农田电子地图数据以数据库方式存储，每个图层对应一个数据表，参考《土地利用数据库标准》和《第二次全国土地调查技术规程》，结合秸秆资源规划的具体需求设置农田地块、农田道路、农田水系 3 个基本图层，乡镇界、村界两个辅助图层，以及秸秆设施、农田重心等派生图层。每个图层包括唯一性标识、几何数据字段和一些特定的属性。

农田地块图层设置计算面积、作物类型、作物产量、秸秆资源量 4 个属性，根据实际需要可自由增减（表 3-9）。

表 3-9　农田地块属性结构描述表

序号	字段名称	字段代码	字段类型	字段长度
1	标识码	BSM	Int	10
2	地类名称	DLMC	Char	60
3	计算面积	JSMJ	Float	15
4	作物类型	ZWLX	Int	6
5	作物产量	ZWCL	Float	15
6	秸秆资源量	JGZYL	Float	15
7	网络标识码	NID	Int	4

农田道路图层设置道路类型、路面类型、车道宽度 3 个属性。道路类型分公共道路、田间道、生产路、田埂 4 类。路面类型分水泥和沥青路面、砂石路面、土路 3 类。车道宽度分宽、中、窄 3 个等级（表 3-10）。

表 3-10　农田道路属性结构描述表

序号	字段名称	字段代码	字段类型	字段长度
1	标识码	BSM	Int	10
2	道路类型	DLLX	Var	20
3	路面类型	LMLX	Var	20
4	车道宽度	CDKD	Var	2
5	网络标识码	NID	Int	4

农田水系图层为线状图层，面状河流、湖泊、水塘等面状地物取其中轴线化，并保持与连接水系的拓扑关系。水系图层设水系类型属性，包括公共水系、干支渠（沟）、斗渠（沟）、农渠（沟）、毛沟和墒沟等（表 3-11）。

表 3-11　农田水系属性结构描述表

序号	字段名称	字段代码	字段类型	字段长度
1	标识码	BSM	Int	10
2	水系类型	SXLX	Var	20
3	网络标识码	NID	Int	4

为达到秸秆资源规划的目的，除基本几何字段外，每个图层增加网络属性，并增加对应的数据表用以存储节点属性。

2）源地图矢量化

公众能够得到的天地图数据无论是线划地图还是影像地图都是图像格式，而不是矢量数据。要用于空间分析和规划，必须首先对这些图像格式的地图进行矢量化。Croplab 地图插件针对天地图在农业上的应用开发了相应的功能，主要有：①内嵌天地图底图获取模块，并实现国家天地图、天地图·江苏、江苏省内市级天地图数据的整合，无须切换地址就能加载天地图底图；②针对农田影像的具体特征开发图像识别程序，通过分割出包含目标地物的微小区域作为识别目标，降低图像处理的复杂度，提高运算效率和识别精度；③利用农田道路、水系、田埂等线性地物多为直线、农田田块多为格田或条田的特征，通过曲线拟合将识别精度提高到亚像素级；④采用人机结合的半自动化处理方式，先由图像处理模块自动识别特征点，追踪边界，然后建立临时矢量图层，用以显示识别的边界点和追踪得到的道路、河流，当光标靠近这些点和线时自动吸附，再由人工确认识别结果，对错误或偏离的点和线进行纠正。这种人机结合的方法不仅提高了效率和精度，也保证了结果的准确性。

和影像地图相比，天地图线划地图对象较少，结构简单，便于图像识别。因此，矢量化过程按政区、道路、水系、农田的顺序进行。先以线划地图为底图对公共道路和水系进行矢量化，然后以影像地图为底图对田间道、生产路、农渠、农沟等地物矢量化，再以这些线状地物分割包围的区域为目标，提取农田田块的图像进行图像识别，通过人机交互绘制农田图像边界，最后经过修整、抽稀、平滑等后处理完成整个矢量化步骤。

3）标记地物属性

农田地物矢量化完成以后，需要对农田要素的属性进行标记。标记的方法主要是影像识别和田间调查。

农田地块的地类名称、作物类型属性由田间调查结合影像识别完成。计算面积属性根据国土办发〔2008〕32 号文件提供的方法计算得到。作物产量和秸秆资源量以样本获得的产量和草谷比估算。农田道路的道路类型、路面类型、车道宽度以及农田水系类型等属性通过外业调查得到。

外业调查使用 GPS 接收机辅助完成，使用 UniStrong MG838GPS 接收机辅助完成外业调查工作。MG838 使用 Windows Mobile 6.5 操作系统，安装有 PocketFarm（v1.0）软件。把矢量化的地图数据拷贝到 MG838，携带到田间进行实地调查标记。

4）符号化

为了使农田电子地图的显示风格与天地图和二调成果尽量保持一致，境界与政区、公共道路、公共水系、居民地及相应的注记符号参照《电子地图数据规范》

（试行稿—20100125 版）设计，农田地类、作物类型、秸秆和秸秆设施参照二调规定的土地分类的符号设计。

3.2.1.3　电子地图数据发布

地图矢量化工作一般在室内进行，矢量地图的验证、修改、地物属性标记工作在田间进行。为实现室内和田间的同步，需要把电子地图数据发布到地图服务器上。

采用 OGC-WFS 发布农田电子地图矢量数据。地图服务器采用开源的 gView Server，经过适当的修改，增加了编辑、更新功能。普通用户可通过公共 Web 页面查询田块面积、种植作物等信息，下载地图数据。授权用户可通过客户端 GIS 应用程序获取地图及其属性信息，也可通过带有 GPS 功能的移动客户端在田间查看或编辑修改。

发布地图要注意符合相关法律法规，防止泄密。经过允许精确校正后的矢量数据，以及获得的控制点数据除须遵守相关法律法规的规定之外，还要遵守原始数据提供方的保密约定，仅限于本单位科研或本辖区内作物生产管理使用。

3.2.1.4　运行结果分析

1. 绘制结果

以上述方法绘制车门乡农田电子地图，主要包括农田地块、农田道路、农田水系和乡村行政界线。图 3-4 显示了车门乡农田地块图层及种植的作物类型及其分布。

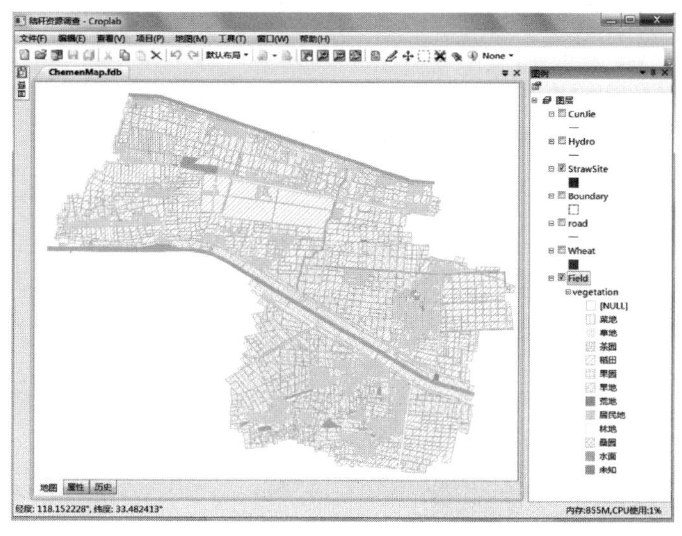

图 3-4　车门乡农田电子地图（示农田地类及其分布）

从分析结果看，在精度要求不高的情况下，在秸秆资源调查和规划、作物栽培管理、农田污染物迁移分析等领域应用，天地图构建农田电子地图是可行的。由于其方法简便易行、快速准确且费用低廉，尤其适用于农村科技推广部门应用。随着天地图的不断更新，分辨率不断提高，底图质量不断改善，这种方法会有很好的应用前景。

2. 误差分析

农田电子地图的误差指获得的地图要素的坐标观测值与真值之间的差异。

（1）误差来源。误差主要来源于 3 个方面。一是数据本身的误差。根据相关法律法规，数据提供方对数据进行了加密处理，降低了地理坐标数据的精度。原始影像经过重采样、校正等处理，也会带来误差。二是运算误差。计算机自动矢量化运算过程中采用适宜的精度模型可减少计算误差，但不能完全消除。三是人工识别误差。人眼的识别能力，鼠标的灵敏度、精度等限制都会引入一定的误差。

（2）误差检验。在区域内有控制点时，可以区域内控制点的实际值为真值，通过静态测量方法，对区域内的地形控制点进行检验。在没有控制点的情况下，可以应用 JSCORS 系统对控制点进行定位检验。JSCORS 系统的定位精度可达厘米级，完全能够满足绘制农田电子地图的需要。

如以上条件均不具备，也可以用高精度差分 GPS 的测量结果作为真值进行检验。高精度差分 GPS 的定位精度一般小于 1m。本试验采用的 GPS 定位精度小于 0.5m，而农田应用的电子地图要求精度在 1m 以下就可以了，因此可以使用差分 GPS 作为真值粗略计算本方法的绝对定位误差。

3.2.2 基于天地图影像估算乡镇区域作物秸秆产生量

3.2.2.1 概念、方法、步骤

1. 秸秆资源及其属性

秸秆是农业生产过程中，收获了小麦、水稻、玉米等农作物籽粒以后，残留的不能食用的茎、叶等农作物副产品，不包括农作物地下部分。秸秆资源具有资源类型、资源密度、有效收集时间、地理信息 4 个基本属性。一个区域的秸秆资源可以表示为一个四元组：

$$S=\{C, D, T, G\} \tag{3-1}$$

式中，S 为秸秆资源；C 为资源类型；D 为资源密度，即单位面积秸秆产生量；T 为有效收集时间；G 为地理信息。

2. 资源类型

秸秆资源类型由作物类型决定，如小麦秸秆、水稻秸秆、玉米秸秆等。不同

作物类型秸秆的外观、组成成分、热能含量等理化性质不同，用途也不同。小区域秸秆资源估算中，秸秆资源类型是区域内所有地块的资源类型构成的集合。单一地块在一年内可能种植两种或两种以上的作物。本试验区泗洪县车门乡以稻麦轮作、小麦玉米轮作为主，符号表示为小麦—水稻和小麦—玉米。一个区域内所有田块的资源类型及其空间分布构成了该区域的资源类型属性。

3. 资源密度

资源密度是某一区域单位面积秸秆资源的数量，表明该地区秸秆资源的丰度。在乡镇区域秸秆资源调查中，基本单元为田块，资源密度即为该田块的秸秆产生量与田块的面积之比。对应于理论资源量和可收集资源量，又可分为理论资源密度和可收集资源密度。实际应用时，可根据不同的应用场景选择合适的物理量。应用于秸秆还田模型、氮素和污染物迁移模型时，选择理论资源密度；应用于秸秆收集再利用时，使用可收集资源密度。

4. 有效收集时间

有效收集时间是指某种农作物收获后，不影响下茬作物播种、可供收集秸秆的时间。有效收集时间受作物的成熟期、天气状况和下茬作物播种（移栽）期的影响。采用天地影像图估算乡镇区域秸秆产生量的方法中不涉及有效收集时间。

5. 地理信息

秸秆资源的地理信息是指承载秸秆资源的目标区域的地理信息，包括区域的形状、面积、平面坐标、高程等。大尺度区域秸秆资源估算一般以行政区为基本单元，并不涉及具体地理信息。乡镇区域秸秆资源估算一般以田块为单元，不仅考虑田块的空间信息，还考虑田块所处的地理环境，如邻接道路及方向等。当田块内秸秆资源分布均匀时，为简化计算，一般以田块的重心代表整个田块。

3.2.2.2 秸秆资源调查与估算方法

1. 秸秆资源类型调查

确定农田作物类型的方法通常有 3 种：①区域普查，即对每个田块进行观察记载。由于田块较多，工作量大，只适用于较小的区域或试验中样本点的调查；②问卷调查，发放调查表或通过手机、网络向农民询问，获得数据，这种方法适用于抽样调查的情况，用于全面调查准确性不高且扰民；③影像识别，这种方法速度快，效率高，但受影像分辨率的影响，识别结果可能存在误差，需要结合田间调查加以修正。

MODIS-EVI 时间序列数据是目前应用比较广泛的植被指数，记录农作物不同时段的生长状况，分析不同农作物不同时期的生长状况，可以提高分类的准确性。Kouadio 等（2014）利用 MODIS-NDVI 和 MODIS-EVI 数据估算出加拿大西部地区的农作物产量，预测值较为准确。Wu 等（2014）利用季节性平均植被指数对北美的森林进行建模，验证出北美森林物候期在春季。Rizzi 等（2006）利用 8d 合成的 MODIS-LAI 和 16d 合成的 NDVI 时间序列数据对巴西南部某地区的大豆进行分类，效果极佳。Xavier 等（2006）利用 MODIS-EVI 时间序列数据对圣保罗的一个甘蔗种植区进行甘蔗地的提取，取得了不错的效果。本文利用 MODIS-EVI 时间序列数据来区分旱地轮作和水旱轮作。水稻达到最大叶面积后，EVI 值开始下降，和旱地作物相比则始终高于旱地植物，尤其在 225～289d 5 个时间点表现得非常稳定（图 3-5），这 5 个时间点可作为两种模式的判别参数。

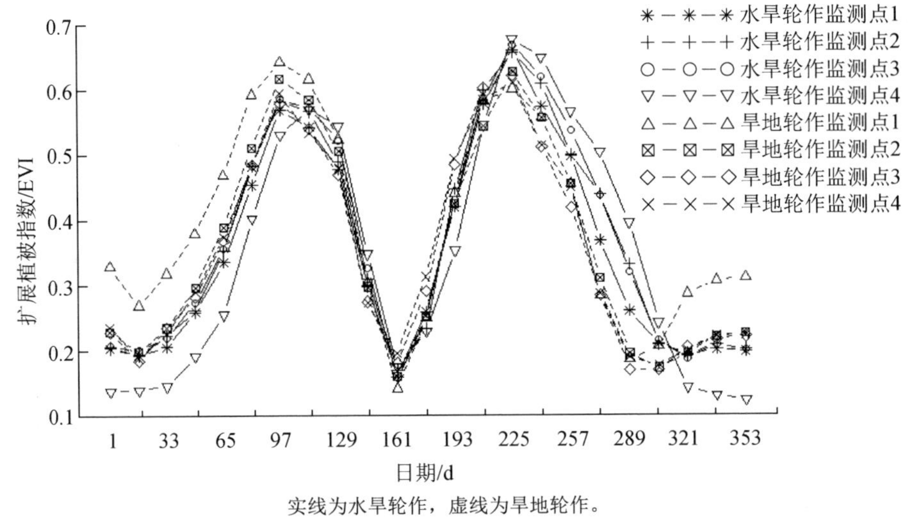

实线为水旱轮作，虚线为旱地轮作。

图 3-5 水旱轮作类型与旱地轮作类型的 MODIS-EVI 时间序列模式

MODIS 时间序列数据可以判别田块的作物类型，但其分辨率低（最高分辨率为 250m，面积近 100 亩），无法进行较小田块的识别，必须结合影像资料综合分析。天地图影像资料免费，方便，分辨率高，其图像和纹理数据蕴含着丰富的信息（图 3-6）。结合本地种植习惯、农业气象观测数据、遥感多光谱观测数据，经过一定的处理和分析，可判断出田块级别的作物类型。本文采用 MODIS 数据和天地图影像数据相结合的方法识别作物类型。

2. 秸秆产生量估算方法

乡镇区域秸秆产生量估算以区域内农田地理信息为基础，以田块为基本单元，主要目标是确定秸秆资源类型和秸秆产生量。

图3-6　天地图·江苏春季田间影像截图

秸秆产生量公式为

$$P = D \times A \tag{3-2}$$

式中，P为秸秆产生量；D为单位面积秸秆产生量；A为作物种植面积。

单位面积秸秆产生量可通过田间抽样调查得到。根据不同作物分布地图，选取有代表性的田块，在小麦、水稻收获季节取样调查不同割茬高度下的秸秆产生量，调查方法参照《规范》推荐的方法。作物种植面积由地块的地理信息计算得到。

3. 秸秆产生量估算步骤

Nakano等（2013）通过比较7个植被指数与地表生物量的关系，得出EVI指标与地表生物量密切相关，并且统计出利用线性判别函数合适。本文通过MODIS-EVI参数和图像参数两个判别步骤确定农田作物布局及其面积，进而计算秸秆产生量及其空间分布。

估算过程分3步。

第一步，选取分布均匀、面积较大的田块作为样本田块，实地调查其当前作物类型，通过网站获取样本田块的MODIS-EVI时间序列数据。以作物类型为分类变量，常年时间序列EVI数据值变化为判别变量做判别分析，确定“作物类型-EVI参数”判别函数和判别规则。

第二步，以此规则选取置信率99%以上的田块并结合田间调查资料，选取图像识别样本田块，以图像参数为判别变量做图像参数判别分析，确定“作物类型-图像参数”判别函数和判别规则。

第三步，提取每个田块对应的天地图影像的颜色和纹理参数，以上述规则判断所有田块的作物类型，计算秸秆资源面积和秸秆产生量。

整个流程见图 3-7。

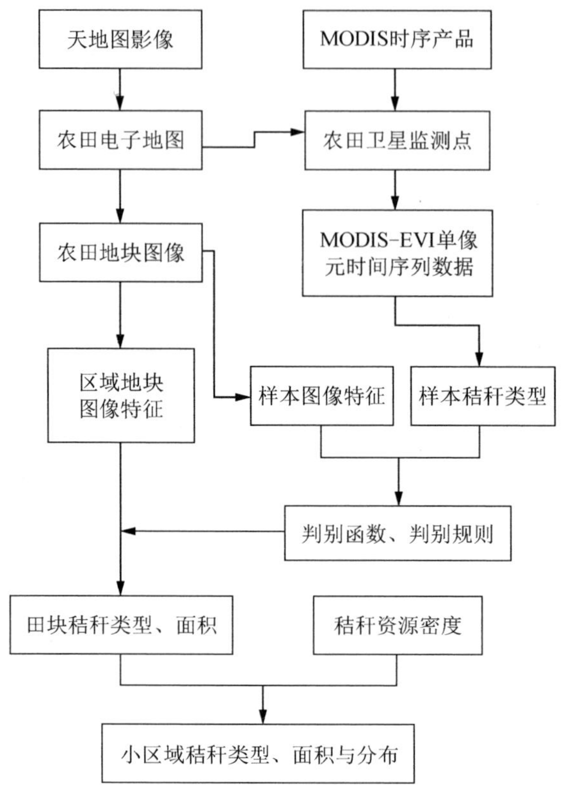

图 3-7　小区域秸秆产生量估算技术路线图

3.2.2.3　估算结果

1. 样本区

选择江苏省泗洪县车门乡为样本区。该乡位于泗洪县西部苏皖交界处，总面积 84km^2，有旱田也有水田，水旱分区较为明显，土壤类型以砂姜黑土为主。主要农作物为小麦、水稻、玉米、花生、大豆。车门乡辖 8 个行政村，马公农场坐落于此，由于资源利用的区域性和整体性，同时为了后续研究的需要，本研究包括马公农场。

2. “作物类型-EVI 参数”判别分析

选取样本田块：根据田间实地调查和当前（2013 年 9 月）天地图影像显示的颜色纹理信息情况，在全乡选取相对均匀一致的农田 38 块，建立 MODIS 虚拟监测点，其中水田 22 块，旱田 16 块。

编写下载程序，获得 16G MODIS-EVI 时间序列数据，数据系列 2013 年，继而进行线性判别分析，得线性判别函数：

$$f = -18.729\,7x_1 + 17.134\,9x_2 - 17.984\,7x_3 + 7.030\,2x_4 - 22.723\,2x_5 \quad (3\text{-}3)$$

式中，f 为判别函数值；$x_1 \sim x_5$ 分别为某一站点的 MODIS-EVI 时间序列的第 225、241、257、273、289（天）的常年平均值。

计算其判别函数值，当 $f < 0$，判为第一类，为水旱轮作田，秋季为水稻；$f > 0$，判为第二类，为旱地轮作田，秋季为玉米、大豆、花生等。

根据以上判别函数和判别规则对 38 个样本进行回判，判别分析结果见表 3-12。

表 3-12　作物类型-EVI 时间序列数据参数判别分析结果

判别分类	原始分类		
	水旱轮作	旱地轮作	合计
水旱轮作	21	0	21
旱地轮作	1	16	17
合计	22	16	38

在设定置信度为 95%的情况下，判别准确率为 97.37%，说明使用线性判别方法能够满足农田分类的要求。但需要注意的是，不同的地区需要选择不同的训练样本计算判别函数和判别规则。

3. “作物类型-图像参数”判别分析

根据天地图影像判别田块秸秆资源类型的方法略显复杂，要充分利用当地作物种植的先验知识辅助判别。样本区车门乡及其周边地区夏熟作物单一，大田作物只有小麦，此时仅有小麦为绿色。根据这个特征，可精确绘制出麦田的电子地图，而无须进行作物类型的判别分析（图 3-8）。当然也可用影像颜色参数判别分析实现自动判别，提高效率。

图 3-8　根据天地图影像绘制的车门乡小麦分布图

样本区车门乡及其周边地区秋熟作物种植结构比较复杂，水田作物为水稻，旱地作物有玉米、花生、大豆。试验区的影像分辨率较低，无法通过纹理信息区分玉米和大豆，但水稻与旱作作物的差异明显，可通过判别分析方法判断田块的作物类型。

以当前天地图影像（2013 年 9 月）为例。当前影像为春季影像，农田作物为小麦，稻茬麦和旱地麦之间存在差异，其中岗朱村部分待种花生的空闲地也有明显差异，以试验区田块影像参数为数据进行判别分析。训练样本为稻茬麦、旱地麦、空闲地三类，计算提取目标田块的 R（红）、G（绿）、B（蓝）颜色值，转换为 HSL 颜色空间，H 指 hue（色调）、S 指 saturation（饱和度）、L 指 lightness（亮度），进而进行线性判别。

根据 EVI 时间序列判别结果，结合田间实际调查，选取处于同一幅影像的车门乡北部的农田 120 块，计算每块农田 17 级影像的 HSL 平均值，其颜色空间分布见图 3-9，其中“+”为空闲地，“△”为旱地麦，“ ∘ ”为稻茬麦。从图 3-9 中可以看出，稻茬麦区域和旱地麦区域之间存在部分重合，而空闲地与麦田之间区分明显。

对上述数据做判别分析，计算得出判别函数：

$$f_1 = -30.4604x_1 - 0.1339x_2 + 11.4728x_3 \tag{3-4}$$

$$f_2 = -11.6964x_1 - 31.8454x_2 - 26.3363x_3 \tag{3-5}$$

式中，f_1、f_2 分别为空闲地和麦田判别函数值；x_1，x_2，x_3 分别为田块影像的 H、S、L 分量的平均值。判别的效果见表 3-13。

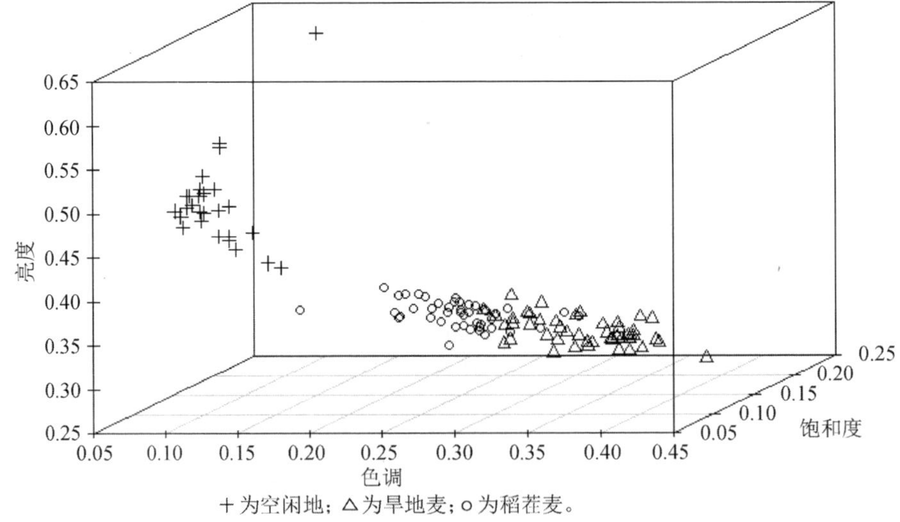

图 3-9　样本田块天地图影像 HSL 平均值分布散点图

表 3-13　3 类作物覆盖类型的图像参数判别分析结果

判别分类	原始分类			
	稻茬麦	旱地麦	空闲地	合计
稻茬麦	43	8	0	51
旱地麦	3	39	0	42
空闲地	0	0	27	27
合计	46	47	27	120

其中稻茬麦误判为旱地麦的有 3 块，旱地麦误判为稻茬麦的有 8 块，空闲地判别完全正确，判断正确的共 109 块，判断准确率为 90.8%；排除空闲地后，判断准确率为 88.2%。说明对于当前天地图影像，以田块颜色平均值可以大致区分稻茬麦和旱地麦，可精确区分空闲地和麦田。

这样的准确率仍然不能满足需要，其主要原因是当前时期两种麦田本身的差异并不突出。另外，作为示例，本项目采用较为简单的单个显示级别田块图像的 HSL 平均值作为判别参数，未充分利用其他级别和图像纹理等重要信息。要提高判别精度，可加入影像纹理信息及其他季节或显示级别的数据，并结合地理统计学分析进行综合判断，这有待进一步研究。

4. 绘制秸秆资源类型分布图

为解决上述判别精度不高的问题，本研究采用 2012 年采集到的车门乡秋季天地图影像数据进行辅助判别，并结合田间调查验证，绘制出当前影像时间的车门乡秸秆资源类型分布图（图 3-10）。其中居民地和林地河流等地物通过实地考察进行分类，麦田、稻茬麦、旱地麦、空闲地通过判别规则分类，结合时间序列数据和田间调查结果进行修正。

图 3-10　车门乡秸秆资源类型及其分布地图

泗洪县车门乡夏季的主要作物是水稻、玉米、花生、大豆。由于同一块田可能分属不同的承包户，一块农田里可能既有玉米，也有大豆、花生。交错种植现象很普遍，尤其是在旱地上。我们把玉米、花生、大豆作为统一的旱作作物处理。图 3-10 中浅灰色部分为旱作作物，秸秆类型为玉米—小麦、大豆—小麦或花生—小麦，黑色部分为水稻—小麦。

图 3-10 显示，车门乡水稻有 3 个集中分布区，分别以马公农场为中心，包括马公村、陈楼村、大刘村、王沟村的西北部水稻区，朱庄—车门水稻区和团结村水稻区。小麦遍布全乡，无明显集中分布特征，秸秆资源规划时只考虑地理界线即可。

5. 计算秸秆资源量

整个作物布局中，由于花生、大豆、甘薯等作物的秸秆应用较为特殊，且种植面积相对较小，在本地区用作羊、牛等动物的饲料，不作为秸秆资源研究的重点。我们主要调查水稻、小麦两大作物。车门乡水稻以粳稻为主，单产水平在 500～600kg/亩，小麦以烟农 19、淮麦 28、淮麦 20 为主，稻茬麦和旱地麦秸秆资源密度、可收集系数存在差异（表 3-14）。

表 3-14 单位面积稻麦秸秆产生量与可收集量

作物及其类型		秸秆产生量/（kg/hm^2）	秸秆可收集量/（kg/hm^2）	可收集系数
水稻	粳稻	8 896.2	6 405.3	0.72
	籼稻	8 076.3	6 684.9	0.85
小麦	稻茬麦	8 575.7	4 202.1	0.49
	旱地麦	9 863.2	5 720.7	0.58

注：水稻种植面积数据来源于顾克军等（2012）调查数据，换算成标准含水率数值。可收集秸秆指割茬高度 15cm 以上的秸秆，不包括颖壳、黄叶。

车门乡水田的夏熟作物为小麦，因而稻茬小麦播种面积以水稻栽插面积计算，其余的为旱地麦。根据公式（3-2），由秸秆资源分布、面积和秸秆资源密度计算车门乡小麦、水稻秸秆资源量及可收集秸秆资源量，得到车门乡稻麦秸秆资源量和可收集秸秆资源量分布地图（图 3-11）。

应用秸秆资源量分布地图，可以直观地了解全乡每个田块的稻麦秸秆资源量，为秸秆收贮和利用规划提供数据支持。

汇总田块数据，可得车门乡全区（含马公农场）稻麦秸秆资源量和可收集秸秆资源量：水稻秸秆资源量 17 723t，可收集水稻秸秆资源量 12 761t；小麦秸秆资源量 27 897t，可收集小麦秸秆资源量为 15 133t（表 3-15）。岗朱、团结两村旱地中存在玉米、大豆、花生混作，无法识别和统计，未做估算。

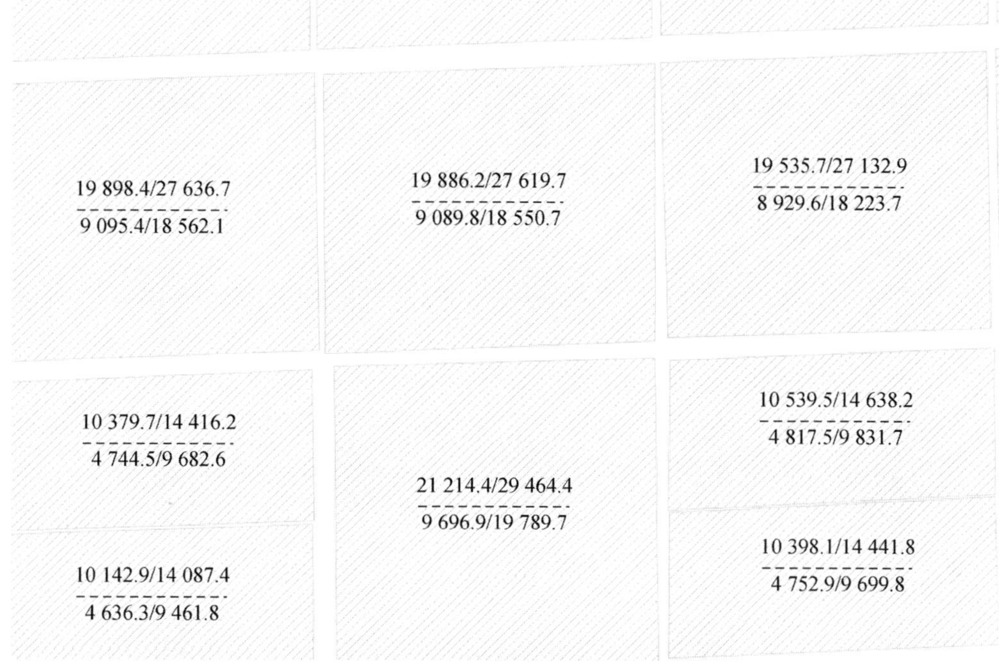

线上部分为水稻，线下部分为小麦，单位为 kg。显示格式为

水稻可收集秸秆资源量/水稻秸秆资源量

小麦可收集秸秆资源量/小麦秸秆资源量

图 3-11　车门乡稻麦秸秆资源量和可收集秸秆资源量分布地图

表 3-15　车门乡（含马公农场）稻麦秸秆产生量与可收集量

作物及其类型	秸秆资源面积/hm^2	秸秆产生量/t	可收集量/t
水稻	2 766.9	17 723	12 761
小麦	5 610.8	27 897	15 133
稻茬麦	2 766.9	11 627	5 697
旱地麦	2 843.9	16 270	9 436

从样本区的试验结果看，这种方法的优点有 4 点：①充分利用 MODIS-EVI 时间序列数据和天地图免费影像数据资源，结合前者的准确性和后者的分辨率优势，实现了地块级别的小区域秸秆资源的快速估算；②现势性较好，天地图影像会不定时更新，填充新的数据，该法不依赖于特定的分类模式，因此对于新的影像仍然适用，而且获得的结果也同样得到更新；③准确度较高，天地图影像分辨率较高，有些地区如徐州、南京等地分辨率已经达到 20 级（0.15m/像素），可以通过图像纹理特征进行识别，且方法的准确率还有很大提升空间；④费用低、速度快，所有运算和操作过程已经编制成插件，集成到 Croplab 软件中，用户只需简单操作即可完成，不需要太多的统计知识，因而技术门槛低，尤其适用于农村

乡镇区域的秸秆资源调查和规划。

该方法由于研究起步较晚，也存在一些不足，需要后续研究进一步完善，主要体现在 3 点。①判别精度尚待提高。用 MODIS 提供的时间序列数据判断精度较高，但分辨率太低，只能用于面积较大的田块。天地图 • 江苏省制图单位承诺对道路、行政区划、主要地名等重要地理实体要素至少半年更新一次，但目前的影像数据更新频率明显达不到这个标准，在秸秆物流规划等需要实现数据当季更新的情况下，所得结果不能满足需要，这时只能采用航拍的方法，自己获取影像资料。②判别方法有待完善。本试验影像参数用于判别稻茬麦和旱地麦时准确率只有 88.2%，不符合精确判断的要求。主要是由于本试验仅选择颜色平均值作为变量进行判别，没有考虑田块纹理、颜色的空间变异等重要判别特征，如经过颜色直方图模式判别、加入纹理特征等可较大幅度提高判别准确率。③方法的易用性有待增强。MODIS 时间序列数据来源于国外网站的 Web 服务，我们开发了数据采集程序，实现了分时段下载，但仍需花费较长时间。因此，需要改进方法实现快速下载应用。如事先确定全省的监测点，建立监测点数据服务，对各数据进行初步的分析评价，并整合到客户端，供用户直接调用。

总之，对于市县以上行政区域秸秆资源量的估算，可依据农业行业标准《NYT 1701—2009 农作物秸秆资源调查与评价技术规范》，通过实地抽样调查草谷比、作物播种面积与产量等要素，获得市县区域尺度的秸秆资源量。而对需要秸秆资源量时空分布以及收贮地址选择等时，应采用本文提供的基于天地图影像结合 MODIS 时间序列数据与 GPS、GIS 数据，建立秸秆产生量估算方法。

参 考 文 献

毕于运，高春雨，王亚静，等，2009．中国秸秆资源数量估算[J]．农业工程学报，25(12)：211-217.

顾克军，顾东祥，2014．耕作与秸秆还田方式对稻茬麦草谷比及麦秸可收集系数的影响[J]．江西农业学报，26(4)：6-9.

顾克军，顾东祥，张斯梅，等，2015．江苏省小麦秸秆养分垂直分布特征与不同茬高下麦秸养分归还量估算[J]．农业资源与环境学报，32(6)：537-544.

顾克军，许博，顾东祥，等，2015．江苏省小麦草谷比及麦秸垂直空间分布特征[J]．生态与农村环境学报，31(2)：249-255.

顾克军，张斯梅，2012．江苏省水稻秸秆资源量及其可收集量估算[J]．生态与农村环境学报，28(1)：32-36.

李文梅，覃志豪，李文娟，等，2010．MODIS NDVI 与 MODIS EVI 的比较分析[J]．遥感信息(6)：73-78.

田宜水，赵立欣，孙丽英，等，2011．农作物秸秆资源调查与评价方法研究[J]．中国人口资源与环境，21(3)：583-586.

王莉雯，卫亚星，2012．MODIS 数据存储格式研究[J]．测绘与空间地理信息，35(3)：1-4.

王雪，常志州，张恒敢，等，2015．基于 MODIS 和天地图遥感数据的区域作物秸秆产量估算方法[J]．农业工程学报，31(19)：177-182.

张恒敢，杨四军，2014．乡镇区域作物秸秆产生量估算方法研究——基于天地图影像绘制乡镇区域农田电子地图[J]．江苏农业科学，42(6)：294-297.

张霞，帅通，杨杭，等，2010．基于 MODIS EVI 图像时间序列的冬小麦面积提取[J]．农业工程学报，26(13)：220-224.

KOUADIO L, NEWLANDS N K, DAVIDSON A, et al., 2014. Assessing the performance of MODIS NDVI and EVI for seasonal crop yield forecasting at the ecodistrict scale[J]. Remote Sensing, 6(6): 10193-10214.

NAKANO T, SHINODA M, BAVUUDORJ G, et al., 2013. Monitoring aboveground biomass in semiarid grasslands using MODIS images[J]. Journal of Agricultural Meteorology, 69(1): 33-39.

RIZZI R, RUDORFF B F T, SHIMABUKURO Y E, et al., 2006. Assessment of MODIS LAI retrievals over soybean crop in Southern Brazil[J]. International Journal of Remote Sensing, 27(19): 4091-4100.

SUMMERS M D, JENKINS B M, HYDE P R, et al., 2003. Biomass production and allocation in rice with implications for straw harvesting and utilization[J]. Biomass and Bioenergy, 24: 163-173.

WU C, GONSAMO A, GOUGH C M, et al., 2014. Modeling growing season phenology in North American forests using seasonal mean vegetation indices from MODIS[J]. Remote Sensing of Environment, 147(18): 79-88.

XAVIER A C, RUDORFF B, SHIMABUKURO Y E, et al., 2006. Multi-temporal analysis of MODIS data to classify sugarcane crop[J]. International Journal of Remote Sensing, 27(4): 755-768.

第 4 章　稻麦秸秆全量还田技术

4.1　秸秆还田适宜量

秸秆还田作为秸秆的一种有效处理方式，不仅能提高土壤肥力，增加作物产量，还可以缓解农田生态压力。但是，过量与不合理的秸秆还田不仅浪费资源，还会影响下茬作物生长，产生负面环境效应。因此，科学合理的秸秆还田是发挥秸秆还田正效应的关键。与化肥相比，秸秆作为 N、P 养分资源的重要性不大，秸秆是作为一种农业生产废弃物而需要处理。由此产生的，诸如，维持地力所需要的秸秆最小还田量是多少，确保地力持续提升、作物高产稳产所需要的秸秆适宜还田量是多少，以及不影响作物正常生长前期下允许的秸秆最大还田量是多少等问题。本节结合课题研究成果与国内外研究进展对秸秆还田的科学问题逐一阐述。

4.1.1　稻麦秸秆的最小还田量

目前，有关作物秸秆还田量的研究，主要集中在影响产量与环境效应的适宜秸秆用量，以及秸秆全量还田下的调控技术等方面，对于维持地力的秸秆最小还田量还少有涉及。对于秸秆最小还田量的问题，大多是从以下两方面进行推测：①从短期秸秆还田量梯度试验中土壤肥力变化来推测；②从没有秸秆还田的化肥长期试验中土壤肥力是否退化来推测。徐明岗等（2015）分析中国 41 个长期定位施肥试验土壤有机质变化规律发现，近 30 年不施肥，土壤有机质平均下降 10%左右，平衡施用 N、P、K 化肥，土壤有机质基本维持平衡甚至略有增加。中国地域辽阔，不同区域气候、土壤、种植制度及轮作方式差异大，土壤有机质对长期施肥的响应不同。张淑香等（2015）分析中国长期不同施肥模式对土壤肥力的影响发现，连续 30 年单施化肥，东北黑土有机质呈缓慢下降趋势，每 10 年下降 1g/kg 左右，其他区域有机质稳定缓慢上升，每 10 年上升 1.4～2.5g/kg。

外源有机 C 投入对农田有机 C 的影响程度反映土壤有机 C 固持力大小。中国农田对有机 C 投入的固持效率平均为 16.3%，呈现随水热梯度增加而降低的趋势。其中，西北和东北地区农田对有机 C 投入的固持效率为 22%～26%，明显高于华北的 13%和南方旱地或水田的 10%（蔡岸东等，2015）。在全球范围内，施用粪肥的土壤有机 C 固持效率为 12%（Maillard et al., 2014），秸秆还田下土壤有机 C 的固持效率为 12.8%（Liu et al., 2014a）。稻麦轮作方式占中国农田耕作的比重较大，在该地区的秸秆还田量如何确定尚不清楚。

4.1.1.1 秸秆还田长期试验的土壤养分变化

中国科学院常熟农业生态实验站（以下简称中科院常熟生态站）从 1990 年开始进行化肥与“化肥+秸秆”长期定位试验。试验处理包括：无肥（CK）、化肥（NPK）、化肥+秸秆还田 1（NPK+S1）和化肥+秸秆还田 2（NPK+S2）4 个处理，化肥 NPK 年施用量分别为 360、66 和 250（kg/hm^2）（养分均以元素态计，下同），S1、S2 分别为年施风干稻秸 2.25 和 4.50（t/hm^2）。1993～2005 年土壤养分变化状况见表 4-1，CK 与 NPK 处理土壤有机质分别比起始时下降 4.8%和 1.1%，而 NPK+S1 与 NPK+S2 处理土壤有机质分别增加 11.5%和 14.1%。在 4 个处理中，秸秆还田处理土壤有机质含量显著高于化肥与无肥处理；秸秆还田处理之间、化肥与无肥之间没有显著差异（P<0.05）。土壤全 N、全 P、速效 P 和速效 K 均是施肥处理显著高于无肥处理，但在施肥处理之间，没有显著差异。从上述结果可以看出，化肥 NPK 处理能基本保证土壤有机质稳定，土壤养分没有显著下降；年还田稻秸 2.25t/hm^2，土壤有机质显著提升，土壤全 N、全 P、速效 K 显著增加，全 K、碱解 N 无显著变化，速效 P 显著下降（表 4-1）。

表 4-1 中科院常熟生态站秸秆还田长期试验土壤养分的变化

处理	有机质/（mg/kg）			全 N/（mg/kg）	全 P/（mg/kg）	全 K/（mg/kg）	碱解 N/（mg/kg）	速效 P/（mg/kg）	速效 K/（mg/kg）
	1993 年	2005 年	增加/%	2005 年	2005 年	2005 年	2005 年	2005 年	2005 年
CK	37.2	35.4b	−4.8	2.03b	0.68b	14.4a	184a	31.6a	102b
NPK	37.4	37.0b	−1.1	2.27a	0.99a	14.7a	196a	31.9b	216a
NPK+S1	38.4	42.8a	11.5	2.41a	0.94a	15.1a	201a	30.5b	251a
NPK+S2	38.3	43.7a	14.1	2.47a	0.95a	15.7a	205a	24.5b	251a

注：同列内数值后不同字母代表处理间有显著差异（P<0.05）；S1、S2 分别为年还田稻草 2.25、4.50（t/hm^2）。

同样，该实验站始于 1998 年的化肥 N 用量长期试验表明（表 4-2），在无肥（CK）、推荐施肥 I [中等施 N 水平，405kg/（hm^2 • a）]和推荐施肥 II [中上等施 N 水平，495kg/（hm^2 • a）] 3 个处理中，P、K 年施用量分别为 60 和 150（kg/hm^2）。1998～2012 年的 14 年间，CK 处理的土壤有机质、全 N、速效 P 和速效 K 均呈现下降趋势，分别比起始值下降 8.5%、2.4%、56%和 7.0%。推荐施肥 I 与推荐施肥 II 处理的土壤养分均有所提高，土壤有机质、全 N、速效 P 与速效 K 分别增加 6.3%～7.8%、9.6%～10.9%、203%～297%和 4.6%～6.7%。以上结果表明，在 NPK

均衡施用下，即使没有秸秆还田，由于作物产量的提高，通过残茬与根系的自然归还{留茬 15cm 条件下，稻麦两季留茬秸秆为 2.5～3.0[t/(hm^2 · a)]}，也能保持土壤养分稳定，并略有增加。

表 4-2　中科院常熟生态站化肥长期试验土壤养分的变化

处理	有机质/（g/kg）			全 N/（g/kg）			速效 P/（mg/kg）			速效 K/（mg/kg）		
	1998 年	2012 年	增加/%	1998 年	2012 年	增加/%	1998 年	2012 年	增加/%	1998 年	2012 年	增加/%
CK	37.6	34.4b	−8.5	2.11	2.06b	−2.4	7.7	3.4c	−56	104	97b	−7.0
推荐施肥 I	37.6	40.0a	6.3	2.11	2.31a	9.6	7.7	30.6a	297	104	109a	4.6
推荐施肥 II	37.6	40.5a	7.8	2.11	2.34a	10.9	7.7	23.3a	203	104	111ab	6.7

注：推荐施肥 I、II 的化肥 N 年用量分别为 405、495（kg/hm^2），化肥 P、K 年用量分别为 60、150（kg/hm^2）。

4.1.1.2　不同地区的秸秆还田效果

湖北武穴水稻—油菜轮作农田秸秆还田试验表明，化肥与化肥+油菜秸（3t/hm^2）还田处理，3 年后两者的土壤有机质含量均有所提高，分别比起始值增加 0.61 和 1.82（mg/kg），提高 2.0%和 5.9%（李成芳等，2011）。

美国自 20 世纪 90 年代起注重秸秆还田效果方面的田间试验研究，并对不同作物栽培系统（连作和轮作）和耕作方式（耕翻、免耕或者少耕）下秸秆残茬留田水平与土壤（表层 30cm）有机质动态变化的关系进行长期跟踪监测。普遍认为，秸秆留田的主要作用是增加地表覆盖以防止或减少水土流失，补充土壤有机质和其他作物营养以维持土壤肥力，尤其是对坡地农田。然而究竟多大比例的秸秆还田最合适？轮作制度、耕作方式、生物产量及土壤本身肥力状况是决定秸秆还田量的关键因素。美国以玉米为主的不同轮作制度和耕作方式下的多数试验结果表明，农田秸秆最低需要量占秸秆产量的 50%～70%。换言之，美国现有土壤肥力状况下，最大可收集秸秆利用量只占秸秆总量的 30%～50%。加拿大的长期试验发现，长期输出小麦秸秆会降低土壤中有效硅含量，认为归还部分秸秆对维持地力十分重要。

Thomsen 等（2004）报道，每年还田黑麦草 4t/hm^2 和 8t/hm^2 时，18 年后土壤有机 C 含量分别提高 12%与 21%。Powlson 等（2008）研究显示，英国东南部谷类秸秆还田量为 2.94t/hm^2 时，增加了土壤有机 C 含量。英国洛桑试验站 170 多年的肥料长期试验表明，化肥平衡施用不会导致土壤退化和减产。

4.1.1.3　主要结论

（1）国内外的研究表明，化肥养分的均衡施用能保持土壤有机质平衡或略有增加，土壤养分平衡，土壤肥力不会退化。

（2）秸秆还田能显著提高土壤有机质含量。在稻—麦轮作体系中，秸秆最小还田量为 2.0～3.0[t/(hm^2 · a)]，即相当于两季作物留茬 10～15cm 的留茬秸秆还田量。

4.1.2　稻麦秸秆的适宜还田量与最大还田量

随着稻麦产量的提高，秸秆产量也相应增加。在缺乏经济有效的秸秆离田利用方式下，秸秆还田成为大多数农区秸秆利用的主导方式。在调查走访中，很多农民、农村干部与农技工作者反映，连续秸秆全量还田，不仅影响整地质量，造成稻麦出苗不齐（水稻插秧困难），而且在以旋耕为主的耕作方式条件下，大量秸秆在表层聚集，分解不完全，在冬春旱作作物生长期间，土壤架空，春季出现干旱死苗现象，稻作表层土壤难以沉实，出现秧苗漂浮。同时，大量秸秆厌氧分解，使土壤处于强还原状态，有毒有害物质伤害稻苗根系，影响水稻分蘖。秸秆还田被普遍认为越来越困难。然而，在江苏省沿海大型农场秸秆还田的实践中，多年实行秸秆全量深耕还田，获得了高产、稳产与有效培肥地力的显著效果。人们在思考一个问题，究竟农田能容纳多少秸秆还田量（即秸秆最大还田量）？

在秸秆还田量研究方面，很少有关于秸秆最大还田量试验结果的报道。通常把秸秆全量还田作为可能的秸秆最大还田量，或者把秸秆用量水平的最大值作为秸秆最大还田量，通常是收获秸秆全量的 1.2～1.5 倍。李军等（2013）在湖北枣阳的稻—麦轮作农田试验表明，稻季麦秸还田量 9t/hm^2 时水稻产量最高，还田量达 11.25t/hm^2 时水稻产量显著下降。浙江双季稻试验表明（裴鹏刚等，2014），在稻秸还田量为 0、4、6、8（t/hm^2）的处理中，以还田量 4 和 6（t/hm^2）的水稻产量最高，还田量 8t/hm^2 时水稻产量有所下降，但与无秸秆还田的 CK 没有显著差异。综合以上结果可以看出，秸秆还田量与土壤特性、轮作方式等密切相关。

4.1.2.1　黏土类土壤秸秆的适宜还田量与最大还田量

为了探索秸秆还田量对作物产量的影响，从 2012 年开始在中科院常熟生态站布置秸秆还田量的定位田间试验。秸秆还田量包括 0%S（无秸秆）、50%S、75%S、100%S 和 150%S 共 5 个处理，S 代表全量收获的秸秆量，水稻与小麦分别为 10 和 5（t/hm^2）。稻麦秸秆均切碎旋耕还田，试验地土壤质地为壤质黏土。不同秸秆还田年份对稻麦产量响应，第一稻麦轮作年内秸秆还田量对稻麦产量的影响见图 4-1。2012（第 1 季）水稻，与不施秸秆的 CK 相比，秸秆还田的水稻产量均显著高于 CK（P<0.05），增产幅度为 14.4%～29.3%，以 75%S 处理的水稻产量最高，比 CK 增加 29.3%；2013（第 2 季）小麦，秸秆还田处理均出现了不同程度的减

产，其中 50%S、75%S、150%S 处理显著减产（P<0.05），减产幅度 17.6%～28.8%，100%S 处理减产 9.7%。

试验进行到第 3 年（第 5 季、第 6 季），秸秆还田对稻麦产量的影响见图 4-2。2014（第 5 季）水稻，50%S、75%S 和 100%S 处理水稻产量分别提高 10.7%、6.8% 和 15.5%，100%S 处理水稻产量显著高于 CK，而 150%S 处理的水稻产量与 CK 间差异不显著。对于 2015（第 6 季）小麦，秸秆还田处理小麦产量除 100%S 没有显著增加外，其余处理均显著增产，增产幅度达 9.6%～11.2%。

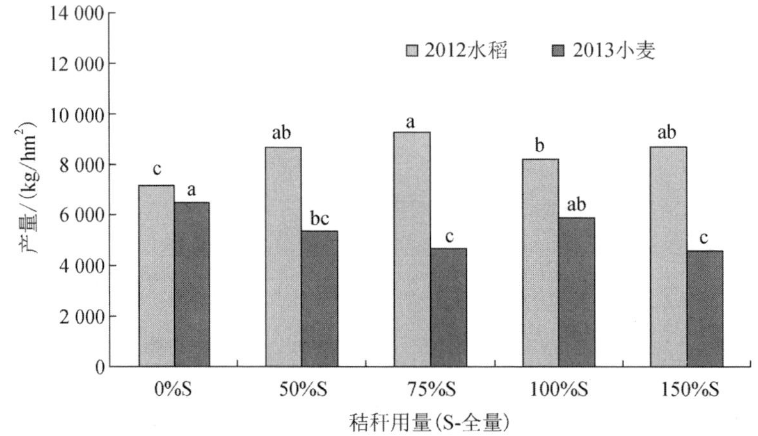

同一作物的产量柱上不同小写字母表示处理间有显著差异（P<0.05）。

图 4-1　秸秆还田第 1 年对稻麦产量的影响

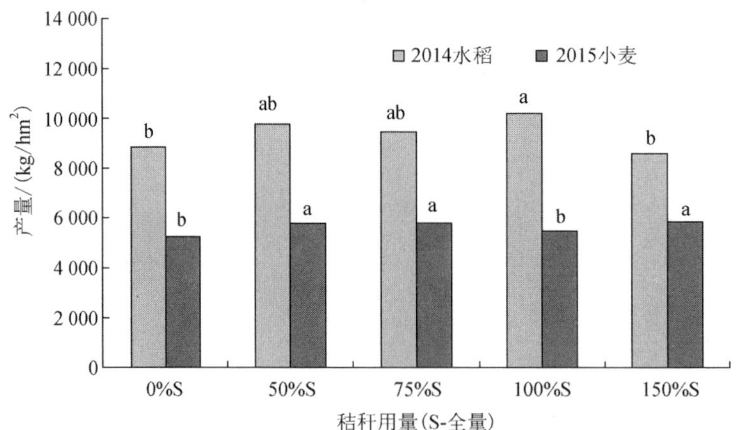

同一作物的产量柱上不同小写字母表示处理间有显著差异（P<0.05）。

图 4-2　秸秆连续还田第 3 年对稻麦产量的影响

综合 3 年的平均产量，秸秆还田显著提高了水稻产量，增产效果大小顺序为 75%S>100%S>50%S>150%S 处理，增产幅度 10.2%～16.3%（图 4-3）。由麦季秸秆还田的结果分析可得 50%～100%S 没有显著减产，而 150%S 处理的小麦产量显著低于 CK（$P<0.05$）。前期小麦均有不同程度的减产，随着还田时间延长，表现出增产趋势。

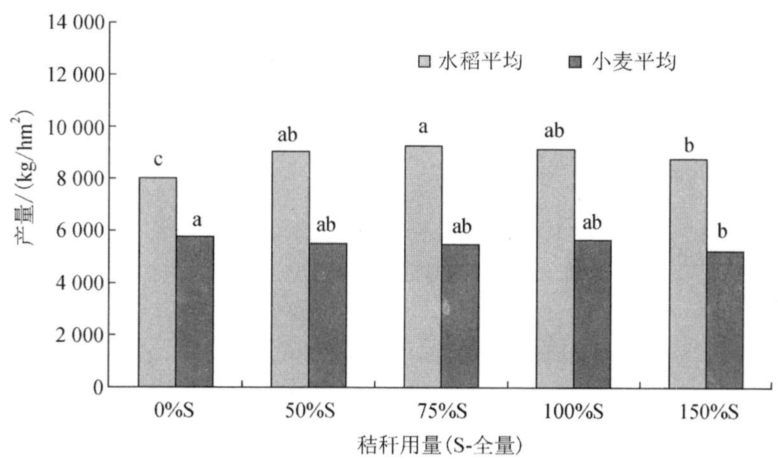

同一作物的产量柱上不同小写字母表示处理间有显著差异（$P<0.05$）。

图 4-3　秸秆连续还田 3 年对稻麦平均产量的影响

4.1.2.2　壤土类土壤秸秆的适宜还田量与最大还田量

胡乃娟（2015）与徐蒋来等（2016）在扬州市槐泗镇沙壤土上稻—麦轮作农田 3 年定位试验表明（表 4-3），与不施秸秆的 CK 相比，秸秆还田处理的第 1 季水稻产量随着秸秆还田量的增加而增加，在 50%秸秆还田量时达到峰值，随后下降，100%秸秆还田量时水稻产量比 CK 略微增加，秸秆还田量在 25%～75%，水稻产量均显著高于 CK。第 2 季小麦产量随秸秆还田量变化的趋势与第 1 季水稻产量变化相似，但在 25%秸秆还田处理的产量最高，显著高于 CK。第 4 季小麦，仅有 50%秸秆还田处理的小麦产量有显著增加，比 CK 高出 14.7%，25%、50%和 75%秸秆还田处理的小麦产量之间没有显著差异。对于第 5 季水稻，50%～100%秸秆还田处理的水稻产量增加均达显著水平，75%、100%秸秆还田处理的水稻产量显著高于 50%秸秆还田处理，分别比 CK 增加了 12.9%和 13.3%。可以看出，随着秸秆还田时间的延长，稻麦最高产量的秸秆还田量有增加趋势，如水稻从第 1 季的 50%秸秆量到第 5 季的 100%秸秆量，小麦从第 2 季的 25%的秸秆量到第 4 季的 50%秸秆量。

表 4-3　不同秸秆还田量对作物产量与土壤养分的影响

处理	第 1 季水稻产量/（t/hm²）	第 2 季小麦产量/（t/hm²）	第 4 季小麦产量/（t/hm²）	第 5 季水稻产量/（t/hm²）	TOC/（g/kg）	易氧化有机C/（g/kg）	全 N/（g/kg）	速效 K/（mg/kg）
CK 无秸秆	6.86c	4.54c	4.68b	9.32c	14.81b	1.53d	1.27b	78.0c
25%稻麦秸	7.45a	5.06a	5.09ab	9.58bc	15.53ab	1.59cd	1.31a	82.0ab
50%稻麦秸	7.48a	5.05a	5.37a	9.70b	15.49ab	1.75a	1.27b	81.3b
75%稻麦秸	7.38ab	4.80abc	5.08ab	10.52a	15.63a	1.73ab	1.32a	86.0a
100%稻麦秸	7.06bc	4.58bc	4.82b	10.56a	15.4ab	1.60cd	1.29ab	82.0b
100%稻秸	7.01bc	4.60bc	4.73b	9.55bc	15.27ab	1.65bc	1.31a	85.3a
100%麦秸	7.22ab	4.92ab	4.96ab	9.48bc	15.44ab	1.60cd	1.28ab	83.3ab

注：1. 本表是根据两篇文献综合而成的，表中同一列数值后不同小写字母表示显著差异（P<0.05）。

2. 水稻与小麦 100%秸秆量分别为 9t/hm² 和 6t/hm²，土壤养分数据为第 5 季水稻收获后的土样分析结果。

连续 5 季秸秆还田对土壤养分状况影响见表 4-3。秸秆还田处理的土壤养分均有不同程度的提高，但总有机 C 和易氧化有机 C 含量在 75%秸秆还田处理均显著增加；土壤全 N 含量仅 25%稻麦秸、75%稻麦秸及 100%稻秸处理显著增加；速效 K 含量秸秆还田处理均有显著提高，但以 75%稻麦秸、100%稻秸还田处理增加更为显著。

4.1.2.3　其他地区秸秆的适宜还田量与最大还田量

游来勇等（2015）在成都都江堰稻—麦轮作农田进行秸秆还田试验。秸秆还田量为 0、50%、100%、150%全量秸秆，水稻全量秸秆为 7.5t/hm²、小麦全量秸秆为 5.25t/hm²；还田方式为小麦免耕播种、稻秸覆盖还田、麦秸切碎旋耕还田后插秧。一个轮作周期试验结果表明（表 4-4），与常规施用化肥处理（CT）相比，秸秆还田提高了小麦与水稻的产量：小麦增产 8.4%～19.6%，增产幅度随秸秆还田量的增加而增加；水稻增产 4.3%～17.1%，增产幅度随秸秆还田量的增加而减少。小麦产量以 1.5 倍量秸秆还田最高，水稻产量以半量秸秆还田最高，但全量与半量秸秆还田的水稻产量没有显著差异。小麦与水稻的 N 素利用率与产量变化趋势相同。

表 4-4　成都不同秸秆还田量对作物产量与 N 肥利用率的影响

处理	小麦产量/（kg/hm²）	水稻产量/（kg/hm²）	小麦 N 素利用率/（kg/kg）	水稻 N 素利用率/（kg/kg）
CK（无肥）	1 917e	6 539d		
CT（化肥）	5 485d	8 184c	15.9c	9.1c
CT+50%S	5 917b	10 405a	20.0b	21.5a
CT+100%S	5 803c	10 086ab	20.4ab	19.7a
CT+150%S	6 459a	9 263bc	23.3a	15.1b

注：CT 为常规施用化肥处理；S 为全量秸秆，水稻全量秸秆为 7.5t/hm²，小麦全量秸秆为 5.25t/hm²。同列数值后不同小写字母表示有显著差异（P<0.05）。

王克如等（2006）在四川广汉进行麦秸覆盖还田免耕栽种水稻试验。在前茬连续 10 年小麦免耕稻秸覆盖（稻秸还田）+麦茬旋耕栽种水稻（麦秸不还田）轮作农田基础上，重新设计麦秸覆盖还田量试验，还田量分别为 0、3、6、9 和 12（t/hm^2）水平，结果发现秸秆还田量与水稻产量关系符合多项式关系，推出麦秸还田量为 10.1t/hm^2 时水稻产量最高。

徐国伟等（2015）在河南黏壤土上进行麦秸还田盆栽试验。当秸秆还田量为 0、3、4.5、6 和 7.5（t/hm^2）时，直播水稻产量呈现先增加后降低的趋势。在秸秆还田量为 6t/hm^2 时产量最高，比 CK 增产 17.9%；当秸秆还田量达 7.5t/hm^2 时，每穗粒数明显减少，产量较 CK 降低 4.3%。

此外，江苏省内众多大型农场，采用大马力拖拉机翻耕或深旋作业，长期连年秸秆还田，未表现出对稻麦生长的负面影响。

4.1.2.4　主要结论

秸秆适宜与最大还田量与秸秆还田方式（旋耕、覆盖）、土壤质地、还田时间、气候特点等有关。综上所述，可初步得出以下结论。

（1）苏南常熟壤质黏土上秸秆旋耕还田试验表明，稻季麦秸还田均有显著增产效果，第 1 季以 75%的全量秸秆还田的增产效果最显著，第 5 季以 100%的全量秸秆还田增产最显著。对麦季稻秸还田，第 2 季稻秸还田处理小麦大多显著减产，第 6 季秸秆还田处理的小麦产量均有所增加，以 50%～75%秸秆还田量增产效应最显著。综合 6 季作物的平均产量，秸秆还田的水稻产量显著增加（10.2%～16.3%），而小麦产量略有下降。就作物产量而言，稻麦的适宜秸秆还田量在 75%秸秆量，最大秸秆还田量在 100%～150%。

（2）苏中扬州沙壤土上秸秆旋耕还田试验表明，麦秸适宜还田量，第 1 季为 25%～50%的秸秆量，第 5 季为 75%～100%的秸秆量；稻秸适宜还田量，第 2 季为 25%～50%的秸秆量，第 4 季为 50%的秸秆量。

（3）成都都江堰麦—稻轮作农田秸秆还田试验表明，小麦产量随秸秆还田量增加而增加，以 150%秸秆还田量最佳；水稻产量以 50%～100%秸秆还田量最佳。

（4）河南黏壤土上盆栽试验显示，麦秸适宜用量为 6t/hm^2，最大还田量为 7.5t/hm^2。

综上，基于小区试验结果，在稻麦两熟秸秆旋耕还田下，稻季麦秸的适宜还田量为 75%～100%全量秸秆，麦季稻秸的适宜还田量为 50%～75%全量秸秆，秸秆最大还田量为 100%～150%全量秸秆；在稻麦轮作秸秆覆盖还田下，水稻产量以 50%～100%秸秆量，小麦产量以 150%秸秆量还田效果最佳；秸秆适宜还田量与增产效应随着还田时间的延长而增加。在实际生产中因秸秆还田受多种因素影响，各地区秸秆适宜还田量与最大还田量还需要进行大田验证，同时结合农学、环境效应进行系统评估。

4.2 稻麦秸秆还田的农学与环境效应

稻麦两熟制是中国长江中下游地区主要的农作制度，也是江苏省最主要的粮食生产模式。江苏省常年稻麦两熟制的种植面积为 $1.63\times10^6hm^2$，约占全省耕地面积的 40%左右。根据抽样调查估算，稻麦轮作农田年均稻麦秸秆产生量高达（16.50±0.75）t/hm^2。

秸秆还田是目前秸秆综合利用最有效的途径之一，但稻季麦秸还田会大大促进稻田温室气体排放。江淮流域小麦收割和水稻栽插季节，正处于梅雨季节。麦秸还田后，如遇暴雨，稻田径流中富含麦秸腐解产物，极易污染周边水体；小麦抢收与水稻抢栽几乎同步，且小麦收获时正值盛夏，高温炎热，使得麦秸收集时间极短且困难。然而，水稻收获期相对较长，可供秸秆收集时间较充裕，且水稻产量高，秸秆产生量大，稻秸还田易影响后茬小麦的出苗与壮苗等。因此，在稻麦轮作区，两季作物秸秆，如果选择一季秸秆还田，需要回答：哪季秸秆还田更科学更合理，稻麦秸秆还田各自面临什么问题。

在太湖地区的苏州，设置不同秸秆还田模式处理，即稻秸+麦秸全量还田（RW）、麦秸全量还田（W）、稻秸全量还田（R）与不还田（CK），稻麦秸秆还田方式为麦秸旋耕还田、稻秸覆盖还田，自 2007 年开始进行为期 8 年的田间试验，以研究不同还田模式的农学与环境效应。

4.2.1 稻麦秸秆还田对作物产量的影响

秸秆还田对作物产量及其经济效益的影响已有大量研究。普遍认为，秸秆还田能有效促进作物增产，不同秸秆还田方式与还田秸秆数量对作物产量均有较大影响，且受施肥、耕作等管理措施的交互影响。有些研究认为，秸秆还田能够改善土壤的养分供应状况及其温度、含水量等，提高作物产量。也有些研究认为，秸秆还田可显著增加土壤有机酸含量，对作物苗期生长产生毒害作用，进而不同程度地影响作物产量。刘禹池等（2014）认为秸秆还田在头两年对水稻产量无显著影响，在第 3 年对水稻产量产生影响。袁玲等（2013）发现秸秆还田 7 年后，秸秆还田处理作物产量均高于不还田处理。张永春等（2008）研究表明，随着秸秆还田年限的增加，水稻和小麦产量都呈上升趋势。以上研究主要集中于单作或复种连作体系（稻麦两熟）中的单季秸秆还田。

长期秸秆还田定位试验更能体现不同秸秆还田模式对作物产量的实际影响和综合作用。基于 7 年的秸秆还田定位试验发现，秸秆还田初期的增产作用并不显著，多年秸秆还田均能显著提高小麦和水稻的产量，且秸秆还田对当季作物产量有一定的影响，但会促进下季作物产量的提高。

以 2008 年稻麦产量为例分析发现（图 4-4），稻秸还田（R）后短期内会降低当季小麦产量，即还田初期（2008～2011 年），R<RW<CK；稻麦全还（RW）处理小麦产量略高于 R。麦秸还田（W）可小幅提高小麦产量，即 W>CK，但增产效果并不显著。秸秆还田后期（2012～2014 年），经过 5 年定位试验，秸秆还田（RW、R、W）小麦产量均显著高于不还田（CK），增幅分别为 17.94%、16.06%、16.90%，秸秆还田处理之间对小麦产量影响无显著差异。可见，长期秸秆还田均能显著提高小麦产量，增产效果依次为 RW>W>R。

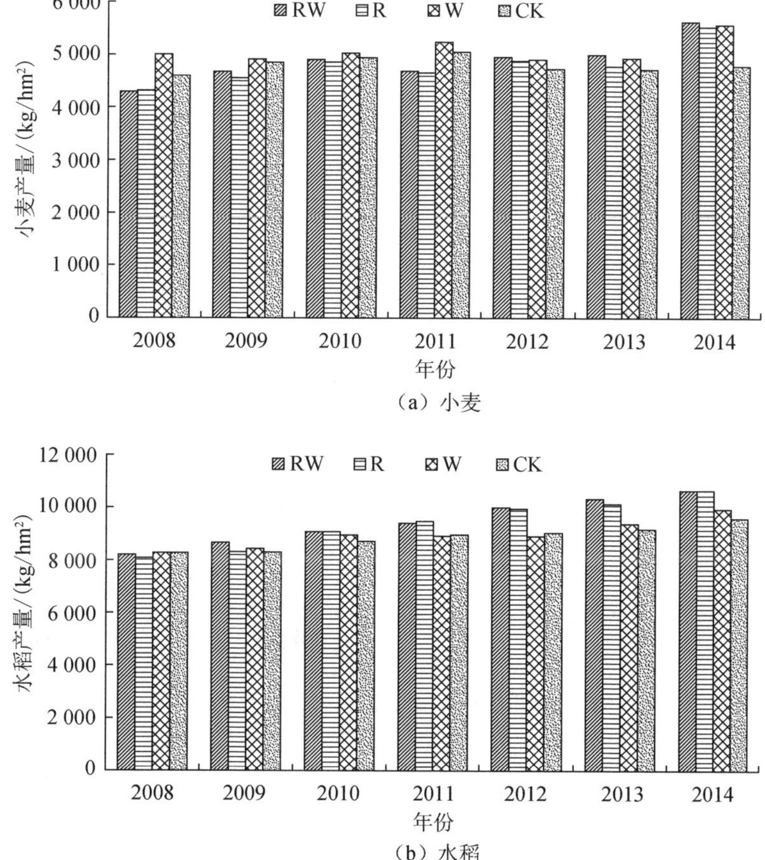

图 4-4　不同秸秆还田模式对作物产量的影响

秸秆还田对水稻产量的影响与小麦不同（图 4-4）。2008 年，秸秆还田（RW、R、W）与不还田（CK）处理之间水稻产量没有显著差异；2009～2014 年，秸秆还田处理中水稻产量均有所提高。自 2011 年开始，RW 和 R 处理水稻增产显著，而 W 处理水稻产量小幅增加，表明稻秸还田对下一季的水稻产量增产作用显著，而麦秸还田对当季水稻的增产作用不明显。秸秆还田 7 年后，WR、R 和 W 处理水稻产量分别增加了 10.80%、10.88%和 3.48%。长期秸秆还田对水稻的增产作用与还田模式有关，稻麦全还（RW）与稻秸还田（R）增产作用显著。

将 7 年水稻与小麦的产量进行均值与稳定性分析（表 4-5），RW 和 R 处理的水稻产量显著大于 W 与 CK 处理（$P<0.05$）；除 R 处理之外，不同处理的水稻产量稳定性均高于小麦；各处理水稻产量的变异系数低于小麦产量的变异系数。

表 4-5　不同秸秆还田模式下稻麦产量稳定性

处理	水稻			小麦		
	平均产量/（t/hm²）	变异系数/%	稳定性系数	平均产量/（t/hm²）	变异系数/%	稳定性系数
RW	9.23±0.10a	15.30±1.73	0.65±0.03	5.54±0.18a	19.85±1.98	0.61±0.05
W	8.78±0.13b	13.87±1.51	0.67±0.03	5.80±0.13a	20.17±3.11	0.60±0.06
R	9.19±0.15a	15.32±2.18	0.65±0.05	5.70±0.03a	16.14±0.90	0.69±0.04
CK	8.83±0.23b	12.73±1.99	0.71±0.05	5.56±0.16a	23.46±3.73	0.56±0.06

注：RW 为稻麦全还；W 为麦秸还田；R 为稻秸还田；CK 为均不还田。表中数值为平均值±标准差；同列数值后不同小写字母表示差异显著（$P<0.05$）。

从作物产量构成要素变化来看（表 4-6），秸秆还田初期（2008 年）秸秆还田在不同程度上降低了小麦的穗粒数、穗数和千粒重，仅千粒重呈显著下降。R 和 RW 处理对小麦穗粒数的降低作用更明显。长期连续秸秆还田后（2014 年），小麦的穗粒数和穗数均比还田初期显著提高，穗粒数、穗数和千粒重较 CK 有所增加。其中，W 处理小麦穗粒数最高，穗数、千粒重比 R 和 RW 处理有所下降。秸秆还田初期（2008 年）秸秆还田对水稻穗粒数的影响差异不显著。受上茬水稻秸秆还田影响，R 与 RW 处理的水稻穗粒数低于 CK 和 W，W 与 RW 处理均显著提高了水稻穗数，并降低了水稻千粒重。长期连续秸秆还田后（2014 年），水稻穗数比还田初期显著提高。秸秆还田与不还田之间水稻穗粒数、穗数和千粒重均无显著差异，但是秸秆还田减少了水稻穗数，增加了水稻千粒重。

表 4-6　不同秸秆还田模式对作物产量构成要素的影响

年份	秸秆还田模式	小麦				水稻			
		穗粒数/个	穗数/（万个/hm²）	千粒重/g	产量/（kg/hm²）	穗粒数/粒	穗数/（万个/hm²）	千粒重/g	产量/（kg/hm²）
2008	CK	42.0a	329.9a	44.47a	4 618a	124.9a	301.5b	26.26a	8 221a
	R	40.9a	324.6a	42.67b	4 333b	115.5a	310.5b	26.40a	8 033a
	W	42.1a	323.3a	43.04b	5 008a	125.6a	320.4a	25.39b	8 222a
	RW	41.4a	322.4a	43.08b	4 289b	115.9a	327.0a	25.69a	8 209a
2014	CK	43.2a	392.0b	37.91b	4 776b	114.4a	361.0a	26.79a	9 569b
	R	44.0a	437.0a	38.84a	5 543a	118.8a	351.0a	27.07a	10 610a
	W	47.1a	401.6b	37.57b	5 583a	109.4a	342.0a	26.82a	9 902a
	RW	45.8a	449.6a	40.15a	5 633a	121.4a	356.5a	26.91a	10 603a

注：CK 为均不还田；R 为稻秸还田；W 为麦秸还田；RW 为稻麦全还。不同字母表示在 0.05 水平上差异显著，同年、同列内比较。

总体来看，穗粒数是小麦产量的主要影响因素，长期秸秆还田能同时增加穗数和穗粒数，由于单个籽粒分配到的营养物质减少，千粒重有所降低，这与李传友等（2015）的研究结果一致。长期秸秆还田处理的水稻穗数、穗粒数和千粒重变化较小，主要通过提高水稻的千粒重，弥补单位面积穗数的减少，这与裴鹏刚（2014）、许轲等（2015）的研究结论一致。

秸秆还田技术能否大规模推广应用关键取决于有否经济效益，秸秆还田除了增加技术成本外，还会影响劳动力机会成本。从农户收益角度分析，秸秆还田的经济效益应该是收益与成本的差值。粮食单价按 2014 年国家粮食保护收购价小麦 118 元/50kg、粳稻 155 元/50kg 计算。秸秆还田的粮食增产收益与作物产量相对应（表 4-7）：秸秆还田 5 年后，小麦增产收益明显；秸秆还田 2 年后，水稻增产收益显著；水稻增产收益远高于小麦。不同秸秆还田模式作物经济效益分析结果显示（表 4-8）：秸秆还田初期（2008～2009 年），经济效益普遍较低，大部分为负值，表明秸秆还田初期会降低农户经济收入；2010～2014 年，秸秆还田经济效益普遍较高，并且有逐年增加的趋势；2014 年，R、W 和 RW 的累计经济效益分别为 4 736.21、2 545.96 和 4 537.15（元/hm^2）。从农户收益角度来看，R 和 RW 对农户增收具有更加显著的作用。国家财政补贴相对于作物增产的收益较小，农民增收主要依靠秸秆还田后的粮食增产。

表 4-7　不同秸秆还田模式粮食增产收益　（单位：元/hm^2）

作物类型	秸秆还田模式	2008 年	2009 年	2010 年	2011 年	2012 年	2013 年	2014 年
小麦	R	−672.03	−669.00	−177.87	−941.95	401.04	134.41	1 810.24
	W	920.25	200.70	227.62	460.27	439.78	443.18	1 904.69
	RW	−774.95	−401.40	−56.78	−873.83	532.59	641.76	2 022.46
水稻	R	−580.55	62.31	1 052.98	1 475.60	2 665.10	3 092.20	3 225.97
	W	3.18	516.61	770.74	−105.40	−510.20	752.46	1 031.28
	RW	−36.58	1 131.81	1 005.94	1 339.20	2 828.69	3 650.96	3 204.69

注：R 为稻秸还田；W 为麦秸还田；RW 为稻麦全还。

表 4-8　不同秸秆还田模式作物累计经济效益分析　（单位：元/hm^2）

秸秆还田模式	2008 年	2009 年	2010 年	2011 年	2012 年	2013 年	2014 年
R	−1 552.57	−906.69	575.11	233.65	2 766.13	2 926.60	4 736.21
W	533.44	327.32	608.36	−35.13	−460.42	805.64	2 545.96
RW	−1 501.53	40.41	259.16	−224.63	2 671.28	3 602.72	4 537.15

注：R 为稻秸还田；W 为麦秸还田；RW 为稻麦全还。

4.2.2　稻麦秸秆还田对农田土壤 C 库特性的影响

农田土壤有机 C 库是土壤肥力的重要指标，是作物高产稳产的基础。活性有机 C 作为土壤有机 C 的重要组分，对农业管理措施的响应和敏感性较强，与土壤肥力、土壤质量及 C 库平衡密切相关。作为土壤质量变化的敏感性指标，活性有机 C 在土壤肥力的评价、土地的可持续利用等方面受到人们的广泛关注。有研究表明，秸秆还田不仅可以显著提高土壤有机 C 储量，还可以明显改善土壤有机 C 的活性和质量。目前，有关秸秆还田的农业管理措施对土壤有机 C 影响的研究，主要集中于秸秆还田量、还田模式、还田年限、还田后耕作方式等方面。若要通过优化秸秆还田模式平衡秸秆还田对作物增产与环境风险物质增排之间的矛盾，首先要明确秸秆还田模式对农田土壤 C 库活性及作物产量的影响。

连续 7 年秸秆还田试验显示，秸秆还田后 0～20cm 土壤的 TOC 含量显著提高（P<0.05）。与 CK 相比，土壤 TOC 含量提高 15.34%～16.97%；不同秸秆还田模式处理之间的土壤 TOC 含量差异不显著。不同深度土层，0～5cm 土层，RW 与 R 处理的土壤 TOC 含量显著大于 W 处理（P<0.05）；5～10cm 与 10～20cm 土层，不同还田模式处理之间的土壤 TOC 含量均无显著差异（图 4-5）。

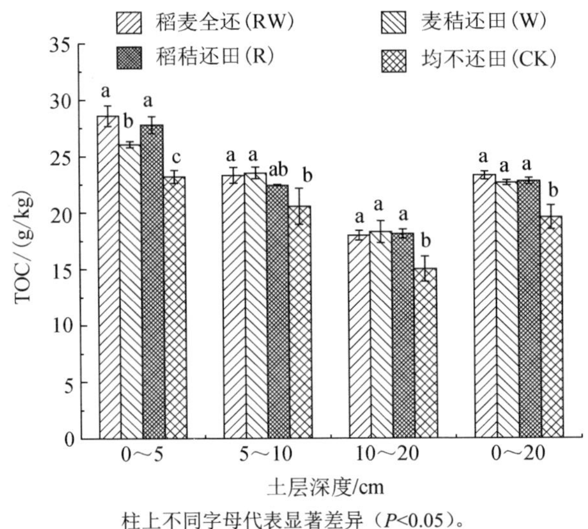

柱上不同字母代表显著差异（P<0.05）。

图 4-5　不同秸秆还田模式下的土壤 TOC 含量

秸秆还田显著提高 0～20cm 土壤的活性有机 C 含量（P<0.05）（图 4-6），土壤活性有机 C 含量提高了 16.62%～27.39%；不同秸秆还田模式处理之间，RW 与 R 处理间无显著差异，但显著高于 W 处理（P<0.05）。不同深度土层，0～5cm 土层，RW 处理的活性有机 C 含量显著大于 W 处理（P<0.05），与 R 处理无显著差异；5～10cm 土层，RW 处理的土壤活性有机 C 含量显著大于 W、R 处理（P<0.05）；10～20cm 土层，不同秸秆还田模式处理之间的土壤活性有机 C 含量差异均未达显著水平。

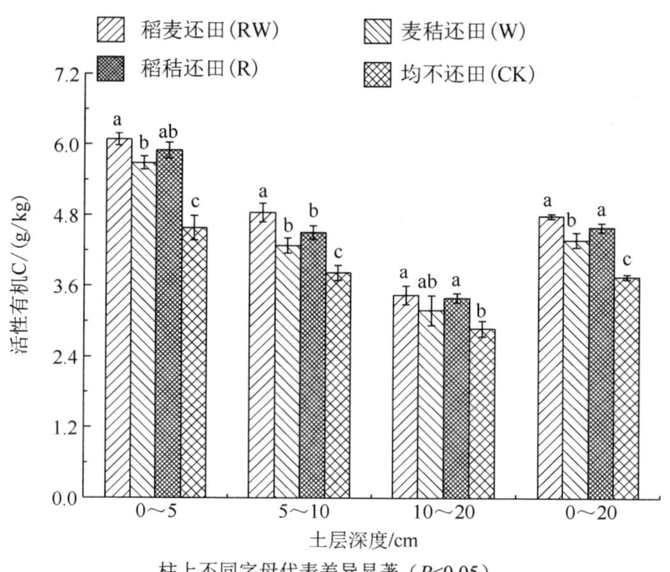

柱上不同字母代表差异显著（$P<0.05$）。

图4-6　不同秸秆还田模式下的土壤活性有机C含量

秸秆还田显著提高了0～20cm土壤的稳定态有机C含量（$P<0.05$）（图4-7）。与CK相比，0～5cm土层，RW处理的稳定态有机C含量显著大于W处理（$P<0.05$），但与R处理的差异不显著；5～10cm土层，RW与W处理、R处理的稳定态有机C含量无显著差异，但R处理显著小于W处理（$P<0.05$）；10～20cm土层，不同还田模式处理之间的土壤稳定态有机C含量差异均未达到显著水平。

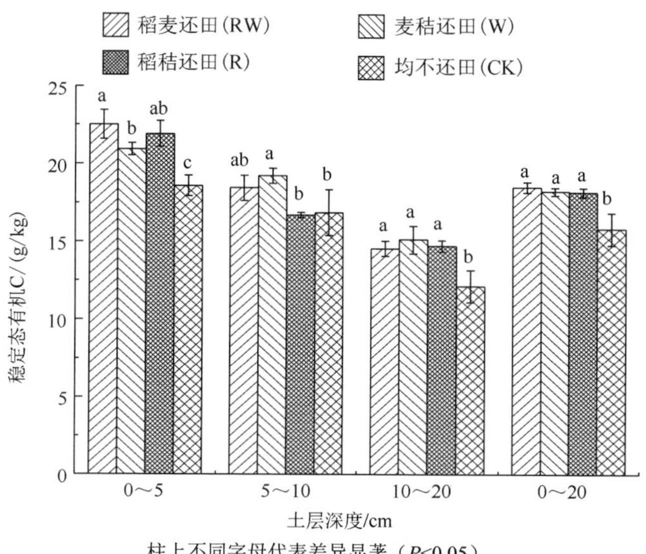

柱上不同字母代表差异显著（$P<0.05$）。

图4-7　不同秸秆还田模式下的土壤稳定态有机C含量

不同秸秆还田模式处理对 0～20cm 土壤 C 库活度、C 库指数的影响较小（表 4-9）。RW 处理的 C 库活度指数、C 库管理指数显著大于 W 处理（P<0.05），但与 R 处理无显著差异。

表 4-9 不同秸秆还田模式下 0～20cm 土壤 C 库活度指数

处理	C 库活度	C 库活度指数	C 库指数	C 库管理指数
稻麦全还（RW）	0.26±0.00a	1.07±0.01a	1.19±0.02a	127.00±1.26a
麦秸还田（W）	0.24±0.01a	0.99±0.04b	1.16±0.02a	114.49±4.58b
稻秸还田（R）	0.25±0.01a	1.04±0.02ab	1.17±0.01a	121.41±2.60ab
均不还田（CK）	0.24±0.01a	—	—	—

注：表中数值为平均值±标准差；同列不同小写字母表示差异达显著水平（P<0.05）。

秸秆还田可显著提高 0～20cm 农田土壤的 TOC 含量、活性有机 C 含量、稳定态有机 C 含量，这与蔡太义（2012）等的研究结果相一致，主要是因为秸秆还田直接补充了土壤 C 库的损耗。不同秸秆还田模式处理之间，土壤 TOC 含量、稳定态有机 C 含量无显著差异，但 RW 处理的活性有机 C 含量显著大于 W 处理，这是因为土壤活性有机 C 含量与外源秸秆有机 C 的输入量关系密切。高飞等（2011）研究结果表明，秸秆还田量在 3～6t/hm^2 条件下，增加秸秆还田量可以显著提高土壤的活性有机 C 含量。7 年的连续秸秆还田，W 处理的 C 累计输入量为 16.72t/hm^2、R 处理的 C 累计输入量为 20.30t/hm^2、RW 处理的 C 累计输入量为 37.02t/hm^2，故 RW 处理的活性有机 C 含量显著高于其他处理。另一方面，麦秸在水稻生长季经 0～13cm 旋耕后还田，由于水稻生长季是南方多雨季节，稻田径流中富含大量的麦秸腐解产物，稻田渗漏液的水溶性有机碳（dissolved organic carbon，DOC）含量显著增加。在应对不良自然条件时，还田秸秆的 C、N 等养分极易随农田排水流失，而免耕覆盖还田的稻秸聚集在土壤表面，在土壤和大气之间形成一层屏障，减少土壤水分蒸发，同时降低土壤表面风速，降低水分和热量交换，有利于养分的矿化和吸收。

4.2.3 稻麦秸秆还田对温室气体排放的影响

基于 7 年的秸秆还田试验，连续两年监测温室气体（CH_4、N_2O）排放通量，结果表明：不同秸秆还田模式处理下，水稻生长期间 CH_4 排放通量均呈现明显的季节变化（图 4-8）。各处理在水稻生长初期 CH_4 排放通量较小，然后逐渐增大，在水稻移栽后 19d 出现最大值，分别为 RW[60.64mg/(m^2 · h)]> W[52.83mg/(m^2 · h)]> R[22.72mg/(m^2 · h)]>CK[13.09mg/(m^2 · h)]。之后，各处理的 CH_4 排放通量迅速降低，特别是在水稻烤田期（移栽后 36～50d），CH_4 排放通量几乎为 0。烤田结束复水后，各处理 CH_4 排放通量略有回升，但均维持在低于 5mg/（m^2 · h）的水平。在整个水稻生长季，CH_4 平均排放通量从高到低依次是 RW>W>R>CK，分别为 7.96、6.76、4.17 和 3.32[mg/(m^2 · h)]。

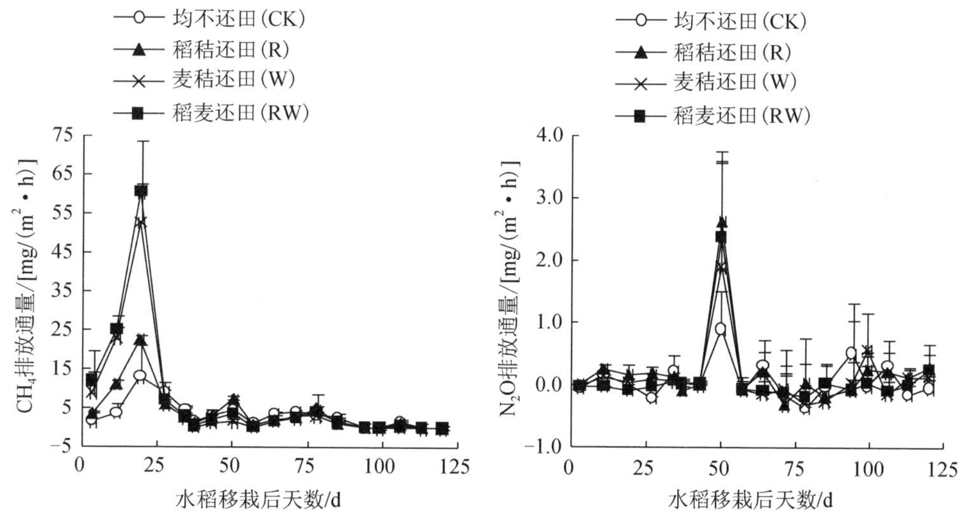

图4-8　不同秸秆还田模式处理下稻季 CH_4 和 N_2O 排放通量的季节变化

不同秸秆还田模式处理 N_2O 排放的季节变化趋势基本相同。在水稻移栽至烤田前，各处理 N_2O 排放通量较小，处理间 N_2O 排放通量的差异不显著。水稻生长季中期的烤田措施导致 N_2O 脉冲排放，各处理均在水稻移栽后50d N_2O 排放通量达到最大值，排放通量峰值以R处理和RW处理较大，分别为2.64和2.37[mg/(m^2·h)]，而W处理和CK处理的 N_2O 排放通量峰值较小，分别为1.89和0.89[mg/(m^2·h)]。烤田复水后 N_2O 排放通量较低，之后的干湿交替水分管理期间 N_2O 排放通量也较低。不同秸秆还田处理下水稻生长季 N_2O 平均排放通量的大小顺序为R>RW>W>CK，平均排放通量分别为0.16、0.09、0.07和0.04[mg/(m^2·h)]。

秸秆还田模式处理对水稻不同生育阶段 CH_4 累积排放量的影响达到极显著水平（图4-9）。移栽至有效分蘖临界叶龄期（Ⅰ）CH_4 累积排放量RW处理最大，达202.04kg/hm^2，RW处理与W处理（174.27kg/hm^2）差异不大，但均大于R处理（83.24kg/hm^2）和CK处理（53.26kg/hm^2），R处理大于CK处理；有效分蘖临界叶龄期至拔节期（Ⅱ），R处理和CK处理的 CH_4 累积排放量较大，分别为16.20和15.74（kg/hm^2），均大于RW处理和W处理；拔节期至抽穗期（Ⅲ）CH_4 累积排放量CK处理最大；抽穗期至成熟期（Ⅳ）CH_4 累积排放量W处理最低。秸秆还田模式处理对水稻不同生育阶段 N_2O 累积排放量有极显著影响。在 N_2O 累积排放量最大的有效分蘖临界叶龄期至拔节期（Ⅱ），N_2O 累积排放量表现为R>RW>W>CK，各处理依次为3.03、2.82、2.31和1.34（kg/hm^2），R、RW、W处理 N_2O 排放量比CK处理分别增加126%、110%和72%；在移栽至有效分蘖临界叶龄期（Ⅰ），N_2O 累积排放量R处理（1.16kg/hm^2）最高，显著高于其他处理，W处理显著高于CK处理和RW处理（图4-9）。

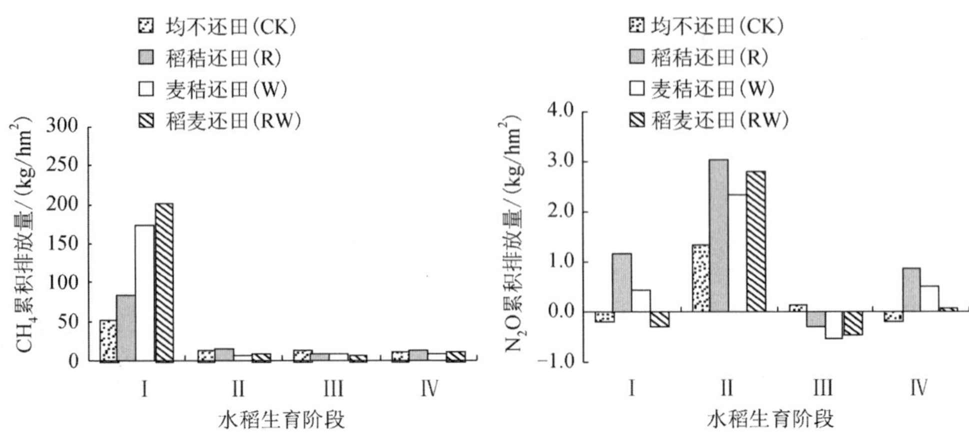

水稻生育阶段Ⅰ、Ⅱ、Ⅲ、Ⅳ分别为移栽至有效分蘖临界叶龄期、有效分蘖临界叶龄期至拔节期、拔节期至抽穗期、抽穗期至成熟期。

图 4-9　不同秸秆还田模式处理下水稻不同生育阶段 CH_4 和 N_2O 的累积排放量

从水稻整个生育期的 CH_4 的排放总量来看（表 4-10），不同秸秆还田模式处理下稻季 CH_4 排放总量表现为 RW>W>R>CK，排放量依次为 233.04 kg/hm^2、198.00 kg/hm^2、122.12 kg/hm^2 和 97.08 kg/hm^2，处理间的差异均达显著水平。在小麦生长季节，与 CK 处理相比，处理 R 与 RW 的 CH_4 排放增加，而麦秸还田 W 并不会增加麦季田间 CH_4 排放，说明稻秸还田增加了麦季田间 CH_4 的排放。不同秸秆还田模式处理下稻季 N_2O 排放总量表现为 R>W>RW>CK，排放量依次为 4.74 kg/hm^2、2.66 kg/hm^2、2.14 kg/hm^2 和 1.07 kg/hm^2，分别比 CK 对照增加 N_2O 排放 343%、149%和 100%，差异达显著水平。

表 4-10　不同秸秆还田模式处理下稻、麦季排放 CH_4 和 N_2O 的全球增温潜势（100 年）

生长季节	处理	CH_4/（kg/hm^2）	N_2O/（kg/hm^2）	(CH_4+N_2O)GWP*/（kg CO_2/kg）	产量/（t/hm^2）	单位产量 GWP/（kg CO_2/kg）
稻季	CK	97.08d	1.07c	2 746.00c	10.04b	0.27c
	R	122.12c	4.74a	4 465.00b	10.36a	0.47b
	W	198.00b	2.66b	5 742.00a	9.58b	0.60a
	RW	233.04a	2.14b	6 465.00a	10.54a	0.61a
麦季	CK	−0.10b	3.59b	1 068.50b	5.56a	0.192a
	R	0.45a	4.07ab	1 225.50ab	5.70a	0.215a
	W	−0.04b	4.20a	1 250.90a	5.80a	0.216a
	RW	0.22ab	4.06ab	1 214.50ab	5.54a	0.219a

注：同一列不同小写字母表示处理间差异显著（P < 0.05）。

* GWP 为全球增温潜势(global warming potential)，它是目前常用的温室气体增温能力的通用指标，以 CO_2 为标准核算当量，CH_4 与 N_2O 的 CO_2 当量换算系数分别为 25、298。

不同秸秆还田模式处理下，小麦生长期间 CH_4 和 N_2O 排放通量无明显的规律，波动较大（图 4-10），主要是由于麦季不进行灌溉，气体排放仅随降雨和温度变化而波动。总体看来，CK 和 W 处理中多数 CH_4 排放通量小于 0，而 R 和 RW 处理的多数 CH_4 排放通量大于 0；各处理 N_2O 排放通量均大于 0。

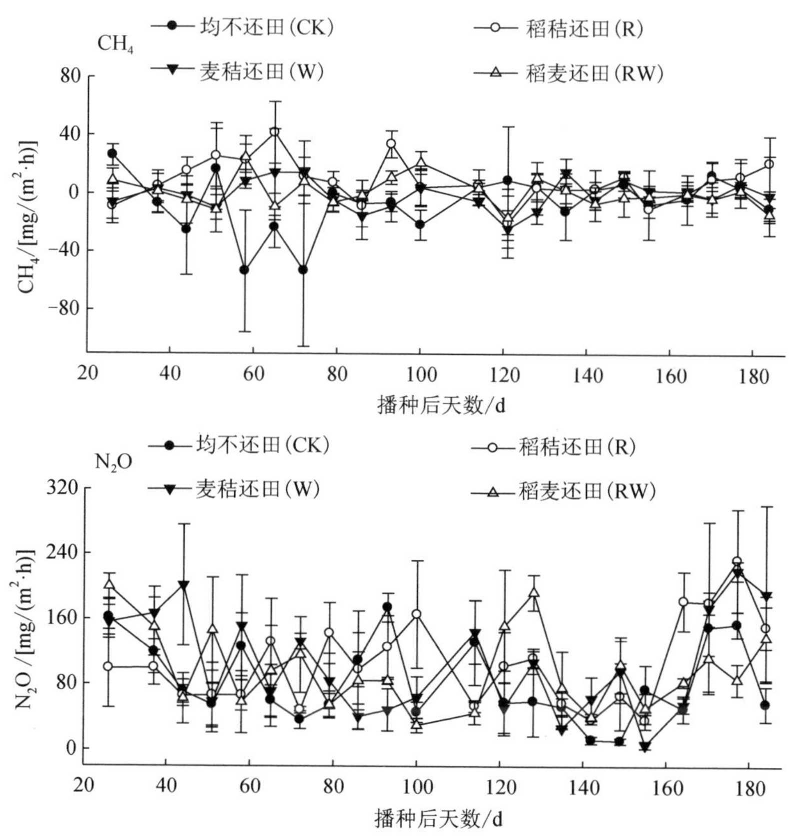

图 4-10　不同秸秆还田模式处理下麦季 CH_4 和 N_2O 的排放通量

通过内插法计算整个生长季内 CH_4 和 N_2O 的累积排放量（图 4-11）发现，R 和 RW 处理的 CH_4 累积排放量大于 0，而 W 与 CK 处理相似，CH_4 累积排放量小于 0，即 R>RW>W>CK。这说明，麦季稻秸还田和稻秸麦秸同时还田有利于 CH_4 排放，主要是由于秸秆还田后增加了底物养分水平，长期秸秆还田造成土壤微生物群落结构的改变，造成土壤 CH_4 排放能力高于氧化能力，表现出 CH_4 源的作用。麦季 N_2O 的累积排放量顺序为 W>R>RW>CK，其中，W 处理显著（$P<0.05$）高于 CK，说明仅麦秸还田可增加 N_2O 的排放，主要是由 C/N 不同造成的。与其他处理相比，W 处理中的 C/N 可能更有利于 N_2O 的排放。7 年的连续秸秆还田，W、R 和 RW 处理的碳累计输入量（秸秆还田量与秸秆碳含量的乘积）分别为 16.72、20.30 和 37.02（t/hm^2）。

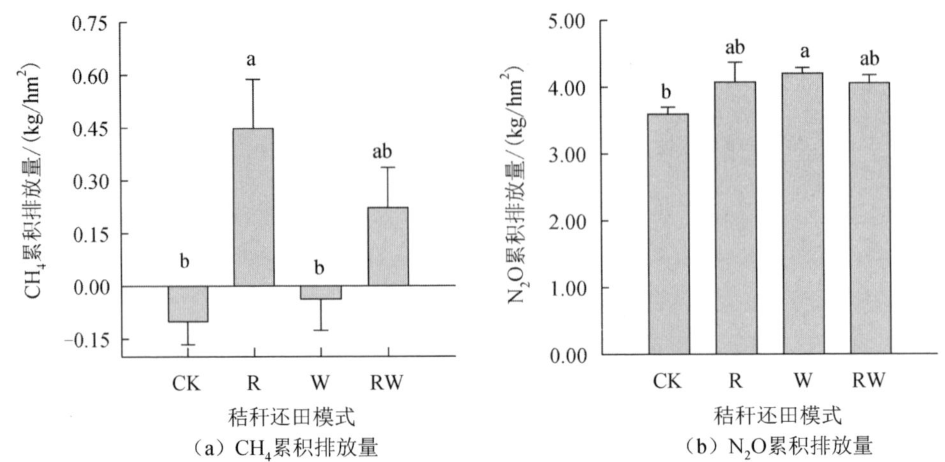

(a) CH_4累积排放量　(b) N_2O累积排放量

不同小写字母表示处理间差异显著($P<0.05$)。
RW为稻麦全还;R为稻秸还田;W为麦秸还田;CK为均不还田。

图 4-11　不同秸秆还田模式处理下麦季 CH_4 和 N_2O 的累积排放量

将不同秸秆还田模式处理排放的 CH_4 和 N_2O 换算为等 GWP 的平均 CO_2 量(表 4-10)。稻季各处理排放的 CH_4 和 N_2O 所产生的 GWP 处理,RW 处理最高,为 6 465kg CO_2/hm^2,与 W 处理(5 742kg CO_2/hm^2)的差异不显著,但均显著($P<0.05$)高于其他处理;R 处理显著高于 CK。不同秸秆还田模式处理下稻季排放的 CH_4 对总增温潜势的贡献明显高于 N_2O,各处理所占比例在 68%～91%,是减排的主要对象。以单位产量 GWP 来评价不同秸秆还田模式处理对 CH_4 和 N_2O 排放的综合影响,可以看出,稻季不同秸秆还田模式处理的单位产量 GWP 表现为 RW>W>R>CK,秸秆还田处理的单位产量 GWP 均显著($P<0.05$)高于无秸秆还田的 CK 处理。

麦季各处理排放 CH_4 和 N_2O 所产生的 GWP,W 处理最高,为 1 250.9kg CO_2/hm^2,显著($P<0.05$)高于 CK,但与其他秸秆还田处理相比无显著差异(表 4-10)。不同秸秆还田模式处理下麦季排放的 N_2O 对总增温潜势的贡献明显高于 CH_4,所占比例大于 90%,是减排的主要对象。麦季不同秸秆还田模式处理单位产量 GWP 表现为 RW>W>R>CK,但处理间差异均不显著。

从整个生长季来看,多年秸秆还田增加了 CH_4 和 N_2O 的总 GWP 和单位产量 GWP(图 4-12)。其中,稻季秸秆还田排放的 CH_4 是 GWP 最主要的贡献者。秸秆还田大大增加了稻麦轮作系统的总 GWP 和单位产量 GWP。不同秸秆还田模式总 GWP 和单位产量 GWP 均表现为 RW>W>R>CK。其中,麦秸还田(W 处理)的总 GWP 和单位产量 GWP 均高于稻秸还田(R 处理)。因此,从对大气环境影响的角度考虑,单季秸秆还田应以稻秸还田为宜。

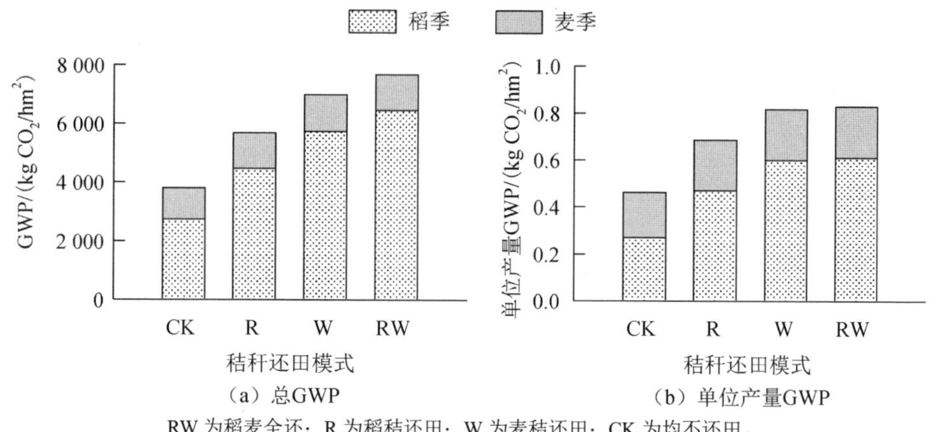

（a）总GWP　（b）单位产量GWP

RW 为稻麦全还；R 为稻秸还田；W 为麦秸还田；CK 为均不还田。

图 4-12　不同秸秆还田模式处理下农田 CH_4 和 N_2O 排放的全球增温潜势（100 年）

4.2.4　稻麦秸秆还田对小麦纹枯病发生的影响

通过对麦秸和稻秸长期连续还田试验小区小麦纹枯病的调查（表 4-11），可以看出，连续两年的调查结果表现一致。在 4 种秸秆还田处理中，麦秸还田（W）与稻麦全还（RW）处理下，小麦纹枯病病情指数和病株率均高于麦秸不还田处理，即 R 与 CK 处理。可以看出，小麦秸秆长期连续还田可以增加小麦纹枯病的发生，而水稻秸秆长期连续还田可以抑制小麦纹枯病的发生。

分析以上结果产生的原因，苏伟等（2011）研究表明，稻秸覆盖对土壤温湿度有明显的调节作用，土壤温度日变化趋于缓和，主要表现为低温提高、高温降低，土壤含水率明显提高，且随覆盖量增加稻秸的保温保水效果更加明显。王裕中等（1994）调查发现，春季小麦纹枯病的病害发生程度与温度呈显著正相关关系。本研究结果表明，水稻秸秆全量还田虽未增加小麦纹枯病发病率，但使小麦纹枯病提前发生，覆盖还田处理区和旋耕还田处理区小麦纹枯病发病分别比不还田处理区提前 20d 和 10d。

表 4-11　稻麦秸秆长期连续还田对小麦纹枯病发生的影响

时间	病情指数/%				病株率/%			
	W	RW	CK	R	W	RW	CK	R
2014 年扬花期	54.12a	50.86ab	35.92ab	30.14b	95.38a	97.86ab	79.19bc	65.74c
2014 年完熟期	76.73a	69.96ab	60.62ba	57.61b	100.00a	100.00a	100.00a	100.00a
2015 年扬花期	66.18a	52.01ab	39.56bc	34.83c	95.20a	93.11ab	82.54bc	77.39c
2015 年完熟期	75.40a	73.31a	56.66b	55.22b	100.00a	100.00a	99.09a	95.46a

注：RW 为稻麦全还；R 为稻秸还田；W 为麦秸还田；CK 为均不还田。表中同行不同小写字母表示处理间差异显著（$P < 0.05$）。

小麦纹枯病病原主要是禾谷丝核菌（*Rhizoctonia cerealis* Vander Hoever），而水稻纹枯病致病菌主要为立枯丝核菌（*R. solani* Kuhn）。稻麦一年两熟种植制度下，稻麦秸秆还田增加了病残体上病菌在田间的积累，给纹枯病病菌等多种有害生物的滋生提供了有利的场所，势必加重纹枯病的发生。前人调查发现，水稻秸秆覆盖可以控制小麦纹枯病的发生。本研究也发现，稻麦一年两熟种植制度下水稻秸秆全量还田虽然使纹枯病提前发生，但明显抑制小麦纹枯病的发生，并且旋耕还田处理抑制效果优于覆盖还田处理；小麦秸秆长期全量还田会显著加重小麦纹枯病的发生。以上现象的发生可能与稻麦纹枯病病菌致病性的不同、秸秆腐解产物的化感作用以及秸秆还田方式对秸秆腐解进程的影响等因素有关。

4.2.5 结论

（1）秸秆还田初期，稻秸还田使得小麦减产，在短期内对下茬水稻产量仍然具有一定的影响；麦秸还田对作物产量的影响较小，小麦和水稻产量比不还田稍有提高。长期秸秆还田能有效促进小麦和水稻增产，稻秸还田增产、增收作用大于麦秸还田，稻麦全还的增产作用、增收作用最为显著。

（2）秸秆还田有助于土壤有机 C 的累积。秸秆连续 7 年还田显著提高了 0～20cm 土壤的 TOC、活性有机 C 和稳定态有机 C 含量；不同秸秆还田模式之间，土壤 TOC、稳定态有机 C 含量的差异均不显著；RW 处理的活性有机 C、C 库活度指数和 C 库管理指数均显著大于 W 处理，与 R 处理无显著差异。南方稻麦两熟制农田实施仅稻秸麦季还田模式不影响作物稳产性与土壤地力的提升。

（3）多年秸秆还田增加了全年 CH_4 和 N_2O 的排放量及全球增温潜势（GWP）和单位产量 GWP。其中，稻季 CH_4 和麦季 N_2O 是 GWP 最主要的贡献者。因此，从对大气环境影响的角度考虑，单季秸秆还田应以稻秸还田为宜。

（4）小麦秸秆还田处理与稻麦秸秆还田处理小麦纹枯病病情指数和发病率均高于稻秸还田处理和秸秆不还田处理。小麦秸秆长期连续还田会加重小麦纹枯病的发生，而水稻秸秆长期连续还田可以抑制小麦纹枯病的发生，且旋耕还田处理抑制效果优于覆盖还田处理。

4.3 稻麦秸秆还田的农机农艺技术

秸秆还田是秸秆利用最重要、最有效的手段。发达国家将秸秆还田作为一项基本农作制度，如英国还田秸秆占秸秆总产量的 73%，加拿大占 67%，日本占 68%。在美国大平原地区，不少农场坚持每年把 1/3 左右的秸秆还田。据美国农业部统计，美国年生产作物秸秆 4.5 亿 t，秸秆还田量占秸秆生产量的 68%。日本已经把秸秆还田当作农业生产中的政策去执行。日本常年秸秆产量约 2 150 万 t，大多秸秆耕翻直接还田，其次作为粗饲料养牛以及与畜粪混合做成肥料。此外，与秸秆还田相配套的各种农业机械，在发达国家不仅种类齐全，且使用效率高，运行稳定可靠。

中国秸秆还田技术及配套农机具研究与应用起步较晚，尤其是机械化秸秆直接还田技术起步于 20 世纪 80 年代。此后，在引进国外成熟秸秆还田农机具的同时，注重秸秆还田技术研究与还田机械装备研发。近年来，随着农业机械研发与作业水平提高，秸秆还田面积增长迅速。到 2005 年，全国秸秆还田面积达 2 676 万 hm^2，是 20 世纪 80 年代末期的近 20 倍；到 2008 年，秸秆机械化还田面积达 2 275 万 hm^2。

江苏省自“十一五”逐步加大对机械化秸秆还田的投入，《江苏省“十二五”农业机械化发展规划》中特别提出大力推广农作物秸秆还田及综合利用机械的发展目标。在这一大背景下，近五年来，江苏省秸秆还田机械无论是数量还是质量都取得了长足进步，秸秆还田的农机农艺间融合更加紧密。突出表现在以下 4 个方面。①秸秆还田机械动力增加显著。据统计，江苏省在“十一五”末大中型拖拉机数量为 9.68 万台；在“十二五”期间，仅 2014 年就新增大中型拖拉机 2.3 万台，其中 75 马力（1 马力=0.74kW）以上的达 1.95 万台。拖拉机动力的提升和数量的增加有力地保证了秸秆还田作业的质量和效率，扩大了江苏省稻麦秸秆还田规模，秸秆还田率由 2000 年的 26%（1 700 万亩）提高到 2014 年的 51.5%（3 828 万亩），取得了显著的成效。②收割机秸秆切碎匀抛装置技术提升且应用普及。一方面大力促进已有联合收割机加装秸秆切碎匀抛装置，另一方面，收割机生产企业也主动地重新设计，使新出厂的收割机具有秸秆切碎匀抛功能。随着技术进步，秸秆切碎匀抛装置切碎与匀抛的效果大大改善，确保了秸秆旋耕还田作业效果，避免了缠刀、架空土层等问题的发生。③复式作业机械发展迅速。为解决因水稻产量高、稻秸产生量大、一次旋耕作业难以保证稻秸还田质量的困难，农机企业成功研发集耕翻、施肥、播种、镇压、开沟等于一体的复式作业机械装备，不但可增强稻秸还田效果，还可减少后续机具的下田次数，降低了作业成本。随着拖拉机动力和数量的提升和增加，复式作业机械也逐步向大型化、集约化、智能化方向发展，这些都将大大促进秋季稻秸还田及三麦播种作业效率的提升。④秸秆还田农机农艺技术更加融合。随着秸秆还田面积逐年增加，农机农艺部门不仅关注秸秆还田作业效果，还十分关注秸秆还田后茬作物的高产、稳产及秸秆还田环境效应，开发了一系列集秸秆还田机械与农艺的装备与技术，确保了秸秆还田与粮食增产、环境效应的统一与协调。

近年来，随着稻田温室气体减排压力增加，麦秸还田技术应用受到关注。此外，对稻米产量与品质的追求，及水稻生育期越来越长，使得更多地区错过小麦适宜播种期，这给稻秸还田技术的应用带来了新的挑战。

为推进秸秆还田技术的持续发展，结合国内相关文献，本研究就稻麦秸秆还田的 4 种主要方法［切碎匀铺旋耕（翻耕）还田、秸秆覆盖还田、留高茬麦套稻秸秆全量还田、机械沟埋秸秆还田］及还田机械现状进行分析，并从农学与生态环境角度，提出秸秆还田技术需要进一步解决的问题，为秸秆还田技术与还田机械研发提供思路。

4.3.1　秸秆还田技术及农机装备研发应用现状

4.3.1.1　切碎匀铺旋耕（翻耕）还田

虽然中国秸秆还田技术与还田机械研发工作起步较晚，但由于秸秆禁烧压力较大，秸秆还田技术、还田机械研发与应用的步伐较快。目前，稻麦秸秆还田已形成较为完整的秸秆还田机械装备与技术体系。

2010 年前推广使用的稻麦收割机绝大多数不带秸秆粉碎装置，稻麦收割后均留有 20cm 以上高茬，在该状况下，秸秆机械还田需要着重解决破茬与秸秆切碎的问题。宗和文（2007）论述了当时江苏省秸秆还田机械状况，列举的秸秆粉碎还田机、水旱两用秸秆还田机、双轴灭茬机等主推机型，均带有秸秆粉碎装置。此后，盐城华旺机械制造有限公司研制了 SGTN-180ZF 型新型稻麦秸秆还田机，该机重点对变速箱体、刀轴总成、变速操纵结构进行了改进设计，增加了拨档正反转和双杆拨挡变速，提高了整机性能，增强了秸秆还田（灭茬）效果。赣榆区农牧机械厂开发的 1GJQN-165 型秸秆粉碎－旋耕组合多用机，可一次完成秸秆粉碎、抛撒、旋耕碎土及秸秆覆盖等多道作业工序，对壤土、黏土等土壤具有较好的适应能力。其生产效率较高，平均作业效率可达 0.48hm^2/h；作业技术性能优良，秸秆切碎长度为 4.5cm 左右，秸秆切碎合格率达 98%，碎土率达 77%，秸秆覆盖率达 92%。中国农业大学设计了 SGTN-180 型旋耕埋草施肥联合作业机，该机采用双辊装置，前辊正转进行秸秆粉碎，后辊反转进行旋耕，完成秸秆翻埋和碎土作业，有效提高了覆盖性能，降低了功耗；并设计施肥装置，完成播种前土壤整理的联合作业。此外，戴飞等（2011）设计了一种将秸秆腐熟剂喷洒与秸秆还田于一体的快速腐熟秸秆还田机，该机秸秆粉碎系统对喷施了腐熟剂的谷物秸秆进行粉碎还田，腐熟剂喷施与机械粉碎两者优势互补，达到还田秸秆快速腐熟的目的。

随着秸秆禁烧工作的强力推进，为防止秸秆及残茬田间焚烧，联合收割机生产企业加大了联合收割机动力配置，设计了秸秆粉碎抛撒装置。同时，存量和新增的一般收割机，配套秸秆粉碎抛撒装置。河北省开元实业有限公司研制出一种与小麦联合收割机配套的秸秆粉碎抛撒装置，可对玉米、小麦、高粱等农作物秸秆进行粉碎。该装置采用悬挂液压升降方式，具有转弯半径小、对地块的适应性强、安装方便等特点，与全喂入联合收割机配套使用，秸秆粉碎效果好，抛撒均匀，利于后续农田作业。江苏省农业科学院与江苏大学等联合开发了一种秸秆粉碎抛撒装置，可安装到早期生产的联合收割机上，使用该装置，稻麦秸秆粉碎长度为 5～10cm，抛撒幅宽与收割机割幅一致，均匀度达 95%以上。丹阳市木森农机厂生产的秸秆匀撒装置，与半喂入式联合收割机（久保田、洋马等机型）配套，可使秸秆均匀抛撒还田。金湖县兴鹏机械制造有限公司生产的 4DMQ-35A 稻麦秸秆切碎抛撒还田装置，配装到全喂入式联合收割机上，对水稻、小麦秸秆进行切碎、抛撒还田，切碎长度小于 15cm、抛撒幅度可达 1.5～2.3m。带秸秆粉碎抛撒装置的联合收割机的广泛应用，从技术装备上为秸秆还田提供了便利，大大促进了秸秆机械还田技术的推广与应用。

在联合收割机带秸秆粉碎抛撒装置作业的基础上，秸秆还田机械向提升秸秆翻埋质量以及还田、耕整、施肥一体化方向发展。目前，江苏省内多个农机企业已研制出用于水田作业的集秸秆翻埋、碎土、起浆、平地于一体的埋茬耕整机，用于旱地作业的集旋耕、埋茬、施肥、播种、覆土于一体的旋耕播种施肥机。其中，用于水田作业的埋茬耕整机有姜堰新科机械制造有限公司生产的 1ZSD-300/325/350 型埋茬耕整机，江苏清淮机械有限公司生产的 1GSM-180～280 型系列水田埋茬耕整机和 1GSM-200～300 型系列水田埋茬起浆整地机。用于稻秸还田与耕整的机械有灌云县黄海机械有限公司生产的 1GBF-12A 型秸秆条切条耕条播深施肥复式作业机，该机与中型拖拉机配套，集条切、条耕、条播、深施肥、镇压各种功能于一体。江苏丰产农机制造有限公司生产的 BFG-200 型旋耕（条耕）施肥播种机，一次作业能完成对秸秆全量还田的田地进行条耕、条播或全幅旋耕、埋茬、施肥、播种、覆土作业。姜堰区新科机械制造有限公司生产的 1ZSB-180、200 型埋茬耕整施肥播种机，一次可完成稻秸全量还田、耕整地、小麦半精量播种、化肥深施、镇压 5 项作业工序。江苏洁澜现代农业装备有限公司生产的 2BFG-12（8）（200）、2BFG-14（10）（230）和 2BFGP-14（10）（230）旋耕施肥播种机可一次完成旋耕、施肥、开沟播种、覆土、镇压等工序。

在秸秆还田机械技术进步的同时，秸秆还田的农艺技术也取得长足进步。围绕麦秸还田，总结出两种不同的耕整技术方案：一是旱旋水整，先用中型拖拉机干旋埋草，晒垡 3～5d，然后上水浸泡 2～3d，耙耱整平；二是水旋耕整，麦秸切碎分散后，泡田 3～4d，一次性旋耕埋草耕整。邓建平等（2007）比较了旋耕深度与碎草长度对秸秆还田效果的影响，在旋耕深度分别为 5cm、10cm、15cm 时，一次性耕整埋草率随旋耕深度增加而提高，埋草率由 68%提高到 88%；碎草长 15cm 和 30cm 时，一次性耕整埋草率分别为 87%和 63%，两者相差 24 个百分点；碎草长 5cm 时，一次性耕整埋草率 90%以上。赵伯康等（2010）比较了泡田 1d、2d 及 3d 对秸秆还田效果、机械作业效率的影响，结果表明，机械作业效率和埋草质量均随泡田时间的延长而提高，泡田 3d 作业机械每台每天可作业 2hm^2 左右，耕整埋草率可达 85%；泡田 1～2d，由于土硬土板，旋耕深度不够，作业机械每台每天仅作业 0.53～0.67hm^2，耕整埋草率仅为 60%左右。陈才兴等（2012）比较了留茬高度对麦秸还田效果的影响，认为收割留茬越低，田面留草量越多，预埋性越差；留茬越高，田间留草量越少，预埋性越好。半喂入收割机留茬 10～15cm，全喂入联合收割机留茬 30cm 左右为宜；同时启动秸秆切碎装置，将秸秆切成长 5～10cm，可实现秸秆自动分散于田面。张洪熙等（2006）依据麦秸还田后不同稻作方式，开展了麦秸全量旋耕还田的田间比较试验，在此基础上，形成了不同稻作方式的麦秸粉碎旋耕还田的技术操作规程。其要点是：一是选好机型；二是灌好水层，一般以田面水层高处见墩、低处有水为准；三是精心操作。使用中型拖拉机配套 1ZSD 型埋茬耕整机要调整好旋耕深度，力求一次性完成作业。使用手扶拖拉机要横竖旋耕两遍，提高埋草耕整平整度。耕整后，竖立碎草露草量应控制在 90 根/m^2 之内。

随着小麦秸秆还田技术的日益成熟，形成了较为完整的 3 种不同的技术路线。①水耕水整秸秆还田作业。联合收割机收获小麦适当留茬，麦秸切碎匀抛→施基肥（增施 N 肥）→放水泡田→水田秸秆还田机耕整地→水稻机插秧。机具配备：联合收割机加装相应的秸秆切碎抛撒装置；一般采用 65 马力以上拖拉机，匹配相应幅宽的秸秆还田机械；秸秆还田采用水田埋茬耕整机。②旱耕水整秸秆还田作业。联合收割机收获小麦适当留茬，麦秸切碎匀抛→施基肥（增施 N 肥）→秸秆还田机旱作灭茬还田→放水泡田→平田整地→水稻机插秧。机具配备：联合收割机加装相应的秸秆切碎抛撒装置；一般采用 65 马力以上拖拉机，匹配相应幅宽的秸秆还田机械；秸秆还田采用反转灭茬旋耕机、埋茬耕整机。③犁耕水整秸秆还田作业。联合收割机收获小麦适当留茬，麦秸切碎匀抛→施基肥（增施 N 肥）→铧式犁（或圆盘犁等）耕翻→旋耕机碎垡（或重型耙碎垡）→放水泡田→水田平整→水稻机插秧。机具配备：联合收割机加装相应的秸秆切碎抛撒装置；根据铧犁数量和土壤情况配备动力，一般采用 75 马力以上拖拉机；耕翻采用 1L 系列铧式犁、1LY 系列圆盘犁、犁旋一体复式机；灭茬、耙地采用水田驱动耙等。此外，随着收割机秸秆粉碎抛撒装置技术进步，亦可采用“收割机秸秆粉碎匀抛→施基肥→放水泡田→耕整→插秧”的技术路线。

随着还田机械与农艺技术的日臻完善、联合收割机带粉碎抛撒装置的广泛应用，秸秆粉碎旋耕全量还田，已成为江苏省秸秆还田的主流技术，得到大面积推广应用。

4.3.1.2　留高茬麦套稻秸秆全量还田

麦田套播水稻栽培实践源自 20 世纪 60 年代日本福冈正信的研究。20 世纪 70 年代，北京市农林科学院、山东省水稻研究所进行麦田套播水稻试验，20 世纪 80 年代江苏省农业科学院、江苏省里下河地区农业科学研究所开展麦田套播水稻研究。20 世纪 90 年代初，顾克礼等（1998）系统地开展了超高茬麦套稻秸秆全量还田与稻作技术研究，1995 年起开始大面积示范与推广。其核心是小麦生长后期套种水稻，麦收时留茬 30cm 以上，多余秸秆就地撒开，或就近埋入麦田墒沟内，任其自然腐解。该技术集免耕、套种、直播、秸秆还田于一体，具有旱育稀植的特点，根系发达，单位面积总颖花量大，千粒重高，可获得优质高产。超高茬麦套稻还可以提高稻米加工与外观以及部分食味品质。张家宏等（2004）系统地研究了超高茬麦套稻栽培条件下杂草发生规律与防除技术，提出“治早治小、封杀结合”的杂草防治措施，并在水稻不同生长期进行不同药剂的田间试验，取得显著效果。目前，留高茬麦套稻麦秸全量还田技术已趋于完善，并在生产中得到一定面积的推广应用。

4.3.1.3　机械沟埋秸秆还田

机械沟埋秸秆还田技术，是在稻麦作物收获后，用常规开沟机在田间开出墒沟，由人工将联合收割机排出的秸秆埋入墒沟内，每季埋草沟与上一季埋草沟间距为 20cm，以此类推。数年后，实现全田都开沟一次，在实现秸秆全量还田的同时，达到田块深耕一次的目的。钟杭等（2003）在对麦秸产生量、麦田沟形态与容积等数据分析基础上，认为不论何种沟形均可容纳所有麦秸，并于 1999 年开始进行为期 3 年的田间试验。结果表明，开沟埋草还田比不还田 CK 略有增产。田沟内的麦秸经过一个晚稻生长季的腐解，秋播清沟时，已基本腐熟，每公顷秸秆沟埋用工 6 人，因此认为，开沟埋草还田技术是可行的。汪金平等（2006）提出了双季稻厢沟免耕秸秆还田方法，即开厢起沟，厢沟宽 0.35m，厢沟深 0.35m，厢面宽 2.3m，油菜和早稻收获后秸秆入沟，晚稻秸秆则覆盖于冬作厢面上，每季作物播栽前清沟起淤，将沟中腐熟的秸秆和淤土撒在厢面上。该技术可确保秸秆全量还田。

机械沟埋秸秆还田技术，需要人工将秸秆埋入沟内，在实践中较为费时费工。针对这一难题，黑龙江省大田农业机械制造有限公司研制 IUD-535 型机引液压五铧犁，利用其较强耕翻能力的半螺旋形曲面犁体，可将整株玉米秸秆扣翻在垫片下，覆盖严密，无扬茬漏茬。陈玉仑等（2009）设计了一种稻麦联合收割开沟埋草多功能一体机。该机收获部件一边收割、脱粒，一边将秸秆向后输送，并将秆从出草口排出；与此同时，开沟装置对收获后的土壤进行开沟，墒沟的位置与出草口位置对齐，使出草口排出的秸秆落入沟内，达到机械化开沟埋草的目的。在此基础上，杨宏图等（2010）对稻麦收割开沟埋草多功能一体机做了改进，设计了多功能一体机的导草疏草、分土导流等装置，以及清沟铲清土装置，解决了开沟埋草操作的安全性以及抛土走向和刀盘缠草堵草等问题，保证一次作业完成作物收获、排草导草和开沟埋草等工序，整体可达生产率 1.9～4.9 亩/h，使用可靠性 78%以上，时间利用率 70%以上。查良玉等（2013）改进的东方红 904 双盘开沟机，在保证开沟集中抛土基础上，可实现对埋沟进行覆土，覆土后照常栽种，且埋沟能够排水，对小麦出苗及生长无影响的功能。

机械沟埋秸秆还田技术，在高沙土地区或旱作地区有较好的认同和技术应用基础。

4.3.1.4 秸秆覆盖还田

秸秆覆盖还田具有蓄水保墒、平抑地温、保持水土、控制面源污染、抑制杂草等效应，同时还具有改善土壤结构、增加土壤有机质、提高矿质营养水平、增强土壤生物活性等培肥作用。秸秆覆盖还田作为一种使土壤少耕、免耕，处置利用秸秆，以及防止水土流失、抑制杂草等技术措施被广泛应用。

在稻麦轮作地区，秸秆原位覆盖还田主要包括麦田覆盖稻秸与稻田覆盖麦秸等技术。钟杭等（2003）试验了两种覆盖稻秸播种小麦的方法：一是人工收割后，用除草剂除草，隔 1～2d 施肥，然后将麦种散播在田畦表面，再用稻秸均匀覆盖，开沟压土；二是机械收割前 3～5d，先施肥，然后再套播麦种，收割后将稻秸直接覆盖于田面，并将稻秸摊铺均匀、开沟压土。徐亚娣等（2008）在水稻亩产量 600kg 条件下，比较了不同覆盖稻秸量对小麦生长的影响，认为稻秸还田量不宜超过 50%，100%稻秸还田会影响小麦的出苗率。王丽明（2013）认为秸秆覆盖量以 3 000kg/hm^2 为宜，并需要适当增加小麦播种量。彭庆生等（2012）试验了几种秸秆覆盖还田模式。在麦田，小麦播种盖籽后化学除草，采用整株稻秸全量覆盖后浇水，或浅旋耕后播种不盖籽，直接覆盖稻秸后浇水等，均可保证小麦正常出苗；在稻田，水稻直播后采用麦秸全量覆盖还田，但要做好水肥与病虫草管理。李大明等（2012）认为在水资源缺乏地区，秸秆覆盖旱作是一种替代传统淹水栽培的水稻栽培模式，也是一种稻田秸秆管理技术。

随着劳动力成本提高，人工覆草越来越难，利用机械方式实现秸秆覆盖还田受到人们的关注。李朝苏等（2011）研制的 2BMFDC-6 型半旋播种机，由手扶拖拉机驱动，整机重量轻、动土量少、能耗低，一次作业可完成播种、施肥、盖种等工序，省工高效。其作业时只对播种带进行浅旋开沟，将种子撒落于播种沟内，将泥土、根茬和碎草混合盖种，较好地解决了播种质量和稻秸还田问题。田间性能试验表明，无论稻秸是否还田，该机械都具有良好的适应性和播种效果。扬州大学机械工程学院 2009 年研制的 1GBF-12A 型秸秆条切条耕条播深施肥复合作业机，一次作业完成灭茬、浅旋、开槽、播种、覆土、镇压 6 道工序。此外，还可在普通少（免）条播机上，隔行撤除旋耕刀，实现秸秆覆盖还田条件下条耕条播的目的。缪冬平等（2013）在稻秸覆盖量 6 705kg/hm^2 条件下，使用改进的条耕条播机作业，小麦播种量为 165kg/hm^2，播后开墒沟。与秸秆粉碎旋耕还田及不还田相比，采取条耕条播的地块产量稍高。同时，条耕条播模式在用工、能源消耗以及保护性耕作等方面具有明显的优势。但也有报道认为秸秆覆盖还田，特别是全量覆盖还田，较旋耕还田效果差。李朝苏等（2011）比较了两种稻秸粉碎方式（全喂入式联合收割机粉碎、半喂入式联合收割机粉碎），4 种秸秆还田量[0、4、8 和 12（t/hm^2）]对秸秆覆盖还田效果的影响。结果表明，稻秸采用半喂入式联合收割机粉碎，下茬小麦的播种深度、种子有效覆盖比例以及出苗均匀度均高于全喂入式，生育阶段群体质量也优于全喂入式，产量增加 11%。

为解决秸秆覆盖还田条件下耕作与施肥的问题，吉林省康达农业机械有限公司研制了一种全秸秆覆盖免耕追肥机。该机作业时一次完成切断秸秆、开沟、深施化肥、覆土镇压等多道工序，作业时不发生秸秆缠绕，秸秆入土效果好，施肥深度大，且翻动土层大，伤根少，具有极好的抗旱和提高肥料利用率的效果，解决了普通追肥机在有秸秆覆盖、免耕情况下不能追肥的难题。该公司还研制了全秸秆覆盖免耕深松机，一次作业可完成切断秸秆、深松、碎土等工序。江苏省农业科学院与连云港某农机企业合作开发稻收麦播秸秆覆盖还田同步技术，实现稻收麦播秸秆覆盖还田一体化，大大提高了作业效率；同时，还与江苏省农机试验鉴定站等单位合作，开发针对稻田套种小麦与秸秆覆盖的播种、开沟等装置。南京农业机械推广中心开发一种新型高效的秸秆捡拾粉碎播后覆盖复式作业机，机具一次下地完成地表秸秆捡拾、粉碎、播种、施肥、秸秆覆盖、镇压等多道工序。南通棉花机械有限公司开发了一种秸秆捡拾覆盖播种机械，其作业流程为：施肥→秸秆捡拾输送→对行带状微耕→播种→对行镇压→秸秆抛撒覆盖，一次作业可完成小麦播种与秸秆覆盖等工序，解决了秸秆覆盖还田条件下小麦播种的技术难题。

目前，在江苏省苏南地区，稻套麦秸秆覆盖还田技术应用面积较大。随着稻秸切碎抛撒匀铺技术的普及以及与秸秆覆盖相配套农机的研发，稻套麦秸秆覆盖还田技术将会在更多农区推广应用。

4.3.2　秸秆还田技术存在的问题及展望

综上所述，经过近 30 年的努力，在引进消化与自主创新基础上，无论是配套于联合收割机的秸秆粉碎抛撒装置、开沟装置及秸秆粉碎、灭茬、耕整、施肥、播种一体机，还是秸秆机械还田的农艺技术，都取得了进步。与此同时，在秸秆还田方面，仍存在如下问题：①秸秆粉碎抛撒效果未达理想程度，抛撒的秸秆仍呈条状分布，尤其是稻秸，因秸秆含水量高、柔软、相互缠绕，抛撒后成条成团现象仍十分普遍，影响了后续埋草作业；②在水稻产量提高、秸秆产生量增加时，与之相配套的深旋机械缺少，难以满足 650kg/亩以上稻秸全量全耕层均匀还田的需要；③土壤类型、质地、气象条件及农作制度等存在差异，缺少秸秆还田技术适宜性研究，难以避免在秸秆还田技术推广应用中产生一些负效应；④由于水稻收获季节越来越迟，稻套麦免耕秸秆覆盖全量还田技术需求会越来越大，与此相对应的播种、开沟以及水稻收割、小麦播种一体机，与配套农艺技术亟待研发；⑤现有的秸秆还田农业机械作业效率与农机质量及运行稳定性还有待进一步提高。因此，就稻麦秸秆还田技术而言，需要在秸秆粉碎匀抛、全耕层埋茬、覆盖还田等技术及农机装备等方面，加大、加快技术攻关与研发步伐。同时，加大现有技术推广应用与普及，通过农机、农艺相结合与相互促进，真正地将“秸秆还田”这项事业做好、做大、做优，为秸秆综合利用与禁烧工作提供持续技术支撑。

4.4　稻秸还田小麦优质高产技术

4.4.1　稻秸旋耕还田小麦优质高产技术

2010年以前，绝大多数水稻收割机不带秸秆粉碎匀铺装置，收割作业后留有20cm以上高茬，需要进行单独的秸秆粉碎作业或秸秆粉碎—旋耕整地组合作业解决破茬与秸秆粉碎问题。近年来，联合收割机生产企业针对收割机设计了秸秆粉碎匀铺（抛）装置，该装置可与半喂入式或全喂入式联合收割机配套使用，为秸秆还田提供便利，大大推进了秸秆机械还田技术的推广和应用。目前，秸秆粉碎匀铺（抛）装置的关键模块如刀具、搅龙、导草板，动力输出，模块轻量化等，仍需优化设计，以进一步提高秸秆粉碎与抛撒均匀度。

在稻秸粉碎与均匀抛撒的基础上，旋耕还田作业具有土—草混合均匀、耕层平整等优点，但对于稻茬麦播种作业有一定的局限性，如土壤湿黏、耕层浅、土壤容重低、通风失墒快。江苏省农委对江苏省稻茬麦生产的总结报告显示，稻茬麦产量偏低的主要原因是基本苗不足与过多并存，出苗不匀，苗情素质差以及冬、春冻害死苗重。为此，江苏省农业科学院资环所以农机、农艺深度融合为主导思想，研发小麦均匀摆播机、宽幅条带施肥播种机和麦田镇压器，并配套稻茬麦匀播壮苗栽培技术，旨在提高稻茬麦播种质量和苗情素质，推进稻茬麦产量水平不断提升。目前，以种肥精播精施为目标的装备优化和以适墒镇压为核心的全苗壮苗措施等方面仍需进一步研究与完善。

综合以上的实际问题与技术研究，笔者围绕秸秆粉碎匀铺、小麦优化播种、适墒镇压和肥料精确管理等关键技术，开展了较为系统的研究，并形成了稻秸旋耕还田小麦高产优质栽培技术流程。

4.4.1.1　稻秸粉碎匀铺技术

目前，联合收割机厂家均配置了秸秆粉碎装置。经过不断改进，秸秆粉碎长度基本符合还田作业要求（全喂入式联合收割机秸秆粉碎装置配备直片密齿刀，秸秆粉碎长度 8～10cm；半喂入联合收割机配备原盘密齿刀，秸秆粉碎长度 5～6cm)。但是，粉碎秸秆在田间铺放不匀，较为集中（幅宽 70cm 左右)。农艺要求小麦行距为 15～25cm，在稻秸还田摊铺不匀条件下，常因开沟器堵塞导致缺苗断垄、冬春冻害、吊根死苗现象严重，而人工匀铺秸秆增加了劳动强度和人工成本。为此，在半喂入式联合收割机碎草刀下安装搅龙，筛选其最优参数（表 4-12)，同时对筛选出的搅龙的能耗和作业效率进行测试（表 4-13、图 4-13 和图 4-14)，为秸秆高效还田和小麦安全生产提供技术支撑。

表 4-12　搅龙设计参数

试验机械	动力端			非动力端		
	旋向	外径/mm	长度/mm	旋向	外径/mm	长度/mm
1	右	248	450	左	174	610
2	右	210	400	左	210	680
3	右	248	470	右	174	560
4	右	210	530	左	210	530
5	左	248	430	左	174	580
6	右	248	500	左	174	400
7	右	174	420	左	248	600
8	右	210	600	左	210	420
9	右	174	480	左	248	560

表 4-13　搅龙的作业效率和能耗

作业方式	作业效率/（hm^2/h）	耗油/（kg/hm^2）
收割+碎草	0.361 3	12.00
收割+碎草+搅龙	0.352 7	14.55
搅龙	−0.008 6	2.55

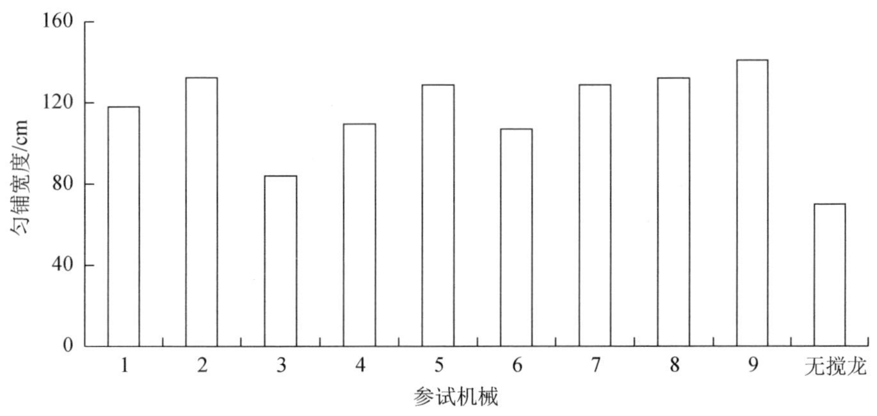

图 4-13　不同参数的搅龙对秸秆摊铺宽度的影响

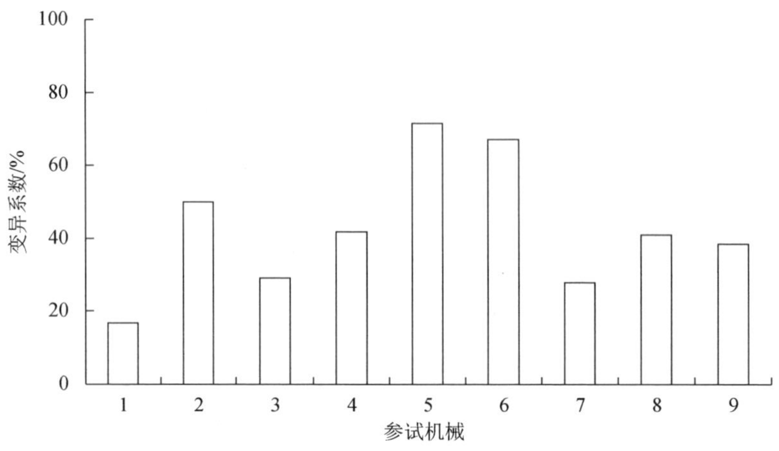

图 4-14　不同参数的搅龙对秸秆摊铺均匀度的影响

综合实际生产情况，常规联合收割机以 4 行水稻为一个割幅，故碎草摊铺的宽度应以 120cm 为宜。变异系数是反映数据离散程度的绝对值，通过连续断面的取样，计算秸秆重量的变异系数，可以较好地反映秸秆分布的均匀度。变异系数越高秸秆分布均匀度越差。实测结果显示粉碎秸秆分布的变异系数≤20%为宜。根据秸秆摊铺的宽幅和均匀度试验结果，筛选出秸秆摊铺效果最佳的搅龙参数，即动力端右旋，外径 248mm，长度 450mm，非动力端左旋，外径 174mm，长度 610mm（表 4-12）。秸秆摊铺搅龙装载后，作业效率几乎与未安装搅龙持平，油耗成本增加 50.72 元/hm^2，相比人工摊铺，既节约了时间、节省了劳力，又提高了秸秆摊铺的均匀度。因此，秸秆还田可进行相应的政策补贴。

4.4.1.2　小麦优化播种技术

比较现阶段江苏省稻茬麦的主要播种方式，即机械匀播、机条播、人工撒播、旋耕盖籽等（表 4-14）。其中，人工撒播、旋耕盖籽面积最大，稻田套播小麦面积呈逐年减少趋势。研究结果表明，机械匀播方式的成苗率显著高于其他播种方式，以机械带状匀播效果最佳。

表 4-14　不同播种方式的田间成苗数、成苗率及出苗均匀度

播种方式	播种量/（kg/hm^2）	成苗数/（万株/hm^2）	标准差	变异系数	成苗率/%	备注
机械匀播	138.75	231.30	286.50	0.14	78.51	
机械带状匀播	138.75	237.60	256.95	0.12	80.65	
常规机条播	138.75	125.85	214.35	0.19	42.72	行距 20.0cm
宽幅机条播	138.75	156.15	145.95	0.10	53.00	行距 24.0cm
宽幅精量机条播	138.75	177.30	309.30	0.15	60.18	行距 27.0cm
人工撒播、旋耕盖籽	187.50	272.10	863.85	0.35	60.95	
稻田套播小麦	187.50	211.35	612.75	0.32	47.35	

在播种量同为 138.75kg/hm^2 的条件下，两种机械匀播方式田间成苗数分别为 231.30 万和 237.60 万（株/hm^2），差值仅 6.30 万株/hm^2；3 种机条播方式间的田间成苗数分别为 125.85 万、156.15 万、177.30 万（株/hm^2），差值为 51.45 万株/hm^2；在播种量同为 187.5kg/hm^2 的条件下，人工撒播、旋耕盖籽方式和稻田套播小麦方式的田间成苗数分别为 272.10 万和 211.35 万（株/hm^2），差值达 60.75 万株/hm^2。进一步分析上述苗情数据，5 种机械播种方式的标准差变幅为 145.95～309.30，变异系数变幅为 0.10～0.19；两种人工撒播方式的标准差变幅为 612.75～863.85，变异系数变幅为 0.32～0.35。以标准差和变异系数的大小作为衡量出苗均匀度的标准，机械播种的出苗均匀度明显优于人工撒播。从田间成苗率看，两种机械匀播方式的成苗率平均为 79.58%，3 种机条播方式的平均为 51.97%，两种人工撒播方式的平均为 54.15%，以机械匀播方式成苗率最高，机条播方式则未表现出明显的成苗率优势。稻茬土壤湿黏，坷垃大、整地质量差，播种作业过程中壅土和开沟器堵塞而形成的丛籽苗和缺苗断垄是机条播方式田间成苗率不高的主要原因。本试验结果还表现出随行距加大成苗率相应提高的规律，表明稻茬麦采用机条播方式应适当加大行距，秸秆还田条件下更是如此。

研究比较了秸秆还田条件下，不同耕作方式对小麦出苗的影响，结果见表 4-15。

表 4-15　秸秆还田方式对小麦出苗及出苗均匀度的影响

整地方式	秸秆还田方式	田间苗数/（万株/hm^2）	标准差	变异系数
耕翻+旋耕	秸秆不还田（CK）	218.10	245.25	0.12
	小麦秸秆还田	231.30	321.90	0.15
	水稻秸秆还田	189.45	393.75	0.23
	稻麦秸秆全部还田	195.15	265.65	0.15
旋耕	秸秆不还田（CK）	217.95	392.25	0.20
	小麦秸秆还田	226.95	402.60	0.20
	水稻秸秆还田	193.05	427.50	0.25
	稻麦秸秆全部还田	184.05	306.45	0.18

由表 4-15 可见，耕翻+旋耕方式整地的平均出苗数为 208.50 万株/hm^2，旋耕整地的为 205.50 万株/hm^2，相差仅 3.00 万株/hm^2，增加耕翻作业未能明显提高小麦出苗率；比较不同秸秆还田方式的田间出苗数，小麦秸秆还田最高，秸秆不还田（CK）次之，水稻秸秆还田和稻麦秸秆全部还田的均较低。由此得出 3 点启示：一是在使用大、中型机械旋耕整地，旋耕深度 12～15cm 的条件下，不必强调耕翻整地，因为小型机械的耕翻深度亦大致如此；二是小麦秸秆还田后通过水稻生长期间的腐解转化，土壤理化性状和土壤肥力均得到改善与提高，有利于小麦出苗；三是水稻秸秆还田后小麦出苗率明显降低，大面积生产推广应用基于水稻秸秆全量还田的小麦高产栽培技术时，必须增加 10%～15%的播种量才能获得基本苗数。

4.4.1.3　适墒镇压技术

稻秸旋耕还田后表土层变得疏松，容易透风失墒，导致播种层水分不足或分布不均，易形成秸秆物理障碍和化感抑制作用，造成小麦出苗率下降。稻秸免耕覆盖还田使得小麦种子分布在土壤表层，种子与土壤接触面积小，种子根触土扎根困难，且覆盖在土壤表层的蓬松秸秆阻碍小麦出苗后的叶片伸展，造成高脚苗，降低了苗情素质。播后镇压使耕层土壤变得较为紧实，种子深度趋于一致，使根土接触更加紧密，具有较好的保墒作用，可保证播种质量，种子能够迅速发芽出苗，幼苗能够吸收足够的营养和水分，利于形成壮苗群体（表 4-16）。

表 4-16　播后镇压对小麦生长和土壤状况的影响（播后 25d）

处理	植株状况			土壤状况	
	基本苗数/（万株/hm^2）	叶龄	干物质重/（mg/株）	含水率/%	容重/（g/cm^3）
镇压	165a	2.32a	37.9a	27.2a	0.968a
未镇压	125b	2.21a	37.4a	25.2b	0.839b

注：同列数值后不同小写字母表示有显著差异（$P < 0.05$）。

稻秸还田处理显著降低了出苗率，平均出苗率较不还田处理下降了 25.2%。稻秸还田后进行镇压处理可显著提高小麦出苗率（表 4-17），与稻秸还田不镇压处理相比，出苗率提高 39.0%。对于稻秸不还田处理，播后镇压也有助于提高小麦出苗率，提高 34.7%。稻秸还田处理一定程度上降低了稻茬小麦幼苗的素质，越冬期间叶龄减少 0.35，单株茎蘖减少 0.4 个，单株干重降低 24.7%。稻秸还田处理下，播后镇压显著促进了小麦单株分蘖与叶龄增长，其中，叶龄增加 1.1，单株茎蘖增加 1.5 个，单株干重增加 92.5%。在稻秸不还田处理下播后镇压对小麦幼苗素质的提高也有一定效果，但没达到显著水平。

表 4-17　稻秸还田与镇压处理对小麦出苗及幼苗素质的影响

处理		出苗率/%	株高/cm	叶龄	单株分蘖	单株干重/mg
稻秸还田	镇压	66.6b	10.7ab	5.0abA	4.0a	136.7aAB
	未镇压	47.9c	9.0b	3.9cB	2.5b	71.0bB
稻秸不还田	镇压	87.8a	11.8a	5.1aA	4.0a	157.5aA
	未镇压	65.2b	11.0ab	4.5bAB	3.3ab	118.2abAB

注：同列数值后不同小写字母表示有显著差异（$P <0.05$），不同大写字母表示有极显著差异（$P<0.01$）。

稻秸还田处理的单位面积穗数比不还田处理显著减少（表 4-18），而穗粒数与千粒重都有所增加，虽未达显著水平，却在一定程度上弥补了穗数的不足，造成稻秸还田处理的最终产量略有下降。在稻秸还田处理下，镇压显著提高了小麦单位面积穗数，千粒重也略有增加，故产量显著增加，增产 16.5%。稻秸不还田处理下，镇压也显著提高小麦单位面积穗数，千粒重稍有增加，产量显著高于未镇压处理，增产 11.6%。

表 4-18　稻秸还田与镇压处理对小麦产量及其构成的影响

处理		穗数/（万/hm²）	穗粒数	千粒重/g	籽粒产量/（kg/hm²）
稻秸还田	镇压	568.5b	30.4a	44.1a	7 526.6a
	未镇压	487.5c	30.8a	42.0a	6 462.4b
稻秸不还田	镇压	649.5a	29.2a	42.4a	7 583.7a
	未镇压	528.0bc	30.5a	41.6a	6 793.3b

注：同列数值后不同小写字母表示有显著差异（$P<0.05$）。

稻秸还田处理对籽粒蛋白质含量和出粉率影响较大（表 4-19），分别较对照提高了 12.7%和 5.0%，对湿面筋含量、面团形成时间与面团稳定时间的影响不显著。在稻秸还田处理下，镇压对小麦籽粒品质有一定的改善作用，如吸水率、出粉率、湿面筋含量、面团形成时间和面团稳定时间皆有提高，但没达到显著水平。在稻秸不还田处理下，镇压有降低小麦籽粒的营养与加工品质的趋势，镇压处理的籽粒蛋白质含量、出粉率、湿面筋含量、面团形成与稳定时间均有所下降，但未达到显著水平。

表 4-19　稻秸还田与镇压处理对小麦籽粒品质的影响

处理		容重/（g/L）	吸水率	出粉率/%	蛋白质含量/%	湿面筋含量/%	面团形成时间/min	面团稳定时间/min
稻秸还田	镇压	788.5a	61.3a	71.1a	14.5a	30.2a	4.6a	5.9a
	未镇压	785.0a	60.8a	70.7ab	14.8a	29.2a	4.1a	4.0a
稻秸不还田	镇压	775.8a	60.4a	66.8c	12.5b	27.6a	3.8a	4.2a
	未镇压	778.7a	59.6a	68.2bc	13.5ab	30.1a	5.0a	6.9a

注：同列数值后不同小写字母表示有显著差异（$P<0.05$）。

4.4.1.4　肥料精确管理技术

N 肥运筹和稻秸还田对小麦干物质、N 素、P 素和 K 素的积累均有显著影响（表 4-20）。不同生育阶段，小麦干物质积累量均随施 N 量增加而显著增加；稻秸不还田处理（CK）在播种至越冬和越冬至拔节阶段干物质积累高于还田处理，而在拔节至开花和开花至成熟阶段相反；不同处理全生育期干物质积累量呈 S 形曲线。全生育期 N 素积累量随施 N 量增加而显著增加，N_{270} 处理下稻秸不还田处理高于稻秸还田处理，但二者无显著差异。全生育期 P 素和 K 素积累均随施 N 量增加而显著增加，N_{270} 处理下稻秸不还田处理的 P 素累积量显著低于稻秸还田处理；K 素在小麦花后出现显著的“外排”现象，秸秆不还田和增加施 N 量可以降低 K 素外排量。

表 4-20　稻秸还田和 N 肥运筹对小麦养分积累的影响　（单位：kg/hm²）

养分	处理	播种至越冬	越冬至拔节	拔节至开花	开花至成熟
干物质	N_0	304±17d	969±14d	5 402±189b	1 688±58b
	N_{90}	319±7c	1 026±23c	6 142±95ab	1 718±202b
	N_{180}	315±21cd	1 047±8bc	6 304±402ab	1 816±274ab
	N_{270}	334±20b	1 079±13ab	6 467±627ab	2 591±448ab
	N_{360}	343±16ab	1 076±28ab	6 530±187a	2 677±43a
	CK	350±10a	1 108±16a	6 279±484ab	2 219±550ab
N	N_0	8.13±0.38b	22.08±0.13b	47.62±0.14d	9.85±1.60c
	N_{90}	8.85±0.03a	25.71±4.71b	90.68±6.37c	15.08±3.69bc
	N_{180}	8.61±0.00a	32.72±2.91a	110.54±1.55b	17.02±4.64bc
	N_{270}	8.70±0.43a	34.94±0.56a	126.29±4.56a	20.45±0.18bc
	N_{360}	8.90±0.04a	32.72±1.20a	124.69±6.38a	35.22±6.46a
	CK	9.32±1.47a	34.97±2.05a	124.39±4.61a	25.33±2.84ab
P	N_0	4.78±0.32a	11.77±1.09ab	51.89±2.50b	12.78±2.04c
	N_{90}	4.70±1.27a	11.17±0.65b	52.65±0.94ab	15.43±1.37bc
	N_{180}	4.05±0.45ab	12.76±0.02ab	58.17±1.72a	19.35±6.19bc
	N_{270}	3.69±0.66ab	14.61±2.82a	52.65±0.02ab	24.24±3.01b
	N_{360}	4.26±0.05ab	11.65±2.31b	53.17±0.23ab	39.83±0.60a
	CK	3.47±0.09b	13.30±1.91ab	44.01±3.12d	23.36±1.87b
K	N_0	3.65±0.76a	22.74±0.91a	53.89±3.73e	−29.09±1.95c
	N_{90}	3.87±0.39a	24.25±2.66a	65.85±1.78c	−30.96±1.06c
	N_{180}	3.50±0.34a	23.78±0.17a	74.93±2.86b	−28.55±0.22c
	N_{270}	3.84±0.29a	25.31±2.06a	76.88±4.10ab	−23.74±5.81bc
	N_{360}	3.27±1.11a	23.19±0.25a	78.91±2.53a	−16.00±2.33a
	CK	3.73±0.14a	25.28±2.45a	62.56±2.51d	−20.11±1.66ab

注：CK 为秸秆不还田处理，施 N 量为 270kg/hm²；其他处理均为秸秆还田处理。同列数值后不同小写字母表示有显著差异（$P<0.05$）。

通过肥料投入、稻秸养分释放与植株养分积累的差值计算晚播小麦养分的表观平衡（表 4-21），结果表明稻秸还田和增加施 N 量显著提高了晚播小麦的养分盈余量，但不同养分元素的表现不同。N 素盈余随施 N 量增加和稻秸还田显著增加，N_0 和 N_{90} 处理出现显著的表观亏缺；P 素盈余量随施 N 量增加和稻秸还田显著降低，在 N_{360} 处理下出现表观亏缺；K 素盈余量随施 N 量增加而显著降低，稻秸还田显著增加了 K 素盈余。通过多项式拟合，在本试验条件下，N（$y=8\times10^{-4}x^2+0.433\ 2x-49.202$，$R^2=0.99$）、P（$y=-2\times10^{-5}x^2-0.052\ 5x+24.526$，$R^2=0.94$）、K（$y=9\times10^{-5}x^2-0.134\ 7x+121.18$，$R^2=0.99$），在获得最高产量的施 N 量（257.0kg/hm²）条件下将分别盈余 115.0、9.7、92.5（kg/hm²）。

表 4-21　稻秸还田和施 N 量对晚播小麦养分平衡的影响　（单位：kg/hm^2）

处理	N	P	K	合计
N_0	−47.69±2.31f	23.99±6.14a	121.11±7.41a	97.40±15.86e
N_{90}	−7.66±8.57e	21.69±2.34ab	109.98±3.83b	124.02±14.74d
N_{180}	56.42±12.86d	11.49±8.42c	99.70±3.39c	167.61±24.67c
N_{270}	125.56±7.14b	10.74±0.52c	91.31±0.59d	227.60±8.29b
N_{360}	207.44±14.25a	−2.56±2.04d	84.29±1.76e	289.18±18.05a
CK	75.99±5.29c	15.85±3.25bc	33.53±6.77f	125.38±15.30d

注：CK 为秸秆不还田处理，施 N 量为 $270kg/hm^2$；其他处理均为秸秆还田处理。同列数值后不同小写字母表示有显著差异（$P<0.05$）。

施 N 能显著增加晚播小麦籽粒产量，N_{90}、N_{180}、N_{270}和 N_{360}处理产量分别比 N_0 处理增加 40.6%、68.5%、73.6%和 61.6%。通过多项式拟合 $y=-0.037\,3x^2+19.175x+3\,284.5$，$R^2=0.99$，在施 N 量达到 $257.0kg/hm^2$ 时，稻茬晚播小麦可获得 5 748.9kg/hm^2 的最高产量，施 N 量继续增加则产量下降。分析产量构成因素发现，随施 N 量增加，晚播小麦有效穗数和穗粒数增加，但千粒重呈下降趋势。相同施 N 量（N_{270}）处理下，稻秸还田处理较不还田处理增产 5.9%。由产量构成因素分析，产量提高源于穗粒数显著增加。N 肥农学效率（NAE）、表观利用效率（NARE）则均随施 N 量的增加而显著下降（表 4-22）。

表 4-22　稻秸还田和施 N 量对晚播小麦产量及其构成因素的影响

处理	有效穗数/（万/hm^2）	穗粒数	千粒重/g	实产/（kg/hm^2）	NAE/(kg/kg)	NARE/%
N_0	427±47c	24.52±0.88d	34.86±0.32a	3 306.63±189.56d	—	—
N_{90}	481±7b	30.77±0.75c	32.60±0.22c	4 649.20±61.21c	14.92a	59.4a
N_{180}	494±18ab	33.00±1.00b	32.23±0.26c	5 570.20±32.22ab	11.09b	45.3b
N_{270}	524±19ab	34.67±1.04a	31.83±0.92c	5 741.65±201.01a	9.01b	38.1c
N_{360}	513±8ab	35.33±0.31a	30.74±0.29d	5 342.69±85.30b	5.66c	31.7c
CK	534±5a	30.27±0.20c	33.85±0.60b	5 423.85±240.59b	—	—

注：CK 为秸秆不还田处理，施 N 量为 $270kg/hm^2$；其他处理均为秸秆还田处理。同列数值后不同小写字母表示有显著差异（$P<0.05$）。

4.4.1.5　稻秸旋耕还田技术方案优化与效益分析

在生产试验过程中，筛选了 3 种主流秸秆旋耕还田机械：常规旋耕灭茬机、反转灭茬旋耕机和正转埋茬耕整机。通过机械作业后稻秸在不同深度土层中的分布比例来验证机械的作业效果。数据结果显示，正转埋茬耕整机的作业效果最差，稻秸在不同土层中的分布比例不均；常规旋耕灭茬机的作业效果尚佳，增加了>5～10cm 土层中稻秸分布比例；反转灭茬旋耕机最佳，稻秸在 0～10cm 土层中均匀分布，土表和旋耕底层的稻秸分布少且比例均匀，可作为水稻秸秆旋耕还田的优选机械（表 4-23）。

表 4-23　不同类型还田机械作业效果比较

还田机械	稻秸在不同土层中的比例/%			
	0cm	>0～5cm	>5～10cm	>10～15cm
常规旋耕灭茬机	8.1	46.1	31.3	14.5
反转灭茬旋耕机	7.8	40.9	44.9	6.4
正转埋茬耕整机	8.9	58.0	31.1	2.0

稻秸全量还田作业成本增加，主要集中在碎草匀铺、旋耕还田和播后镇压 3 个阶段。监测机械田间实际作业效率和油耗的结果显示：在碎草匀铺阶段，机械作业效率降低 0.13 亩/h，油耗增加 0.170kg/亩，以收割机作业费 80 元/亩计算，每亩成本共增加 4.00 元；在旋耕还田阶段，反转灭茬作业效率较常规灭茬降低 0.65 亩/h，油耗增加 0.281kg/亩，以旋耕作业费 50.00 元/亩计算，每亩成本共增加 10.00 元；在播后镇压阶段，镇压机械油耗成本 1.50 元/亩，人工费用 2.00 元/亩，合计 3.50 元/亩（表 4-24）。上述结果表明，稻秸旋耕还田每亩直接成本增加 17.50 元。考虑到机械购置成本投入、人工投入及合理利润，稻秸全量还田的机械作业费用为 30～35 元/亩。

表 4-24　稻秸全量还田作业成本分析

还田流程	作业程序	作业效率/（亩/h）	耗油/（kg/亩）
碎草匀铺	收割+碎草	5.42	0.800
	收割+碎草+匀铺	5.29	0.970
旋耕还田	常规灭茬	7.15	0.927
	反转灭茬	6.50	1.208
	正转埋茬	8.80	0.753
播后镇压	麦田镇压器	8.20	0.125

以提高作业效果和增加成本效益为目标，提出稻秸旋耕还田优化技术方案。以下为实景流程图，均为江苏省农业科学院农业资源与环境研究所生产试验过程中采集的照片（图 4-15）。

（a）收割碎草匀铺

（b）碎草匀铺装置

（c）碎草匀铺效果

图 4-15　稻秸旋耕还田优化实景流程图

（d）反转旋耕灭茬

（e）反转灭茬旋耕效果

（f）机械均匀摆播

（g）播后适时镇压

（h）全苗匀苗壮苗

（i）小麦长势情况

图4-15（续）

4.4.2　稻秸覆盖还田小麦优质高产技术

长江中下游的稻麦两熟地区，在水稻收获、小麦播种期间，经常遇到等墒整地种麦或连续阴雨天气，稻茬土壤湿黏，造成小麦适耕期短、宜耕性差、整地粗放、播种质量差等一系列问题。因此，根据实际情况采用以培肥地力、简化高效和持续高产为主要内容的秸秆覆盖还田稻茬麦免（少）耕栽培技术替代传统的旋耕机播模式，可以缓解稻麦茬口衔接、稻秸还田和小麦适时播种三者之间的矛盾。

免（少）耕稻秸覆盖还田还有培肥地力、改善土壤环境和省工节水等重要作用。研究表明，麦田连续3年以上稻秸覆盖还田，土壤有机质含量增加5.0%～9.1%，全N增加15.0%～41.9%，全P增加20.0%～38.8%，全K增加14.6%～22.7%；土壤容重下降4.9%～9.3%，pH下降10%～16.7%；同时，田间杂草发生量下降50%左右，降低了土壤温差，抑制了水分蒸发，具有良好的保墒持水效果。另据江苏省农委夏粮生产技术总结报告，采用免耕稻秸覆盖还田可使每亩小麦省工4～5个，节水50～75m^3，有效处理或合理利用了稻麦茬口紧张地区的大量稻秸，避免焚烧、丢弃造成的环境污染。由此表明，稻秸覆盖还田小麦免（少）耕栽培技术是一项可持续发展的技术，对培肥地力、建设高产稳产农田具有十分重要的意义。

在稻麦茬口紧张的地区，适当增加稻麦共生时间是稻秸覆盖还田条件下稻茬麦形成全苗壮苗的有效措施。笔者在秸秆覆盖还田条件下，进行了不同播期播量试验，以摸清土壤含水量、温差和有效积温的变化规律。同时观测了稻茬麦越冬前的茎蘖数、苗龄和田间基本苗数，分析了不同播期播量对小麦籽粒产量及其构成的影响，筛选出秸秆覆盖还田模式下适宜的稻麦共生时间和种植密度，提出稻茬麦轻简高效生产技术方案。

4.4.2.1　稻秸覆盖还田对土壤持水量的影响

秸秆覆盖可以有效降低田间水分的无效蒸发，增加土壤持水量，在旱作农业区常被用作提高作物水分利用效率的重要措施。从图 4-16 可以看出，在小麦整个生育期内，在稻秸覆盖还田条件下土壤含水量始终高于常规的稻秸旋耕还田条件，土壤含水量平均增加 10%左右。尤其在小麦灌浆期，适宜的土壤含水量可以有效防止小麦早衰，增加灌浆时间，有利于形成高产。

在小麦各生育时期，分析自然降水或人工灌溉后土壤含水量下降速率变化。图 4-17 的结果表明，在小麦越冬期和拔节期，稻秸覆盖极大地提高了土壤保水性；由于小麦发育中后期田间日平均温度不断升高，在小麦孕穗期和开花期稻秸覆盖对土壤保水性效果降低，但与稻秸旋耕还田相比仍达到显著水平。

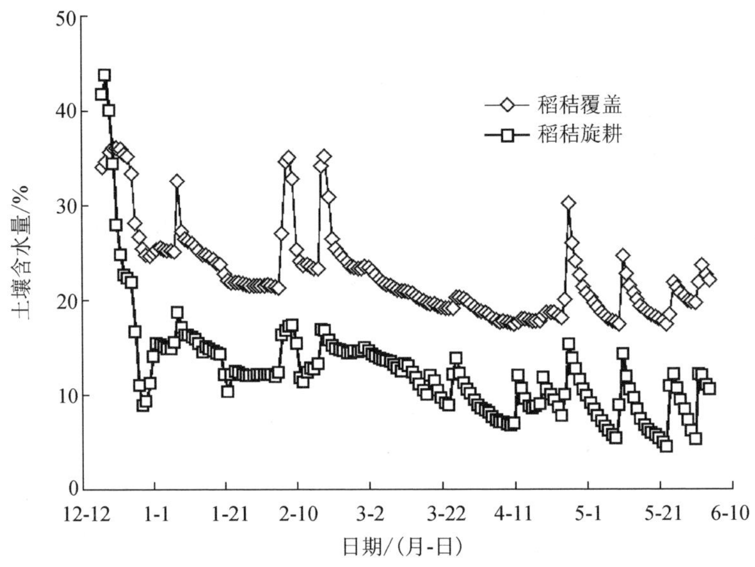

图 4-16　不同稻秸还田模式对 10cm 土层土壤含水量的影响

4.4.2.2　在稻秸覆盖还田条件下土壤温差变化

稻秸覆盖于土壤表面避免了阳光直射，同时在夜间降低了土壤热量散失，使得田间土壤昼夜温差达到相对均衡的水平。图 4-18 结果显示，稻秸旋耕还田模式下土壤温差最大值达到 18.0℃，平均值为 7.5℃，土壤温差变化幅度非常大；在稻秸覆盖还田模式下，土壤温差最大值为 4.8℃，平均值为 2.3℃，土壤温差变化幅度相对均衡。

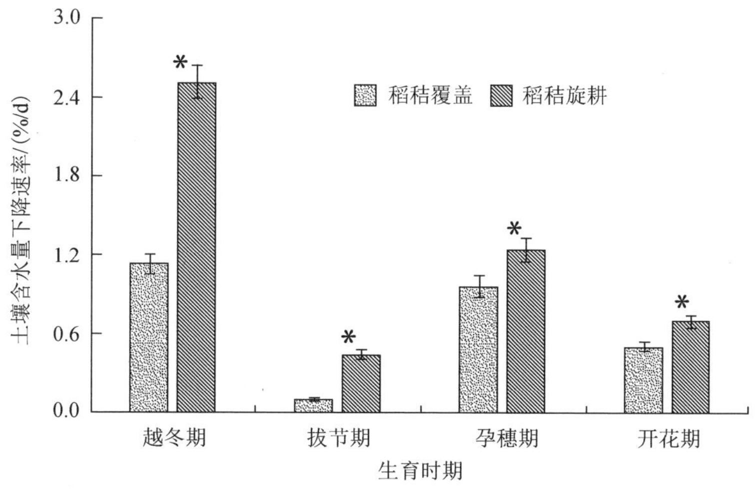

图 4-17　小麦不同生育时期的土壤含水量下降速率

*表示处理间差异在 $P<0.05$ 水平显著。

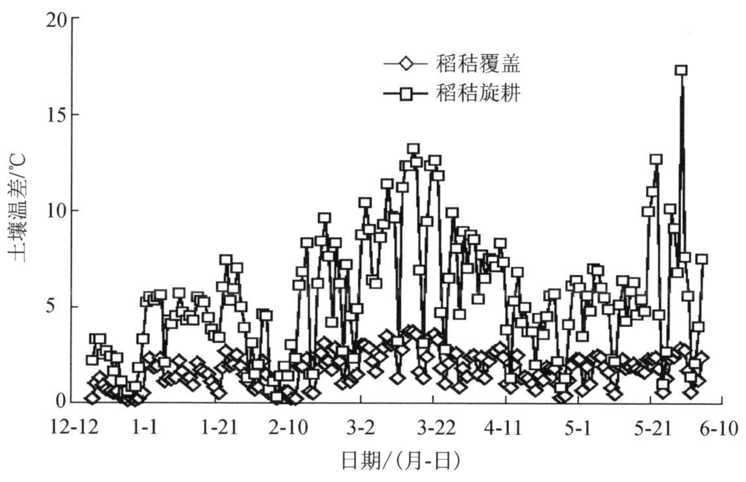

图 4-18　不同稻秸还田模式对麦田土壤温差的影响

以稻秸旋耕还田模式下的土壤日平均温度为基线计算得出，稻秸覆盖还田模式下的小麦全生育期土壤相对积温提高了 70.18℃。其中，小麦苗期（拔节之前）土壤相对积温提高 67.65℃，小麦生育中期（拔节至开花期）土壤相对积温下降 22.21℃，小麦灌浆期（开花至成熟期）土壤相对积温提高了 24.74℃（图 4-19）。由此可见，稻秸覆盖还田显著增加了麦田土壤持水保墒能力，维持土壤含水量和温差变化平衡，有利于小麦苗期根系发育，有利于延长籽粒灌浆时间。

4.4.2.3　稻秸覆盖还田对小麦冬前苗情素质影响

在稻麦共生时间为 0d 和 14d 下，小麦冬前茎蘖数随播种量的增加先增加后下降，而共生时间 7d 下的茎蘖数趋势相反；在相同播种量条件下，小麦冬前茎蘖数多在稻麦共生时间 7d 最高，共生时间 0d 次之，共生时间 14d 最低。图 4-20 表明，稻秸覆盖还田条件下，稻麦共生时间 7d 和播种量 14～20kg 的组合模式下，小麦冬前茎蘖数可以达到小麦高产栽培所需的 2 个左右。

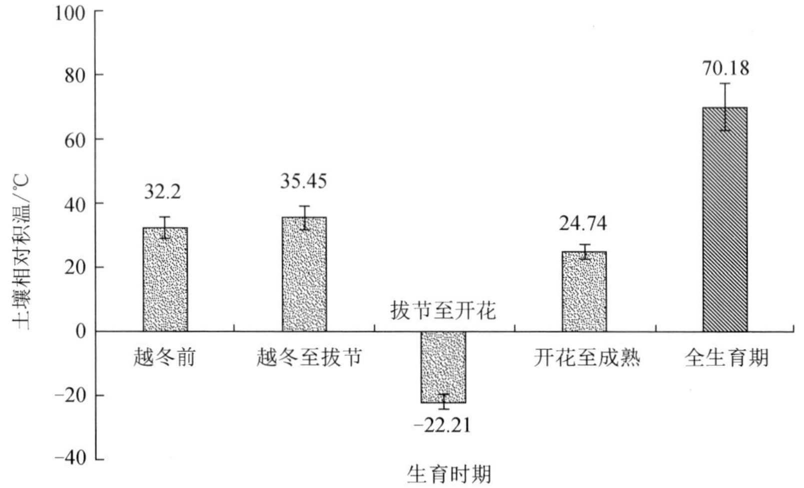

图 4-19　不同小麦生育时期的土壤相对积温变化

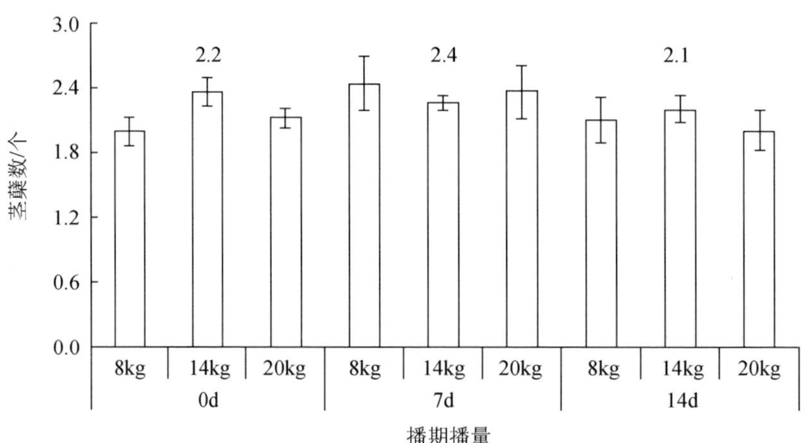

图 4-20　在稻秸覆盖还田条件下不同播期播量对小麦冬前茎蘖数的影响

在相同播种量下，小麦叶龄随着稻麦共生时间的增加而增加；在相同的稻麦共生时间下，不同播种量的小麦叶龄有所差异。稻麦共生 0d，小麦播种量 14kg 的处理叶龄最高，稻麦共生时间 7d 和 14d 条件下，不同播种量处理的小麦叶龄差异不显著，平均值分别为 4.0 和 4.2。图 4-21 表明，在稻秸覆盖还田条件下，稻麦共生时间至少达到 7d，小麦才能在越冬前达到适宜小麦叶龄。

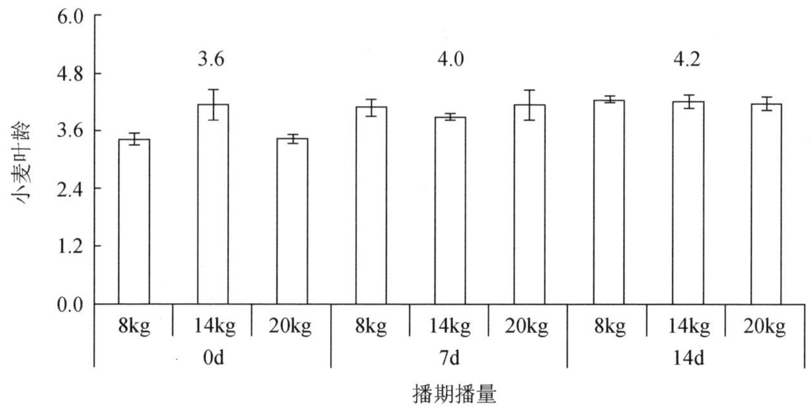

图 4-21　在稻秸覆盖还田条件下不同播期播量对冬前小麦叶龄的影响

在稻秸覆盖还田条件下，小麦苗期基本苗数随着播种量的增加而增加；相同播种量下，以稻麦共生时间 0d 的基本苗数最高，稻麦共生时间 14d 次之。以基本苗达到 20.0 万株/亩，小麦叶龄达到 4 叶 1 心，生出 2～3 个分蘖为小麦冬前全苗壮苗标准，综合分析小麦冬前苗情素质，在稻秸覆盖还田条件下，稻麦共生时间 7d，每亩小麦播种量 14kg，即能达到小麦冬前全苗壮苗标准（图 4-22）。

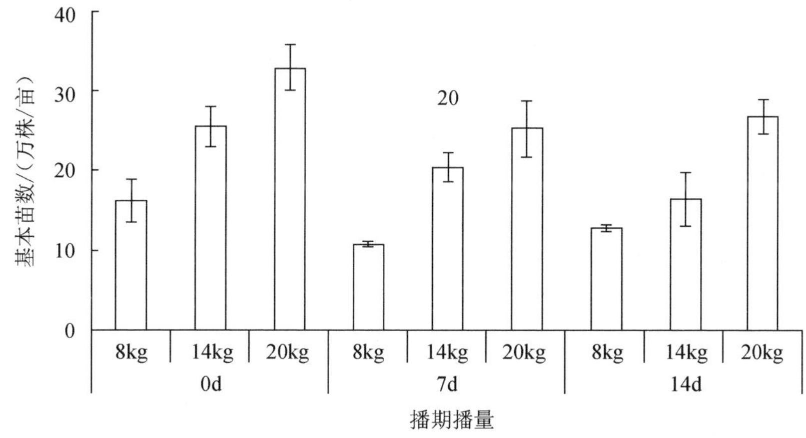

图 4-22　稻秸覆盖还田条件下不同播期播量对小麦冬前基本苗的影响

4.4.2.4　不同播期播量处理对小麦产量及其构成的影响

与稻秸旋耕还田条件相比，稻秸覆盖还田降低了小麦产量。但是，通过优化稻麦共生时间和播种密度，在稻秸覆盖还田条件下小麦籽粒产量仍可以达到 9.00t/hm^2。在稻麦共生时间 0d 条件下，小麦籽粒产量随播种量的增加而提高；在稻麦共生时间 7d 和 14d 条件下，小麦籽粒产量先升高后降低。产量构成分析表明，有效穗数随着播种量的增加而增加，穗粒数随之降低，千粒重差异不显著（表

4-25）。由此可见，在稻秸覆盖还田条件下，增加播种量保证足够有效穗数，调整适宜稻麦共生时间，提高穗粒数和稳定千粒重，可达到小麦高产的目标。

表 4-25　在稻秸覆盖条件下不同播期播量对小麦产量的影响

共生期	播种量/（kg/亩）	公顷穗数/（万穗）	穗粒数/粒	千粒重/g	理论产量/（t/hm^2）	实际产量/（t/hm^2）
0d	8	608.3*	30.68	42.51	8.00*	8.57*
	14	768.7	28.25	39.81	8.65	8.59
	20	817.0	26.91*	41.78	9.21	9.14
7d	8	617.7*	33.56	41.19	8.51	8.68
	14	690.0	30.47	39.93	8.49	9.03
	20	815.0	26.74*	41.29	8.98	8.59*
14d	8	619.7*	30.88	41.16	7.89*	8.91
	14	766.3	30.24	41.71	9.70	9.25
	20	789.3	29.43	41.54	9.64	8.89
CK	14	778.5	31.02	40.08	9.67	9.96

* 表示处理与 CK 间差异显著（$P < 0.05$）。

4.4.2.5　稻收麦播秸秆覆盖还田一体化技术

在水稻收获季节，常出现因天气原因造成耕种困难的情况，影响小麦适时播种。为此，江苏省农业科学院与相关农机厂家密切配合，开发出一种稻收麦播秸秆覆盖还田一体化装置，即在现有联合收割机割台与尾部吐草之间加装播种装置，水稻收割时，安装在割台后方的播种装置的排种轴受收割机驱动轮轴的传动力进行排种，种子经输种管下落到已收割的地面上，落到地面上的种子被收割机切碎的秸秆覆盖，实现水稻收割、小麦播种与稻秸覆盖同步进行。

2B-6 型水稻收割小麦播种一体机相关参数见表 4-26。

表 4-26　2B-6 型收割播种一体机有关参数

型号	2B-6 型收割播种一体机
幅宽/cm	192
配套收割机型号	久保田 688 收割机
与收割机连接形式	螺栓连接
播种行数	6
播种行距（可调）/cm	32
播种量（可调）/（kg/hm^2）	0～500
播种均匀性变异系数	≤4.5%
各行排种量一致性变异系数	≤3.9%
总排种量稳定性变异系数	≤1.3%
种子破损率	≤0.5%
作业效率/（hm^2/h）	62～90
油耗/（kg/hm^2）	20.4

1. 水稻收割小麦播种一体化作业效率与能耗

测定结果（表 4-27）显示，在收割留茬 25cm 条件下，稻收麦播秸秆覆盖还田一体化作业效率比安装碎草匀铺装置的常规水稻收割机低 27.7%，相当于每小时少收割 0.106hm^2，而单位面积作业油耗仅增加 4.5%，相当于每公顷多 0.87kg。

表 4-27 不同水稻收割作业方式的效率与能耗

作业方式	留茬高度/cm	作业面积/hm^2	作业时间/min	作业效率/（hm^2/h）	燃油消耗/kg	作业油耗/（kg/hm^2）
收割+碎草*	25	0.317	49.67	0.383	6.18	19.50
收割+碎草+播种**	25	1.291	280.00	0.277	26.30	20.37

* 为带碎草匀铺装置的常规水稻收割方式。

** 为收割播种秸秆覆盖还田一体机作业方式。

作业效率下降主要是机手在水稻收割的同时要考虑到小麦播种的均匀性。为避免重播或漏播在调头转弯时减慢作业，本装置安装播种机并携带小麦种子，使整个装置总质量增加 75kg。同时，播种机排种时要消耗少量来自收割机驱动轮轴的动力，从而使本装置单位面积作业油耗略有增加。

如果比较水稻收割小麦播种全流程作业成本，采用稻收麦播秸秆覆盖还田一体化技术作业成本较稻秸旋耕还田小麦条播和稻秸覆盖还田小麦条旋条播作业成本分别降低 43.8%和 30.1%，即每亩作业成本减少 47～85 元，经济效益显著。

2. 水稻收割小麦播种一体机作业效果

1）稻秸在田间分布的均匀度

稻收麦播秸秆覆盖还田一体化装置作业后，对田间秸秆分布状况调查的结果显示（图 4-23），在留茬 25cm 情况下，15 个样点平均秸秆收集量为 139.5g，变异系数为 27.0，达到了匀铺所要求的变异系数标准。

2）小麦种子在田间分布的均匀度

将小麦种子进行染色处理，在水稻收割小麦播种一体机作业后，采用田间抽样调查的方法，检查小麦种子在田间分布的均匀度。由图 4-24 显示，在平均播种量为 30.3g/m^2 条件下，小麦种子在田间的变异系数为 1.9，表明本装置可满足小麦均匀播种的要求。

3. 稻秸覆盖还田技术优化集成方案

随着农机与农艺的协调发展，在实际大田生产条件下，机械化逐渐代替人工作业，大大提高了农业生产效率。两种稻秸机械化覆盖还田小麦播种的优化技术方案如下。

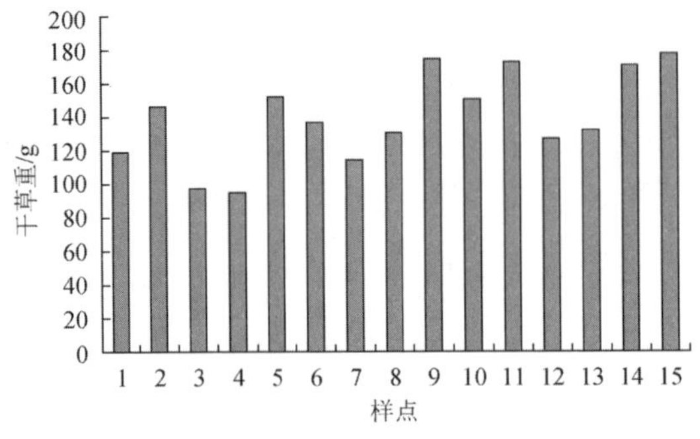

图 4-23　切碎秸秆在田间分布状况

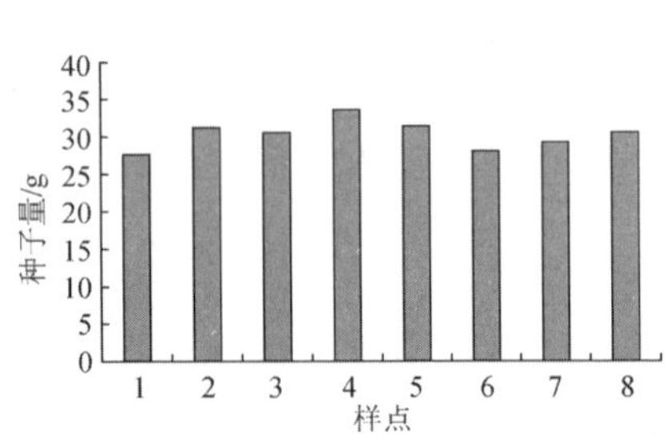

图 4-24　小麦种子在田间分布情况

方案 1，采用一般的带粉碎匀抛装置的联合收割机完成水稻收割与秸秆粉碎匀铺，然后采用施肥旋耕小麦播种镇压复合机械一次完成旋耕、施肥与小麦播种作业[图 4-25（d）～（f）]，或者采用全喂式收割机留高茬收割，然后用碎草机二次碎草匀铺，再用板茬宽幅条带施肥播种机播种作业[图 4-25（a）～（c）]，最后镇压，完成小麦播种（图 4-25）。

（a）水稻收割、碎草匀铺

（b）反旋施肥播种作业

（c）播后镇压

（d）留高茬、二次碎草匀铺

（e）板茬宽幅条带施肥播种机

（f）播后镇压

图 4-25　稻秸机械化覆盖还田小麦播种优化技术方案 1

方案 2，于水稻收割前人工施肥，采用水稻收割小麦播种一体机作业，完成水稻收割与小麦播种，然后适时镇压（图 4-26）。

上述两种稻秸覆盖还田小麦播种技术方案，以规模化生产为背景，强调机械化，配套相应的农艺技术，达到轻简高效高产的目的。方案 1 为全程机械化方案，其中采用全喂入式收割机收割水稻时，可留 30～40cm 高茬，高速碎草机二次碎草、匀铺，提高碎草细度与覆盖均匀度。方案 2 在水稻收割之前采用人工施肥，一体化机械进行水稻低留茬收割、条带式播种小麦、均匀覆盖稻秸等集中作业。两种方案均为免（少）耕技术，节省麦田整地环节，稻茬麦可提前播种 3～5d，有利于小麦早发，并获得全苗、壮苗。

（a）水稻收割—小麦播种—稻秸覆盖还田同步　　（b）播后镇压

图 4-26　稻秸机械化覆盖还田小麦播种优化技术方案 2

4.4.3　稻秸还田对麦田杂草及病害发生的影响

4.4.3.1　稻秸还田后麦田杂草发生规律变化

采用田间调查方法，观察 6 种不同处理条件下麦田杂草发生情况，即不还田浅旋耕（SRT）、稻秸还田浅旋耕（SRTS）、不还田深旋耕（DRT）、稻秆还田深旋耕（DRTS）、不还田免耕（NT）、稻秸覆盖还田免耕（又分为稻秆表面以上可见杂草 NTSS 与稻秆表面以下可见杂草 NTSU）。试验采用对角线 5 点取样法，每样方 1m^2，于 2013 年 1 月中旬起每 10d 调查一次杂草数量。

试验结果表明（图 4-27～图 4-29），1 月下旬至 2 月上旬为麦田禾本科杂草萌发高峰期，萌发量占全年杂草数量的 50%左右。不同旋耕稻秸还田模式处理下，不还田深旋耕处理杂草萌发最多；稻秆还田的杂草数量略低于不还田处理。覆盖还田模式处理下，稻秆覆盖后田间杂草数量显著低于不还田田块，表明稻秆覆盖还田对田间杂草有显著的抑制作用，且整个调查期间无显著的萌发高峰期。

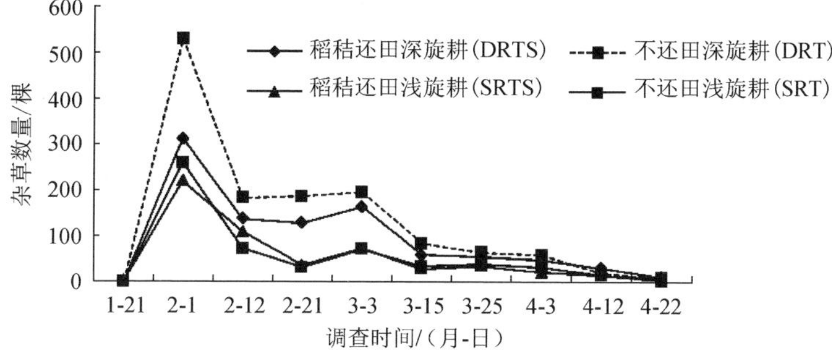

图 4-27　旋耕稻秸还田对麦田杂草萌发的影响

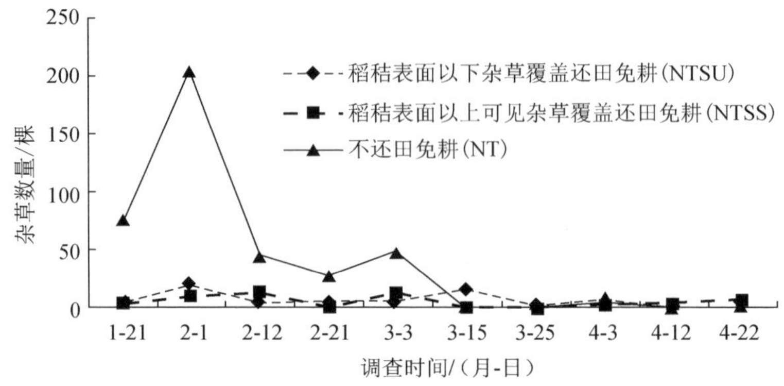

图 4-28　稻秸覆盖还田对麦田杂草萌发的影响

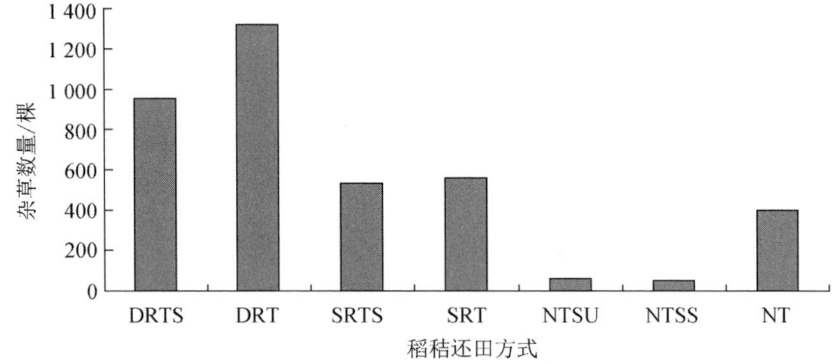

DRTS 为稻秸还田深旋耕；DRT 为不还田深旋耕；SRTS 为稻秸还田浅旋耕；SRT 为不还田浅旋耕；NTSU 为稻秸表面以下杂草覆盖还田免耕；NTSS 为稻秸表面以上可见杂草覆盖还田免耕；NT 为不还田免耕。

图 4-29　不同稻秆还田模式下麦田杂草数量比较

4.4.3.2　还田模式对小麦纹枯病发生的影响

采用《NY/T 614—2002 小麦纹枯病测报调查规范》系统调查方式，于 2013～2014 年在江苏省徐州市铜山区，在水稻秸秆覆盖还田、旋耕还田和不还田（CK）条件下，观察小麦纹枯病的发生规律。调查自小麦返青开始，每隔 10d 调查一次，直到完熟期，每处理田块对角线 5 点取样，每点 20 株。

同时，于 2012～2014 年分别在江苏省徐州市铜山区（苏北）、泰州市姜堰区（苏中）和苏州市相城区（苏南），调查水稻秸秆全量还田对小麦纹枯病发生的影响。

小麦纹枯病病株发病严重程度按照以下标准分级：

0 级：（无病）健株；

1 级：叶鞘发病；

2 级：茎秆上病斑宽度占茎秆周长的 1/4 以下；

3 级：茎秆上病斑宽度占茎秆周长的 1/4～1/2；

4 级：茎秆上病斑宽度占茎秆周长的 1/2～3/4；

5 级：茎秆上病斑宽度占茎秆周长的 3/4 以上，但植株未枯死；

6 级：病株提早枯死，呈枯孕穗或枯白穗。

病情指数和病株率采用下式计算：

$$A = \frac{\sum N_{i(i=1\sim6)} \times i}{M \times 6} \times 100 \tag{4-1}$$

$$B = \frac{\sum N_{i(i=1\sim6)}}{M \times 6} \times 100 \tag{4-2}$$

式中，A 为病情指数；B 为病株率；N_i 为各病级病株数；i 为各病级值；M 为单一级数调查总株数，共分 6 级，M 乘以 6 为调查总株数。

1. 稻秸覆盖还田下，小麦纹枯病病株率动态变化

从 2014 年江苏省徐州市铜山区小麦纹枯病发病规律调查结果（图 4-30）可以看出，水稻秸秆全量还田可以使小麦纹枯病提前发生，且影响效果与水稻秸秆还田模式有关。在稻秸覆盖还田、旋耕还田与不还田 3 种模式处理中，以水稻秸秆覆盖还田区的小麦纹枯病发病最早，旋耕还田区次之，分别比不还田（CK）提前 20d 和 10d。从 4 月 22 日开始，各处理区小麦纹枯病均普遍发生，病株率和病情指数急剧上升。除 5 月 12 日的调查结果外，从 4 月 22 日起的各次调查中，小麦

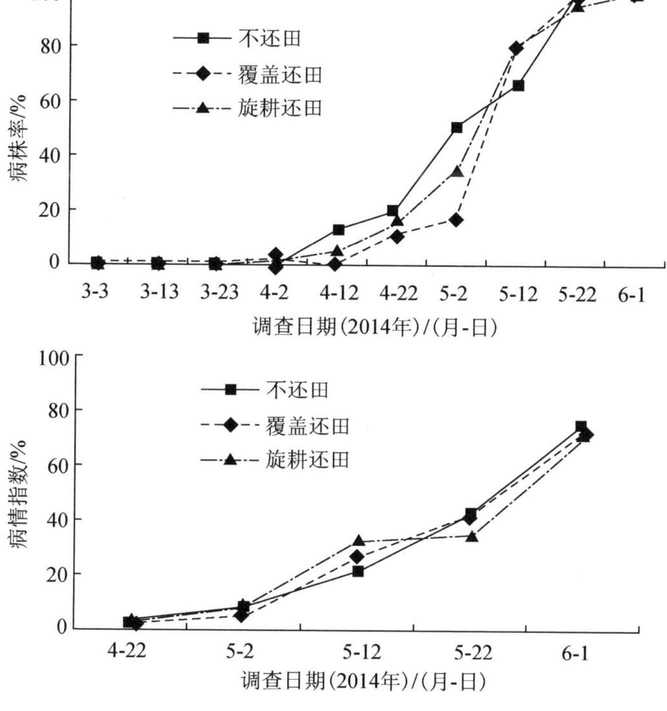

图 4-30　不同水稻秸秆还田模式处理对小麦纹枯病病株率和病情指数的影响

纹枯病病株率和病情指数均以 CK 最高，病株率在 5 月 22 日即达 100%；与旋耕还田处理区相比，覆盖还田处理区的小麦纹枯病在 5 月 12 日之前发展较缓慢，而在之后的调查中小麦纹枯病病株率和病情指数均高于旋耕还田处理区。

2. 稻秸覆盖还田下，不同农区小麦纹枯病病株率比较

不同农田地区（苏北、苏中和苏南）2013 年和 2014 年小麦纹枯病调查结果见表 4-28。可以看出，83.33%的年点小麦纹枯病病情指数以水稻秸秆不还田处理区最高，旋耕还田处理区最低；完熟期所有农区小麦纹枯病病情指数以稻秸不还田处理区最高，覆盖还田处理区次之，旋耕还田处理区最低。另外，扬花期与完熟期 75%的年点小麦纹枯病病株率也表现为水稻秸秆不还田处理区最高，覆盖还田处理区次之，旋耕还田处理区最低。

表 4-28 江苏省不同农区稻秸还田对小麦纹枯病发生的影响

时期	处理	病情指数/%			病株率/%		
		徐州	泰州	苏州	徐州	泰州	苏州
2013 年扬花期	不还田	5.33aA	14.80bA	14.51aA	32.00aA	62.28bAB	54.00aA
	覆盖还田	5.00abA	26.81aB	6.52bAB	30.00abA	82.75aA	34.86abA
	旋耕还田	1.83bA	9.69bB	4.03bB	11.00bA	43.49cB	20.31bA
2013 年完熟期	不还田	42.65aA	74.68aA	52.81aA	100.00aA	100.00aA	89.36aA
	覆盖还田	41.29aA	67.96aA	51.56aA	99.09aA	100.00aA	88.00aA
	旋耕还田	35.05aA	56.62aA	42.16aA	95.62aA	100.00aA	80.93aA
2014 年扬花期	不还田	8.67aA	18.14aA	30.15aA	47.94aA	49.12aA	74.68aA
	覆盖还田	9.07aA	14.91aA	11.77bB	43.79aA	47.37aA	48.78aA
	旋耕还田	7.27aA	15.69aA	17.14bAB	35.56aA	51.92aA	63.93aA
2014 年完熟期	不还田	47.13aA	47.62aA	53.04aA	100.00aA	91.53aA	100.00aA
	覆盖还田	41.33abA	29.45bAB	52.77aA	98.81aA	77.87aA	100.00aA
	旋耕还田	36.36bA	15.84bB	49.59aA	92.16aA	72.09aA	100.00aA

注：同列数据后小写和大写字母分别表示 P<0.05 和 P<0.01 水平差异显著。

可见，水稻秸秆全量还田可以抑制小麦纹枯病的发生，并且水稻秸秆旋耕还田处理抑制效果优于覆盖还田处理。

4.4.4 稻秸还田小麦优质高产轻简栽培技术规程

4.4.4.1 选用优质小麦品种

在稻秸全量还田条件下，鉴于稻秸全量还田对小麦生长带来的负面影响，在适宜于当地自然条件的优质高产稳产小麦品种的基础上，筛选早发性好、分蘖成穗能力强、抗早衰性好的品种，便于形成全苗壮苗群体，为高产奠定基础。其次

在稻麦轮作区域，应特别注意能抵抗主要病虫害和非生物逆境的品种，如赤霉病、白粉病等。在秸秆全面禁烧的政策背景下，长期秸秆原位还田造成土壤中病原基数高，小麦易受病害侵染，对优质品种的抗性选择应更加严格。

4.4.4.2　因地制宜，确定适宜的稻秸还田方式

目前，稻麦轮作区内水稻秸秆的还田方式主要有旋耕还田和免耕覆盖还田两种。旋耕还田是应用最广泛、技术相对成熟、机械化程度高、配套技术较完善的一种还田方式。通过机械旋耕作业，将粉碎的秸秆与 0～12cm 表层土壤混合，精耕细作，有利于秸秆腐解与养分释放以及小麦根系生长，但其作业环节多、耗费时间长、整地播种质量要求高等缺点同样突出。免耕覆盖还田作为保护性耕作的一种轻简栽培措施，保持了土壤耕层结构完整，减少水肥流失。随着配套机械的研发与应用，免耕覆盖还田的适用性更加广泛，其机械化集成程度高，作业环节少，省事省工，在稻麦茬口矛盾突出地区具有独特优势。可依据当地耕作制度、气候特征、茬口条件和机械配套等条件选择适宜的稻秸还田方式。

4.4.4.3　集成稻秸还田和小麦播种调优栽培技术

在大田生产过程中，有“七分种，三分管”的经验总结，可见土地耕整和小麦播种质量对小麦优质高产具有十分重要的意义。如何处理稻秸全量还田带来的负效应与如何提高小麦播种质量，是生产中的重要课题。因此，应在选定小麦优质品种和稻秸还田方式的基础上，集成适宜于该区域自然条件的机械装置和配套栽培技术，特别是优化稻秸粉碎匀铺技术、精量均匀播种技术和适墒镇压技术等关键技术措施。

4.4.4.4　统一田间管理措施

目前，中国小麦产量和品质十分不均衡，不同年际、不同区域间，甚至是同一区域不同地块或不同农户所生产的小麦产量和品质差异很大。这主要与品种选择和农户的种植习惯有关，阻碍了小麦提质增效、稳产增收的步伐。因此，需在处理好稻秸还田和小麦播种矛盾的基础上，培育小麦全苗壮苗群体，统一实施调优栽培技术，尽可能缩小小麦产量品质年际间、地块间的差异，提高小麦生产的稳定性和匀质性。

4.5　麦秸还田水稻优质高产技术

在稻麦轮作区，由于小麦收割与水稻栽插时间紧，季节矛盾突出，再加上劳动力紧张、麦收时气温高等客观因素，在缺少秸秆机械收集条件下，麦秸还田便成为麦秸处理利用的主要技术途径。通过对江苏省稻麦轮作区的调查，麦秸还田

率高达 70%以上。

大量研究表明，麦秸还田后，其腐解高峰在水稻生长的第 1 个月，此时土壤处于较强的还原状态，稻田氧化还原电位（Eh）值为 94～54mV，pH 明显降低，土壤 pH 和 Eh 分别较 CK 降低 4.2%和 19.8%；有机酸含量增加，土壤脲酶及过氧化氢酶活性表现为先升后降，土壤全 P、可溶性 K 含量明显上升，但 Na^{+}、Mg^{2+} 及 Ca^{2+}含量降低；土壤微生物数量较 CK 显著增加，土壤矿质 N 含量较 CK 降低 3.8%。该土壤状况对于新栽水稻秧苗的生长有负面影响，表现为新根纤细黄褐色，植株叶卷尖焦，并且还田麦秸量越多越严重，导致拔节前水稻茎蘖数减少、叶面积指数减小和干物质积累量降低。

为克服麦秸还田对水稻生长的负面影响，以还田麦秸对秧苗化感效应为突破口，期待获得控制或减缓麦秸还田的负面影响，为构建麦秸旋耕还田水稻优质高产技术体系提供技术支撑。

4.5.1 麦秸还田对水稻幼苗的化感作用

以成熟、干燥、未腐烂小麦秸秆为材料，部分麦秸按叶、茎分开并粉碎至 2～5cm，部分麦秸整株粉碎至 2～5cm，制备小麦秸秆浸提液及 7d 和 15d 腐解液，观察南粳 46 水稻种子萌发与幼苗生长发育对麦秸浸提液和腐解液的响应。

4.5.1.1 小麦秸秆浸提液和腐解液对水稻种子萌发的影响

与 CK 相比，小麦秸秆浸提液和腐解液均降低水稻种子的发芽率和发芽指数，且发芽指数所受抑制作用强于发芽率，降幅显著（$P<0.05$）。以发芽指数表征，小麦秸秆腐解液对水稻发芽的抑制能力远大于小麦秸秆浸提液，表明秸秆腐解后比直接浸提对水稻发芽的抑制作用更强；4 种小麦浸提液和腐解液经 5 倍稀释均减缓了对水稻发芽的抑制作用，其中 E_S 和 D_7 经稀释后水稻发芽指数恢复显著（$P<0.05$），E_S 浸提液 5 倍稀释后对水稻发芽的抑制作用几乎消失。化感效应指数的比较也表明，4 种小麦浸提液和腐解液均对水稻种子发芽产生抑制作用，且腐解液的抑制作用强于浸提液（表 4-29）。

表 4-29 小麦秸秆浸提液和腐解液对水稻发芽指数的影响

处理	发芽率	化感效应指数（RI）	发芽指数（GI）	化感效应指数（RI）
CK	0.93±0.05a		1.00±0.21a	—
E_L	0.81±0.09a	−0.12	0.56±0.08cd	−0.44
E_S	0.84±0.11a	−0.09	0.65±0.19bc	−0.35
D_7	0.79±0.14a	−0.15	0.31±0.12e	−0.69
D_{15}	0.85±0.10a	−0.08	0.39±0.02de	−0.61
20%E_L	0.81±0.05a	−0.12	0.72±0.05bc	−0.28

续表

处理	发芽率	化感效应指数（RI）	发芽指数（GI）	化感效应指数（RI）
20%E_S	0.88±0.03a	−0.05	0.99±0.08a	−0.01
20%D_7	0.83±0.09a	−0.11	0.79±0.15b	−0.21
20%D_{15}	0.86±0.14a	−0.07	0.60±0.09bcd	−0.40

注：E_L、E_S、D_7、D_{15} 分别表示小麦叶纯水浸提液、小麦茎秆纯水浸提液、小麦秸秆 7d 腐解液、小麦秸秆 15d 腐解液，CK 为纯水；同列不同小写字母表示差异显著（$P<0.05$）。

4.5.1.2　小麦秸秆浸提液和腐解液对水稻幼苗生长的影响

小麦秸秆浸提液和腐解液砂培水稻后，均显著（$P<0.05$）降低水稻地上部和地下部生物量的累积。4 种秸秆浸提液和腐解液中，小麦秸秆 15d 腐解液（D_{15}）对水稻幼苗生长的抑制作用最强，小麦茎秆纯水浸提液（E_S）对水稻幼苗生长的抑制作用最弱，小麦秸秆 7d 腐解液（D_7）和小麦叶纯水浸提液（E_L）的作用介于两者之间。化感效应指数比较也表明小麦秸秆腐解液的抑制作用强于浸提液；4 种浸提液和腐解液经 5 倍稀释后均减缓对水稻地上部和地下部生物量累积的影响，其中 D_{15} 稀释 5 倍（20%D_{15}）施用后对地上部生物量的影响显著（$P<0.05$）降低，但均未使水稻的生物量恢复到 CK 水平（表 4-30）。

表 4-30　小麦秸秆浸提液和腐解液对水稻苗期生物量的影响

处理	地上部鲜重/g	化感效应指数（RI）	地下部鲜重/g	化感效应指数（RI）	根冠比	化感效应指数（RI）
CK	8.97±0.63a		4.15±1.03a		0.46±0.09a	
E_L	4.83±0.73bcd	−0.46	2.01±0.71bc	−0.51	0.41±0.12ab	−0.10
E_S	6.06±1.14b	−0.32	2.08±0.50bc	−0.50	0.34±0.04ab	−0.26
D_7	4.44±0.54cd	−0.51	1.28±0.23c	−0.69	0.29±0.05b	−0.37
D_{15}	3.99±0.31d	−0.56	1.24±0.24c	−0.70	0.32±0.01ab	−0.30
20%E_L	5.38±0.81bc	−0.40	2.10±0.11bc	−0.49	0.45±0.06a	−0.02
20%E_S	6.08±1.12b	−0.32	2.72±0.23b	−0.34	0.37±0.09ab	−0.19
20%D_7	5.11±0.13bcd	−0.43	1.79±0.07c	−0.57	0.38±0.10ab	−0.18
20%D_{15}	5.27±0.63bc	−0.41	1.89±0.47bc	−0.54	0.37±0.12ab	−0.21

注：E_L、E_S、D_7、D_{15} 分别表示成熟小麦叶纯水浸提液、成熟小麦茎秆纯水浸提液、小麦秸秆 7d 腐解液、小麦秸秆 15d 腐解液；CK 为纯水；同列不同小写字母表示显著差异（$P < 0.05$）。

与 CK 相比，施用秸秆浸提液和腐解液使水稻植株根冠比下降。各处理水稻植株根冠比下降程度依次为 $D_7>D_{15}>E_S>E_L$，其中，小麦秸秆腐解液使水稻根冠比的下降幅度更明显，施用小麦秸秆 7d 腐解液（D_7）所引发的根冠比下降显著（$P<0.05$）；4 种浸提液和腐解液经 5 倍稀释后均提高了水稻根冠比，但其值均低于 CK（表 4-30）。

4.5.1.3　小麦秸秆浸提液和腐解液对水稻植株幼苗生理生化过程的影响

与 CK 相比，小麦秸秆浸提液和腐解液施用后均显著（P<0.05）降低水稻植株叶绿素 a、叶绿素 b 以及总叶绿素的含量，均使其值降低 50%以上。其中，小麦秸秆腐解液对水稻植株叶绿素含量的抑制作用大于小麦叶和茎秆浸提液；4 种秸秆浸提液和腐解液经 5 倍稀释后施用均有助于提高水稻植株中叶绿素 a、叶绿素 b 以及总叶绿素的含量，其中，腐解液稀释 5 倍对水稻植株叶绿素 a 和总叶绿素含量的恢复效果显著（P<0.05）（表 4-31）。

表 4-31　小麦秸秆浸提液和腐解液对水稻植株生理生化指标的影响

处理	叶绿素 a/（mg/g）	化感效应指数（RI）	叶绿素 b/（mg/g）	化感效应指数（RI）	总叶绿素/（mg/g）	化感效应指数（RI）	MDA 含量/（nmol/g）	化感效应指数（RI）	根系活力/[μg TTC/（g·h）]	化感效应指数（RI）
CK	4.47a		1.89a		6.06a		9.74d		4.70a	
E_L	1.91bc	−0.57	0.74b	−0.61	2.64bcd	−0.56	44.65ab	0.78	1.47bc	−0.69
E_S	1.96bc	−0.56	0.80b	−0.58	2.76bcd	−0.54	40.71bc	0.76	1.83b	−0.61
D_7	1.56d	−0.65	0.79b	−0.58	2.33d	−0.62	48.91a	0.80	1.06c	−0.77
D_{15}	1.82cd	−0.59	0.60b	−0.68	2.41cd	−0.60	49.38a	0.80	0.99c	−0.79
20%E_L	2.03bc	−0.54	0.90b	−0.52	3.07b	−0.49	34.31c	0.72	1.82b	−0.61
20%E_S	2.06bc	−0.54	0.81b	−0.57	2.87bc	−0.53	32.30c	0.70	1.90b	−0.60
20%D_7	2.03bc	−0.55	0.83b	−0.56	2.87bc	−0.53	33.68c	0.71	1.73b	−0.63
20%D_{15}	2.12b	−0.52	0.83b	−0.56	2.89b	−0.52	32.67c	0.70	1.84b	−0.61

注：E_L、E_S、D_7、D_{15} 分别表示成熟小麦叶纯水浸提液、成熟小麦茎秆纯水浸提液、小麦秸秆 7d 腐解液、小麦秸秆 15d 腐解液；CK 为纯水；同列不同小写字母表示数值间有显著差异（P < 0.05）。

丙二醛（MDA）是膜脂过氧化作用的最终产物，其含量是膜脂过氧化程度的一个重要标志，与细胞膜受损害程度直接相关，是衡量细胞膜伤害的指标之一。植株 MDA 含量升高说明细胞膜受到伤害，膜透性增大。与 CK 相比，小麦秸秆浸提液和腐解液施用后均显著（P<0.05）提高水稻植株 MDA 含量，其含量上升幅度均达 4 倍以上，其中，施用小麦秸秆腐解液比施用小麦秸秆浸提液更易增加水稻植株 MDA 含量。4 种浸提液和腐解液经 5 倍稀释后施用均有助于降低水稻植株 MDA 含量。其中，E_L、D_7 和 D_{15} 稀释后施用对水稻植株 MDA 含量的降幅显著（P<0.05），但均未恢复到 CK 水平（表 4-31）。

与 CK 相比，施用小麦秸秆浸提液和腐解液均显著（P<0.05）降低水稻植株的根系活力，降幅均在 50%以上。其中，施用小麦秸秆腐解液的水稻根系活力所受影响远大于施用秸秆浸提液。4 种小麦秸秆浸提液和腐解液经 5 倍稀释后施用均减缓了对水稻幼苗根系活力的影响。其中，小麦秸秆腐解液稀释 5 倍后施用使水稻根系活力显著（P<0.05）增加，但仍未恢复到 CK 水平（表 4-31）。

4.5.1.4　酚酸和养分含量与水稻生长发育间的关系

4 种小麦秸秆浸提液和腐解液的总酚酸含量均较高，含量为 90～222μg/mL，其中，叶浸提液的总酚酸含量最高，茎秆浸提液、秸秆 7d 和 15d 腐解液的总酚酸含量差异不大（表 4-32）。相关性分析显示，小麦秸秆浸提液和腐解液总酚酸含量与水稻植株地上部鲜重、地下部鲜重、根系活力、叶绿素以及水稻发芽指数显著或极显著（P<0.05 或 P<0.01）负相关，与水稻植株 MDA 含量极显著（P<0.001）正相关（表 4-33），表明小麦秸秆不同浸提液或腐解液对植株生理生化过程产生抑制作用，与总酚酸含量有关。4 种小麦秸秆浸提液和腐解液中 E_L 的总酚酸含量最高，约是 E_S、D_7 和 D_{15} 的 2 倍，其对水稻植株鲜重、叶绿素含量、发芽指数的抑制作用低于 D_7 和 D_{15}，对水稻植株中 MDA 含量的促进作用也低于 D_7 和 D_{15}。这可能源于不同浸提液和腐解液中酚酸种类组成不同，因而对水稻的化感效应有差异。

表 4-32　不同小麦秸秆浸提液和腐解液配制砂培营养液中总酚酸及养分含量

处理	总酚酸/（μg/mL）	全 N/（mg/L）	全 P/（mg/L）	全 K/（mg/L）
CK	4.57	35.00	9.30	39.00
E_L	222.06	54.29	57.41	41.45
E_S	90.89	42.00	25.52	42.67
D_7	90.80	48.14	17.00	40.63
D_{15}	96.91	44.15	17.08	41.18
20%E_L	51.21	38.86	18.92	39.49
20%E_S	19.48	36.40	12.54	39.73
20%D_7	20.65	37.63	10.84	39.33
20% D_{15}	21.84	36.83	10.86	39.44

注：E_L、E_S、D_7、D_{15} 分别表示成熟小麦叶纯水浸提液、成熟小麦茎秆纯水浸提液、小麦秸秆 7d 腐解液、小麦秸秆 15d 腐解液；CK 为纯水。

以 4 种小麦秸秆浸提液和腐解液及其稀释液加入相同量的 Hogland 营养成分配制成砂培营养液，含有更多的 N、P 和 K。分析表明水稻生长发育各种指标与养分含量间没有显著相关关系（表 4-33），反而是施用小麦秸秆浸提液或腐解液后水稻生长发育指标均较 CK 下降，说明水稻生长发育受酚酸类等化感物质的作用。

表 4-33　不同营养液总酚酸和养分含量与水稻生长发育指标间的关系

指标	地上部鲜重	地下部鲜重	根冠比	根系活力	叶绿素 a	叶绿素 b	总叶绿素	MDA 含量	发芽指数
总酚酸	-0.444^{**}	-0.367^{*}	-0.077^{NS}	-0.442^{**}	-0.388^{*}	-0.381^{*}	-0.401^{*}	0.583^{***}	-0.535^{**}
全 N	-0.210^{NS}	-0.115^{NS}	0.034^{NS}	-0.332^{NS}	-0.317^{NS}	-0.329^{NS}	-0.323^{NS}	0.327^{NS}	-0.082^{NS}
全 P	-0.275^{NS}	-0.120^{NS}	0.145^{NS}	-0.283^{NS}	-0.246^{NS}	-0.231^{NS}	-0.238^{NS}	0.319^{NS}	-0.194^{NS}
全 K	-0.173^{NS}	-0.059^{NS}	0.229^{NS}	-0.282^{NS}	-0.276^{NS}	-0.261^{NS}	-0.255^{NS}	0.134^{NS}	0.139^{NS}

* P<0.05，** P<0.01，*** P<0.001，NS 无显著差异。

小麦秸秆浸提液和腐解液均对水稻产生化感效应，其中，小麦秸秆腐解液的化感效应强于浸提液，小麦秸秆叶浸提液的化感效应强于茎秆，小麦秸秆 15d 腐解液的化感效应强于 7d 腐解液。小麦秸秆浸提液和腐解液对水稻植株种子发芽和植株生理生化过程产生抑制作用，与浸提液和腐解液中含有酚酸物质有关。

4.5.2　减缓麦秸还田对水稻生长负面影响的栽培技术

4.5.2.1　胁迫育秧提高水稻秧苗的抗逆性

设置常规条件育秧（CK）、低养分供应育秧（LN）、干旱胁迫育秧（D）；添加秸秆育秧（S）、添加秸秆腐解液育秧（SD）与添加酚酸混合液育秧（PA）6 个处理，以比较不同胁迫育秧对麦秸还田负效应的响应。

1. 不同处理育秧对水稻秧苗的影响

不同处理条件下，水稻秧苗株高、植株地上部生物量以及叶绿素、丙二醛（MDA）含量均不相同，其中，干旱与低养分胁迫均降低了水稻秧苗株高和植株地上部生物量（表 4-34）。

表 4-34　不同处理育秧对水稻秧苗生长发育的影响

处理	株高/cm	植株地上部生物量/(kg/株)	叶绿素 SPAD 值	MDA 含量/(nmol/g)
常规条件育秧（CK）	25.13±1.17bc	0.16±0.02c	25.03±1.59c	29.65±2.27ab
低养分供应育秧（LN）	23.04±0.65c	0.14±0.01c	18.72±0.8d	33.49±0.79ab
干旱胁迫育秧（D）	23.47±1.17c	0.15±0.04c	19.88±0.45d	35.84±3.65a
添加秸秆育秧（S）	30.31±0.61a	0.29±0.06a	30.07±0.39b	28.97±4.01ab
添加秸秆腐解液育秧(SD)	31.50±2.21a	0.24±0.01ab	33.40±0.74a	27.41±4.01b
添加酚酸混合液育秧(PA)	26.60±0.72b	0.22±0.02b	31.35±0.64b	28.04±3.56b

注：同列数值后不同小写字母表示差异显著（$P < 0.05$）。

2. 不同处理育秧对移栽后水稻幼苗生长的影响

将不同处理育秧条件下的秧苗，移栽生长 30d 后，观察其植株生长情况。由表 4-35 可见，S、SD 和 PA 处理，水稻植株株高、地上部鲜重和地下部鲜重均好于其他处理，其中 SD 对水稻生长的促进作用更为明显，株高、地上部鲜重和地下部鲜重均显著高于 CK（$P<0.05$），植株根冠比也大于 CK。与 CK 相比，D 和 LN 处理对移栽后水稻生长发育产生了轻微抑制作用，但差异不显著。

表 4-35　不同处理育秧对移栽后水稻幼苗株高和生物量的影响

处理	株高/cm	植株地上部鲜重/(g/株)	植株地下部鲜重/(g/株)	根冠比
常规条件育秧（CK）	32.80±1.67cd	0.85±0.08bc	0.17±0.03bcd	0.19±0.03a
低养分供应育秧（LN）	29.34±0.92d	0.51±0.13c	0.10±0.03c	0.19±0.03a

续表

处理	株高/cm	植株地上部鲜重/（g/株）	植株地下部鲜重/（g/株）	根冠比
干旱胁迫育秧（D）	30.30±1.34d	0.70±0.15c	0.15±0.06c	0.21±0.05a
添加秸秆育秧（S）	36.72±2.37b	1.16±0.19b	0.25±0.04b	0.21±0.01a
添加秸秆腐解液育秧（SD）	43.27±4.04a	1.73±0.64a	0.34±0.07a	0.21±0.03a
添加酚酸混合液育秧（PA）	35.86±1.97bc	1.07±0.10b	0.23±0.07b	0.22±0.05a

注：同列不同小写字母表示数值间有显著差异（$P<0.05$）。

S、SD 和 PA 处理，均提高了水稻植株中叶绿素含量（$P<0.05$）（表 4-36），而反映植株抗逆性的 MDA 含量与脯氨酸含量均低于其他 3 个处理，表明常规、干旱和低养分胁迫育秧的水稻秧苗在模拟秸秆还田环境中生长受到胁迫。反之，添加秸秆、添加秸秆腐解液和添加酚酸混合液育秧，可减缓秸秆还田所产生的负效应。

表 4-36　不同处理育秧对移栽后水稻植株生理生化过程的影响

处理	叶绿素 SPAD 值	MDA 含量/（nmol/g）	脯氨酸含量/（μg/g）
常规条件育秧（CK）	38.56±0.34d	22.32±4.33ab	194.55±9.95c
低养分供应育秧（LN）	35.90±0.47e	23.23±2.42ab	213.86±6.77b
干旱胁迫育秧（D）	37.57±0.32d	24.47±2.43a	299.32±5.68a
添加秸秆育秧（S）	39.64±0.56c	21.72±2.47ab	162.73±5.27d
添加秸秆腐解液育秧（SD）	43.91±1.43a	18.75±4.30b	152.39±8.75de
添加酚酸混合液育秧（PA）	42.43±0.54b	21.68±2.08ab	150.00±7.39e

注：同列不同小写字母表示数值间有显著差异（$P<0.05$）。

根系是植物重要的吸收、代谢器官，其生长情况直接制约植物对养分的吸收和植株地上部的生长。采用添加秸秆、添加秸秆腐解液和添加酚酸混合液胁迫育秧，移栽 30d 后，水稻幼苗总根长、根表面积、根体积、根尖数、分枝数、根平均直径等指标，均大于其他 3 个处理。与 CK 相比，低养分与干旱胁迫育秧处理均减少了水稻幼苗总根长，低养分育秧还降低了水稻幼苗根表面积、根体积、根尖数、根分枝数、根平均直径等（表 4-37）。

表 4-37　不同处理育秧对移栽后水稻幼苗根系形态的影响

处理	总根长/（cm/株）	根表面积/（cm^2/株）	根体积/（cm^3/株）	根尖数	根分枝数	根平均直径/（mm/株）
常规条件育秧（CK）	82.08±12.55cd	9.83±0.89cd	0.10±0.02cd	538±135c	439±80b	0.20±0.07c
低养分供应育秧（LN）	50.34±5.99d	6.33±0.73d	0.06±0.01d	331±39c	369±37b	0.10±0.01d
干旱胁迫育秧（D）	79.31±6.75cd	10.34±0.74cd	0.11±0.01bcd	539±42c	498±45b	0.21±0.01c
添加秸秆育秧（S）	162.36±60.3b	17.17±4.84b	0.15±0.03b	1261±639b	1087±724b	0.34±0.03ab
添加秸秆腐解液育秧（SD）	223.33±68.64a	23.37±6.62a	0.20±0.06a	1891±541a	1839±830a	0.40±0.03a
添加酚酸混合液育秧（PA）	115.81±31.73bc	14.33±3.32bc	0.14±0.03bc	908±399bc	839±281b	0.34±0.04b

注：同列不同小写字母表示数值间有显著差异（$P<0.05$）。

4.5.2.2　水肥管理克服麦秸还田负面效应

为克服麦秸还田对秧苗生长产生的负效应，在秸秆还田与配施化肥基础上，设置 CK、W_r（每隔 1d 换 1 次水，换 3 次水后移栽水稻）、W_d（移栽水稻后建立双倍水层）、W_{a5}（泡田 5d 后移栽水稻）与 W_{a10}（泡田 10d 后移栽水稻）5 个处理，观察不同处理缓解麦秸还田负效应的效果。

1. 不同水分管理措施对水稻生长发育的影响

水稻移栽 30d 后，测量水稻幼苗株高、地上部生物量和地下部生物量，发现泡田 10d 后移栽水稻处理这些指标均高于 CK（表 4-38），其中，水稻幼苗株高、地上部生物量显著高于 CK。

表 4-38　不同水分管理措施对水稻生长发育的影响

处理	株高/cm	地上生物量/g	地下生物量/g	根冠比
CK	35.92±1.68b	9.52±1.17bc	1.73±0.17a	0.183±0.02ab
每隔 1d 换 1 次水，换 3 次水后移栽水稻（W_r）	33.19±1.92c	8.06±0.50cd	1.61±0.20a	0.190±0.01a
移栽水稻后建立双倍水层（W_d）	32.59±2.46c	7.44±0.27d	0.84±0.09b	0.113±0.01c
泡田 5d 后移栽水稻（W_{a5}）	34.21±1.48bc	8.14±0.53cd	1.67±0.21a	0.205±0.01a
泡田 10d 后移栽水稻（W_{a10}）	40.68±1.61a	11.59±1.18a	1.87±0.18a	0.162±0.02b

注：同列不同小写字母表示数值间有差异显著（P<0.05）。

2. 不同水分管理措施对水稻生理生化过程的影响

与 CK 相比，泡田 5d 与 10d 后移栽水稻的处理，水稻植株的叶绿素含量未有显著变化，而其他两个处理显著降低了水稻植株中叶绿素含量（P<0.05）（表 4-39）。

表 4-39　不同水分管理措施对水稻生理生化过程的影响

处理	叶绿素 SPAD 值	MDA 含量/（nmol/g）	脯氨酸含量/（μg/g）	超氧化物歧化酶/（U/g）	过氧化物酶/[U/（g • min）]
CK	39.8±1.37a	23.37±2.71bc	168.94±42.53ab	169.9±42.91ab	305.56±44.01b
每隔 1d 换 1 次水，换 3 次水后移栽水稻（W_r）	32.3±0.92b	28.53±0.66ab	177.84±23.48a	185.9±20.59a	814.56±157.67a
移栽水稻后建立双倍水层（W_d）	33.0±0.38b	31.76±2.26a	186.55±25.36a	181.5±14.01a	688.89±60.49a
泡田 5d 后移栽水稻（W_{a5}）	39.4±0.66ab	27.17±1.06ab	170.08±52.94ab	72.6±19.65c	315.56±61.94b
泡田 10d 后移栽水稻（W_{a10}）	40.5±0.26a	19.50±2.73c	149.24±22.54ab	145.2±28.35ab	217.78±39.06b

注：同列不同小写字母表示数值间有显著差异（$P < 0.05$）。

泡田 10d 后移栽水稻的处理，水稻植株 MDA 含量、脯氨酸含量较 CK 均有一定下降。超氧化物歧化酶（SOD）和过氧化物酶（POD）是植物体内的保护酶，主要作用是清除植物体内由于胁迫所累积的活性氧自由基，防止其过度积累，减轻其对植物细胞膜的损伤，其含量的变化可表征植物对逆境的适应。与 CK 相比，泡田处理不同程度地降低了 SOD 和 POD 活性，说明在麦秸还田条件下，通过合适的水分管理可有效缓解麦秸还田对水稻秧苗的胁迫效应。

不同水分管理对根系生长的影响，其趋势与地上部生长趋势一致，即泡田 10d 后移栽水稻有利于减缓还田麦秸对水稻秧苗生长的副作用（表 4-40）。

表 4-40　不同水分管理措施对水稻根系形态的影响

处理	总根长/cm	根平均直径/mm	根表面积/cm^2	根体积/cm^3	根尖数	根分枝数
CK	150.94±17.8a	0.371±0.015b	15.51±1.5ab	0.146±0.02a	740±4b	660±233ab
每隔 1d 换 1 次水，换 3 次水后移栽水稻（W_r）	120.76±7.1b	0.346±0.023b	14.13±1.5bc	0.140±0.01ab	655±64b	345±72b
移栽水稻后建立双倍水层（W_d）	119.54±5.7b	0.371±0.015b	13.68±2.4bc	0.142±0.01ab	707±90b	351±117b
泡田 5d 后移栽水稻（W_{a5}）	140.30±8.0a	0.374±0.050b	15.21±0.8ab	0.144±0.01ab	731±76b	555±179ab
泡田 10d 后移栽水稻（W_{a10}）	154.81±6.3a	0.458±0.018a	18.12±3.5a	0.160±0.03a	899±54a	826±271a

注：同列不同小写字母表示数值间有显著差异（$P < 0.05$）。

此外，采用盆栽的方法，研究施用有氧肥料（过氧化钙）、生物炭，麦秸深埋（即麦秸埋于表层 8cm 以下土层）以及多次旋耕等方式对缓解麦秸还田对水稻秧苗生长负效应的影响。结果表明，麦秸深埋能够克服麦秸还田对水稻秧苗的负面影响，其他处理作用不明显。

4.5.2.3　接种秸秆快腐菌减缓麦秸还田的化感作用

添加腐熟剂秸秆还田技术，是一种通过接种外源有机物料腐解微生物菌剂实现秸秆快速腐解的还田技术。它包括两种方法：一是在秸秆直接还田时接种有机物料快速腐解微生物菌剂（简称快腐菌）；二是将秸秆堆积或堆沤在田头路旁，接种有机物料腐解微生物菌剂，待秸秆基本腐熟（腐烂）后再还田。在秸秆直接还田时，添加快腐菌加快秸秆分解，可减少因大量秸秆还田给后续耕作（播种或移栽等）作业带来的困难，同时也可以减轻对后茬作物生长的不利影响，是一项秸秆全量还田的关键技术。

为克服麦秸还田对水稻秧苗生长的负效应，筛选了一株可快速降解秸秆的微生物菌株——娄彻氏链霉菌（*Streptomyces rochei*），期望该菌株能够耐受麦秸化感物质且能降解化感物质，以降低麦秸还田对水稻秧苗的化感作用。

在模拟麦秸还田试验中，设置不同酚酸浓度，观察对 *S. rochei* 的影响，同时分析酚酸含量变化，并计算酚酸的降解率。

由图 4-31 和图 4-32 可以看出，在液体培养中（图 4-31）与在平板培养基上（图 4-32），酚酸对菌株生长影响的趋势一致，即娄彻氏链霉菌对酚酸有一定的耐受性。低浓度酚酸对娄彻氏链霉菌生物量有一定促进作用，当酚酸浓度为 100mg/L 时，促进作用最明显，但随着酚酸浓度提高，酚酸对娄彻氏链霉菌生长的抑制作用显现出来。

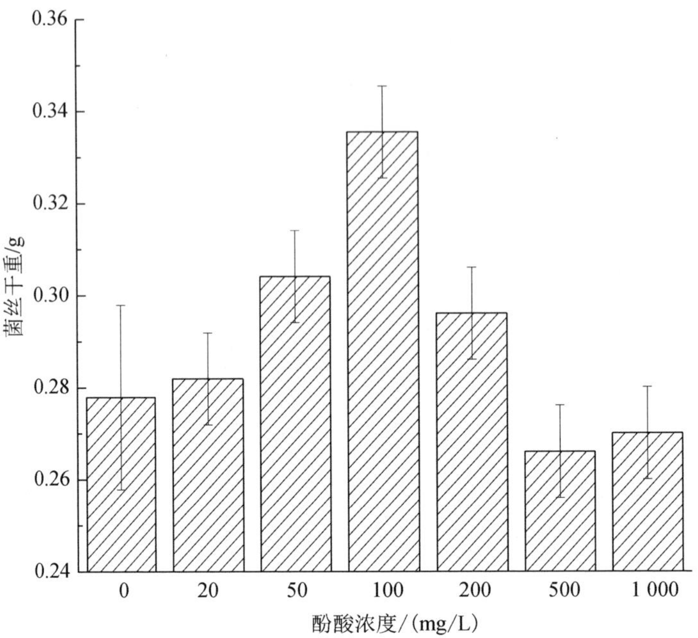

图 4-31　酚酸对 *S. rochei* 生物量的影响

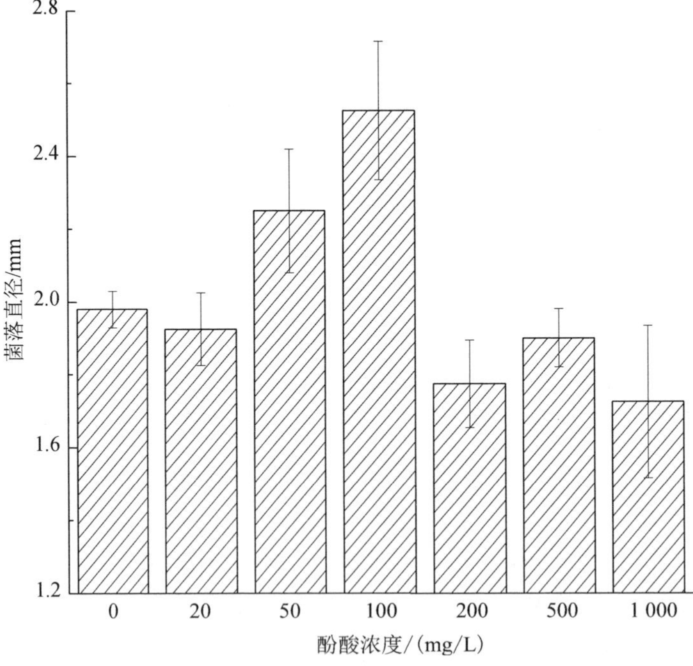

图 4-32　酚酸对 *S. rochei* 菌落直径的影响

由图 4-33 可以看出，娄彻氏链霉菌对不同酚酸降解速率差异很大，其中对羟基苯甲酸降解最快，而对水杨酸降解能力较弱。在总酚酸浓度为 100 和 200（mg/L）条件下，对羟基苯甲酸、丁香酸、阿魏酸的降解速率差异不大，水杨酸的降解速率则不相同。在 100mg/L 总酚酸浓度下，娄彻氏链霉菌对水杨酸表现出一定程度的降解；在 200mg/L 总酚酸浓度下，对水杨酸的降解受阻，在培养后期，水杨酸浓度还表现出增加趋势，这是纤维素降解过程中产生的水杨酸，还是由其他因素引起，有待深入研究。

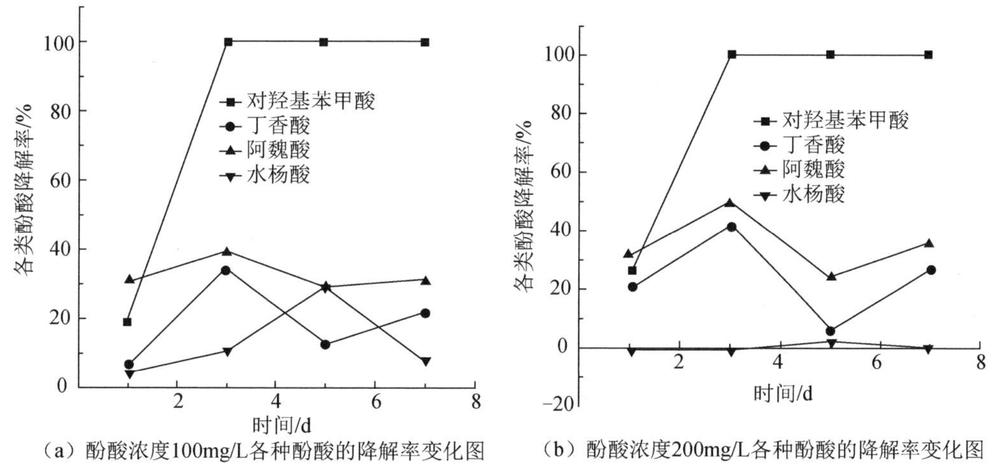

（a）酚酸浓度100mg/L各种酚酸的降解率变化图　（b）酚酸浓度200mg/L各种酚酸的降解率变化图

图 4-33　不同酚酸浓度处理 4 种酚酸降解率的动态变化

以上结果表明，筛选一些耐受麦秸还田化感物质的有降解能力的菌株，作为秸秆还田快腐菌，在一定程度上，可以缓解麦秸还田抑制水稻秧苗生长的负效应。

4.5.3　麦秸旋耕还田水稻优质高产技术规程

4.5.3.1　品种选择与育秧技术要求

水稻育秧是水稻种植过程中的重要环节，秧苗的品质对水稻的生长至关重要，培育出适应麦秸还田条件的水稻“壮秧”，有助于保证麦秸还田下水稻生产的可持续性。水稻壮秧一般指秧龄 15～20d，秧苗生长整齐，苗高 12～15cm，发根数 12～16 条；苗基部扁宽，叶片挺立有弹性，叶色翠绿；无病、虫、草害；秧苗发根力强，栽后活棵快、分蘖早。相关技术要点有：

（1）选用适宜品种。要选用优质、高产、生育期适宜、抗病性强的常规籼、粳稻或杂交稻。机插秧适宜使用熟期中等或偏迟、抗倒性好、株型紧凑、分蘖性较强、穗形较大的水稻品种；种植品种种子应符合 GB 4404.1—1996 和 GB/T 17891—1999 的质量标准。大田常规籼、粳稻用种量为 37.5～45.0kg/hm^2，杂交籼稻为 18.0～22.5kg/hm^2，杂交粳稻为 30kg/hm^2。

（2）育秧技术。在麦秸还田条件下，旱育秧较易适应麦秸还田下的稻田环境，其大田水稻产量比塑盘育秧和常规水育秧要高。但鉴于目前生产上传统的手工插秧、抛秧等人工劳作方式逐步让位于机械插秧，主要采用适用于机械移栽的水稻塑盘育秧技术。

（3）育秧基质准备。选择技术成熟、质量控制有保障的基质厂家生产的育秧基质。

（4）小麦秸秆腐解液制备及施用。秸秆、土壤、纯水按 1∶1∶100 比例在容器中混合后搅拌，再于常温下（30℃左右）浸泡 7d，静置后取浸泡后上清液作为水稻秧苗灌溉用水。

（5）种子处理。播种前晒种 2d，粳稻种子使用杀菌、杀线虫药剂浸种，防治恶苗病和干尖线虫病等种传病害。浸种 60h 后捞起用清水冲洗干净，然后再浸种至吸足水分，催芽，待 80%～90%种子破胸露白时即可晾干播种。

（6）秧田管理。一般播种至出苗期温度控制在 25～30℃，秧苗 2 叶 1 心前保持盘土湿润，之后适当减少湿润程度，提高秧苗根部盘结力，并使秧苗老健。一般在秧田起苗前 3～4d 施足送嫁肥，用尿素 75～105kg/hm^2 兑水至 7 500kg/hm^2，于傍晚前结合补水浇施，以增强秧苗发根和抗植伤能力，防治病、虫、草害，防止苗稻瘟和稻蓟马等病虫带入大田。

4.5.3.2 麦秸还田

在稻麦轮作区，稻田多数时期处于淹水状态，麦秸还田后在水稻移栽前的灌溉和施肥措施对水稻幼苗生长发育至关重要。不同的水肥管理措施影响麦秸腐解产物的释放和土壤养分的供应，而采取合理有效的水肥管理措施将有助于减缓麦秸腐解产物对水稻的抑制作用，同时又不至于影响稻田的养分供应。相应技术要点有：

（1）麦秸粉碎、匀抛分散要求。在长江中下游地区，小麦秸秆的亩产量一般为 400kg 左右，为保证水稻插秧质量，埋草率必须达到 80%以上。小麦收获时，选用带切割粉碎并匀抛的装置的高性能全喂入式联合收割机，调整切草刀片间距为 5～8cm，确保 90%粉碎分散的麦秸长度小于 10cm，且均匀分散于田面。

（2）泡田整地与水稻移栽。泡田前，稻田中要底施 N 肥，调节土壤 C/N。灌溉水层浸泡 2～3d，留薄层水（田面水层高处见墩、低处有水为准），用中型拖拉机配套埋草旋耕机，力求一次性旋耕达到埋草耕整效果。手扶拖拉机旋耕埋草需将水田行走的防滑轮改装为 45cm 宽的“压草轮”，并旋耕两遍，提高埋草耕整平整度。耕整后，田面允许露出的碎草在 90 根/m^2 以下。

水稻移栽，泡田后的稻田需在沉实后抢时移栽，插足基本苗，起秧栽插过程中应防止秧苗失水萎蔫和防止秧苗折断。长江中下游地区的栽插规格通常为 30cm

的萎蔫本苗，每穴 4～5 株苗，保证基本苗在 105 万～127.5 万株/hm^2。

4.5.3.3　大田肥水管理

（1）湿润灌溉。麦秸还田的稻田土壤在水稻移栽后 30d 内还原性增强，在不采取断水露田条件下，水稻根系发育受麦秸腐烂分解产生有害物质的影响，易形成“僵苗不发”现象。因此，在水稻移栽后要及时脱水通气，调节土壤的 Eh 值，即在整个分蘖期间采取间隙灌溉的方法，减轻还原物质的毒害，促进水稻根系生长。具体操作为：在移栽 3～5d 后保持经常的间断灌水，秧苗活棵后适时进行露田，增加土壤通气，从而促进根系发育，达到促进分蘖早生快发；分蘖达到所需要的有效穗数到幼穗发育前这段时间，应适当搁田；后期实行间隙灌水，确保基部叶鞘不发黑，田面表土层有大量水稻白根泛起。

（2）施肥运筹及病虫防治。鉴于麦秸还田稻田前期吸 N、后期增 N 的特点，调整肥料运筹。粳稻要重两头控中间，籼稻要全程平衡施肥。根据精确定量施肥原则及基础地力，亩产 650kg 以上田块的 TN 量必须达到 18kg，N、P、K 肥配合施用，比例为 1∶0.5∶0.8。N 肥的基肥、追肥比例为 6∶4，分蘖肥在栽插后 5～6d 施 1/3，栽插后 15d 施 2/3；穗粒肥在叶龄余数 2.5～3 时施用；P 肥全部用作基肥；K 肥的基肥、穗肥各占总量的 50%。

机插田块移栽后因苗体小、田间空隙大、浅湿灌溉等原因，有利于杂草滋生。因此，要结合第一次追施分蘖肥，采用药剂进行防除。在整个生长期间必须根据病虫发生的情况，及时防治好灰飞虱、二化螟、三化螟、纵卷叶螟、褐飞虱、稻瘟病等病虫的危害，确保水稻植株正常生长。

参 考 文 献

柏彦超，陈国华，路平，等，2011．秸秆还田对稻田渗漏液 DOC 含量及土壤 Cd 活度的影响[J]．农业环境科学学报，30(12)：2491-2495．

边秀举，巨晓棠，张福锁，等，2000．尿素与有机物料在土壤中的分解转化特征研究[J]．河北农业大学学报，23(2)：29-32．

蔡岸冬，张文菊，2015．基于长期试验的土壤不同大小颗粒固碳效率的研究[J]．植物营养与肥料学报，21(6)：1431-1438．

蔡太义，黄会娟，黄耀威，等，2012．不同量秸秆覆盖还田对土壤活性有机碳及碳库管理指数的影响[J]．自然资源学报，27(6)：965-973．

曹俊，谢仁康，2010．秸秆全量机械还田对水稻生育特性及产量的影响[J]．江苏农机化(2)：19，20．

曹启光，陈怀谷，杨爱国，等，2006．稻秸秆覆盖对麦田细菌种群数量及小麦纹枯病发生的影响[J]．土壤，38(4)：459-464．

常志州，陈新华，杨四军，等，2014．稻麦秸秆直接还田技术发展现状及展望[J]．江苏农业学报，30(4)：909-914．

常志州，石祖梁，张斯梅，等，2015．“区域统筹、整体推进、终端扶持”是破解秸秆禁烧与全量利用的根本出路[J]．江苏农业学报，4(32)：321-326.
常志州，王德建，杨四军，等，2014. 对稻麦秸秆还田问题的思考[J]. 江苏农业学报，30(2)：304-309.
陈才兴，2012. 麦秸秆全量还田轻简稻作技术[J]. 农业装备技术，38(1)：39，40.
陈俊才，陈船福，2007. 水稻秸秆还田技术初探[J]. 现代农业科技(3)：75-77.
陈小兵，陈巧敏，2000. 我国机械化秸秆还田技术现状及发展趋势[J]. 农业机械(4)：14，15.
陈新红，叶玉秀，许仁良，等，2009. 小麦秸秆还田量对水稻产量和品质的影响[J]. 作物杂志(1)：54-57.
陈新红，赵步洪，叶玉秀，等，2014. 麦秸还田下不同育秧和种植方式对水稻生长发育特性的影响[J]. 扬州大学学报(农业与生命科学版)，35(4)：75-80.
陈玉仑，丁为民，2009. 稻麦联合收割开沟埋草多功能一体机设计[J]. 农业机械学报，40(8)：62-65.
陈之政，单丽琴，何井瑞，等，2012. 麦草机械还田机插稻生产中的常见问题及对策[J]. 北方水稻，42(2)：49，50.
程玲娟，2012. 宿迁市水稻纹枯病连年重发原因及综合治理对策[J]. 中国植保导刊，32(7)：24-27.
程顺和，郭文善，王龙俊，等，2012. 中国南方小麦[M]. 南京：江苏科学技术出版社.
程玉龙，张礼钢，2014. 稻麦秸秆还田技术发展现状与趋势[J]. 农业工程，4(4)：1-4.
崔思远，尹小刚，陈阜，等，2011. 耕作措施和秸秆还田对双季稻田土壤氮渗漏的影响[J]. 农业工程学报，27(10)：174-179.
崔伟，1999. 与小麦联收机配套的秸秆粉碎机问世[J]. 江苏农机与农艺(6)：28.
崔新卫，张杨珠，吴金水，等，2014. 秸秆还田对土壤质量与作物生长的影响研究进展[J]. 土壤通报，45(6)：1527-1532.
戴飞，韩正晟，2011. 我国机械化秸秆还田联合作业机的现状与发展[J]. 中国农机化，6(37)：42-45.
戴飞，张锋伟，2010. 快速腐熟秸秆还田机设计与试验[J]. 农业机械学报，41(4)：47-51.
戴志刚，鲁剑巍，李小坤，等，2010a. 不同作物还田秸秆的养分释放特性[J]. 农业工程学报，26(6)：272-276.
戴志刚，鲁剑巍，鲁明星，等，2010b. 水稻秸秆用量对淹水培养土壤表层溶液理化性质的影响[J]. 中国生态农业学报，18(1)：20-24.
邓建平，张洪熙，谭长乐，2007. 江苏省麦草旋耕还田轻简稻作实施效果及其配套栽培技术[J]. 中国稻米(4)：42-44.
董百舒，王振忠，1990. 麦秸全量直接还田对水稻秧苗生长的影响[J]. 江苏农业科学(6)：37-39.
董百舒，王振忠，1992. 植稻前水旋结合麦秸还田的初步研究[J]. 江苏农业学报，8(2)：19-24.
杜守宇，田恩平，1994. 秸秆覆盖还田的整体功能效应与系列化技术研究[J]. 干旱地区农业研究，12(2)：88-94.
杜永林，黄银忠，2004. 超高茬麦田套播水稻轻型栽培技术及其应用[J]. 耕作与栽培，25(1)：7-9.
杜长征，2009. 我国秸秆还田机械化的发展现状与思考[J]. 农机化研究(7)：234-236.
扶明英，朱利群，李妍，等，2013. 秸秆集中深埋对水稻生长及产量的影响[J]. 江苏农业科学，41(1)：67-69.
高飞，贾志宽，张鹏，等，2011. 秸秆覆盖对宁南旱作农田活性有机质及碳库管理指数的影响[J]. 干旱地区农业研究，29(3)：107-111.
高利伟，马林，张卫峰，等，2009. 中国作物秸秆养分资源数量估算及其利用状况[J]. 农业工程学报，25(7)：173-179.
高山松，刘珍，张希福，等，1997. 麦、稻纹枯菌侵染小麦的研究初报[J]. 植保技术与推广，17(3)：5-7.
顾克军，张斯梅，许博，等，2012. 江苏省水稻秸秆资源量及其可收集量估算[J]. 生态与农村环境学报，28(1)：32-36.
顾克礼，刘世平，2006. 超高茬麦田套稻麦秸全量自然覆盖还田对土壤肥力和稻米品质的影响[J]. 江苏农业学报，22(4)：410-414.
顾克礼，唐正元，1998. 超高茬麦套稻高产栽培技术[J]. 上海农业科技(2)：63-64.
顾元，常志州，于建光，等，2013. 外源酚酸对水稻种子和幼苗的化感效应[J]. 江苏农业学报，29(2)：240-246.
顾志权，钱卫飞，陆建华，等，2000. 苏南稻麦两熟区秸秆全量机械还田的效果与技术[J]. 江苏农业科学(6)：46-48.
郭智，肖敏，陈留根，等，2010. 稻麦两熟农田稻季养分径流流失特征[J]. 生态环境学报，19(7)：1622-1627.
韩新忠，朱利群，杨敏芳，等，2012. 不同小麦秸秆还田量对水稻生长、土壤微生物生物量及酶活性的影响[J]. 农业环境科学学报，31(11)：2192-2199.
郝建华，丁艳锋，王强盛，等，2010. 麦秸还田对水稻群体质量和土壤特性的影响[J]. 南京农业大学学报，33(3)：13-18.
胡乃娟，韩新忠，杨敏芳，等，2015. 秸秆还田对稻麦轮作农田活性有机碳组分含量、酶活性及产量的短期效应[J]. 植物营养与肥料学报，21(2)：371-377.
黄小东，何松银，2008. 麦田稻茬秸秆不同还田方式试验研究[J]. 上海农业科技(2)：48.
蒋静艳，黄耀，宗良纲，2003. 水分管理与秸秆施用对稻田 CH_4 和 N_2O 排放的影响[J]. 中国环境科学，23(5)：552-556.
焦维成，杨军，周振元，等，2004. 麦套稻全量秸秆还田新技术研究[J]. 安徽农业科学，32(2)：216，217.
金琳，李玉娥，高清竹，等，2008. 中国农田管理土壤碳汇估算[J]. 中国农业科学，41(3)：734-743.
金鑫，蔡林运，李刚华，等，2013. 小麦秸秆全量还田对水稻生长及稻田氧化还原物质的影响[J]. 中国土壤与肥料(5)：80-85.
蓝文锋，2000. 割前脱粒中收割禾秆的研究与试验[J]. 农业机械学报，15(2)：60-64.
李昌新，赵锋，芮雯奕，等，2009. 长期秸秆还田和有机肥施用对双季稻田冬春季杂草群落的影响[J]. 草业学报，18(3)：142-147.
李朝苏，汤永禄，2011，2BMFDC-6 型稻茬麦半旋播种机设计与性能试验[J]. 西南农业学报，24(2)：789-793.
李朝苏，王克如，谢瑞芝，等，2009. 稻麦轮作区麦秸还田对水稻产量及主要品质性状的影响[J]. 西南农业学报，22(4)：895-900.
李朝苏，谢瑞芝，黄钢，等，2010. 稻麦轮作区保护性耕作条件下氮肥对水稻生长发育和产量的调控效应[J]. 植物营养与肥料学报，16(3)：528-535.
李成芳，寇志奎，张枝盛，等，2011. 秸秆还田对免耕稻田温室气体排放及土壤有机碳固定的影响[J]. 农业环境科学学报，30(11)：2362-2367.
李传友，杨立国，熊波，等，2015. 秸秆还田方式对农田土壤结构及冬小麦产量的影响[J]. 中国生态农业学报，23(3)：294-301.
李大明，成艳红，2012. 秸秆覆盖旱作对稻田甲烷排放和水稻产量的影响[J]. 农业环境科学学报，31(10)：2053-2059.
李逢雨，孙锡发，冯文强，等，2009. 麦秆、油菜秆还田腐解速率及养分释放规律研究[J]. 植物营养与肥料学报，15(2)：374-380.
李贵，冒宇翔，沈俊明，等，2015. 小麦秸秆还田方式结合除草剂对杂草和水稻产量的影响. 第十二届全国杂草科学大会论文摘要集[C]. 太原：中国植物保护学会杂草学分会.
李继福，鲁剑巍，李小坤，等，2013. 麦秆还田配施不同腐秆剂对水稻产量、秸秆腐解和土壤养分的影响[J]. 中国农学通报，29 (35)：272-276.
李军，郭贵东，何敏，等，2013. 不同秸秆还田量对水稻产量的影响[J]. 现代农业科技(2)：27-27.
李倩，张睿，贾志宽，2009. 玉米旱作栽培条件下不同秸秆覆盖量对土壤酶活性的影响[J]. 干旱地区农业研究，27(4)：152-154.
李硕，李有兵，王淑娟，等，2015. 关中平原作物秸秆不同还田方式对土壤有机碳和碳库管理指数的影响[J]. 应用生态学报，26(4)：1215-1222.
李万良，刘武仁，2007. 玉米秸秆还田技术研究现状及发展趋势[J]. 吉林农业科学，32(3)：32-34.
李玮，乔玉强，陈欢，等，2014. 砂姜黑土秸秆还田配施氮肥的固碳效应分析[J]. 生态环境学报，23(5)：756-761.
李稳林，李亚伟，2008. 麦秸全量机械还田三种轻简稻作方式比较[J]. 中国稻米(5)：59-60.
李新举，张志国，1999. 秸秆覆盖与秸秆翻压还田效果比较[J]. 国土与自然资源研究(1)：43-45.
李永磊，宋建农，2011. SGTN-180 型旋耕埋草施肥联合作业机的设计与试验[J]. 中国农业大学学报，16(2)：143-147.
李勇，曹红娣，储亚云，等，2010. 麦秆还田氮肥运筹对水稻产量及土壤氮素供应的影响[J]. 土壤，42(4)：569-573.
李育娟，龚克成，刘红江，等，2010. 小麦秸秆全量还田后机插水稻肥料运筹技术研究[J]. 中国稻米，16(3)：47-49.
梁春启，甄文超，张承胤，等，2009. 玉米秸秆腐解液中酚酸的检测及对小麦土传病原菌的化感作用[J]. 中国农学通报，25(2)：210-213.

刘成河，张羽，李巨权，2010. 全秸秆覆盖免耕追肥机[J]. 农村牧区机械化(4)：44-45.

刘娣，范丙全，龚明波，2008. 秸秆还田技术在中国生态农业发展中的作用[J]. 农业资源与环境科学，24(6)：404-407.

刘芳，张长生，陈爱武，等，2012. 秸秆还田技术研究及应用进展[J]. 作物杂志(2)：18-23.

刘红江，陈留根，周炜，等，2011. 麦秸还田对水稻产量及地表径流 NPK 流失的影响[J]. 农业环境科学学报，30(7)：1337-1343.

刘红江，陈留根，朱普平，等，2010. 稻草还田对小麦产量、地表径流 NPK 流失量及土壤肥力的影响[J]. 水土保持学报，24(6)：6-10.

刘红江，郑建初，陈留根，等，2012. 秸秆还田对农田周年地表径流氮、磷、钾流失的影响[J]. 生态环境学报，21(6)：1031-1036.

刘建，2010. 优质小麦高产高效栽培技术[M]. 北京：中国农业科学技术出版社.

刘强，李佰学，白英军，2010. 全秸秆覆盖免耕深松机[J]. 农村牧区机械化，3：5-6.

刘世平，陈文林，聂新涛，等，2007. 麦稻两熟地区不同埋深对还田秸秆腐解进程的影响[J]. 植物营养与肥料学报，13(6)：1049-1053.

刘威，黄丽，鲁剑巍，等，2015. 两种保护性耕作对土壤养分、结构和产量的影响[J]. 土壤通报，46(2)：420-427.

刘巽浩，王爱玲，高旺盛，1998. 实行农作物秸秆还田、促进农业可持续发展[J]. 作物杂志(5)：2-6.

刘禹池，曾祥忠，冯文强，等，2014. 稻-油轮作下长期秸秆还田与施肥对作物产量和土壤理化性状的影响[J]. 植物营养与肥料学报，20(6)：1450-1459.

鲁如坤，2000. 土壤农业化学分析方法[M]. 北京：中国农业科技出版社.

逯非，王效科，韩冰，等，2010. 稻田秸秆还田：土壤固碳与甲烷增排[J]. 应用生态学报，21(1)：99-108.

罗龙皂，李渝，蒋太明，2013. 秸秆还田固碳增汇效果研究进展[J]. 湖北农业科学，52(10)：2238-2241.

吕美蓉，李增嘉，张涛，等，2010. 少免耕与秸秆还田对极端土壤水分及冬小麦产量的影响[J]. 农业工程学报，26(1)：41-46.

马超，周静，刘满强，等，2013. 秸秆促腐还田对土壤养分及活性有机碳的影响[J]. 土壤学报，5(50)：915-921.

马静，徐华，蔡祖聪，等，2006. 稻季施肥管理措施对后续麦季 N_2O 排放的影响[J]. 土壤(6)：672-691.

马瑞霞，刘秀芬，袁光林，等，1996. 小麦根区微生物分解小麦残体产生的化感物质及其生物活性的研究[J]. 生态学报，16(6)：632-639.

马宗国，卢绪奎，万丽，等，2003. 小麦秸秆还田对水稻生长及土壤肥力的影响[J]. 作物杂志(5)：37-38.

缪冬平，翟步顺，2013. 小麦保护性耕作的探索实践[J]. 江苏农机肥(3)：49-50.

缪荣蓉，刁春友，张银贵，等，1998. 浅析覆盖稻草及秸秆还田对小麦纹枯病的控制作用[J]. 植保技术与推广，18(4)：10-12.

农业部小麦专家指导组，2012. 中国小麦品质区划与高产优质栽培[M]. 北京：中国农业出版社.

潘剑玲，代万安，尚占环，等，2013. 秸秆还田对土壤有机质和氮素有效性影响及机制研究进展[J]. 中国生态农业学报，21(5)：526-535.

潘玉才，钱非凡，黄卫红，等，2001. 麦秸还田对水稻生长的影响[J]. 上海农业学报，17(1)：59-65.

裴鹏刚，张均华，朱练峰，等，2014. 秸秆还田对水稻固碳特性及产量形成的影响[J]. 应用生态学报，25(10)：2885-2891.

彭庆生，彭瑞娟，2012. 稻麦秸秆全量覆盖还田技术研究[J]. 安徽农学通报，18(15)：89-90.

平英华，彭卓敏，夏春华，2013. 江苏秸秆机械化还田经济效益分析与财政补贴政策研究[J]. 中国农机化学报，34(6)：50-54，61.

钱生越，唐啸风，石蕾，等，2015. 秸秆捡拾粉碎播后覆盖复式作业技术模式初探[J]. 中国农机化学报，36(3)：301-304.

单玉华，蔡祖聪，韩勇，等，2006. 淹水土壤有机酸积累与秸秆碳氮比及氮供应的关系[J]. 土壤学报，43(6)：941-947.

佘冬立，王凯荣，谢小立，等，2006. 施 N 模式与稻草还田对土壤供 N 量和水稻产量的影响[J]. 生态与农村环境学报，22(2)：16-20.
申源源，陈宏，2009. 秸秆还田对土壤改良的研究进展[J]. 中国农学通报，25(19)：291-294.
史然，陈晓娟，沈建林，等，2013. 稻田秸秆还田的土壤增碳及温室气体排放效应和机理研究进展[J]. 土壤，45(2)：193-198.
苏伟，鲁剑巍，周广生，等，2011. 稻草还田对油菜生长、土壤温度及湿度的影响[J]. 植物营养与肥料学报，17(2)：366-373.
苏衍涛，王凯荣，刘迎新，等，2008. 稻草覆盖对红壤旱地土壤温度和水分的调控效应[J]. 农业环境科学学报，27(2)：670-676.
苏祖芳，顾克礼，2004. 麦田套播稻高产高效生态新技术[J]. 耕作与栽培(4)：42-43.
孙瑞娟，王德建，林静慧，2006. 太湖流域土壤肥力演变及原因分析[J]. 土壤，38(1)：106-109.
谭长乐，张洪熙，2006. 全量麦草旋耕还田轻简稻作技术规范[J]. 江苏农业科学(5)：12-13.
谭长乐，赵步洪，2007. 全量麦草旋耕还田直播稻生产技术规范[J]. 中国稻米(4)：50-51.
谭长乐，周长海，2007. 全量麦草旋耕还田抛秧稻生产技术规范[J]. 江苏农业科学，2(105)：13-14.
汤宏，吴金水，张杨珠，等，2012. 水分管理和秸秆还田对稻田甲烷排放及固碳的影响研究进展[J]. 中国农学通报，28(32)：264-270.
汤文光，肖小平，唐海明，等，2015. 长期不同耕作与秸秆还田对土壤养分库容及重金属 Cd 的影响[J]. 应用生态学报，26(1)：168-176.
田仲和，高善民，朱恩，等，2002. 麦秸还田不均匀对直播水稻生长的影响及对策[J]. 土壤肥料(1)：26-29.
万年峰，季香云，张永兴，等，2014. 麦秸秆还田和翻耕深度对稻飞虱和蜘蛛群落数量影响[J]. 应用昆虫学报，(4)：1052-1059.
汪金平，何园球，柯建国，等，2006. 厢沟免耕秸秆还田对作物及土壤的影响[J]. 华中农业大学学报，25(2)：123-127.
汪军，王德建，张刚，2009. 秸秆还田下氮肥用量对水稻产量及养分吸收的影响[J]. 土壤，41(6)：1004-1008.
汪军，王德建，张刚，2011. 太湖地区稻麦轮作体系下秸秆还田配施氮肥对水稻产量及经济效益的影响[J]. 中国生态农业学报，19(2)：265-270.
汪军，王德建，张刚，等，2013. 麦秸全量还田下太湖地区两种典型水稻土稻季氨挥发特性比较[J]. 环境科学，34(1)：27-33.
王陈骄子，贺晓霞，杨媚，等，2015. 水稻、玉米和小麦纹枯病菌对 3 种作物的交互致病性[J]. 华南农业大学学报，36(6)：82-86.
王海候，沈明星，陆长婴，等，2014. 不同秸秆还田模式对稻麦两熟农田稻季甲烷和氧化亚氮排放的影响[J]. 江苏农业学报，30(4)：758-763.
王静，郭熙盛，王允青，2011. 秸秆覆盖与平衡施肥对巢湖流域农田氮素流失的影响研究[J]. 土壤通报，42(2)：331-335.
王静，郭熙盛，王允青，等，2010. 自然降雨条件下秸秆还田对巢湖流域旱地氮磷流失的影响[J]. 中国生态农业学报，18(3)：492-495.
王静，郭熙盛，王允青，等，2013. 秸秆还田对稻田磷素径流损失的影响[J]. 安徽农业科学，41(13)：5761-5763.
王静，郭熙盛，王允青，等，2014. 秸秆还田条件下稻田田面水不同形态氮动态变化特征研究[J]. 水利学报，45(4)：410-418.
王克如，李少昆，汤永禄，等，2006. 成都平原免耕及不同麦秸还田量种植水稻的研究[J]. 水土保持学报，20(5)：171-174.
王丽明，2013. 不同播种量和秸秆覆盖量对冬小麦生产的影响[J]. 安徽农业科学，41(9)：3804-3808.
王守红，张家宏，2002. 麦套稻田杂草发生特点及综合防治技术[J]. 安徽农业科学，30(3)：403-404.
王守红，张家宏，2004. 超高茬麦套稻田杂草防除技术研究[J]. 杂草科学(4)：18-20，28.
王裕中，吴志凤，史建荣，等，1994. 江苏省小麦纹枯病发生规律与病害消长因素分析[J]. 植物保护学报，21(2)：

109-114.
王允青，郭熙盛，2008. 不同还田方式作物秸秆腐解特征研究[J]. 中国生态农业学报，16(3)：607-610.
魏云霞，鲁剑巍，李小坤，等，2013. 不同秸秆及绿肥浸提液对水稻的化感作用研究[J]. 中国农学通报，29(30)：18-22.
吴家旺，朱小梅，薛良鹏，等，2011. 秸秆还田对稻麦产量的影响研究进展[J]. 现代农业科技，23：92.
吴涌泉，屈明，2009. 秸秆覆盖对土壤理化性状、微生物及生态环境的影响[J]. 中国农学通报，25(14)：263-268.
武际，郭熙盛，2012. 水旱轮作制下连续秸秆覆盖对土壤理化性质和作物产量的影响[J]. 植物营养与肥料学报，18(3)：587-594.
武际，郭熙盛，王允青，等，2011. 不同水稻栽培模式和秸秆还田方式下的油菜、小麦秸秆腐解特征[J]. 中国农业科学，44(16)：3351-3360.
夏建林，2009. SGTN-180ZF 型新型稻麦秸秆还田机研发[J]. 江苏农机化，1：38-39.
徐德金，潘静，耿义高，等，2011. 秸秆全量还田与未还田对机插秧发苗动态及产量的影响[J]. 现代农业科技，9：44-45.
徐国伟，谈桂露，王志琴，等，2009a. 麦秸还田与实地氮肥管理对直播水稻生长的影响[J]. 作物学报，35(4)：685-694.
徐国伟，谈桂露，王志琴，等，2009b. 秸秆还田与实地氮肥管理对直播水稻产量、品质及氮肥利用的影响[J]. 中国农业科学，42(8)：2736-2746.
徐国伟，翟志华，陈珂，等，2015. 不同秸秆还田量对直播水稻生长特性的影响[J]. 广东农业科学，16：1-6.
徐华，邢光熹，蔡祖聪，等，2000. 土壤水分状况和质地对稻田 N_2O 排放的影响[J]. 土壤学报，37(4)：499-505.
徐蒋来，胡乃娟，张政文，等，2016. 连续秸秆还田对稻麦轮作农田土壤养分及碳库的影响[J]. 土壤，48(1)：71-75.
徐明岗，张文菊，黄绍敏，等，2015. 中国土壤肥力演变[M]，2 版. 北京：中国农业科学技术出版社.
徐亚娣，张安平，许乐平，2008. 小麦机械化秸秆覆盖还田栽培技术研究[J]. 上海农业科技，4：6.
许轲，刘萌，陈京都，等，2015. 麦秸秆全量还田对稻田土壤溶解有机碳含量和水稻产量的影响[J]. 应用生态学报，26(2)：430-436.
颜思齐，吴帮承，唐显富，等，1984. 禾谷类作物纹枯病研究 I：水稻、玉米、小麦纹枯病和棉花立枯病四者之间的关系[J]. 植物病理学报，14(1)：26-32.
杨爱军，徐芳，2009，1J. HG-180 型秸秆粉碎还田旋耕机[J]. 农业装备技术，35(3)：34-35.
杨宏图，丁为民，2010. 稻麦联合收割开沟填草一体机的改进与设计[J]. 西北农林科技大学学报，38(9)：161-166.
杨建昌，杜永，刘辉，2008. 长江下游稻麦周年超高产栽培途径与技术[J]. 中国农业科学，41(6)：1611-1621.
杨乐，邓辉，李国学，等，2015. 新疆绿洲区秸秆燃烧污染物释放量及固碳减排潜力[J]. 农业环境科学学报，34(5)：988-993.
杨思存，霍琳，王建成，2005. 秸秆还田的生化他感效应研究初报[J]. 西北农业学报，14(1)：52-56.
杨四军，顾克军，张恒敢，等，2011. 影响稻茬麦出苗的关键因子与应对措施[J]. 江苏农业科学，39(5)：89-91.
杨卫国，马超，梅亚林，等，2010. 麦茬秸秆还田对直播稻产量影响的初步研究[J]. 上海农业科技(4)：44-46.
杨振权，陈永星，2000. 水田机械秸秆深施的养分释放及增产效果研究[J]. 浙江大学学报(农业与生命科学版)，26(3)：329-331.
杨志敏，陈玉成，张赟，等，2012. 淹水条件下秸秆还田的面源污染物释放特征[J]. 生态学报，32(6)：1854-1860.
叶丽丽，王翠红，彭新华，2010. 秸秆还田对土壤质量影响研究进展[J]. 湖南农业科学(19)：52-55.
叶文培，谢小立，王凯荣，等，2008. 不同时期秸秆还田对水稻生长发育及产量的影响[J]. 中国水稻科学，22(1)：65-70.
游来勇，李冰，王昌全，等，2015. 秸秆还田量对麦—稻轮作体系作物产量、氮素吸收利用效率的影响[J]. 核农学报，29(12)：2394-2401.
于建光，顾元，常志州，等，2013. 小麦秸秆浸提液和腐解液对水稻的化感效应[J]. 土壤学报，50(2)：349-356.
于建光，贺笑，王宁，等，2016. 水肥管理减缓麦秸还田对水稻生长负面效应研究[J]. 土壤通报，47(5)：1218-1222.

于建光，吴一凡，贺笑，等，2017．不同条件育秧提高水稻秧苗抗逆性的研究[J]．土壤，49(2)：289-294．
袁玲，张宣，杨静，等，2013．不同栽培方式和秸秆还田对水稻产量和营养品质的影响[J]．作物学报，39(2)：350-359．
曾洪玉，唐宝国，蔡建华，等，2011．秸秆还田对耕地质量及稻麦产量的影响[J]．江苏农业科学，39(4)：499-501．
曾木祥，张玉洁，单秀枝，等，2001．我国主要农区的秸秆还田模式[J]．土壤肥料(4)：32-36．
查良玉，仇忠启，2013．秸秆机械集中沟埋还田的可行性研究[J]．浙江农业学报，25(1)：135-141．
张传辉，杨四军，顾克军，等，2013．秸秆还田对小麦碳氮转运和产量形成的影响[J]．华北农学报，28(6)：214-219．
张洪熙，谭长乐，赵步洪，等，2006．全量麦草旋耕还田轻简稻作技术研究进展[J]．江苏农业科学(5)：1-4．
张洪熙，赵步洪，杜永林，等，2008．小麦秸秆还田条件下轻简栽培水稻的生长特性[J]．中国水稻科学，22(6)：603-609．
张家宏，王守红，2004．超高茬麦套稻田杂草发生特点、成因及化除策略[J]．植物保护，30(2)：57-59．
张淑香，张文菊，沈仁芳，等，2015．我国典型农田长期施肥土壤肥力变化与研究展望[J]．植物营养与肥料学报，21(6)：1389-1393．
张永春，汪吉东，聂国书，等，2008．不同量秸秆机械化还田对稻麦产量及土壤碳活性的影响[J]．江苏农业学报，24(6)：833-838．
张岳芳，陈留根，朱普平，等，2012．秸秆还田对稻麦两熟高产农田净增温潜势影响的初步研究[J]．农业环境科学学报，31(8)：1647-1653．
张珍，王依明，陆建忠，等，2011．秸秆全量还田模式下不同秸秆催腐剂的筛选研究[J]．上海农业科技(5)：119-120．
张志国，徐琪，Blevins R L，1998．长期秸秆覆盖免耕对土壤某些理化性质及玉米产量的影响[J]．土壤学报，35(3)：384-391．
赵伯康，周铭成，2010．浅谈麦草全量旋耕还田轻简机插稻作技术[J]．安徽农学通报，16(22)：65．
赵明文，史玉英，李玉祥，等，2000．纤维分解菌群对水稻秸秆田间腐熟效果的研究[J]．江苏农业科学(1)：51-53．
赵亚丽，薛志伟，郭海斌，等，2014．耕作方式与秸秆还田对土壤呼吸的影响及机理[J]．农业工程学报，30(19)：155-165．
钟杭，张勇勇，2003．麦稻秸秆全量整草免耕还田方法和效果[J]．土壤肥料(3)：34-37．
周淑霞，于建光，赵莉，等，2013．不同有机物料腐熟剂对麦秸的腐解效果[J]．江苏农业科学，41(11)：347-350．
朱国勤，施秀燕，杨宝仙，等，2011．奉贤区不同腐熟剂处理小麦秸秆全量还田试验[J]．上海农业科技(4)：105-106．
朱继平，彭卓敏，袁栋，等，2006．秸秆粉碎旋耕联合作业技术及机具的研究[J]．中国农机化(6)：89-91．
朱利群，夏小江，胡清宇，等，2012．不同耕作方式与秸秆还田对稻田氮磷养分径流流失的影响[J]．水土保持学报，26(6)：6-10．
朱利群，张大伟，卞新民，2011．连续秸秆还田与耕作方式轮换对稻麦轮作田土壤理化性状变化及水稻产量构成的影响[J]．土壤通报，42(1)：81-85．
宗和文，2007．江苏秸秆还田机械现状[J]．农机质量与监督(4)：9-12．
ACHARYA C L, KAPUR O C, DIXIT S P, 1998. Moisture conservation for rainfed wheat production with alternative mulches and conservation tillage in the hills of north-west India[J].Soil & Tillage Research, 46:153-163.
AZAM F, LODHI A, ASHRAF M, 1991. Availability of soil and fertilizer nitrogen to wetland rice following wheat straw amendment [J]. Biol Fertil Soils, 11(2): 97-100.
BAI Y, LEI W, LU Y, et al., 2015. Effects of long-term full straw return on yield and potassium response in wheat-maize rotation[J]. Journal of Integrative Agriculture, 14(12): 2467-2476.
BECKER M, ASCH F, MASKEY S L, et al., 2007. Effects of transition season management on soil N dynamics and system N balances in rice-wheat rotations of Nepal[J]. Field Crops Research, 103: 98-108.
BHATTACHARYYA P, ROY K S, NEOGI S, et al., 2012. Effects of rice straw and nitrogen fertilization on greenhouse gas emissions and carbon storage in tropical flooded soil planted with rice[J]. Soil & Tillage Research, 124: 119-130.
BIJAY-SINGH, BRONSON K F, YADVINDER-SINGH, et al., 2001. Nitrogen-15 balance as affected by rice straw management in a rice-wheat rotation in northwest India [J]. Nutrient Cycling in Agroecosystem, 59: 227-237.

BLAIR N, FAULKNER R D, TILL A R, et al., 2006. Long-term management impacts on soil C, N and physical fertility Part I: Broadbalk experiment[J]. Soil & Tillage Research, 91(1-2): 48-56.

BURESH R J, SAYRE K, 2007. Implications of Straw Removal on Soil Fertility and Sustainability [C]// IRRI: Expert Consultation on Biofuels. IRRI, Los Ban˜os, Philippine, 34.

CHAPUIS-LARDY L, WRAGE N, METAY A, et al., 2007. Soils, a sink for N_2O? A review[J]. Global Change Biology, 13: 1-17.

CHEN G, GUAN Y, TONG L, et al., 2015. Spatial estimation of PM 2.5 emissions from straw open burning in Tianjin from 2001 to 2012[J]. Atmospheric Environment, 122: 705-712.

CHENG S H, ZHUANG J Y, FAN Y Y, et al., 2007. Progress in research and development on hybrid rice：a super-domesticate in China[J]. Annals of Botany, 100(5): 959-966.

DÖRING T F, BRANDT M, HE J, et al., 2005. Effects of straw mulch on soil nitrate dynamics, weeds, yield and soil erosion in organically grown potatoes[J]. Field Crops Research, 94 (2-3): 238-249.

PAN G X, ZHOU P, LI Z P, et al., 2009. Combined inorganic/organic fertilization enhances N efficiency and increases rice productivity through organic carbon accumulation in a rice paddy from the Tai Lake region, China[J]. Agriculture, Ecosystems & Environment, 131(3-4): 274-280.

HICK S K, WENDT C W, GANNAWAY J R, et al., 1989. Allelopathic effects of wheat straw on cotton germination, emergence and yield [J]. Crop Science, 29: 1057-1061.

HOU P F, LI G H, WANG S H, et al., 2013. Methane emissions from rice fields under continuous straw return in the middle-lower reaches of the Yangtze River[J]. Journal of Environmental Sciences, 25(9): 1874-1881.

IPCC, 1992. The supplementary report to the IPCC scientific assessment[R]. New York: Cambridge University Press.

KAEWPRADIT W, TOOMAMSAN B, Vityakon P, et al., 2008. Regulating mineral N release and greenhouse gas emissions by mixing groundnut residues and rice straw under field conditions [J]. European Journal of Soil Science, 59: 640-652.

KAEWPRADIT W, TOOMSAN B, Cadisch G, et al., 2009. Mixing groundnut residues and rice straw to improve rice yield and N use efficiency [J] . Field Crops Research, 110: 130-138.

KUMAR K, GOH K M, 1999. Crop residue and management practices: effects on soil quality, soil nitrogen dynamics, crop yield, and nitrogen recovery [J]. Adv Agron, 68:197-319.

LASHOF D A, 1990. Relative contributions of greenhouse gas emissions to the global warming[J]. Nature, 344: 529-531.

LINQUIST B, VAN GROENIGEN K J, Adviento-Borbe M A, et al., 2012. An agronomic assessment of greenhouse gas emissions from major cereal crops[J]. Global Change Biology, 18(1): 194-209.

LIU C，LU M，CUI J, et al., 2014a. Effects of straw carbon input on carbon dynamics in agricultural soils: a meta-analysis[J]. Global Change Biology, 20(5): 1366-1381.

LIU S, HUANG D, CHEN A, et al., 2014b. Differential responses of crop yields and soil organic carbon stock to fertilization and rice straw incorporation in three cropping systems in the subtropics[J]. Agriculture, Ecosystems & Environment, 184: 51-58.

LIU S, LIN F, WU S, et al., 2017. A meta-analysis of fertilizer-induced soil NO and combined with N_2O emissions[J]. Global Change Biology, 23(6): 2520-2532.

LIU S P, NIE X T, 2007. Effect of Interplanting with Zero Tillage and Straw Manure on Rice Growth and Rice Quality[J]. Rice Science, 14(3): 204-210.

MA E D, ZHANG G B, MA J, et al., 2010. Effects of rice straw returning methods on N_2O emission during wheat-growing season[J]. Nutrient Cycling in Agroecosystem, 88(3): 463-469.

MA J, XU H, KAZUYUKI Y, et al., 2008. Methane emission from paddy soils as affected by wheat straw returning mode[J]. Plant and Soil, 313(2): 167-174.

MAILLARD E, ANGERS D A, 2014. Animal manure application and soil organic carbon stocks: a meta-analysis[J]. Global Change Biology, 20(2): 666-679.

MATSUMURA Y, MINOWA T, YAMAMOTO H, 2005. Amount, availability, and potential use of rice straw (agricultural residue) biomass as an energy resource in Japan[J]. Biomass and Bioenergy, 29 (5): 347-354.

NI H, HAN Y, CAO J, et al., 2015. Emission characteristics of carbonaceous particles and trace gases from open burning of crop residues in China[J]. Atmospheric Environment, 123: 399-406.

NIE J, ZHOU J M, WANG H Y, et al., 2007. Effect of long-term rice straw return on soil glomalin, carbon and nitrogen[J]. Pedosphere, 17(3): 295-302.

NIRANJAN R D, MIKKELSEN D S, 1977. Effect of acetic, propionic, and butyric acids on young rice seedlings' growth[J]. Agron J, 69(11-12): 923-928.

PATHAK S, SINGH R, BHATIA A, et al., 2006. Recycling of rice straw to improve wheat yield and soil fertility and reduce atmospheric pollution [J]. Paddy Water Environment, 4(2): 111-117.

PHONGPAN S, MOSIER A R, 2003. Effect of crop residue management on nitrogen dynamics and balance in a lowland rice cropping system [J]. Nutrient Cycling in Agroecosystem, 66: 133-142.

POWLSON D S, RICHE A B, COLEMAN K, et al., 2008. Carbon sequestration in European soils through straw in corporation: Limitations and alternatives[J]. Waste Management, 28(4): 741-746.

QIU J J, LI C S, WANG LG, et al., 2009. Modeling impacts of carbon sequestration on net greenhouse gas emissions from agricultural soils in China[J]. Global Biogeochemical Cycles, 23(1): GB1007, doi:10.1029/2008GB003180.

RAHMAN M A, CHIKUSHI J, SAIFIZZAMAN M, et al., 2005. Rice straw mulching and nitrogen response of no-till wheat following rice in Bangladesh[J]. Field Crops Research, 91 (1): 71-81.

ROCA-PÉREZ L, MARTÍNEZ C, MARCILLA P, et al., 2009. Composting rice straw with sewage sludge and compost effects on the soil-plant system[J]. Chemosphere, 75 (6): 781-787.

SHANG Q Y, YANG X X, GAO C M, et al., 2011. Net annual global warming potential and greenhouse gas intensity in Chinese double rice-cropping systems: A 3-year field measurement in long-term fertilizer experiments[J]. Global Change Biology, 17: 2196-2210.

SHINDO H, NISHIO, T, 2005. Immobilization and remineralization of N following addition of wheat straw into soil: determination of gross N transformation rates by 15N-ammonium isotope dilution technique [J]. Soil Biology & Biochemistry, 37(3): 425-432.

SMITH P, MARTINO D, CAI Z, et al., 2007. Agriculture [M] // Metz B , Davidson O R, Bosch P R, et al., 2007. Climate Change 2007: Mitigation. Contribution of working group III to the fourth assessment report of the Intergovernmental Panel on Climate Change. Cambridge, UK and New York, USA: Cambridge University Press, 497-540.

SUREKHA K, PADMA K A P, NARAYANA R M, et al., 2003. Crop residue management to sustain soil fertility and irrigated rice yields [J]. Nutrient Cycling in Agroecosystem, 67: 145-154.

TAKAHASHI S, UENOSONO S, ONO S, 2003. Short- and long-term effects of rice straw application on nitrogen uptake by crops and nitrogen mineralization under flooded and upland conditions [J]. Plant and Soil, 251(2): 291-301.

THOMSEN I K, CHRISTENSEN B T, 2004. Yields of wheat and soil carbon and nitrogen contents following long-term incorporation of barley straw and ryegrass catch crops[J]. Soil Use and Management, 20(4): 432-438.

TIAN Z, QI J, DAI T, et al., 2011. Effects of genetic improvements on grain yield and agronomic traits of winter wheat in the Yangtze River Basin of China[J]. Field Crops Research, 124(3): 417-425.

USMAN KHALID, KHAN EJAZ AHMAD, KHAN NIAMATULLAH, et al., 2014. Response of Wheat to Tillage Plus Rice Residue and Nitrogen Management in Rice-Wheat System[J]. Journal of Integrative Agriculture, 13(11): 2389-2398.

WANG J, WANG D J, ZHANG G, et al., 2014. Nitrogen and phosphorus leaching losses from intensively managed paddy fields with straw retention[J]. Agricultural Water Management, 141: 66-73.

WANG X, YANG H, LIU J, et al., 2015. Effects of ditch-buried straw return on soil organic carbon and rice yields in a rice-wheat rotation system[J]. Catena, 127: 56-63.

WANG Y J, BI Y Y, GAO C Y, 2010. The assessment and utilization of straw resources in China[J]. Agricultural Sciences in China, 9(12): 1807-1815.

WHITBREAD A, BLAIR G, KONBOON Y, et al., 2003. Managing crop residues, fertilizers and leaf litters to improve soil C, nutrient balances, and the grain yield of rice and wheat cropping systems in Thailand and Australia[J]. Agriculture Ecosystems & Environment, 100(2-3): 251-263.

XIAO Y G, QIAN Z G, WU K, et al., 2012. Genetic Gains in Grain Yield and Physiological Traits of Winter Wheat in Shandong Province, China, from 1969 to 2006[J]. Crop Science, 52(1): 44-56.

YAO Z S, ZHENG X H, WANG R, et al., 2013. Nitrous oxide and methane fluxes from a rice-wheat crop rotation under wheat residue incorporation and no-tillage practices[J]. Atmospheric Environment, 79: 641-649.

ZAYED G, ABDEL-MOTAAL H, 2005. Bio-active composts from rice straw enriched with rock phosphate and their effect on the phosphorous nutrition and microbial community in rhizosphere of cowpea[J]. Bioresource Technology, 96 (8): 929-935.

ZHANG P, WEI T, JIA Z, ET AL., 2014. Soil aggregate and crop yield changes with different rates of straw incorporation in semiarid areas of northwest China[J]. Geoderma, 230: 41-49.

ZOU J W, HUANG Y, JIANG J Y, et al., 2005. A 3-year field measurement of methane and nitrous oxide emissions from rice paddies in China: Effects of water regime, crop residue, and fertilizer application[J]. Global Biogeochem. Cycles, 19：GB2021.

第 5 章　区域稻麦秸秆收集贮运技术

区域作物秸秆可收集系数及其可收集量的准确估算，对制订科学合理的秸秆利用产业发展规划十分重要。现阶段一般根据收割留茬高度占株高的比例和秸秆枝叶脱落率等方法来估算。王雪萍等（2010）以机械收割留茬 15cm 为例，估算出江苏省吴江区水稻秸秆收集系数为 0.79；崔明等（2008）根据有关资料估算出水稻秸秆收集系数为 0.78；王亚静等（2010）通过实地调查与参考有关资料估算出 2005 年中国农作物秸秆平均可收集系数为 0.81，粮食作物秸秆可收集系数为 0.83。所有这些估算结果都没有明确作物产量水平和种植方式，留茬高度也不一致，难以较准确地估算出秸秆产生量以及可收集量。

秸秆离地利用途径多、潜在利用价值高，但由于其资源量大、分布范围广、堆积密度低，秸秆收集、贮运环节成为制约其离地利用的关键。吕宸等（2012）定性分析了中国农作物秸秆收集存在的问题，认为作物换茬时间短，导致大多数秸秆没有足够时间即地晾晒，影响秸秆收集；秸秆机械化收集贮运整体水平较低，收集效率普遍不高；秸秆离地利用前的打捆、运输、存放等众多环节使秸秆成本居高不下，秸秆收集利用的积极性不高。邢爱华等（2008）进行了生物质能资源收集成本、能耗及环境影响分析，结果显示，秸秆收购成本占收集总成本的 36.99%，运输（不压缩）成本占总成本的 37.31%，秸秆压缩后再运输可使总成本略有降低。Delivand 等（2011）分析了泰国稻秸发电的成本，认为收集与运输低密度秸秆的费用较高，极大增加了发电燃料的成本。Zhang 等（2013）对江苏省秸秆发电厂运行成本进行分析，认为秸秆原料在总成本中所占的比例最高，秸秆收集费用占原料成本的 46.6%，是决定秸秆发电厂正常运行的最重要因素。冯伟等（2010）认为秸秆收贮运成本高及相关体系不完善，成为制约秸秆规模化利用的关键因素。为此，国家“十二五”农作物秸秆综合利用实施方案中，将秸秆收贮运体系工程列入秸秆综合利用的五大工程之一，《江苏省农作物秸秆综合利用规划（2010—2015 年）》也明确提出“到 2015 年，在全国率先建立完善的秸秆收集贮运体系”，江苏省人民政府在《关于全面推进农作物秸秆综合利用的意见》（苏政发〔2014〕126 号）中，明确指出，要大力发展农作物联合收获、捡拾打捆、贮存运输全程机械化，建立较为完善的秸秆田间处理体系，保障区域内的秸秆资源有效收贮利用。

秸秆物流网络系统的研究是实现秸秆资源化利用的前提和保障，牵引着秸秆资源产业链的发展动向。物流网络是物流活动的重要体现，也是衡量物流活动有效性的重要指标，物流网络系统是一个动态的复杂系统。

秸秆物流网络结构是指秸秆资源从供应地到需求地流动的结构，主要有两种基本模式，即直送模式和含有物流节点的模式，见图 5-1。

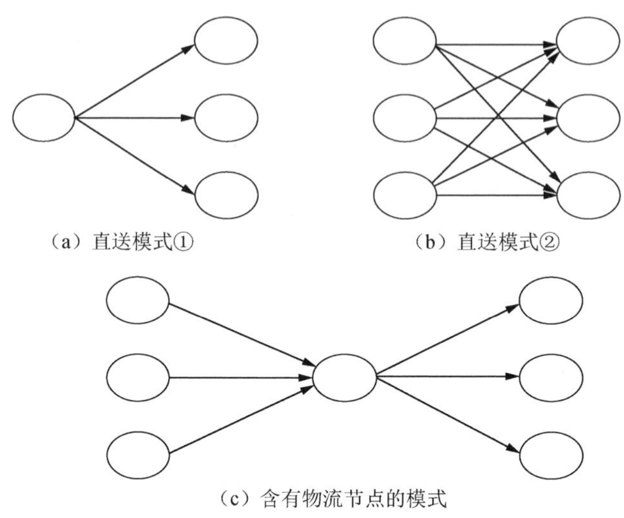

图 5-1　物流网络的基本结构

秸秆物流网络模式经历了从简单到复杂、从粗放到精细、从分散到集约化的演变过程。目前，在地方政府财政的大力支持下，许多地区已经建立了秸秆收贮设施点，形成以秸秆经纪人或专业收贮运企业为依托的秸秆物流网络模式。

朱新华等（2011）通过陕西省秸秆资源物流网络的研究，认为未来会形成以自收自用和分散收贮模式为主，以集约化收贮模式为发展方向，多种形式并存和互补的物流网络收贮体系。张晓东等（2012）通过对甘肃省秸秆物流网络收贮模式现状的分析，认为主要存在 3 种模式，即农户分散贮藏收集、专业公司收贮管理以及运输行业运送秸秆到厂家，提出建立秸秆收集处理示范县，配套建设乡、村秸秆加工饲料配送中心，发展壮大“基地—公司—农户”为主要形式的秸秆收集处理合作组织。金筱杰等（2014）总结出了江苏省 3 种主要的农作物收贮运模式，即经纪人的分散型收贮运模式、（商业）合作社的第三方收贮运模式、规模化企业的自营型收贮运模式。并对这 3 种模式进行经济效益分析以及优缺点和发展前景的概述，认为规模化企业的自营型收贮运模式经济效益最优，集约化程度最高，不仅能在物料收集方面抓住主动权，而且可以得到额外的政府物流费用补贴。随着秸秆物流网络系统的不断发展，参与主体也在日益壮大。平英华（2014）认为秸秆物流网络的参与主体主要是农户、合作社、经纪人、企业和政府，并根据不同参与主体的有机组合，提出了 4 种秸秆物流收贮模式，即农户型、合作社型、经纪人型、自营型收贮运物流模式。国内秸秆物流模式比较分析具体见表 5-1。集约化秸秆物流模式是分散型物流模式的继承和发展，两种模式应用于不同的渠道和场合，详见图 5-2。

表 5-1　国内秸秆物流模式比较分析

秸秆物流模式类型	分散型物流模式	集约化物流模式
参与主体	散户+企业、散户+经纪人（合作社）+企业	散户+经纪人（合作社）+收贮运公司+企业
运行模式	农民自收自存，除自用外，其余秸秆出售给经纪人（合作社）或是秸秆需求企业。或是经纪人（合作社）与秸秆需求企业签订收购合同，负责收购、存放秸秆，并按要求向企业供应	专业化的收贮运公司负责秸秆的物流流通过程，一方面与上游参与主体保持密切合作，保证秸秆的正常供应，另一方面准时为下游企业提供保质保量的秸秆
供应量	少	多
供应链成本	成本低、投资小	成本高、初期投资大
供应链价值	低	高
风险及可靠性	供应不稳定，风险大，可靠性较差	供应稳定，风险小，可靠性较好
政府管理控制	难以管理和规范	便于协调和管理
市场竞争性	较差	较强
适用范围	需求量小、企业距秸秆产生地较近，秸秆资源量丰富	需求量大，企业距秸秆产生地较远，区域物流基础设施和设备较为完善
代表性行业	奶牛场、小型秸秆气化企业	大型发电厂、以秸秆为原料的工业化企业
未来发展前景	逐渐被市场所淘汰	不断完善和壮大

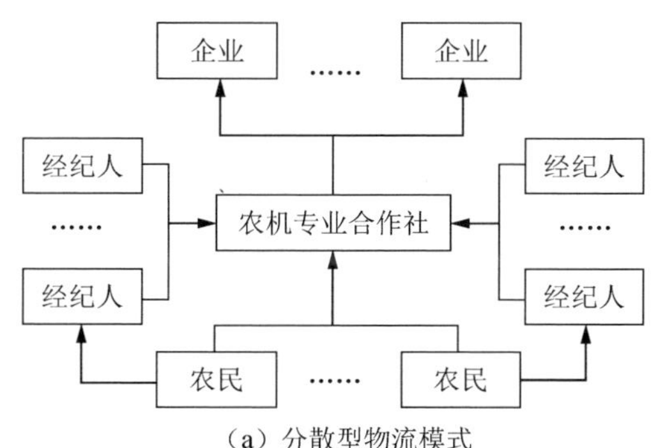

（a）分散型物流模式

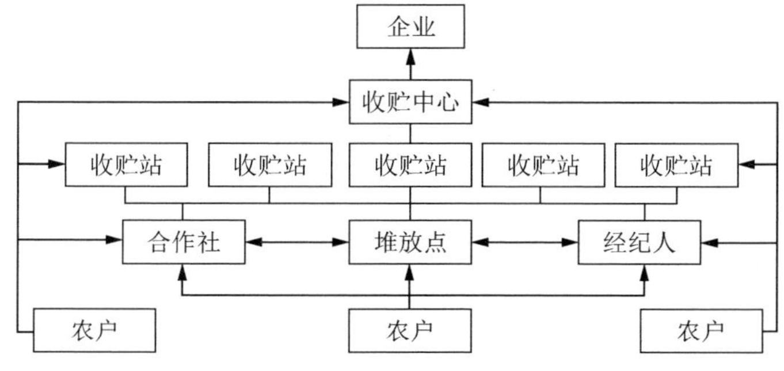

（b）集约化物流模式

图 5-2　秸秆物流模式流程图

国内外对区域和农作物物流中心选址原则研究较多，但对秸秆物流系统研究较少，而且大多局限于定量指标的研究，对定性原则研究较少。Mueller 等（2010）对太平洋西北地区进行了秸秆设施选址的研究，83%设施点的确定以秸秆密度和运输成本为选址指标，17%设施点通过 K-means 聚类方法进行确定。Zarnani 等（2009）也认为在秸秆设施选址中，总物流成本和设施建设成本是最重要的指标，并结合空间聚类算法求得最终选址结果。赵琳（2012）基于对秸秆发电厂的研究，认为其选址需要在小范围（半径为 100km 以下）内确定，主要的影响指标是秸秆物流成本，秸秆产区的分布状况成为决定选址的最主要因素。周旋（2013）通过对泉林纸业秸秆物流中心选址的研究，认为自然条件、大面积土地易得、大面积土地的地理位置、交通便利性、对已有网点资源的利用情况以及对社会的负效应是秸秆物流中心选址最重要的因素。韩冉冉（2012）建立了农产品物流中心选址的两级指标体系。Dobson（1979）利用地理信息系统（GIS）进行发电厂区域位置的选址，为设施选址模型中使用更加复杂的几何空间表示区域需求提供了技术支持。GIS 将包含不同地理信息的地图层重叠在一起，实现空间网络可视化，决策者通过空间网络分析模块获取选址信息。由美国环境系统研究所（ESRI）公司开发的 GIS 软件包多层次、可扩展，功能强大、开放性强，含有与选址相关的程序和算法。张展等（2009）首次提出将 GIS 应用在秸秆资源化利用方面，例如数据管理、资源量空间表达、区域收集分析、厂点优化选择等，之后 GIS 在国内秸秆物流设施选址方面引起关注，但有关研究与报道较少见。

5.1　秸秆收集量与收集难点问题分析

5.1.1　田间尺度下稻麦油菜秸秆收集量

5.1.1.1　水稻秸秆可收集量估算

采用田间采样方法，分析水稻植株不同高度及不同器官的质量，对穗部做进一步脱粒，分别称量籽粒和穗轴枝梗的质量，后者干重并入秸秆质量。机械收获时，水稻植株穗轴与枝梗部分经脱粒粉碎后，会随风从排风口排出，在计算秸秆可收集量时，应减去植株穗轴与枝梗质量。

1. 不同品种类型水稻的秸秆可收集量

在江苏省，粳、籼稻是两种主要栽培水稻类型，两种类型水稻秸秆产生量总体表现为粳稻品种高于籼稻品种（表 5-2），其中粳稻秸秆产生量平均为 7 874.2kg/hm^2，籼稻秸秆产生量平均为 7 066.8kg/hm^2。

表 5-2　不同类型水稻植株不同部位秸秆产生量的空间分布

类型	节段秸秆量/（kg/hm^2）					穗轴和枝梗秸秆量/（kg/hm^2）	秸秆产生量/（kg/hm^2）	稻谷产量/（kg/hm^2）	生物量/（kg/hm^2）
	0～5cm	>5～15cm	>15～20cm	>20～25cm	>25cm				
粳稻	648.0aA	1 052.6aA	489.2aA	464.6aA	4 732.8aA	487.1aA	7 874.2aA	7 628.6aA	15 502.7aA
籼稻	463.2bB	876.0bA	392.9bB	361.4bB	4 370.9aA	601.2aA	7 066.8bA	7 238.0aA	14 304.8bA

注：同列不同大小写字母分别表示差异极显著（$P<0.01$）和显著（$P<0.05$）。

单位面积内粳稻秸秆产生量比籼稻高 11.4%。粳稻小于 25cm 段的秸秆量显著高于籼稻，而大于 25cm 段的秸秆量两者间差异未达显著水平，包括稻谷产量。虽然籼稻品种平均单体株高和穗型大于粳稻，但单位面积内单季粳稻总生物量高于籼稻，这可能与生产上粳稻品种种植密度远高于籼稻品种、粳稻生育期较长等因素有关。

水稻收获时留茬高度相同，秸秆可收集量占秸秆总量的比例在两种类型水稻之间差异并不明显（表 5-3）。但是由于生物量的差异，在相同的留茬高度下，粳稻品种的秸秆可收集量接近籼稻品种。以留茬高度 15cm 为例，粳稻品种可收集秸秆量为 5 686.5kg/hm^2，占秸秆总量的 72.2%；籼稻品种秸秆可收集量为 5 125.1kg/hm^2，占秸秆总量的 72.5%。

表 5-3　不同类型水稻不同留茬高度秸秆可收集量占秸秆总量比例　（单位：%）

品种类型	留茬高度			
	5cm	15cm	20cm	25cm
粳稻	85.3	72.2	65.6	59.7
籼稻	85.0	72.5	66.9	61.8

2. 栽插方式对水稻秸秆产生量与可收集量影响

不同栽插方式下，水稻秸秆产生量存在较大差异（表 5-4），由多到少的顺序为机插秧>人工栽插>直播>抛秧，单位面积内机插秧秸秆产生量分别比抛秧、直播和人工栽插秸秆产生量高 32.5%、17.0%和 16.2%。这可能与生产上水稻机插秧基本苗偏高，导致水稻群体质量下降，虽然成穗数较多，但穗型较小有关。另外，4 种不同栽插方式对水稻的生物量并未造成显著影响，但抛秧方式种植的稻谷产量最高，人工栽插方式次之，直播方式最低。由此可以看出，秸秆产生量与收获指数呈负相关，不同栽插方式下，收获指数由大到小依次为抛秧>人工栽插>直播>机插秧。

表 5-4　不同栽插方式对水稻植株不同部位秸秆产生量空间分布的影响

栽插方式	节段秸秆量/(kg/hm^2)					穗轴和枝梗秸秆量/(kg/hm^2)
	0～5cm	>5～15cm	>15～20cm	>20～25cm	>25cm	
机插秧	795.10aA*	1 264.43aA	562.43aA	533.45aA	5 165.48aA	343.93bB
人工栽插	530.61bB	928.97bB	430.50bB	403.73cB	4 560.11aA	602.37aA
直播	652.80bAB	1 002.75bB	487.35bAB	463.20bAB	4 470.45abAB	326.85bB
抛秧	585.78bAB	963.80bB	442.77bAB	440.02bcAB	3 483.92bB	623.28aA
栽插方式	秸秆产生量/(kg/hm^2)	稻谷产量/(kg/hm^2)	生物量/(kg/hm^2)	草谷比	收获指数	
机插秧	8 664.83aA	7 415.47abA	16 080.29aA	1.19aA	0.461aA	
人工栽插	7 456.29abAB	7 602.92abA	15 059.21aA	0.98abAB	0.505aAB	
直播	7 403.40abAB	7 206.75bA	14 610.15aA	1.03aA	0.493aAB	
抛秧	6 539.58bB	8 219.41aA	14 758.99aA	0.80bB	0.557bB	

注：同列数值后不同大小写字母分别表示差异极显著（P<0.01）和显著（P<0.05）。

* 为地面以上 0～5cm 稻秸的质量(kg/hm^2)。

相同留茬高度下，不同栽插方式对水稻秸秆可收集量占秸秆总量比例的影响不同（表 5-5）。机插秧、人工栽插以及直播秸秆可收集量比例间差异不显著，但抛秧的秸秆可收集量比例极显著低于其他方式。这可能与抛秧稻基部节间较短、分蘖率较高以及总体株高较矮等生长特性有关。以留茬高度 15cm 为例，抛秧稻秸秆可收集量占秸秆总量的 66.8%，相当于秸秆可收集量 4 368.4kg/hm^2，其他栽插方式秸秆可收集量占秸秆总量的比例在 72.2%～73.2%，秸秆可收集量在 5 390.9～6 256.0kg/hm^2，其中以直播稻为最高。

表 5-5　栽插方式对不同留茬高度稻秸可收集量占秸秆总量比例的影响　（单位：%）

栽插方式	留茬高度			
	5cm	15cm	20cm	25cm
机插秧	86.8aA	72.2aA	65.7aA	59.6aAB
人工栽插	84.8aA	72.3aA	66.5aA	61.1aA
直播	86.8aA	73.2aA	66.6aA	60.4aA
抛秧	81.5bB	66.8bB	60.0bB	53.3bB

注：同列数值后不同大小写字母分别表示差异极显著（P < 0.01）和显著（P < 0.05）。

3. 不同产量水平下水稻的秸秆产生量与秸秆可收集量

不同产量水平下，尽管水稻秸秆产生量呈现随产量提高而提高的趋势，但不同产量水平间差异并不显著（表 5-6），说明稻谷产量的提高并未对秸秆产量产生显著影响。研究显示，随产量水平的不断提高，草谷比呈不断下降趋势，水稻产量水平在>6 750～9 000kg/hm^2 时，不同产量水平间草谷比差异不显著，而草谷比在较低产量水平（6 000～6 750kg/hm^2）与较高产量水平（>9 000kg/hm^2）间差异显著，表明稻谷产量的逐步提高对草谷比的同步下降产生了累积影响。

相同留茬高度下，水稻可收集秸秆量占秸秆总量比值在不同产量水平之间差异不显著（表 5-7），表明留茬高度是影响水稻秸秆可收集量比例的主要因素，水稻产量对秸秆可收集量比例的影响甚小。在留茬高度一致的条件下，不同产量水平间秸秆可收集量占秸秆总量的比例变幅仅在 1.6%～3.1%。以留茬高度 15cm 为例，不同产量水平下水稻秸秆可收集量占秸秆总量的比例在 70.6%～72.7%，水稻产量在 6 000～9 000kg/hm^2，水稻秸秆可收集量为 4 780.01～5 710.77kg/hm^2；在单产 9 000kg/hm^2 以上时，秸秆收集量可达 5 745.75kg/hm^2。

表 5-6　不同产量水平下水稻植株不同部位秸秆产生量空间分布

产量水平/(kg/hm^2)	节段秸秆量/(kg/hm^2)				
	0～5cm	>5～15cm	>15～20cm	>20～25cm	>25cm
6 000～6 750	649.64a*	1 133.04a	489.86a	449.59a	4 282.60a
>6 750～7 500	592.08a	985.26a	461.47a	429.88a	4 560.49a
>7 500～8 250	607.24a	999.77a	459.15a	442.58a	4 685.16a
>8 250～9 000	570.10a	981.95a	455.40a	436.13a	4 829.54a
>9 000	648.78a	1 162.06a	547.28a	516.28a	4 679.73a
产量水平/(kg/hm^2)	穗轴和枝梗秸秆量/(kg/hm^2)	秸秆产生量/(kg/hm^2)	稻谷产量/(kg/hm^2)	生物量/(kg/hm^2)	草谷比
6 000～6 750	368.50a	7 373.24a	6 575.90aA	13 949.14aA	1.12aA
>6 750～7 500	469.54a	7 498.72a	7 101.16bB	14 599.88abAB	1.06abA
>7 500～8 250	582.07a	7 775.97a	7 905.94cC	15 681.92bcAB	0.99abA
>8 250～9 000	635.34a	7 908.46a	8 401.94dD	16 310.40cBC	0.94abA
>9 000	459.52a	8 013.65a	9 708.24eE	17 721.89d C	0.83bA

注：同列数值后不同大小写字母分别表示差异极显著（$P<0.01$）和显著（$P<0.05$）。

* 为地面以上 0～5cm 稻秸的质量(kg/hm^2)。

表 5-7　不同产量水平下不同留茬高度秸秆可收集量占秸秆总量比例　（单位：%）

产量水平/（kg/hm^2）	留茬高度			
	5cm	15cm	20cm	25cm
6 000～6 750	86.0a	70.6a	63.9a	57.7a
>6 750～7 500	85.7a	72.7a	66.5a	60.8a
>7 500～8 250	84.6a	71.7a	65.8a	60.1a
>8 250～9 000	84.8a	72.2a	66.3a	60.7a
>9 000	86.2a	71.7a	64.8a	58.4a

注：同列数值后不同大小写字母分别表示差异极显著（$P < 0.01$）和显著（$P < 0.05$）。

作物秸秆可收集量与留茬高度、种植方式、产量水平以及利用途径等都有密切关系，其收集系数常根据收割留茬高度占株高的比例和秸秆枝叶脱落率等方法来估算。粮食作物秸秆可收集系数一般为 0.78～0.85，比较笼统，且有些高估，可能没有考虑到水稻机械收获脱粒过程中穗轴枝梗的不可收集性。本研究认为秸秆最大可收集系数在留茬高度 5cm 条件下为 0.815～0.868；在留茬高度 15cm 时为 0.668～0.732；在留茬高度 20cm 时为 0.600～0.666；在留茬高度 25cm 及以上时为 0.533～0.611。当然在秸秆收集过程中还存在遗漏、损耗等，实际收集系数还要偏低。

4. 江苏省水稻秸秆可收集量

由表 5-8 可见，水稻收获时留茬高度相同时，秸秆可收集系数主要受栽插方式影响，其中抛秧稻的秸秆可收集系数显著低于其他 3 种栽插方式。在留茬高度为 25cm 时，抛秧与人工栽插、直播稻间的秸秆可收集系数的差异达极显著水平（$P<0.01$）。

表 5-8　不同情景下江苏省水稻秸秆收集系数及可收集量　（单位：万 t）

项目		留茬高度							
		5cm		15cm		20cm		25cm	
		可收集系数	可收集量	可收集系数	可收集量	可收集系数	可收集量	可收集系数	可收集量
品种类型	粳稻	0.853a	1 167.61	0.722a	988.30	0.656a	897.95	0.597a	817.19
	籼稻	0.850a	184.54	0.725a	157.40	0.669a	145.25	0.618a	134.17
	小计		1 352.16		1 145.70		1 043.20		951.37
栽插方式	机插秧	0.868aA	387.41	0.722aA	322.25	0.657aA	293.24	0.596aAB	266.01
	人工栽插	0.848aA	608.64	0.723aA	518.93	0.665aA	477.30	0.611aA	438.54
	直播	0.868aA	347.97	0.732aA	293.45	0.666aA	266.99	0.604aA	242.14
	抛秧	0.815bB	113.95	0.668bB	93.40	0.600bB	83.89	0.533bB	74.52
	小计		1 457.98		1 228.03		1 121.42		1 021.21
产量水平/（kg/hm^2）	6 000～6 750	0.860a	125.45	0.706a	102.98	0.639a	93.21	0.577a	84.17
	>6 750～7 500	0.857a	701.43	0.727a	595.03	0.665a	544.28	0.608a	497.63
	>7 500～8 250	0.846a	537.33	0.717a	455.40	0.658a	417.92	0.601a	381.72
	>8 250～9 000	0.848a	—	0.722a	—	0.663a	—	0.607a	—
	>9 000	0.862a	—	0.717a	—	0.648a	—	0.584a	—
	小计		1 364.21		1 153.41		1 055.42		963.52

注：同列数值后不同大小写字母分别表示差异极显著（$P<0.01$）和显著（$P<0.05$）。

根据 WGS=WS×IG 公式（式中，WGS 为水稻秸秆资源可收集量；WS 为水稻秸秆总量；IG 为水稻秸秆资源可收集系数），理论上可以估算出江苏省水稻秸秆资源的最大可收集量。从表 5-8 可以看出，2009 年江苏省水稻在留茬高度为 5、15、20 和 25（cm）时，收集系数分别为 0.815～0.868、0.668～0.732、0.600～0.669 和 0.533～0.618，全省水稻秸秆最大可收集量依次为 1 352.16 万～1 457.98 万 t、

1 145.70 万～1 228.03 万 t、1 043.20 万～1 121.42 万 t 和 951.37 万～1 021.21 万 t。

水稻秸秆可收集量与水稻秸秆可收集系数相一致，主要受留茬高度影响，也受栽插方式的较大影响。目前尚未有江苏省水稻秸秆资源可收集量的公开报道。本研究在机械收割和不同留茬高度的条件下，对不同品种类型、不同栽插方式和不同产量水平下的水稻秸秆可收集量分别估算，并给出不同留茬高度下水稻秸秆最大可收集量。更精确的估算还需要更多的田间试验验证。

5.1.1.2　麦类秸秆可收集量

在小麦收割前 2～3d 取样，采用 S 型取样法每个品种在田间随机取 5 个点，每个点取样面积为 1m^2，将小麦连根挖起。取样后将小麦植株根部冲洗干净，然后剪去根部，并剪下穗部，单独置入尼龙网袋。使用铡刀从小麦植株基部向上依次截取 4 段长度为 5cm 的秸秆，剩余部分为第 5 段（分别用 0～5cm、>5～10cm、>10～15cm、>15～20cm 和>20cm 表示），装入尼龙网袋并移入实验室，80℃条件下烘干至恒重，再对样品进行称量。对穗部进一步脱粒，称量籽粒和穗轴颖壳质量。鉴于机械收割小麦穗轴颖壳难以收集，在估算秸秆可收集量时，去除小麦穗轴颖壳质量。

1. 两种生态类型小麦秸秆空间分布

2011 年、2013 年的调查结果表明（表 5-9），两种生态类型小麦秸秆空间分布存在显著差别。

表 5-9　两种生态类型小麦秸秆空间分布

年度	类型	不同部位秸秆量占植株秸秆总量的比例/%					
		0～5cm	>5～10cm	>10～15cm	>15～20cm	>20cm	穗轴颖壳
2010～2011	春性	7.88B	6.51B	6.14B	6.13B	48.50A	24.85a
	半冬性	11.43A	7.78A	6.98A	6.54A	43.94B	23.33b
2012～2013	春性	8.11B	7.61B	7.14B	7.00B	47.49A	22.65a
	半冬性	8.79A	8.35A	7.80A	7.58A	45.12B	22.36a

注：同列数值后不同小写字母代表差异显著（$P < 0.05$），不同大写字母代表差异极显著（$P < 0.01$）。

在距植株基部向上 0～20cm，半冬性小麦品种在 4 个区段（0～5cm、>5～10cm、>10～15cm 和>15～20cm）的秸秆量占植株秸秆总量的比例极显著高于春性品种，而在 20cm 以上部分的秸秆量占植株秸秆总量的比例则极显著低于春性品种，穗轴颖壳质量占植株秸秆总量的比例则在年际间有所不同。2010～2011 年，春性品种穗轴颖壳质量占植株秸秆总量的比例显著高于半冬性品种，可能与品种特性以及当年偏旱的气候条件有关，从而导致穗轴颖壳中积累的干物质向籽粒中转运较少。2012～2013 年两者之间没有显著差异。

春性品种从植株基部向上 6 个部位的秸秆量占植株秸秆总量的比例两年平均依次为 8.0%、7.1%、6.6%、6.6%、48.0%、23.8%；半冬性品种从植株基部向上 6 个部位的秸秆量占植株秸秆总量的比例两年平均依次为 10.1%、8.1%、7.4%、7.1%、44.5%、22.8%。

2. 不同产量水平的小麦秸秆空间分布

两年试验结果（表 5-10）表明，春性小麦品种在产量为>4 750～8 500kg/hm^2 时，各产量区间内 6 个部位秸秆量（0～5cm、>5～10cm、>10～15cm、>15～>20cm、>20cm 和穗轴颖壳）占植株秸秆总量的比例大多没有显著差异；而超高产（>8 500kg/hm^2）时，0～5cm、>5～10m、>10～15m、>15～20cm 以及>20cm 的 5 个区段的秸秆量占植株秸秆总量的比例多显著高于较低产量（4 000～4 750kg/hm^2）时对应区段的秸秆量比例，而穗轴颖壳量占植株秸秆总量的比例则显著低于较低产量水平时穗轴颖壳量的比例，这与杨文平等（2007）的研究结果基本一致。

表 5-10　春性小麦品种不同产量水平的植株秸秆空间分布

年度	产量/（kg/hm^2）	不同部位秸秆量占植株秸秆总量的比例/%					
		0～5cm	>5～10cm	>10～15cm	>15～20cm	>20cm	穗轴颖壳
2010～2011	4 000～4 750	5.95c	5.45b	5.32a	4.95b	45.05a	33.28a
	>4 750～5 500	7.90ba	6.58ab	6.49a	6.13ab	46.70a	26.21bc
	>5 500～6 250	7.40b	6.29ab	5.98a	6.00ab	47.65a	26.69b
	>6 250～7 000	7.62b	6.30 ab	5.86a	5.96ab	48.79a	25.47bc
	>7 000～7 750	8.39ba	6.79 ab	6.39a	6.31a	49.34a	22.78bc
	>7 750～8 500	8.28ba	6.86 ab	6.53a	6.50a	48.57a	23.25bc
	>8 500	9.50a	7.50a	7.04a	6.97a	48.17a	20.83c
2012～2013	4 000～4 750	—	—	—	—	—	—
	>4 750～5 500	8.90a	8.50a	8.10a	7.95a	44.54c	22.01a
	>5 500～6 250	8.20ab	7.62ab	7.14ab	6.98ab	47.18cb	22.88a
	>6 250～7 000	8.38ab	7.77ab	7.29ab	7.17ab	46.93cb	22.47a
	>7 000～7 750	7.01b	6.84b	6.34b	6.28b	50.79a	22.75a
	>7 750～8 500	7.22ab	6.98b	6.55b	6.14b	50.08ba	23.02a
	>8 500	—	—	—	—	—	—

注：— 表示没有数据。同列不同小写字母表示差异显著（$P < 0.05$）。

春性小麦品种在产量为 4 000～4 750kg/hm^2 时，6 个部位秸秆量（0～5cm、>5～10cm、>10～15cm、>15～20cm、>20cm 和穗轴颖壳）占植株秸秆总量的比例依次为 5.95%、5.45%、5.32%、4.95%、45.05%和 33.28%；产量为 4 750～8 500kg/hm^2 时，依次为 7.93%、7.05%、6.67%、6.54%、48.06%、23.75%；产量大于 8 500kg/hm^2 时，依次为 9.50%、7.50%、7.04%、6.97%、48.17%、20.83%。

半冬性小麦品种不同产量水平的秸秆空间分布两年试验结果显示（表 5-11），

在距离基部 0～20cm 的 4 个区段的秸秆量占植株秸秆总量的比例在不同产量间并无显著差异；大于 20cm 区段的秸秆量占植株秸秆总量的比例有随产量的增加而增加的趋势，但在中高产水平下（>4 750～7 750kg/hm^2），各产量水平间没有明显差异，仅在低产水平（4 000～4 750kg/hm^2）与超高产水平（>8 500kg/hm^2）间存在显著差异。穗轴颖壳量占植株秸秆总量的比例则随产量的增加而降低，同样也仅在低产水平与超高产水平间存在显著差异，可能与产量越高穗轴颖壳内越多的贮藏物转运至籽粒有关。

表 5-11　半冬性小麦品种不同产量水平的植株秸秆空间分布

年度	产量/（kg/hm^2）	不同部位秸秆量占植株秸秆总量的比例/%					
		0～5cm	>5～10cm	>10～15cm	>15～20cm	>20cm	穗轴颖壳
2010～2011	4 000～4 750	10.25a	6.49a	6.18a	5.96a	40.76a	30.36a
	>4 750～5 500	10.73a	7.44ab	6.54a	6.35a	42.42ab	26.52ab
	>5 500～6 250	11.01a	7.07ab	6.62a	6.22a	42.36ab	26.73ab
	>6 250～7 000	11.78a	8.02b	7.25a	6.70a	43.39ab	22.87bc
	>7 000～7 750	11.62a	8.15b	7.10a	6.57a	44.35ab	22.21bc
	>7 750～8 500	12.03a	8.18b	7.16a	6.75a	45.25b	20.64c
	>8 500	10.38a	7.48ab	6.78a	6.62a	49.00c	19.75c
2012～2013	4 000～4 750	8.45a	8.51a	8.55a	8.38a	40.84a	25.26a
	>4 750～5 500	7.93a	7.85a	7.42a	7.41a	46.25ab	23.13ab
	>5 500～6 250	8.69a	8.28a	7.66a	7.49a	44.54ab	23.33ab
	>6 250～7 000	9.53a	9.20a	8.31a	8.03a	43.33ab	21.60bc
	>7 000～7 750	9.42a	8.62a	8.03a	7.61a	46.47ab	19.85bc
	>7 750～8 500	9.65a	8.34a	7.89a	7.33a	46.74ab	20.05bc
	>8 500	9.34a	8.67a	8.13a	7.47a	47.97b	18.43c

注：同列不同小写字母表示差异显著（$P < 0.05$）。

半冬性小麦品种在产量为 4 000～4 750kg/hm^2 时，从下至上 6 个部位（0～5cm、>5～10cm、>10～15cm、>15～20cm、>20cm 和穗轴颖壳）的秸秆量占植株秸秆总量的比例依次为 9.35%、7.50%、7.37%、7.17%、40.80%、27.81%；产量为>4 750～8 500kg/hm^2 时，比例依次为 10.24%、8.12%、7.40%、7.05%、44.51%、22.69%；产量 8 500kg/hm^2 以上时，比例依次为 9.86%、8.08%、7.46%、7.05%、48.49%、19.09%。

两种生态类型小麦各部位秸秆量所占植株秸秆总量比例，半冬性小麦 0～20cm 秸秆量所占比例远高于春性品种，尤其在>4 750～8 500kg/hm^2 产量水平更为明显，当小麦产量达到 8 500kg/hm^2 以上时，两种类型小麦不同部位秸秆量所占比例基本接近。

3. 不同留茬高度小麦秸秆可收集率

依据表 5-12 数据，估算不同留茬高度的小麦秸秆收集率。由此可见，相同类型小麦收集系数在不同年度之间存在差异；两种类型小麦不同留茬高度秸秆量占秸秆总量的比例不同，相同留茬高度条件下，春性小麦秸秆收集率大于半冬性小麦。

表 5-12　不同年度不同类型小麦不同留茬高度的秸秆收集率　（单位：%）

年度	留茬高度				
	类型	5cm	10cm	15cm	20cm
2010～2011	春性	67.27	60.76	54.62	48.50
	半冬性	65.24	57.46	50.48	43.94
2012～2013	春性	69.24	61.63	54.49	47.49
	半冬性	68.85	60.50	52.70	45.12

同时对不同耕作方式条件下，不同留茬高度小麦秸秆收集率进行估算（表 5-13），可见耕作方式对小麦秸秆收集率影响较小。

表 5-13　不同留茬高度稻茬麦秸秆可收集率　（单位：%）

处理	留茬高度			
	5cm	10cm	15cm	20cm
耕翻+秸秆不还田	67.0	60.0	52.0	45.0
耕翻+稻秸还田	67.0	60.0	54.0	47.0
耕翻+麦秸还田	67.0	60.0	54.0	47.0
耕翻+稻麦秸皆还田	67.0	60.0	53.0	47.0
浅旋耕+秸秆不还田	68.0	60.0	53.0	46.0
浅旋耕+稻秸还田	66.0	59.0	53.0	46.0
浅旋耕+麦秸还田	68.0	60.0	53.0	46.0
浅旋耕+稻麦秸皆还田	65.0	58.0	52.0	45.0

5.1.1.3　油菜秸秆收集量估算

采用田间采样称重的方法，分析油菜秸秆谷草比与秸秆可收集量。考虑油菜收获的方式，在秸秆可收集量中扣除地上部果角壳重量，详见表 5-14。

表 5-14　油菜秸秆谷草比及可收集量

栽培方式	样本量	产量/（kg/亩）	秸秆可收集量/（kg/亩）	谷草比	秸秆总量/（kg/亩）
移栽	30	256.02±74.65	760.69	0.27±0.02	960.37±261.15
直播	30	435.98±136.33	1 122.30	0.29±0.02	1 461.60±433.37

移栽材料是苏油 8 号，9 月 26 日播种，11 月 5 日移栽，5 月 28 日收获；直播材料是育种中间材料，10 月 10 日播种，5 月底收获。

5.1.2　区域秸秆收集量估算

秸秆可收集量是指在确保地力持续提高所必需的最小秸秆还田量基础上，在现实耕作管理，尤其是农作物收获管理条件下，可以从田间收集，并可以离地利用的秸秆资源的理论数量。一般根据秸秆资源的理论产量、可收集率及可收集田块面积来计算。计算公式为

$$Pc=\sum_{i=1}^{\eta}\eta_i\times\left[Pi\times\left(\mathrm{Lt}i-\mathrm{Lb}i\right)-Tdi\right]$$
$$Tdi=\left(\mathrm{Lt}i-\mathrm{Lb}i\right)\times di \qquad (5\text{-}1)$$

式中，Pc 为区域秸秆资源理论利用量（单位：t），η_i 为第 i 种农作物秸秆可收集率（单位：%），Pi 为第 i 种农作物单位面积秸秆产生量（单位：t/hm^2），$\mathrm{Lt}i$ 为第 i 种农作物播种面积（单位：hm^2），$\mathrm{Lb}i$ 为第 i 种农作物因道路、田块破碎等因素难以收集秸秆的播种面积（单位：hm^2），Tdi 为第 i 种农作物区域最小秸秆还田量（单位：t）；di 为第 i 种农作物单位面积最小秸秆还田量（单位：t/hm^2）。

在进行秸秆产业化布局时，区域秸秆可收集量还应扣除农民留作柴薪用途的秸秆量。

5.1.3　秸秆收集难点分析

为准确了解与把握秸秆收集中的难点与重点，以江苏省稻麦秸秆收集为例，采用问卷调查与实地问询相结合的方式，结合江苏稻麦收种季节气象资料，对秸秆收集面临的困难进行分析，以期为推进秸秆收集技术创新与建立秸秆收集贮运体系提供思路。

2012 年，对江苏省 52 个县（市、区）农业技术推广站（中心）稻麦收获及接茬作物整地播种等情况进行问卷调查，共回收有效问卷 41 份。与此同时，在南京与宿迁各选择一个乡镇，进行入户问询调查，以了解农户在秸秆收集中遇到的困难，共收有效问询调查表 322 份。所调查乡镇的基本情况为：南京某乡镇人口 33 882 人，土地面积 5 680hm^2，耕地面积 2 829hm^2，水稻和小麦种植面积分别为 2 773 和 1 848（hm^2），平均单产分别为 9 045 和 4 875（kg/hm^2），人均耕地 833.34m^2；宿迁某乡镇人口 28 466 人，土地面积 8 436hm^2，耕地面积 4 867hm^2，

水稻与小麦种植面积分别约为 2 700 和 4 700（hm^2），平均单产分别约为 7 700 和 5 700（kg/hm^2），人均耕地 1 713.34m^2。

对两个乡镇的调查结果显示，稻麦秸秆的主要处置方式包括直接还田、收集利用、堆积遗弃、随意焚烧（包括农忙后焚烧），而收集离地的秸秆常被用作生活燃料、牲畜饲料、生产沼气、发电原料等。

南京某乡镇农户稻麦秸秆还田的比例为 22.01%，收集利用的占 60.02%，堆积遗弃的占 17.07%，随意焚烧的占 0.90%（表 5-15）。宿迁某乡镇秸秆处理方式与南京某乡镇不同，其中秸秆还田占 28.75%，收集利用占 15.00%，堆积遗弃占 22.50%，随意焚烧占 33.75%。南京某乡镇稻麦秸秆收集利用的比例远远高于宿迁某乡镇，进一步分析南京某乡镇被收集利用秸秆的用途，发现 70%以上用作柴薪。两个乡镇均有部分稻麦秸秆没有得到有效处理，宿迁某乡镇未利用秸秆的比例达 50%以上，远远高于南京某乡镇，其露天随意焚烧秸秆的比例高达 30%以上。由此可见，两个乡镇的秸秆处置方式和收集利用比例均存在差异，这主要与当地的社会经济发展水平、社会环境、农户生活习惯等众多因素有关。进一步分析影响秸秆处置的因素，秸秆收集利用中遇到的困难主要集中在收集、运输、利用技术、劳动力等方面，其中 22.93%的农户认为收集是秸秆处置的难点，而认为运输、利用技术、劳动力是秸秆处置困难的农户分别占 18.75%、22.14%和 17.73%。

表 5-15　两个乡镇不同利用途径秸秆量占比　（单位：%）

乡镇	利用途径			
	直接还田	收集利用	堆积遗弃	随意焚烧
南京某乡镇	22.01	60.02	17.07	0.90
宿迁某乡镇	28.75	15.00	22.50	33.75

分析稻麦秸秆收集面临的困难，主要存在以下主、客观因素。

5.1.3.1　秸秆产生时间相对集中、可收集时间短

江苏省地处亚热带和暖温带的气候过渡地带，南部和北部光、水、热资源差异明显，种植的水稻与小麦品种类型多样，同时，由于近年人们对稻米品质的追求，水稻生育期越来越长，这导致全省水稻收获期延迟，严重影响了后茬小麦的适时播种，可供秸秆收集和整地播种的时间更为紧张。

41 份问卷调查结果显示（表 5-16），淮北、苏中和苏南地区水稻集中收获时间分别在 10 月中下旬、10 月中旬至 11 月上旬和 11 月上中旬，最迟收获时间分别为 12 月 5 日、11 月 20 日和 12 月 5 日。水稻集中收获面积占淮北、苏中和苏南地区种植面积的比例分别为 83.67%、79.12%和 85.64%。接茬作物主要为小麦，小麦种植面积约占接茬作物总面积的 86.02%，由北向南，淮北、苏中和苏南地区小麦适宜播种期分别为 10 月上中旬、10 月下旬和 11 月上旬，均在相应地区水稻集中收获时间甚至收获以前，这意味着水稻腾茬时已经错过了小麦的适宜播种期。

表 5-16　江苏省部分县（市、区）稻麦收获情况调查（2012）

作物	区域	最早收获时间	集中收获时间	最迟收获时间	集中收获面积/（万 hm^2）	种植面积/（万 hm^2）	集中收获占种植面积比/%
水稻	淮北	9 月 26 日	10 月中下旬	12 月 5 日	43.30	51.75	83.67
	苏中	9 月 1 日	10 月中旬至 11 月上旬	11 月 20 日	54.96	69.47	79.12
	苏南	9 月 28 日	11 月上中旬	12 月 5 日	17.08	19.94	85.64
小麦	淮北	5 月 27 日	6 月上中旬	6 月 25 日	71.76	87.28	82.22
	苏中	5 月 20 日	5 月下旬至 6 月上旬	6 月 15 日	45.39	52.31	86.77
	苏南	5 月 20 日	5 月下旬至 6 月上旬	6 月 20 日	13.18	14.91	88.36

注：淮北地区包括赣榆、东海、灌南、灌云、睢宁、沛县、新沂、宿城、沭阳、泗洪、泗阳、宿豫、清浦和淮阴；苏中地区包括洪泽、盱眙、金湖、盐都、射阳、东台、大丰、姜堰、兴化、靖江、江都、仪征、通州、海安、如东和如皋；苏南地区包括丹徒、句容、丹阳、扬中、浦口、高淳、金坛、惠山、江阴、宜兴和太仓。

淮北、苏中、苏南地区小麦收获时间集中在 3～10d，最迟收获时间分别为 6 月 25 日、6 月 15 日和 6 月 20 日，集中收获面积均占各地区小麦种植面积的 80% 以上。接茬作物主要为水稻，水稻种植面积约占接茬作物总面积的 75.89%。在水稻插秧条件下，淮北、苏中和苏南地区适宜栽插期分别为 6 月上旬至 6 月中旬、6 月中旬至 6 月下旬和 6 月下旬至 7 月上旬。在水稻直播条件下，淮北地区，中熟中粳偏早熟稻直播最佳播期为 6 月 7～17 日，最迟不超过 6 月 20 日；苏中偏北地区，即沿淮河南部地区，中熟中粳稻直播播期在 6 月 5 日前；苏中里下河地区，中熟中粳稻直播播期在 6 月 10 日前，最迟在 6 月 15 日前；苏中偏南地区，即沿长江北部地区，迟熟中粳稻直播播期在 6 月 15 日前；苏南地区，早熟晚粳稻直播播期在 6 月 15 日前。以上数据表明，小麦收获期与水稻适播（栽）插期几乎完全重叠。

综上所述，稻麦收获时间相对集中，大量秸秆短时间内产生，且稻麦收、种时间重叠，可供秸秆收集的时间极短，尤其是小麦收获季节，因水稻栽插要求的时间更严，造成秸秆收集的时间更为紧张。

以位于淮北地区的宿迁某乡镇为例（图 5-3），当地水稻栽培方式以直播和机插为主，收获日期常延迟至 11 月中旬，水稻腾茬时已错过小麦适播期，晒田、整地、施肥等作业时间紧张，更不可能有田间晾晒秸秆的时间。小麦收获期与水稻适播（栽）期也基本重叠，小麦秸秆可收集时间极短，茬口衔接矛盾非常突出。

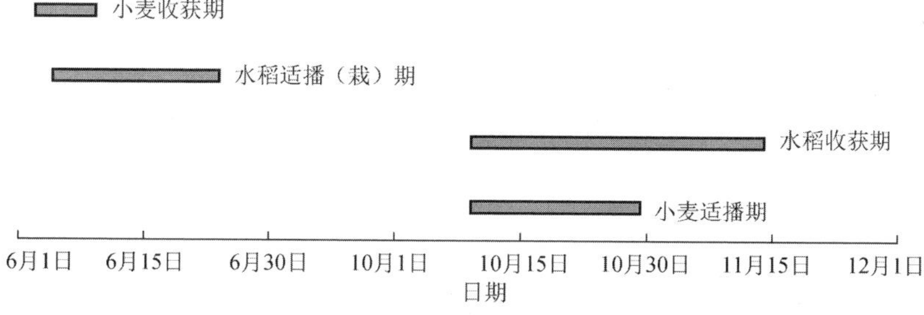

图 5-3　宿迁某乡镇水稻、小麦收获、播种时间示意图

5.1.3.2　秸秆收集受气象因素影响大

利用江苏省多个气象站 30 年的监测数据（表 5-17），对江苏省稻麦收获期间的降雨量及降雨频率进行分析，结果显示，稻麦收获季节（5 月下旬至 12 月上旬）旬降雨量为 7.21～87.28mm，旬降雨天数为 1.53～5.00d。降雨天气不仅影响稻麦的适时收获，更严重影响秸秆的收集打捆、运输与贮存。

表 5-17　江苏省不同区域稻麦收获期间降雨量及降雨频率

时间	雨量/min			雨日/d		
	淮北	苏中	苏南	淮北	苏中	苏南
5 月下旬	21.94±2.66	25.77±2.04	27.98±1.95	2.62	3.08	3.40
6 月上旬	27.64±3.32	37.66±1.30	35.69±2.00	2.15	3.00	3.23
6 月中旬	38.16±5.52	51.33±5.84	53.47±0.97	2.52	3.43	3.70
6 月下旬	48.32±0.22	87.28±16.02	85.22±4.68	3.22	5.00	4.85
9 月下旬	18.25±0.11	16.94±1.84	14.94±1.59	2.10	2.13	1.93
10 月上旬	16.25±1.90	23.49±0.09	25.55±1.55	2.03	2.43	2.72
10 月中旬	19.18±1.40	16.51±2.09	18.45±1.16	2.42	2.48	2.68
10 月下旬	9.36±0.42	14.87±0.40	15.94±0.15	1.72	2.55	2.68
11 月上旬	11.72±0.33	22.03±2.12	21.68±0.99	1.85	2.3	2.38
11 月中旬	10.70±0.04	16.56±0.31	16.03±0.25	1.77	2.42	2.57
11 月下旬	7.21±0.15	15.90±0.70	17.62±0.12	1.53	2.47	2.58
12 月上旬	7.42±0.28	9.64±0.44	9.23±0.04	1.60	2.00	2.12

以宿迁某乡镇为例（表 5-18），稻麦收获季节降雨均较多，尤其是小麦收获季节，不仅降雨频率高，而且雨量大，客观上加大了秸秆收集的难度；水稻收获季节虽然降雨量及降雨频率均小于小麦收获季节，但稻田排水困难，土壤含水量高，势必会影响秸秆收集机械下田作业，同时也影响稻秸的收集打捆。Kadam 等（2000）认为，只有土壤湿度低于 31%才适合稻秸的收集打捆；水稻收获时，若其秸秆含水量大于 50%，除可直接青贮作为反刍动物饲料外，其他利用方式都有待稻秸风干后收集贮存。Horsfield 等（1977）研究表明，当稻秸含水量低于 25%时，才可能有效地避免稻秸贮存过程中发酵与霉菌大量繁殖污染。以上研究结果表明，为了使收集的秸秆能够有效贮存，需要足够长的时间使其充分晒（风）干，使其含水量降低到适宜水平。

表 5-18　宿迁某乡镇稻麦收获期间降雨量及降雨频率

时间	雨量/mm	雨日/d	中雨/d	大雨/d
5 月下旬	23.97	2.63	0.57	0.17
6 月上旬	29.05	3.20	0.50	0.13
6 月中旬	30.75	3.00	0.37	0.23

续表

时间	雨量/mm	雨日/d	中雨/d	大雨/d
6 月下旬	64.23	4.23	0.93	0.43
9 月下旬	18.01	2.30	0.43	0.17
10 月上旬	21.17	2.53	0.40	0.27
10 月中旬	17.56	2.43	0.23	0.13
10 月下旬	10.02	2.30	0.23	0.07
11 月上旬	17.54	2.27	0.37	0.20
11 月中旬	12.62	2.07	0.33	0.10
11 月下旬	6.52	1.90	0.13	0.03
12 月上旬	6.26	1.80	0.17	0.00

5.1.3.3　秸秆收集效益低，农民收集秸秆的意愿不强

对宿迁某乡镇秸秆收集意愿的问询结果显示，约 31.25%农户认为秸秆收集效益太低，21.25%的农户认为农活太忙，21.25%的农户认为劳动力不足，13.75%的农户认为秸秆收集麻烦且处理成本高，而 12.50%的农户认为缺乏秸秆销售市场。进一步调查分析秸秆收集方式、成本与效益（表 5-19），在不计秸秆成本的前提下，采用人工收集、装卸和手扶拖拉机运输，扣除油耗和机械折旧成本，每车的实际收益约为 60 元，两人合作每天可运 2～3 车，秸秆收集运输的收益低于外出务工收入。王小莉（2011）等分析秸秆打捆收集的成本与效益，发现即使农机专业户购买打捆和运输机械时享受购机补贴，秸秆打捆和运输成本也达 50.20 元/亩，而秸秆打捆收集收益只有 48.00 元/亩。梅付春（2008）与马骥（2009）等在河南的调查结果也表明，秸秆收集效益低，难以吸引社会资本投入到秸秆收贮产业。由此可见，在效益驱动不足、农时季节紧张、农村劳动力大量转移的情况下，分散型农户不可能成为秸秆收集的主体。

表 5-19　宿迁某乡镇稻麦秸秆收集成本与效益

收集时间/（h/车）	秸秆重量/（kg/车）	油耗成本/元	机械折旧/元	总成本/元	销售收入/元	收益/元
2	500	15	5	20	80	60

此外，南京某乡镇调查结果显示，交由乡政府或企业处置的秸秆量所占比例偏低，水稻和小麦秸秆分别为 5.31%和 9.93%。入户问询过程中，很多农户都表达了对乡政府牵头组织收集秸秆的期望，认为乡政府既然下令禁烧秸秆，就应同时承担起秸秆收集与秸秆利用工作的责任。另据农户反映，交由乡政府处理的秸秆，也未能得到有效利用，仅仅是集中堆放，任其腐烂变质。

5.1.3.4　秸秆收集机械不配套，现有设备秸秆收集效率不高

秸秆收集机械化水平低，集中表现在两个方面，一是秸秆收集设备不足，突

出表现在秸秆打捆机械的缺乏，远不能满足实际需要，无法在短时间内完成大量稻麦秸秆的打捆收集；二是现有秸秆收集设备及技术亟须改进和完善，国产捡拾打捆机存在连续作业稳定性差、故障率高、效率低等缺陷，直接影响秸秆收集的效率。秸秆打捆机械作业效率调查结果表明（表 5-20），单台国产打捆机械单季有效收集时间内仅能收集 40～60hm^2，具有数千公顷耕地的乡镇则要有数十台打捆机才能满足秸秆收集的需要。此外，尚无用于装卸码垛搬运的成套成熟设备，秸秆运输大多使用农用三轮车或拖拉机，运输效率不高。

表 5-20　不同秸秆打捆机械作业效率的比较

机械种类	秸秆可收集量/(kg/hm^2)	作业效率/(hm^2/h)	油耗/(L/h)	打捆总量*/[(t/h)·(10h/d)]
收获打捆机	8 700	0.43	9.73	37.41
捡拾打捆机（Ⅰ）	4 425	0.57	2.01	25.22
捡拾打捆机（Ⅱ）	5 625	5.33	15.5	300.00

注：收获打捆机为国内创新研发的收获打捆一体化机械，捡拾打捆机（Ⅰ）为国产方捆打捆机，捡拾打捆机（Ⅱ）为德国进口圆捆打捆机。

* 每天接作业 10h 计。

以宿迁某乡镇为例，该乡镇仅有 3 台捡拾打捆机（Ⅰ），单台作业效率按 5.70hm^2/d 计，如果可以连续作业 10d，一共可以收集 171.00hm^2，仅相当于该乡镇总耕地面积的 3.51%，可见现有秸秆打捆收集机械远远不能满足实际需要。运输机械主要是手扶拖拉机，虽然手扶拖拉机的数量充足，能够实现秸秆运输的功能，但运输效率较低。

此外，在后期调研中还发现有以下 4 个因素影响秸秆收集。①在江苏省水网地区，地下水水位高，排水困难，影响机械下田作业，特别是影响大型机械下田作业。例如，地处高邮湖地区的金湖县银涂镇，稻收时约 20%农田仍有积水，其余大部分农田土壤质地较软，一旦遇到下雨，田间积水很难短期内排干，加重了天气因素影响秸秆收集的程度。②田块小且零碎，降低了机械有效作业时间。例如，常州市武进区礼嘉镇平均每个行政村稻麦耕地面积仅为 960 亩，户均稻麦播种面积不足 2 亩。③道路狭窄，运输困难。虽然江苏省实施了自然村道路硬质化工程，但一般道路仅为 4m 宽，对体积庞大的秸秆运输而言，交会车或礼让行人十分困难。④种植大户缺少粮食晒场或烘干设备，需要将稻谷在田间自然风干，延长了水稻收割期，更加重了收种季节紧张的矛盾。

5.2　稻麦秸秆收集技术及秸秆物流系统构建

5.2.1　秸秆收集技术及设备

随着工业化、城镇化进程的不断推进，大量农村劳动力向城市转移，在稻麦收获与播种季节，依靠人工完成秸秆收集已不现实，也难以实施。因此，秸秆机械化收集将成为必然的选择。近年来，国内众多农机生产或销售企业从国外引进不同型号、不同功力的牵引式秸秆捡拾打捆机，同时，又依据国情对秸秆捡拾打捆机进行改进，基本满足了稻、麦、油菜及玉米秸秆捡拾打捆收集的需要。下面主要介绍几种常见的秸秆收集打捆设备，以便为农业企业购置秸秆收集打捆设备或规划秸秆收集方案提供参考。

5.2.1.1　牵引式秸秆收集打捆设备

牵引式秸秆收集打捆设备，是由牵引动力与秸秆捡拾打捆设备两部分构成。其优点是在非秸秆捡拾打捆作业时，牵引动力可以灵活地连接其他农机具，提高牵引动力利用效率，缺点是此类秸秆捡拾打捆机转弯半径较大，小田块作业存在死角，难以 100%收集田间秸秆。目前，秸秆捡拾打捆机种类与型号众多，打捆机按秸秆成捆形状可分为圆捆打捆机和方捆打捆机。圆捆打捆机［图 5-4（a)］机型具有体积小、田间作业灵活性高、操作简单、成本低、易维修等优点，但草捆体积小、作业效率低、收贮运成本高。相对于圆捆打捆机，方捆打捆机［图 5-4（b)］具有草捆密度大、作业效率高、收贮运成本低等优点。

（a）圆捆打捆机

（b）方捆打捆机

图 5-4　打捆机

由江苏省农机推广中心与南通棉花机械厂共同改进的 MJSD140A 型秸秆捡拾打捆机，改变了初始秸秆捡拾打捆机存在传动箱的齿轮强度差、捡拾装置强度不足、在使用中经常出现齿轮损坏和捡拾零部件变形等问题，把传动箱 7 个模数的齿轮改为 8 个模数，改进了捡拾装置，提高其强度。产品经江苏省农机试验鉴定站试验检测认为，性能良好，运行稳定，各项性能指标全部达到设计要求。MJSD140A 型秸秆捡拾打捆机主要技术参数见图 5-5。

图 5-5　MJSD140A 型秸秆捡拾打捆机

主要技术参数：配套动力为 22～36.75kW；草捆截面尺寸为 32cm×42cm；草捆长度为 30～100 cm；捡拾宽度为 140cm；作业速度为 4～6km/h。

同时，近年还直接从国外进口了大型秸秆捡拾打捆机以及配套的搂草设备，如德国 CLAAS 公司的 QUADRANT 3000 系列方捆及圆捆打捆机[图 5-6（a）]，美国纽荷兰（CNH）BB9000、BR6080 和 BR6090 系列的方捆及圆捆打捆机[图 5-6（b）]，韩国的搂草、捡拾打捆机[图 5-6（c）] 等。

（a）德国CLAAS公司的QUADRANT 3000系列打捆机

（b）美国纽荷兰系列捡拾打捆机

图 5-6　国外进口的搂草机及配套的捡拾打捆机

（c）韩国的搂草机与捡拾打捆机

图 5-6（续）

目前市场上常见的几种不同打捆机主要技术参数如下。

（1）9YFC-1-7 型侧牵引方捆机。主要技术参数为：捡拾宽度 1.7m；可收获牧草、稻麦秸秆、玉米秸秆等农作物秸秆，配套动力额定功率≥26kW；打捆活塞往复次数 82 次/min；压缩室截面积 460mm×360mm；草捆长度 350～1 200mm；作业速度≤10km/h。

（2）9KF-8042 方捆打捆机。主要技术参数为：草捆尺寸（宽×高×长）320mm×420mm×（300～1 000）mm；捡拾宽度 900mm；活塞行程次数 86～90 次/min；输入转速 540r/min；配套动力 22～38kW；打结时间 0.7s；行走速度 2～6km/h；机器自重 980kg；机器外形尺寸（长×宽×高）4.2m×1.8m×1.4m；压捆成捆率≥99%；捡拾损失率≤2%；草捆抗摔率≥90%。

（3）9KY-7050 圆捆打捆机。主要技术参数为：草捆尺寸（直径×长度）500mm×700mm；捡拾尺寸（草条宽×高）700mm×（100～200）mm；拾禾机构离地间隙 0～20mm；输入转速 540r/min；配套动力 14～25kW；行走速度 2～4km/h；机器自重 420kg；机器外形尺寸（长×宽×高）1 330mm×1 180mm×1 180mm。

（4）THB3060 方捆打捆机。主要技术参数为：截面尺寸 36cm×48cm；草捆长度 30～120cm；捡拾宽度 181cm；弹齿数 44；弹齿条排数 4；活塞行程次数 90 次/min；作业速度 4～15km/h；配套动力 35～80 马力拖拉机；匹配 PTO 转速 540r/min。

5.2.1.2　稻麦收获秸秆收集打捆一体机

牵引式秸秆捡拾打捆机是在作物收获后，下田进行秸秆收集打捆作业。由于在长江及淮河流域稻麦轮作区、稻油菜轮作区或双季稻地区，轮作换茬时间极短，无时间允许机械二次下田作业，牵引式秸秆捡拾打捆机不易推广应用。为缓解秸秆收集与作物播种间的矛盾以及避免机械多次下田，Dobie 等（1973）曾提出水稻整株收获（total harvest of rice），即先收获整株水稻，移到田外后再进行分离。赵爱东等于 2006 年提出稻麦联合收获打捆机专利申请，将稻麦机械收获与稻麦秸秆打捆联合，实现稻麦收获和秸秆打捆一体化作业，其目前由连云港华田公司生产（图 5-7 和表 5-21）。山东常林机械集团股份有限公司于 2012 年开发出一种收获打捆机，该机械能够一次性完成稻麦收获和秸秆打捆作业，既省工又节本。此外，江苏省农业科学院与泰州常发、上海苜邦等企业合作，以收割机为平台，通过加装圆捆打捆机，开发稻麦收割秸秆打捆一体机（图 5-8 和表 5-22）；江苏大学与南通棉花机械有限公司合作，以江苏丹阳沃得与山东福田联合稻麦收割机为平台，通过加装方捆打捆机来实现收割打捆一体化。

图 5-7　4LZK-3.0 联合收割打捆机

表 5-21　4LZK-3.0 联合收割打捆机技术参数

项目		参数
结构形式		履带自走全喂入式
喂入量/（kg/s）		3.0
作业小时生产率/（hm^2/h）		0.39～0.87
单位面积燃油消耗量/（kg/hm^2）		15～33
割幅/m		2.36
最小离地间隙/mm		240
工作状态外形尺寸（长×宽×高）/（mm×mm×mm）		6 200×2 750×3 200
整机质量/kg		4 750
理论田间作业行走速度/（km/h）		1.66～3.67
发动机	型式	直列四缸、直喷、四行程、水冷
	标定转速/（r/min）	2 300
	型号	LR4M5Z-23
	标定功率/kW	92
作业性能	总损失率	小麦 1.2%、水稻 3.0%
	其中脱粒机损失率	小麦 1.0%、水稻 2.5%
	含杂率≤	小麦 2.0%、水稻 2.0%
	破损率≤	小麦 1.0%、水稻 2.0%
打捆机	捆包截面/（mm×mm）	320×420
	捆包长度/mm	300～800
	喂入量/（kg/s）	2.5
	适用捆绳	麻绳、聚丙烯绳
	捆包草含水率/%	≤25
	单捆包重量/（kg/包）	11.7～13.7
	草捆密度（稻麦秸秆）/（kg/m^3）	11.5
	配套动力/马力	16～20

表 5-22　常发 4LZK-2.2 联合收割打捆一体机技术参数

<table>
<tr><th colspan="3">项目</th><th colspan="2">参数</th></tr>
<tr><td colspan="3">产品名称</td><td colspan="2">全喂入稻麦联合收割打捆一体机</td></tr>
<tr><td colspan="3">结构形式</td><td colspan="2">履带自走、双横轴流脱粒滚筒、圆捆</td></tr>
<tr><td colspan="3">喂入量/（t/h）</td><td>7.92</td><td>7.92</td></tr>
<tr><td colspan="3">作业小时生产率/（hm^2/h）</td><td>0.3～0.5</td><td></td></tr>
<tr><td colspan="3">单位面积燃油消耗量/（kg/hm^2）</td><td>≤30</td><td>≤35</td></tr>
<tr><td colspan="3">割台宽度/mm</td><td>2 100</td><td>2 100</td></tr>
<tr><td colspan="3">最小离地间隙/mm</td><td colspan="2">210</td></tr>
<tr><td colspan="3">工作状态外形尺寸（长×宽×高）/（mm×mm×mm）</td><td colspan="2">5 800×2 350×2 650</td></tr>
<tr><td colspan="3">运输状态外形尺寸（长×宽×高）/（mm×mm×mm）</td><td colspan="2">5 790×2 100×2 650</td></tr>
<tr><td colspan="3">整机使用质量/kg</td><td>2 350</td><td>2 390</td></tr>
<tr><td colspan="3">割刀型式</td><td colspan="2">标准 II 型</td></tr>
<tr><td colspan="3">割台搅龙型式</td><td colspan="2">螺旋输送</td></tr>
<tr><td colspan="3">履带规格（节距×节数×宽）/（mm×个×mm）</td><td colspan="2">90×48×400</td></tr>
<tr><td colspan="3">行走驱动类型</td><td colspan="2">液压无级变速器+机械变速箱</td></tr>
<tr><td rowspan="5">配套发动机</td><td colspan="2">生产企业</td><td colspan="2">常柴股份有限公司</td></tr>
<tr><td colspan="2">牌号型号</td><td>常柴 4L88</td><td>常柴 4G33TC</td></tr>
<tr><td colspan="2">结构型式</td><td colspan="2">立式水冷、四缸、四冲程、涡轮增压</td></tr>
<tr><td colspan="2">额定功率/kW</td><td>62（84 马力）</td><td>75（102 马力）</td></tr>
<tr><td colspan="2">额定转速/（r/min）</td><td colspan="2">2 400</td></tr>
<tr><td rowspan="12">脱粒机</td><td rowspan="3">拨禾轮</td><td>型式</td><td colspan="2">偏心式</td></tr>
<tr><td>直径/mm</td><td colspan="2">900</td></tr>
<tr><td>板数/个</td><td colspan="2">5</td></tr>
<tr><td rowspan="2">脱粒</td><td>形式</td><td colspan="2">双横轴流</td></tr>
<tr><td>数量/个</td><td colspan="2">2</td></tr>
<tr><td rowspan="2">滚筒</td><td>型式</td><td colspan="2">钉齿式</td></tr>
<tr><td>尺寸（外径/mm×长度/mm+内径/mm×长度/mm）</td><td colspan="2">550×1 054+450×1 054</td></tr>
<tr><td rowspan="2">筛</td><td>凹板筛型式</td><td colspan="2">栅格筛</td></tr>
<tr><td>清选筛型式</td><td colspan="2">圆筒筛</td></tr>
<tr><td rowspan="3">风扇</td><td>型式</td><td colspan="2">鼓风+吸风</td></tr>
<tr><td>直径/mm</td><td colspan="2">前φ325　后φ220</td></tr>
<tr><td>数量</td><td colspan="2">1+1</td></tr>
<tr><td rowspan="2">打捆机</td><td colspan="2">结构型式</td><td colspan="2">圆捆</td></tr>
<tr><td colspan="2">捆型尺寸（长度×直径）/（mm×mm）</td><td colspan="2">700×600</td></tr>
</table>

此外，江苏国盛农业科技有限公司或国内其他企业，开发一种自驱式具切割（粉碎）与捡拾功能的秸秆打捆机（图 5-9）。该装置配备功率 32 马力，每小时耗用柴油 2.5～3kg，24h 连续工作最佳状态下可拾草 100 亩（25t），一般可拾草 80 亩（20t）。目前，正在进一步改进，使之具备粉碎、搓揉、打捆与装载功能，

以提高秸秆捡拾打捆的作业效率。江苏常发集团开发了一种自驱式秸秆捡拾打捆装载旋耕复式机械，其样机已进入田间示范试验（图 5-10）。

图 5-8　常发 4LZK-2.2 型联合收割打捆一体机

图 5-9　自驱式具切割（粉碎）与捡拾功能的秸秆打捆机

图 5-10　自驱式秸秆捡拾（切割）打捆机

河北润联科技有限公司经销的一种小麦收割打捆机（图 5-11），可以将收割的小麦直接打捆，方便小麦收集，脱粒后，秸秆用于编织麦秸产品或制作工艺品。

图 5-11　小麦收割打捆机

5.2.2　秸秆物流系统构建

物流是指为了实现特定物流功能，产品从供应商、经销商、零售商到最终消费者的物体动态流动轨迹。根据系统论学说："系统指的是由若干相互联系相互作用的部分通过有效结合能够完成既定目标或任务的有机整体"（李云清，2004）。物流系统根据国际、国内区域的限制，研究对象的范围可大可小。考虑到秸秆分散性特点，以乡镇区域为尺度，分析构建秸秆物流系统的主体建设及评价方法。

物流系统的构成要素因需要满足不同的物流服务需求而有差异。一般来说，物流系统的构成要素包括：①人力资源，为物流系统各功能得以实现的基本劳动力资源，劳动力的主观能动性和创造性是物流系统科学高效发展的前提和保障；②物流设施，为物流系统各功能得以实现的较小风险固定资产投资，包括工厂的选址和规划设计，是物流系统能够正常运行的基础性物质保障，其决策的科学与否往往决定企业的兴衰成败；③物流设备，为物流系统各功能得以实现的较小风险固定资产投资，包括各种设备、工具等，是物流系统高效运行的创新型手段；④信息系统，为实现物理系统各功能环节高效协调运行的重要工具，给予物流系统发展强大的支撑。在物流系统构成四要素中，物流设施要素是任何立足长远发展的物流系统均需考虑的问题，是物流系统的核心，人力资源、物流设备、信息系统是物流系统的重要组成部分。

5.2.2.1　秸秆物流系统主体分析

秸秆收贮运体系构建已成为秸秆综合利用中最重要的环节。江苏省人民政府在《省政府关于全面推进农作物秸秆综合利用的意见》（苏政发〔2014〕126 号）中提出："要按照政府推动、市场运作、企业牵头、农民参与的原则，大力发展'合作服务''村企结合''劳务外包'等多种形式的收贮服务，特别要鼓励相关公司、企业深入村组和田间地头开展专业化收贮业务，提高秸秆收贮运输服务水平。遵循就近就地原则，预留田块场地，规划建设秸秆收贮基地，构建'组有堆放点、村有收贮站、乡镇有收贮中心、县（市、区）有规模化利用企业'的秸秆收贮利用体系。"

按江苏省人民政府文件表述，在秸秆收集及其物流系统构建中，涉及 5 个不同主体，主体不同，地位与作用各不相同，要构建高效流畅的秸秆物流系统，需要充分发挥参与主体的积极性。

农户，是秸秆资源的直接拥有者，也是秸秆资源如何处置的初始决策者，处于秸秆供应链的上游。因此，农户的意识和行为决定了秸秆的最终去向，也对秸秆供应链网络产生重大影响。

农民专业合作组织，属于基层农村组织，是农村家庭承包经营的产物，通过参与农产品供应链各作业环节以及为农业生产经营提供必要的人才、技术、信息等服务来实现内部成员互帮互助目的的组织。由于该组织的大部分成员是农民，能在一定程度上影响农民的共同意识和行为，其意愿必将对秸秆供应链网络产生重要作用。

秸秆经纪人，是秸秆资源化利用背景下产生的新兴职业，是农村信息化严重不对称的产物，一般由年轻力壮，具有一定的秸秆收贮设备或消息灵通的中年人担当。该主体有的自发发展为一个群体，有的从属于秸秆综合利用企业，是秸秆供应链网络的信息传递者和联络者，并从中获取相应的利益。随着秸秆综合利用水平的提高，秸秆经纪人占据越来越重要的角色，但其规范化和可靠性也成为秸秆供需双方越来越担心的问题。

企业，是秸秆资源的需求者，也是实现秸秆价值的市场主体。正是企业需求的拉动，带动了整个秸秆供应链网络系统的建设。秸秆产业的未来，主要看企业的意识倾向和创新驱动。企业作为理性群体，追逐的是经济效益最大化，秸秆潜力挖掘的大小和市场化反馈的好坏将成为影响秸秆需求企业是否有积极性的重要因素。

政府，是秸秆资源化利用、物流系统建设的引导者和支持者。一方面政府投入大量资金用于秸秆收贮设施的建设、综合利用技术设备的研发及补贴、人才队伍的培养；另一方面在政策上积极响应，保证秸秆资源化利用的顺利开展和实施。秸秆产业在未来一定时期的发展仍然需要政府的助力。

5.2.2.2　秸秆物流系统主体建设

1. 秸秆供应主体的素质建设

农民、秸秆经纪人和农民专业合作组织是秸秆供应主体，应加大力度对现有的秸秆供应主体进行秸秆综合利用物流技术培训，提高其理论和规范化水平，同时积极引进高素质人才。应激发当下农村基层组织和专业合作服务组织的宣传引导作用，利用技术讲座、宣传手册等提供知识和交流、普及技能的作用，采用物流设备引进、使用、推广，全面推进秸秆收贮运机械化作业。通过打造一批专业性强、实际操作熟练的高素质秸秆供应团队，有效提高秸秆供应的稳定性和可靠性。

2. 秸秆需求企业的物流创新建设

秸秆需求企业通过建立科技创新机制，引进和消化吸收国外秸秆物流的先进技术和设备，力求在秸秆收贮运物流作业、秸秆流通加工、秸秆综合利用、秸秆转化等方面取得重大进展。根据中国的本土化需求，应自主研发出操作方便、性能可靠、实用安全的秸秆配套物流作业专业机械设备。应加大资金投入，招贤纳士，重视企业物流人才的引进和培养，为秸秆需求企业源源不断注入新鲜血液和先进思想，保障企业物流创新模式和技术的顺利实施。

3. 政府的政策建设

建立由发展改革部门同农业部门牵头，各相关部门参加的协调机制，统筹安排，加强交流，合理分工，权责明确，协同指导秸秆物流系统的建设工作，提出促进秸秆物流系统建设的相关指导意见。地方政府是落实秸秆禁烧和资源化利用工作的推动者，要注重引导，统筹规划，加强监督，责任落实，加大资金投入研发秸秆收贮运等关键技术和设备。对农民销售秸秆实行生态补偿；对秸秆综合利用企业、农民或农机组织购置秸秆物流机械要给予经济补贴、税收优惠和信贷支持；对秸秆物流设施建设用地提供优惠；对秸秆利用企业实行农业用水用电标准，降低企业运营成本。建立以需求为导向、创新为驱动、企业为核心、专业合作经济组织为骨干，农户参与、政府推动、市场化运作、多种物流主体互补的服务体系，为秸秆物流系统建设和产业化发展提供有效保障。

4. 信息系统建设

信息系统是秸秆物流系统的纽带，是秸秆产业现代化发展的必需工具。信息系统将物流系统各主体要素有效地连接起来，形成区域甚至全国范围内需求同步供应，实现秸秆供应链管理的计划、组织、协调、实施、控制等功能，监控秸秆原材料、半成品或产成品各物流作业环节，分析各物流环节的合理性和科学性，辅助决策，优化业务流程，提高秸秆物流系统效率，以最快响应速度和最低成本向秸秆需求者提供满意的产品和服务。同时通过秸秆物流系统的信息共享平台，一方面可以打破原有的区域壁垒，实现全国范围内的自由交易，有助于市场公平，另一方面可以有效避免信息不对称带来的高额交易成本，原有的秸秆供需双方想要达成交易，需辗转多个中间环节，信息系统的建设能够实现供方和需方的线上信息流和资金流的交易，及线下物流功能的追踪。秸秆物流系统是一个庞大复杂的系统工程，信息多且杂，如果单单依靠线下沟通协调显然不切实际，而且信息容易失真，影响秸秆的市场化运作。通过构建信息系统，将口头化的信息转变成为电子化信息，易贮存，准确性高，可处理性强，有助于信息快速、准确的传递和扩散，降低物流成本，提高物流服务。

5.2.2.3　秸秆物流网络建设的相关评价指标与体系构建

随着秸秆综合利用工作的不断推进，秸秆物流网络建设逐步被人们所重视，但由于相关研究起步晚，模式的选择和设施点的选址是当下研究较多的领域。同时，随着科学技术和信息化的发展，秸秆物流网络系统在构建过程中面临新的机遇和挑战。

1. 应构建三级秸秆物流设施选址评价指标体系

秸秆物流模式的选择以及收贮物流设施的选址是搭建秸秆物流网络系统的软硬件基础。研究者对秸秆物流设施选址决策大多只关注定量指标，一方面增加了定量选址模型求解的难度，另一方面在现实条件下难以实现经济最优。通过构建三级评价指标体系，找到影响秸秆物流设施选址的关键因素，通过定性分析筛选出符合条件的备选位置，然后结合定量分析方法进行求解，可大大降低求解的难度，也使求解结果更具现实意义。在结合前人研究成果以及实际调研基础上，提出秸秆物流设施选址的三级指标体系（图 5-12），为秸秆物流设施选址提供参考。

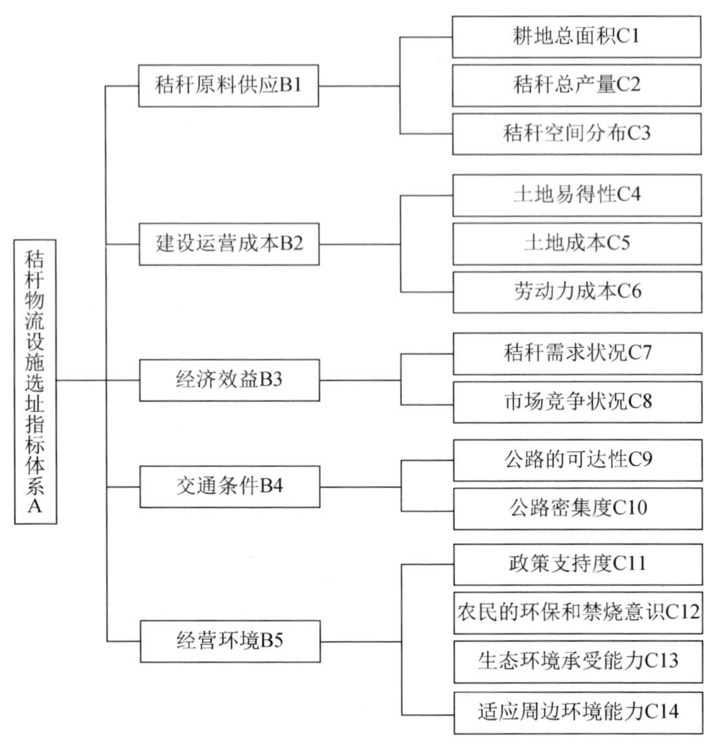

图 5-12　秸秆物流设施选址指标体系

2. 重视与加强秸秆物流网络系统的评价和可靠性分析

研究与评价秸秆物流网络系统的可靠性，是确保系统经济良好可持续发展的关键，也可有效避免物流网络系统不合理带来的经济、社会、环境代价。

如何评价秸秆物流网络系统的有效性和可靠性，应重点考虑以下 4 个因素。

第一，秸秆供应链各参与主体的利益分配关系。市场经济体制下，秸秆供应链各参与主体在追求利益最大化的前提下才进行合作。根据博弈论理论，如果供应链所带来的额外利益分配不公平，不合作比合作带来的利润高，就会使供应链断裂。目前，秸秆供应链上很明显地出现上游供应者（经纪人、合作社、秸秆加工企业）利益分配多，下游利用者利益分配少的局面。之所以能够勉强维持，全靠政府财政的大力支持和协调，一旦政府放手，秸秆供应链的稳定性和可靠性将面临严峻考验。因此，一个有效、合理、公平的利益分配机制是秸秆物流网络实现长足发展的关键因素。

第二，秸秆物流网络终端利用者的经济效益。秸秆主要有 5 个方面的用途：即肥料化、饲料化、燃料化、基料化和工业原料化（包括秸秆建材）“五料化”。近几年，政府加大财政支出支持秸秆燃料化利用，但原材料昂贵，利润甚微，使得一大部分秸秆发电企业停产甚至倒闭。对于秸秆供应链而言，利用环节的收益作为支付整个供应链的成本，是保证供应链稳定、可靠以及市场竞争力的根本所在。供应链即价值链，链条上所产生的价值越高，竞争力越强，供应链越稳定、可靠。国外研究表明，秸秆用作生产原料（例如制作生物乙醇）有着更长远的发展前景。Kunimitsu 等（2013）针对越南秸秆制作生物乙醇的工业化用途，认为只要有先进、成熟的转化技术，便可带来不可估量的经济效益和环境效益；Diep 等（2015）专门研究生物酒精的处理工艺，认为生物酒精较秸秆其他用途存在更强的市场竞争优势。中国政府未来应加大财政力度投入该行业，使秸秆朝着高价值链方向发展，使秸秆供应链各参与主体在履行环保责任的前提下，有更大的经济驱动力去创新、壮大秸秆产业链。同时，将秸秆供应链所能产生的净收益，作为考察其可靠性的重要评价指标。

第三，秸秆物流网络各供应主体的规模性与规范性。秸秆的主要来源是中国广大的农村地区，劳动力匮乏，教育水平低。秸秆经纪人大多为农民，很少接受严格的培训，在利益的驱动下成为秸秆供应链的一员。秸秆加工和利用企业也很少会和经纪人签署正规的协议或合同，秸秆经纪人来去自如，行为不受控制，难以进行统一的规范化培训和管理，为秸秆供应链带来了很大的风险。在秸秆物流网络构建时，充分意识到各供应主体的规模性、规范化，才能确保物流网络系统的稳定。

第四，秸秆供应的定价机制。秸秆密度小，体积蓬松，以目前的运输设备和技术，难以实现全国范围内的自由买卖。根据区域范围内的秸秆供应量和利用企业的数量，秸秆供应商定价参差不齐（100～400 元/t），以秸秆为主要生产原料的龙头企业处于被动选择的局面。随着秸秆致密化设备水平的提高，市场运作机制的完善，物流网络信息的共享，使得秸秆定价更加规范化和透明化，秸秆利用企业可以在更大范围内选择供应商，这将会使原有的供应链联盟状态被打破。所以，现有的秸秆供应定价过高或过低的供应链稳定性和可靠性较差。因此，供应商合理的定价机制，既能满足自身发展的需要，又能使各供应链成员满意，才能有利于供应链的稳定和可靠。

3. 注重秸秆物流网络的系统化、智能化、信息化研究

国家加大财政支持完成中国广大农村地区基础物流设施和设备的建设，制定秸秆各项物流技术参数、标准，全面普及、培训农民和经纪人通讯、互联网技术的应用知识；研究人员结合中国的具体国情，设计出高密度、大型化、高效率的秸秆收集和运输机械；企业投入使用现代化物流管理和技术，将 GPS、射频识别技术、遥感技术、智能化仓库等概念应用于秸秆供应链的方方面面，大力开发秸秆专用的物流管理信息系统共享平台，统一由供应链各参与主体发布和浏览信息，保证信息及时准确的传达，使得秸秆物流网络更加系统化、智能化和信息化，逐渐形成秸秆特有的产业链。未来完善的“政研企”相联合的秸秆供应链物流网络系统见图 5-13，只有供应链各参与主体间能实现信息共享、利益共得、风险共担，才能保证秸秆物流网络的有效与可持续运行。

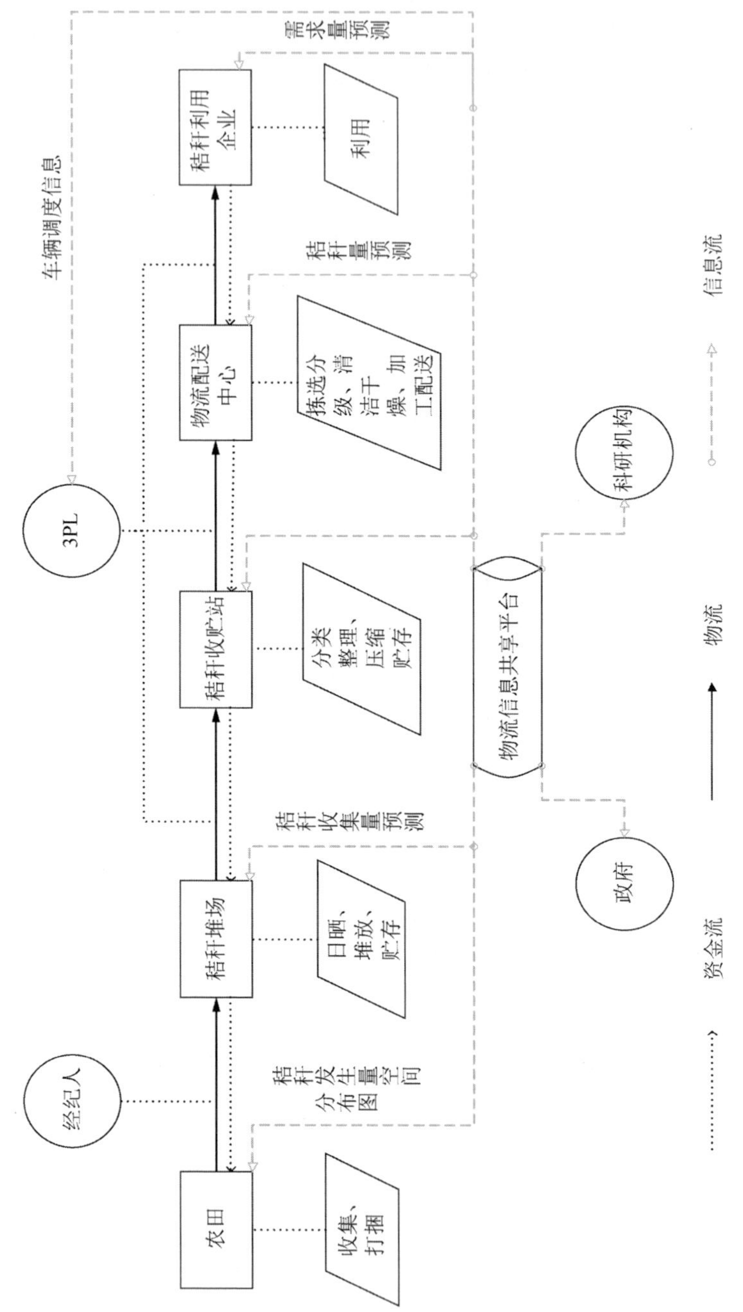

图 5-13 秸秆供应链物流网络系统

秸秆产业链的发展壮大，任重而道远，一方面需要供应链各参与主体的不懈努力，另一方面政府应建立包括规划、用地、税收、运输等在内的支撑发展政策体系，扶持、引导生物质利用企业建立完善有序的秸秆收贮体制，最终为秸秆产业健康和可持续发展提供有利的政策和市场环境。

5.3　秸秆物流的贮运技术

5.3.1　秸秆收贮点选择

秸秆物流设施节点占地面积广、投资成本高、搬迁灵活性差等特点要求其选址布局规划具有科学性。从整个物流系统角度考虑，物流设施节点的选址决策在不同程度上也会影响其他相关企业的选址决策，进而在一定程度上决定物流系统的经济效益和服务水平。不合理的物流设施选址决策会降低整个物流系统效率和服务水平，抬高经营成本和投资风险，导致物流系统的无序化发展。合理的物流设施选址决策可以提高整个物流系统的效率和服务水平，降低经营成本和投资风险，提高人机利用率和空间利用率，避免资源的浪费和不合理利用，提供更快速的服务和需求响应，提高顾客满意度和市场竞争力，促进供应链良性可持续发展。物流设施内部规划的总体目标是使设施内财物获得科学、经济、合理、有效的设计和安置，能够以最小的成本、最优的服务取得最大的经济收益和社会效益。

针对不同的选址问题，选址模型可分为不同的类型。可以建立不同的数学模型，选择不同的程序和算法进行求解，得到选址问题的不同方案。为更科学、更合理地解决秸秆收贮点的选择问题，按图 5-14 的技术路线，进行相关研究。

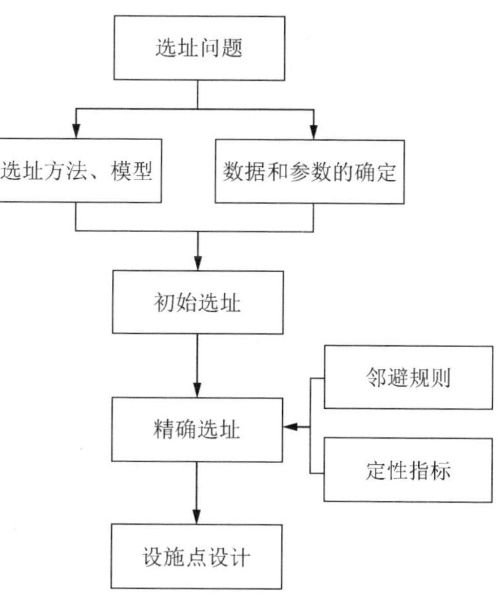

图 5-14　选址技术路线图

5.3.1.1　选址问题

以泗洪县车门乡为例，在保证物流设施最大处理能力、物流设施点的仓储和加工设备最大限度利用的原则下，科学合理地安排物流设施点的数量和位置，目标是要求所有农田到设施点的总路径最短，降低收贮环节的物流成本，提高该地区秸秆综合化利用的效率、经济效益、社会效益和环境效益，属于有能力约束的单目标离散型 p-中点选址问题。

5.3.1.2 选址模型

在 GIS 研究领域中，设施选址定位称为设施区位问题，在其发展演变过程中，形成了各种不同模型和很多快速、高效的计算算法。GIS 系统中包含常用的空间运筹模型，不需要再编写，可直接调用，这是 GIS 优于其他算法工具的特点之一。结合设施区位分类体系（图 5-15）和所要研究的具体问题，确定 GIS 模型库中的选址模型。

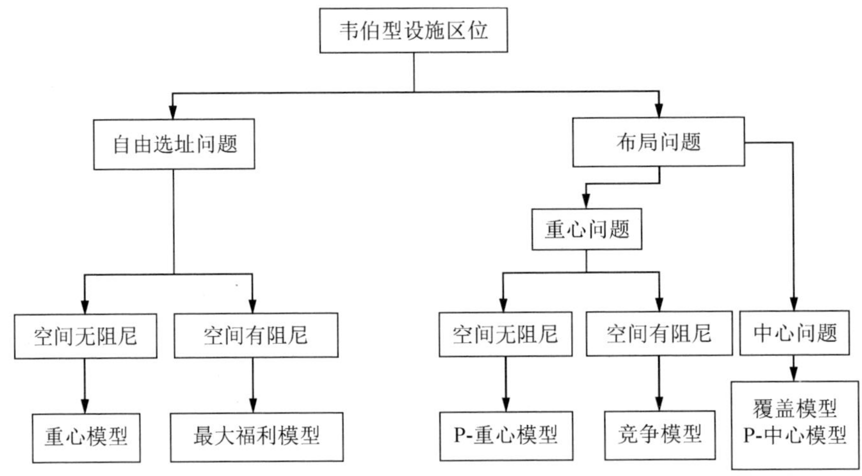

图 5-15 设施区位分类体系

农民在秸秆物流设施点的选择上虽然有偏向性，倾向选择距离近的收贮设施点进行运输，但距离远的地方只要有利益驱动力和运输能力，也会选择运输销售，所以该问题属于空间无阻尼的重心问题，采用 P-重心模型。模型表示为

$$\min z=\sum_{i\in I}\sum_{j\in J}A_i d_{ij}x_{ij} \tag{5-2}$$

$$\begin{cases}\sum_{j\in J}x_{ij}=1\ \forall i\in I & (5\text{-}3)\\ \mathrm{S\cdot t}\,x_{ij}\leqslant y_j\ \forall i\in I,j\in J & (5\text{-}4)\end{cases}$$

$$x_{ij}=0,1\ \forall i\in I,j\in J \tag{5-5}$$

$$y_j=0,1\ \forall j\in I \tag{5-6}$$

式中，i 代表农田；j 代表设施点；A_i 代表农田面积；d_{ij} 代表农田 i 到设施点 j 的距离；x_{ij} 、y_j 分别为选址决策变量和分配决策变量；S · t 代表约束条件的简称。式（5-2）代表目标函数是使总距离之和最小；式（5-3）代表每块田块只分配给

一个设施点；式（5-4）代表只有设施点存在，农田才有机会被分配到该设施点。

农田位置利用重心法标注出来，图形圆的大小代表农田的面积。秸秆资源种类因品种、季节、种植方式的变化有较大程度的变异，而作物种植面积具有更大的稳定性。因此秸秆资源收贮点的初始选址以农田面积加权，利用前文的面积数据导入 ArcGIS 中进行作图。车门乡农作物的农田地理空间分布见图 5-16。

图 5-16　车门乡农作物地理空间分布图

5.3.1.3　数据来源和参数确定

数据采集使用 Croplab 的 GIS 组件完成。位置分配分析由 ArcGIS10.2 软件完成。结果数据分析和绘图使用集成于 Croplab 的 R 软件完成。

1. 道路数据

为绘制车门乡道路系统，了解道路的实际运输能力和承载能力，对车门乡的主要干道和田间干道进行实地考察。车门乡田地两边的主要干道和田间干道的路况见图 5-17 和图 5-18。

图 5-17　车门乡主要干道情况

图 5-18　车门乡田间干道情况

根据田间调查得知，车门乡道路包括公路、田间道和生产路 3 个级别，本项目中的道路数据不包括高速公路。道路数据，要求没有悬挂线，没有重叠边，道路线衔接处精度在容差允许范围内。道路要素包括道路类型、道路长度 2 个属性。考虑到当地主要靠小型拖拉机运输，这 3 个级别的道路都可以通行，且三者之间的通行能力无法做精确的区分，本算法不考虑不同类型道路的差异，仅以道路的长度计算运输成本。在以后采用专用秸秆运输车辆时，要同时考虑道路运输与田间运输的区别，并考虑大型运输车辆在较窄的生产路上的可通行能力。车门乡道路系统见图 5-19。

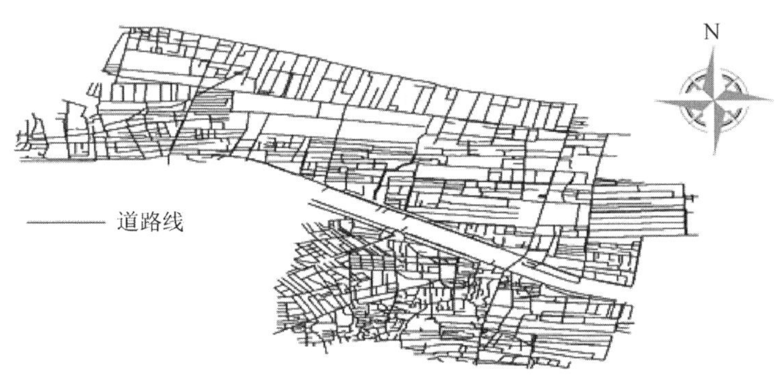

图 5-19　车门乡道路系统

2. 农田田块中心数据

秸秆资源数据包括小麦、水稻、玉米 3 种主要农作物秸秆，因玉米和大豆混作，没有精确的秸秆资源可收集量数据，本文主要研究麦秸和稻秸。农田田块重心数据，要素类型为点类型，由农田地块数据生成，包括农田面积属性、小麦秸秆资源量和可收集量、水稻秸秆资源量和可收集量、年秸秆总收集量。根据对车门乡稻麦秸秆产量和可收集量估算的结果，车门乡（包括马公农场）水稻秸秆资源量 1.77 万 t，可收集水稻秸秆资源量 1.27 万 t，小麦秸秆资源量 2.78 万 t，可收集小麦秸秆资源量 1.51 万 t。水稻小麦可收集秸秆资源总量为 2.78 万 t。根据对现有收贮站的实际调查，一个普通的收贮点秸秆处理规模应在 4 000～5 000t 以上，该规模是秸秆收贮企业风险和收益的平衡点，因此车门乡秸秆收贮点数应为 4～6 个。在设施处理能力允许的情况下，应尽量减少设施点数。

3. 设施点数据

设施点数据的采集、编辑、准备工作在 Croplab 的 GIS 插件中进行。Croplab 的 GIS 插件针对一些常用作物的数据处理方面，开发了适用于农田地理信息处理的较为专业的功能，使用起来比大型 GIS 软件更加轻巧方便。设施点要素类，类型为 Point，包含设施类型属性。设施类型为必选、候选、未选。必选设施点为现有的设施点，包括秸秆收贮点、秸秆加工厂。根据调查得知，车门乡共有设施收贮点 2 个，秸秆制粒企业 1 家，秸秆压块企业 1 家，其位置作为秸秆收贮的必选点。

候选设施点的选择采用均匀设定与人工设定相结合的方法。在目标区域范围内使用正方形网格的交点作为候选设施点，完成初步选址。初始设施点的选择不能太疏也不能太密，太疏则选址结果可能不是最优，太密导致运算速度太慢。根据试验，选择（20×20）～（40×40）的网格点较为合适。本例车门乡农田 3 578 个网络点的情况下，如果选用车门乡范围内 30×30 网格的交叉点作为候选设施点，其中落入车门乡的候选设施点数为 447 个。使用桌面计算机（Intel Core i5 2.66GHz 四核处理器，8GB 内存）求解时间不超过 1min，设施点密度和运算时间都是可以接受的。初始设施点分布见图 5-20。

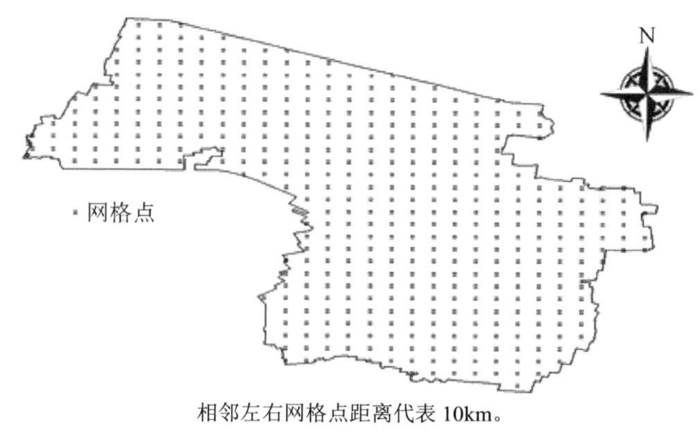

相邻左右网格点距离代表 10km。

图 5-20　车门乡初始设施点分布图

在初始设施点的周围依据邻避原则，手工设置候选设施点进行精确选址。秸秆收贮设施的装卸、打捆、压块过程会产生粉尘和噪声污染，属于邻避型设施。邻避型设施之所以遭到所在区域居民的抗拒，是因为其所产生的利益由全社会共享，但造成的负外部性却由当地居民承担，这种利益和风险的配备有失公平，带来居民的不满。而所谓的邻避效应是一种拒绝有害于生存权与环境权的邻避设施的态度。这种拒绝态度基本上是环境主义的主张，它强调以环境价值衡量兴建该邻避设施的标准；这种拒绝态度不需有任何技术面、经济面或行政面的理论知识，它的重点是一种情绪化的反应。因此，需对秸秆候选设施点依据邻避规则再次筛选，制定如下邻避规则：①高速公路、铁路 500m 内不能有设施点；②居民区及其周围 500m 内不得有设施点；③位于居民区之外的游离医院、学校、幼儿园 1km 范围内不得有设施点。

4. 参数确定

以上数据准备好后，导入 ArcGIS 使用 Network Analysis 模块进行设施选址分析。数据集创建时的容差设定尤为重要，容差过大，网络发生变形，容差过小，有些节点处无法有效链接，形成悬挂线，容差的设定与数字化精度有关。本例中车门乡道路要素类以天地图 • 江苏 17 级遥感影像为基础绘制，精度在 2m 左右，经构建拓扑后修整、校正，道路交点的误差小于 1m，因此选用容差为 0.000 1。

设施选址是个多目标的选优过程。目标函数是运输总成本最低，但仅仅依靠路径计算的结果进行选址是不行的，还必须考虑设施利用率、避开居民区等其他因素。对于收贮设施建设者而言，设施的利用率、运营成本是需要优先考虑的。对于秸秆供给者而言，希望农田到收贮点的距离尽量短，当距离超过一定的限度后，运输成本提高，影响农民运输秸秆的意愿。只考虑距离最短目标时，设施点数将变得巨大。

因此，设施利用率（市场份额）具有较高的优先级，同时设置一个可接受的上限（距离中断），根据对车门乡随机挑选的 50 名农民现场调查得知，超过 80% 的农民选择拒绝给 5km 以上的运输距离供给秸秆，除非企业负责运输，因此农田到最近设施点的距离参数不应超过 5km。

5.3.1.4　初始选址

设施选址的第 1 步是确定最小设施点数。首先，用 3 种不同密度的网格点（20×20，194 个点，24×24，288 个点，30×30，444 个点）作为候选设施点，其中 20×20 代表横向 20 个网格点，纵向 20 个网格点相乘的密度，选入研究区域的有 194 个网格点，以 3 种网格点要素分别在 5km 中断的设定下进行最小设施点数分析。从设施点数看，3 种精度下所得最少设施点数均是 5；从位置看，这 5 个设施点的位置均匀分布，基本集中在主要道路交叉点附近。图 5-21 显示 30×30 网格下最少设施点数分析结果。

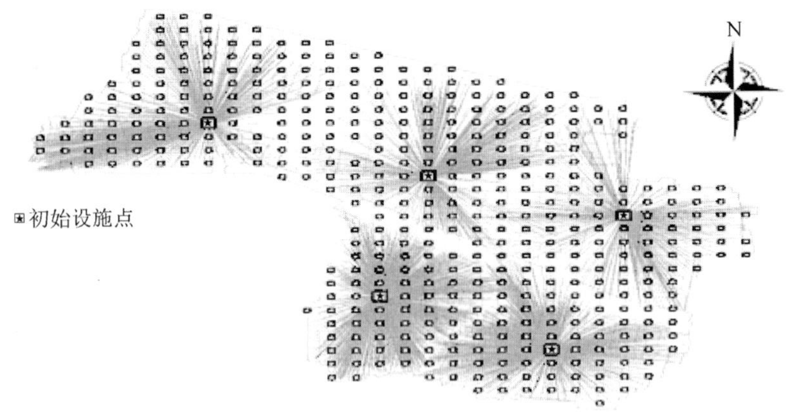

左右相邻网格点之间距离代表 10km。

图 5-21　30×30 网格下最少设施点分布图

从运输距离看，全乡运输路线的平均距离存在差异。以 20×20 网格计算，平均距离为 2.35km，总计 8 366.2km，而以 24×24 网格点计算，平均距离为 2.26km，总距离为 8 060.3km，相差 305.9km，以 30×30 网格点计算与 24×24 的相差不大，说明初始设施网格的选择应有一定的精度要求（表 5-23）。

表 5-23　不同网格点的运输情况

网格点数	运输路径数	最大距离/km	平均距离/km	总运输距离/km	总运输量/（hm^2 · km）
Grid20	3 565	4.88	2.35	8 366.2	13 890.5
Grid24	3 565	4.89	2.26	8 060.3	13 605.2
Grid30	3 565	4.89	2.23	7 960.6	13 143.2

考虑到收贮点的经济效益，设施点的服务区内能够实际收到的秸秆量必须有一定的规模，否则会造成秸秆处理设备的原料不足或收贮设备的浪费。对于秸秆加工企业来说，需要有稳定的原料供应。对于秸秆收贮中介，要充分利用现有的收贮场地和打捆、运输设备。实地调查数据显示，泗洪县为了提高土壤肥力，秸秆就地还田率为 28%，秸秆收集损失率为 2%，因此，按秸秆可利用率 70%计算，秸秆综合利用量约为 2 万 t。结合车门乡秸秆综合利用量，既满足整乡秸秆收贮的需要，又要充分发挥设施点的作用，减少投资成本，车门乡秸秆物流设施点数确定为 5 个较为合适。

5.3.1.5　精确选址

1. 影响因素分析

完成初步选址后，就要在选定的区域内确定具体的设施选址地点。精确选址应考虑的主要因素如下。

（1）地形地貌条件。场址要有适宜的地形和必要的场地面积，要充分合理地利用地形。场址地形横向坡度应考虑设施的规模、基础埋没深度、土方工程量等因素。

（2）地质条件。选择场址时，应对选址及其周围区域的地质情况进行调研和勘探；分析获得资料，查明场址区域的不良地质条件，对拟选场址的区域稳定性和工程地质条件做出评价。

（3）占地原则。场址选择时，应注意节约用地，尽量利用荒地和劣地，场址不应设在有开采价值的矿藏上，避开重点保护的文化遗产。

（4）供排水条件。供水水源要满足设施既定规模用水量的要求，并满足水温、水质要求，同时要考虑场地雨水的排除方案。

除了以上选址条件外，还要考虑前文提到的邻避规则，农作物秸秆物流设施点距离居民区不能太近，但为了工厂设施及工作人员的方便，也不能距离居民区太远，最好在距离居民区边缘 1km 范围内。

2. 精确选址分析

根据选址的具体条件，图 5-22 显示了车门乡 5 个收贮设施点的可选区域。五角星为预选点，浅灰色部分为居民区、公共设施，深灰色部分为储备用地、荒地或其他用地。深灰色部分为候选点，浅灰色区域为邻避点。

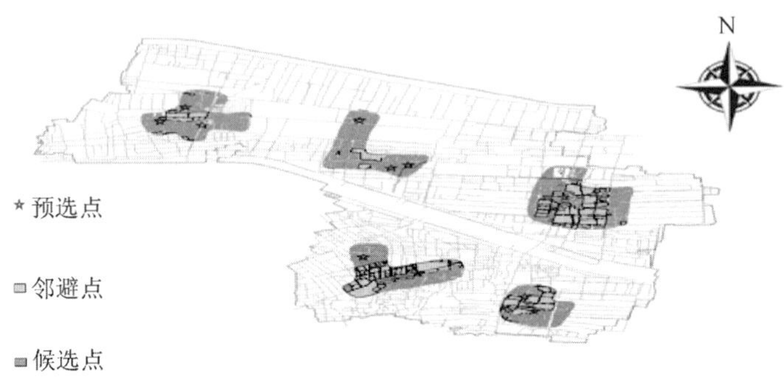

图 5-22　车门乡收贮设施点可选区域分布图

在可选区域内人工选择候选设施点进行精确设施选址分析，这次选址模式为最小化阻抗，设施点数为 5，阻抗中断为 5km。应根据车门乡的实际情况，既能保证运输成本达到最低，也能照顾邻避、征地、现有作物和设施等具体情况。手工布置候选设施点时注意避开居民区、学校、幼儿园、敬老院、高速公路等地面设施，在理论位置的附近灵活选择，尽量利用现有荒废地块，避免使用优质农田，同时协调好设施点投资方与土地所有者的关系。最后的选址结果见图 5-23。

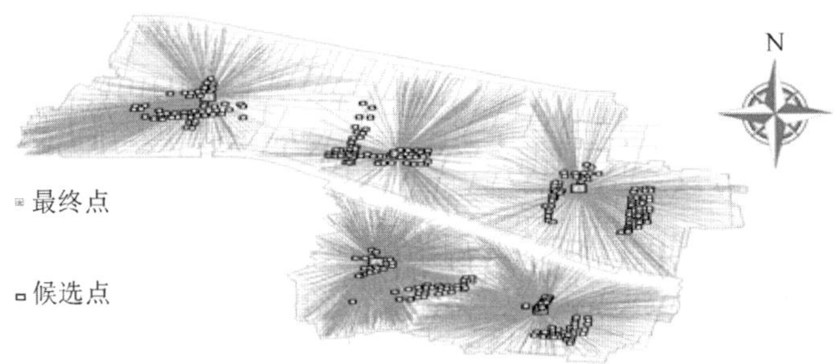

图 5-23　车门乡收贮设施点精确选址图

输出结果将作为设施涵盖收贮量和运输成本分析的文件。这 5 个设施点分别命名为陈楼点、大刘点、车门点、岗朱点和团结点，所占用的土地类型为荒地、废弃建筑物用地或政府储备用地。

根据 GIS 运行结果，各点到农田的平均运输距离为 2.34km，所有路径的总距离为 8 346.8km，总运输量内容为 13 719.4hm^2 • km，和前面不考虑定性因素和邻避规则相比，总运输距离和总运输量均有增加。每个收贮设施点在不同的距离内覆盖的秸秆范围见图 5-24，大部分秸秆收贮量在距收贮点中心 3km 范围内。

图 5-24　车门乡收贮设施点不同距离覆盖范围

以上设施选址是根据作物田块面积进行加权运算的，应用农田面积作为选址的指标可以避免实际作物的不确定性，不仅能够兼顾到各种作物类型，也有效回避了因作物类型和实际产量的不同带来的复杂性。但是，收贮地址选定后，每种作物的秸秆产生量和可收集量的精确估算，对于物流设施的收贮、加工规划仍然十分重要。根据这些数据可以大致确定收贮场地的面积、加工设施的处理能力和数量。

因作物种类、轮作制度不同，单位土地面积的秸秆资源量（即秸秆资源密度）和可收集率不同。泗洪县车门乡水稻秸秆资源密度为 6.405t/hm^2，可收集率为 0.72，稻茬麦秸秆资源密度为 4.302t/hm^2，可收集率为 0.49，旱地麦秸秆资源密度为 5.721t/hm^2，可收集率为 0.58，数据来源于顾克军等（2012），换算成标准含水率数值。可收集秸秆指割茬高度 15cm 以上的秸秆，不包括颖壳、黄叶。据此计算各设施点服务区内稻麦秸秆总量和可收集秸秆资源量，见表 5-24。

表 5-24　设施点服务区内稻麦秸秆资源量和可收集秸秆资源量

秸秆种类	收贮点名称	秸秆资源量/t	可收集秸秆资源量/t
水稻	陈楼	6 838.7	4 923.3
	大刘	5 215.4	3 755.7
	车门	4 171.5	3 003.5
	岗朱	68.7	49.6
	团结	1 590.3	1 145.1
小麦	陈楼	6 332.9	3 260.2
	大刘	5 651.4	2 962.2
	车门	5 917.0	3 179.7
	岗朱	5 035.2	2 915.7
	团结	4 569.5	2 554.2
总计		45 390.6	27 749.2

车门乡（含马公农场）水稻主要分布在淮河以北，陈楼、大刘、车门 3 个地点，可收集秸秆资源量均在 3 000t 以上，团结点 1 145.1t，岗朱村很少，可以忽略。小麦全乡分布，各物流设施点可收集秸秆资源量都在 3 000t 左右，大刘、车门两点收贮范围内有大量玉米秸秆，岗朱、团结两点收贮范围内有玉米、大豆、花生秸秆，因没有这些作物的地理分布数据，未予计算。图 5-25 为车门乡秸秆收贮点服务区内稻麦秸秆资源量和可收集量分布，从左到右依次为稻秸资源量、稻秸可收集秸秆资源量、麦秸资源量、麦秸可收集秸秆资源量。

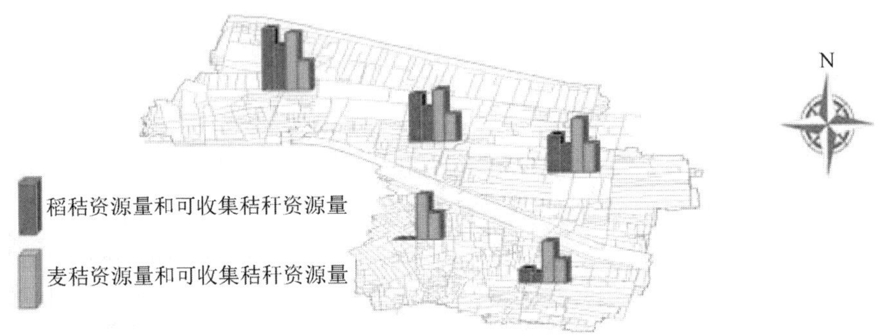

图 5-25　车门乡秸秆收贮点服务区内稻麦秸秆资源量和可收集量分布

5.3.1.6　物流设施布局设计

根据 5 个物流设施点位置和稻麦秸秆可收集量，将物流设施点分为两类，一类称为秸秆收贮中心，数量设置 1 个，中心点设置可以收购秸秆半径 5～10km，交通和土地利用较为便利，辐射整个地区，配备捡拾打捆机、秸秆预处理机具、拖拉机等农机仓库及秸秆堆场，负责指导秸秆收购，调配秸秆资源，进行秸秆产品生产，贮存秸秆产品等作业；另一类称为分散式秸秆收贮站，数量设置 4 个，收贮站点设置以秸秆收购半径 2～3km 为宜，负责指导农民专业合作社或农民经纪人的秸秆收集工作，为秸秆收贮中心或企业提供秸秆资源。秸秆收贮点布局见图 5-26。

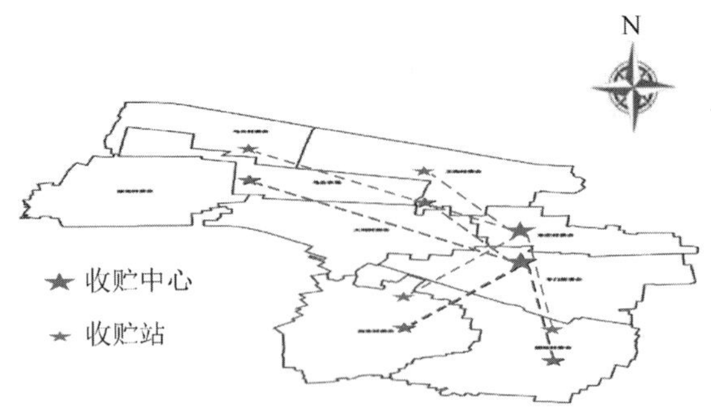

图 5-26　秸秆收贮中心与收贮站的分布图

5.3.1.7　物流系统模式

通过对车门乡农作物秸秆物流设施的选址布局，形成现代化的秸秆物流系统。以企业为龙头、农民专业合作社为骨干、农民经纪人队伍为纽带的秸秆物流模式；以秸秆利用规模化企业的需求为主导，区域可收集量为依据，政府引导建立分散型秸秆收贮站，形成多点秸秆收集体系；以农村农民专业合作社或农民经纪人为纽带，在运作上，合作社或经纪人与农户签订秸秆回收协议，农户保证不露天焚烧和弃置秸秆，合作社和经纪人及时收集秸秆并运送到收贮中心，形成“多点对多源”的秸秆物流系统模式，见图 5-27。

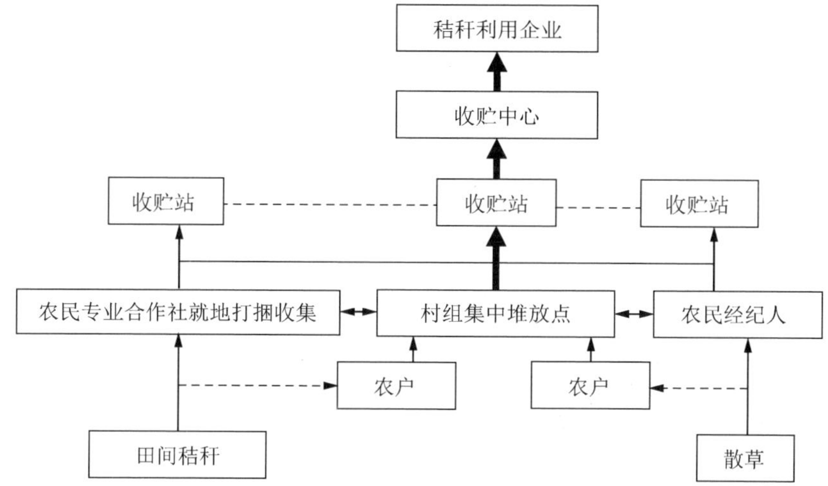

图 5-27　秸秆物流系统模式

对车门乡农作物秸秆量准确估算的基础上，利用 GIS 空间分析法以车门乡为例对乡镇农作物秸秆物流设施进行选址规划，展现了 GIS 空间分析法在物流设施选址布局研究中的强大功能，最终确定秸秆物流设施选址的精确位置，并对物流设施点进行系统的划分，总结出乡镇区域农作物与秸秆物流系统模式。本章的结论已纳入车门乡秸秆综合利用规划的内容，指导车门乡秸秆物流系统的建设工作。

5.3.2　秸秆堆贮场设计

乡镇区域农作物秸秆收贮设施的选址和内部规划是一个系统的规划研究过程，但在前人的研究中，往往只局限在设施点的选择，忽略了设施内部设计。设施内部规划的有效性直接影响农作物秸秆整个物流系统的效率和成本，科学合理的内部规划有助于提高秸秆产业的科技含量和经营水平，完善相应的管理和服务体系，增加秸秆产业链的价值和收益，推动秸秆资源化、市场化流通进程。

关于乡镇农作物秸秆物流系统设施内部规划内容，主要参照国家制定的相关规范和设计要求，包括《建筑设计防火规范》（GB50016—2014）、《火灾自动报警系统设计规范》（GB50116—2013）、《建筑灭火器配置设计规范》（GB50140—2005）、《泡沫灭火系统设计规范》（GB50151—2010）、《自动喷水灭火系统设计规范》（GB50084—2005）、《消防给水及消火栓系统技术规范》（GB50974—2014），结合物流系统设施内部规划的具体内容，对乡镇农作物秸秆物流系统设施提供初始的标准化和规范化建议。

5.3.2.1　布置设计

1. 道路设计

秸秆收贮设施场地内部道路需利用沥青、混凝土进行硬化处理，道路条件和宽度设计要满足运输车辆和装卸设备的往返行走与转弯的具体要求。尤其对于场内堆场设置有着特殊的要求，堆场距离场外道路边距应大于 15m，距离场内道路边距应大于 10m。根据《建筑设计防火规范》（GB50016—2014）的具体要求，易燃物堆场需设置消防通道，其暗沟和地下管道的抗压能力至少要满足消防车的重力要求，轻型消防车重量一般为 11t 左右，重型消防车重量要达到 55t 左右。当堆场的总贮量超过 5 000t 时，道路宽度要满足消防车辆的通行要求，一般不小于 6m，必要时还需建设围绕堆场的环形消防通道。当秸秆收贮场占地面积超过 20 000m^2 时，需增添纵横消防通道，并且与环形消防通道相连通，直通式消防车道需要设置车辆调头场，调头场面积一般不小于 15m×15m。

2. 场地设计

秸秆物流设施中心作业区域主要包括 4 个部分：生产加工区、设备停放区、仓储堆场区、辅助服务区。其中，最核心的区域就是仓储堆场区，仓储堆场区是占地面积最大的区域，承担秸秆物流设施中心最重要的任务。生产加工区主要用于秸秆致密化处理等高附加值的物流加工作业，噪声大，粉尘多。综合考虑人员、机器、环境三者之间的关系，兼顾噪声污染和人文环境等客观因素，辅助服务区要尽可能远离生产加工区，保障员工的身体健康、提高工作效率。生产加工区对秸秆原材料的需求较频繁，为了减少秸秆的场内运输距离，提高生产加工效率，生产加工区要尽量与仓储堆场区相邻。仓储堆场区的主要任务是负责秸秆的供应和日常管理，仓储管理人员与辅助服务区人员职能息息相关。因此，秸秆仓储堆场区要紧邻辅助服务区。设备停放区应设置在仓储堆场区当地盛行风向的上风区，尽量临近辅助服务区，便于日常管理和调度。从以上场内设施分析可以看出，3 个区域之间互不矛盾，在场地设计时，尽量使生产加工区临近仓储堆场区，仓储堆场区临近辅助服务区，生产加工区远离辅助服务区，设备停放区临近辅助服务区，位于仓储堆场区的当地盛行风向的上风区。

5.3.2.2　建筑设计

对于秸秆物流设施建筑设计最主要的是秸秆仓储堆场的设计，仓储堆场的设计直接影响秸秆物流设施建设成本和秸秆物流作业的工作效率和成本。

1. 堆场结构设计

基于安全管理方面的要求，堆场与外道路相连的面应利用围墙和铁刺网隔离。围墙和铁刺网的高度应为人能攀爬的最低高度，一般设置在 2m 以上。围墙和铁刺网与堆垛要保持一定的安全距离，一般为 5m 以上。秸秆堆场结构按外部环境分为封闭贮存、半封闭贮存和露天贮存。

（1）封闭贮存。包括顶盖和四周墙体，顶盖和墙体均采用耐火材料。封闭贮存需事先对秸秆进行干燥处理，使秸秆达到安全贮存的含水量要求。通过设计一个或多个出口允许运输车辆和装卸设备的进出和物流作业。封闭贮存可以有效减少秸秆干物质的损失，避免风吹雨淋，标准化、智能化发展潜力大，但建设成本高，灵活性差，需定时进行检查、管理（图 5-28）。

图 5-28　秸秆封闭贮存堆场

（2）半封闭贮存。只包括顶盖，四周用柱子支撑，顶盖和柱子为耐火材料。半封闭贮存在一定程度上能避免风吹雨淋，减少秸秆干物质损失，运输车辆和装卸设备进出灵活性高，初期投资适中，是目前应用较为广泛的贮存方式（图 5-29）。

图 5-29　秸秆半封闭贮存堆场

（3）露天贮存。只需要硬化地面。有的为了防止地面返潮，在秸秆底部用砖或木头抬高一段距离。露天堆场外围一定范围内不能有杂草、木料等可燃物。露天堆场建设成本低，灵活性高，也是目前应用较为广泛的贮存方式，但风吹雨淋导致秸秆损失率很高，秸秆自燃的风险也很大（图 5-30）。

图 5-30　秸秆露天贮存堆场

2. 堆场堆垛设计

秸秆按贮存状态可分为散秆贮存和捆包贮存。散秆指自然状态下的松散秸秆。捆包秸秆指在田间经过秸秆打捆机进行初步压缩所形成的秸秆捆或秸秆包。由于打捆机种类和参数的差异，秸秆捆分为方捆和圆捆，捆包尺寸大小不一，具体见表 5-25。

表 5-25　秸秆捆包尺寸

类别	圆捆		方捆		
	直径/mm	高度/mm	长度/mm	宽度/mm	高度/mm
大捆	900～1 200	1 100～1 300	1 650～1 800	900～1 000	1 000～1 100
小捆	500～700	700～900	650～900	300～400	300～450

一般堆积的松散秸秆的密度为 $0.035t/m^3$，压缩后秸秆捆的密度不超过 $0.2t/m^3$。根据实际调研，秸秆堆垛需具有一定的垛形，以保持其贮存的稳定性。松散秸秆在堆场码垛，顶部一般采用“屋脊式”也称为“人字形”，坡度 45° 左右，防止雨水在顶部堆积，垛底长（L）一般大于 80m，垛底宽（W）一般大于 12m，保障垛基的平稳，垛高（H）应小于 12m，针对长时间贮存的散秆，高度在 7～10m 最佳，避免坍塌。针对捆包秸秆，方捆打捆时的压缩面为 WH 面，打捆绳沿着捆包长度 L 方向均匀排列；圆捆打捆时压缩面是 H 面，打捆绳沿着捆包高度 H 面方向均匀排列。捆包秸秆码垛底面积视场地情况而定，垛高（H）一般为 5～6m，码 5～6 层，以 5 层最为常见。秸秆垛形示意图见图 5-31。

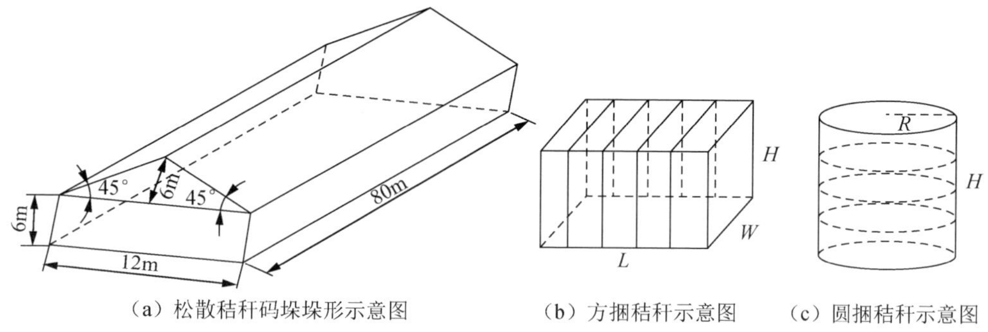

（a）松散秸秆码垛垛形示意图　（b）方捆秸秆示意图　（c）圆捆秸秆示意图

图 5-31　松散秸秆垛形与秸秆捆包示意图

秸秆堆场地面需硬化，保障路面平坦且不积水，高度需高于四周原始地面，高度差一般为 0.3m，强度应保证机械作业强度要求。堆垛时不应过于紧密，要留有能够通风和散热的洞口，并采取相关措施防止洞口坍塌和内陷。不同列的垛沿盛行风方向相互错开，列与列之间要留有消防通道，道路宽度一般为 10m 左右；垛与垛之间也要留有一定间距，保证运输、装卸、搬运设备的通行运转需要，一般设置距离为 8～10m。根据《建筑设计防火规范》（GB50016—2014）的要求，单一秸秆堆场的贮存量不能大于 2 万 t，当贮存量过大时，需设置分堆场，分堆场距离不能太近，需满足四级耐火等级建筑的间距。堆场内部堆垛设计见图 5-32。

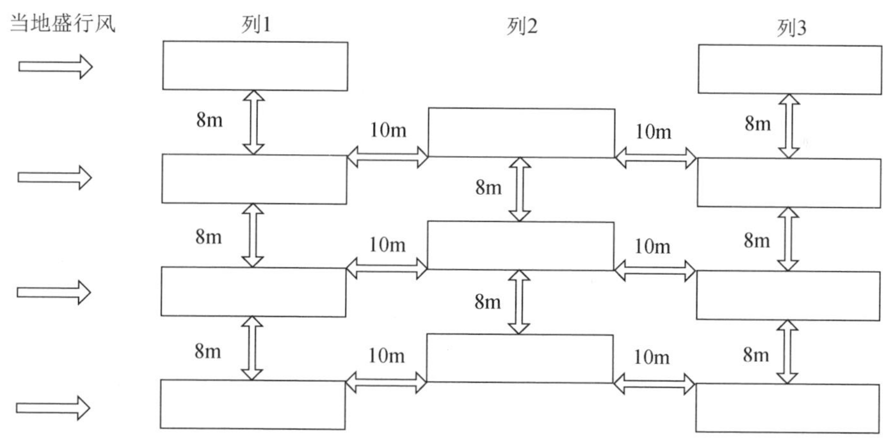

图 5-32　堆场堆垛设计

5.3.2.3　公用工程设计

公用工程设计是秸秆设施完成各项物流功能的重要保障，也是设施保证安全生产经营、实现经济效率的重要前提。

1. 防火设计

（1）预防设计。堆场设置在水源充足、运输便利、通信条件较好、消防车能够安全抵达的地方。在堆场四周内，应留有宽度不小于 6m 的消防车道，在消防车道上，禁止堆放障碍物。对于入场车辆要严加监管，尤其是外部车辆要进行安全排查，尽量禁止外部车辆进入堆场进行装卸作业，应在堆场外完成转移作业。内部运输车辆进入秸秆堆场，应对容易产生火花的部位添加防护措施，堆场内装卸搬运设备要定期安检，物流作业需符合安全生产的要求，避免潜在风险的发生。对于新入场的秸秆，如发现存在安全风险，有自燃的倾向，应单独放置在安全位置观察 24h，确定无危险后方可批准进入场内。场内未经允许，闲杂人员不得入场，堆场四周需安装摄像头，进行严格监控。针对堆场要进行场内人员和秸秆垛的科学管理，堆场人员禁止吸烟、做饭等可能产生明火的行为，利用奖惩机制完善员工行为；对秸秆垛进行编号，逐个悬挂号码牌，号码牌上记录有关秸秆垛的重要信息，例如垛号、品种、尺寸、重量、温度、责任人、堆垛日期等，便于管理和领导问责。堆垛时，在垛内均匀地设置温度传感器，检测记录秸秆垛不同部位的实时温度。温度传感器的距离与秸秆含水率呈负相关，秸秆含水率越高，温度传感器的距离需越近。一般情况下，当温度达到 50℃时，称为预警温度，工作人员要提高警惕。当温度达到 60℃时，需采取相关措施及时对秸秆垛进行散热处理，并做好防火、灭火措施。

（2）消防设计。秸秆堆场可以由天然水池、消防水源等自然水源或人为建设供给消防用水。消防设施的布置需符合《建筑设计防火规范》（GB50016—2014）的有关规定，消防水源采用自然水源供给时，应保证其枯水期最低水位能满足秸秆堆场消防用水的需求，为了确保可靠性，自然水源的位置要多于 1 处，或采取自然水源和人为建设相结合的用水方式。堆场外应按照《建筑灭火器配置设计规范》（GB50140—2005）的规定设置消防设施，在便于取用的位置利用明显标志配置消防工具，如消火栓、灭火器等，并根据具体情况采取相应的保护和防冻措施，安排特定人员管理和维护。

秸秆占地面积较大，一般秸秆封闭式堆场的建筑面积大于 6 000m^2，而秸秆耐火等级为二级丙类，除非装有自动灭火设备，建筑面积不得超过 6 000m^2，因此秸秆封闭式堆场需安装自动喷水灭火系统。根据《自动喷水灭火系统设计规范》（GB50084—2005）规定，秸秆封闭式堆场的危险级为Ⅱ级，在时间上需要快速响应，这就需要决策者根据实际情况合理选择。灭火系统常用种类和特性见表 5-26。

表 5-26　灭火系统常用种类和特性

常用种类	特性	消防用水量（L/s）	火灾延续时间/h	消防用水总量/m^3
大空间大流量智能型主动喷水灭火系统	系统复杂，能早期自动探测火灾，自动灭火，定点灭火，灭火可靠性高，需要大流量喷头智能型感烟探测组件多，工程造价高	80	1	288

续表

常用种类	特性	消防用水量（L/s）	火灾延续时间/h	消防用水总量/m^3
自动消防炮智能型主动喷水灭火系统	系统较简单，消防炮能替代自助喷水灭火系统，能早期自动探测火灾，灭火可靠性高。消防炮数量少，智能型感烟探测组件少，工程造价较低	60	1	216

注：《建筑给水排水设计规范》（GB50015—2010）规定：消防用水总量≥消防用水量×火灾延续时间×3 600×10^{-3}。

2. 电力设计

秸秆堆场的消防用电应为二级负荷用电，堆场内需用埋设深度大于 0.7m 的直埋式电缆配电，堆场周围的架空线路要与秸秆垛有一定的水平安全距离，露天堆场堆垛上空严禁拉设临时导线，堆场内机器和电力设备的配电导线，要求质地坚韧、绝缘性能良好，堆场内灯具要带有安全防护措施，可以选用防尘灯、探照灯等，照明灯杆要与秸秆垛有一定的水平安全距离，灯杆材料以水泥杆最佳。堆场内需采用绝缘性好的非可燃性材料制作封闭式配电箱，将堆场内所有机器设备的电源开关、插座，安装在封闭式配电箱内。堆场内的电力系统需由电力系统专业技术人员负责管理，堆场内工作人员在完成一天的场内作业后，需拉闸断电，检查完毕后方能离开。

3. 防雷设计

秸秆堆场应严格按照《建筑物防雷设计规范》（GB50057—2010）设置避雷装置。堆场全部要进入保护区域，避雷装置的冲击接地电阻需小于 10Ω，与秸秆垛、电力设施等距离 3m 以上。避雷装置的支架上不允许架挂任何危险设施或设备，秸秆堆场的机组严禁与室外高大金属建筑物或外露金属连接。

5.3.2.4　信息通信设计

秸秆物流设施中心信息通信设计通过 IT 技术的部署来提高其生产运营效率、降低运营风险和成本，从而提高其获利和持续经营的能力。针对秸秆流通加工企业，通过设置信息部门，招募信息化人才，依托互联网技术，利用计算机硬件、软件、设施设备，建立包括网络、数据库和各类信息管理模块在内的企业内部信息管理平台。秸秆物流设施中心信息通信设计不外乎两个方向：一是构建电子商务平台。电子商务平台是企业开向互联网的一扇窗户，可实现秸秆供需双方的信息共享，企业根据自身秸秆供应能力通过电子商务平台寻找客源，有效提高企业的市场竞争力。二是管理信息系统的搭建。作为企业内部信息的协管员，应以人为核心，计算机软硬件为载体，网络通信设备为手段，结合其他办公设备进行信息综合处理，做好企业内部监管。对秸秆设施中心来说，信息是一种重要的无形资源，有利于加强管理，降低运营成本。

5.3.3　秸秆物料中的装卸、压缩及运输设备

5.3.3.1　秸秆装卸设备

轮式秸秆捡拾装卸机（俗称抓草机）载重量为2t，卸载高度标准型3.2m，加高型 4.2m，外形尺寸标准型为 2 800mm×1 860mm×5 300mm，加高型为 2 800mm×1 860mm×6 900mm，采用液压无级变速四轮驱动，含有轮边减速桥。抓草机用于各种农作物秸秆的捡拾、移位、装卸等。该机具有结构简单、强度高、使用方便等特点（图 5-33）。此外，用于木材装卸的设备也可以用于打捆秸秆的装卸。

图 5-33　秸秆装卸设备

5.3.3.2　秸秆压缩设备

将秸秆进行压缩便于运输或堆码，降低运输成本与贮存占地面积，同时还在一定程度上防范贮存或运输途中的火灾。依据目的不同，可将秸秆压缩到不同密度或不同体积。压缩设备可分固定式与移动式（图 5-34），目前国内生产厂家较多，可依据不同需要，进行选择。

（a）固定式秸秆压缩打包机　　（b）移动式秸秆压缩打包机

图 5-34　秸秆压缩设备

5.3.3.3　秸秆运输设备

目前还缺少专门应用于秸秆运输的车辆，一般由农用拖拉机或普通车辆改装。农用拖拉机（图 5-35），适合近距离的散秆运输，运输量少，运输成本低，灵活性高，适应田间道路的硬化水平，农用拖拉机的购买成本和运营成本与其他运输工具相比较低。秸秆运输卡车，一般归第三方物流企业或秸秆需求企业所有，适合远距离的捆包秸秆运输及秸秆规模化利用，运输量大，运输成本高，灵活性差，难以适应田间道路的硬化水平和转弯要求，需要结合人工装卸搬运，导致秸秆整个物流系统作业效率低下。

图 5-35　秸秆运输设备

5.4　稻麦秸秆收贮成本分析

大量文献表明，生物质原料物流成本占发电厂总成本的 50%～70%，是生物质产业的一大瓶颈。因此，优化秸秆产业的原料供应物流系统，降低秸秆物流成本是关键。

为此，实地跟踪调研位于苏北盐城市建湖县、苏中扬州市高邮区以及苏南宜兴市 3 个秸秆收贮企业。采用成本比较法，分析稻麦秸秆收贮运成本构成以及稻麦秸秆收贮运成本差异。

5.4.1　数据调查与分析方法

5.4.1.1　作业成本要素

根据农作物秸秆收贮运作业操作环节，将作业中心分为收集作业中心、运输作业中心、贮存作业中心。其中，田间装车搬运作业环节划分到收集作业中心，堆场装卸设备搬运环节划分到贮存作业中心。三大作业中心共同构成作业中心池。

选择与实耗资源相关程度较高且易于量化的成本作为分配作业成本、计算秸秆收贮运成本的依据。作业成本具体要素见图 5-36。

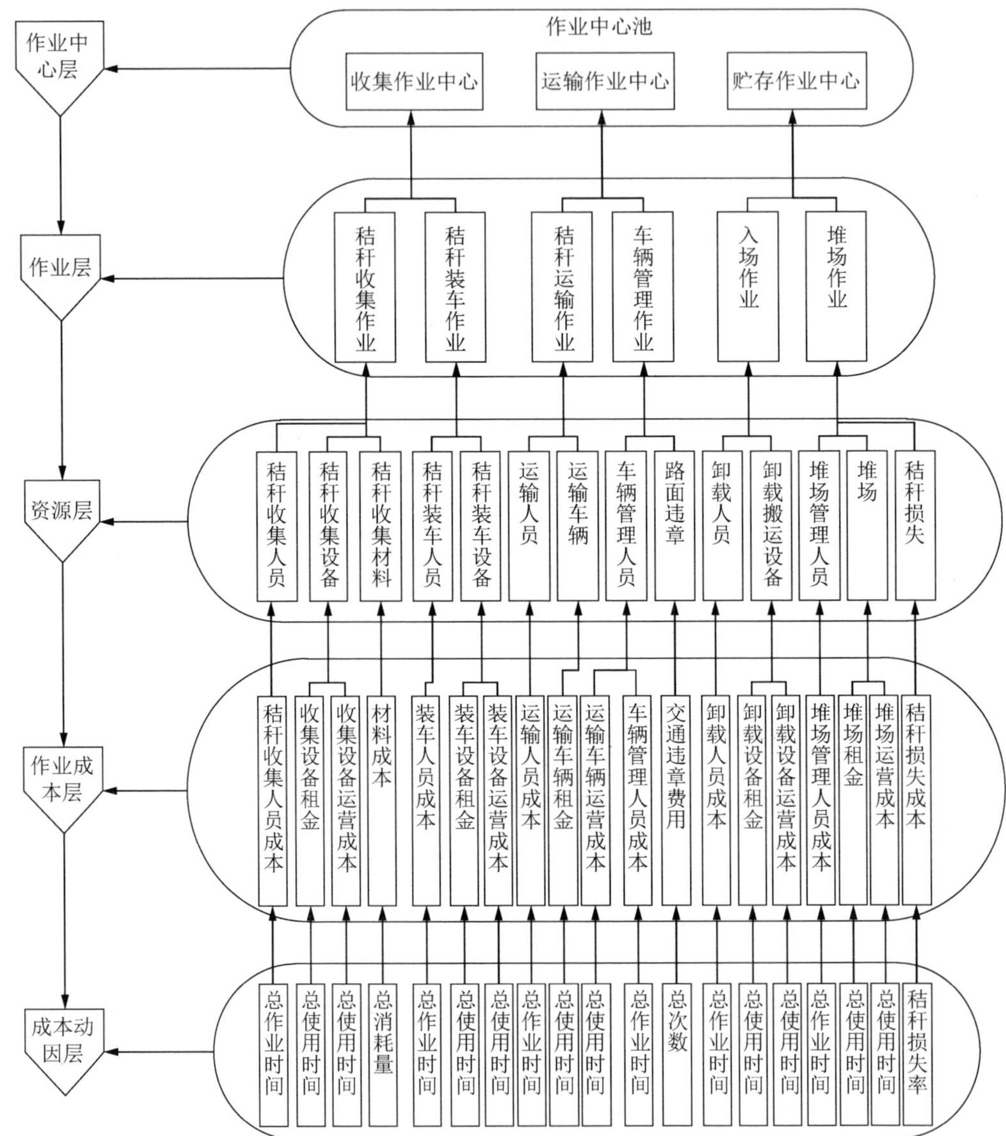

图 5-36　农作物秸秆收贮运作业成本要素图

5.4.1.2　成本归一化

为使各区间数据有统一的设备折旧、成本分摊等方法，做以下假设：①统计核算过程中数值的选择一律按“最大值原则”；②按照新所得税法折旧年限规定，生产物流设备折旧年限为 10 年，折旧可采用“平均年限法”，残值为购入价值的 5%；③车辆机器设备的分摊成本根据每年麦秸、稻秸的使用天数确定权数。例如，单位重量小麦秸秆收集设备使用成本费用=［（收集设备年折旧分摊费用+维修保养费用+保险费用）×（小麦秸秆收集作业总时间/该收集设备年度总作业时间）×收集设备数量/小麦秸秆年度收集量］+作业单位时间燃油费用/作业单位时间小麦秸秆收集量；④柴油单价按照调查时的实时油价，即 5.5 元/L。

5.4.1.3　秸秆收贮企业基础信息

秸秆基础信息包括基本数据信息和基本属性信息。秸秆基础信息决定着秸秆各项作业成本数值的确定，是作业成本法最重要的定量支撑，基础信息的准确性及真实性直接影响作业成本分析的可靠性和科学性。江苏省不同区域农作物秸秆基础信息见表 5-27。

表 5-27　不同区域农作物秸秆基础信息表

秸秆种类	地理位置	亩产量/（kg/亩）	收集方式	用途	可收集天数/d	含水率/%	损失率/%
小麦秸秆	苏北	450	机械	还田和制粒	10～15	10～17	<5
	苏中	500	机械	制粒	10～15	15～20	<5
	苏南	330	机械	制粒	10～15	15～22	<5
水稻秸秆	苏北	650	机械	制粒	40～60	20～30	<10
	苏中	700	机械或人工	制粒	50～72	20～25	<10
	苏南	600	机械	制粒	20～30	25～30	<10

注：3 个企业单季秸秆收集量均在 3 000t 以上。

由表 5-27 得知，3 个收集企业基本以机械化收集为主，秸秆的用途以能源化利用为主。麦秸的可收集天数与稻秸相比较少，亩产量也略低于稻秸，进而影响麦秸的可收集量和收购价格，导致麦秸的市场销售价格高于稻秸。可收集农作物秸秆的含水率从北到南呈现逐级递增的趋势，与各地方的地理位置、气候类型以及土地类型相适应。由此可见，苏北、苏中的农作物秸秆更适于直接风干贮存，苏南的农作物秸秆则需要开发专门的贮存技术，以防秸秆腐烂。

5.4.2　秸秆收贮运作业成本分析

5.4.2.1　收集作业

经调研，了解到江苏省农作物秸秆田间收集的整体流程和成本明细，确定收集中心资源以及成本项，转化为相同的单位成本费用，具体内容见表 5-28。

表 5-28　江苏省不同区域农作物秸秆收集作业费用表

秸秆种类	地理位置	资源类型	转化成本量/（元/t）	备注说明
小麦秸秆	苏北	秸秆收集人员	25.00	机手、副机手共 2 人，每人 200 元/d，每天 8h 工作制。机器运行速度 8km/h，约 2t/h
		秸秆收集设备	21.75	捡拾打捆一体机，16 万元/台；保养费 1 000 元/年，燃油费 3L/h
		秸秆收集材料	3.34	打捆绳 1.5 元/亩
		秸秆装车人员	25.00	40 人，每人 80～100 元/d，每天工作 8～10h，打捆一体机共 10 台
		秸秆装车设备	无	无
	苏中	秸秆收集人员	12.50	机手、副机手共 2 人，每人 100 元/d，每天 8h 工作制。机器运行速度 8km/h，约 2t/h
		秸秆收集设备	21.29	捡拾打捆一体机，10 万元/台；保养费 1 000 元/年，燃油费 5L/h
		秸秆收集材料	4.00	打捆绳 2 元/亩
		秸秆装车人员	28.13	30 人，每人 150 元/d，每天工作 10h，打捆一体机共 10 台
		秸秆装车设备	无	无
	苏南	秸秆收集人员	17.19	机手、副机手共 2 人，正机手 300 元/d，副机手 200 元/d，每天 10h 工作制。圆捆打捆机 1t/h，方捆打捆机 5～8t/h
		秸秆收集设备	33.33	方捆打捆机 19 万元/台，3 台，维修保养费 2 000 元/台；圆捆打捆机 11 万元/台，8 台，维修保养费 2000 元/台；平均燃油费 5.5L/h
		秸秆收集材料	12.00	打捆绳 8～12 元/t
		秸秆装车人员	28.13	60 人，每人 150 元/d，每天工作 10h，打捆一体机共 11 台
		秸秆装卸设备	无	无
水稻秸秆	苏北	秸秆收集人员	12.50	机手、副机手共 2 人，每人 200 元/d，每天 8h 工作制。稻秸收集效率 2～4t/h
		秸秆收集设备	12.25	捡拾打捆一体机，16 万元/台；保养费 1 000 元/年，燃油费 4L/h
		秸秆收集材料	3.34	打捆绳 1.5 元/亩
		秸秆装车人员	15.00	50 人，每人 80～100 元/d，每天工作 8～10h，打捆一体机共 10 台
		秸秆装车设备	无	无
	苏中	秸秆收集人员	6.25	机手、副机手共 2 人，每人 100 元/d，每天 8h 工作制。稻秸收集效率 3～4t/h
		秸秆收集设备	13.05	捡拾打捆一体机，10 万元/台；保养费 1 000 元/年，燃油费 6.25L/h
		秸秆收集材料	4.00	打捆绳 2 元/亩
		秸秆装车人员	23.44	50 人，每人 150 元/d，每天工作 10h，打捆一体机共 10 台
		秸秆装车设备	无	无

续表

秸秆种类	地理位置	资源类型	转化成本量/（元/t）	备注说明
水稻秸秆	苏南	秸秆收集人员	13.75	机手、副机手共 2 人，正机手 300 元/d，副机手 200 元/d，每天 10h 工作制。圆捆打捆机 1～2t/h，方捆打捆机 6～8 t/h
		秸秆收集设备	17.95	方捆打捆机 19 万元/台，3 台，维修保养费 2 000 元/台；圆捆打捆机 11 万元/台，8 台，维修保养费 2 000 元/台；平均燃油费 6L/h
		秸秆收集材料	12.00	打捆绳 8～12 元/t
		秸秆装车人员	22.50	60 人，每人 150 元/d，每天工作 10h，打捆一体机共 11 台
		秸秆装卸设备	无	无

5.4.2.2　运输作业

利用捡拾打捆一体机将秸秆进行田间打捆，大大增加了秸秆的密度，更加有利于秸秆的运输，在一定程度上缩减了运输作业成本。运输车辆一般以农用拖拉机和大卡车为主，具体内容见表 5-29。

表 5-29　江苏省不同区域农作物秸秆运输作业费用表

秸秆种类	地理位置	资源类型	转化成本量/（元/t）	备注说明
小麦秸秆	苏北	运输人员	25.00	单人 500 元/d，含油费，每天运输量 5～10t/台
		运输车辆	25.00	农用拖拉机，车辆租用，20～30 辆
		车辆管理人员	0.63	1 人，每天 100 元
		路面违章	2.50	100 元/次，每年 2～4 次
	苏中	运输人员	16.67	农用拖拉机，每辆车 1 人，每人 150～200 元/d，每天运输量 9～12t/台
		运输车辆	7.30	1.7 万元/台，维修保养费 1 000 元/年，保险费 680 元/年，燃油费 1L/趟
		车辆管理人员	0.63	1 人，每天 100 元
		路面违章	2.50	100 元/次，每年 2～4 次
	苏南	运输人员	3.33	每辆车 1 人，单人 300 元/d，每天运输量 90t，每天共运输 320t
		运输车辆	9.07	卡车，16 万元/辆，维修及保养费 8 000 元/辆/年，保险费 5 000 元/辆/年，燃油费 2L/趟
		车辆管理人员	0.31	1 人，每天 100 元
		路面违章	无	无
水稻秸秆	苏北	运输人员	20.83	单人 500 元/d，含油费，每天运输量 6～12t/台
		运输车辆	20.83	农用拖拉机，车辆租用，20～30 辆
		车辆管理人员	0.31	1 人，每天 100 元
		路面违章	1.25	100 元/次，每年 2～4 次

续表

秸秆种类	地理位置	资源类型	转化成本量/（元/t）	备注说明
水稻秸秆	苏中	运输人员	12.50	农用拖拉机，每辆车 1 人，每人 150～200 元/d，每天运输量 12～16t/台
		运输车辆	6.08	1.7 万元/台，维修保养保险费 1 680 元/年，燃油费 1L/趟
		车辆管理人员	0.31	1 人，每天 100 元
		路面违章	1.25	100 元/次，每年 2～4 次
	苏南	运输人员	3.33	每辆车 1 人，单人 300 元/d，每天运输量 90t，每天共运输 400t
		运输车辆	7.26	卡车，16 万元/辆，维修及保养费每年 8 000 元/辆，保险费每年 5 000 元/辆，燃油费 2L/趟
		车辆管理人员	0.25	1 人，每天 100 元
		路面违章	无	无

5.4.2.3　贮存作业

江苏省秸秆贮存分为露天贮存、半封闭贮存及两者相结合模式，所占用的土地为集体流转土地、建设用地等合法用地，贮存区域需地面硬化处理，以便车辆设备能够正常进出、转弯，具体内容见表 5-30。

表 5-30　江苏省不同区域农作物秸秆贮存作业费用表

秸秆种类	地理位置	资源类型	转化成本量/（元/t）	备注说明
小麦秸秆	苏北	卸载人员	4.50	6 人，每人 80～120 元/d，10h 工作制
		卸载搬运设备	无	无
		堆场管理人员	1.26	2 人，2 000 元/月，100 元/天
		堆场	12.50	租用，每年 900 元/亩，100 亩，1/3 用于贮存麦秸
		秸秆损失	15.00	秸秆捆按市场价 300 元/t 计算损失率
	苏中	卸载人员	5.63	6 人，每人 150 元/d，10h 工作制
		卸载搬运设备	无	无
		堆场管理人员	3.13	4 人，2 500 元/月，125 元/天
		堆场	11.59	租用，每年 1 100 元/亩，103 亩，1/3 用于贮存麦秸
		秸秆损失	15.00	秸秆捆按市场价 300 元/t 计算损失率
	苏南	卸载人员	1.41	3 人，每人 150 元/d，10h 工作制
		卸载搬运设备	7.54	抓草机 1 台，53 800 元/台，维修及保养费用为 3 500 元/年，用电费 5 元/t
		堆场管理人员	2.34	5 人，每人 3 000 元/月，150 元/天
		堆场	18.52	租用，每年 2 500 元/亩，80 亩，4/9 用于贮存麦秸
		秸秆损失	22.5	秸秆捆按市场价 450 元/t 计算损失率
水稻秸秆	苏北	卸载人员	2.25	6 人，每人 80～120 元/d，10h 工作制
		卸载搬运设备	无	无
		堆场管理人员	0.62	2 人，2 000 元/月，100 元/天

续表

秸秆种类	地理位置	资源类型	转化成本量/（元/t）	备注说明
水稻秸秆	苏北	堆场	3.13	租用，每年 900 元/亩，100 亩，2/3 用于贮存稻秸
		秸秆损失	20.00	秸秆捆按市场价 200 元/t 计算损失率
	苏中	卸载人员	5.63	6 人，每人 150 元/d，10h 工作制
		卸载搬运设备	无	无
		堆场管理人员	1.56	4 人，2 500 元/月，125 元/天
		堆场	3.55	租用，每年 1 100 元/亩，103 亩，2/3 用于贮存稻秸
		秸秆损失	20.00	秸秆捆按市场价 200 元/t 计算损失率
	苏南	卸载人员	1.13	3 人，每人 150 元/d，10h 工作制
		卸载搬运设备	9.05	抓草机 1 台，53 800 元/台，维修及保养费用为 3 500 元/年，用电费 5 元/t
		堆场管理人员	1.88	5 人，每人 3 000 元/月，每人 150 元/天
		堆场	9.26	租用，每年 2 500 元/亩，80 亩，5/9 用于贮存稻秸
		秸秆损失	30	秸秆捆按市场价 300 元/t 计算损失率

5.4.2.4　收贮运总成本

依据农作物秸秆收贮运作业费用明细表，对数据求和汇总并分析，具体见表 5-31。

表 5-13　江苏省不同区域稻麦秸秆收贮运作业中心费用汇总表

项目	小麦秸秆/（元/t）				水稻秸秆/（元/t）			
	收集作业	运输作业	贮存作业	总成本	收集作业	运输作业	贮存作业	总成本
苏北	75.09	53.13	33.26	161.48	55.34	43.22	26.00	124.56
苏中	65.92	27.10	35.35	128.37	46.74	20.14	30.74	97.62
苏南	90.65	12.71	52.31	155.67	66.20	10.84	51.32	128.36
占比/%	52.00	21.00	27.00	100.00	48.00	21.00	31.00	100.00

从农作物种类来看，小麦秸秆的收贮运作业成本要高于水稻秸秆，这与目前小麦秸秆的售价高于水稻秸秆的现状相呼应。小麦秸秆的作业成本中，收集成本远高于水稻秸秆，主要原因是：一方面小麦秸秆亩产量低，田间可收集量低，导致单位成本高；另一方面小麦秸秆的可收集天数远低于水稻秸秆，导致收集总量远低于水稻秸秆。运输成本和贮存成本二者差距不大，小麦秸秆略高于水稻秸秆。同样由于低收集量因素的影响，小麦秸秆的含水率低于水稻秸秆，秸秆热值高于水稻秸秆，更适合能源化利用，这就需要在小麦秸秆的收集作业过程中，在成本允许的条件下，加派人员，提高机器设备和人员的工作效率，争取在有限的时间内实现小麦秸秆收集量的最大化。水稻秸秆含水率高，在贮存过程中极易腐烂、自燃，损失成本较大，这就要求在收集作业过程中利用各种办法控制水稻秸秆捆

的含水率，实现干燥成本和秸秆损失成本之和的最小化。

从作业中心种类来看，不管是小麦秸秆还是水稻秸秆，成本最高的是收集作业，其次是贮存作业，最后是运输作业。通过分析成本明细可以看出，收集作业中劳动力较多，人工作业导致成本费用高昂，且打捆设备价值高，分摊成本大；贮存作业堆场租金昂贵，秸秆占用空间大，日常管理复杂困难；运输作业农用拖拉机载重量小，车辆满载率低。因此，田间收集作业可以有针对性地采购一批适合田间作业的装卸设备，利用装卸设备替代人工作业，会大大降低收集作业的成本，提高效率，解放劳动力。同时加大自主研发水平，设计制造出适合自身需要的打捆设备，摆脱进口打捆设备的限制；贮存作业选址与当地政府密切交流，选取价格低廉、长时间荒废的土地，制定秸秆日常管理办法并严格执行，在条件允许的情况下有计划地缩减管理人员；在道路条件允许的情况下采用卡车替代农用拖拉机进行运输作业，最大限度地提高卡车每趟的运载量，严禁空载和迂回运输。

从区域种类来看，小麦秸秆收贮运总成本苏北最高、苏南次之、苏中最低；水稻秸秆收贮运总成本苏南最高、苏北次之、苏中最低。苏南地区经济发展水平和劳动力价格高于苏北和苏中地区，对于目前还是劳动密集型的秸秆收贮运作业而言，苏南地区处于劣势，同时苏南地区的土地成本和秸秆的含水率要高于苏北和苏中，导致贮存作业成本较高。对于苏南地区的农作物秸秆，更加适合还田再利用和高价值产业链方向研究，应不断挖掘秸秆的潜在利用价值。苏北地区秸秆量大，导致高昂的收贮运费用，主要原因是选择租用农用拖拉机进行秸秆的运输，相对于苏中地区采取自购自运的运输模式而言，直接导致运输成本的大幅度提高，但在购买运输设备时，也要考虑自身财务能力，设备的购买会占用大量的资金。苏北地区和苏中地区完全采用人工装卸作业，和苏南的装卸设备相比，成本高、效率低，装卸作业的机械化也是降低秸秆收贮运作业成本的重要措施。

5.4.3　主要结论

利用作业成本法，对江苏省农作物秸秆收贮运作业进行成本分析，得到小麦秸秆和水稻秸秆收贮运成本数据分别为 148.5 元/t 和 116.8 元/t。在小麦秸秆收贮运成本中，小麦秸秆收集成本占 52%，运输成本占 21%，贮存成本占 27%。水稻秸秆收集成本占比 48%，运输成本占比 21%，贮存成本占比 31%。收集成本所占比重最高，其次是贮存成本，最后是运输成本。分析得出，农作物秸秆在田间收集作业条件允许的情况下采用机械化打捆装卸作业，会大大降低收集成本，提高收集作业效率；运输作业过程中，采用高承载量的卡车比农用拖拉机更加节约成本，自购车辆比租用节省费用；贮存作业中，一方面要选择价格低廉废弃的土地，另一方面要加速秸秆的预处理增值流转速度，降低秸秆的贮存损失率。农作物秸秆作为重要的可再生资源，只有正确认识其在流通作业中的成本明细，才能优化秸秆的流通环节，保障秸秆产业链的长足发展。

参考文献

常志州，靳红梅，黄红英，等，2016. “十三五”江苏省秸秆综合利用策略与秸秆产业发展的思考[J]. 江苏农业学报，32(3)：534-541.

崔明，赵立欣，田宜水，等，2008. 中国主要农作物秸秆资源能源化利用分析评价[J]. 农业工程学报，24(12)：291-296.

方艳茹，廖树华，王林风，等，2014. 小麦秸秆收贮运模型的建立及成本分析研究[J]. 中国农业大学学报，19(2)：28-35.

冯伟，张利群，庞中伟，等，2010. 中国秸秆废弃焚烧与资源化利用的经济与环境分析[J]. 中国农学通报，27(6)：350-354.

顾克军，顾东祥，张斯梅，等，2015. 江苏省小麦秸秆养分垂直分布特征与不同茬高下麦秸养分归还量估算[J]. 农业资源与环境学报，32(6)：537-577.

顾克军，张斯梅，2012. 江苏省水稻秸秆资源量及其可收集量估算[J]. 生态与农村环境学报，28(1)：32-36.

韩冉冉，2012. 基于模糊综合评价的农产品物流中心选址研究[J]. 农产品加工（学刊）(6)：60-63.

金蓉英，芮菡萏，向蕾，等，2013. 江苏省秸秆规模化收集储运效率的影响因素分析[J]. 可再生能源，31(4)：107-111(119).

金筱杰，瞿伟，陈静文，等，2014. 江苏农作物秸秆资源高效利用收储运系统的运营模式、存在问题及发展对策[J]. 安徽农业科学(8)：2487-2489.

李云清，2004. 物流系统规划[M]. 上海：同济大学出版社.

吕宸，吕建强，王国平，等，2012. 我国农作物秸秆收集存在的问题及对策[J]. 现代农业科技(22)：203-204.

马骥，2009. 我国农户秸秆就地焚烧的原因：成本收益比较与约束条件分析——以河南省开封县杜良乡为例[J]. 农业技术经济(2)：77-84.

梅付春，2008. 秸秆焚烧污染问题的成本—效益分析——以河南省信阳市为例[J]. 环境科学与管理，33(1)：30-32，37.

平英华，2014. 江苏农作物秸秆收贮运体系研究[J]. 中国农机化学报，35(5)：326-330.

王小莉，许斌，张春云，2011. 秸秆打捆机成本效益分析[J]. 江苏农机化(2)：22-23.

王雪，2016. 乡镇区域农作物秸秆物流系统研究[D]. 南京：南京农业大学.

王雪，常志州，王效华，2016. 秸秆供应链物流网络系统研究概况及几点思考[J]. 农业资源与环境学报，33(1)：10-16.

王雪，常志州，王效华，等，2015. 泗洪县车门乡稻麦秸秆收储设施选址[J]. 农业工程学报，31(22)：250-255.

王雪，常志州，张恒敢，等，2015. 基于 MODIS 和天地图遥感数据的区域作物秸秆产量估算方法[J]. 农业工程学报，31(19)：177-182.

王雪，杜静，吴华山，等，2017. 基于作业成本法的秸秆收贮运成本分析研究[J]. 农业资源与环境学报，34(3)：207-214.

王雪萍，高建峰，2010. 江苏省吴江市秸秆资源调查与评价报告[J]. 科技信息(1)：1031-1033.

王亚静，毕于运，高春雨，2010. 中国秸秆资源可收集利用量及其适宜性评价[J]. 中国农业科学，43(9)：1852-1859.

邢爱华，刘罡，王垚，等，2008. 生物质资源收集过程成本、能耗及环境影响分析[J]. 过程工程学报，8(2)：305-313.

杨文平，郭天财，刘胜波，等，2007. 行距配置对大穗型小麦灌浆期干物质转移及籽粒灌浆特性的影响[J]. 华北农学报，22(6)：103-107.

张恒敢，杨四军，常志州，等，2014. 乡镇区域作物秸秆产生量估算方法研究——基于天地图影像绘制乡镇区域农田电子地图[J]. 江苏农业科学，42(6)：294-297.

张斯梅，杨四军，石祖梁，等，2014．江苏省稻麦秸秆收集利用现状分析及对策[J]．生态与农村环境学报，30(6)：706-710．

张晓东，盛国成，2012．甘肃省农作物秸秆收集处理现状及发展对策[J]．中国农机化(3)：20-22．

张展，王利生，张培栋，等，2009．区域秸秆最优收集路径与运输成本分析[J]．可再生能源，27(3)：102-106．

赵爱东，蒋晓，2006．稻麦联合收获打捆机．中国，专利公开号：CN2922425Y．

赵亮，王勤辉，于春江，等，2013．生物质电站燃料供应系统物流模型建立与仿真[J]．农业工程学报，29(1)：180-188．

赵琳，2012．秸秆电厂规划选址方法研究[D]．北京：华北电力大学．

周旋，2013．泉林纸业秸秆供应物流中心选址规划[D]．南京：南京农业大学．

朱新华，杨中平，2011．陕西省秸秆资源收储体系研究[J]．农机化研究，33(7)：69-72．

DIEP N Q, SAKANISHI K, NAKAGOSHI N, et al., 2015. Potential for rice straw ethanol production in the Mekong Delta, Vietnam [J]. Renewable Energy, 74:456-463.

DOBIE J B, PARSONS P S, CURLEY R G, 1973. Systems for handling and utilizing rice straw[J]. Transact ASAE, 16(3): 533-536.

DOBSON J E, 1979. A regional screening procedure for land use suitability analysis[J]. Geographical Review, 69 (2): 224-234.

HORSFIELD B C, JENKINS B M, BECKER C, 1977. Agricultural residue as an alternative source of energy for the Pacific Gas and Electric Company Research report[D]. University of California, Davis: Department of Agricultural Engineering.

KADAM K L, FORREST L H, JACOBSON W A, 2000. Rice straw as a lignocellulosic resource: collection, processing, transportation, and environmental aspects[J]. Biomass and Bioenergy, 18(5): 369-389.

KUNIMITSU Y, UEDA T, 2013. Economic and environmental effects of rice-straw bioethanol production in Vietnam[J]. Paddy & Water Environment, 11(1-4):411-421.

DELIVAND M K, BARZ M, GHEEWALA S H, 2011. Logistics cost analysis of rice straw for biomass power generation in Thailand[J]. Energy, 36:1435-1441.

MUELLER-WARRANT G W, BANOWETZ G M, WHITTAKER G W, 2010. Geospatial identification of optimal straw-to-energy conversion sites in the Pacific Northwest[J]. Biofuels Bioproducts and Biorefining, 4(4): 385-407.

ZHANG Q, ZHOU D Q, ZHOU P, et al., 2013. Cost Analysis of straw-based power generation in Jiangsu Province[J]. China Applied Energy, 102: 785-793.

ZARNANI A, RAHGOZAR M, LUCAS C, et al., 2009. Effective spatial clustering methods for optimal facility establishment[J]. Intelligent Data Analysis, 13(1):61-84.

第 6 章 稻麦秸秆利用新途径与新技术

6.1 稻秸青贮饲料化技术

稻秸曾是中国广大农区反刍家畜粗饲料的主要来源之一，但因其纤维素含量高、消化率低、质地粗糙适口性差，从而在现代畜牧业中的利用受到很大限制。20 世纪 90 年代，中国政府曾再次推动秸秆饲料开发利用，采用氨化、碱化等化学处理法和添加微生物菌剂等生物处理法改善秸秆的适口性和饲用品质，并在全国各地进行示范推广。但由于没有很好解决秸秆可利用养分含量低的问题，推广利用受到很大的限制，大量稻秸仍没有得到很好的利用。

20 世纪 80 年代末至 90 年代初以来，日本将饲料稻的研究开发列入超高产育种计划，以开发专用青贮水稻品种和青贮技术为核心，组织水稻育种、饲料调制、家畜饲养和农机开发的部门和专家进行水稻青贮利用的开发研究，取得了一系列研究成果。到目前为止，日本已育成适合南北各地农田生态条件下栽培利用的青贮专用水稻品种 10 余种，开发出专用于水稻青贮的青贮菌添加剂 1 种，以及相应的捆包青贮机械设备。20 世纪 90 年代中后期，韩国也以国家项目的形式连续支持水稻青贮利用的开发研究，取得了突破性进展。

日本的研究结果表明，整株青贮的水稻青贮饲料饲用品质相当于牧草（*Phleum pratense* L.）干草，可作为奶牛等大家畜的优质粗饲料。饲喂奶牛适口性好，可提高产奶量和乳脂率。研究结果还显示，水稻在黄熟—完熟期收割青贮能有效保存茎叶中的可利用养分。由此可见，在水稻成熟收获时将新鲜稻秸青贮，可以最大限度保存稻秸中的可利用养分，提高稻秸饲用价值。

中国人多地少，粮食安全是国计民生的基础。日韩的水稻整株饲用方式并不适合中国国情，但在保证粮食生产的前提下用稻秸调制青贮饲料则符合中国水稻生产和草食家畜生产的需求。中国在稻秸饲料化研究上一直没有突破传统思路，基本围绕干稻秸的调制与加工进行。水稻茎叶在天然干燥过程中可利用养分大量损失，干稻秸饲用价值大幅下降，另外采用氨化、碱化等方法处理干稻秸极易引起家畜中毒。随着水稻收获机械化程度的不断提高，在收获稻谷的同时，收获新鲜稻秸并进行打捆等已成为可能，但目前中国在新鲜稻秸青贮调制和利用技术方面的研究甚少。

已有的研究表明，目前栽培利用的大多数水稻品种成熟时稻秸含水率在 70% 左右，适于青贮调制。但稻秸茎叶上自然附着的乳酸菌（lactic acid bacteria，LAB）

少，茎叶中的可溶性碳水化合物（water soluble carbohydrate，WSC）含量很低，常规青贮很难调制成具有较高饲用价值的青贮饲料。然而，在新鲜稻秸青贮时，添加青贮专用 LAB 和 WSC 含量高的农副产品混合青贮则可有效地改善稻秸青贮发酵品质，成功地调制稻秸青贮饲料。

综观国内外的研究成果，新鲜稻秸青贮利用是改善稻秸饲用价值和提高稻秸饲料利用率的主要发展方向。当前，研制易推广应用的稻秸青贮 LAB 添加剂和提高稻秸 WSC 含量是调制优质稻秸青贮饲料的关键。围绕稻秸饲料化利用技术，本部分从不同品种、不同植株部位、不同收获期稻秸饲用品质的差异及不同添加剂处理对稻秸青贮品质的影响等方面开展较为系统的研究，并形成稻秸打捆裹包青贮技术流程。

6.1.1 稻秸饲料特性

6.1.1.1 不同品种稻秸饲用品质的差异

选择江苏省主栽水稻品种 9 个，采样分析其稻秸饲料特性（表 6-1），结果表明，适时收获的新鲜稻秸中含有相当数量的非结构性碳水化合物（NSC）和粗蛋白（CP）等可消化养分，并且粳稻品种的稻秸饲用品质普遍高于籼稻（董臣飞等，2013）。

表 6-1 9 个水稻品种稻秸饲用品质相关性状

品种	非结构性碳水化合物（NSC）/%	粗蛋白（CP）/%	酸性洗涤纤维（ADF）/%	干物质体外消化率（IVDMD）/%
盐稻 830	10.80c	5.35d	40.37a	36.09c
武育粳 3 号	14.29a	6.46a	35.41d	40.84a
南粳 44	12.27b	6.28a	36.85c	40.15a
南粳 5055	10.35c	5.56c	39.67ab	39.18b
武香粳 14	14.43a	5.72c	38.61b	39.86ab
镇稻 10 号	11.80b	6.01b	39.08b	36.32c
南粳 47	6.02e	6.89a	41.14a	35.02c
南粳 46	8.32d	6.26a	39.89ab	36.30c
两优培九	8.21d	5.75c	39.99ab	39.74ab

注：同列不同小写字母代表差异显著（$P<0.05$）。

不同水稻品种稻秸中 NSC 含量差异较大。其中，NSC 含量最高的是武香粳 14，为 14.43%，其次是武育粳 3 号，为 14.29%，南粳 44 位居其后，为 12.27%，最低的是南粳 47，仅 6.02%。CP 含量差异不大，CP 含量最高的是南粳 47，为 6.89%，最低的是盐稻 830，为 5.35%。ADF 含量最高的是南粳 47，达 41.14%，盐稻 830、南粳 5055、南粳 46 和两优培九稍低，含量最低的是武育粳 3 号，仅 35.41%。IVDMD 最高的是武育粳 3 号，为 40.84%，南粳 44 稍低，为 40.15%，南粳 47 最低，为 35.02%。

6.1.1.2　不同留茬高度对稻秸饲用品质的影响

不同留茬高度的稻秸饲用品质差异显著。Dong 等（2013）研究 10cm、20cm、30cm 留茬高度稻秸饲用品质的差异，结果表明 10cm 留茬高度稻秸的 NSC 含量显著高于留茬 20cm 和 30cm 的稻秸（P<0.01），留茬 10cm 稻秸的 CP 含量显著低于留茬 20cm 和 30cm 的稻秸（P<0.01）。半纤维素和 ADF 含量不同留茬高度间差异不显著。进一步对稻秸不同节位茎秆、叶片和叶鞘中各饲用成分的差异研究表明，倒 3 节茎秆中的 NSC 含量显著高于倒 2 节和倒 1 节（P<0.05），也高于同节位的叶片和叶鞘。叶片中的 CP 含量显著高于茎秆和叶鞘（P<0.05）。叶片和叶鞘中的半纤维素含量高于茎秆，叶鞘中的 ADF 含量高于叶片和茎秆，但差异不显著。

6.1.1.3　不同收获时期稻秸饲用品质的变化

不同收获日期稻秸饲用品质相关性状呈现有规律的变化（董臣飞等，2014）（图 6-1）。稻秸中 NSC 含量随着收获日期的推迟，不同品种变化的规律不同，其

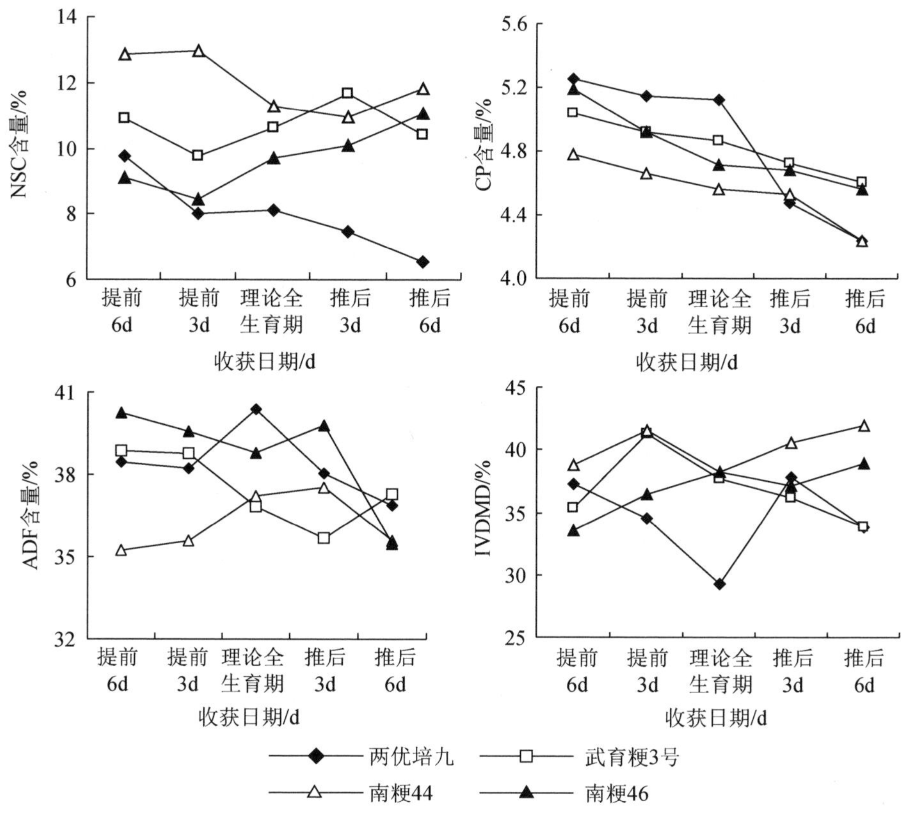

图 6-1　4 个水稻品种 5 个收获期稻秸饲用品质相关性状的变化趋势
（董臣飞等，2014）

中两优培九稻秸中的 NSC 含量在提前 6d 收获时最高，为 9.75%，随着收获日期的推迟 NSC 含量持续下降，但提前 3d 收获和按照理论全生育期收获的 NSC 含量相差不显著；南粳 44 和武育粳 3 号稻秸中的 NSC 含量则随着生育期的推迟先下降，后回升。其中武育粳 3 号在提前 3d 收获时 NSC 含量最低，而推后 3d 收获时 NSC 含量最高，达 11.65%，推后 6d 收获时 NSC 含量又有所下降；南粳 44 在提前 3d 收获时稻秸中的 NSC 含量最高，为 12.98%，随后下降，在推后 3d 收获时含量最低，推后 6d 收获时又有所升高。南粳 46 稻秸中的 NSC 含量基本随着收获期的延迟持续升高，在推后 6d 收获时含量达最高值 11.06%。稻秸中的 CP 含量均随着收获期的推后持续下降，其中两优培九的下降幅度最大，提前 6d 收获时 CP 含量为 5.25%，推后 6d 收获时为 4.23%；其余 3 个品种 CP 含量的下降幅度差异不显著。两优培九和南粳 46 的 ADF 含量在推后 6d 收获时最低，南粳 44 的 ADF 含量在提前 6d 收获时最低，武育粳 3 号在推后 3d 收获时含量最低。不同收获期稻秸 IVDMD 的变化规律是两优培九在提前 6d 收获时最高，随后持续下降，理论全生育期收获时最低，推后 3d 收获时又显著上升。南粳 46 和南粳 44 稻秸的 IVDMD 在推后 6d 收获时最高，武育粳 3 号稻秸的 IVDMD 在提前 3d 收获时最高。

在当前农业生产中，稻秸已经成为一种农业废弃物，因此，稻秸饲料资源化利用是产业发展的必然需求。在不影响稻谷生产的前提下适度降低稻秸产量将有助于减少处理稻秸的投入，因此在选择适宜收获期时，主要考虑的是对稻谷生产和稻秸饲用品质的影响。因此综合不同收获期稻谷产量和稻秸饲用品质的变化规律，在尽量不减少稻谷生产的前提下，为获得较高的稻秸饲用品质，杂交籼稻品种两优培九提前 6d 收获较为适宜，迟熟中粳武育粳 3 号和早熟晚粳南粳 44 推后 3d 收获较为适宜，而中熟晚粳南粳 46 推后 6d 收获较为适宜。

水稻成熟后挑选晴朗天气进行收割，收获留茬高度以 20cm 为宜。稻秸切成 20～30cm 长度为宜，摊放于田间自然风干 1～2d。晾晒后一般采用捡拾打捆机进行田间打捆，打捆过程中通过 LAB 自动添加装置均匀添加 LAB 剂。如果采用裹包青贮，一般打成圆捆，若是采用堆贮，则多打成方捆，方便堆放填压。

6.1.2　稻秸青贮饲料化技术

6.1.2.1　切碎

将稻秸切成适当长度是青贮成功的关键，否则稻秸不易压实。稻秸切碎也是进行打捆裹包青贮必需的步骤，过长的秸秆极易堵塞缠住打捆机。一般进行打捆裹包青贮的稻秸切碎长度在 10～20cm 为宜。

6.1.2.2　水分调节

根据新鲜稻秸在自然风干过程中的养分变化及青贮适宜含水量的要求，收获后稻秸在田间晾晒 1～2d 进行打捆裹包青贮为宜。许能祥等（2015）对收割后稻秸饲用品质的变化动态进行研究，结果表明新鲜稻秸自然风干 72h，稻秸饲用品质呈现持续下降的趋势。其中干物质体外消化率（IVDMD）、非结构性碳水化合物（NSC）以及粗蛋白（CP）含量呈下降趋势，而不易消化的酸性洗涤纤维（ADF）与中性洗涤纤维（NDF）含量增加，稻秸 IVDMD 含量从 44.56%下降到 34.90%，NSC 含量从 16.65%下降到 13.54%，ADF 含量增加了 11.49%，NDF 含量增加了 12.80%（表 6-2）。将不同时长风干的稻秸进行青贮试验。青贮 60d 后，采样测定。随着风干时间的延长，青贮稻秆 pH 呈上升趋势，新鲜稻秸青贮处理 pH 为 4.37±0.14，而风干 72h 稻秸青贮处理，pH 为 6.22±0.13，风干 72h 处理的乳酸含量由 44.87mg/g 下降到 4.5mg/g。风干时间延长使 pH 升高与乳酸含量降低，影响稻秸青贮的品质。综合风干对稻秸饲用品质和青贮品质的影响，稻秸风干时间应控制在 24h 以内，否则会影响稻秸的饲用与青贮品质。

表 6-2　不同风干时间对稻秸饲用品质的影响

风干时间/h	干物质（DM）/%	干物质体外消化率（IVDMD）/%	非结构性碳水化合物（NSC）/%	中性洗涤纤维（NDF）/%	酸性洗涤纤维（ADF）/%	粗蛋白（CP）/%
0（9:00）	23.38d	44.56a	16.65a	48.22g	26.90e	7.27a
3（12:00）	31.28cd	43.08b	15.58bc	49.42f	27.27e	6.89b
6（15:00）	35.55c	41.65c	15.88b	50.85e	27.97d	6.79b
9（18:00）	36.66c	39.17d	15.47bc	51.80d	28.81c	6.48c
24（9:00）	49.68b	37.55e	15.01c	52.38c	29.29bc	6.28d
48（9:00）	55.51ab	36.04f	14.11d	53.16b	29.45ab	6.23d
72（9:00）	60.16a	34.90g	13.54d	54.39a	29.99a	6.18d

注：同列不同小写字母代表 $P<0.05$ 水平差异显著。

6.1.2.3　添加剂应用

1. 添加 LAB 和农副产品

接种 LAB 是稻秸青贮成功的关键。制约稻秸青贮成功的主要因素之一是稻秸上附着的 LAB 较少，因此在稻秸打捆过程中添加 LAB 以促进发酵。李静等（2008）、吴晓杰等（2005）的试验证明添加 LAB 可以降低青贮料的 pH，提高乳酸（LA）含量，降低乙酸（AA）、丙酸（PA）及铵态 N 含量。

添加其他糖分含量高的农副产品也是改善稻秸青贮品质的有效方式。稻谷收获后用鲜湿稻秸青贮，但收获时间一般偏晚，秸秆的老化程度较高，其次，鲜湿稻秸中的 WSC 含量很低，直接青贮效果不理想。需要采用混合青贮或添加青贮添加剂等方式提高稻秸的青贮效果。在稻秸中添加麸皮、米糠等青贮方法已经获得成功，麸皮添加水平越高青贮效果越好，添加麸皮量为 6%～9%（占鲜样）时，青贮稻秸的色泽、质地、气味和评分等级等感官质量明显改善，发酵品质也显著提高。许能祥等（2010）对收获稻谷后鲜湿的稻秸进行添加 LAB 或米糠的青贮试验。结果表明，添加米糠可以补充稻秸中 WSC 含量的不足，添加 LAB 可以促进青贮原料快速发酵生产 LA，迅速降低 pH，抑制有害微生物。王鸿泽等（2014）筛选甘薯蔓、酒糟及稻秸混合青贮，组合比例为 4∶4∶2。李旭华等（2006）研究鲜湿晚稻秸与玉米秸秆、象草混合青贮，同时添加纤维素复合酶制剂和 LAB 制剂，结果表明：稻秸和玉米秸秆混合青贮并添加纤维素复合酶制剂的处理青贮效果最好。王彦苏等（2015）研究发现；只添加糖蜜和 AA 会提高水稻秸秆营养价值，但是对细菌和真菌群落结构没有很大的影响；只添加 LAB 的处理组，对水稻秸秆的营养价值提高不是很明显，但是改善了青贮过程中微生物群落结构，使 LAB 迅速成为优势菌群；联合添加 LAB 和辅料，既可以提高水稻秸秆的营养价值，也能明显改善微生物群落结构，青贮发酵形成厌氧环境，利于 LAB 生长，从而有效提高水稻秸秆的品质。

2. *添加淀粉酶*

适时收获的新鲜稻秸中含有相当数量的非结构性碳水化合物（NSC），其中淀粉占有相当比例。淀粉在青贮中需水解成可溶性糖（WSC）才能被 LAB 利用。许能祥等（2015）选用 NSC 与淀粉含量差异显著的两个水稻品种稻秸为材料。其中，杂交籼稻两优培九 NSC 与淀粉含量分别为 6.89%、3.68%，常规粳稻武香粳 14 分别为 16.51%、10.63%，设置 0.5、0.5、1.0 和 1.5（g/kg）3 个α-淀粉酶添加浓度和 CK（无添加）进行试验，研究不同的α-淀粉酶添加浓度对稻秸青贮品质的影响，为改善稻秸饲用品质提供依据。结果表明：添加 α-淀粉酶均可使两个品种稻秸干物质体外可消化率（IVDMD）与可溶性碳水化合物（WSC）含量提高、NSC 与淀粉含量降低，对两优培九稻秸中粗蛋白含量无极显著影响，但极显著增加了武香粳 14 稻秸粗蛋白（CP）含量，添加 α-淀粉酶对两种稻秸酸性、中性选涤纤维含量影响不大。不同 α-淀粉酶添加量处理间比较，随着 α-淀粉酶添加量的增加，两优培九添加量 1.5g/kg 较 0.5g/kg 可显著减少淀粉含量，武香粳 14 添加量 1.0、1.5（g/kg）较 0.5g/kg 可显著减少淀粉含量，而对其他指标的影响规律性不强或差异不显著（表 6-3）。两优培九添加 α-淀粉酶显著增加了青贮稻秸的 pH 和乳酸含量；添加不同量 α-淀粉酶均显著提高了武香粳 14 青贮稻秸中乳酸含量，但对 pH 影响不显著。添加 α-淀粉酶对两个品种稻秸青贮品质影响差异，可能是两个品种稻秸中 NSC 与淀粉含量不同所致（表 6-4）。

表 6-3　α-淀粉酶对青贮稻秸饲用品质的影响　（单位：%）

品种	处理	干物质体外消化率（IVDMD）	可溶性碳水化合物（WSC）	淀粉	非结构性碳水化合物（NSC）	粗蛋白（CP）	中性洗涤纤维（NDF）	酸性纤维（ADF）
两优培九	CK	30.59±0.83aA	0.34±0.01cB	0.94±0.07aA	1.29±0.08aA	4.53±0.04bAB	65.27±1.21aA	43.70±0.52aA
	添加 0.5g/kg α-淀粉酶（RA0.5）	30.69±0.12aA	0.49±0.01abAB	0.59±0.08bB	1.08±0.09bcB	4.58±0.04aA	64.90±0.44aA	43.71±0.37aA
	添加 1.0g/kg α-淀粉酶（RA1）	31.18±0.89aA	0.56±0.04aA	0.59±0.07bB	1.15±0.03bAB	4.44±0.05cB	64.76±1.00aA	43.50±0.11aA
	添加 1.5g/kg α-淀粉酶（RA1.5）	31.09±0.90aA	0.46±0.03bAB	0.54±0.07cC	1.00±0.04cB	4.60±0.01aA	64.60±0.44aA	43.64±0.51aA
武香粳 14	CK	37.49±0.09cB	0.66±0.04bA	4.69±0.33aA	5.35±0.37aA	6.27±0.06cC	56.79±1.42aA	32.88±0.07aA
	添加 0.5g/kg α-淀粉酶（RA0.5）	37.92±0.13abA	0.82±0.04abA	3.81±0.25bB	4.63±0.29bA	6.49±0.01bB	55.72±0.75aA	32.98±0.84aA
	添加 1.0g/kg α-淀粉酶（RA1）	38.02±0.13aA	0.88±0.12abA	2.62±0.27cC	3.50±0.39cB	6.50±0.06bB	55.74±0.50aA	33.02±0.26aA
	添加 1.5g/kg α-淀粉酶（RA1.5）	37.76±0.00bAB	1.02±0.10aA	2.55±0.26cC	3.57±0.10cB	6.74±0.05aA	55.39±0.71aA	33.01±1.12aA
品种		**	**	**	**	**	**	**
α-淀粉酶浓度		NS	**	**	**	**	NS	NS
品种×浓度		NS	*	**	**	**	NS	NS

注：同列不同大小写字母分别代表在 0.01 和 0.05 水平差异显著。

* 表示差异显著，** 表示差异极显著。

表 6-4　α-淀粉酶对青贮稻秸发酵品质的影响

品种	处理	pH	LA/（g/kg）	铵态氮/（g/kg）
两优培九	CK	5.07±0.01cB	11.06±0.54bB	47.73±0.58aA
	添加 0.5g/kg α-淀粉酶（RA0.5）	5.31±0.01bA	15.27±0.75aA	45.81±1.27bAB
	添加 1.0g/kg α-淀粉酶（RA1）	5.31±0.01bA	15.54±0.02aA	43.29±0.46cB
	添加 1.5g/kg α-淀粉酶（RA1.5）	5.35±0.01aA	16.02±0.94aA	44.29±0.46bcAB

续表

品种	处理	pH	LA/（g/kg）	铵态氮/（g/kg）
武香粳 14	CK	4.77±0.37aA	26.64±0.31cC	38.54±0.89cC
	添加 0.5g/kg α-淀粉酶（RA0.5）	4.48±0.16bA	38.64±0.53bB	36.96±0.19dDC
	添加 1.0g/kg α-淀粉酶（RA1）	4.56±0.04bA	45.00±0.21aA	39.11±1.08bB
	添加 1.5g/kg α-淀粉酶（RA1.5）	4.76±0.03aA	40.08±0.75bB	40.39±0.05aA
品种		**	**	**
α-淀粉酶浓度		NS	**	**
品种×浓度		*	**	**

注：同列不同大小写字母分别代表在 0.01 和 0.05 水平差异显著。

* 表示差异显著，** 表示差异极显著。

3. 青贮微生物分离鉴定

分离鉴定稻秸青贮前后的微生物有利于筛选适合稻秸青贮的 LAB，以控制稻秸青贮发酵过程，改善稻秸饲用品质。王彦苏等（2014）为探究影响水稻秸秆青贮质量的腐败菌种类，并筛选适合其青贮的优质 LAB，研究青贮前后水稻秸秆中可培养微生物的变化并分离鉴定 2 株 LAB。结果表明：青贮前后好氧或兼性厌氧细菌菌落总数由 7.6×10^7cfu/g 下降到 2.43×10^6cfu/g，真菌菌落数变化较为明显，从 4.43×10^5cfu/g 下降到 86cfu/g，LAB 菌落数从 4.16×10^5cfu/g 上升到 6.61×10^6cfu/g（表 6-5）。试验中筛选出的 2 株 LAB 分别属于乳杆菌属（*Lactobacillus casei*）和片球菌属（*Pediococcus ethanolidurans*）（图 6-2、图 6-3 和表 6-5），需进一步验证是否可作为青贮饲料添加菌剂。水稻秸秆青贮后依然有腐败菌的存在，需进一步提高其青贮发酵工艺，防治有氧恶化。

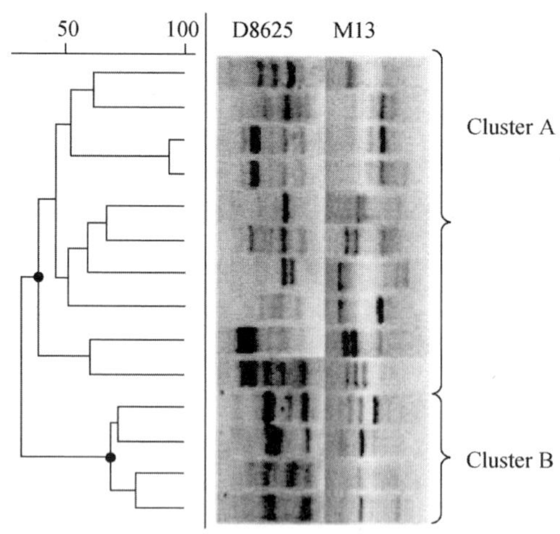

图 6-2　LAB RAPD-PCR

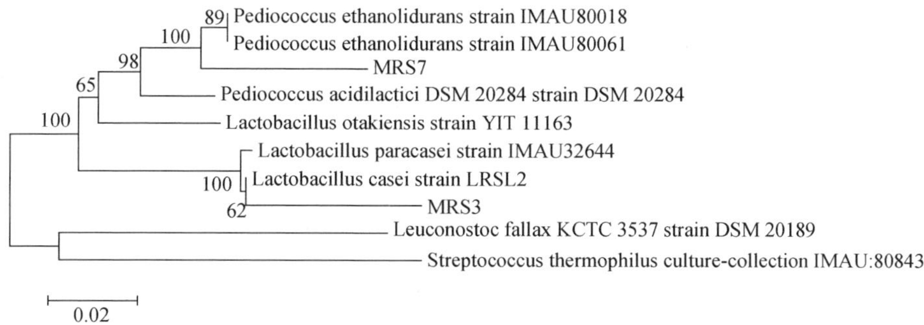

乳杆菌属：*Lactobacillus casei*；
片球菌属：*Pediococcus ethanolidurans*。

图 6-3　LAB 16SrDNA 序列系统发育进化树

表 6-5　青贮前后菌落数

菌落种类	青贮前	青贮后
好氧或兼性厌氧细菌	$7.6\times10^7\pm0.69\times10^7$	$2.43\times10^6\pm0.68\times10^6$
真菌	$4.43\times10^5\pm2.20\times10^5$	86±11.85
LAB	$4.16\times10^5\pm0.97\times10^5$	$6.61\times10^6\pm0.72\times10^6$

6.1.3　稻秸发酵品质与饲喂效果

6.1.3.1　青贮稻秸饲用品质

青贮发酵的稻秸饲用品质优良，具有浓郁的酸香味。许能祥等（2010）对不同品种稻秸的营养和发酵品质进行测定，结果见表 6-6 和表 6-7。

表 6-6　不同材料青贮饲料的营养特性

试验材料	可溶性碳水化合物（WSC）/%	中性洗涤纤维（NDF）/%	酸性洗涤纤维（ADF）/%	干物质回收率（DMR）/%	有机物消化率/%
9015	0.70b	76.53a	54.05a	67.54b	26.57b
9019	1.85a	71.59b	49.50b	77.49a	31.08a

注：同列不同小写字母代表 $P < 0.05$ 水平差异显著。

表 6-7　不同品种青贮饲料的发酵品质

试验材料	pH	LA/%	（AN/TN）/%	乙酸（AA）/%	丙酸（PA）/%	丁酸（BA）/%	乳酸（LA）/乙酸（AA）	总挥发性有机酸（TVFA）/%
9015	5.10a	0.35b	12.48a	0.33a	0.07	0.02a	1.05b	0.43a
9019	4.69b	0.92a	8.15b	0.12b	0.07	0.00b	7.97a	0.19b

注：同列不同小写字母代表 $P<0.05$ 水平差异显著。

不同品种（品系）稻秸青贮饲料的营养和发酵品质存在很大差异，9019 稻秸的 WSC 含量较高，可调制出品质优良的青贮饲料。

6.1.3.2　青贮稻秸肉羊饲喂效果

青贮稻秸品质优良，饲喂效果可部分替代青贮玉米。选用体重为（13.5±1.5）kg 的波尔徐淮山羊 40 只，随机分成 4 组，精粗比为 5∶5，具体日粮组成及营养成分见表 6-8。青贮稻秸替代青贮玉米的比例为 0%（A 组）、20%（B 组）、40%（C 组）、60%（D 组），预饲期 10d，试验期 75d。结果表明：C 组的平均日增重显著高于 A 组、B 组、D 组（$P<0.05$）（表 6-9），A 组、B 组、D 组的平均日增重差异不显著；C 组的料重比显著低于 A 组，A 组、B 组、D 组的料重比差异不显著。屠宰率以 C 组最高，4 组间无显著差异（表 6-10）。肉羊饲喂中青贮稻秸替代青贮玉米的最佳比例为 40%（表 6-10）。

表 6-8　试验日粮组成与营养水平（干物质基础）

原料组成	青贮稻秸替代青贮玉米的比例/%			
	0（A）	20（B）	40（C）	60（D）
玉米	24.48	26.96	28.4	30.16
麸皮	14	9	4	0
豆粕	9	11.5	14.9	17.1
青贮稻秸	0	10	20	30
青贮玉米	50	40	30	20
磷酸氢钙	1.1	1.1	1.4	1.5
石粉	0.32	0.34	0.2	0.14
盐	0.5	0.5	0.5	0.5
预混料	0.6	0.6	0.6	0.6
总计	100	100	100	100
营养水平*				
总能	8.12	8.23	8.09	8.17
粗蛋白	14.91	15.18	15.36	15.14
粗脂肪	4.07	3.96	4.00	3.76
中性洗涤纤维	30.92	31.61	32.19	35.69
酸性洗涤纤维	20.13	20.78	21.82	23.57
钙	0.91	0.93	0.90	0.88
磷	0.54	0.55	0.50	0.56

* 营养成分为实测值。

表 6-9　青贮稻秸替代青贮玉米的不同比例对羔羊生产性能的影响

比例*	始重/kg	末重/kg	总增重/kg	平均日增重/（g/d）	日均采食量/（kg/d）	料重比
0（A）	13.47±0.68	21.43±1.44b	7.95±0.96b	106.04±12.82b	1.14±0.02b	10.90±1.35a
20（B）	13.36±1.01	21.72±1.97b	8.36±1.29b	111.49±17.22b	1.09±0.02b	10.01±1.70a
40（C）	13.25±0.56	22.61±1.09a	9.36±1.00a	124.88±13.36a	1.20±0.03a	9.71±1.10b
60（D）	13.29±0.75	21.47±1.51b	8.18±1.05b	109.09±14.06b	1.08±0.01b	10.05±1.35a

注：同列不同小写字母代表 $P<0.05$ 水平差异显著。

* 青贮稻秸替代青贮玉米的比例（%）。

表 6-10　青贮稻秸替代青贮玉米的不同比例对羔羊屠宰性能的影响

比例*	宰前活重/kg	胴体重/kg	屠宰率/%
0（A）	21.11±0.43c	10.23±0.58	48.43±1.92
20（B）	21.59±1.05bc	10.54±0.77	48.77±1.25
40（C）	22.36±0.16ab	11.05±0.32	49.42±1.09
60（D）	21.39±0.73bc	10.32±0.49	48.21±1.03

注：同列不同小写字母代表 $P<0.05$ 水平差异显著。

* 青贮稻秸替代青贮玉米的比例（%）。

在不影响波尔徐淮山羊生长性能和屠宰性能的前提下，青贮稻秸还可替代部分羊草。试验选用平均体重为（13.5±1.5）kg 的波尔徐淮山羊 30 只，随机分成 3 组，A 组粗饲料全部是青贮玉米，B 组为 40%青贮稻秸+60%青贮玉米，C 组为 40%羊草+60%青贮玉米。具体日粮组成及营养成分见表 6-11。预饲期 10d，试验期 75d。结果表明，B 组、C 组的平均日增重显著高于 A 组（$P<0.05$），B 组、C 组的平均日增重差异不显著；B 组、C 组的料重比显著低于 A 组（$P<0.05$），B 组、C 组的料重比差异不显著；屠宰率以 C 组最高，C 组的屠宰率显著高于 A 组（$P<0.05$），B 组、C 组无显著差异（表 6-12 和表 6-13）。

表 6-11　试验饲粮组成与营养水平（干物质基础）

日粮	原料组成									
	玉米	麸皮	豆粕	青贮稻草	青贮玉米	羊草	磷酸氢钙	石粉	盐	预混料
A	24.48	140	90	0	50	0	1.1	0.32	0.5	0.6
B	28.4	4	14.9	20	30	0	1.4	0.2	0.5	0.6
C	18.5	20	9.1	0	30	20	0.7	0.6	0.5	0.6

日粮	营养水平*						
	总能	粗蛋白	粗脂肪	中性洗涤纤维	酸性洗涤纤维	钙	磷
A	8.12	14.91	4.07	30.92	20.13	0.91	0.54
B	8.09	15.36	4	32.19	21.82	0.9	0.5
C	8.2	15.18	4.11	30.46	20.07	0.93	0.51

注：A，粗饲料全部是青贮玉米；B，40%青贮稻秸+60%青贮玉米；C，40%羊草+60%青贮玉米。

* 营养成分为实测值。

表 6-12　青贮稻秸替代羊草对羔羊生产性能的影响

日粮	始重/kg	末重/kg	总增重/kg	平均日增重/(g/d)	日均采食量/(g/d)	料重比
A	13.47±0.68	21.43±1.44b	7.95±0.96b	106.04±12.82b	1.14±0.03b	10.90±1.35a
B	13.25±0.56	22.61±1.09a	9.36±1.00a	124.88±13.36a	1.20±0.02a	9.71±1.10b
C	13.53±0.83	22.97±1.10a	9.45±0.75a	125.96±9.98a	1.18±0.03b	9.42±0.75b

注：A，粗饲料全部是青贮玉米；B，40%青贮稻秸+60%青贮玉米；C，40%羊草+60%青贮玉米。同列不同小写字母代表 $P<0.05$ 水平差异显著。

表 6-13　青贮稻秸替代羊草对羔羊屠宰性能的影响

日粮	宰前活重/kg	胴体重/kg	屠宰率/%
A	21.11±0.43b	10.23±0.58c	48.43±1.92c
B	22.36±0.16a	11.05±0.32bc	49.42±1.09bc
C	22.61±0.52a	11.52±0.66ab	50.93±1.81ab

注：A，粗饲料全部是青贮玉米；B，40%青贮稻秸+60%青贮玉米；C，40%羊草+60%青贮玉米。同列不同小写字母代表 $P<0.05$ 水平差异显著。

6.1.3.3　青贮稻秸农药残留检测

农药残留分析一直是世界各国关注的焦点，尤其是近年来人们生活水平不断提高，对食品安全的关注日益增强。动物采食农药含量超标的饲料势必会造成农药在动物体内富集，而人类食用富集农药的畜产品将会对身体造成危害。在水稻生长过程中，为保证稻谷产量，需要密切防治病虫害，往往喷施大量农药，可能导致稻秸中农药残留超标，进而对动物饲喂安全形成隐患。因此，稻秸中农药残留量的检测尤为重要。

三环唑是一种具有较强内吸性中等毒性的保护性杀菌剂，能迅速被水稻各部位吸收，持效期长，药效稳定，用量低，并且抗雨水冲刷，在水稻生产中被广泛应用。关于水果、烟草和稻米中三环唑的残留检测已有相关报道，但稻秸中对其残留检测的研究报道甚少。吡虫啉是烟碱类超高效杀虫剂，具有广谱、高效、害虫不易产生抗性等特点，在水稻生产中被广泛应用。桂维阳等（2014）对稻秸中残留的三环唑和吡虫啉进行检测，为稻秸的饲喂安全提供了重要参考。研究选用南粳 5055 和镇稻 10 号的水稻秸秆为试验材料，利用乙腈提取水稻秸秆中的吡虫啉和三环唑，经 ENVI-18 小柱和分散固相吸附剂 PSA 净化后，采用高效液相色谱法分析，检测水稻秸秆中的农药残留量及其变化趋势。结果表明，吡虫啉和三环唑的添加回收率为 88.36%～119.98%，变异系数为 1.83%～12.38%，吡虫啉和三环唑的最小检出量分别为 1.00×10^{-9}g 和 1.25×10^{-10}g。吡虫啉在南粳 5055 和镇稻 10 号中的半衰期分别为 2. 082d 和 1.905d（图 6-4），三环唑在南粳 5055 和镇稻 10 号的半衰期分别为 6.086d 和 5.660d。吡虫啉喷施 30d 后，残留量小于 0.307mg/kg，三环唑喷施 35d 后，残留量小于 0.056mg/kg（图 6-5），供试水稻秸秆可安全用作饲料。

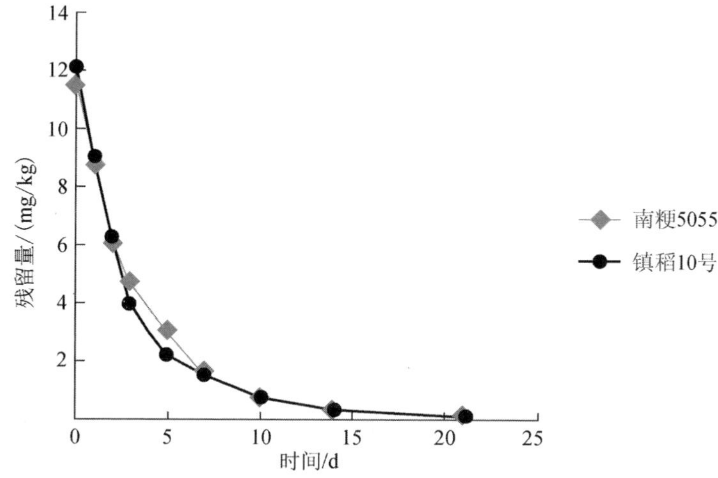

图 6-4　吡虫啉在水稻植株中的消解动态曲线

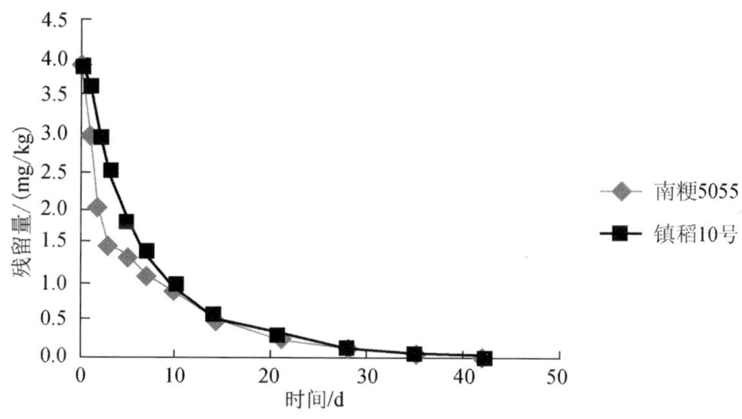

图 6-5　三环唑在水稻植株中的消解动态曲线

另外，桂维阳等（2015）以两个粳稻品种为研究对象，分别喷施吡虫啉和三环唑推荐用量以及推荐用量的 1.5、2.0（倍），分别于施药后 25、30、35（d）收获稻秸进行青贮处理，并分别于青贮后 40、50、60（d）测定 2 种农药的残留量，探讨青贮稻秸中的农药残留量及其饲用安全性。结果表明，吡虫啉和三环唑在青贮稻秸中的含量与施药剂量呈正相关，施药后取样时间距施药时间越短，残留量越高，不同水稻品种间降解速率差异不显著。相同收获期不同青贮时间的稻秸农药残留量差异不显著。同一水稻品种相同收获期不同青贮时间的农药降解程度随青贮时间的延长趋于一致，同一时间收获后两种农药的降解程度与喷施浓度及青贮时间无明显相关性。推荐使用量条件下，两种农药施药后 35d 收获的稻秸无论是否青贮，两种农药的残留量均处于安全水平，可安全用于草食动物的饲养。

王彦苏（2015）为了探究水稻秸秆青贮发酵过程中农药残留的变化情况，采用外源添加 50mg/kg 的毒死蜱和联苯菊酯，在灭菌和不灭菌、添加 LAB 和不添加 LAB 的秸秆青贮发酵条件下，检测农药残留量的变化情况。研究发现（图 6-6），在青贮发酵条件下，没有灭菌秸秆，并且添加 LAB 的处理组，毒死蜱含量减少比较明显。在纯培养条件下，LAB 可以吸附解毒农药，吸附率达到 33.3%～42.0%。GC-MS 分析和 RT-PCR 分析显示 LAB 可以通过有机磷水解酶断裂毒死蜱的 P—O—C 键，来解毒毒死蜱。本研究发现添加 LAB 经过青贮发酵后的秸秆可以有效地减少秸秆原料上农药残留含量，从而提高青贮饲料的品质，有利于动物健康。

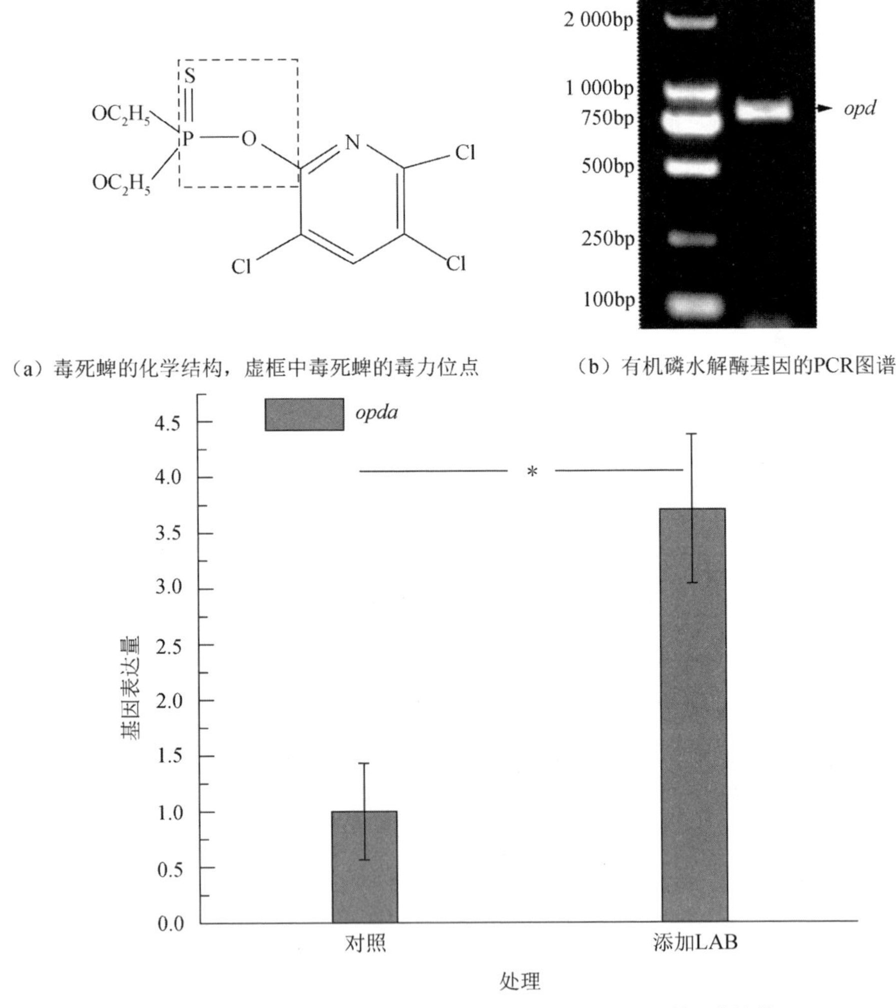

（a）毒死蜱的化学结构，虚框中毒死蜱的毒力位点

（b）有机磷水解酶基因的PCR图谱

（c）有机磷水解酶基因在对照和添加LAB处理组基因表达情况

图 6-6　有机磷水解酶基因在添加和不添加 LAB 的水稻秸秆青贮饲料中表达量的变化

6.1.4　稻秸青贮饲料化技术经济效益分析

青贮稻秸在打捆裹包时应喷洒 LAB，存放 30d 左右即可开包饲喂，主要是采用调制全混合日粮（total mixed ration，TMR）饲料的形式。先将稻秸放入 TMR 搅拌机切碎，长度越短越好，并与配置好的精料一起搅拌混匀，然后用来饲喂肉羊和牛等草食动物。也可以将搅拌好的 TMR 饲料再次裹包密封，进行发酵，这样可以一次配料长期饲喂，减少工作量。图 6-7 为青贮稻秸田间打捆裹包及饲喂利用的实景流程图。

（a）稻秸收割后田间晾晒1～2d

（b）打捆过程中添加乳酸菌制剂

（c）打捆成功

（d）裹包及仓储

（e）发酵稻秸TMR饲料

图 6-7　青贮稻秸加工及饲喂技术流程

对已进行的裹包微贮的成本核算如下：秸秆的收集打捆、搬运及仓储 160 元/t，裹包作业（含人工）50 元/t，菌种及辅料 20 元/t，拉伸膜耗材 70 元/t，微贮饲料的合计成本为 300 元/t。本项目形成的技术产品可部分替代羊草等优质粗饲料，降低奶牛饲养成本。按稻秸微贮饲料 0.30 元/kg 计算，羊草进口价约 3 元/kg，替代羊草 20%，则 3300-（3300×0.8+300×2）=600，每千克粗饲料综合成本下降 0.60 元，每吨粗饲料成本下降约 600 元。按替代奶牛粗饲料的 20%计算，每年每头牛的饲养成本平均下降 750～800 元。大规模推广将有更好的经济效益，江苏全省应用后可节约饲养成本约 9 000 万元。

6.2　秸秆块墙体日光温室技术

6.2.1　概述

日光温室作为一种现代农业设施，发展潜力巨大。日光温室最突出的特点是对气候和环境有较强的可控性。通过人工调控、改变或模拟自然环境，可以为农作物生长提供所需的温度、湿度、光照、水肥等环境条件，降低对自然环境的依赖性，实现周年生产，保证农业生产的连续性。目前，日光温室墙体材料主要是夯实土和黏土砖，但无论是土墙还是砖墙，建造过程都需要消耗大量土地资源，其中，黏土砖的制作已被国家明令禁止。近年来，已有大量研究利用混凝土空心砖、充气砌块、聚苯乙烯泡沫板、炉渣及其他相变蓄热材料作为日光温室墙体构筑替代材料。寻求环境友好型墙体构筑替代材料，构建新型节能环保日光温室，在发展生态、循环、绿色农业的大背景下，具有特别重要的意义。

农作物秸秆作为一种资源丰富、廉价、可再生资源，以其卓越的保温蓄热性能，在建筑领域受到青睐。在西方，秸秆建筑技术已有 100 多年的历史，美国内布拉斯加州 1886 年建成世界上第一幢以打捆秸秆为墙砖的秸秆建筑。有研究表明，土壤的导热系数在 0.60～0.90W/（K•m），普通红砖的导热系数为 0.39～0.42W/（K•m），而秸秆压缩成一定密度的秸秆块，导热系数仅为 0.038～0.128W/（K • m）。可以看出，秸秆块的阻热性能是土壤、红砖等建筑墙体材料的 5～10 倍。因此，秸秆块墙具有比土墙、砖墙更好的保温隔热性能。从理论上制作具有同样热工性能的墙体，土墙和砖墙所需厚度应该是秸秆墙体的 5～10 倍。将秸秆制作成秸秆块，进一步用作日光温室墙体建造，不仅能建出墙体占地更少、保温隔热性能更好的日光温室，还可以为农作物秸秆开辟一条综合利用的新途径。

本节围绕秸秆块墙体日光温室构建相关技术问题，重点介绍农作物秸秆块成型过程的相关基础理论，主要包括秸秆压缩特性、压缩成型过程中应力松弛和秸秆块蠕变规律等。在此基础上，介绍秸秆块墙体日光温室结构、构建方法、田间应用效果、墙体老化性能及维护技术，并对该型温室进行了经济性评价分析，旨在为秸秆块墙日光温室研究与构建提供理论与技术指导。

6.2.2　秸秆压缩特性

6.2.2.1　秸秆压缩规律

秸秆物料的压缩是秸秆收贮、转运及利用的一项重要前期处理措施。研究秸秆压缩过程中压缩力与压缩密度之间的变化规律，明确压缩密度与压缩应力的关系，对打捆机械动力的选择及工作部件强度的确定都有指导意义。

以稻秸、麦秸和玉米秸为材料（图 6-8），进行秸秆压缩试验。所用仪器为万能压缩试验机，压缩模具（图 6-9）自制。所选取的压缩材料，均剪切成约 2cm 的秸秆段，稻、麦秸风干后直接剪切，玉米秸需破碎后再剪切。将上述剪好的秸秆段添加到压缩模具中，模具秸秆初始密度见表 6-14。压缩过程中，由试验机自动记录秸秆物料压力及压缩位移随时间的变化数值。

（a）稻秸

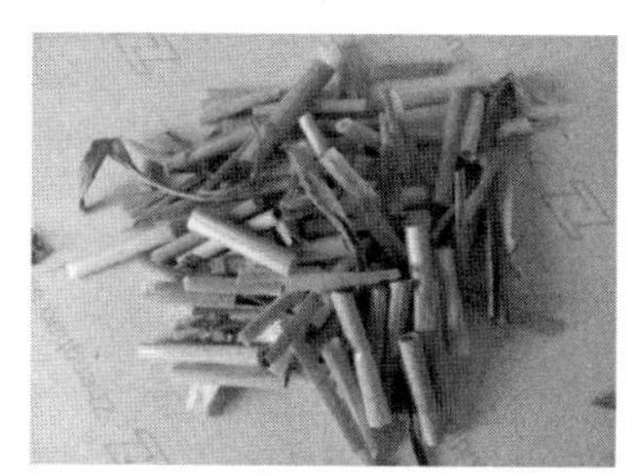

（b）麦秸

（c）玉米秸

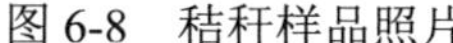

图 6-8　秸秆样品照片

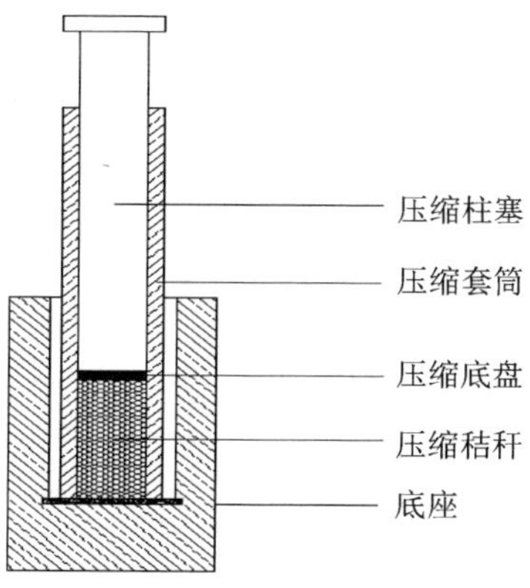

图 6-9　压缩模具示意图

表 6-14　不同进料量条件下 3 种秸秆初始密度

物料	进料量/g	初始密度/（kg/m^3）
水稻秸秆	17	42.968
	19	48.023
	21	53.079
小麦秸秆	17	42.968
	19	48.023
	21	53.079
玉米秸秆	17	100.259
	19	106.719
	21	112.591

1. 不同秸秆压缩应力—应变规律

利用 MATLAB 软件中 cftool 拟合工具箱分别对水稻、小麦和玉米秸秆在 17g、19g、21g 进料量时的应力—应变数据点进行拟合（图 6-10）。

秸秆物料由松散到压缩成型的过程是一个大变形过程，应变的计算需用对数应变（自然应变）来表示，公式为

$$\varepsilon = \int_{l_0}^{l_n} \frac{\mathrm{d}h}{h} = \ln \frac{h_n}{h_0} \tag{6-1}$$

式中，ε 为自然应变或对数应变；h_0 为变形前物料的高度，mm；h_n 为变形后物料的高度，mm。

从图 6-10 可以发现，不同秸秆在压缩过程中应力—应变规律类似，拟合曲线与数据点基本重合，直观地展现了不同秸秆进料量下压缩过程中的应力—应变关系。随应变的逐渐增加所需要的应力也逐渐增大，因此要得到的变形幅度越大，所需要的压力就越大，17g、19g 和 21g 3 种进料量情况下都呈现相同的规律。

从玉米秸、稻秸与麦秸 3 种物料压缩过程应力变化看（图 6-10），在秸秆压缩密度较低时，达到相同应变，玉米秸所需的压缩应力最大，麦秸次之，稻秸最小。随着应变继续增加，由于 3 种秸秆压缩应力增幅不同，达到相同应变，麦秸所需的压缩应力大于稻秸、稻秸所需的压缩应力大于玉米秸。产生这一现象的原因可能与秸秆在压缩过程中的排列方向有关。

初始随意填充的材料可视为各向同性材料，压缩时在外压力作用下，秸秆段发生相对运动及形变，除发生空隙填充和产生压实效应，因模具空腔横向约束作用，秸秆段在纵向上还存在较强的取向效应。这种纵向的取向效应，使得材料的各项同性材料性质向异性材料性质转变，结果导致纵向排列的纤维束增加，弹性模量增大。不同秸秆纤维强度不同，与不同秸秆段之间表面摩擦力不同，造成秸秆段被压缩过程中取向程度不同，玉米秸秆经过破碎，秸秆表面粗糙，小麦秸秆为完整的主茎秆，水稻秸秆段存在一定量的柔性叶片，因此，在压缩过程中小麦秸秆纵向取向作用最强，其次为水稻秸秆，玉米秸秆最弱。低密度压缩时，起主

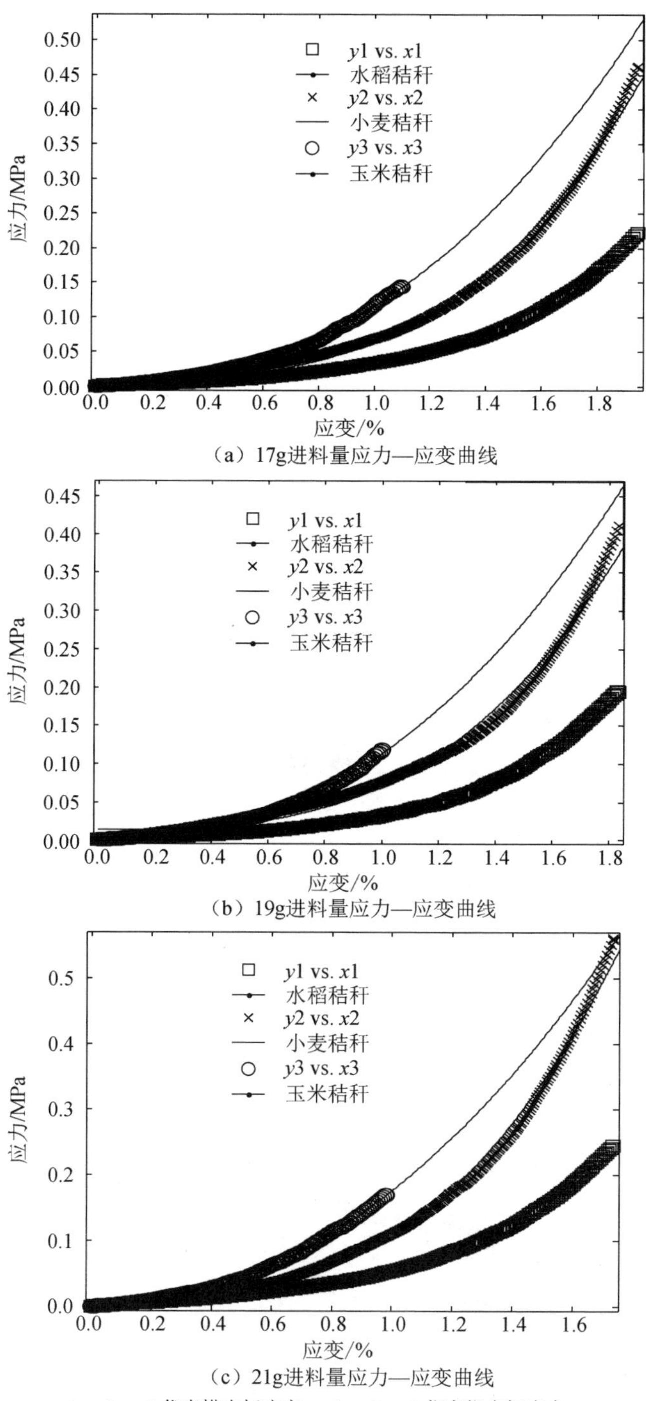

（a）17g进料量应力—应变曲线

（b）19g进料量应力—应变曲线

（c）21g进料量应力—应变曲线

$x1$、$x2$、$x3$ 代表横坐标应变；$y1$、$y2$、$y3$ 代表纵坐标应力。

图 6-10　不同进料量条件下水稻、小麦、玉米秸秆应力—应变对比曲线

导作用的为秸秆纤维束自身弹性模量，因玉米秸秆纤维束强度高，弹性模量大，故压缩应力较大。随着压缩程度提高，秸秆段取向作用对压缩应力的影响增大，物料越容易发生取向运动，压缩应力也越大，因而在高密度压缩段，小麦秸秆压缩应力变成最大，玉米秸秆压缩应力变为最小。

因此，在实际生产中，应根据秸秆块压缩密度需求，合理选择秸秆种类，这样可以减少能耗，节省加工成本。

2. 不同进料量条件下秸秆压缩应力—应变规律

图 6-11 为 17g、19g 和 21g 3 种进料量情况下，压缩活塞从零位到最大行程的应力—应变的数据点及拟合曲线。

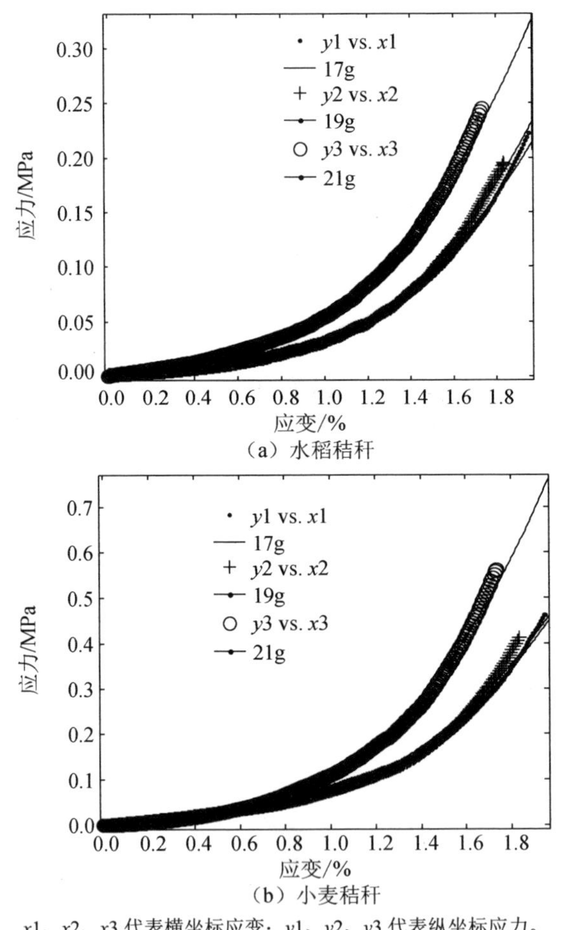

（a）水稻秸秆

（b）小麦秸秆

x1、x2、x3 代表横坐标应变；y1、y2、y3 代表纵坐标应力。

图 6-11　不同进料量条件下水稻、小麦、玉米秸秆应力—应变曲线

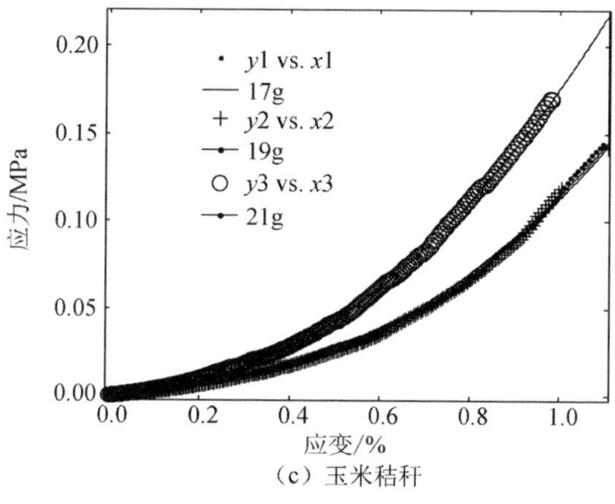

（c）玉米秸秆

图 6-11（续）

本试验中，压缩模型的容积恒定，因此初始进料量代表物料初始密度。从图 6-11 可以看出，随进料量即压缩物料初始密度的增加，相同应变产生的内应力增加，但 17g 与 19g 两进料量应力—应变曲线变化不大，相同应变 19g 进料量的曲线斜率略高于 17g，而 21g 进料量的应力曲线斜率显著高于前两者，即产生相同应变条件下，21g 进料量压力需要显著增加。水稻、小麦和玉米秸秆 3 种物料呈现相同趋势。试验表明，秸秆段压缩时，压缩应力随应变的变化与初始进料量即初始物料密度有关，当初始密度较小时，随着初始密度增加，相同应变产生的压缩应力增加不明显，但当初始密度超出一定限度，相同应变产生的压缩应力显著增加。因此，在秸秆块压缩时，选择合理的秸秆物料初始密度，有利于减少压缩应力，降低功耗。

3. 不同秸秆压缩应力—应变方程

不同秸秆压缩应力—应变方程见表 6-15，不同进料量不同秸秆物料的应力—应变方程的拟合相关系数均在 0.98 以上，最高达到了 0.999 3，说明幂指数函数已经可以非常准确地反映本试验条件下的水稻、小麦和玉米秸秆压缩过程中应力—应变的规律，即压缩应力与变形之间的规律。

表 6-15 应力—应变拟合数学模型

进料/g	物料	应力—应变方程	相关系数（R^2）
17	水稻秸秆	$p=0.027\varepsilon^{3.062}+0.004$	0.995 0
	小麦秸秆	$p=0.054\varepsilon^{3.111}+0.010$	0.993 6
	玉米秸秆	$p=0.111\varepsilon^{2.303}+0.004$	0.996 8
19	水稻秸秆	$p=0.025\varepsilon^{3.248}+0.005$	0.995 8
	小麦秸秆	$p=0.057\varepsilon^{3.043}+0.014$	0.987 6
	玉米秸秆	$p=0.110\varepsilon^{2.330}+0.003$	0.997 5

续表

进料/g	物料	应力—应变方程	相关系数（R^2）
21	水稻秸秆	$p=0.047\varepsilon^{2.849}+0.007$	0.994 5
	小麦秸秆	$p=0.098\varepsilon^{3.021}+0.009$	0.995 4
	玉米秸秆	$p=0.173\varepsilon^{2.097}+0.003$	0.999 3

Skalweit 首次在密闭容器内以低速对草物料进行压缩试验，提出压缩应力和压缩后物料容积密度之间的规律：$p=c\gamma^m$。后来的研究虽然在此基础上创新性地加入了不同的影响因素，如湿度、压缩过程中的压缩速度及压缩物料的强度系数等，但都没有在方程式后面加入常数项，也可能因常数项数值太小而忽略不计。本研究考虑了常数项，发现带有常数项 c 的数学模型对试验数据的拟合结果要优于不带常数项 c 的数学模型，虽然 c 值很小，但是对拟合结果确实有不可忽视的影响，所以本文选取的数学模型并未忽略常数项。纤维含水率 15%左右，秸秆长度 2cm，17g、19g 和 21g 3 个进料量梯度下水稻、小麦和玉米秸秆压缩过程中应力—应变的数学模型为

$$p=a\varepsilon^b+c \tag{6-2}$$

式中，p 为压缩应力，MPa；ε 为压缩应变，本身为负值，公式中取绝对值；a、b、c 为试验系数。

4. 不同秸秆压缩应力—应变数学模型相关参数分析

表 6-16 为 3 种不同进料（17g、19g 和 21g）梯度下，3 种秸秆的应力—应变数学模型中的相关参数。由压缩过程中应力—应变规律的数学表达式（6-2）可知，系数 a 值越大，相同应变条件下需要的压缩应力越大；系数 b 值越大，达到相同的应变，需要的压缩应力增大的速率越快，曲线越陡，斜率越大；常数 c 值的大小直接影响压缩应力的大小。

表 6-16　不同进料量下 3 种物料应力—应变方程相关数据

进料量/g	物料	a	b	c
17	水稻秸秆	0.027	3.062	0.004
	小麦秸秆	0.054	3.111	0.010
	玉米秸秆	0.111	2.303	0.004
19	水稻秸秆	0.025	3.248	0.005
	小麦秸秆	0.057	3.043	0.014
	玉米秸秆	0.110	2.330	0.003
21	水稻秸秆	0.047	2.849	0.007
	小麦秸秆	0.098	3.021	0.009
	玉米秸秆	0.173	2.097	0.003

相同进料量条件下，水稻、小麦和玉米秸秆的 a 值递增，说明相同应变条件下，压缩玉米秸秆所需压缩应力最大；17g、21g 进料量时，小麦秸秆的 b 值最大，19g 时，水稻秸秆的 b 值最大，说明进料量不同，相同秸秆压缩应力增加速率不同；3 种进料量条件下，玉米秸秆的 b 值均最小，说明各进料量条件下，玉米秸秆压缩过程中压缩应力随应变的增加速率最小；进料量不同，a 值、b 值的变化呈非线性规律，说明进料量对秸秆物料压缩过程中应力—应变之间的关系有影响，呈现非线性的关系；相同进料量条件下，水稻、小麦、玉米 3 种秸秆中，小麦秸秆的 c 值最大，水稻秸秆次之，玉米秸秆最小，表明进料量相同时，压缩到相同的最大密度，小麦秸秆的应变最大，压缩应力也最大，水稻秸秆次之，玉米秸秆的最小，所以可以直接由 c 值辨别秸秆压缩到相同的最大密度所需要的压缩应力的大小排列顺序，c 值不可忽略。

5. 小结

稻秸、麦秸和玉米秸在压缩过程中，压缩应力随形变变化的趋势是一致的，即随着形变增加，压缩应力也增大。压缩过程中，随着外加压力增加，秸秆材料内部秸秆段可发生内部取向运动，导致不同取向能力的秸秆压缩应力随应变的变化出现差异。本试验中，麦秸结构相对完整，表面光滑，取向能力强，压缩时压缩应力—应变曲线斜率大，即相同应变应力增幅大，水稻秸秆次之，玉米秸秆斜率最小，压缩应力随应变增幅最小。对于闭式压缩，初始进料量对压缩应力增长有较大影响，在一定物料密度范围内随着初始进料密度增加，压缩应力增幅并不大，但超过一定限值压缩应力会随之显著升高。因此，在秸秆成型压缩时，应根据需要合理选择秸秆种类和初始密度，以降低压制设备能耗，节省加工成本。通过分析水稻、小麦和玉米秸秆在不同喂料量时的应力—应变关系，建立相应的数学模型。长度 2cm 的秸秆在含水率 15%左右，不同进料量梯度下水稻、小麦和玉米秸秆压缩过程中应力—应变的数学模型为：$p = a\varepsilon^{b} + c$，该模型能较好地拟合秸秆物料压缩应力与形变的变化关系。

6.2.2.2　秸秆压缩过程应力松弛特性

应力松弛是物料压缩过程中一种重要的流变特性。弄清秸秆压缩过程中应力松弛规律，有助于压缩成型装置的设计、被压缩秸秆块的捆扎定型以及压缩工程动力参数确定等。为弄清秸秆压缩过程中应力松弛的变化规律，我们分析了 3 种不同初始密度下秸秆应力松弛过程，利用 MATLAB 软件中 cftool 命令对应力松弛有关流变参数进行拟合，以探讨密度低于等于 3000kg/m^3 条件下秸秆块的应力松弛特性，为秸秆压缩打捆装置提供理论依据。

将湿度平衡处理后的 3 种秸秆各取 17g、19g 和 21g，依次添加到压缩套筒中，设定压缩活塞的初始位移为压缩秸秆块密度 300kg/m^3，保持压缩最大位移不变，定义活塞运动到设定位移的时刻为应力松弛起始点，松弛过程记录时间为 820s，压缩过程中仪器自动记录压缩应力和压缩位移随时间的变化过程，进而得到应力松弛规律曲线。最后利用 MATLAB 软件对试验数据进行模型参数的拟合，得到不同进料量下方程的特征参数及拟合相关系数。

1. 应力松弛模型的选择

以 17g 进料量下水稻秸秆的压缩数据为例，分别用不同的模型对试验数据进行曲线拟合，观察拟合曲线与实际数据点的拟合效果，对比拟合相关系数 R^2 的大小来确定流变模型，拟合曲线及拟合效果见图 6-12 和表 6-17。

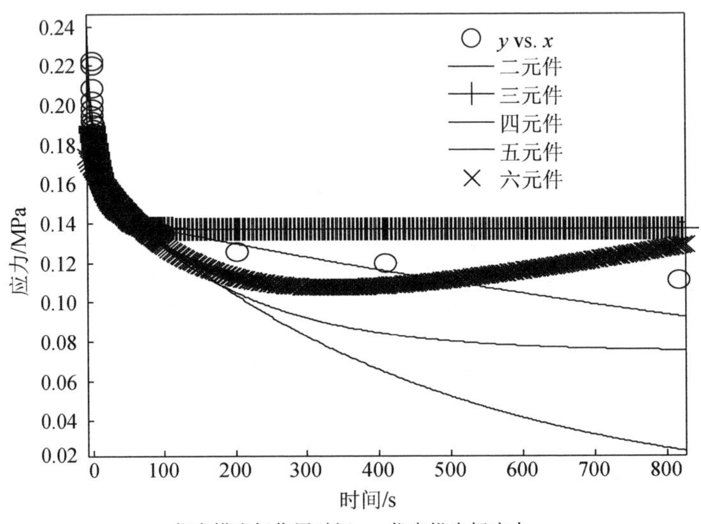

x 代表横坐标作用时间；y 代表纵坐标应力。

图 6-12　不同模型模拟曲线

表 6-17　不同模型结构及拟合相关系数

名称	模型图	公式	拟合相关系数
二元件	E, η	$\sigma(t)=\sigma_1 e^{\left(-\frac{t}{\tau_1}\right)}$	0.595 2
三元件	E_1, η, E_2	$\sigma(t)=\sigma_1 e^{\left(-\frac{t}{\tau_1}\right)}+\sigma_e$	0.926 2

续表

名称	模型图	公式	拟合相关系数
四元件	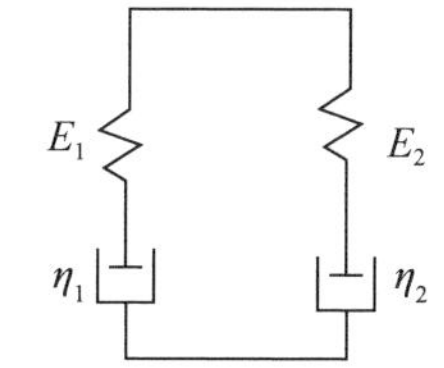	$\sigma(t)=\sigma_1 e^{\left(-\frac{t}{T_1}\right)}+\sigma_2 e^{\left(-\frac{t}{T_2}\right)}$	0.951 0
五元件	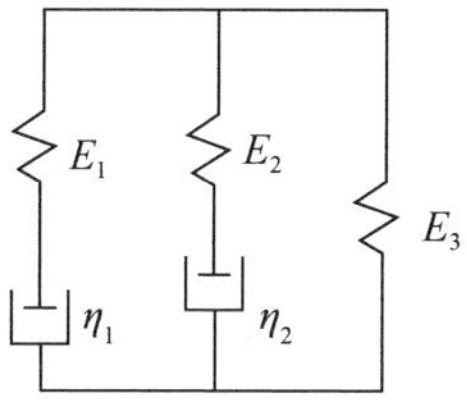	$\sigma(t)=\sigma_1 e^{\left(-\frac{t}{T_1}\right)}+\sigma_2 e^{\left(-\frac{t}{T_2}\right)}+\sigma_e$	0.726 7
六元件	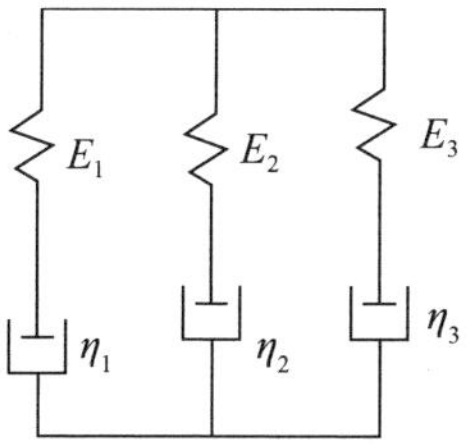	$\sigma(t)=\sigma_1 e^{\left(-\frac{t}{T_1}\right)}+\sigma_2 e^{\left(-\frac{t}{T_2}\right)}+\sigma_3 e^{\left(-\frac{t}{T_3}\right)}$	0.775 9

（1）农作物秸秆具有黏弹性材料的属性，属流变学研究物料的范畴。多数黏弹性材料的松弛模量为广义 Maxwell 模型（简称【M】模型），对本试验中 3 种物料的应力数据作应力对数与时间的关系曲线，二者呈指数关系而非线性关系，进一步说明要用 n 个【M】并联的广义【M】模型模拟。

（2）确定广义【M】模型是否要并联弹簧。根据杨明韶（2010）提出的简单判定法：在应力松弛曲线的末端任取若干点（3 点以上）连成曲线并延长，判断与时间坐标是否相交，相交的就是不并联弹簧的广义【M】模型，平行的就是在广义【M】模型上并联一个弹簧。本试验数据的松弛曲线延长后与时间坐标均相交，所以模型为不并联弹簧的广义【M】模型。

（3）确定广义【M】模型的阶数 n。首先定义 n 的取值范围为 2～6，采用 MATLAB 软件中 cftool 命令对 n 阶广义【M】模型的数学表达式 $\sigma(t)=\sum_{i}^{n}\sigma_1 e^{-\frac{t}{T_1}}$ 中 n 的值代入计算，即分别用二元件、三元件、四元件、五元件及六元件进行模拟，结果发现四元件拟合相关系数最高，即 n 取 2 时拟合效果较好。

最终确定试验模拟模型为不并联弹簧的四元件广义【M】模型，见图 6-13。由多元化一般性模型的本构方程知：2 个 Maxwell 单元并联的模型即为四元件模型的等效模型，进行应力松弛试验时，应变为常数 ε_e，模型的方程为

$$\sigma(t)=\sigma_1 e^{\left(-\frac{t}{T_1}\right)}+\sigma_2 e^{\left(-\frac{t}{T_2}\right)} \tag{6-3}$$

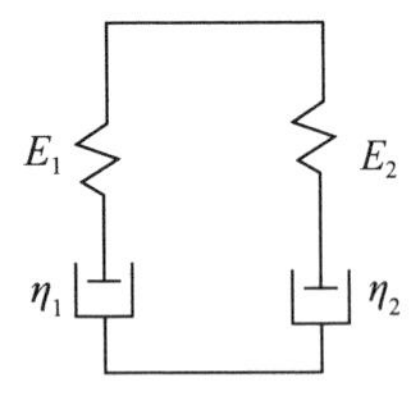

图 6-13　模型结构图

以 17g 进料量下水稻秸秆为代表分析，得到最佳的不并联弹簧的四元件广义【M】应力松弛模型，19g 和 21g 进料量下水稻秸秆，及不同进料量下小麦、玉米秸秆的拟合结果也得到了相同的结论，所以本文选取了不并联弹簧的四元件广义【M】模型对 17g、19g 和 21g 3 种不同进料量下水稻、小麦、玉米秸秆的应力松弛过程进行进一步分析。

2. 不同进料量不同秸秆压缩过程应力松弛特性

利用 MATLAB 拟合工具分别对水稻、小麦和玉米秸秆在 17g、19g 和 21g 3 个进料量梯度下压缩后的应力松弛行为进行拟合分析，拟合曲线见图 6-14。

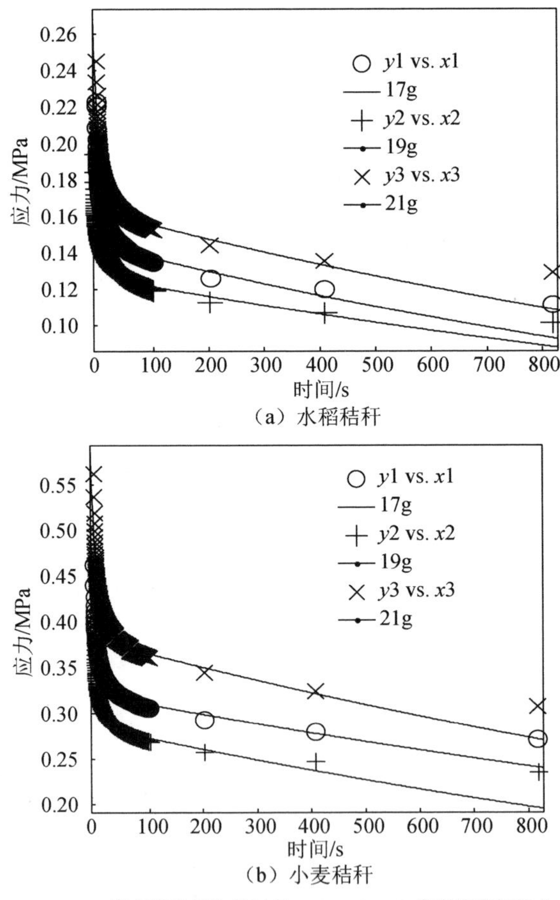

x1、x2、x3 代表横坐标作用时间；y1、y2、y3 代表纵坐标应力。

图 6-14　不同进料量条件下水稻、小麦、玉米秸秆应力松弛曲线

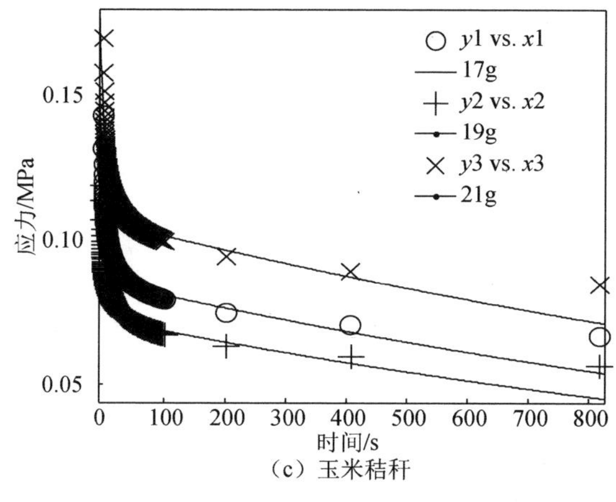

（c）玉米秸秆

图 6-14（续）

不同初始进料量条件下 3 种秸秆应力松弛曲线变化趋势基本相同，即在初始阶段下降很快，后期趋于平缓，应力随时间逐渐下降。引起此现象的原因是：停止压缩后形变保持恒定时，随时间的推移黏弹性物料内部秸秆纤维间与纤维内大分子链段间会产生相互滑移，顺外力方向运动以消除内应力，应力松弛初始阶段滑移运动快，应力下降快，后期由于秸秆原料流动性差、相互牵连力大及维持变形的外力限制，滑移受到阻碍，内应力变化趋于平缓。

压缩套筒容积一定，初始进料量不同则初始密度不同，可见初始密度大小影响秸秆压缩过程中应力松弛过程。观察在 17g、19g 和 21g 3 种初始进料量下，相同的秸秆物料压缩到相同的最终密度后应力松弛的过程，发现 3 种进料量填料 21g 时起始应力最大，松弛后的残余应力也最大，17g 次之，19g 最小。推断其原因可能是因为整体秸秆呈现各向同性，但单根秸秆为各向异性，虽然秸秆初始密度不同，但秸秆在外部压力作用下会有取向性，在外部压力下多根秸秆综合取向变化会引起秸秆整体流变性能的改变，导致压缩过程中整体秸秆的黏弹系数发生变化，会影响到不同初始密度处理的秸秆弹性膨胀力与残余应力变化。

3. 相同进料量不同秸秆压缩过程应力松弛特性

水稻、小麦和玉米秸秆的流动性、摩擦特性的差异，会影响各自的压缩特性。与压缩过程中内应力积聚不同，应力松弛是秸秆压缩内应力消减过程，影响物料压缩特性的因素同样也会影响应力松弛过程。本试验中 3 种物料流动性不同，黏弹性系数也不尽相同；原料之间及原料与固体壁面的摩擦系数不同，都会影响应力松弛的难易程度。

图 6-15 为 3 种进料量条件下秸秆压缩后松弛变化曲线，压缩到相同密度，小麦秸秆松弛的初始应力是水稻秸秆的 2 倍，是玉米秸秆的 3 倍，说明小麦秸秆的致密化处理较水稻、玉米秸秆难度更大，能耗更高。在相同的应力松弛时间内小

麦秸秆的残余应力最大，约是水稻秸秆的 2.5 倍，玉米秸秆的 4 倍，表明小麦秸秆捆的捆绳要承受较大的应力，在捆绳种类和捆扎方式选择上均应予以考虑。

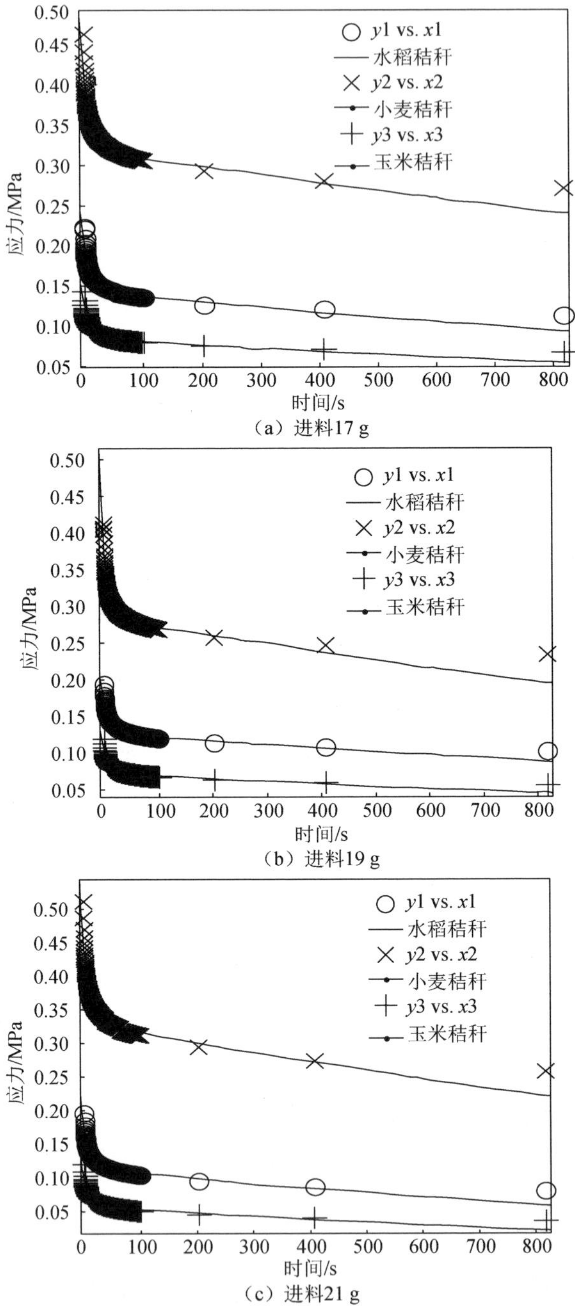

$x1$、$x2$、$x3$ 代表横坐标作用时间；$y1$、$y2$、$y3$ 代表纵坐标应力。

图 6-15　3 种进料量条件下水稻、小麦、玉米秸秆应力松弛曲线

4. 不同秸秆压缩过程应力松弛流变方程

从表 6-18 可以看出，各种秸秆应力松弛流变方程的拟合相关系数均在 0.94 以上，说明两个【M】元件并联的四元件模型能够较好地模拟本试验条件下的秸秆块应力松弛过程。对比各个【M】元件的初始应力，发现快速松弛时间所对应的初始应力小于第二松弛时间所对应的应力，不同秸秆相同进料量条件下，小麦秸秆初始应力最大；同种秸秆不同进料量条件下，21g 时初始应力最大，进料量越大初始密度越大。

表 6-18　应力松弛流变方程

物料	进料/g	应力松弛流变方程	相关系数
小麦秸秆	17	$\sigma(t)=0.085e^{\frac{-t}{11.968}}+0.320e^{\frac{-t}{3\,293.667}}$	0.947 3
	19	$\sigma(t)=0.081e^{\frac{-t}{8.924}}+0.285e^{\frac{-t}{2\,094}}$	0.944 1
	21	$\sigma(t)=0.109e^{\frac{-t}{12.628}}+0.380e^{\frac{-t}{2\,577.5}}$	0.952 0
水稻秸秆	17	$\sigma(t)=0.050e^{\frac{-t}{11.788}}+0.145e^{\frac{-t}{1\,819.351}}$	0.951 0
	19	$\sigma(t)=0.041e^{\frac{-t}{13.313}}+0.127e^{\frac{-t}{2\,212.454}}$	0.957 5
	21	$\sigma(t)=0.054e^{\frac{-t}{11.761}}+0.163e^{\frac{-t}{1\,995.826}}$	0.951 4
玉米秸秆	17	$\sigma(t)=0.033e^{\frac{-t}{10.917}}+0.086e^{\frac{-t}{1\,735.949}}$	0.945 2
	19	$\sigma(t)=0.027e^{\frac{-t}{10.455}}+0.073e^{\frac{-t}{1\,657.895}}$	0.944 2
	21	$\sigma(t)=0.036e^{\frac{-t}{11.656}}+0.107e^{\frac{-t}{1\,989.708}}$	0.946 4

不同进料量条件下，小麦秸秆第一应力松弛时间 T_1 约为 11s，第二应力松弛时间 T_2 约为 2 500s；水稻秸秆 T_1 约为 12s，T_2 约为 2 000s；玉米秸秆 T_1 约为 11s，T_2 约为 1 800s。在工程实践中，确立应力松弛时间除了有其他要求之外，一般采取应力松弛的时间 t 要大于 3 倍的第一应力松弛时间。因 3 种物料中第一松弛时间最长为 13.313s，建议小麦、水稻、玉米秸秆的压缩打捆作业均可在压缩后的 40s 后进行。从 3 种秸秆第二应力时间的长短及最大弹性膨胀力看出，小麦秸秆应力松弛持续的时间最长，弹性膨胀力最大。第二松弛时间越长，说明在快速松弛打捆后，秸秆捆还会在相当长的一段时间内继续松弛，虽然应力不会有很大的波动，但是扎绳强度不够，这期间容易断裂导致散捆，所以对第二松弛时间长的秸秆捆，捆扎强度要相应提高。

5. 不同秸秆压缩过程应力松弛模型相关参数

压缩草块应力松弛的实质是草块膨胀力的松弛。在进料量相同时，玉米、水稻、小麦秸秆的最大膨胀力 σ_0 依次递增，相同时间内应力松弛的残余应力也依次递增。α为应力松弛时间比率，表征应力松弛的快慢，a值越大应力松弛越快，同一物料不同进料量条件下，α越大，第一应力松弛时间越小。不同进料量条件下水稻、小麦秸秆的应力松弛时间比率有所差异，但是进料量对玉米秸秆的松弛速率几乎没有影响，说明进料多少对玉米秸秆松弛的快慢没有影响。由应力松弛时间比率可以计算出不同进料量条件下小麦秸秆松弛最快，平均比水稻秸秆应力松弛快 52.43%，比玉米秸秆快 64.60%（表 6-19）。

表 6-19　不同秸秆压缩应力松弛相关参数

物料	进料量/g	$\frac{\eta_1}{E_1}$ /s	$\frac{\eta_2}{E_2}$ /s	α /（MPa/s）	σ_0 /MPa
小麦秸秆	17	11.968	3 293.667	0.007	0.405
	19	8.924	2 094.000	0.010	0.376
	21	12.628	2 577.500	0.009	0.489
水稻秸秆	17	11.788	1 819.351	0.004	0.195
	19	13.313	2 212.454	0.003	0.168
	21	11.761	1 995.826	0.005	0.217
玉米秸秆	17	10.917	1 735.949	0.003	0.119
	19	10.455	1 657.895	0.003	0.100
	21	11.656	1 989.708	0.003	0.143

注：α为应力松弛时间比率，表征应力松弛快慢；σ_0为最大弹性膨胀力。

6. 小结

（1）低密度压缩条件，稻秸、麦秸和玉米秸 3 种物料的应力松弛过程均符合两个 Maxwell 模型并联的四元件广义【M】模型。

（2）含水率 15%，稻秸、麦秸和玉米秸 3 种被试物料低密度压缩条件下第一应力松弛时间 T_1 约 12s，第二应力松弛时间 T_2 差异较大，分别为 2 000s、2 500s 和 1 800s，以 T_1 为依据，3 种物料低密度压缩打捆作业宜选择在松弛开始后 40s 后进行。

（3）秸秆压缩产生的松弛初始应力和残余应力麦秸>稻秸>玉米秸，因此秸秆打捆的捆绳强度应以麦秸最高，其次稻秸，玉米秸最低。压缩长度较短的秸秆时，打捆的捆绳强度、捆扎的预紧力均可以相对降低，秸秆长度增加时，情况相反。

6.2.2.3　压缩秸秆块蠕变特性的试验研究

所谓蠕变，是指材料在恒应力条件下应变随时间徐变的现象。蠕变特性是指材料的蠕变柔量（应变与恒应力之比）随时间的变化在延迟弹性及黏弹性等方面所反映出来的性质。农作物秸秆作为典型的黏弹性材料，压缩成块后存在不容忽视的蠕变现象。研究秸秆压块的蠕变特性，对于了解秸秆块在恒载荷作用下的黏弹性变形特性，指导工程实践中合理选择原材料以及维护秸秆块日光温室墙体结构都具有很重要的参考价值。

将 17g、19g 和 21g 小麦、水稻和玉米秸秆填入压缩套筒，用万能试验机提供压缩力，设定的压缩密度为 300kg/m^3，最大压缩力保持 3h，试验机自动记录压缩变形随时间的变化规律。利用 MATLAB 软件中的 cftool 工具箱对数据点进行曲线拟合，建立蠕变模型，得到蠕变模型相关系数，分析各试验因素对蠕变参数的影响规律。

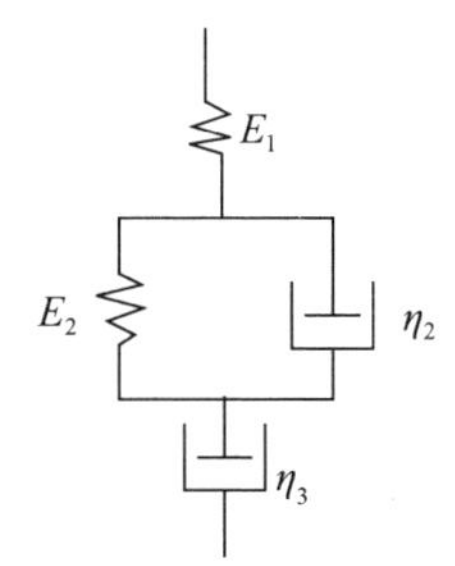

图 6-16　四元件伯格斯模型

1. 水稻、小麦和玉米秸秆压块后蠕变特性

由于常采用四元件伯格斯模型（【B】模型）对黏弹性材料蠕变特性进行模拟，本节选择四元件伯格斯模型作为蠕变模型（图 6-16）。

四元件伯格斯模型（【B】模型）的本构方程为

$$\varepsilon(t)=\frac{\sigma}{E_1}+\frac{\sigma}{\eta_2 E_2}\left(1-\mathrm{e}^{\frac{-t}{T}}\right)+\frac{\sigma}{\eta_3}t \tag{6-4}$$

式中，$\varepsilon(t)$ 为应变；σ 为恒应力，MPa；E_1 为瞬时弹性系数，N/mm^2；E_2 为延迟弹性系数，N/mm^2；η_2、η_3 为黏度系数，N · s/mm^2；t 为作用时间，s。

2. 相同进料量条件下秸秆压块蠕变特性分析

图 6-17 为相同进料量条件下水稻、小麦和玉米秸秆的压缩应变随时间的变化曲线。可以看出，模型拟合曲线与试验数据点走势基本吻合，表明该模型对试验数据点的拟合曲线可以近似描述相同进料量条件下不同秸秆的蠕变过程。从蠕变曲线可以看出，各种秸秆蠕变曲线变化规律大致相似，起始阶段应变随时间增长较快，随时间延长，蠕变量逐渐减小。从曲线后期的斜率看，玉米秸秆蠕变曲线斜率较大，水稻秸秆次之，小麦秸秆最小，表明随时间延长压缩后的玉米秸秆变形量最大，水稻秸秆次之，小麦秸秆最小。换言之，不同秸秆物料压缩成型的秸秆块，压缩后的蠕变速率及程度存在差异。由于压缩秸秆块在成型后存在蠕变行为，且发生变形的程度不同，考虑秸秆的蠕变特性对秸秆块实际工程应用是很有必要的。

3. 不同进料量条件下秸秆压块蠕变特性分析

图 6-18 分别为 3 种进料量条件下水稻、小麦和玉米秸秆的压缩应变随时间的变化曲线，拟合曲线与试验数据点重合程度比较大，说明此方程同样可以用来描述不同进料量条件下 3 种秸秆的蠕变过程。从图 6-18 看出，压缩到 300kg/m^3，3 种不同进料量水稻蠕变曲线斜率差异最小，小麦和玉米秸秆的 17g、19g 进料量曲

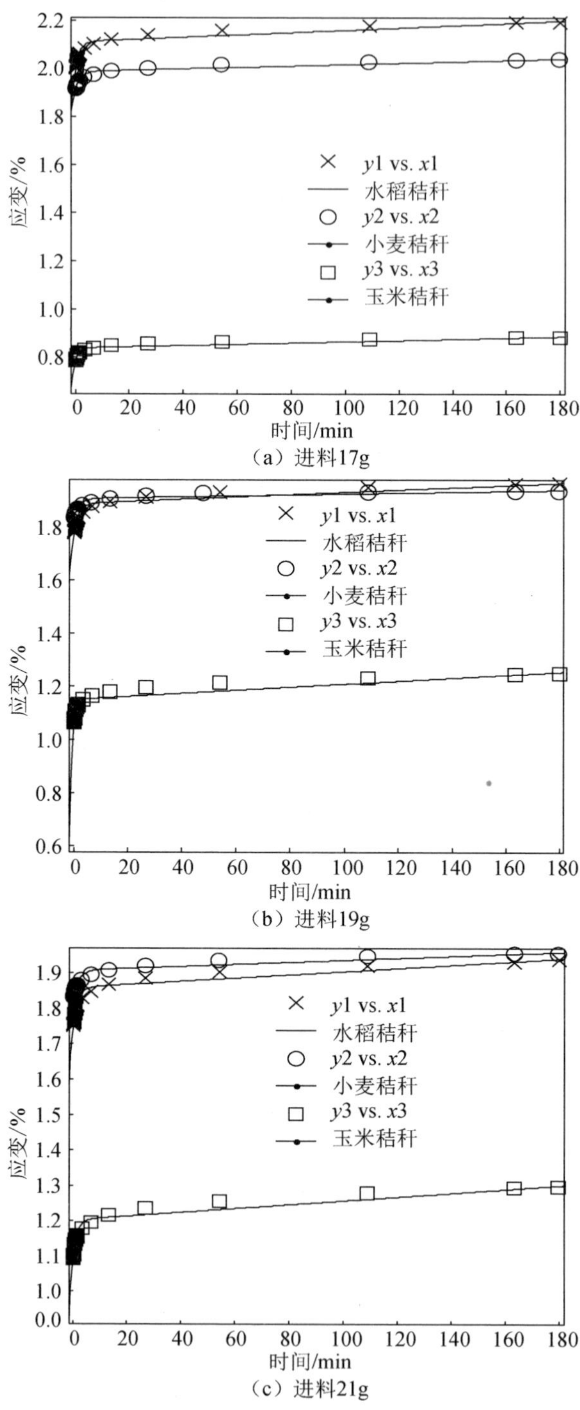

x1、x2、x3 代表横坐标作用时间；y1、y2、y3 代表纵坐标应变。

图 6-17　3 种进料量条件下水稻、小麦和玉米秸秆蠕变曲线

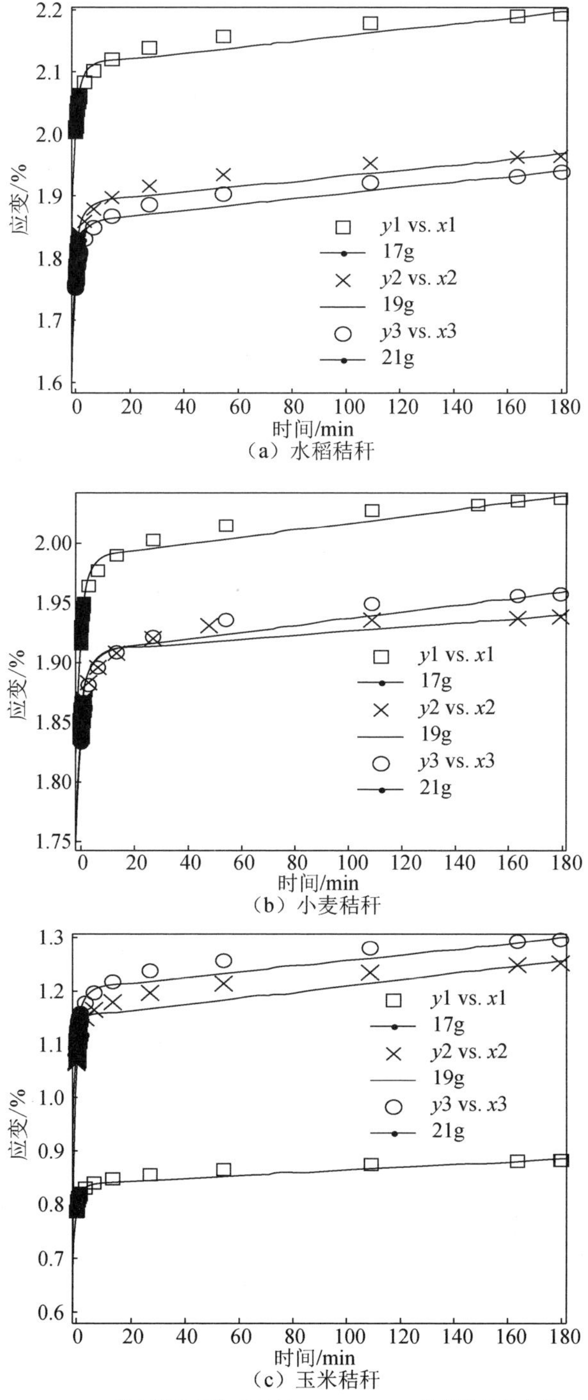

（a）水稻秸秆

（b）小麦秸秆

（c）玉米秸秆

$x1$、$x2$、$x3$ 代表横坐标作用时间；$y1$、$y2$、$y3$ 代表纵坐标应变。

图 6-18　不同进料量条件下水稻、小麦、玉米秸秆蠕变曲线

线斜率差异不大，但大于 21g，玉米秸秆 21g 进料量的曲线斜率最小。从曲线斜率变化看，3 种秸秆均有随着初始密度（进料量）增加而蠕变变小的趋势，且存在明显的拐点，即随着压缩密度增加，并达到一定值后，秸秆蠕变性能显著变缓。试验表明，秸秆压缩初始密度可影响后续秸秆块蠕变性能，初始密度越大蠕变越小。

4. 不同秸秆压块后蠕变模型分析

参照 D.A.Ashcroft 提出的压缩青饲料草块的本构方程式对【B】模型本构方程做了变形，如式（6-5），计算得到不同进料量条件下水稻、小麦和玉米秸秆的蠕变方程式和蠕变柔度方程式，见表 6-20 和表 6-21。结果发现，用四元件伯格斯模型对 3 种秸秆应变值随时间变化的数据进行拟合，相关系数达 0.97 以上。所以说，四元件伯格斯模型可以作为不同进料量下，水稻、小麦和玉米秸秆的蠕变模型。

$$\varepsilon(t) = a + b(1 - \mathrm{e}^{-ct}) + dt \tag{6-5}$$

式中，$a = \dfrac{\sigma}{E_1}$ 为弹性变形产生的应变；$b = \dfrac{\sigma}{E_2}$ 为延滞应变率，是由延滞时间 T 决定的；$c = \dfrac{1}{T} = \dfrac{E_2}{\eta_2}$ 为延滞时间的倒数，代表弹性变形的快慢；$d = \dfrac{\sigma}{\eta_3}$ 为趋于稳定状态后蠕变曲线的斜率，d 值越小，变形越慢。

蠕变参量包括延滞时间和蠕变柔度。延滞时间越长，蠕变得越慢，变形时间越长；蠕变柔度表征材料受力后蠕变的难易程度，随时间的增加，蠕变柔量越大，阻碍蠕变的能力下降，越容易发生变形。

观察蠕变方程式可以发现，相同进料量条件下，3 种秸秆中小麦秸秆的蠕变延滞时间最长，相同时间内蠕变量最小，弹性变形也最小，蠕变速度最慢；玉米秸秆的蠕变延滞时间最短，水稻秸秆居中。相同进料量条件下，相同时间内，小麦秸秆的蠕变柔度最小，说明小麦秸秆块阻碍蠕变的能力最强，越不容易发生变形，玉米秸秆的蠕变柔度最大，水稻秸秆居中。到蠕变后期，趋于稳定状态后，相同进料量条件下，小麦秸秆蠕变方程式中的 d 值最小，曲线斜率最小，变形最慢，说明小麦秸秆压缩后保持变形的能力最强。

表 6-20　不同进料量条件下 3 种秸秆的蠕变方程式

进料量/g	物料	蠕变方程式	R^2
17	水稻秸秆	$\varepsilon(t) = 2.011 + 0.099 \times \left(1 - \mathrm{e}^{\frac{-t}{1.732}}\right) + 4.747 \times 10^{-4} t$	0.986 2
	小麦秸秆	$\varepsilon(t) = 1.920 + 0.068 \times \left(1 - \mathrm{e}^{\frac{-t}{1.996}}\right) + 2.881 \times 10^{-4} t$	0.991 1
	玉米秸秆	$\varepsilon(t) = 0.794 + 0.045 \times \left(1 - \mathrm{e}^{\frac{-t}{1.338}}\right) + 2.603 \times 10^{-4} t$	0.979 0

续表

进料量/g	物料	蠕变方程式	R^2
19	水稻秸秆	$\varepsilon(t)=1.789+0.101\times\left(1-e^{\frac{-t}{1.815}}\right)+4.326\times10^{-4}t$	0.984 7
	小麦秸秆	$\varepsilon(t)=1.842+0.067\times\left(1-e^{\frac{-t}{2.237}}\right)+1.714\times10^{-4}t$	0.988 0
	玉米秸秆	$\varepsilon(t)=1.077+0.074\times\left(1-e^{\frac{-t}{0.888}}\right)+5.825\times10^{-4}t$	0.978 8
21	水稻秸秆	$\varepsilon(t)=1.761+0.098\times\left(1-e^{\frac{-t}{1.789}}\right)+4.548\times10^{-4}t$	0.985 7
	小麦秸秆	$\varepsilon(t)=1.837+0.071\times\left(1-e^{\frac{-t}{2.174}}\right)+2.867\times10^{-4}t$	0.991 5
	玉米秸秆	$\varepsilon(t)=1.107+0.096\times\left(1-e^{\frac{-t}{1.649}}\right)+5.394\times10^{-4}t$	0.976 5

表 6-21　不同进料量条件下 3 种秸秆蠕变柔度方程式

进料量/g	物料	蠕变柔度方程式
17	水稻秸秆	$J(t)=9.472+0.467\left(1-e^{\frac{-t}{1.732}}\right)+0.002t$
	小麦秸秆	$J(t)=5.426+0.191\left(1-e^{\frac{-t}{1.996}}\right)+0.001t$
	玉米秸秆	$J(t)=7.475+0.424\left(1-e^{\frac{-t}{1.338}}\right)+0.002t$
19	水稻秸秆	$J(t)=10.111+0.569\left(1-e^{\frac{-t}{1.815}}\right)+0.002t$
	小麦秸秆	$J(t)=4.732+0.173\left(1-e^{\frac{-t}{2.237}}\right)+0.001t$
	玉米秸秆	$J(t)=10.145+0.696\left(1-e^{\frac{-t}{0.888}}\right)+0.005t$
21	水稻秸秆	$J(t)=8.294+0.461\left(1-e^{\frac{-t}{2.174}}\right)+0.002t$
	小麦秸秆	$J(t)=4.326+0.167\left(1-e^{\frac{-t}{2.174}}\right)+0.007t$
	玉米秸秆	$J(t)=10.428+0.901\left(1-e^{\frac{-t}{1.789}}\right)+0.005t$

5. 不同秸秆块蠕变本构方程参数分析

压缩过程中，物料的变形主要取决于其本身的黏弹性质。相同种类物料，初始进料量不同，压缩到相同密度物料被压缩的行程也不同，物料内部秸秆段结构破坏程度、排列取向等也会不同，导致最大压力不同，这对于保压阶段蠕变模型各参数必然产生影响。不同种类物料性质不同，黏弹性不一，因此不同的秸秆物料蠕变模型参数也各不相同。

相同进料量条件下，小麦秸秆蠕变参数值，特别是黏度系数明显高于水稻秸秆和玉米秸秆，说明小麦秸秆压缩后保持变形的能力较强，但压缩过程所需能耗较高。相同的秸秆物料，随初始密度的增加，各参数值都有不同程度、不同规律的波动，表明初始密度是影响物料蠕变特性的众多影响因素之一（表 6-22）。

表 6-22　不同进料量条件下 3 种秸秆蠕变本构方程有关参数值

进料量/g	物料	E_1/（N/mm²）	E_2/（N/mm²）	η_2 /（N • s/mm²）	η_3 /（N • s/mm²）
17	水稻秸秆	0.106	2.144	3.713	447.259
	小麦秸秆	0.184	5.231	10.440	1 228.244
	玉米秸秆	0.134	2.359	3.155	407.826
19	水稻秸秆	0.099	1.757	3.189	408.990
	小麦秸秆	0.211	5.782	12.935	2 270.963
	玉米秸秆	0.099	1.436	1.275	182.244
21	水稻秸秆	0.121	2.169	3.880	466.829
	小麦秸秆	0.231	5.993	13.032	1 481.088
	玉米秸秆	0.096	1.109	1.829	196.806

注：E_1 为蠕变开始时刻的弹性模量；E_2 为延滞模数；η_2 、η_3 为阻尼器的黏度系数。

6. 小结

通过分析 3 种秸秆物料的蠕变规律，发现小麦秸秆蠕变延滞时间最长，蠕变柔度相对较小，最不容易发生变形，压缩后保持形变的能力较强。从压缩产品的使用寿命这一因素考虑，建议秸秆块墙体选择小麦秸秆较好。

6.2.3　秸秆块热传导特性

已有研究表明，将秸秆压缩成秸秆块，不仅具有一定的力学强度，还具有良好的热导性能。据报道，秸秆块的导热系数一般为 0.03～0.13W/（m • K），土壤的导热系数为 0.60～0.90W/（m • K），普通红砖的导热系数为 0.39～0.42W/（m • K），理论上秸秆块保温性能远超过土壤和红砖等传统建材。为系统地阐明秸秆块的热导性能，进而为秸秆墙体日光温室构建提供试验数据及理论指导，采用实验室自制秸秆块，进行相关热导试验。

被试秸秆块密度设定为：0.10、0.15、0.20、0.25 和 0.30（g/cm³），尺寸均为 25cm×25cm×4cm（长×宽×高），采用热特性分析仪测定热导性能指标。

6.2.3.1　秸秆块热导性能

物体热导性能常用热传导率、热扩散系数和体积比热容表示。热传导率、热扩散系数，分别表示材料对热量的向外传递能力和内部扩散平衡能力，而体积比热容则表示材料吸收和释放内能的能力，与蓄热性能密切关联。秸秆块的热导性能是确定其用于日光温室墙体材料的关键指标。

从表 6-23 可以看出，秸秆块热传导率和热扩散系数随着秸秆块密度增加显著增加，0.30g/cm^3 秸秆块热传导率和热扩散系数分别比 0.10g/cm^3 秸秆块增加了 75.9%和 71.8%，但体积比热容仅增加 1.4%，未发生显著变化。测试结果表明，在低密度条件下（0.10～0.30g/cm^3），秸秆块的密度显著影响秸秆块材料热传导和热扩散性能，但几乎不影响材料的蓄热性能。

因此，仅从秸秆块的热导性能角度考虑，秸秆块宜采用较低密度，既有利于减少散热，增强保温效果，又不显著减少墙体蓄热性能。

表 6-23　秸秆块的热导性能

密度/（g/cm^3）	热传导率/[W/（m·K）]	体积比热容/10^6[J/（m^3·K）]	热扩散系数/10^{-6}（m^2/s）
0.10	0.054	0.140	0.039
0.15	0.069	0.141	0.049
0.20	0.074	0.141	0.053
0.25	0.095	0.142	0.068
0.30	0.095	0.142	0.067

6.2.3.2　不同墙体材料热工性能比较

为比较秸秆墙体与传统日光温室墙体的热工性能，试验测定了土墙体、砖墙体和秸秆块墙体温室墙体材料的热导性质，并依据墙体厚度、密度等，计算了墙体的热工性能。从表 6-24 看出，秸秆块墙体材料的热传导率、体积比热容和热扩散系数，均明显低于土墙和砖墙材料，而砖墙又略低于土墙。3 种材料热导性质差异性表明，秸秆块墙体保温性能远优于土墙体和砖墙体，但蓄热性低于后两者。

表 6-24　不同墙体材料热导性能与不同材料墙体热工性能比较

	材料热导性能			墙体热工性能			
	热传导率/[W/（m·K）]	体积比热容/10^6[J/（m^3·K）]	热扩散系数/10^{-6}（m^2/s）	热阻/（m^2·K/W）	传热系数/[W/（m^2·K）]	蓄热系数/[W/（m^2·K）]	热惰性指标
秸秆块墙体	0.069	0.141	0.049	6.706	0.146	0.836	5.603
土墙体	1.210	1.970	0.613	3.306	0.329	13.163	43.513
砖墙体	0.982	1.161	0.234	0.509	1.516	9.101	4.636

注：土墙体平均厚度按 4.0m 计算；砖墙体厚度按 0.5m 计算；秸秆块密度按 0.2g/cm^3 计算。

传统日光温室，土墙一般平均厚度为 4m，砖墙为 0.5m。本研究建立秸秆块墙体日光温室，秸秆块墙体厚度为 0.46m。通过热工性能计算发现，与土墙体和砖墙体相比，本研究所建日光温室的热阻较高，传热系数较低，蓄热系数也低。秸秆块墙体传热系数低、热阻值高，因此秸秆块墙体具有很好的保温隔热性能。但由于秸秆块体积比热容低，墙体相对较薄，墙体蓄热能力显著低于土墙体，不利于白天墙体蓄积热量。土墙体、砖墙体和秸秆块墙体的热惰性指标分别为 43.513、4.636、5.603。就温室温度稳定性而言，土墙体>秸秆块墙体>砖墙体。

6.2.4　秸秆块成型技术及装备

6.2.4.1　秸秆块成型装备

秸秆块成型装备包括立式秸秆打捆机（图 6-19）、卧式秸秆打捆机（图 6-20）、捡拾秸秆打捆机（图 6-21）以及上述打捆机的改装机。一般根据所需要的秸秆块尺寸和密度，选择合适的秸秆块打捆机进行秸秆块的加工生产。不同类型秸秆块成型装备性能见表 6-25。

图 6-19　立式秸秆打捆机

图 6-20　卧式秸秆打捆机

图 6-21　捡拾秸秆打捆机

表 6-25　常用秸秆块成型装备性能

成型装备名称	电机/kW	产量/（t/h）	秸秆块尺寸（长×宽×高）/（mm×mm×mm）	秸秆块密度/（kg/m^3）
卧式秸秆打捆机	15	2～5	（1 800～2 000）×1 150×830	200～300
立式秸秆打捆机	18.5	3～8	（500～1 500）×600×600	200～250
捡拾秸秆打捆机（改装）	15	1～3	（500～800）×450×350	150～200

6.2.4.2　秸秆块成型工艺

图 6-22　农作物秸秆块

用于生产秸秆块的秸秆可以是水稻、小麦、玉米、花生秧等农作物茎秆的一种或几种，适宜加工的秸秆含水率要求在 15%以下，压制的秸秆块形状一般为长方形，以方便堆砌（图 6-22）。

一般条件下，小型秸秆块的尺寸为（32～35）cm×（40～60）cm×（30～120）cm，密度为 80～150kg/m^3，中

型秸秆块的尺寸为 50cm×80cm×（70～240）cm，大型秸秆块的尺寸为 70cm×120cm×（100～300）cm，大、中型秸秆块的密度控制在 150～300kg/m³。由于秸秆块质量过大，需要用吊装设备才可以安装，这增加了墙体堆砌作业的难度。

6.2.5　秸秆块墙体日光温室建造技术

6.2.5.1　日光温室规格

通常情况下，秸秆块墙体日光温室的规格跟普通日光温室的规格一致，具体可见表 6-26。

表 6-26　秸秆块墙体日光温室规格

温室跨度/m	脊高/m						
	2.6	2.8	3.0	3.2	3.5	3.8	4.2
6.0	*	*	*				
6.5	*	*	*	*			
7.0		*	*	*	*		
8.0			*	*	*	*	
9.0				*	*	*	*
10.0					*	*	*
11.0						*	*

注：特殊气象条件的地区或者特殊用途的温室，规模不受此限制。

* 表示推荐选用的规格参数。

6.2.5.2　日光温室间的距离

秸秆块墙体日光温室前后排之间的距离应保证当地冬至日时，后排日光温室有 6h 以上的光照时间。可根据式（6-6）计算：

$$D=\frac{h_{\max}}{\tan\theta}-L+r \tag{6-6}$$

式中，D 为前后两栋日光温室间的距离，m；$h_{\max}$ 为温室屋脊高度（包含保温被卷部分），m；$\tan\theta$ 为当地冬至日正午太阳高度角的正切值；L 为温室最高点向下垂直地面点到后墙外侧的距离，m；r 为修正值，避免或减少前栋温室的影响，取 1，m。

6.2.5.3　日光温室的前屋面角

日光温室前屋面角按照式（6-7）所示

$$\alpha_F+h_{\min}\geqslant 55^\circ \tag{6-7}$$

式中，α_F 为日光温室前屋面与地平面的夹角；$h_{\min}$ 为当地冬至日太阳高度角，由式（6-8）计算。

$$h_{\min}=66^\circ 34'-\varPhi \tag{6-8}$$

式中，$\varPhi$ 为当地地理纬度。

6.2.5.4　秸秆块墙体日光温室的后屋面仰角

一般日光温室的后屋面仰角为 20°～45°。

6.2.5.5　秸秆块墙体日光温室钢骨架结构

温室钢骨架是前、后屋面及安装在上面的设施的承载体。一般骨架由拱架、纵梁及连接件等组成，现代日光温室拱架一般采用钢筋或钢管焊接成桁架结构，也可以直接用钢管或冷弯内卷边槽钢或冷弯外卷边槽钢弯制而成。全钢拱架结构日光温室中前屋面和后屋面承重骨架做成整体式拱架，拱架后檐架于墙体上端，见图 6-23。其中拱架间距一般为 0.9～1.5m，双拱拱架上弦与下弦之间的最大距离为 20～25cm，同时依据拱架强度、覆盖材料性能以及当地风雪载荷情况而定。

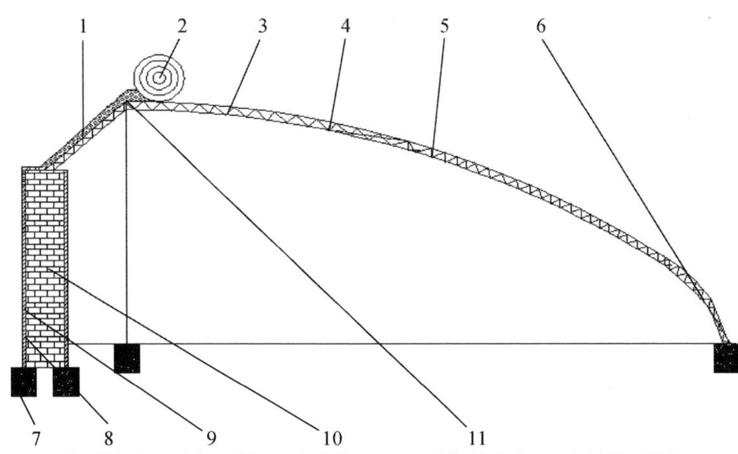

1 为后屋面；2 为保温被；3 为上放风口；4 为塑料薄膜；5 为前屋面拱架；
6 为下放风口；7 为点桩；8 为墙体立柱；9 为彩钢瓦；10 为秸秆块；11 为顶梁立柱。

图 6-23　秸秆块墙体日光温室示意图

6.2.5.6　秸秆块墙体和后屋面的综合热阻值

秸秆块墙体日光温室墙体和后屋面的综合热阻值参考常规日光温室墙体和后屋面综合热阻值计算，二者的综合热阻值应达到设计低限 R_{min} 以上，详见表 6-27。

表 6-27　日光温室围护结构的低限热阻 R_{min}

室外设计温度/℃	后墙（山墙）热阻/（m^2 · K/W）	后屋面热阻/（m^2 · K/W）
−4	1.1	1.4
−14	1.4	1.1
−21	1.1	2.1
−26	2.1	2.8
−32	2.8	3.5

同一建筑材料的热阻值由式（6-9）计算：

$$R = \delta / \lambda \tag{6-9}$$

式中，R 为热阻，m^2·K/W；δ 为材料的厚度，m；λ 为材料的导热系数，W/（m·K）。

复合墙体的热阻值等于组成墙体的各层热阻值之和，由式（6-10）计算：

$$R = \sum_{i=1}^{n} \delta_i / \lambda_i \tag{6-10}$$

6.2.5.7　秸秆块墙体基础

基础构建是指秸秆块墙体正下方支撑温室地上部的地基。一般建筑中墙体基础具有支撑墙体的作用，秸秆块墙体日光温室中的墙体基础既需要支撑墙体，又具有保温隔热的作用。秸秆块墙体基础平面分布图和基础结构见图 6-24 和图 6-25，秸秆块墙体基础包括隔热保温层、基础以及基础上面的预埋件。其中基础采用成对混凝土点桩或条桩结构，基础以外的地基部分为隔热保温层，兼有防寒沟的作用。具体做法为土地平整后，在温室后墙和山墙正下方位置开挖与墙体等宽（40～100cm）、深度 40～60cm 的土沟。土沟挖成后，在土沟两侧浇筑墙体钢骨架混凝土点桩或条桩，其中点桩的规格为（20～40）cm ×（20～40）cm ×（40～60）cm，条桩的规格为（20～40）cm ×（40～100）cm ×（40～60）cm，在墙体基础长度方向，相邻点桩或条桩间距 2.4～4.0m。在点桩或条桩浇筑的同时，应预埋固定墙体钢架的预埋件。基础中的隔热保温层为塑料薄膜包裹的秸秆块，沿墙体基础长度方向铺设两层塑料薄膜，其中一层用于包裹秸秆块，以防秸秆块潮湿；另外一层塑料薄膜沿墙体高度方向向上延伸，高出温室地面 20cm 以上（在地势低洼地区，应增加塑料薄膜向上延伸的高度），高出地面的部分固定在秸秆块墙体上，以防雨水顺墙体进入基础墙体中，所选用的塑料薄膜厚度应大于 0.5mm。

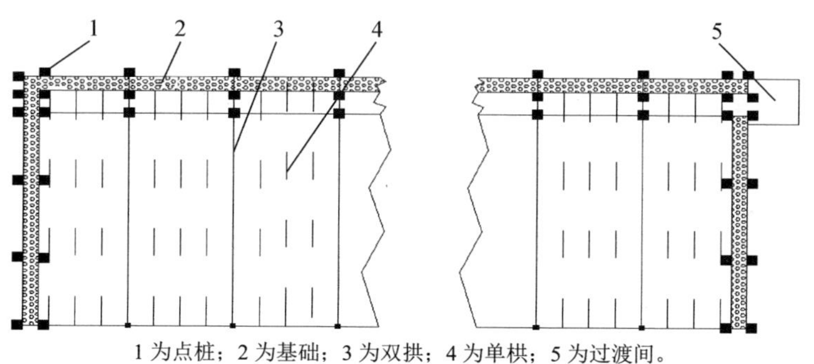

1 为点桩；2 为基础；3 为双拱；4 为单拱；5 为过渡间。

图 6-24　秸秆块墙体基础平面分布图

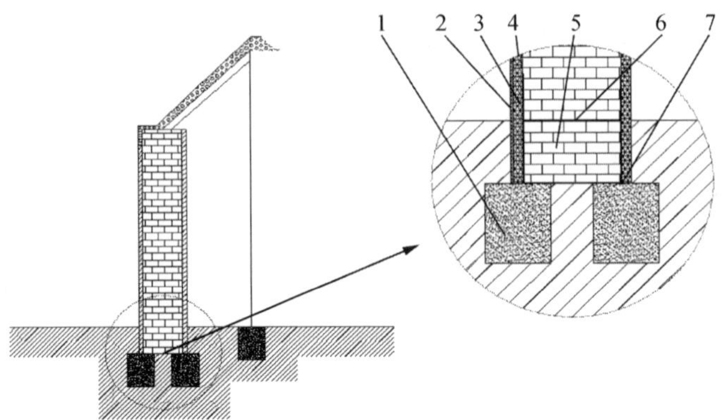

1 为点桩；2 为彩钢瓦；3 为墙体立柱；4 为外层塑料薄膜；5 为秸秆块；6 为内层塑料薄膜；7 为预埋件。

图 6-25　秸秆块墙体基础结构示意图

6.2.5.8　秸秆块墙体结构

秸秆块墙体的结构包括墙体基础、墙体支撑立柱、秸秆块以及墙体稳固和围护结构，见图 6-26。其中墙体支撑立柱主要起支撑作用，一般采用镀锌圆管或者镀锌方管，相邻墙体立柱顶端和成对墙体立柱之间均需要用钢管连接。秸秆块墙体根据建设区域经纬度与高程不同，墙体厚度一般为 40～100cm，秸秆块采用骑缝码砌的方式填充在墙体支撑立柱中间，秸秆块之间的缝隙需要用零散秸秆填实，每层秸秆块需要用钢丝等进行加固，以提高秸秆块墙体的稳固性。秸秆块墙体堆砌结束后，在墙体外侧需要增加彩钢瓦或者塑料等进行保护，以免秸秆块淋雨而发霉变质。

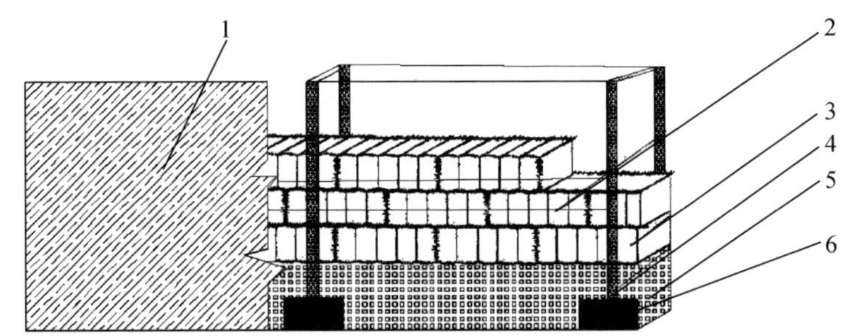

1 为彩钢瓦；2 为加固铁丝；3 为秸秆块；4 为墙体支撑立柱；5 为墙体基础；6 为点桩。

图 6-26　秸秆块墙体结构示意图

6.2.5.9　秸秆块墙体日光温室后屋面

秸秆块墙体日光温室后屋面的设计包括后屋面保温材料以及后屋面保温结构与后墙间的连接，见图 6-27。一般后屋面采取短坡式，坡长为 1.4～1.8m，后屋面垂直投影为 1m 左右。后屋面的保温材料包括塑料薄膜、保温被、草帘、无纺布以及其他后屋面保温材料中的一种或几种，其中保温材料的上端要延伸至脊高处立柱顶端向前 20～30cm 处，保温材料下端需要延伸至秸秆块墙体外沿以下 20～30cm，并且固定在墙体外侧的围护结构上，以防雨水进入秸秆块墙体而造成秸秆块霉变腐烂。

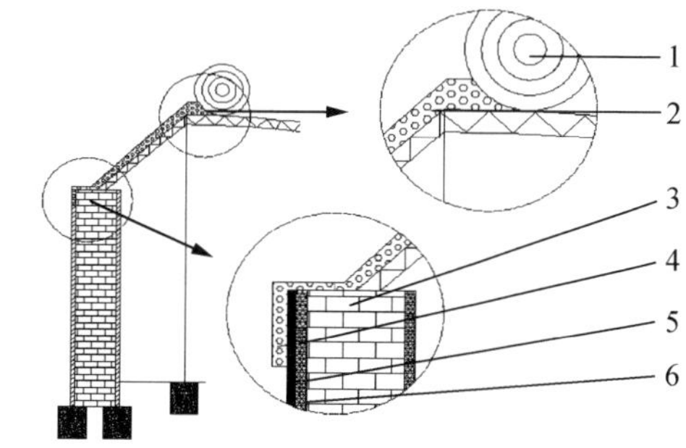

1 为保温被；2、4 为后屋面保温层；
3 为秸秆块；5 为彩钢瓦；6 为墙体立柱。

图 6-27　秸秆块墙体日光温室后屋面结构示意图

6.2.5.10　秸秆块墙体日光温室透光材料

秸秆块墙体日光温室前屋面透光材料一般使用塑料薄膜，其中单层塑料薄膜的厚度在 0.08mm 以上，透光率在 90%以上，使用寿命在 1 年以上；双层无滴长寿塑料薄膜的厚度在 0.1mm 以上，透光率在 90%以上，使用寿命在 3 年以上；双层膜层间充气需要单层膜厚度在 0.1mm 以上，平均充气厚度 100mm 左右，透光率 90%以上，使用寿命 3 年以上。

6.2.5.11　通风和防寒

采用自然通风有放风口和通风窗两种形式，冬季通风面积占覆盖面积的 3%～5%，春、夏、秋季通风面积占覆盖面积的 15%～25%。放风口一般在温室的顶部，也可在温室拱架底脚位置，放风口可采取手工开缝、卷膜开缝、装设放风口等形式。通风窗仅用于放风口不能满足作物正常生长要求时，窗口在 300mm×（300～600）mm×600mm，位置在后墙下部。

一般温室位置在北纬 32° 以北地区需要在温室外面四周设置防寒沟。但秸秆块墙体日光温室山墙和后墙基础在设计时将墙体和防寒沟结合在一起，不需要另行设置。但在拱架底脚处需要设置防寒沟，防寒沟一般宽 0.3～0.5m，深度达冻土层以下，内填秸秆块或其他保温材料。

6.2.5.12　温室过渡间

温室门外应设温室过渡间（又称缓冲间、工作间），位置一般位于温室的山墙外侧。温室过渡间可避免外部冷空气对温室作物的影响，同时方便工作人员休息、放置农具和部分生产资料。

6.2.6　秸秆块墙体日光温室应用效果

在前期研究的基础上，监测秸秆块墙体和空心砖墙体温室中温度变化，讨论秸秆块墙体的保温蓄热性能，为秸秆块墙体日光温室构建技术的完善和推广应用提供理论依据。

6.2.6.1　试验对象

供试秸秆块墙体日光温室位于江苏省农业科学院六合动物科学基地（118°49′48″E，32°21′36″N），长 50m，跨度 11m，北墙高 3m，脊高 4.2m，后屋面角 45°，山墙和北墙均为 0.6m 厚秸秆块，墙体基础为塑料薄膜包裹的秸秆块（深 0.4m，宽 0.6m），后墙由秸秆块码砌而成，秸秆块之间缝隙用散草填实，墙体外侧依次由无纺布、塑料薄膜和彩钢瓦覆盖。前屋面薄膜为 0.12mm 厚 EVA（Ethylene-Vinyl Acetate copolymer）无滴薄膜，保温被为双面防水保温被，后屋面由内向外依次为塑料薄膜、两层草帘、保温被、无纺布和塑料薄膜。秸秆块墙体日光温室结构示意图见图 6-28。

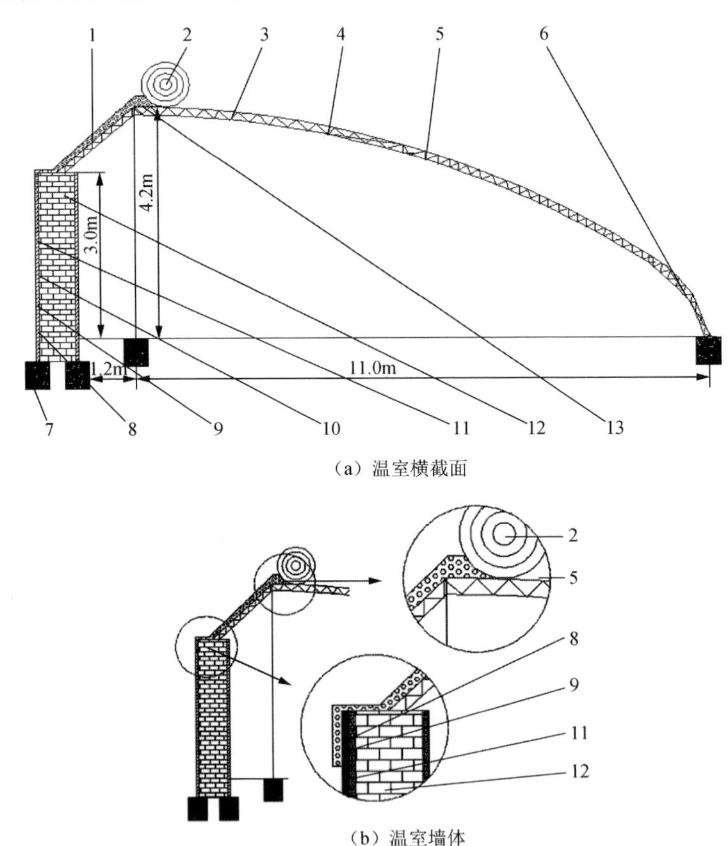

（a）温室横截面

（b）温室墙体

1 为后屋面；2 为保温被；3 为上放风口；4 为塑料薄膜；5 为前屋面拱架；6 为下放风口；7 为点桩；8 为墙体支撑立柱；9 为无纺布；10 为塑料薄膜；11 为彩钢瓦；12 为秸秆块；13 为顶梁立柱。

图 6-28　秸秆块墙体日光温室结构示意图

供试空心砖墙体日光温室位置同上，结构规格与秸秆块墙体日光温室一致，山墙和后墙为 0.6m 厚空心砖码砌，墙体基础为实心砖码砌（深 0.4m，宽 0.6m），空心砖墙体中空部分填充稻壳压实，墙体内外两侧粉刷水泥灰。

两栋温室保温被卷起方式采用侧端式，试验期间，试验温室和 CK 温室均用来栽培辣椒（湘辣六号），保温被揭开和闭合时间分别为 8:30 和 16:30，每天中午打开温室前屋面顶部放风口进行通风降温。

6.2.6.2　晴天墙体保温特性

晴天时，秸秆块和空心砖墙体外表面及室外空气温度变化见图 6-29。室外空气、秸秆块墙体外表面和空心砖墙体外表面全天平均温度分别为（−0.58±3.67）℃，（1.99±1.51）℃和（4.51±1.68）℃，秸秆块墙体外表面与室外气温之差（2.57±2.51）℃，小于空心砖墙体外表面与室外气温之差（5.09±2.21）℃，表明晴天时墙体外表面与室外空气存在热交换现象。保温被揭开期间（8:30～16:30）秸秆块和空心砖墙体外表面温度与室外气温之差分别为（−0.31±1.36）℃和（2.83±1.63）℃，秸秆块墙体外表面和室外空气温度差小，可知秸秆块墙体与室外热交换量少，保温性好，因此日间秸秆块墙体室温气温较高。在夜间（保温被覆盖时间 16:30～次日 8:30），秸秆块和空心砖墙体外表面温度与室外气温之差分别为（4.26±0.97）℃和（6.44±1.11）℃，说明两种结构墙体与室外空气发生热交换现象。相对空心砖墙体而言，秸秆块墙体具有相对较好的保温性，这与秸秆块的导热系数低于空心砖的导热系数是一致的。由《民用建筑热工设计规范》（GB/T50176—2002）可知，一般墙体外表面的表面传热系数为 23.0W/（m^2·K），通过计算可知，晴天时夜间秸秆块墙体和空心砖墙体通过墙体外表面向室外流失的热强度为（98±22）W/m^2 和（148±26）W/m^2，空心砖墙体所散失的热量是秸秆块墙体的 1.5 倍，该结果表明秸秆块墙体可有效地减少热量通过墙体散失，尤其在夜间室内外温差较大的时候，保温效果更加明显。

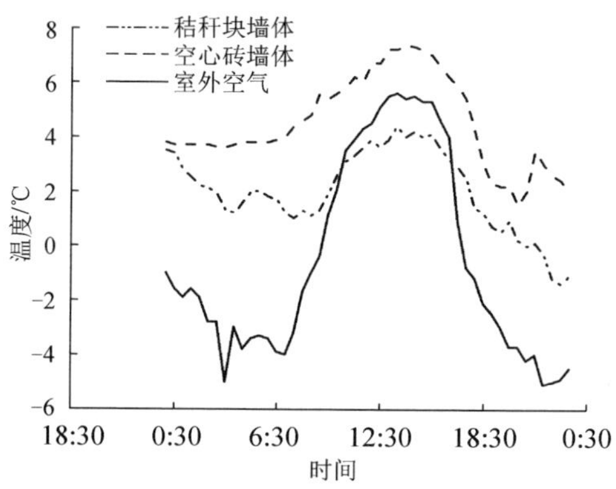

图 6-29　晴天时室外空气、秸秆块和空心砖墙体外表面温度

6.2.6.3　阴天时墙体的保温特性

阴天时秸秆块墙体、空心砖墙体外表面以及室外空气的温度变化见图 6-30。在无太阳辐射时，室内外气温较低，两种墙体结构的温室墙体外表面与室外气温之差较小，墙体与室外空气的热交换较少。在保温被覆盖期间（16:30～次日 8:30），室外空气温度较室内空气温度较低，空心砖墙体外表面温度高于室外气温，两者之差为（5.6±1.4）℃，散热强度为（129±32）W/m^2，秸秆块墙体外表面温度（16:30～次日 8:30）高于室外气温，两者之差为（4.2±1.6）℃，散热强度为（97±37）W/m^2，由此可以看出，阴天夜间空心砖墙体散失的热量是秸秆块墙体散失的 1.3 倍。保温被揭开期间（8:30～16:30），在太阳辐射强度的影响下，温室内空气温度先升高后降低，与晴天相比，气温变化幅度较小。秸秆块和空心砖墙体温室外表面温度与室外空气温度的温度差分别为（−0.01±1.30）℃和（1.16±1.31）℃，散热强度分别为（−0.23±29.9）W/m^2 和（26.7±30.1）W/m^2。

可见，无论日间还是夜间，空心砖墙体外表面与室外空气的温度差高于秸秆块墙体外表面与室外空气的温度差，说明秸秆块墙体散失的热量小于空心砖墙体散失的热量。因此，秸秆块墙体的保温隔热性能要好，这与秸秆块的导热系数低于空心砖的导热系数是一致的。

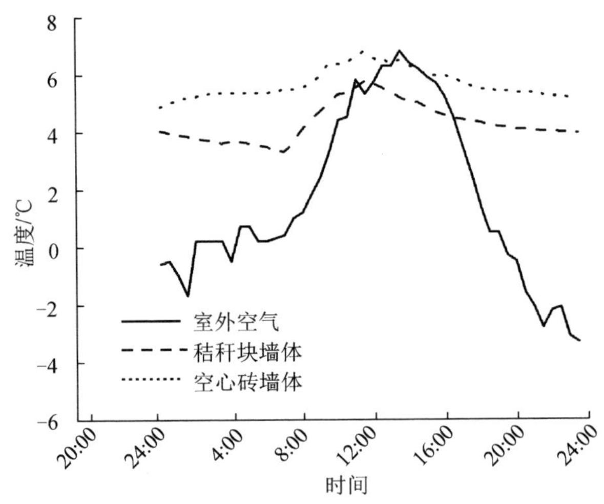

图 6-30　阴天时室外空气、秸秆块和空心砖墙体外表面温度

6.2.6.4　晴天时墙体的蓄、放热特性

在晴天日间（8:00～16:30）秸秆块墙体和空心砖墙体日光温室内太阳光照强度分别为 33MJ/m^2 和 31MJ/m^2，两者之间的差别仅为 2MJ/m^2，因此，认为两种墙体在晴天所受到的太阳光照强度没有差异。

晴天时秸秆块墙体日光温室和空心砖墙体日光温室内空气温度、墙体内表面和 5cm 深处温度变化见图 6-31。晴天时，日出之前，秸秆块温室中空气温度最低为 6.0℃，空心砖墙体温室为 7.4℃。保温被揭开后（8:30～16:30），由于太阳的辐射作用，室内气温和墙体内表面温度不断升高，至 14:00 时，墙体内表面温度（49.8℃）和室内气温（41.3℃）达到最大值。空心砖墙体内表面和空气温度最高为 37.6℃和 37.8℃，空心砖墙体在太阳辐射时能够贮存热量，同时也向室外散失热量，因此空心砖墙体温室中气温较低。此外，太阳辐射开始时（晴天），秸秆块温室中空气温度迅速升高，直至下午保温被覆盖时，秸秆块墙体温室中空气温度均高于空心砖墙体温室中空气温度，这也说明了秸秆块墙体具有较高的保温性。

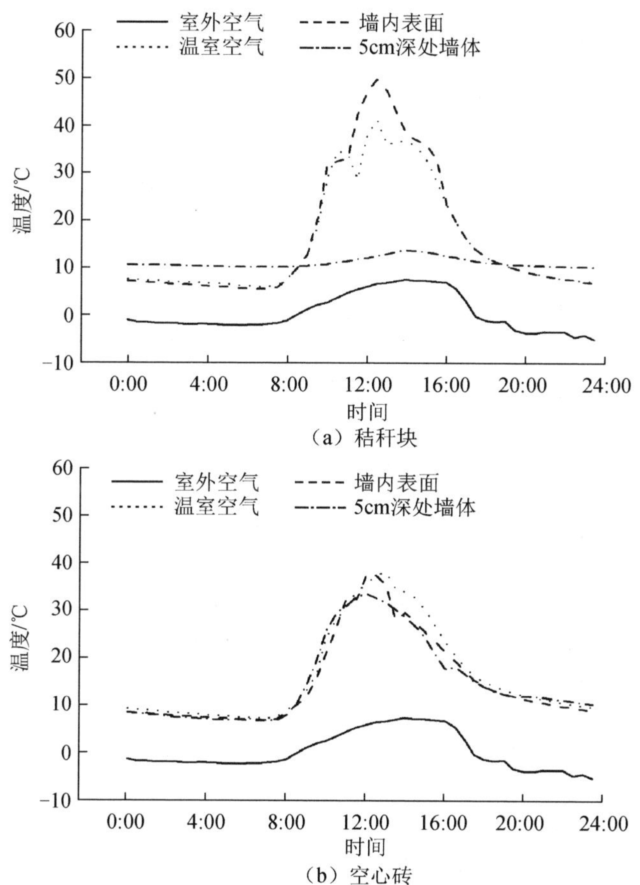

图 6-31 晴天时温室空气、墙体内表面及 5cm 处墙体温度

在日间（8:30～16:30），空心砖墙体 5cm 深处温度高于秸秆块墙体 5cm 深处温度，说明在太阳辐射时通过空心砖墙体散失的热量高于秸秆块墙体散失的热量，秸秆块墙体的保温性优于空心砖墙体，空心砖墙体温室中的热量容易向室外扩散，

造成热量的散失。在夜间（16:30～次日 8:30），空心砖墙体和秸秆块墙体室内气温和墙体内表面之差分别为（0.69±0.13）℃和（−0.72±0.26）℃，表明夜间空心砖墙体向室内释放热量，秸秆块墙体内表面温度和室内气温温差小，秸秆块墙体与室内热量交换少，说明秸秆块墙体蓄热性差。同时还发现，空心砖墙体 5cm 深处温度比内表面温度高（0.2±0.2）℃，秸秆块墙体 5cm 深处温度比内表面温度高（0.6±0.1）℃，虽然秸秆块墙体 5cm 深处温度比内表面温度高，但是由于秸秆块的导热系数较低，秸秆块墙体内层的热量不易传递到温室中。前期研究结果也表明秸秆块墙体存在恒温层，这证明了秸秆块蓄热性不足，解释了秸秆块墙体日光温室夜间气温较低的原因。

6.2.6.5　阴天时墙体蓄、放热特性

阴天时秸秆块墙体日光温室和空心砖墙体日光温室内空气温度、墙体内表面和 5cm 深处温度见图 6-32。

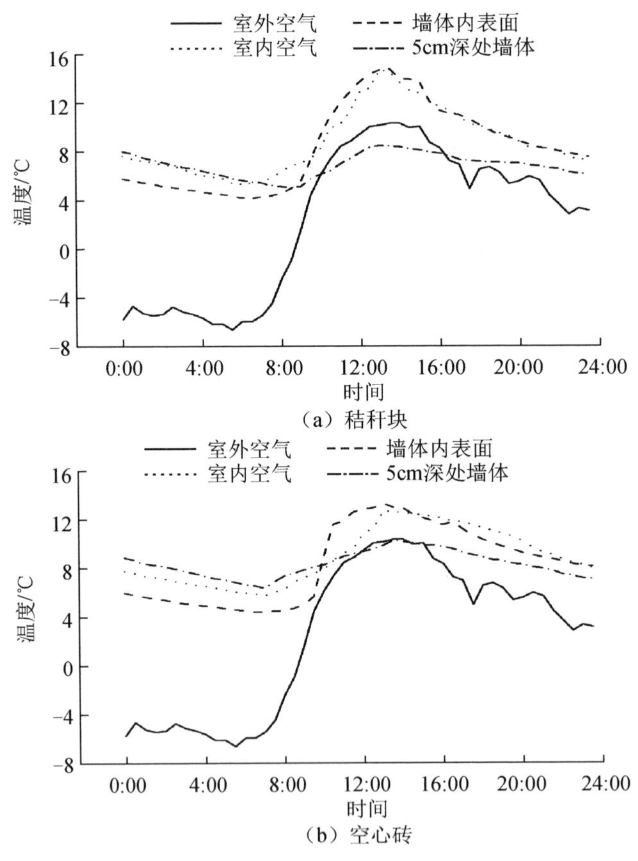

图 6-32　阴天时温室空气、墙体内表面及 5cm 处墙体温度

阴天时，温室内空气变化趋势与晴天时一致，但温度变化幅度较晴天时小。在上午 6:30 左右温室内空气温度达到最低值（秸秆块墙体温度为 5.4℃，空气砖墙体温度为 5.8℃），13:00，空心砖墙体温室中空气温度为 12.6℃，秸秆块墙体温室空气温度为 14.7℃。日间空心砖墙体温室中空气温度低于秸秆块墙体温室中空气温度，夜间空心砖墙体温室中气温较高，这是由于空心砖墙体在夜间向温室内释放了日间贮存的热量。

在阴天全天，太阳辐射强度较小，墙体内表面和 5cm 深处墙体温度变化幅度较小，墙体日间蓄热量不足，导致温室内夜间气温较低。空心砖墙体内表面温度低于空气温度（0:00～11:00 和 15:00～24:00），秸秆块墙体内表面温度低于空气温度的时间段为 0:00～10:00，在 11:00 以后，秸秆块墙体内表面温度高于空气温度或与空气温度接近。根据界面温差变化，可以发现阴天时，空心砖墙体向室外传递的热量比秸秆块墙体传递的热量多，因此秸秆块墙体和空心砖墙体温室在阴天时气温基本一致，也说明秸秆块墙体虽然蓄热性不足，但保温性能好，因此从室内气温来看，两种结构温室在阴天时室内气温差异不明显。

6.2.6.6　土壤温度变化

日光温室中墙体是主要的蓄热体，土壤也具有一定的蓄热功能。两种结构温室中不同深度的土壤温度变化见图 6-33。秸秆块和空心砖墙体日光温室中 40cm 以上土壤温度分别为（14.00±2.61）℃和（13.55±1.73）℃，室内气温、表层土壤和 10cm 深处土壤温度变化受太阳辐射强度的影响较大，20cm、30cm 和 40cm 深度土壤温度变化受太阳辐射影响较小，呈现出温度随时间逐渐降低的趋势，这是因为温室中较深层次土壤中积蓄的热量不断地向温室内转移，以补充温室内散失的热量。日光温室中深层土壤贮存的热量在整个冬季都在向浅层土壤和室内转移以补充温室内的热量，是温室满足作物越冬生长的重要因素。

图 6-33（a）显示，秸秆块墙体温室平均气温为（11.6±2.0）℃，空心砖墙体温室平均气温为（11.7±1.2）℃，在 9:00～16:30 秸秆块墙体温室平均气温[（13.7±2.0）℃]略高于空心砖墙体温室平均气温[（12.7±1.5）℃]，保温被覆盖期间秸秆块墙体温室平均气温[（10.5±0.5）℃]低于空心砖墙体温室平均气温[（11.2±0.4）℃]。此外，秸秆块墙体温室最高气温（16.7℃）高于空心砖墙体温室平均气温（15.6℃），秸秆块墙体温室最低气温（9.8℃）明显低于空心砖墙体温室最低气温（10.6℃），这可能是由于空心砖墙体温室中热量贮存在墙体中，同时部分热量通过空心砖墙体向外扩散。秸秆块墙体温室的保温性能较好，温室中的热量通过墙体散失较少，热量可能贮存在温室土壤中，见图 6-33（b），秸秆块墙体温室中表层土壤温度（13.9℃）在 13:00～16:00 高于空心砖墙体温室表层土壤温度（13.6℃），也证实秸秆块墙体温室中的热量贮存到土壤表层中。此外，秸秆块墙体温室表层土壤平均温度比空心砖墙体温室高 0.6℃，温室表层土壤和 10cm 深

处土壤温度变化明显，表明 10cm 以上土壤层存在明显的吸放热过程，秸秆块墙体温室中 10cm 土壤层吸放热过程比空心砖墙体温室明显。此外，秸秆块墙体温室基础为塑料薄膜包裹的秸秆块，因此，秸秆块墙体温室基础能够阻止温室内土壤热量向室外散失，空心砖墙体温室基础为实心砖，实心砖的导热系数高于秸秆块的导热系数，因此土壤中的热量很容易通过墙体基础向室外散失。图 6-33（c）～（f）说明秸秆块和空心砖墙体温室中 20cm、30cm 和 40cm 处的日平均温度分别为 14.6℃、14.9℃和 15.2℃，14.3℃、14.8℃和 15.0℃。秸秆块墙体温室各深度土壤温度均高于空心砖墙体温室，是因为秸秆块墙体中秸秆块墙体基础的保温隔热性能减少深层土壤中热量向温室外的扩散，日间秸秆块墙体基础贮存和散失的热量少，温室内的热量积蓄在温室土壤层中所致。两种墙体结构温室中 10cm 以下土壤温度呈逐渐降低的趋势，说明温室土壤中的热量不断地向温室中扩散，以补充温室中热量的散失。

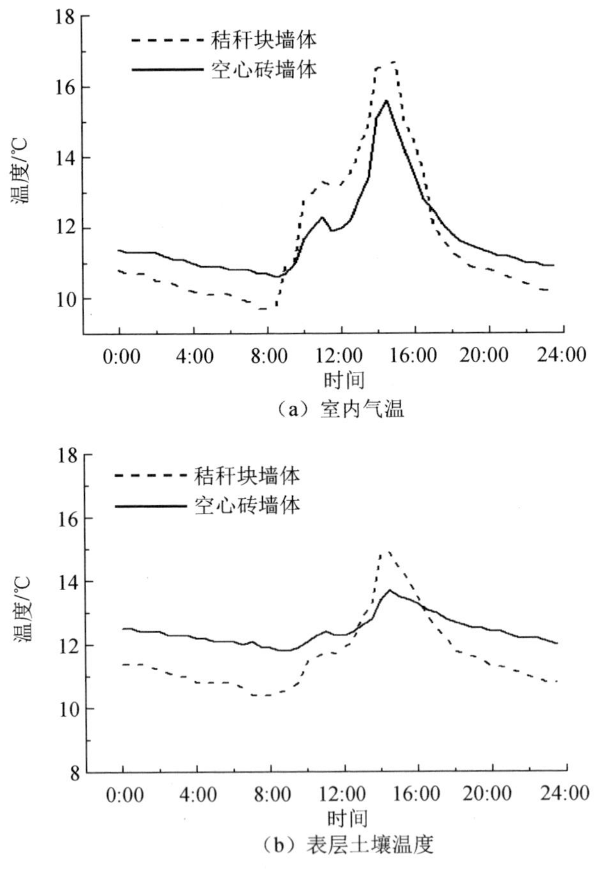

（a）室内气温

（b）表层土壤温度

图 6-33　秸秆块和空心砖墙体日光温室中土壤温度分布

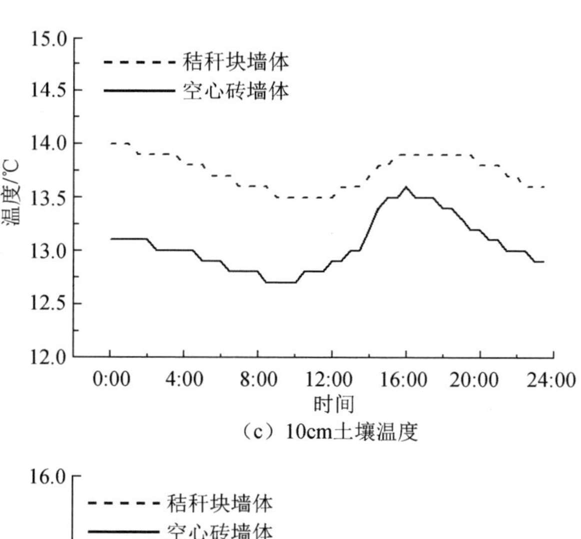

（c）10cm土壤温度

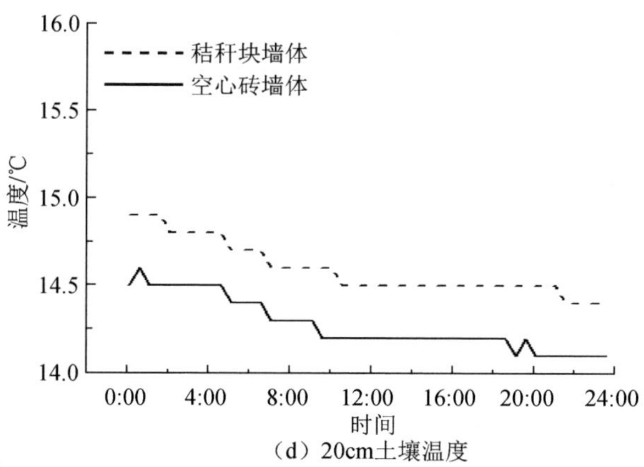

（d）20cm土壤温度

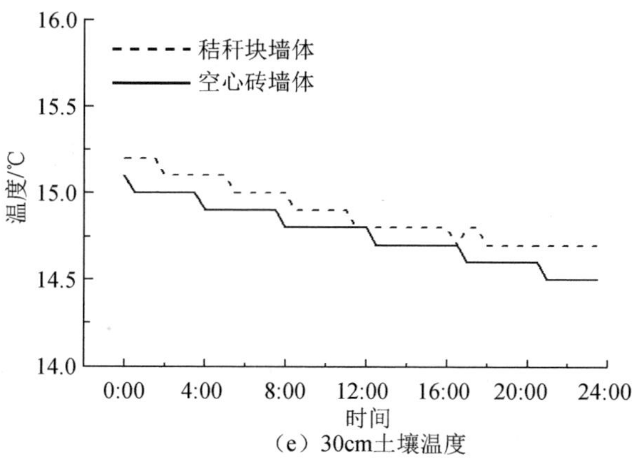

（e）30cm土壤温度

图 6-33（续）

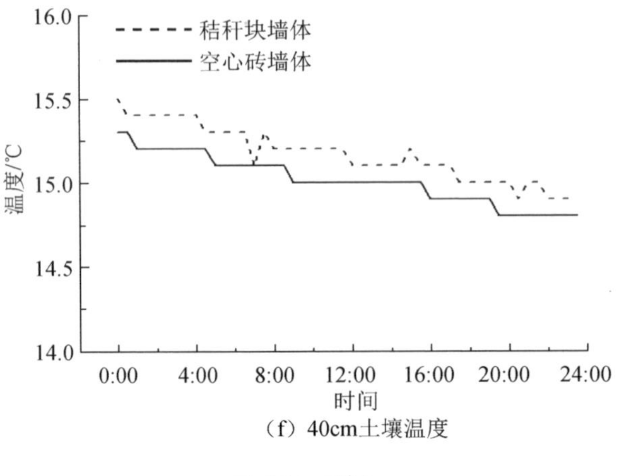

（f）40cm土壤温度

图 6-33（续）

6.2.6.7　温室界面温度变化

两种墙体结构温室中后墙、后屋面、前屋面、土壤表面和植株表面的温度变化见图 6-34，各界面温度变化均受室内气温影响呈现周期性的变化。后墙作为温室中主要的围护结构，具有保温和蓄热的双重功能，图 6-34（a）显示秸秆块墙体温室后墙内表面日平均温度［(11.6±1.5)℃］高于空心砖墙体温室后墙内表面［(11.3±0.7)℃］。秸秆块墙体温室后墙内表面日间平均温度［(12.9±2.0)℃］明显高于空心砖墙体温室后墙内表面［(11.7±1.0)℃］，夜间两种结构墙体温室后墙内表面温度基本一致，空心砖墙在日间蓄积的热量在夜间释放出来导致夜间空心砖墙体温室后墙内表面温度较高。图 6-34（b）显示了秸秆块墙体温室后屋面内表面平均温度在日间比空心砖墙体温室后屋面内表面高 0.3℃，这主要是由秸秆块温室中日间气温较高导致。夜间两种温室后屋面内表面温度均为 10.5℃，这说明温室中通过后屋面内表面散失的热量基本一致。图 6-34（c）显示了前屋面温度变化，秸秆块和空心砖墙体温室中前屋面内表面平均温度分别为 10.9℃和 10.5℃，日间秸秆块墙体温室前屋面内表面温度比空心砖高 0.8℃，夜间比空心砖高 0.2℃，这是因为日间的太阳辐射热量积聚在温室空气中，以及温室保温被覆盖后，秸秆块墙体内表面的热量散失到温室中，导致秸秆块墙体温室中空气温度较高，因此秸秆块温室前屋面内表面温度在保温被刚覆盖时温度较高。图 6-34（d）显示温室中土壤表面温度随着温室气温的变化而变化。两种墙体结构温室中土壤表面温度差异较大，在 0:00～11:00 和 17:00～24:00，秸秆块墙体日光温室土壤表面温度低于空心砖墙体温室土壤表面温度 2℃，而在 12:00～16:00，高于空心砖墙体温室土壤表面温度约 2℃，这种表面温度较高的土壤，有益于作物的生长。图 6-34（e）显示温室中作物表面的温度同样随着温室气温的变化而变化。两种墙体结构温室中作物叶片表面平均温度均为 11.5℃，但是秸秆块墙体温室中作物叶片表面最高温和最低温分别为 15.2℃和 10.2℃，空心砖墙体温室中作物叶片表面最高温和最低温分别为 14.4℃和 10.5℃。作物叶片表面温度变化主要受温室中空气温度变化的影响。

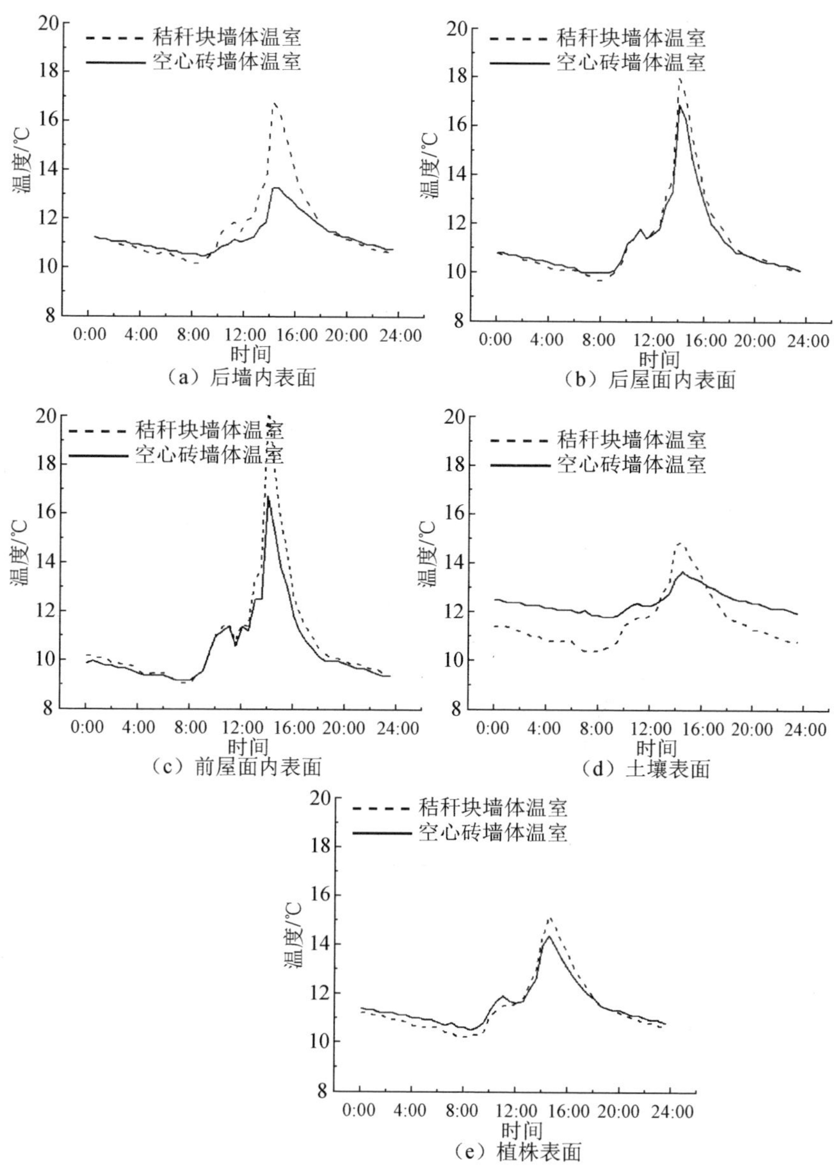

图 6-34　秸秆块和空心砖墙体日光温室中各界面温度分布

6.2.6.8 结论

通过分析秸秆块和空心砖墙体温度、室内气温、土壤和各界面温度，明确秸秆块墙体的保温蓄热特性，得到的具体结论如下。

（1）秸秆块墙体具有很好的保温性，有效地阻止了温室内热量通过墙体向室外传递，晴天夜间空心砖墙体散失的热量是秸秆块墙体的 1.5 倍，阴天夜间空心砖墙体散失的热量是秸秆块墙体的 1.3 倍。

（2）秸秆块墙体蓄热性能较差，晴天夜间空心砖墙体温室内气温高于秸秆块墙体温室，阴天夜间两种结构墙体贮存的热量对温室气温的影响不明显。

（3）秸秆块墙体温室中 40cm 以上土壤平均温度［(14.00±2.61)℃］高于空心砖墙体温室中 40cm 以上土壤平均温度［(13.55±1.73)℃］，秸秆块墙体温室中 10cm 以上土壤蓄积的热量是维持其夜间气温的主要热源。

（4）温室各界面温度受室内气温的影响，秸秆块墙体温室中的热量主要贮存在温室空气和土壤中，空心砖墙体温室中热量贮存在墙体中。日间秸秆块墙体温室各界面温度均较高；夜间前后屋面内表面温度基本一致，秸秆块墙体温室中土壤和植株表面温度略低。

6.2.7 秸秆块墙体日光温室老化特性

6.2.7.1 UV-A（ultraviolet radiation A）对秸秆材料降解行为的影响

日光温室对采光的要求决定了秸秆墙体日光温室应该裸露或覆盖透明保护材料（如塑料薄膜）。墙体如果受到长时间的日光辐射，会造成一定光氧化降解作用，导致墙体老化。因此，研究日光辐射对秸秆材料降解的影响，对秸秆材料墙体的使用及维护具有十分重要的指导意义。

我们研究稻秸在紫外光 UV-A 辐射下的化学组分及性质的变化。UV-A 波长为 315nm，辐射强度为 1.5kW/m^2，紫外老化箱型号为 DSCUV（紫外光量热仪）。本试验自 2014 年 8 月开始，周期 90d，每 10d 取一次样。另取一部分烘至恒重的秸秆，准确称量后装入黑色自封袋中，置于黑暗干燥环境中，环境温度与空气湿度与处理组相同，即为室内环境自然温湿度。试验结束后，将 CK 试样取出，进行相关的测定。紫外辐射试验实物图见图 6-35。

1. CK 组秸秆材料中化学组成变化

黑暗条件处理 90d 后，分析 CK 组秸秆材料在初始、最终质量剩余率、化学组成的变化情况，结果见表 6-28。可以看出，在整个试验周期中，CK 组秸秆材料的降解速率一直处于很低的水平。也就是说在黑暗、干燥条件下，90d 稻秸生物降解、光化学降解的作用可以忽略不计。

图 6-35　UV-A 模拟加速降解秸秆材料试验实物图

表 6-28　黑暗、干燥条件下秸秆化学组分变化　　（单位：%）

处理	质量剩余率	溶解性有机 C	氮	磷	钾	纤维素	半纤维素	木质素
原始值	100±0	5.63±0.44	0.76±0.04	0.18±0.01	1.89±0.08	31.22±0.81	28.85±0.82	18.3±0.30
贮存 90d 后	99.39±0.13	5.68±0.56	0.75±0.06	0.17±0.01	1.88±0.04	31.166±0.83	28.41±1.38	18.22±0.36

2. 高强度 UV-A 辐射对秸秆表面微观形态的影响

试验以水稻秸秆为材料，进行表面形态扫描电镜观察，图 6-36（a）为初始秸秆样品，图 6-36（b）为 CK 组（黑暗处理 90d）秸秆样品，图 6-36（c）和（d）为 UV-A 处理 90d 秸秆样品。可以看出，CK 组与初始状态下秸秆材料相比，表面基本无变化，秸秆材料表面被大量硅质细胞和角质细胞所覆盖，整齐光滑，表明黑暗、干燥条件下，无论生物降解还是光化学降解，其作用可以忽略不计。比较图 6-36（a）、（c）和（d）可以清晰地看到：UV-A 辐射 90d 后，秸秆表面变得粗糙，整齐的硅质细胞和角质细胞减少或破裂，秸秆材料纤维结构发生了明显的断裂。从秸秆材料表面形貌变化可以看出，UV-A 对秸秆材料的降解具有明显的促进作用。

3. 高强度 UV-A 辐射对秸秆质量的影响

UV-A 辐射秸秆材料质量变化情况见图 6-37。在整个试验过程中，UV-A 辐射引起的秸秆材料的质量损失率达到 5%。最大的降解速率出现在试验开始后的前 30d 以及试验结束前 20d，在这两个时间段内秸秆材料的质量损失率分别达到 2.66%及 1.92%。前 30d 秸秆材料较大的降解速率是由木质素的光化学降解以及秸秆内部部分结合水的丢失造成的。在随后的 40d 里，秸秆的降解速率相对较低，我们推测这是由于木质素大分子物质降解形成大量的小分子物质在一定程度上弥补了秸秆质量的损失。在随后的 20d 内，秸秆材料的降解速率出现较大的提升，这是由于伴随着木质素的降解，原本被木质素包裹着的纤维素与半纤维素直接暴露在高强度的 UV-A 环境下，纤维素和半纤维素分子发生一定程度的光化学降解。

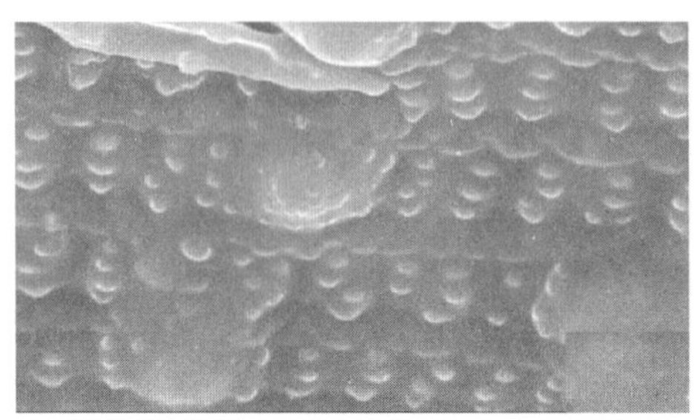

（a）初始秸秆表面形态

（b）90d时未经UV-A辐射秸秆表面形态

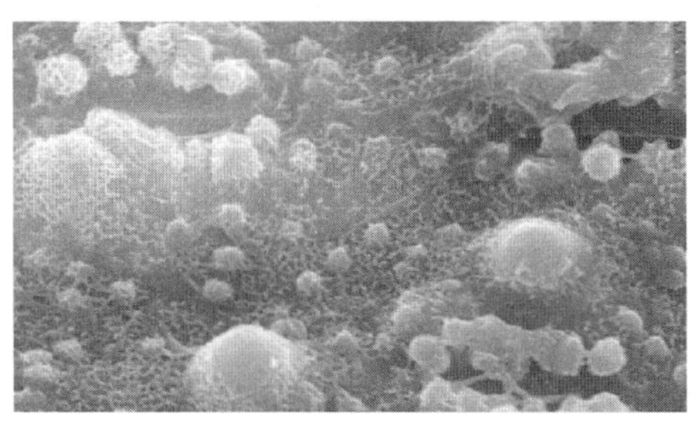

（c）高强度UV-A辐射90d后秸秆材料表面微观形态

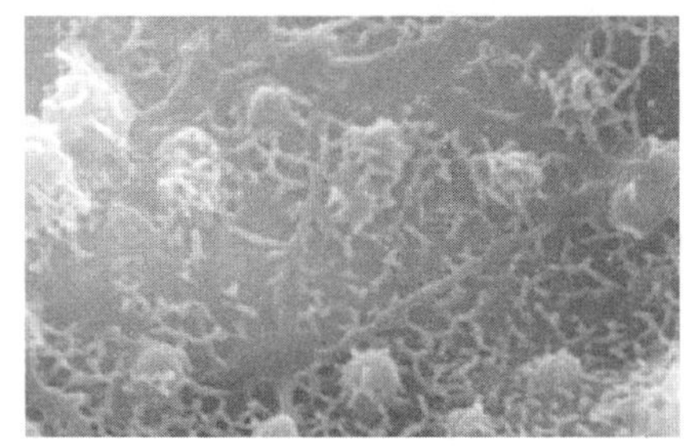

（d）高强度UV-A辐射90d后秸秆材料表面微观形态

图 6-36　秸秆材料表面的扫描电镜图

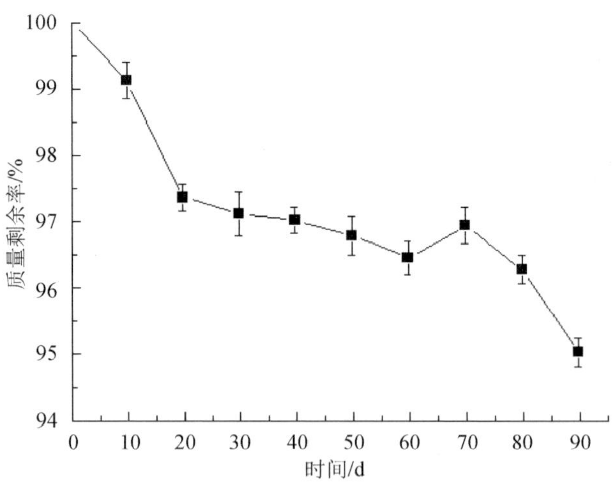

图 6-37　UV-A 辐射 90d 秸秆材料的质量剩余率变化

4. 高强度 UV-A 辐射对秸秆材料化学组成的影响

生物质材料中，木质素通常不易被秸秆降解酶系所降解，但木质素对不同波长的紫外线却较敏感，这是由于木质素分子中含有可以吸收紫外线的多种官能团。

在整个试验周期内，纤维素、半纤维素、木质素发生了不同程度的降解。相对于三者的初始含量，试验结束时纤维素、半纤维素、木质素分别降解了 29.3%、14.4%、49.3%（图 6-38），木质素降解率最高，这与前人研究结果一致。在众多的降解模型当中（非光化学降解），半纤维素的降解速率要比纤维素高。本试验的前 40d，纤维素和半纤维素的降解率分别为 4.3%和 8.6%，分别占各自总降解率的 14.7%和 59.8%。也就是说，在试验的前期，半纤维素的降解速率要比纤维素的高。在试验的后 50d，纤维素的降解率达到总降解率的 70.7%，是同时期内半纤维素降解率的 1.8 倍，绝大部分纤维素的降解发生在此时期。试验后期升高的纤维素降解速率与前人的研究结果一致，当 UV-A 辐射达到一定阈值后，可以促进纤维素的光化学降解。

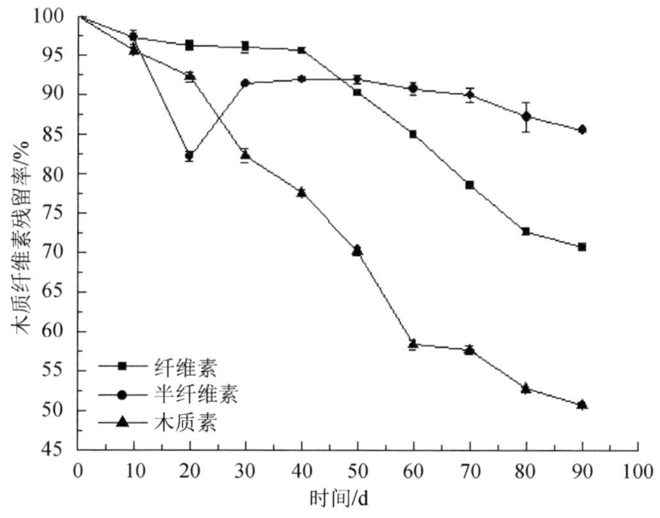

图 6-38　UV-A 辐射秸秆材料中木质纤维素残留率

可以看出，在整个试验周期内，木质素的降解速率维持在一个较高的水平。在试验开始后的 30d 内，木质素的降解率是 22.4%，90d 木质素总降解率达到 49.3%。一般来讲，秸秆中的纤维素分子是由 7 000～10 000 个糖单位组成的，而半纤维素分子是由 500～3 000 个糖单位组成的。通常半纤维素分子与木质素分子之间被认为具有紧密的联系。但随着光化学降解的进行，长链的木质素分子断裂成小分子链物质，相对于半纤维素而言，木质素降解能更大程度地提高纤维素与 UV-A 的光接触面积，从而加速了纤维素降解（图 6-39）。

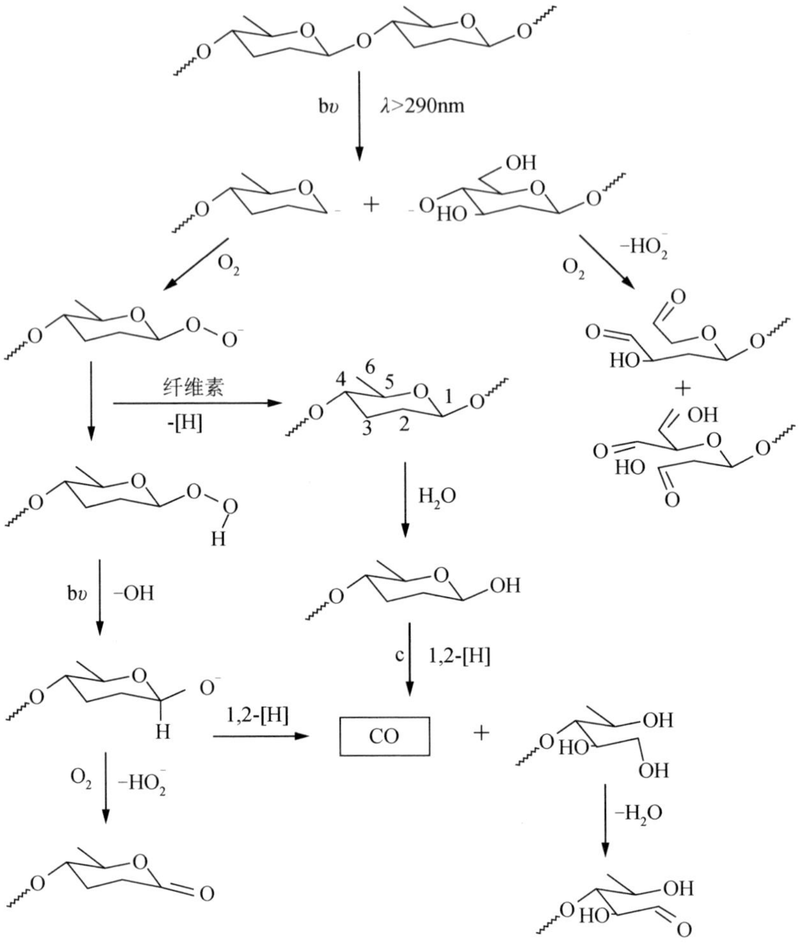

图 6-39　UV-A 辐射对纤维素的光降解作用示意图

大量研究表明，高强度的 UV-A 辐射会导致生物质材料内部的大分子材料发生降解。因此，本试验对 UV-A 处理的不同阶段秸秆内水溶性有机 C（DOC）进行检测（图 6-40）。不同周期秸秆 N、K 和 DOC 含量变化见图 6-41。在试验开始后的前 30d 内，DOC 含量增加 19.8%。在 30～70d 内，DOC 含量出现微弱的降低。但是在试验的最后 20d 内，DOC 含量出现第二次升高。相对于秸秆内 DOC 的初始含量，试验结束时，DOC 的最终含量增加 18%。在整个试验周期内，秸秆磷含量并没有发生明显变化，秸秆 N 和 K 含量分别降低 70.0%和 62.8%。秸秆中 DOC、N、K 含量的变化进一步说明 UV-A 辐射对秸秆降解具有重要的影响。

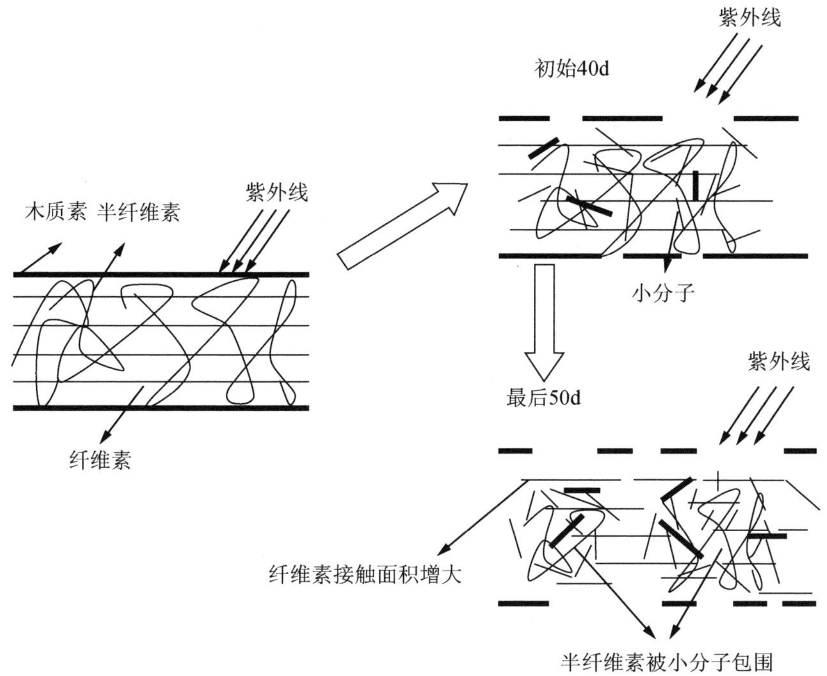

图 6-40　UV-A 辐射不同阶段秸秆材料降解示意图

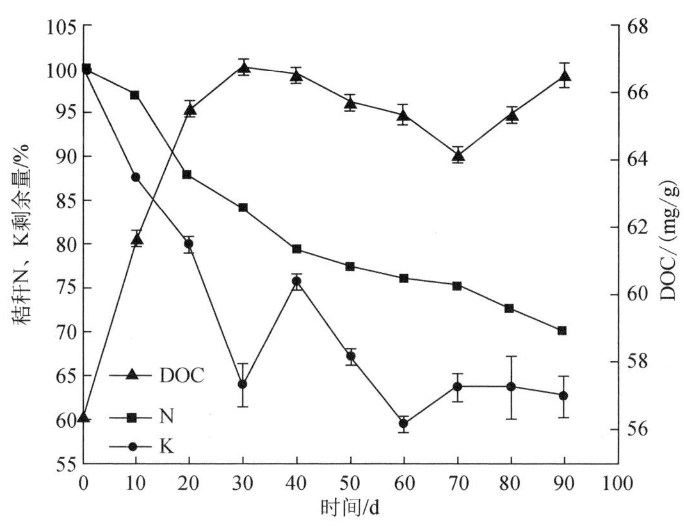

图 6-41　不同周期秸秆 N、K、DOC 含量变化

前人研究表明，在光化学降解生物质材料时，材料内部 N 素的释放程度很大程度取决于 N 的初始含量。当 N 的初始含量在 0.6%～2.8%时，光化学降解会引起生物质材料内 N 素的快速释放。在本试验中，N 素的初始含量是 0.76%，处于上述区间，因此，在整个试验过程中秸秆内部 N 素含量明显降低。值得注意的是，

与 C、N 等元素不同，K 是一种不可挥发性元素，但在本试验中 K 元素含量发生了比较明显的降低。进一步分析秸秆质量损失 5%，而 K 损失 38%的样品，发现由纤维断裂引起的 K 损失率仅占 K 总损失率的一小部分，判断 K 元素含量降低应该是由其他原因引起的。但遗憾的是，目前尚缺乏 UV-A 辐射会导致 K 素释放的相关报道，相关原因与机理有待进一步研究。

5. UV-A 处理后秸秆材料热重分析

秸秆的热解是一个复杂的过程，它是纤维素、半纤维素、木质素单独热解效应的综合，这 3 种成分的动力学特征各不相同。热解反应深度按照纤维素、半纤维素、木质素的顺序依次降低。

由图 6-42 可知，热解过程中，初始秸秆样品、CK 组、UV-A 处理 30d 样品、UV-A 处理 90d 样品质量损失率依次减小，整个热解过程的质量损失率约 76%，处理 90d 样品质量损失率为 68%，CK 组与初始秸秆样品的热重曲线基本重合。从微商热重法（derivative thermogravimetric analysis，DTG）图看，初始样品降解在 220、300 和 340℃均存在降解峰，CK 样品 DTG 曲线与初始样品基本重合，但 220℃峰高和峰温均略有降低，300℃肩峰消失。而 UV-A 处理 30d 和 90d 样品 220℃峰高和峰温显著降低，峰高以 90d 最低，峰温降低至 208℃，300℃肩峰消失。但对于 340℃热解峰，30d 样品峰温基本不变，峰高即最大热解速率显著下降，90d 样品热解速率与初始样品相差不大，但峰温下降至 315℃。

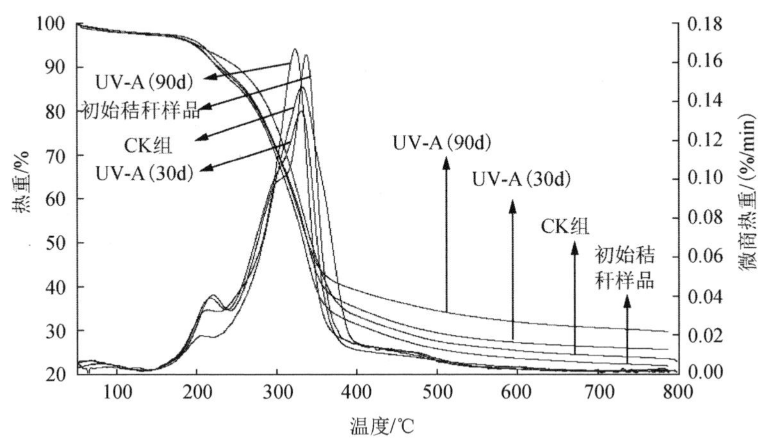

图 6-42　初始、CK 组、处理组秸秆样品热重图

6. UV-A 处理后秸秆材料红外光谱（FTIR）分析

图 6-43 表示不同秸秆材料的 FTIR 分析。CK 组与初始秸秆材料图形基本重合。通过 FTIR 分析，可以清楚地看出 UV-A 辐射与秸秆材料中生物大分子内各种化学官能团变化之间的关系。UV-A 处理后，特征吸收峰 2 897cm^{-1}、1 027cm^{-1}

和 823cm^{-1}分别左移到了 2 906cm^{-1}、1 036cm^{-1}和 830cm^{-1}，说明辐射处理后秸秆样品中—OH、—CH 和 C—C 发生明显的断裂和减少。UV-A 辐射导致木质素苯环分子间 C—O—C 的减少，进一步说明木质素分子在光化学降解途径中所发挥的重要作用。

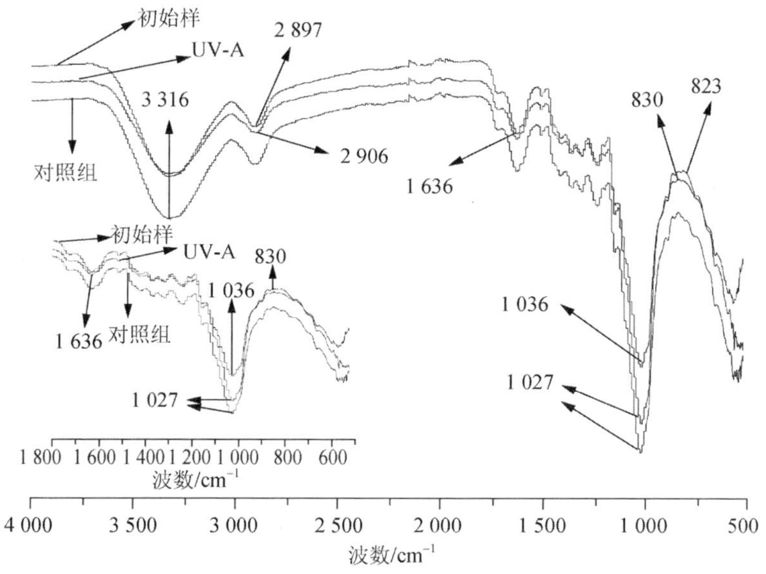

图 6-43　初始、CK、UV-A 处理秸秆材料的红外光谱分析

7. 小结

（1）UV-A 辐射过程中，秸秆材料的降解主要是通过光化学降解途径进行的。木质素分子中特有的共轭双键、苯环等吸光基团吸收紫外线发生降解是导致秸秆失重的主要因子。随着木质素分子的降解，原本被木质素分子包围着的纤维素、半纤维素直接暴露在强紫外辐射条件下，发生光化学降解。

（2）光化学降解中纤维素的降解率要比半纤维素的降解率高，这是由秸秆材料中纤维素、半纤维素、木质素特殊的分子构型造成的。通常来讲，半纤维素分子与木质素分子之间有更大的相似性，分子之间的连接也远比纤维素分子紧密。随着木质素的降解，断裂生成的小分子链物质对半纤维素产生了一定的遮蔽作用。而纤维素则由于其相对较大的分子量，与 UV-A 接触面积大大增加，最终引起纤维素的降解率大于半纤维素的降解率。

6.2.7.2　空气湿度对秸秆材料降解的影响

日光温室是一种相对封闭的环境，由于作物生长需要大量水分，温室内土壤需保持一定湿度，这样造成温室内空气湿度一般都较大。实际观测结果显示，秸秆块墙体日光温室内空气湿度一般在 80%～90%，有时也会出现较低湿度。高湿度环境不仅导致秸秆吸湿，还会滋生大量的微生物，引起秸秆的降解作用。本章采用无机盐饱和盐溶液法，在真空干燥器中控制空气湿度为 30%、60%和 90%，研究水稻秸秆对不同湿度的响应（图 6-44）。

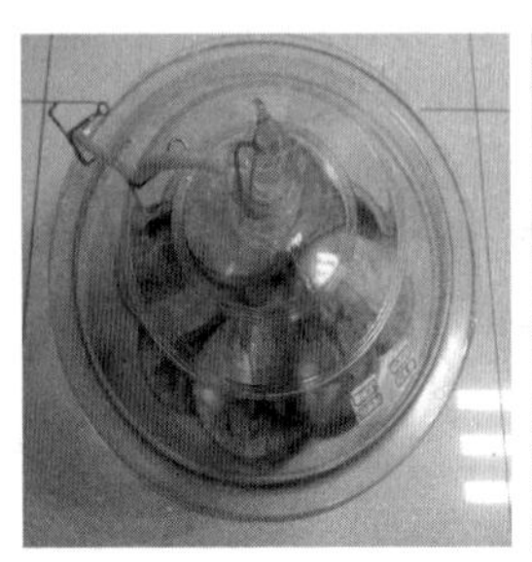
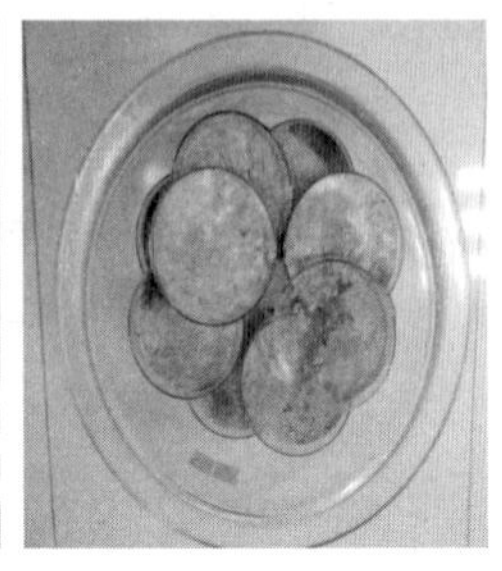

图 6-44　不同空气湿度条件下秸秆材料试验实物图

1. 空气湿度对秸秆材料质量损失率的影响

图6-45为不同空气湿度条件下,不同周期秸秆材料质量损失率的变化趋势图。在整个试验过程中，在空气湿度为 30%（RH30%）和 60%（RH60%）的环境下，秸秆质量损失不明显，经过 150d 的处理，秸秆质量损失率分别为 3.7%和 5.7%。在空气湿度为 90%（RH90%）的环境下，秸秆失重情况与前两者相比明显提高，最大质量损失率达到 18.5%；0～30d，质量变化不明显；30～60d，质量损失率逐渐增大；最大质量损失率出现在 40～60d，该阶段的质量损失率达到 17.1%，占整个试验过程中秸秆总质量损失率的 92.4%。60～90d 秸秆质量损失率略有降低，90～150d 秸秆质量损失率基本不变。

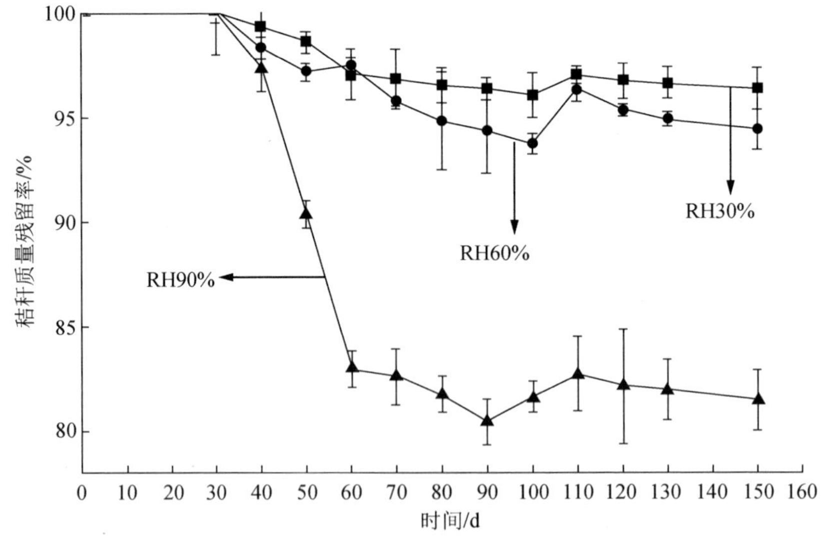

图 6-45　不同空气湿度条件下不同周期秸秆材料质量损失率比较

2. 不同空气湿度条件下秸秆化学组成分析

从表 6-29 可以看出，经过 150d 不同空气湿度的处理，各种处理均不同程度地降低了秸秆中 C 的含量。其中，RH90%条件下 C 含量下降程度最大，试验结束时秸秆材料内部 TC 含量下降 9.8%，其余两种空气湿度条件下 C 含量下降不明显。除了 RH30%条件，RH90%、RH60%条件 N 含量都有一定的升高，其中 RH90%条件秸秆材料 C/N 下降 25.2%。各处理方式对秸秆 C/N 的影响表现为 RH90% > RH60% > RH30%。不同湿度条件下，秸秆 K 含量变化明显，其中 RH90%条件下，秸秆 K 含量降低 35.7%。试验结束时，RH30%和 RH60%条件下，P 含量变化不明显；RH90%条件下 P 含量降低 42.9%。

表 6-29　不同空气湿度下秸秆材料元素含量

处理	C/%	N/%	P/%	K/%	C/N
初始样	48.9±1.87a	0.88±0.05c	0.14±0.03a	1.26±0.05a	55.6±2.21a
RH90%	44.1±1.41b	1.06±0.06b	0.08±0.03b	0.81±0.03d	41.6±1.15b
RH60%	47.2±1.05a	0.91±0.04c	0.13±0.02a	1.01±0.02c	51.9±2.00a
RH30%	48.1±0.36a	0.88±0.03c	0.14±0.03a	1.18±0.03b	54.7±2.95a

注：同列不同小写字母代表 $P < 0.05$ 水平差异显著。

3. RH90%条件下秸秆材料组成分析

对 RH90%条件下秸秆材料进行组分测定与分析发现（图 6-46），纤维素和半纤维素含量都出现了较大幅度的降低，其中又以半纤维素含量的降低最为明显，降解率达到 15.7%，纤维素的降解率为 11.1%。木质素的降解不明显，降解率为 5.3%。在 0～40d，秸秆中纤维素、半纤维素、木质素的降解率均处于较低水平。40d 以后，半纤维素首先被快速的降解，与此同时，纤维素也以相对较快的速率被降解。试验表明，在高湿度条件下，秸秆纤维素、半纤维和木质素均能被生物降解，降解速率半纤维素>纤维素>木质素，且高湿度条件下微生物对秸秆的降解明显存在一个迟滞期（适应期）。

测定秸秆材料 DOC 发现，秸秆材料 DOC 含量变化为先降低后升高，至 150d DOC 含量较初始阶段增加了 12.0%。初始阶段 DOC 含量是逐渐降低的，60d 时 DOC 含量降到最低值，由初始的 62.8mg/g 降到了 54.2mg/g，这个阶段可能是微生物的主要增殖阶段，以吸收利用秸秆中可溶性养分为主。60d 以后，DOC 含量逐渐上升，试验结束时样品中 DOC 含量为 70.3mg/g，表明该阶段微生物活动日趋旺盛，可以产生剩余简单有机养分。

4. RH90%条件下秸秆材料热重分析

从图 6-47 可以看出，RH90%条件下秸秆与初始秸秆材料在热解模式下发生了显著改变。与初始秸秆相比，RH90%条件下秸秆 DTG 曲线降解峰数量显著增加，最大峰峰高显著降低。

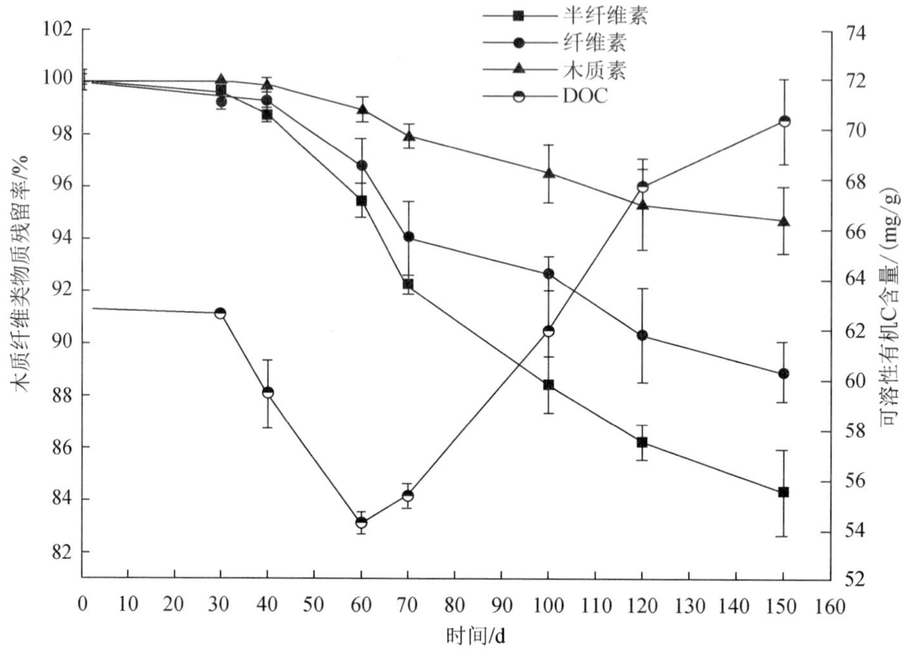

图 6-46 RH90%条件下秸秆材料各组分变化

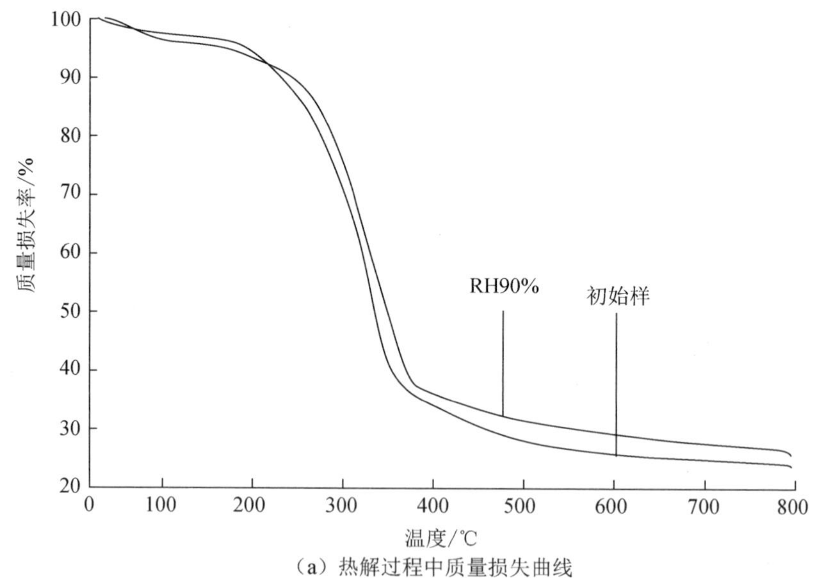

（a）热解过程中质量损失曲线

图 6-47 RH90%条件下秸秆材料热重分析曲线

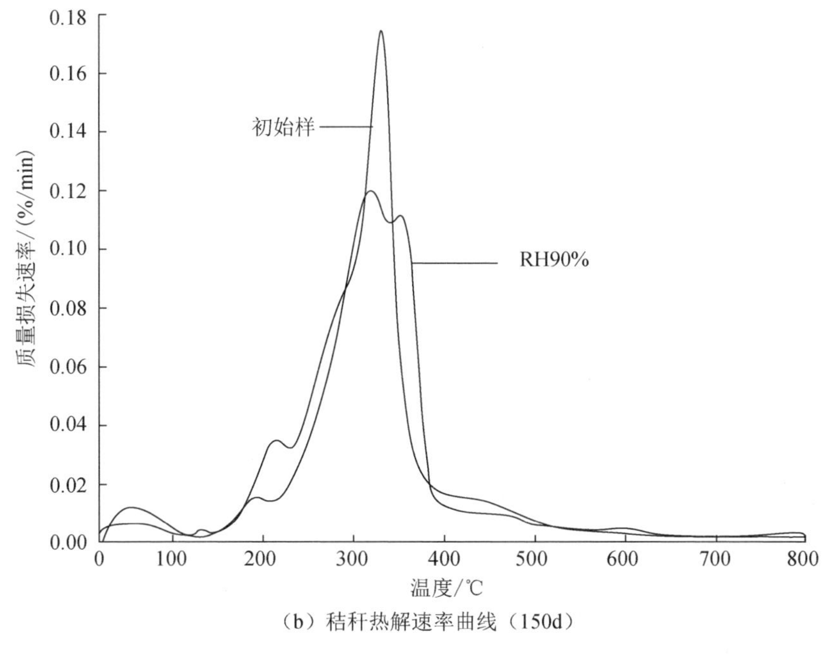

（b）秸秆热解速率曲线（150d）

图 6-47（续）

85℃处热解峰为自由水脱挥峰，RH90%秸秆峰高和峰面积显著高于初始秸秆样品，表明 RH90%处理提高了秸秆材料水吸附能力。初始秸秆和 RH90%条件下秸秆样品分别在 190℃、220℃出现第二个热解峰，该峰主要为半纤维素和木质素热解峰，RH90%条件下秸秆的第二个热解峰峰温较初始秸秆提高 30℃，峰高显著升高，表明 RH90%处理一方面引起纤维素和木质素组分部分氧化，提高分子氧化活化能，进而提高热解温度，另一方面引起高分子断裂，形成更多相对易分解的分子链段，显著提高该温升区域的热解反应速率和质量损失率。二者最大热解峰仍然位于 330℃附近，初始秸秆的为 330℃单峰，而 RH90%条件下秸秆的裂变为 325℃与 355℃两个峰，峰高后者明显低于前者，但峰面积相差不大，该峰主要为纤维素降解峰。从 400～500℃看，热解速率初始秸秆>RH90%条件下秸秆，500℃以后二者基本相同，热解最终质量剩余率初始秸秆<RH90%条件下秸秆。

DTG 曲线表明，RH90%处理后秸秆化学组分发生了显著变化，“三素”生物大分子大量断裂，平均分子质量变小，整体热解温度下降，生物降解过程中形成了较多结构更加稳定的大分子，材料可降解性下降，稳定性增强。

5. 小结

在相对湿度较高环境中，秸秆材料能够产生生物降解作用，降解率随空气湿度的增加而升高。生物降解过程中，微生物对半纤维素的降解是导致秸秆失重的主要原因。相对于纤维素、半纤维素的降解，木质素的降解率要小很多。这种降解模式，一方面增加了易降解分子链段数量而降低了降解活化能，提高了其降解活性；另一方面生物降解过程中形成了难降解大分子，材料稳定性增加，更难彻底分解。

6.2.7.3　UV-A 和高湿环境共同作用下秸秆材料的降解行为

自然条件下，秸秆材料墙体的降解过程受多种环境因素控制。这些环境因素包括光照、水分（湿度）、温度、微生物等。因此，单一的环境因素对秸秆材料降解行为的影响并不能完全反映野外环境中秸秆材料的降解过程。本章在分别研究 UV-A 与不同空气湿度两种单一环境对秸秆降解的影响基础上，进一步研究 UV-A+高湿环境共同作用下秸秆材料的降解行为，以期更好地揭示复杂环境条件下，秸秆材料的降解过程及其内在机理。

1. 双重环境因子对秸秆质量损失率的影响

图 6-48 为 UV-A+RH90%环境条件下秸秆材料相对质量变化。在 UV-A+RH90%环境条件下处理 180d，秸秆质量损失率达到 39.1%。秸秆最大质量损失率出现在 0～10d，随后 10～150d 保持一个较大的、稳定的质量损失率，150d 以后质量损失率基本保持恒定。秸秆材料在前 150d 的质量损失率占秸秆在整个试验过程中总质量损失率的 99.2%。对比湿度与 UV-A 两个单因素试验的秸秆损失率，双重环境因子共同作用下秸秆的质量损失率有明显的升高，而且大于两种单因素环境条件下秸秆质量损失率之和。结果表明，在 UV-A+高湿条件下，秸秆降解是光化学降解与生物降解共同作用的结果且有增效作用，非二者效果简单的叠加。

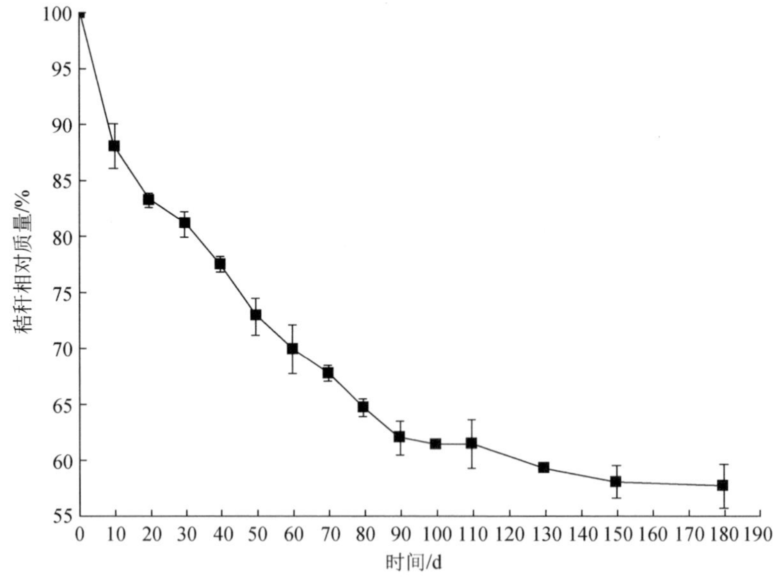

图 6-48　UV-A+RH90%环境条件下秸秆材料相对质量变化

2. 双重环境因子条件下秸秆材料化学组成分析

从表 6-30 可以看出，经过 180d 的处理，同 CK 相比，UV-A+RH90%环境条件下秸秆材料 C 含量降低 13.7%，N 含量升高 35.2%，升高幅度分别是 RH60%和 RH90%条件下秸秆 N 含量变化的 1.7 倍、10.3 倍。UV-A+RH90%环境条件下秸秆材料 C/N 下降 36.2%，P、K 含量出现明显的下降，分别下降 64.3%和 81.0%。可见，UV-A+高湿环境作用下，秸秆材料中元素含量变化幅度都远大于单一环境因子引起的秸秆材料元素含量的变化。

表 6-30　UV-A+RH90%环境条件下秸秆材料初始、最终元素含量对比

材料	C 含量/%	N 含量/%	P 含量/%	K 含量/%	C/N
初始秸秆	48.9±1.87	0.88±0.05	0.14±0.03	1.26±0.05	55.6±2.21
U-VA+RH90%条件下秸秆	42.2±1.15	1.19±0.04	0.05±0.00	0.24±0.03	35.5±0.87

从图 6-49 中可以看出，UV-A+RH90%环境条件下秸秆纤维素、半纤维素、木质素含量都出现较大幅度的降低，最大降解率分别为 21.6%、16.8%、44.9%。秸秆 DOC 含量的变化呈现先降低后升高再降低趋势，0～50d DOC 含量由初始的 62.8mg/g 降低为 51.62mg/g，从 50d 开始 DOC 含量以一个较大的速率开始升高直到 110d，达到 65.93mg/g，110d 以后 DOC 含量又以较大的速率降低，180d 试验结束时 DOC 含量为 49.41mg/g，整个过程中秸秆 DOC 含量的降低率为 21.3%。

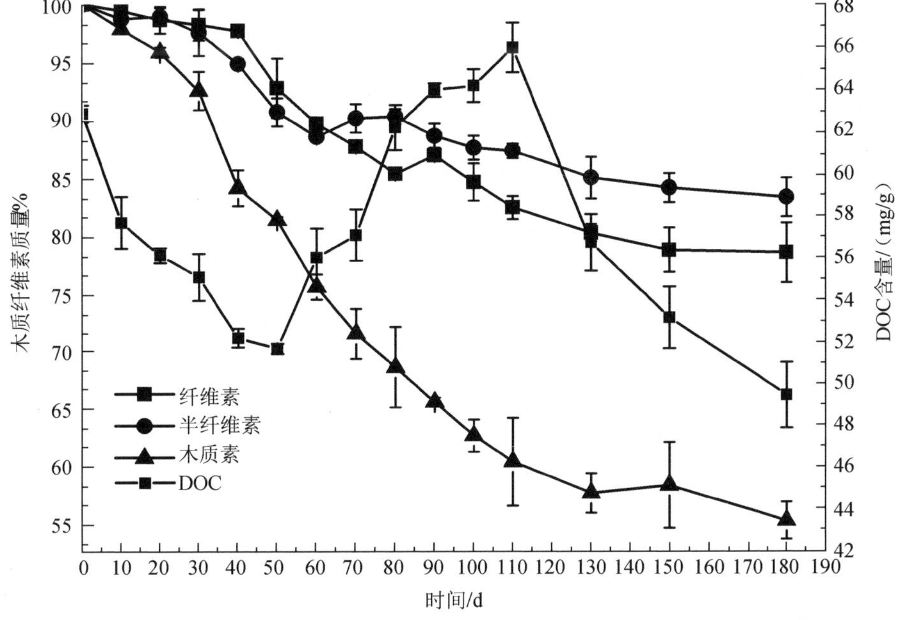

图 6-49　UV-A+RH90%环境条件下，秸秆中纤维素、半纤维素、木质素和可溶性有机碳的变化

3. UV-A+RH90%环境条件下秸秆材料热重分析

从 DTG 曲线看出（图 6-50），UV-A+RH90%环境条件下秸秆材料热解过程中最大的质量损失率为 70.8%，与初始秸秆最大的质量损失率 76.4%相比，质量损失率降低了 5.6 个百分点。处理后秸秆材料的最低热解峰温由初始秸秆的 236℃降

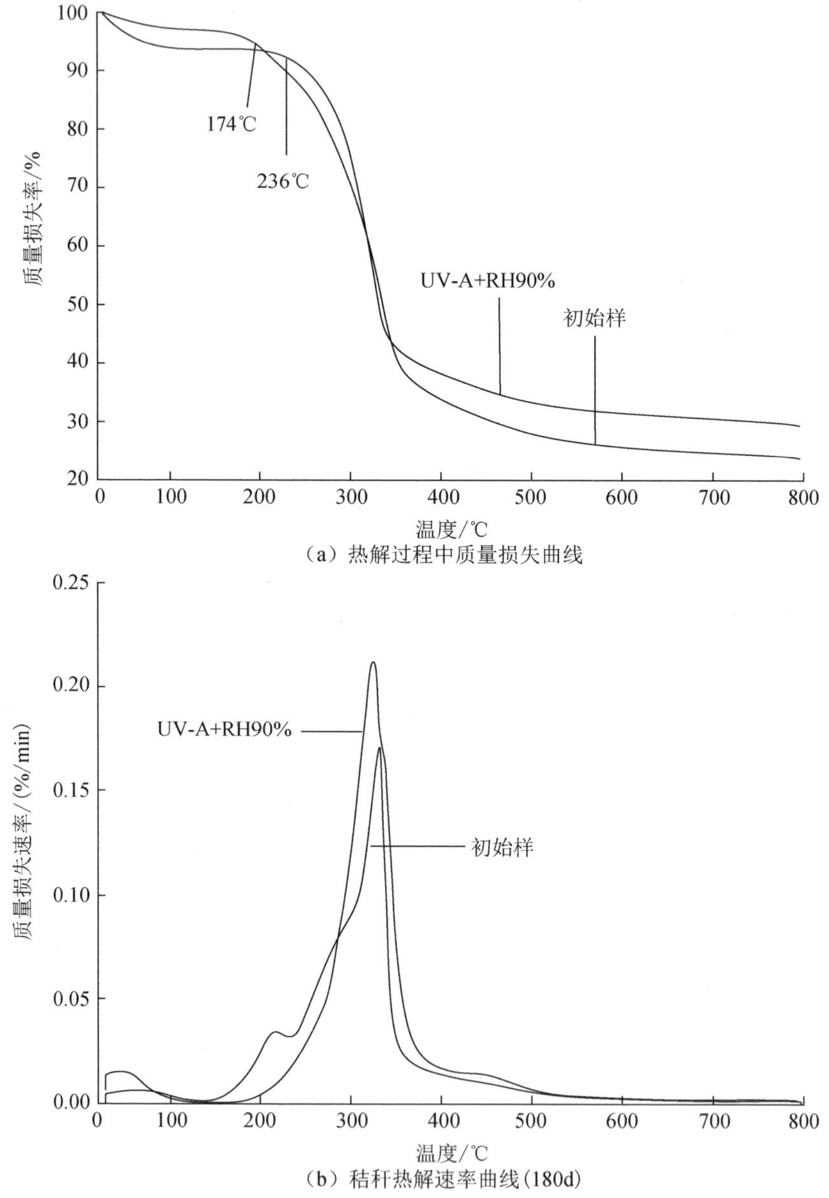

（a）热解过程中质量损失曲线

（b）秸秆热解速率曲线(180d)

图 6-50　UV-A+RH90%环境条件下秸秆材料热重分析曲线

低为 174℃，峰温降低了 62℃。初始秸秆的热解终止温度约为 350℃，而处理后降低至 339℃。从 DTG 曲线来看，UV-A+RH90%环境条件下秸秆最大热解峰温 320℃，而初始秸秆则在 332℃。显然导致秸秆材料热解模式发生显著变化的最主要原因是光降解和生物降解的共同影响。

4. UV-A+RH90%环境条件下秸秆材料 FTIR 分析

图 6-51 为初始和 UV-A+RH90%环境条件下水稻秸秆的 FTIR 图。3 350cm^{-1}处游离羟基的吸收峰和 2 900cm^{-1} 处脂肪族链烃的吸收峰，UV-A+RH90%条件下秸秆在这两个波段的峰形和吸收值与 CK 相比变化较大，峰形相似而透过率上升，证明此结构的特征吸收有所减少。1 740cm^{-1} 处峰强减弱，表明非共轭羰基减少，代表半纤维素的降解。1 600～1 450cm^{-1} 是芳烃 C══C 骨架振动峰，芳香族化合物的重要特征为在 1 600、1 580、1 500 和 1 450（cm^{-1}）左右出现强度不等的 4 个峰。在木质素特征吸收的波数段，UV-A+RH90%条件下秸秆与 CK 相比变化较大：在 1 600cm^{-1} 和 1 500cm^{-1} 芳香族骨架振动处的吸收均明显减少。在 1 382cm^{-1} 处峰强明显减弱，表明纤维素与半纤维素中 C—H 伸缩振动减弱。而在 1 317cm^{-1} 和 1 248cm^{-1} 处，样品吸收峰出现较大减弱，是木质素单体丁香环、香草环振动减弱以及芳香醚键伸缩振动减弱的结果，表明经过 UV-A+RH90%处理后，发生了芳香环的开裂。1 030cm^{-1} 区域附近为 C—H 芳香族面内振动减弱，同样表明芳香环发生了比较明显的开裂。

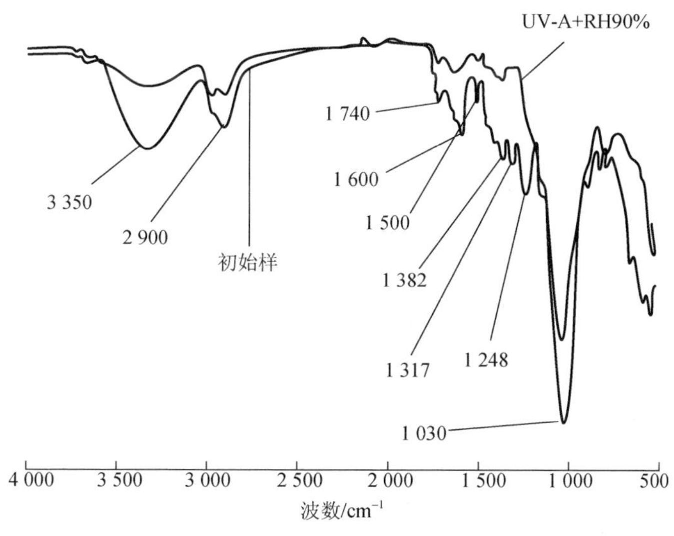

图 6-51　UV-A+RH90%环境条件下秸秆材料 FTIR 分析图谱（180d）

5. UV-A+RH90%环境条件下秸秆降解微生物多样性分析

图 6-52（a）显示，细菌颜色平均变化率（average well color development，

AWCD）初始值较高，至第 10 天略有上升后逐渐下降至最低值再逐渐上升。图 6-52（b）显示，丝状真菌 AWCD 初始值也相对较高，至第 10 天显著上升至最大值，随后逐渐略有上升后逐渐下降至最低随后逐渐上升。

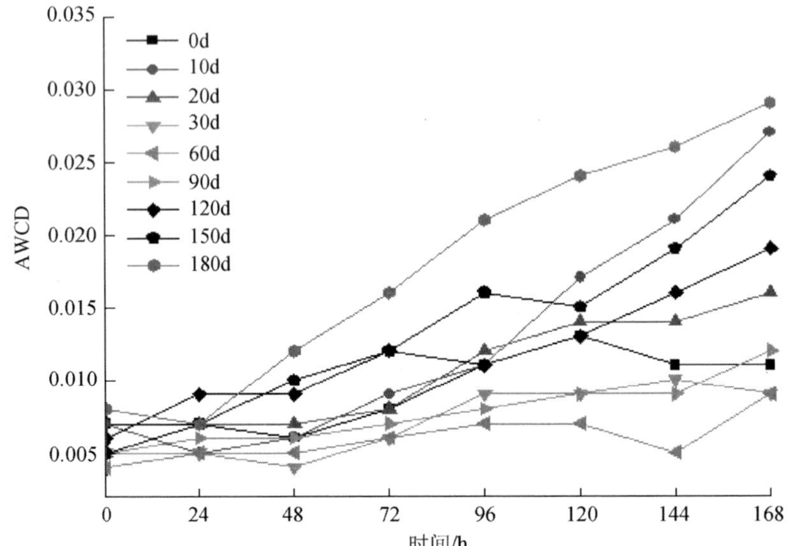

（a）ECO平板培养168h秸秆降解微生物（细菌）的吸光值变化

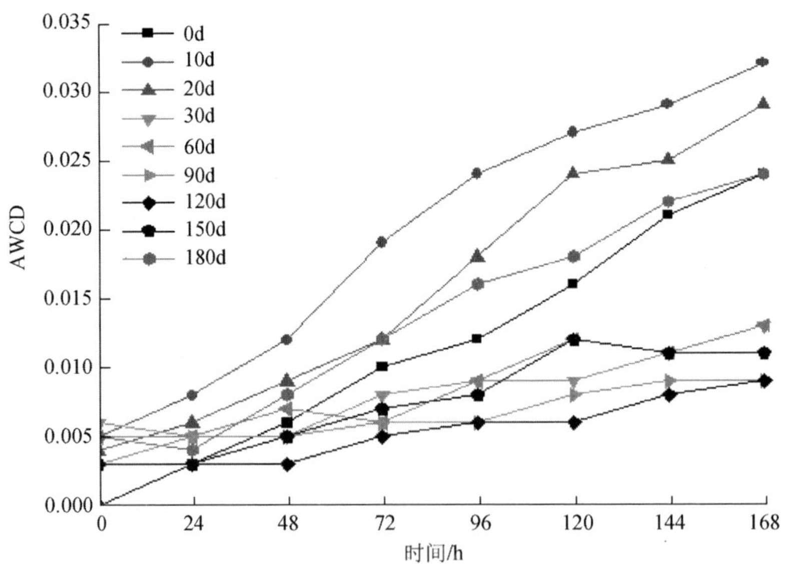

（b）FF平板培养168h秸秆降解微生物（丝状真菌）的吸光值变化

图 6-52　UV-A+RH90%环境条件下秸秆降解微生物 BIOLOG 分析

试验表明，UV-A 和高湿因子联合处理，细菌多样性经历了起始略微上升随后显著下降再显著上升的复杂的群落结构演替过程，细菌多样性最低为第 60 天，最高为第 10 天（表 6-31）。丝状真菌多样性经历了起始急剧上升随后缓慢下降再缓慢上升的复杂的群落结构演替过程，丝状真菌多样性最低为第 150 天，最高为第 10 天。

表 6-31 UV-A+RH90%环境条件下秸秆降解微生物功能多样性指数

时间/d	ECO 平板	FF 平板
0	2.07±0.369	2.58±0.248
10	2.41±0.213	2.81±0.381
20	2.32±0.169	2.69±0.266
30	1.81±0.241	2.60±0.311
60	1.17±0.226	1.32±0.162
90	1.21±0.241	0.87±0.211
120	1.46±0.106	0.92±0.301
150	1.59±0.253	0.81±0.209
180	1.72±0.189	0.92±0.162

AWCD 值显示，无论细菌还是丝状真菌初始阶段不仅生物多样性丰富而且出现了不同程度升高，表明起始阶段微生物并未被高强度的 UV-A 辐射全部杀死。细菌和丝状真菌多样性变化表现不同的是，在两种环境因子联合作用下细菌多样性下降快恢复也快，而丝状真菌多样性下降较慢恢复也较慢。

AWCD 值大小反映微生物对 C 源和 N 源的利用强度。从细菌和丝状真菌对 C 源和 N 源利用强度看，细菌代谢活性显著高于丝状真菌。因此，在本试验条件下，可能细菌对秸秆生物降解起主导作用。

6. UV-A+RH90%环境条件下秸秆表面微观形态分析

扫描电镜观察发现，随着 UV-A+RH90%处理时间的延长，秸秆表面结构发生显著变化（图 6-53）。初始秸秆材料，表面纤维结构完整，各种硅质细胞、角质细胞排列整齐；经过 10d 的 UV-A+RH90%处理，秸秆材料可见较多微生物菌体；UV-A+RH90%处理 90d，秸秆材料表面覆盖大量细菌菌体，表面结构成片的脱落；UV-A+RH90%处理 180d，秸秆材料表面覆盖大量细菌菌体，秸秆表面粗糙片层脱落后留下光洁表面。在 4 种秸秆材料中均未见到明显的丝状真菌菌体结构，可能是真菌菌体数量稀少，难以观察到。

7. 小结

UV-A+高湿环境条件下，秸秆光化学降解途径与生物降解途径协同作用，秸秆质量损失率大于两个单因子作用的质量损失率之和，表明两种因子对秸秆的降解作用非两种途径简单的叠加，而是具有互作增效效应。

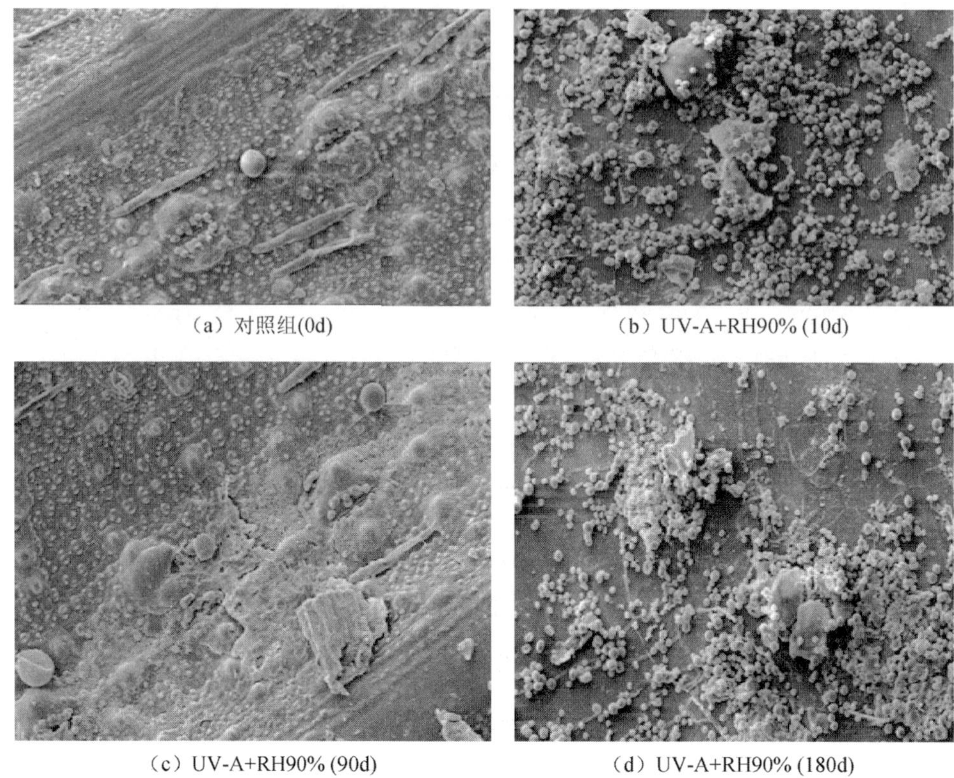

（a）对照组(0d)　（b）UV-A+RH90% (10d)

（c）UV-A+RH90% (90d)　（d）UV-A+RH90% (180d)

图 6-53　UV-A+RH90%环境条件下秸秆材料扫描电镜图

木质素高质量损失率表明“UV-A+高湿”双重因子作用下，光化学降解途径占主导地位，这是导致降解过程中木质素的降解率明显比纤维素和半纤维素的降解率大的主要原因。生物降解作用出现在试验开始阶段与试验结束阶段。但相对于整个试验过程中一直都存在的光化学降解途径，生物降解对于秸秆质量损失的促进作用要小很多。

尽管 UV-A 对微生物具有很强的抑制作用，因高湿环境存在的生物降解仍发挥作用。试验过程中，不仅观察到被试秸秆表面微生物存在，还观察到其群体演替及秸秆表面形貌变化，表明秸秆生物降解作用对秸秆结构产生影响。光化学降解与生物降解相互作用，共同促进秸秆的降解。

6.2.8　维护技术及安全防护

（1）定期检查墙体秸秆块变形情况。观察墙体是否下沉、开裂，如出现下沉、开裂，应及时填充秸秆予以修补以保证保温效果。同时，还应观察外墙及外墙与后屋面对接处是否有破损情况，如有破损立即修补，以防下雨时雨水浸入墙体，导致秸秆受潮霉变。夏季高温期间，温室前屋面揭膜后，应对内侧墙体采取防雨措施，如覆盖塑料膜，培高内墙地基，防止雨水淋湿墙体或地表水灌入墙体。

（2）秸秆块在装卸及运输过程中易发生变形，墙体码砌时应对秸秆块形态进行调整，尽可能使之规整。相邻秸秆块码砌时如产生缝隙，应用草料填充并压实，以免形成空洞，造成墙体内外空气对流，影响保温效果。

（3）秸秆是天然生物质材料，属于易燃物。秸秆块温室在建造和使用过程中，务必远离火源，并配备必要消防设施如消防用水池（塘）、沙等，做好防火。温室内部电路要勤于检查，发现破损漏电现象及时修补，谨防火灾发生。

6.2.9　秸秆块墙体日光温室技术经济评价

秸秆块墙体日光温室与传统墙体日光温室相比，具有以下先进性：秸秆块墙体具有很好的保温隔热性能，秸秆块的热阻值是夯实土壤、红砖等建筑墙体材料的 5～10 倍；秸秆主要成分中的纤维素、半纤维素和木质素等成分通过吸附和解吸附作用调节温室空气中的水分，能够调节温室中空气湿度；温室墙体秸秆会在微生物作用下释放 CO_2，温室 CO_2 浓度提高会促进作物光合作用；此外，建造具有同样热工性能的土墙日光温室，其厚度是秸秆块墙体的 5～10 倍，秸秆块墙体日光温室大大提高了土地利用率；在生态效益和社会效益方面，秸秆块墙体另一个优点是具有较高残值，温室废弃后墙体所有建材包括钢骨架与秸秆块均可以实现资源再利用。建造一个 1 000m^2 秸秆块墙体日光温室，可消耗 40～50t 秸秆，80～100 亩农作物秸秆。以江苏省为例，现有日光温室大棚面积约 50 万亩，若使用秸秆块建造可新增 200 万 t/年（按 5～10 年使用寿命计）的秸秆需求潜力，为全省可收集秸秆量的 7%以上。

6.3　秸秆厌氧发酵产沼气技术

稻麦秸秆是典型的木质纤维材料，主要成分为纤维素、半纤维素和木质素，三者占植物纤维总质量的 80%～95%。在 3 种成分中，纤维素是由 β，D-葡萄糖基通过 1,4-糖苷键联结而成的线性高分子化合物，天然存在的纤维素分子的平均聚合度为 8 500～9 500。在纤维素分子的聚集体中，大部分以晶体状态存在，结晶度在 70%以上。纤维素本身的结晶态对其降解有一定程度的影响，但单纯纤维素的降解并不困难。当纤维素与木质素或其他物质结合后，降解就变得非常困难。半纤维素是由多种糖基、糖醛酸基组成的，分子中带有支链的复合聚糖，在木质纤维材料的三大组分中最易被厌氧微生物分解。木质素是由苯基丙烷结构单元通过醚键、C—C 键联结而成的芳香族高分子化合物，具有高度复杂的结构。一般认为，木质素在厌氧发酵过程中几乎不被厌氧微生物分解。因此，秸秆中木质素的存在是限制其厌氧生物降解的主要因子。

将秸秆在厌氧条件下经厌氧微生物作用转化为 CH_4 和 CO_2 为主的沼气，产生的沼液、沼渣可作为有机肥培肥土壤，实现 C、N 资源的循环利用和资源环境的协同，符合改善生态环境和建设美丽乡村的要求。

为实现秸秆高效厌氧发酵产沼气与秸秆沼气工程稳定运行，围绕其厌氧发酵产业链开展技术研究，旨在为秸秆资源规模化沼气利用提供基础数据和技术积累。

6.3.1 秸秆理化特征及对厌氧发酵产沼气的影响

6.3.1.1 稻秸理化特性及水解产酸特征

水稻是中国三大主粮之一，在中国淮南以南及东北地区有广泛种植。不同水稻品种、不同器官、不同部位秸秆的理化特性有较大差别，其厌氧发酵物产沼气特性亦有较大差别。选择江苏省生产上常用的水稻品种南粳44、南粳45和扬稻6号为材料，分析水稻不同品种、不同器官和不同部位（地上部不同高度）秸秆的理化特性及厌氧发酵产沼气特性，以期为今后稻秸的科学木收集和利用提供科学数据。

1. 稻秸理化特性

3种稻秸及其不同器官、不同部位的理化特性结果见表6-32～表6-34。可以看出，南粳44、南粳45叶的挥发性固体（volatile solid，VS）含量高于茎，扬稻6号茎的VS含量高于叶。南粳45的N含量较低，低于其他两种水稻品种，C/N值明显高于其他两种水稻，南粳44和扬稻6号的C/N在30～50，跟厌氧发酵所要求的C/N 20～30较接近。3个品种水稻秸秆不同器官及部位C含量差别不大，南粳45的各个器官C含量比其他两种水稻品种高（除>30cm秸秆样品外）。

表6-32 南粳44秸秆不同器官及不同部位理化特性

器官（部位）	TS/%	VS/%	C/%	N/%	C/N
茎	89.55	86.78	45.96	1.16	39.56
叶	91.87	87.64	47.88	1.64	29.22
0～10cm	87.13	87.55	44.05	1.37	32.13
>10～20cm	88.17	85.93	45.96	1.50	30.66
>20～30cm	91.14	86.02	36.39	1.31	27.71
>30cm	93.27	87.86	49.80	1.39	35.71

注：TS为总固体物含量，即干物质含量。

表6-33 南粳45秸秆不同器官及不同部位理化特性

器官（部位）	TS/%	VS/%	C/%	N/%	C/N
茎	74.72	87.84	49.80	0.74	66.96
叶	83.75	88.25	47.88	0.60	79.24
0～10cm	78.03	91.55	49.80	0.69	72.63
>10～20cm	79.48	90.90	47.88	0.58	82.41
>20～30cm	87.46	89.38	49.80	0.56	89.28
>30cm	97.02	87.02	47.88	0.67	71.04

注：TS为总固体物含量，即干物质含量。

表 6-34　扬稻 6 号秸秆不同器官及不同部位理化特性

器官（部位）	TS/%	VS/%	C/%	N/%	C/N
茎	89.25	90.08	44.05	0.95	46.23
叶	91.55	86.65	44.05	1.21	36.45
0～10cm	78.19	90.82	45.96	1.25	36.63
>10～20cm	78.80	90.55	44.05	1.17	37.53
>20～30cm	85.80	88.48	45.96	0.93	49.45
>30cm	92.08	86.18	45.96	1.07	43.00

注：TS 为总固体物含量，即干物质含量。

表 6-35 和表 6-36 是 3 种水稻秸秆的冷水、热水抽提物的结果。可以看出，热水抽提物的含量明显高于冷水抽提物。茎秆较叶片有更高的冷、热水抽提物含量。南粳 44 不同高度秸秆中>30cm 部位冷、热水抽提物含量最高，南粳 45 不同高度秸秆中>10～20cm 部位最高，扬稻 6 号不同高度秸秆中>20～30cm 部位的冷、热水抽提物含量较高。

表 6-35　不同品种水稻秸秆冷水抽提物的含量　（单位：%）

品种	茎	叶	0～10cm	>10～20cm	>20～30cm	>30cm
南粳 44	35.46	17.66	24.36	25.29	29.67	34.90
南粳 45	43.38	24.22	29.34	33.90	32.91	19.46
扬稻 6 号	46.58	24.11	28.19	36.72	38.74	35.00

表 6-36　不同品种水稻秸秆热水抽提物的含量　（单位：%）

品种	茎	叶	0～10cm	>10～20cm	>20～30cm	>30cm
南粳 44	47.43	34.91	36.17	33.74	39.62	40.35
南粳 45	46.11	28.08	32.16	38.39	36.18	31.94
扬稻 6 号	51.14	26.36	28.37	41.23	41.84	39.47

水稻秸秆的主要成分是木质纤维素，3 种水稻品种秸秆半纤维素、纤维素和木质素含量见表 6-37～表 6-39。可以看出，水稻茎的半纤维素、纤维素和木质素含量均低于叶。从各品种不同部位的秸秆组分分析来看，南粳 44 地上>30cm 部位纤维素较高，半纤维素最高，木质素最低。南粳 45 的>10～20cm 部位纤维素较高，半纤维素最低，木质素较高。扬稻 6 号地上>20～30cm 部位纤维素最高，半纤维素较高，木质素最低。结果表明，留茬高度影响稻秸厌氧发酵产气潜力与特性。

表 6-37　南粳 44 不同器官及部位的半纤维素、纤维素和木质素含量　（单位：%）

器官（部位）	半纤维素	纤维素	木质素
茎	24.21	24.77	5.61
叶	31.44	35.07	7.34
0～10cm	27.85	35.40	5.88

续表

器官（部位）	半纤维素	纤维素	木质素
>10～20cm	29.61	34.82	6.10
>20～30cm	31.97	34.51	4.80
>30cm	34.29	35.32	4.36

表 6-38　南粳 45 不同器官及部位的半纤维素、纤维素和木质素含量　（单位：%）

器官（部位）	半纤维素	纤维素	木质素
茎	24.00	25.63	4.06
叶	30.54	28.24	6.12
0～10cm	27.63	28.80	4.86
>10～20cm	25.99	30.17	4.02
>20～30cm	27.72	29.73	3.92
>30cm	26.05	30.72	3.45

表 6-39　扬稻 6 号不同器官及部位的半纤维素、纤维素和木质素含量　（单位：%）

器官（部位）	半纤维素	纤维素	木质素
茎	23.61	35.71	5.40
叶	30.11	38.24	5.51
0～10cm	25.78	33.13	6.83
>10～20cm	27.71	35.66	5.70
>20～30cm	28.95	38.76	5.31
>30cm	30.48	37.44	5.76

2. 稻秸厌氧发酵产沼气特性

在分析不同品种、不同器官稻秸理化特性基础上，对其厌氧发酵产沼气特性进行比较。

发酵 30d 试验结束时，叶的累积产气量明显低于茎，南粳 45 叶的产气量最低，仅为 232.1mL/g TS，扬稻 6 号茎的累积产气量最大，为 345.9mL/g TS（表 6-40）。

表 6-40　3 个品种水稻秸秆茎、叶的累积产气量

部位	产气量/（mL/gTS）		
	南粳 44	南粳 45	扬稻 6 号
茎	325.8	322.7	345.9
叶	257.9	232.1	253.6

比较地上部不同高度秸秆厌氧发酵产气潜力，结果见表 6-41。可以看出，水稻地上部不同高度对秸秆干物质产气量均有较大影响。

表 6-41　不同品种水稻秸秆地上部不同高度干物质产气量

部位	产气量/（mL/gTS）		
	南粳 44	南粳 45	扬稻 6 号
0～10cm	231.4c	257.3b	283.2c
>10～20cm	204.9d	268.2a	313.3b
>20～30cm	268.4b	265.5a	319.5a
>30cm	322.1a	246.3c	278.4d

注：同列不同字母表示均值间差异显著（$P<0.05$）。

不同品种水稻秸秆最大产气潜力部位为南粳 44 >30cm 部位，南粳 45 >10～20cm 部位，扬稻 6 号>20～30cm 部位。除南粳 45 中>10～20cm 与>20～30cm 差异不显著外，各水稻品种中不同高度秸秆产气潜力差异显著。3 个品种水稻 10cm 以上秸秆产气潜力大于整体植株秸秆。因此，在实际生产中，应结合当地水稻品种及秸秆收获方式估算秸秆产气潜力。

6.3.1.2　麦秸理化特性及水解产酸特征

比较 3 种小麦品种不同器官和地上部不同高度秸秆的理化特性及厌氧发酵产沼气特性。小麦品种为徐麦 30、徐麦 33 和保麦 1082，地上部分为 0～10cm、>10～20cm、>20～30cm 和>30cm（即 30cm 以上总高度）。

1. 麦秸理化特性

徐麦 30、徐麦 33 和保麦 1082 秸秆不同器官和地上部不同高度理化特性的结果见表 6-42～表 6-44。可以看出，秸秆不同器官及地上部不同高度部位理化特性存在较大差异，不同小麦品种秸秆茎的 TC 含量均最高，徐麦 30 >20cm 部位 TC 含量最高，保麦 1082 >10～30cm 部位 TC 含量最高。

表 6-42　徐麦 30 不同器官不同部位秸秆理化性状

器官（部位）	TS/%	VS%	C%	N%	C/N
穗壳	89.60	88.44	40.22	0.58	69.22
穗芒	88.60	83.87	40.22	0.80	50.16
茎	90.22	91.50	47.88	0.65	73.58
叶	91.05	87.63	45.96	1.14	40.36
0～10cm	90.28	92.82	45.96	0.74	61.81
>10～20cm	90.98	90.55	47.88	0.71	67.55
>20～30cm	91.40	90.75	49.80	0.91	54.94
>30cm	89.15	91.49	49.80	0.88	56.39

表 6-43　徐麦 33 不同器官不同部位秸秆理化性状

器官（部位）	TS/%	VS%	C%	N%	C/N
穗壳	89.79	92.69	43.09	0.63	68.94
穗芒	89.56	85.46	42.14	0.81	52.34
茎	90.24	92.56	49.80	0.69	72.17
叶	90.08	88.32	47.88	1.03	46.71
0～10cm	90.32	92.35	45.01	0.87	52.03
>10～20cm	89.77	91.55	46.92	0.78	60.54
>20～30cm	90.08	91.59	47.88	0.83	57.69
>30cm	88.97	92.85	45.97	0.78	58.94

表 6-44　保麦 1082 不同器官不同部位秸秆理化性状

器官（部位）	TS/%	VS%	C%	N%	C/N
穗壳	89.90	96.94	45.96	0.67	68.20
穗芒	90.51	86.85	44.05	0.81	54.15
茎	90.06	93.55	51.71	0.73	70.64
叶	89.11	89.01	49.80	0.91	54.94
0～10cm	89.96	91.80	44.05	0.99	44.60
>10～20cm	88.56	92.54	45.96	0.84	54.94
>20～30cm	88.61	92.42	45.96	0.74	61.81
>30cm	88.79	94.28	42.13	0.57	74.00

由不同小麦品种秸秆冷水和热水抽提物的结果（表 6-45 和表 6-46）可见，3 个小麦品种秸秆的热水抽提物含量均高于冷水抽提物。小麦植株 4 种器官中，叶的冷水和热水抽提物都最高，3 种小麦的 4 种器官冷、热水抽提物含量高低都符合如下规律：叶>茎>穗芒>穗壳。在地上部不同高度部位中，不同小麦品种秸秆冷水抽提物的含量高低规律不一样。徐麦 30 的>10～20cm 部位冷水抽提物含量最高，徐麦 33 的>30cm 部位冷水抽提物含量最高，保麦 1082 的>30cm 部位冷水抽提物含量最高。3 种小麦地上部不同高度秸秆的热水抽提物中，徐麦 30 的含量最高部位是>20～30cm，徐麦 33 的含量最高部位是>20～30cm，保麦 1082 的含量最高的部位是>30cm。

表 6-45　不同小麦品种秸秆不同器官不同部位冷水抽提物的含量　（单位：%）

品种	穗壳	穗芒	茎	叶	0～10cm	>10～20cm	>20～30cm	>30cm
徐麦 30	9.90	12.44	15.85	28.08	20.03	22.63	21.92	21.81
徐麦 33	12.78	13.72	17.21	19.18	15.58	19.12	18.36	19.25
保麦 1082	16.84	19.09	20.43	22.42	21.76	23.50	24.08	25.10

表 6-46　不同小麦品种秸秆不同器官不同部位热水抽提物的含量　　（单位：%）

品种	穗壳	穗芒	茎	叶	0～10cm	>10～20cm	>20～30cm	>30cm
徐麦 30	11.91	16.57	20.86	30.27	25.64	26.15	27.80	22.41
徐麦 33	15.97	21.60	30.24	35.16	21.29	21.68	27.51	22.19
保麦 1082	18.88	20.60	21.35	26.36	27.32	23.65	27.71	28.84

不同小麦品种秸秆半纤维素、纤维素和木质素含量的结果（表 6-47～表 6-49）分析表明，徐麦 30 和徐麦 33 不同器官秸秆以茎的木质素含量最高，而保麦 1082 不同器官秸秆以叶片中木质素含量最高；徐麦 30 不同部位秸秆以 0～10cm 木质素含量最高，>20～30cm 次之，而徐麦 33 和保麦 1082 不同部位秸秆同样以 0～10cm 木质素含量最高，>10～20cm 次之。

表 6-47　徐麦 30 不同器官及部位的半纤维素、纤维素和木质素含量　　（单位：%）

处理	半纤维素	纤维素	木质素
穗壳	34.69	38.23	10.24
穗芒	34.46	40.09	5.82
茎	28.25	43.24	11.33
叶	32.97	35.80	6.93
0～10cm	28.70	37.09	17.58
>10～20cm	27.94	42.20	12.55
>20～30cm	27.59	36.34	16.22
>30cm	30.28	38.18	13.04

表 6-48　徐麦 33 不同器官及部位的半纤维素、纤维素和木质素含量　　（单位：%）

处理	半纤维素	纤维素	木质素
穗壳	34.81	34.28	12.17
穗芒	33.73	39.40	6.38
茎	29.83	40.59	13.44
叶	32.21	36.03	6.60
0～10cm	29.23	34.84	15.41
>10～20cm	27.92	41.43	10.07
>20～30cm	31.24	40.66	7.74
>30cm	29.06	43.07	8.11

表 6-49　保麦 1082 不同器官及部位的半纤维素、纤维素和木质素含量　　（单位：%）

处理	半纤维素	纤维素	木质素
穗壳	34.79	35.53	11.36
穗芒	33.14	34.26	4.83
茎	28.86	37.45	14.15
叶	28.61	30.07	14.41

续表

处理	半纤维素	纤维素	木质素
0～10cm	28.39	35.52	14.25
>10～20cm	28.28	38.01	12.68
>20～30cm	27.25	41.16	11.01
>30cm	28.85	38.78	10.74

以上结果分析表明，小麦品种、器官及地上部高度对麦秸理化特性均有较大影响，这与水稻的结果一致。这也提醒我们，在进行秸秆资源化利用时，应充分考虑作物品种、器官和地上部高度的差异，因材施用，才能发挥其最优效益。

2. *麦秸厌氧发酵产沼气特性*

在分析不同小麦品种不同器官和地上部不同高度秸秆理化特性的基础上，比较其厌氧产气潜力。

经 40d 厌氧发酵处理后，徐麦 30 穗壳、穗芒、茎和叶干物质（total solid，TS）产气量分别为 203.85、222.35、294.35 和 341.22（mL/g），从大到小顺序为叶>茎>穗芒>穗壳（表 6-50）。

表 6-50　徐麦 30 不同器官产气潜力

器官	总产气量/mL	TS 产气量/（mL/g）	平均 CH_4 体积分数/%
穗壳	2 038.5c	203.85c	54.32b
穗芒	2 223.5c	222.35c	52.47b
茎	2 943.5b	294.35b	57.02a
叶	3 412.19a	341.22a	53.89b

注：同列不同小写字母表示差异显著（$P<0.05$）。

经 40d 厌氧发酵处理后，徐麦 33 穗壳、穗芒、茎、叶 TS 产气量分别为 205.88、224.20、386.29 和 259.53（mL/g），从大到小顺序为茎>叶>穗芒>穗壳。茎比叶、穗芒、穗壳分别高 48.98%、87.76%、72.44%（表 6-51）。

表 6-51　徐麦 33 不同器官产气潜力

器官	总产气量/mL	TS 产气量/（mL/g）	平均 CH_4 体积分数/%
穗壳	2 058.75d	205.88d	55.97a
穗芒	2 242.00c	224.20c	57.80a
茎	3 866.29a	386.29a	52.10b
叶	2 595.25b	259.53b	53.95b

注：同列不同小写字母表示差异显著（$P<0.05$）。

经 40d 厌氧发酵处理后，保麦 1082 不同器官 TS 产气量大小顺序为茎>穗壳>穗芒>叶。茎的产气潜力最大，同徐麦 33（表 6-52）。

表 6-52　保麦 1082 不同器官产气潜力

器官	总产气量/mL	TS 产气量/（mL/g）	平均 CH_4 体积分数/%
穗壳	2 726.75b	272.68b	57.51a
穗芒	2 722.5b	272.25b	57.36a
茎	3 642.5a	364.25a	56.03a
叶	2 587.5c	258.75c	52.03b

注：同列不同小写字母表示差异显著（$P<0.05$）。

以上结果表明，不同小麦品种秸秆产气潜力最大的器官并不一致，但总体为茎的产气潜力较大，茎是小麦秸秆的主要器官。

分析比较了不同小麦品种地上部不同高度秸秆的产气潜力，结果表明，徐麦 30 地上部不同高度秸秆日产气量趋势相似（图 6-54），均出现两个产气高峰。0～10cm、>10～20cm、>20～30cm、>30cm 对应秸秆中第一个产气高峰分别在第 3 天、第 2 天、第 2 天和第 3 天，峰值分别为 206、206、157 和 234（mL）。第二个产气高峰分别出现在第 11 天、第 15 天、第 7 天和第 11 天，峰值分别为 126、150、156 和 194（mL），之后产气量逐渐下降。

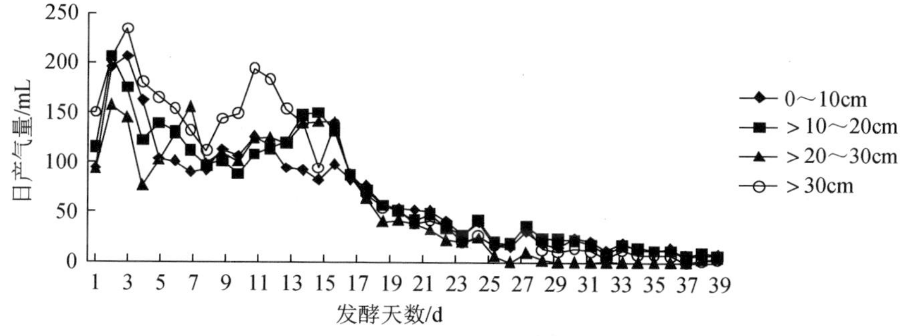

图 6-54　徐麦 30 地上部不同高度秸秆厌氧发酵日产气量变化

40d 厌氧发酵处理后，徐麦 30 地上部 0～10cm、>10～20cm、>20～30cm、>30cm 部位 TS 产气量分别为 258.08、276.58、234.95 和 311.45（mL/g），>30cm 部位麦秸 TS 产气量最大，各部位产气中 CH_4 平均含量的差异不太明显（表 6-53）。

表 6-53　徐麦 30 地上部不同高度秸秆的产气潜力

部位	总产气量/mL	TS 产气量/（mL/g）	平均 CH_4 体积分数/%
0～10cm	2 580.75b	258.08b	55.17b
>10～20cm	2 765.75b	276.58b	56.79a
>20～30cm	2 349.5c	234.95c	55.40b
>30cm	3 114.5a	311.45a	58.06a

注：同列不同小写字母表示数值间差异显著（$P<0.05$）。

徐麦 33 秸秆地上部不同高度日产气量(图 6-55)变化类似徐麦 30，即 0～10cm 部位在发酵第 3 天达到产气高峰，其余 3 个部位均在发酵第 2 天达到产气高峰，峰值分别为 204、213、213 和 203（mL）。第二个产气高峰分别在第 14 天、第 16 天、第 16 天和第 16 天出现，峰值分别为 216、188、222 和 190（mL），之后产气量逐渐下降。

40 天后，0～10cm、>10～20cm、>20～30cm、>30cm 部位 TS 产气量分别为 286.13、308.35、327.60 和 283.45（mL/g），>20～30cm 部位的 TS 产气量最大，>30cm 部位的 TS 产气量最小（表 6-54）。

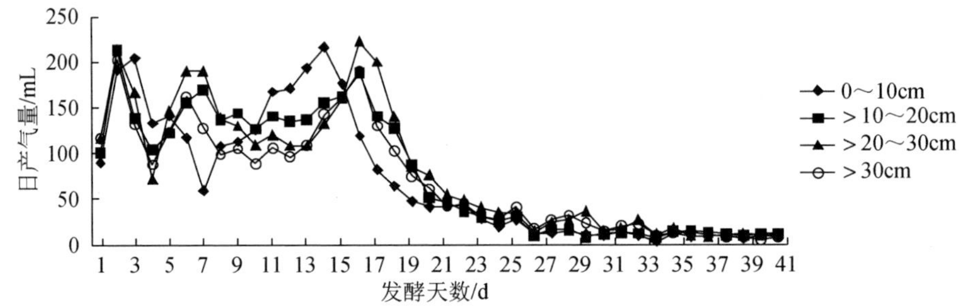

图 6-55　徐麦 33 地上部不同高度秸秆厌氧发酵日产气量变化

表 6-54　徐麦 33 地上部不同高度秸秆的产气潜力

部位	总产气量/mL	TS 产气量/（mL/g）	平均 CH_4 体积分数/%
0～10cm	2 861.25	286.13	56.25
>10～20cm	3 083.50	308.35	56.19
>20～30cm	3 276.00	327.60	54.38
>30cm	2 834.50	283.45	55.12

与上述两个小麦品种相似，保麦 1082 地上部不同高度秸秆整个发酵周期存在两个产气高峰，一个大的产气高峰和一个小的产气高峰。0～10cm 部位在发酵第 2 天达到产气高峰，峰值为 186mL。其他 3 个高度部位都在第 3 天达到产气高峰，分别为 257、224 和 195（mL）。各高度秸秆均在发酵第 16 天达到第二个产气高峰，峰值分别为 208、199、204 和 211（mL）。第二个产气高峰后，产气量逐渐下降，直到试验停止（图 6-56）。

发酵结束时（第 40 天），0～10cm、>10～20cm、>20～30cm、>30cm 部位 TS 产气量分别为 280.70、334.58、312.63 和 317.88（mL/g），>10～20cm 部位的 TS 产气量最大，0～10cm 部位的 TS 产气量最小（表 6-55）。

比较稻麦秸秆产气潜力发现，稻秸的产气潜力普遍低于麦秸，但无论是稻秸还是麦秸，地上部 10cm 以上部位秸秆的产气潜力均较整株高。茎的产气潜力较高，是秸秆收集的主要部分，也是厌氧发酵产沼气的主要对象。

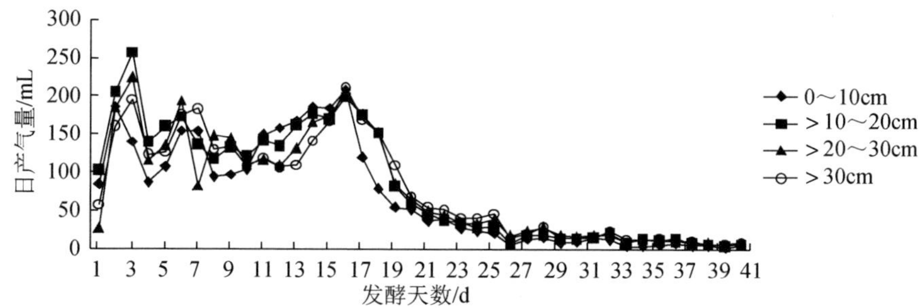

图 6-56　保麦 1082 地上部不同高度秸秆厌氧发酵日产气量变化

表 6-55　保麦 1082 地上部不同高度秸秆的产气潜力

部位	总产气量/mL	TS 产气量/（mL/g）	平均 CH_4 体积分数/%
0～10cm	2 807.00d	280.70d	57.20a
>10～20cm	3 345.75a	334.58a	57.37a
>20～30cm	3 126.25c	312.63c	57.76a
>30cm	3 178.75b	317.88b	57.96a

6.3.1.3　厌氧发酵系统内微生物区系变化

厌氧发酵过程是微生物学过程，它受到微生物数量、结构、活性等的影响。比较以猪粪（ZF）、牛粪（NF）、水葫芦（SH）、水浮莲（SF）和秸秆（JG）为原料的厌氧发酵反应器内微生物群落结构，以期探明厌氧发酵过程中微生物区系与结构变化。

不同原料发酵罐内细菌群落 DGGE 图谱见图 6-57，从泳道识别图（图 6-58）可以看出，除了 NF 样以外每个样品都可分离出 40 条左右的条带，共有 46 种带型，每个样品中均有的带型有 9 种，分别是带型 9、12、14、25、26、28、32、37、45。带型 15、39 只出现在 JG 为原料的样品中，带型 46 出现在 NF、JG 为原料的样品中。

ZF 为猪粪，NF 为牛粪，SH 为水葫芦，SF 为水浮莲，JG 为秸秆。

图 6-57　不同发酵原料细菌群落 DGGE 图谱

各样品的优势条带也不尽相同，从图 6-58 中可以看出 ZF 的优势条带为 L6、L9、L10、L13、L17、L22、L41、L44、L45；NF 的优势条带为 L9、L12、L13、L14、L25、L26、L28、L35、L45；SH 的优势条带为 L5、L10、L13、L23、L37、L42、L44；SF 的优势条带为 L9、L12、L23、L44；JG 的优势条带为 L17、L23、L25、L45、L46。

根据条带比对结果以及戴斯系数计算出相似

性矩阵（表 6-56），最高相似度为 67.6%，最低相似度为 39.0%，一共 10 组数据，两两相比相似性大于 50%的有 8 组，其中大于 60%的有 4 组，只有 NF 和 SF、NF 和 SH 两组的相似性小于 50%。对图谱进行数字化处理后，计算出细菌群落的多样性指数（图 6-59），可以看出各发酵原料厌氧反应器细菌群落的多样性大小为 JG>ZF>SH>SF>NF；从细菌群落的优势度指数可以看出，样品 ZF、SH、SF、NF 中的优势菌群较样品 JG 中的优势菌群在发酵微生物群中占有更突出的地位（图 6-60）。

表 6-56 不同发酵原料细菌群落相似性矩阵

泳道	ZF	NF	SH	SF	JG
ZF	100.0	50.3	54.4	53.2	63.3
NF	50.3	100.0	39.0	42.3	50.1
SH	54.4	39.0	100.0	63.0	60.9
SF	53.2	42.3	63.0	100.0	67.6
JG	63.3	50.1	60.9	67.6	100.0

注：ZF 为猪粪，NF 为牛粪，SH 为水葫芦，SF 为水浮莲，JG 为秸秆。

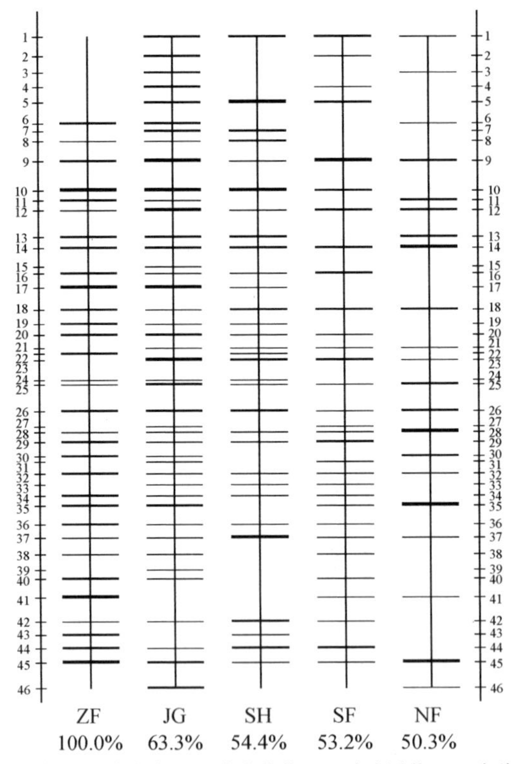

ZF 为猪粪，NF 为牛粪，SH 为水葫芦，SF 为水浮莲，JG 为秸秆。

图 6-58 泳道识别图

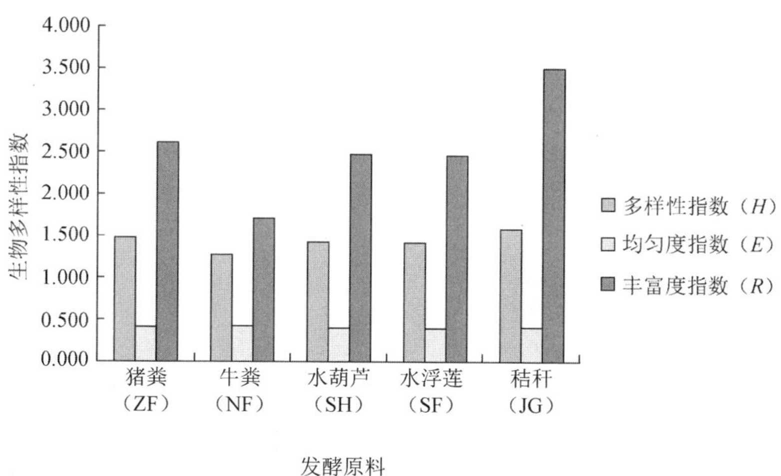

图 6-59　不同发酵原料细菌群落多样性指数（H）、均匀度指数（E）、丰富度指数（R）

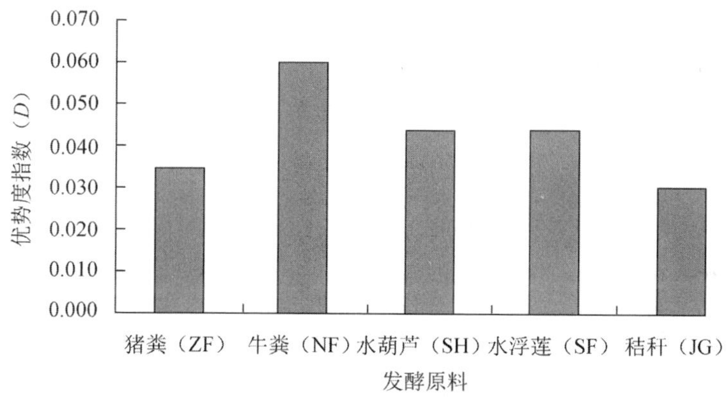

图 6-60　不同发酵原料细菌群落优势度指数（D）

不同发酵原料古菌群落 DGGE 图谱见图 6-61，从泳道识别图 6-62 上可以看出，古菌群落的带型明显少于细菌群落带型，共有 31 个带型，且不同样品古菌群落相同带型较多，有 15 个共有带型，分别为带型 1、4、5、6、13、14、15、16、18、20、23、25、26、27、31，这说明不同原料的古菌群落的组成相对稳定。但是，不同原料的古菌群落优势条带有一定差异，ZF 的优势条带为 L1、L9、L20、L26、L27，NF 的优势条带为 L9、L20、L26、L27，SH 的优势条带为 L9、L16、L24、L26、L27、L28、L30，SF 的优势条带为 L1、L4、L5、L14、L16、L20、L26、L27，JG 的优势条带为 L20、L26、L27。不同样品间的差异条带以非优势条带为主。

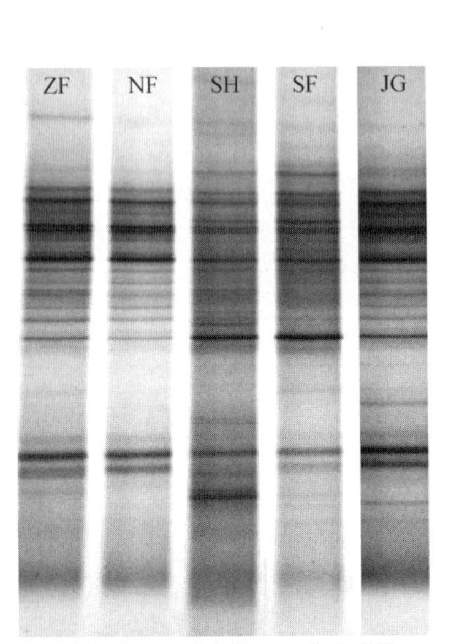

ZF 为猪粪，NF 为牛粪，SH 为水葫芦，SF 为水浮莲，JG 为秸秆。

图 6-61　不同发酵原料古菌群落 DGGE 图谱

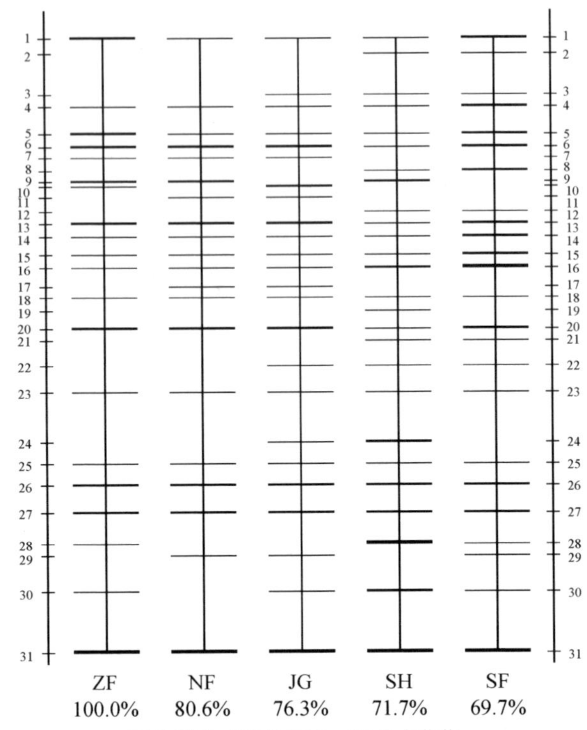

ZF 为猪粪，NF 为牛粪，SH 为水葫芦，SF 为水浮莲，JG 为秸秆。

图 6-62　泳道识别图

经相似性分析，两两比对相似性均大于 62.8%。不同原料厌氧反应器内古菌群落相似度比较高（表 6-57）。

表 6-57　不同发酵原料古菌群落相似性矩阵

泳道	ZF	NF	SH	SF	JG
ZF	100.0	80.6	71.7	69.7	76.3
NF	80.6	100.0	64.2	62.8	78.9
SH	71.7	64.2	100.0	70.7	63.5
SF	69.7	62.8	70.7	100.0	67.7
JG	76.3	78.9	63.5	67.7	100.0

注：ZF 为猪粪，NF 为牛粪，SH 为水葫芦，SF 为水浮莲，JG 为秸秆。

由聚类分析结果（图 6-63）可以看出，秸秆（JG）、猪粪（ZF）和牛粪（NF）发酵样品聚为一类，水葫芦（SH）和水浮莲（SF）聚为一类，这一结果与发酵原料的组成相符。这很可能是因为发酵原料不同导致营养成分有差异，造成古菌群落结构及组成有所不同。

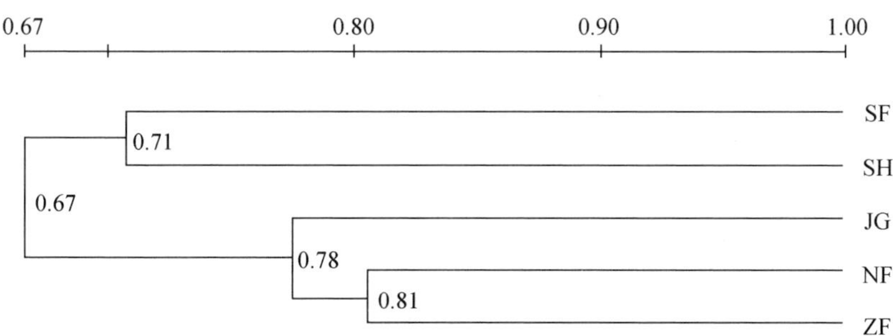

ZF 为猪粪，NF 为牛粪，SH 为水葫芦，SF 为水浮莲，JG 为秸秆。

图 6-63　聚类分析

对古菌群落进行遗传多样性统计分析，以植物为发酵原料的残留物中古菌群落的多样性高于以动物粪便为原料的残留物。从优势度指数上，以植物为发酵原料的残留物中古菌群落的优势度低于以动物粪便为原料的残留物，表明以动物粪便为原料的厌氧发酵中，古菌群落发挥了更大作用。从多样性指数（*H*）、丰富度指数（*R*）和均匀度指数（*E*）的比较图（图 6-64 和图 6-65）可以看出，不同发酵原料的古菌群落多样性指数（*H*）的差异主要是由于不同发酵原料中古菌种群数量不同。结合上述优势条带的分析，可以得出有些特定的菌群只存在于一定原料的沼气发酵过程中。

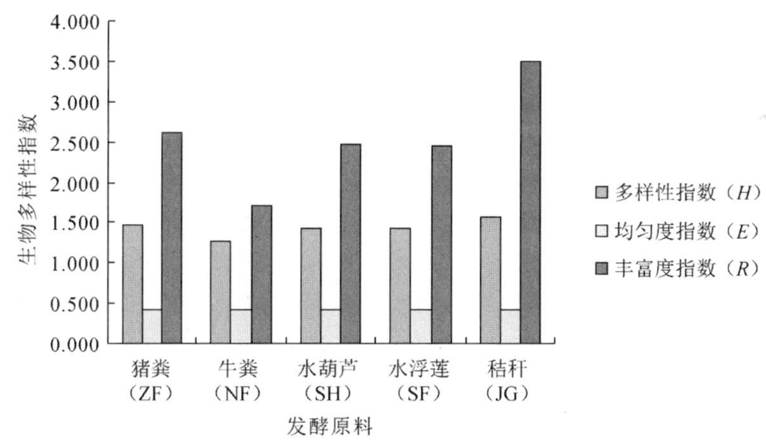

图 6-64　不同发酵原料古菌群落多样性指数（*H*）、均匀度指数（*E*）、丰富度指数（*R*）

对不同发酵原料细菌与古菌群落多样性指数进行比较（图 6-66），结果显示 5 种发酵原料厌氧反应器中，细菌群落的多样性均大于古菌群落的多样性。

以上结果表明，不同发酵原料沼气池内细菌和古菌群落的多样性变化趋势相似，不同发酵原料厌氧反应器之间细菌群落的相似性以及古菌群落的相似性都很高，但是都存在各自的优势菌群和差异菌群。以秸秆、水葫芦和水浮莲为原料的厌氧反应器古菌群的多样性高于以猪粪和牛粪为原料的厌氧反应器。

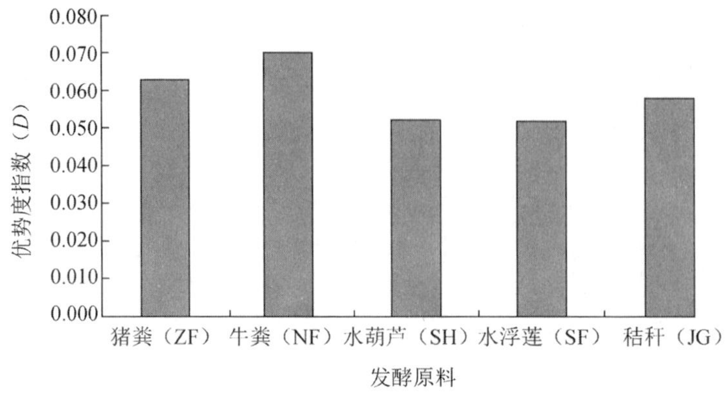

图 6-65　不同发酵原料古菌群落优势度指数（*D*）

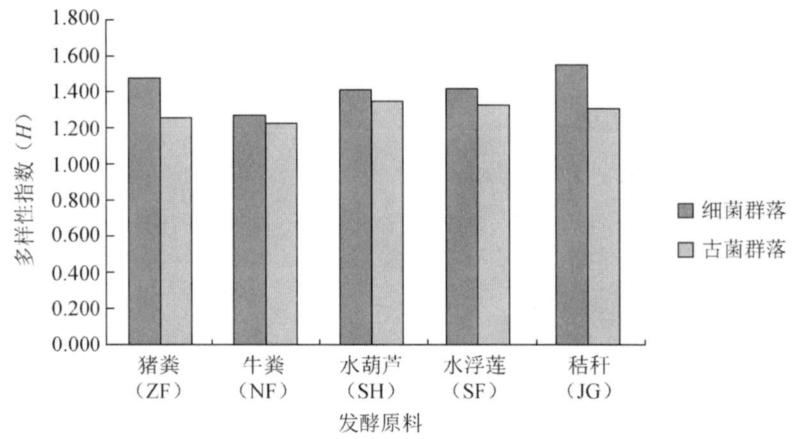

图 6-66　细菌与古菌群落多样性指数比较图

6.3.2　秸秆贮存与预处理技术

6.3.2.1　贮存技术

1. 稻秸青（黄）贮对产沼气的影响

稻秸收割时含水率较高，一般在 50%以上，自然堆放很快会因微生物活动升温，造成稻秸腐烂霉变。针对这一特点，引用青绿饲料青贮的方法，接种 LAB 后适当压缩至 200～300kg/m^3 密度，然后覆盖密闭青（黄）贮，以降低其 pH，抑制霉变微生物数量与活性，达到保存秸秆有机物的目的。对青（黄）贮前后稻秸的理化特性及厌氧生物产沼气特性进行了比较。

稻秸青贮 30d 后，其理化特性变化见表 6-58。可以看出，青贮后稻秸的 TS 含量较青贮前增加 5 个百分点，可能是稻秸青贮过程中少量水分损失所致；秸秆 pH 降低至 4.02，表明青贮效果良好。经过 30d 的青贮，稻秸的半纤维素、纤维素、木质素含量分别降低了 0.11、6.39 和 0.36 个百分点，其中，纤维素含量降低达显著水平（$P<0.05$）。TN 含量增加，但未达显著水平，TC 含量降低 8.40%（$P<0.01$）。以上结果表明，稻秸经过青贮后，TS 含量增加，TC 含量降低，部分半纤维素、纤维素、木质素被降解。

表 6-58　青贮前后稻秸理化性质的变化

处理	TS/%	pH	半纤维素/%	纤维素/%	木质素/%	TN/（g/kg）	TC/（g/kg）
青贮前	35.36±0.38	7.60±0.18	27.46±0.98	40.09±0.21	7.46±0.64	7.19±0.88	521.69±5.93
青贮后	40.31±0.43**	4.02±0.07**	27.35±0.39	33.70±0.27*	7.10±0.53	9.01±0.24	477.86±7.94**

* 与青贮前相比有显著差异（$P<0.05$）；

** 与青贮前相比有极显著差异（$P<0.01$）。

以青贮前后的稻秸为原料，采用批次发酵方式，在中温（37±1）℃条件下研究其厌氧发酵产沼气特性。各处理厌氧发酵过程中 pH 的变化见图 6-67。可以看出，在发酵前 3d，各处理 pH 均下降，其中青贮稻秸与青贮稻秸+猪粪处理 pH 降低幅度最大，即青贮预处理后秸秆 pH 降低显著，促进了厌氧发酵前期的酸化过程。随后，各处理的 pH 缓慢回升，并最终保持在一个相对稳定的水平。试验结束时，各处理 pH 在 7.50～7.60，处理间相差不大。

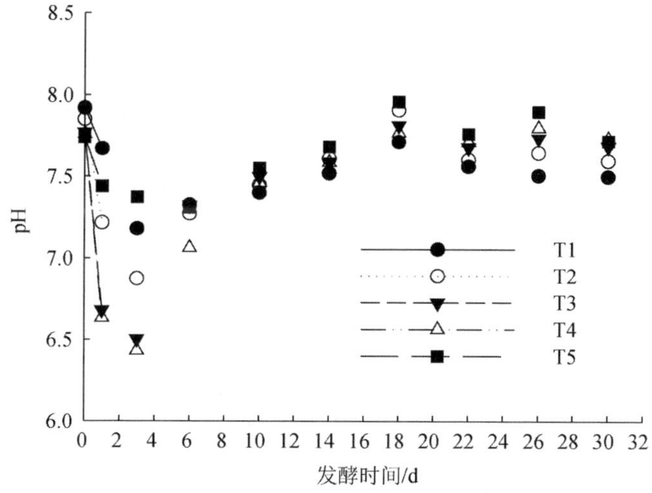

T1 为干稻秸；T2 为干稻秸+猪粪；T3 为青贮稻秸；T4 为青贮稻秸+猪粪；T5 为纯猪粪。发酵系统各处理中秸秆 TS 含量为 4%；T2、T4 处理中猪粪与稻秸比例为 3∶7（干物质质量比）；T5 添加纯猪粪的质量与 T2、T4 处理保持一致。

图 6-67　青贮前后稻秸各处理发酵液中 pH 变化

青贮前后稻秸各处理厌氧发酵过程中日产气量和累积产气量结果见图 6-68。可以看出，厌氧发酵启动后，各处理产气量差异明显，其中，T1 与 T5 产气量最低，T3 最高，其次是 T4 和 T2，可见青贮稻秸发酵启动快。T3、T4 在发酵第 8 天、第 9 天达到第二个产气高峰，之后逐渐降低。青贮稻秸与干稻秸相比，青贮稻秸发酵前 10d 日产气量均高于后者，此后，两者日产气量基本相同，表明稻秸经青贮后，有利于其快速启动，且前期产气量高。T1、T2 和 T5 发酵日产气量变化趋势相似，在发酵第 2 天日产气量达到一个小高峰，随后降低，在 7d 后达到第 2 个高峰。

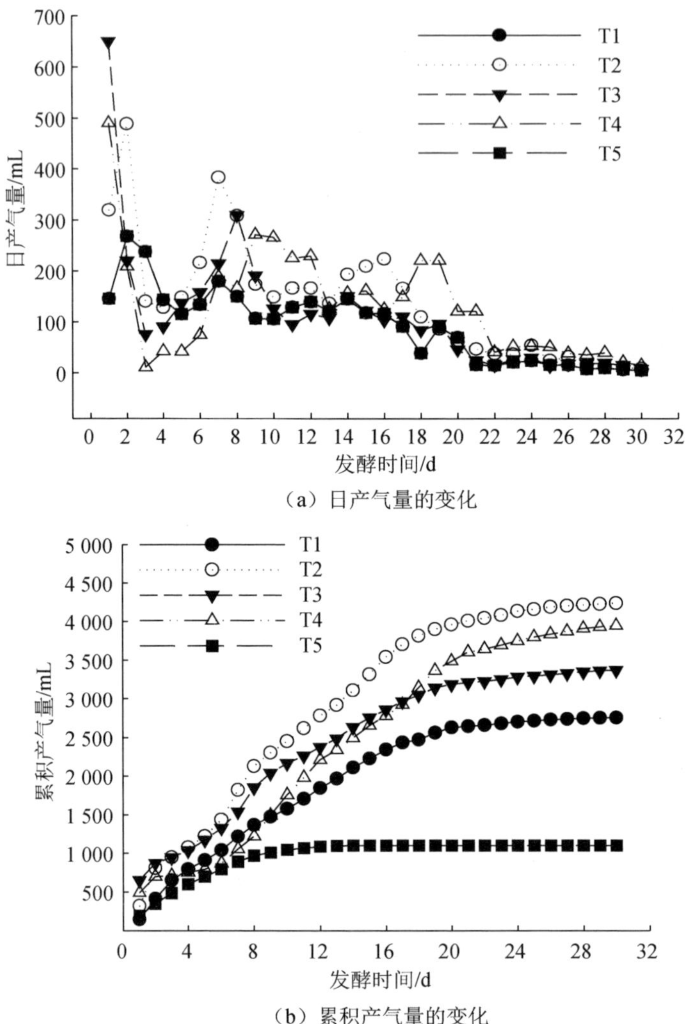

（a）日产气量的变化

（b）累积产气量的变化

T1 为干稻秸；T2 为干稻秸+猪粪；T3 为青贮稻秸；T4 为青贮稻秸+猪粪；T5 为纯猪粪。
发酵系统各处理中秸秆 TS 含量为 4%；T2、T4 处理中猪粪与稻秸比例为 3∶7（干物质质量比）；
T5 添加纯猪粪的质量与 T2、T4 处理保持一致。

图 6-68　青贮前后稻秸各处理厌氧发酵过程中日产气量和累积产气量的变化

从各处理累积产气量的结果可以看出，经 30d 厌氧发酵后，T2 累积产气量最高，达 4 234mL，其次是 T4，为 3 945mL，再次是 T3，为 3 370mL，T1 为 2 754mL，T5 最低，仅为 1 101mL。比较 T2 和 T1 表明，添加猪粪有利于提高稻秸产气潜力。T3 与 T1 相比，不仅前期产气快，且产气量显著高于后者，表明稻秸青贮可实现秸秆有效贮存，且有利于前期厌氧发酵快速启动。

青贮前后稻秸各处理沼气中 CH_4 含量见图 6-69。除 T5 外，各处理在厌氧发酵启动 5d，沼气中 CH_4 含量达到 50%以上，并持续到发酵第 14 天，其中 T2、T3、T4 CH_4 含量分别为 57.84%、56.63%和 54.67%，显著高于 T1（48.78%）。结果表明，与干稻秸相比，青贮稻秸作为发酵底物不仅可以提高产气量，而且可以提高沼气品质，同时青贮稻秸与猪粪混合发酵也利于提高厌氧发酵 CH_4 含量。

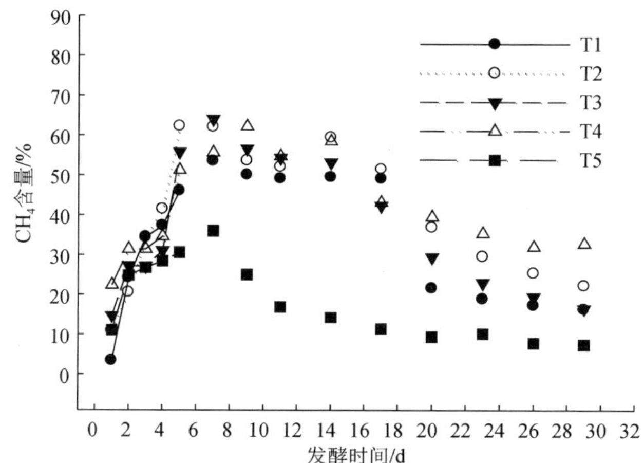

T1 为干稻秸；T2 为干稻秸+猪粪；T3 为青贮稻秸；T4 为青贮稻秸+猪粪；T5 为纯猪粪。
发酵系统各处理中秸秆 TS 含量为 4%；T2、T4 处理中猪粪与稻秸比例为 3∶7（干物质质量比）；
T5 添加纯猪粪的质量与 T2、T4 处理保持一致。

图 6-69　青贮前后稻秸各处理沼气中 CH_4 含量变化

青贮前后稻秸不同处理发酵液有机酸（volatile fatty acid，VFA）含量的变化见图 6-70。各处理发酵过程中总挥发性有机酸（total volatile fatty acid，TVFA）含量变化趋势基本相似，均为发酵前 3 天迅速增加并达到最大值，之后逐渐降低。青贮稻秸较未青贮稻秸累积更高的 TVFA，表明前者在厌氧发酵过程中比后者更易水解，水稻秸秆青贮有促进水稻秸秆水解的作用，同样猪粪混合发酵也具有促进水稻秸秆水解的作用。

从有机酸组成来看，青贮前后稻秸各处理厌氧发酵过程除 T5 外以乙酸（acetic acid，AA）发酵型为主。厌氧发酵第 3 天，T4、T3、T2 和 T1 乙酸质量浓度分别达到 9 782.05、10 686.84、6 742.85 和 4 217.03（mg/L），各处理表现出相同的趋势，即随着厌氧发酵推进，乙酸含量呈明显下降趋势；丁酸（butyric acid，BA）含量与乙酸含量变化趋势相似，但发酵过程中各处理间丙酸（propionic acid，PA）含量并未表现出相同的趋势，其 T4 处理的丙酸含量呈现稳定增加趋势，浓度达到 6 000mg/L 以上。通常乙酸可直接被产 CH_4 菌利用，而丙酸首先由产氢产乙酸菌转化为乙酸和氢气，然后才能被产 CH_4 菌利用。许多研究结果表明，厌氧发酵系统中，产氢产乙酸菌可能对有毒物质或环境因素变化更加敏感，相比于乙酸、丁酸，丙酸更不易被产 CH_4 菌利用转化。此外，丙酸的积累反过来又可能对产 CH_4 菌造成抑制作用。

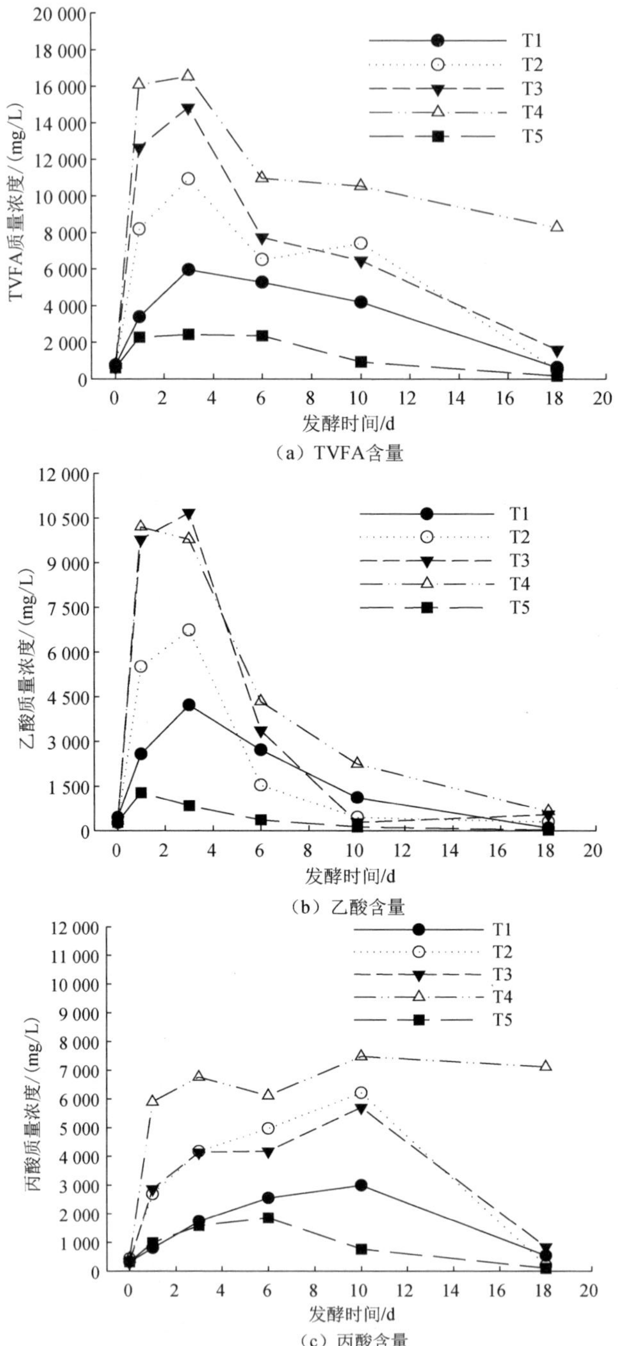

(a) TVFA含量

(b) 乙酸含量

(c) 丙酸含量

T1 为干稻秸；T2 为干稻秸+猪粪；T3 为青贮稻秸；T4 为青贮稻秸+猪粪；T5 为纯猪粪。
发酵系统各处理中秸秆 TS 含量为 4%；T2、T4 处理中猪粪与稻秸比例为 3∶7（干物质质量比）；
T5 添加纯猪粪的质量与 T2、T4 处理保持一致。

图 6-70　青贮前后稻秸各处理厌氧发酵过程中有机酸含量的变化

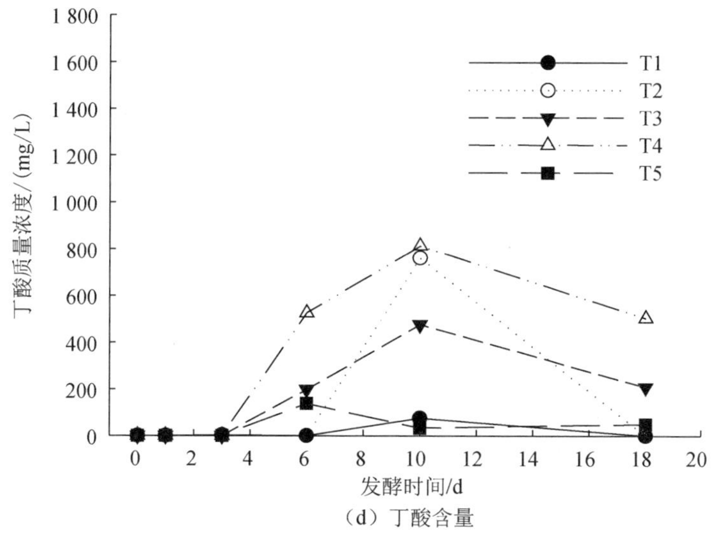

（d）丁酸含量

图 6-70（续）

稻秆经过 30d 的厌氧发酵后，其 TS 及半纤维素、纤维素降解情况见表 6-59，青贮稻秸经过厌氧发酵后，半纤维素和纤维素的降解率达到 81.03%和 82.22%，分别比干秸秆高 14%和 20%，表明将稻秸青贮后厌氧发酵有效提高了消化过程中微生物对半纤维素及纤维素的利用率，这与前人的研究结果一致。

表 6-59 厌氧发酵前后秸秆 TS、半纤维素、纤维素质量变化 （单位：g）

处理		TS	半纤维素	纤维素
发酵前	干秸秆	24.00±0.00	6.59±0.40	9.62±0.09
发酵后	干秸秆	9.20±0.57	2.19±0.15	3.65±0.17
	干秸秆+猪粪	10.13±0.21	2.91±0.28	3.27±0.36
	青贮秸秆	7.10±0.10	1.25±0.42	1.71±0.19
	青贮秸秆+猪粪	8.10±0.98	2.23±0.61	3.28±0.65

2. 麦秸贮存方法及贮存时间对产沼气影响

麦秸收获时含水率相对较低，一般在 20%～30%，直接堆放不易发热腐烂。本研究以刚收获的打捆麦秸为研究对象，于通风阴凉处堆放，定期测定其重量、体积及相关理化特性指标，研究打捆麦秸直接自然堆放贮存的可行性。

在自然堆放 133d 期间，麦秸相关理化指标发生变化（表 6-60）。麦秸贮存前一个月是麦秸质量损失最快的时期，之后质量损失速率逐渐减缓。试验结束时，整捆秸秆质量减少 28.06%，折算成干物质损失 9.36%，表明打捆麦秸直接贮存并不会造成其物质的大量损失。贮存过程中，整捆秸秆体积逐渐缩小，从堆放时的 180L 缩小到试验结束时的 68.88L，降低 61.73%。这提示我们，要防止因秸秆体积缩小而造成的秸秆堆体倾斜或坍塌。贮存过程中，秸秆捆含水率下降，TS 含量增加，TN 和 TK 含量增加。从以上结果看，将收获的打捆麦秸直接堆放在阴凉处进行贮存是可行的，贮存 4 个月以上不会明显影响主要的理化指标。试验过程中麦秸捆外形的变化见图 6-71。

表 6-60　打捆麦秸自然堆放贮存过程中麦秸理化指标的变化

堆放天数	质量/kg	规格（长×宽×高）/（cm×cm×cm）	TS/%	有机 C/%	TN/（g/kg）	TP/（g/kg）	TK/%	VS/%
1	13.90	90×50×40	69.85	48.69	5.64	0.36	0.88	85.96
7	12.30	80×40×30	83.45	48.53	5.48	0.34	0.89	85.18
15	12.00	70×46×33	85.35	47.07	5.23	0.39	0.99	86.21
22	11.50	58×42×39	81.79	47.53	5.00	0.47	1.04	85.99
30	11.20	63×43×31	84.19	49.40	4.92	0.35	1.00	83.58
37	11.30	64×43×31	84.18	49.23	5.80	0.36	1.05	84.92
45	11.50	64×42×31	84.52	45.68	7.80	—	—	87.42
51	11.20	63×42×30	85.72	46.78	7.80	—	—	—
56	11.10	63×41×31	85.64	48.45	7.80	—	—	—
72	10.80	60×41×30	85.34	47.67	7.80	—	—	—
79	10.50	57×41×30	85.13	46.28	7.86	—	—	—
86	10.50	57×41×30	84.65	45.45	7.91	—	—	—
93	10.40	57×41×30	84.26	—	—	—	—	—
100	10.40	57×41×30	84.25	—	—	—	—	—
107	10.30	56×41×30	84.33	44.95	8.45	—	—	—
114	10.30	56×41×30	84.75	—	—	—	—	—
123	10.20	56×41×30	84.56	—	—	—	—	—
133	10.00	56×41×30	88.00	44.41	8.78	—	—	88.08

（a）6 月 14 日

（b）7 月 6 日

（c）8 月 23 日

（d）10 月 28 日

图 6-71　试验过程中麦秸捆外形的变化

6.3.2.2　麦秸贮存与预处理一体化技术

以麦秸为对象，研究将预处理耦合于贮存过程的可行性。以 NaOH 和尿素为预处理试剂，在麦秸打捆过程中加入 NaOH 和尿素溶液，打捆麦秸堆放后，覆盖塑料膜作防雨措施，分析打捆麦秸贮存前后麦秸理化特性和物质组成变化，并对贮存前后麦秸的厌氧发酵产沼气特性进行研究。

1. 不同贮存方式对打捆麦秸理化特性的影响

贮存前麦秸有机 C 含量为 45.21%，VS 为 87.50%，纤维素为 38.47%，半纤维素为 28.23%，木质素为 7.05%。经 120d 贮存后，各处理麦秸理化特性见表 6-61。可以看出，经 120d 贮存后，各处理麦秸有机 C 和 VS 含量均下降。从有机 C 的变化看，麦秸直接打捆后贮存对有机 C 的影响主要表现在堆体上层，这是因为堆体上层的麦秸直接暴露于空气中，麦秸中的易分解有机物被自然界中的微生物大量分解，导致有机 C 含量下降，较贮存前下降 11.30%，这与打捆自然堆放结果基本一致。VS 的结果与有机 C 的变化相似。从纤维素、半纤维素和木质素的结果来看，贮存后各处理麦秸中纤维素和半纤维素含量均下降，木质素含量除 CK 上层增加较多、CK 中层稍有增加外，其余均下降。麦秸直接打捆后贮存对麦秸中纤维素和半纤维素含量的影响不大。NaOH 处理的原理是利用氢氧根（OH^-）使木质素主要的醚键发生断裂，木质素大分子碎片化，并且使纤维素膨胀，半纤维素溶解，削弱纤维素和半纤维素的氢键及皂化半纤维素和木质素分子之间的酯键。尿素处理的原理与 NaOH 处理类似，即利用氢氧根（OH^-）和氨离子（NH_4^+）与秸秆发生碱解和氨解反应，破坏联结木质素与多糖之间的酯键，提高秸秆的消化率。NaOH 处理和尿素处理后贮存，麦秸中纤维素和半纤维素含量均下降。尿素处理后贮存，堆体上层麦秸纤维素和半纤维素损失率最高，分别为 27.22%和 16.15%，表明尿素处理后麦秸暴露于空气中不利于麦秸中纤维素和半纤维的保存。经 120d 贮存后，由于有机 C 的分解，CK 中木质素含量相对增加，堆体上层麦秸木质素含量的增加幅度最大，这与有机 C、纤维素和半纤维素的结果一致，堆体中、下层的结果与贮存前差异不显著。NaOH 处理和尿素处理后贮存麦秸中木质素含量均降低，但降低幅度不大。

表 6-61　贮存后麦秸理化特性的结果　（单位：%）

处理		有机 C	VS	纤维素	半纤维素	木质素
CK	上	40.1	78.02	36.00	26.10	7.44
	中	42.1	83.97	36.52	27.34	7.08
	下	43.7	85.83	36.55	27.41	7.04
NaOH 处理	上	43.9	85.00	33.32	25.66	6.00
	中	44.6	85.00	35.41	25.87	5.95
	下	45.0	84.38	33.65	26.44	5.84

续表

处理		有机C	VS	纤维素	半纤维素	木质素
尿素处理	上	42.5	84.60	28.00	23.67	6.30
	中	43.3	84.86	30.56	25.20	6.23
	下	44.1	85.06	31.45	26.73	6.12

以上结果表明，麦秸直接打捆后贮存对堆体表层麦秸理化特性有影响，但影响不大，对堆体中、下层麦秸几乎没有影响；NaOH处理和尿素处理后贮存对麦秸理化特性的影响不明显，但尿素处理后贮存，堆体上层纤维素和半纤维素的损失较大。

2. 不同贮存方式对麦秸官能团组成的影响

为深入了解不同预处理贮存后对麦秸官能团组成的影响，分别取CK、NaOH处理、尿素处理堆体中部的麦秸以及贮存前麦秸做FTIR分析（图6-72）。结果显示，贮存前后麦秸 FTIR 吸收峰形状变化不大，但吸收峰强度发生了较大变化，

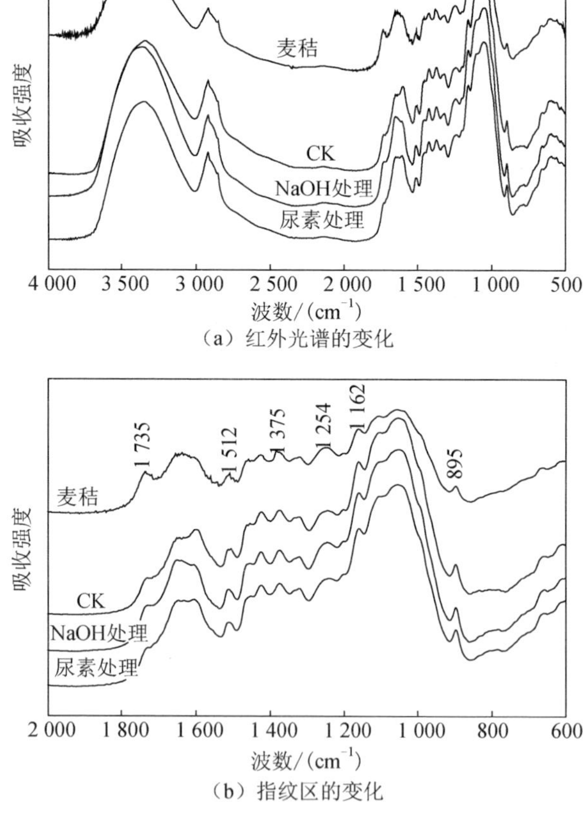

（a）红外光谱的变化

（b）指纹区的变化

图6-72　麦秸贮存前后FTIR及其指纹区的变化

表明贮存前后麦秸的骨架结构并未受到破坏，这从贮存前后麦秸理化特性的结果也可看出。贮存前后麦秸 FTIR 官能团区（4 000～1 800cm^{-1}）变化不大，在 3 450～3 350cm^{-1} 和 2 918cm^{-1} 处的吸收峰均增强，3 450～3 350cm^{-1} 处是碳水化合物中—OH 形成的氢键的伸缩振动，也包括氨基酸中 N—H 伸缩振动的吸收，2 918cm^{-1} 的吸收峰属于—CH_2—官能团的 C—H 伸缩振动，CK、NaOH 处理和尿素处理间差异不大。

FTIR 指纹区（1 800～600cm^{-1}）的变化见图 6-72（b）。可以看出，贮存前后麦秸 FTIR 指纹区的变化不大。经 120d 贮存后，在 1 735cm^{-1} 附近的吸收峰减弱，在 1 512cm^{-1} 附近的吸收峰略有增强，其他吸收峰几乎没有变化，1 735cm^{-1} 处是木聚糖（半纤维素）中未键合的 C═O 伸缩振动峰，1 512cm^{-1} 是木质素中苯环的骨架伸缩振动峰，表明贮存后麦秸中半纤维素的官能团含量略有降低，木质素的特征官能团含量稍有增加，这与常规分析的结果一致。

FTIR 分析结果进一步表明，麦秸直接打捆后贮存并不会影响麦秸的物质结构和组成，打捆时进行 NaOH 处理或尿素处理对麦秸物质结构和组成的影响不大。

各处理麦秸厌氧发酵过程中日产气量的变化见图 6-73。可以看出，各处理麦秸日产气量的变化趋势均非常相似，均为先迅速增加，维持短暂的高日产气量后迅速下降，之后维持在一定的日产气量水平并呈缓慢下降趋势。

从图 6-73（a）来看，贮存 120d 对麦秸日产气量几乎没有影响，但 NaOH 处理贮存后麦秸的产气性能有所改善［图 6-73（b）］，产气速率提高。与没做任何处理所贮存的麦秸相比，尿素处理对麦秸产气性能的影响不大［图 6-73（c）］。

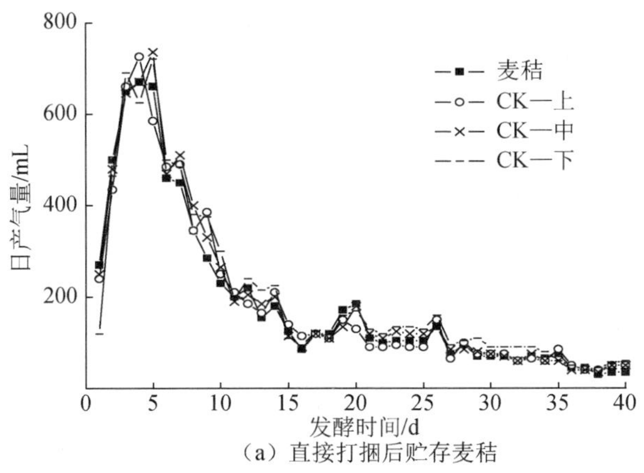

（a）直接打捆后贮存麦秸

图 6-73　不同处理贮存 120d 后麦秸发酵过程中日产气量的变化

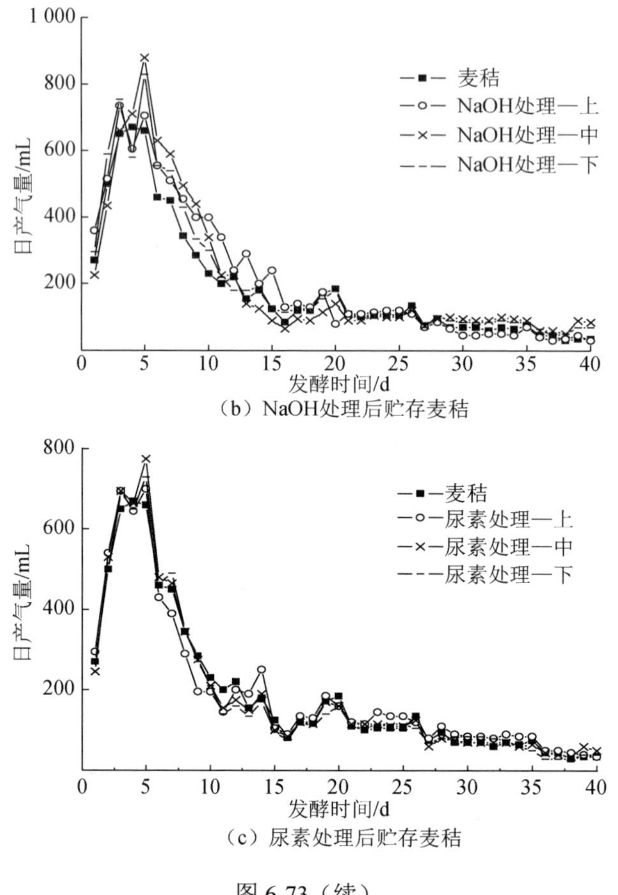

（b）NaOH处理后贮存麦秸

（c）尿素处理后贮存麦秸

图 6-73（续）

各处理厌氧发酵所产沼气中 CH_4 含量的变化见图 6-74。可以看出，各处理产气中 CH_4 含量的变化趋势相似，均为先迅速增加后保持相对稳定。贮存对麦秸产气中 CH_4 含量的影响仅仅表现在试验启动期，贮存后麦秸产气中 CH_4 含量较贮存前稍低，但在产气稳定后二者间无明显差异；NaOH 处理和尿素处理对提高麦秸产气中 CH_4 含量均有一定的促进作用。

从麦秸 TS 产气量的结果（表 6-62）看，经 120d 贮存后，除堆体上部外，堆体中部和下部麦秸的 TS 产气量与贮存前均无明显变化，表明打捆麦秸直接堆放对麦秸产气潜力的影响并不大，下降幅度最大仅为 7.40%。麦秸长期暴露在空气中对其厌氧发酵产气潜力有一定影响。NaOH 处理后贮存对提高麦秸产气量有促进作用，较贮存前麦秸提高 7.02%～8.31%，较 CK 提高 5.68%～16.96%。尿素处理后贮存麦秸 TS 产气量较贮存前麦秸均下降，下降幅度为 2.80%～7.71%，较 CK 下降 3.39%～8.86%，表明尿素处理不利于麦秸长期贮存后产沼气。从各处理产气

中平均 CH_4 含量的结果来看，添加 NaOH 处理对提高麦秸产气中 CH_4 含量的效果最好，尿素处理的效果不明显。

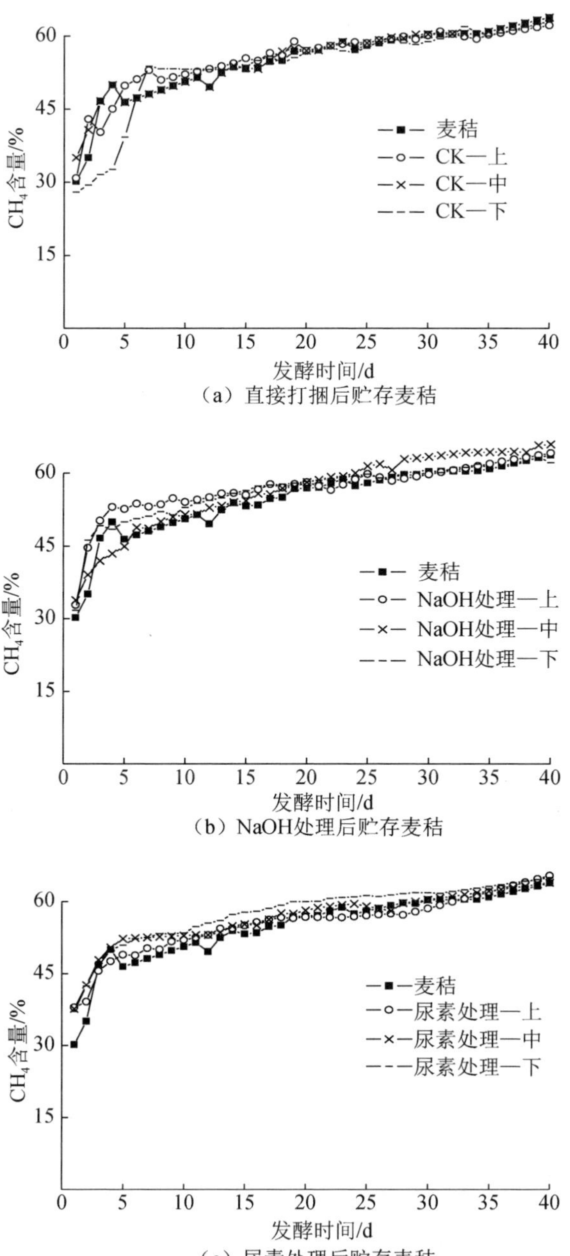

图 6-74　不同处理贮存 120d 后麦秸厌氧发酵所产沼气中 CH_4 含量的变化

表 6-62　不同贮存方式麦秸的产气特性

处理		产气量/（mL/gTS）	平均 CH_4 含量/%
麦秸		303.69	50.00
CK	堆体上	281.23	44.58
	堆体中	300.87	53.73
	堆体下	307.53	51.78
NaOH 处理	堆体上	328.93	52.14
	堆体中	325.76	57.31
	堆体下	325.00	56.72
尿素处理	堆体上	290.77	47.15
	堆体中	295.20	55.81
	堆体下	280.27	52.65

综上所述，除麦秸堆体表层外，麦秸直接打捆贮存 120d 对麦秸厌氧发酵产沼气潜力的影响不大；NaOH 处理后贮存提高了麦秸的产气性能，麦秸产气速率、产气量以及产气中平均 CH_4 含量均增加；尿素处理后贮存对麦秸厌氧发酵产沼气没有促进作用，堆体各层的麦秸 TS 产气量均略有降低。

6.3.2.3　稻麦秸秆厌氧发酵预处理技术

1. 生物预处理

生物预处理是利用微生物分解破坏秸秆的木质纤维结构，打破木质素对纤维素和半纤维素的缠绕及包裹作用，达到提高厌氧微生物可及度的目的。这项技术在工程中广为使用，其优点是预处理成本低、环境友好、无污染，缺点是预处理过程造成可用于沼气生产的部分有机物损失。堆肥预处理是生物预处理最为常见的技术，具有操作简单、方便、成本低、对环境要求低的特点，只要适当的水、气、微生物环境，即可快速启动。

1）生物预处理对稻秸水解速度的影响

以真菌毛头鬼伞（*Coprinus comatus*）0901（嘉兴学院生化学院提供）为对象，同时分别以 3%NaOH 浸泡 24h、冲洗风干后秸秆为 CK，比较接种 0901 菌预处理对稻秸水解效率的影响。

不同处理稻秸水解 25d 累积 SCOD（水溶性化学需氧量），依次为 F>G>D>E>C>B>A（图 6-75）。其中 F 和 G 处理累积 SCOD 含量最高，单位质量稻秸累积 SCOD 含量达到 264.82g 和 257.01g，较 CK 处理 A 分别提高了 97.87%和 92.04%。可见稻秸经化学和生物联合处理水解后，大大提高了稻秸中有机物的溶出。D 和 E 处理结果表明，稻秸在不同微生物的联合水解条件下的有机物溶出量大于碱预处理后水解的有机物溶出量。分析原因可能是稻秸经碱预处理后木质纤维被破坏，但秸秆中部分有机物已经被溶出，在不添加污泥接种物与水解微生物条件下，水解液中 SCOD 含量较低。C、D 处理结果说明，稻秸微生物群相互作用并联合水解的有机物累积溶出量要好于单菌的生物水解。添加污泥接种物的处理 B 和 A 相比，累积 SCOD 含量变化差异不显著。这可能是因为试验所选用的污泥接种物活性不高，对稻秸木质纤维素降解能力较差。

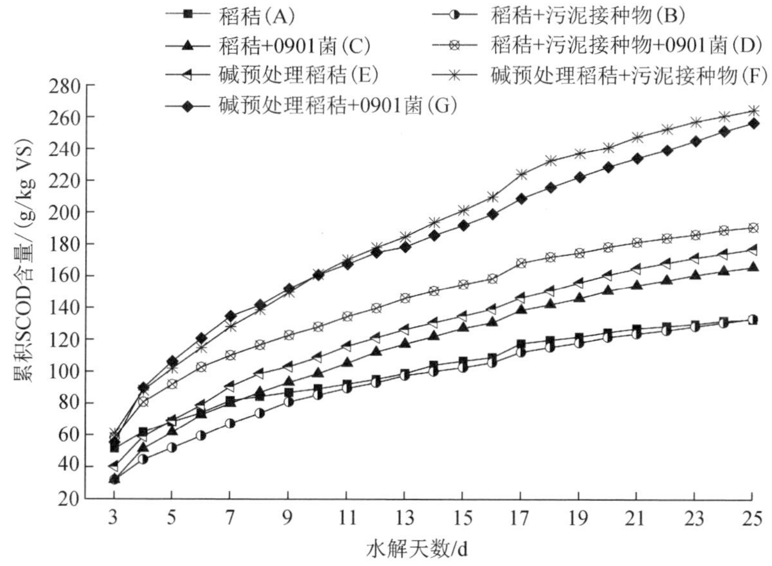

图 6-75　不同处理稻秸累积 SCOD 含量随水解时间变化

不同处理水解液中，单位质量稻秸累积 TVFA 含量（计算方法与上述 SCOD 量相同）变化见图 6-76。处理 F 和 G 累积 TVFA 含量最高，单位质量累积 TVFA 含量分别达到 175.00g 和 177.89g。这与水解液累积 SCOD 含量的结果是一致的。与处理 C、E 相比，D 处理水解前期累积 TVFA 含量较高，水解后期累积 TVFA 含量曲线趋于平缓。分析原因可能是水解前期，由于添加污泥接种物和 0901 菌，稻秸中木质纤维被微生物菌群的相互作用大量降解，产生有机酸和其他小分子有机物，水解后期稻秸中易降解的有机物减少，同时水解微生物的生长繁殖也消耗掉部分有机酸。

水解率与酸化率是描述厌氧反应水解酸化过程反应速率与效率的重要参数。图 6-77 给出不同处理稻秸水解 25d 后水解率与酸化率的变化。不同处理稻秸的水解率与酸化率变化趋势与水解液中 SCOD 和 TVFA 含量变化大致相同，其中 F 和 G 处理水解 25d 后稻秸的水解率分别达到 42.37%和 46.49%。刘广青等（2006）研究厨余和杂草废弃物的水解酸化规律中发现厨余和杂草废弃物水解 4d 后水解率即超过 75%并保持稳定，酸化率在 12d 后即维持在 32%～42%。与该研究相比，本试验水解率相对较低，原因可能是本试验所选用的稻秸原料更难降解。

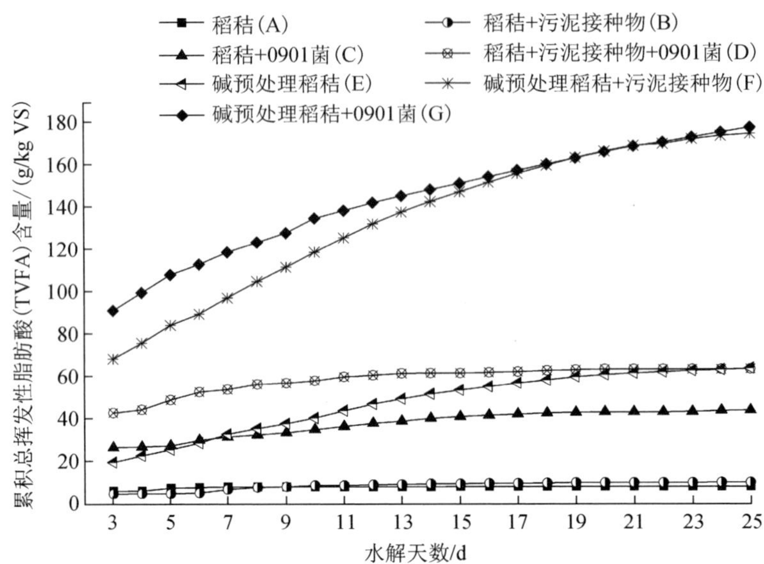

图 6-76　不同处理稻秸累积 TVFA 含量随水解时间变化

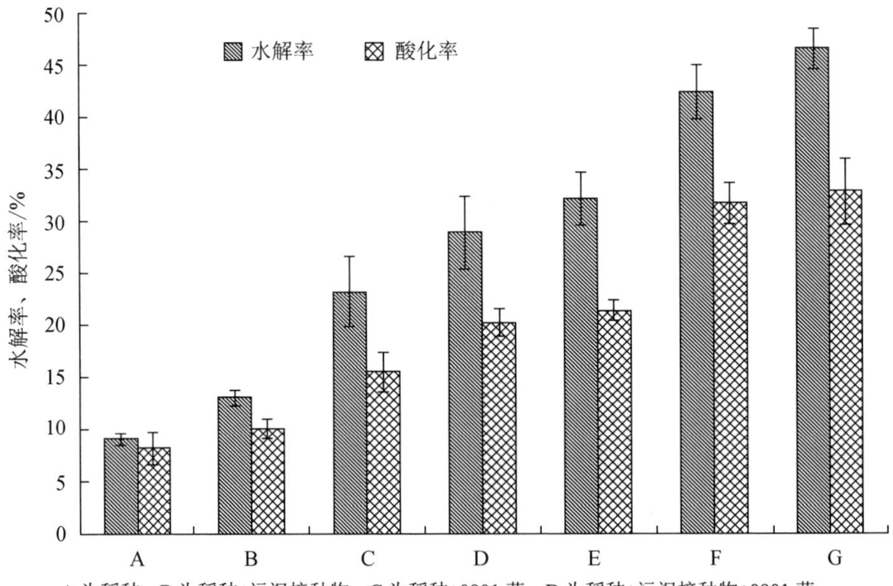

图 6-77　不同处理水解率与酸化率

同时可以看到，与水解率相比，各处理的酸化率较低，这说明稻秸在水解酸化反应的 25d 中水解反应仍占主导地位，酸化反应较滞后。

2）生物预处理对麦秸水解及厌氧发酵产沼气的影响

以棘孢木霉 1285（*Trichoderma asperellum* 1285）为对象，以麦秸为材料，比较生物预处理对秸秆产沼气效果的影响。

麦秸经 *T. asperellum* 1285 预处理 0d、2d、4d、6d、8d、10d 后，对其表面特征进行拍照记录，结果见图 6-78。生物预处理接种 *T. asperellum* 1285 2d，白色的菌丝几乎长满整个麦秸表面，同时有少量绿色孢子产生；接种 4～8d，*T. asperellum* 1285 白色菌丝继续生长，但是菌丝生长缓慢，并呈现逐步萎缩趋势，而产孢量快速增加，麦秸表面可明显看到大量孢子产生，说明接种初期营养物质丰富适合菌丝生长，此后随着处理时间的延长，秸秆中容易被 *T. asperellum* 1285 吸收利用的物质消耗殆尽，同时更多的代谢废物产生而抑制菌丝的生长。接种 10d，*T. asperellum* 1285 菌丝明显萎缩，同时麦秸表面有杂菌菌丝开始生长，这是由于秸秆中的优势菌株 *T. asperellum* 1285 已下降，对其他菌株失去有效的抑制作用，同时 *T. asperellum* 1285 对麦秸的生物处理作用降解掉部分木质素，使得麦秸中纤维素暴露，原来麦秸中可降解纤维素的菌株得以萌发生长。而 CK（0d）麦秸表面在整个处理周期中没有观察到明显的真菌菌丝生长。

图 6-78 麦秸经 *T. asperellum* 1285 预处理后表面特征

麦秸经 *T. asperellum* 1285 预处理 0d、2d、4d、6d、8d、10d 后，干物质损失率随时间变化结果见图 6-79。随着预处理时间的延长，生物预处理与 CK 干物质损失率均呈现逐渐升高的趋势，说明 *T. asperellum* 1285 与麦秸原有菌群对麦秸均有一定的降解作用。但生物预处理与 CK 相比干物质损失率趋势不同，表明 *T. asperellum* 1285 与麦秸原有菌群对麦秸的降解效果不尽相同。其中，CK 0d、4d 干物质损失率增加缓慢，损失率较低；此后，干物质损失率快速上升，自第 6 天开始就超过生物预处理，并且随着处理时间的增加二者损失率差距加大。生物预处理 4d 时损失率明显高于 CK，因为生物预处理初期麦秸表面的易利用物质易被 *T. asperellum* 1285 吸收利用，且氧气充足，条件适宜，*T. asperellum* 1285 菌丝生长旺盛，代谢活力强，从而对麦秸表现出较高的降解能力，干物质损失率较高；此后随着易利用物质减少，氧气逐渐被消耗，*T. asperellum* 1285 活力逐步减弱，菌丝渐渐萎缩塌陷，对麦秸降解能力降低，干物质损失率增加缓慢，预处理 10d 时干物质损失率仅为 7.80%，远低于 CK（16.17±0.792）%。

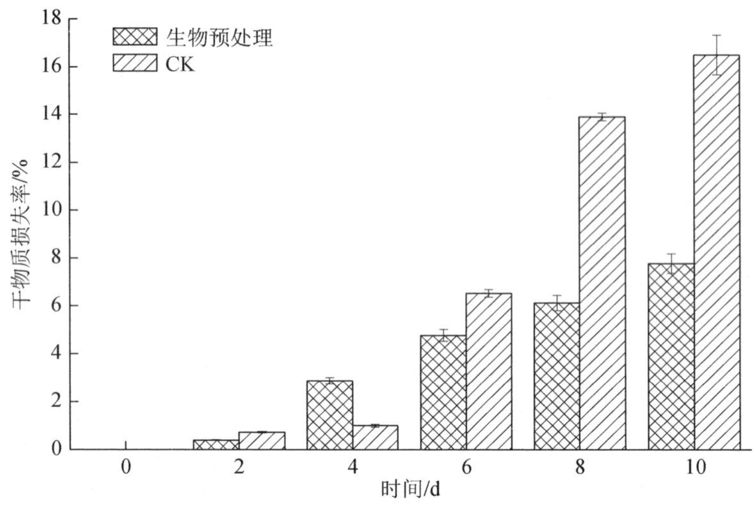

图 6-79　麦秸生物预处理后干物质损失率

进一步分析麦秸中三素损失率发现，与 CK 相比，生物预处理使麦秸中木质素损失率提高，而纤维素、半纤维素损失率降低（图 6-80）。

木质素是秸秆中难以降解的高分子化合物，阻碍厌氧发酵产气效率的提高，有效降解木质素是生物预处理的关键。本文筛选出的 *T. asperellum* 1285 可分泌漆酶，具有木质素降解能力。*T. asperellum* 1285 预处理麦秸后，随着预处理时间的延长，木质素损失率提高，且较 CK 明显提高，表现出较好的木质素降解能力。

选取经 *T. asperellum* 1285 预处理后麦秸，进行扫描电镜分析，结果见图 6-81。麦秸经 8d 生物预处理，CK［图 6-81（a）］麦秸表面光滑平整，结构完好，未出现较明显的破坏；而生物预处理后麦秸［图 6-81（b）］表面固着大量分泌胶质物，表面固型结构明显破坏，暴露出内部排列整齐、紧密的纤维素束状结构；进一步放大至 4 000k 倍可明显看出降解后秸秆碎片的纤维素骨架出现空洞［图 6-81（c）］。由此可以推断，*T. asperellum* 1285 预处理，能够破坏麦秸表面结构，增加厌氧发酵过程中秸秆与酶的接触面，进而提高厌氧发酵效率。

选取经 *T. asperellum* 1285 预处理后麦秸进行 FTIR 分析，结果见图 6-82。在 3 320cm^{-1}、1 050cm^{-1} 和 896cm^{-1} 主要表征的是 O═H、C═O 和碳水化合物中β糖苷键的伸缩振动，经生物预处理后吸收强度均有所减小，表明麦秸在生物预处理过程中被部分降解。1 380cm^{-1} 表征纤维素和半纤维素中 C—H 的非对称变形，生物预处理在此处吸收强度略高于 CK，而 1 230cm^{-1} 代表纤维素和半纤维素中 C—O—C 的伸缩振动，此处生物预处理与 CK 无明显差异，这两种峰的出现可能是由于 *T. asperellum* 1285 对半纤维素降解效率与 CK 相当，而对纤维素的降解效率较低，从而使更多纤维素得以保留。1 630cm^{-1} 和 1 320cm^{-1} 代表木质素羰基共轭芳香环振动，1 510cm^{-1} 代表木质素芳香环 C═C 的伸缩振动，生物预处理后这些峰的吸收强度均有所下降，这正反映出木质素已被部分降解。

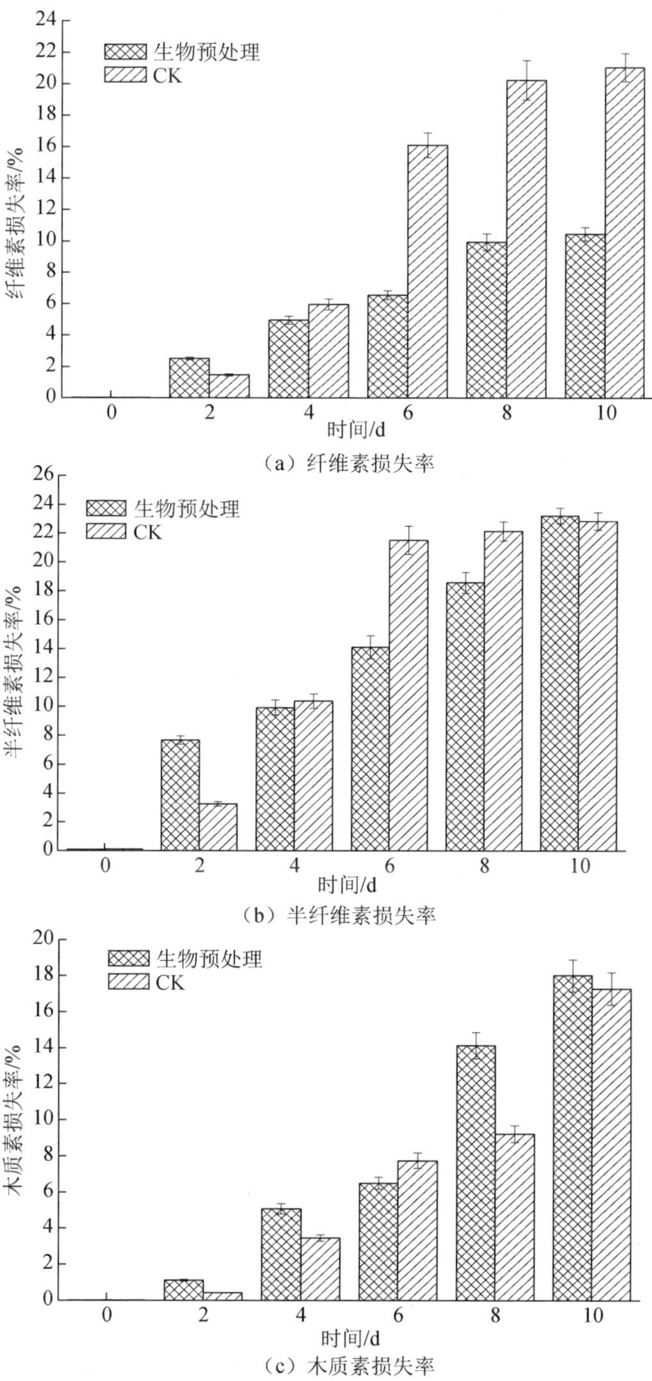

（a）纤维素损失率

（b）半纤维素损失率

（c）木质素损失率

图 6-80　生物预处理后麦秸三素损失率

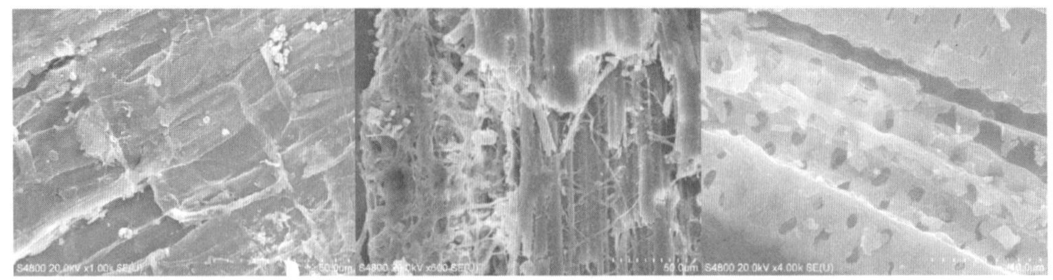

（a）对照秸秆　（b）*T.asperellum* 1285预处理麦秸（c）*T.asperellum* 1285预处理麦秸（放大）

图 6-81　麦秸生物预处理后电镜照片

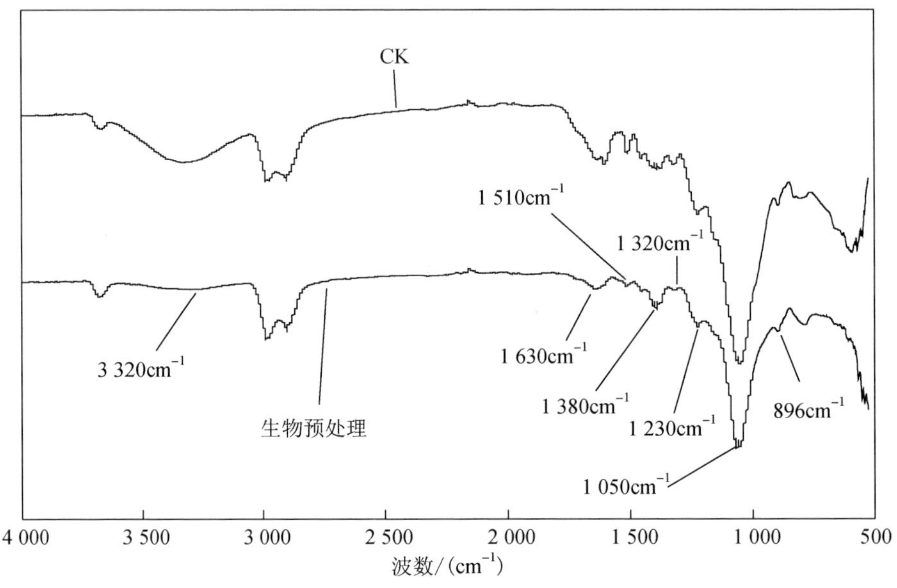

图 6-82　麦秸生物预处理后的 FTIR 图

3）麦秸厌氧发酵产气特征

选取生物预处理 8d 后麦秸作材料，进行厌氧发酵［图 6-83（a)］，生物预处理累积产气量明显高于 CK，且 5d 后，产气速率明显快于 CK。这个结果验证了 *T. asperellum* 1285 预处理因破坏部分木质素结构，使纤维素暴露，增加了与厌氧发酵过程中微生物的接触面，从而提高秸秆转化效率，增加累积产气量的论断。

生物预处理与 CK CH_4 含量无明显区别［图 6-83（b)］，均是在厌氧发酵初期迅速上升，并经过一段波动之后趋于平稳，并且最终 CH_4 含量稳定在 50%以上，生物预处理 CH_4 含量最高达 61.47%，并且连续 10d 达到 60%以上。

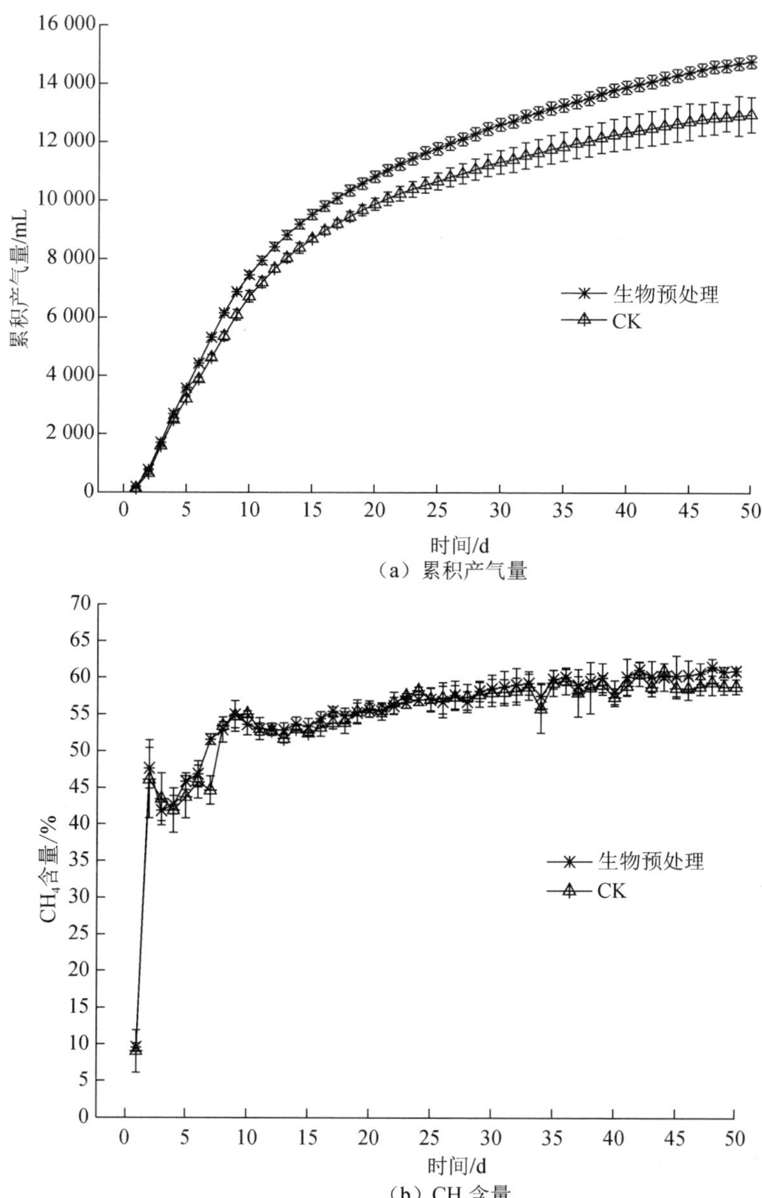

（a）累积产气量

（b）CH_4含量

图 6-83　生物预处理麦秸厌氧发酵累积产气量及 CH_4 含量

由表 6-63 总产气量及总产 CH_4 量可知，在麦秸整个厌氧发酵周期内，生物预处理总产气量和总产 CH_4 量分别达（14 774.3±216.56）mL 和（7 638.9±165.36）mL，比 CK 分别提高 14.05%和 16.01%；相应的，生物预处理 TS 产气量与 TS 产 CH_4 量也明显高于 CK，分别是 CK 的 1.14 倍和 1.16 倍。可见，麦秸经生物预处理后可有效提高产气量，增加产气效率，提高麦秸生物转化率。

表 6-63　生物预处理麦秸厌氧发酵产气特征

处理	总产气量/mL	TS 产气量/（mL/g）	总产 CH_4 量/mL	TS 产 CH_4 量/（mL/g）
生物预处理	14 774.3±216.56	369.4±5.41	7 638.9±165.36	190.97±4.13
CK	12 954.7±609.91	323.9±12.25	6 585.7±332.91	164.64±10.82

2. 堆肥预处理

为提高稻秸生物转化效率，国内外学者对稻秸厌氧发酵的预处理技术进行了广泛的研究。稻秸堆肥预处理，少数报道认为其对稻秸生物产气作用不大，但大多数学者报道其为一项实现稻秸厌氧发酵快速启动与高效产沼气的有效措施（刘克鑫，1989）。方文杰等（2007）比较未处理和用沼液堆沤预处理后稻秸的产气效果，指出堆沤作为稻秸预处理技术，不仅操作简便，且可大幅度提高其厌氧消化的产气效率。

1）堆肥预处理厌氧发酵前后理化特性及产沼气特性

为验证堆肥预处理促进秸秆厌氧发酵产气效果并揭示可能的机理，以堆肥 6d 前后的秸秆为材料，比较堆肥预处理前后秸秆理化特性及厌氧发酵产沼气特性的变化。稻秸堆肥预处理厌氧发酵前后的主要化学组分分析结果表明（表 6-64）：稻秸中纤维素、木质素含量变化不大，而半纤维素含量则由堆肥前的 27.7%降低至 24.0%，降解率在 13.36%，这表明堆肥预处理稻秸中损失的有机 C 主要来源于稻秸中半纤维素。

表 6-64　堆肥预处理及厌氧发酵前后稻秸各组分含量　（单位：%）

不同处理	纤维素	半纤维素	木质素	灰分
稻秸	35.6±0.31a	27.7±0.60a	9.05±0.10a	3.16±0.08c
堆肥稻秸	35.2±0.39a	24.0±0.59b	8.90±0.13a	3.32±0.13c
稻秸厌氧发酵残渣	28.0±0.09b	15.5±0.45c	8.51±0.20b	4.32±0.12b
堆肥稻秸厌氧发酵残渣	26.7±0.16c	14.1±0.54d	8.48±0.06b	4.61±0.17a

注：同列数值中，不同小写字母表示差异显著（$P < 0.05$）；灰分是按照纤维组分的测定方法所得。

比较稻秸与堆肥预处理稻秸厌氧发酵后稻秸各组分含量变化（表 6-64、图 6-84），经厌氧发酵，稻秸与堆肥预处理稻秸的半纤维素降解率分别达到 44.04%和 41.25%，堆肥预处理稻秸的半纤维素降解率低于未处理的稻秸，可能是堆腐使秸秆半纤维素部分损失所致。堆肥预处理提高秸秆在厌氧发酵过程中的纤维素降解，但纤维素总降解率不高，因而对总产气量影响不大。杜静等（2008）研究结果表明，稻草在启动阶段，半纤维素的降解率明显高于纤维素，其中纤维素、半纤维素降解率分别为 24.55%、37.68%，且 VFA 主要来自半纤维素的降解。可见，稻秸厌氧发酵过程中，半纤维素对产气贡献最大。

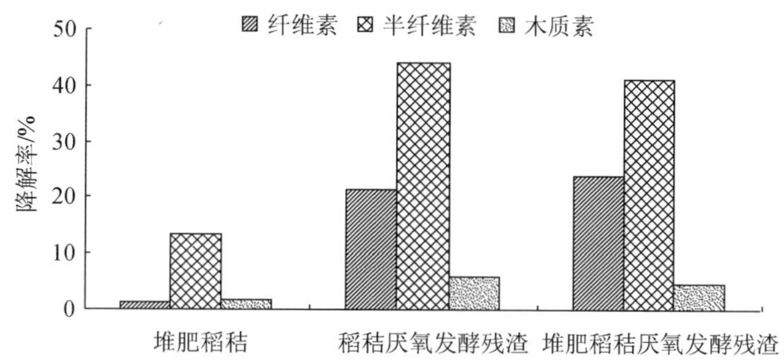

图 6-84　堆肥预处理及厌氧发酵后稻秸各组分降解率

为进一步证实堆肥与厌氧发酵过程中稻秸半纤维素降解利用情况，对稻秸样品进行稀酸水解，进行单糖含量分析（图 6-85）。水解液中均未检测到纤维二糖，表明所检测到的 3 种单糖均由半纤维素水解而产生。

从图 6-86 可以看出，堆肥使稻秸中半纤维素的主要成分木糖、阿拉伯糖分别下降了 8.10%、2.34%，堆肥中葡萄糖浓度的少量增加可能是堆肥过程中纤维素的降解所致。厌氧发酵 50d，稻秸发酵残渣中构成半纤维素的主要单糖葡萄糖、木糖、阿拉伯糖分别下降了 84%、45%、38%，进一步表明堆肥与厌氧发酵过程中稻秸损失的有机 C 主要来自半纤维素。

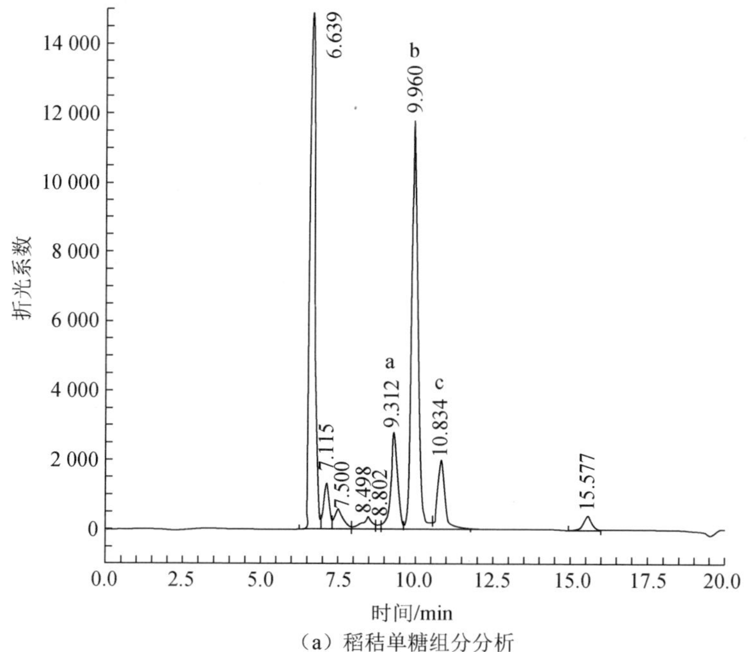

（a）稻秸单糖组分分析

图 6-85　厌氧发酵前后稻秸单糖组分变化

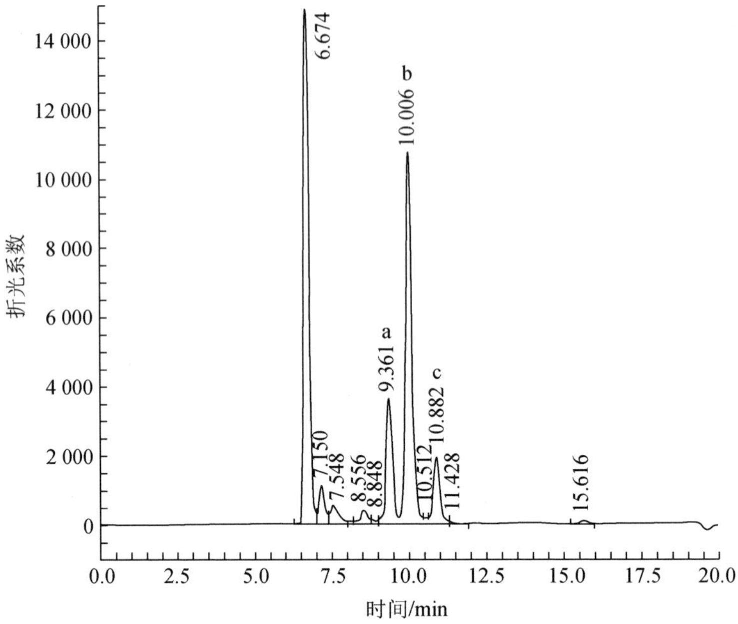

（b）堆肥预处理稻秸单糖组分分析

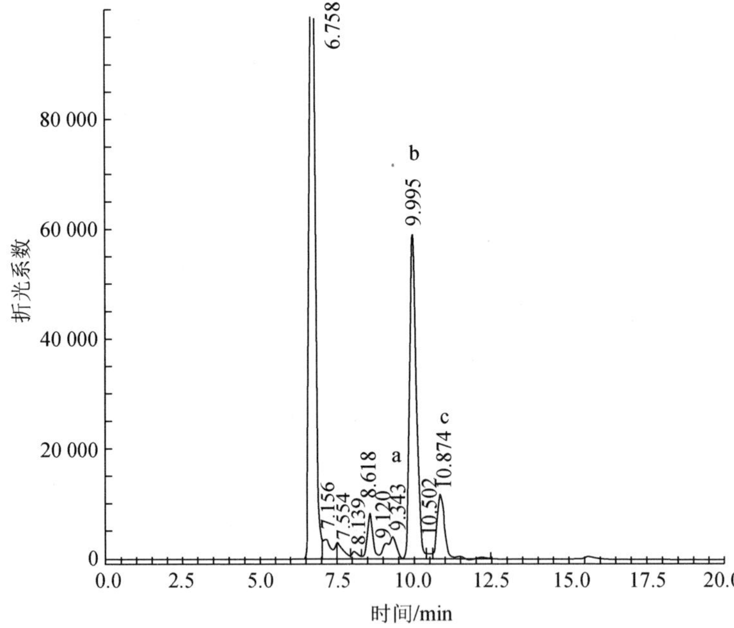

（c）稻秸厌氧发酵残渣单糖组分分析

图 6-85（续）

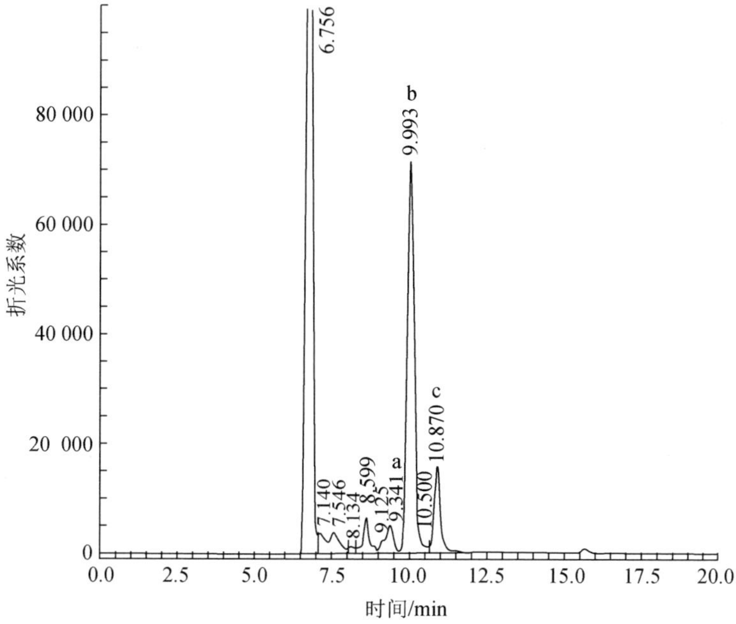

（d）堆肥预处理稻秸厌氧发酵残渣单糖组分分析

图谱中 a、b、c 分别代表葡萄糖、木糖和阿拉伯糖。

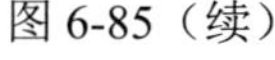

图 6-85（续）

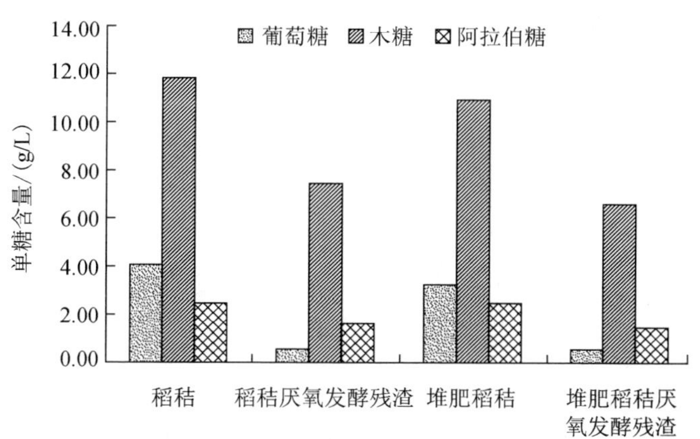

图 6-86　堆肥稻秸及厌氧发酵半纤维素中单糖含量的变化

添加猪粪堆肥稻秸厌氧发酵 50d 的日产气量见图 6-87。可以看出，未添加猪粪处理中，处理 A 与 C 相比，处理 A 稻秸的日产气量变化与堆肥预处理（处理 C）基本相同。堆肥预处理的稻秸在启动阶段并未出现酸积累而影响后续产气，与前人结果不一致。这可能是因为本试验所选用的接种物活性较高，加快了其产 CH_4 阶段的启动。

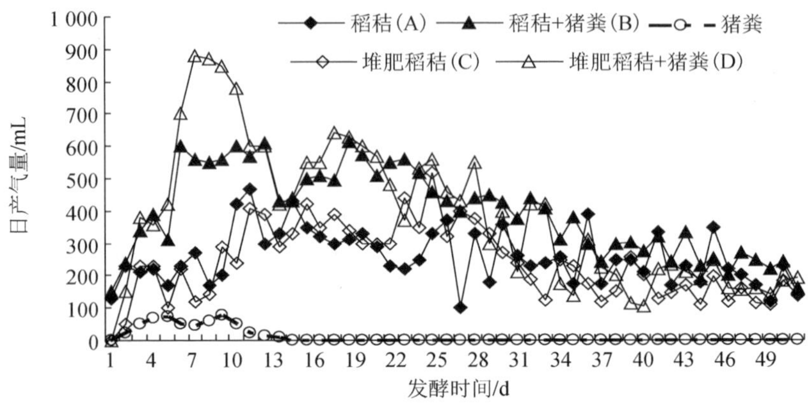

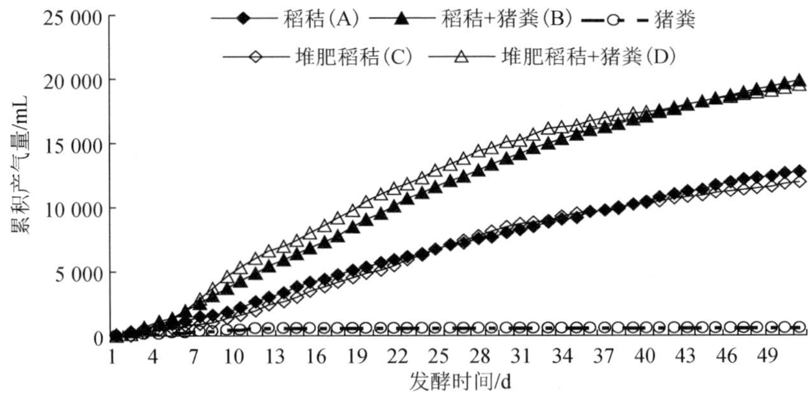

图 6-87　添加猪粪堆肥稻秸厌氧发酵过程中日产气量和累积产气量的变化

添加猪粪堆肥稻秸厌氧发酵各处理稻秸的累积产气量大小顺序：稻秸+猪粪（B）>堆肥稻秸+猪粪（D）>稻秸（A）>堆肥稻秸（C）。在这 4 种处理中，添加猪粪的两种处理 B 和 D 效果最佳，每克 TS 产气量达到 280.4mL 和 275.0mL，分别比 A 和 C 提高 50.3%、58.2%。CK（处理 A）稻秸的产气量略高于堆肥预处理稻秸的产气量（表 6-65）。

表 6-65　不同处理底物 TS、VS 产气量

处理	总产气量/mL	产气量/（mL/g TS）	产气量/（mL/g VS）
稻秸（A）	12 836	186.6	215.7
稻秸+猪粪（B）	19 289	280.4	324.2
堆肥稻秸（C）	11 957	173.8	208.7
堆肥稻秸+猪粪（D）	18 922	275.0	330.2
猪粪	555	18.8	28.7

注：以上数据均为扣除空白（接种物）后稻秸的净产气量；B、D 处理为扣除猪粪产气后稻秸的净产气量。

CK 与经堆肥预处理稻秸的产气量相近，可能是因为稻秸经堆肥预处理后，虽然易于厌氧消化，但同时也损失了 13.36%的半纤维素，这部分半纤维素是容易被厌氧微生物所利用的物质，未经处理的稻秸却恰恰相反，它充分利用这部分物质，导致最终二者的产气量趋于一致。

2）堆肥预处理时间

上述试验表明，堆肥预处理虽然可缩短秸秆厌氧发酵启动时间，但使部分有机物损失，使秸秆产气率下降。为保证既破坏秸秆木质纤维结构，又减少有机物损失，以麦秸与牛粪水质量比 1∶2 的混合物为原料，研究堆肥预处理时间对秸秆产气率的影响，考察堆肥前后秸秆的理化特性及厌氧发酵产沼气特性的变化。

由堆肥预处理不同时间物料理化特性的数据（表 6-66）可知，堆肥预处理中半纤维素含量降幅最大，纤维素次之，木质素含量则略有增加。TS 损失率随着预处理时间的延长不断增加，且高温阶段秸秆 TS 损失加快，堆肥 9d TS 损失率达到 20%。

表 6-66　麦秸与牛粪水混合物堆肥过程中理化特性的变化

堆肥时间/d	堆温/℃	pH	TN/（g/kg）	纤维素/%	半纤维素/%	木质素/%	TS 损失率/%
0（T1）	31.70	7.31±0.03c	9.10±0.04c	37.60±0.60a	30.70±1.31a	11.50±0.55a	0±0.00d
3（T2）	56.00	7.60±0.03b	7.82±0.04d	37.10±0.17a	26.30±0.21b	11.80±0.61a	2.63±0.24c
6（T3）	57.80	8.00±0.05a	9.91±0.02b	36.80±0.85a	24.50±0.42bc	11.90±0.70a	11.46±0.35b
9（T4）	54.60	7.99±0.04a	10.21±0.02a	36.60±0.35a	23.60±1.37c	12.10±0.22a	20.00±0.68a

注：同列数值不同小写字母表示差异显著（$P<0.05$）。

堆肥预处理不同时间后，由麦秸 X 射线衍射（XRD）谱图（图 6-88）可以看出，各处理麦秸均在 $2\theta=22°$ 附近有一极大峰，这是 002 晶面的衍射峰。单从图谱来说，衍射峰越明锐，晶体结晶程度越高。经堆肥预处理后，各处理在该处的衍射峰强度均增强，表明堆肥预处理后麦秸纤维素结晶区的结晶程度增加。堆肥 3d（T2）、6d（T3）和 9d（T4）的麦秸衍射峰强度分别从堆肥前的 146 增加到堆肥后的 238、250 和 271，呈先增加后缓慢降低的趋势，这是因为堆肥前期微生物主要利用的是易分解有机物。随着堆肥进行，好氧微生物开始分解破坏纤维素的结晶区。经堆肥处理后，麦秸在 $2\theta=26.60°$ 左右均出现一个较强的峰，此处是 SiO_2 的衍射峰，各处理在该处的峰强度由高到低依次为 T4>T3>T2。随着堆肥时间的延长峰强度增强，这可能是因为随着堆肥好氧微生物对麦秸有机物的分解破坏，麦秸中部分胶结于有机物中的硅酸盐类物质受到破坏，且堆肥时间越长硅酸盐类物质受破坏的程度越大，这与麦秸 TS 损失率的结果一致。

由堆肥预处理不同时间麦秸 FTIR 谱图变化（图 6-89）可以看出，不同堆肥时间麦秸的 FTIR 骨架结构基本一致，只是某些官能团的吸收峰强度发生了较大变化。堆肥处理后，在 1 734cm^{-1} 附近的吸收峰强度随着堆肥时间的延长减弱，该处是半纤维素中未键合的 C═O 伸缩振动峰，表明堆肥处理后半纤维素的含量降低，这与常规分析的结果一致（表 6-66）。在 1 515～1 509、1 375、1 322、1 254、

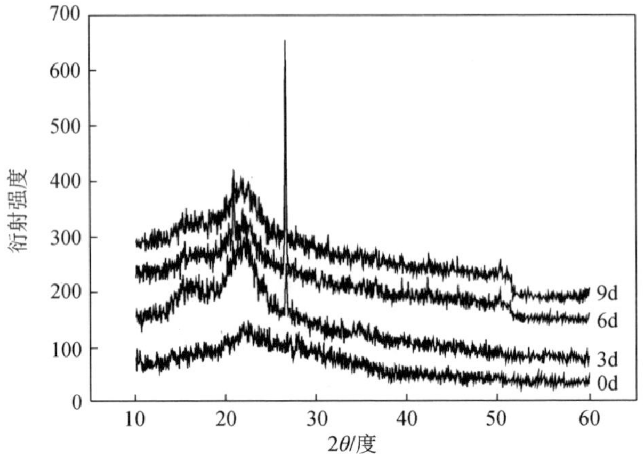

图 6-88　麦秸与牛粪水混合物堆肥过程中麦秸 XRD 谱图的变化

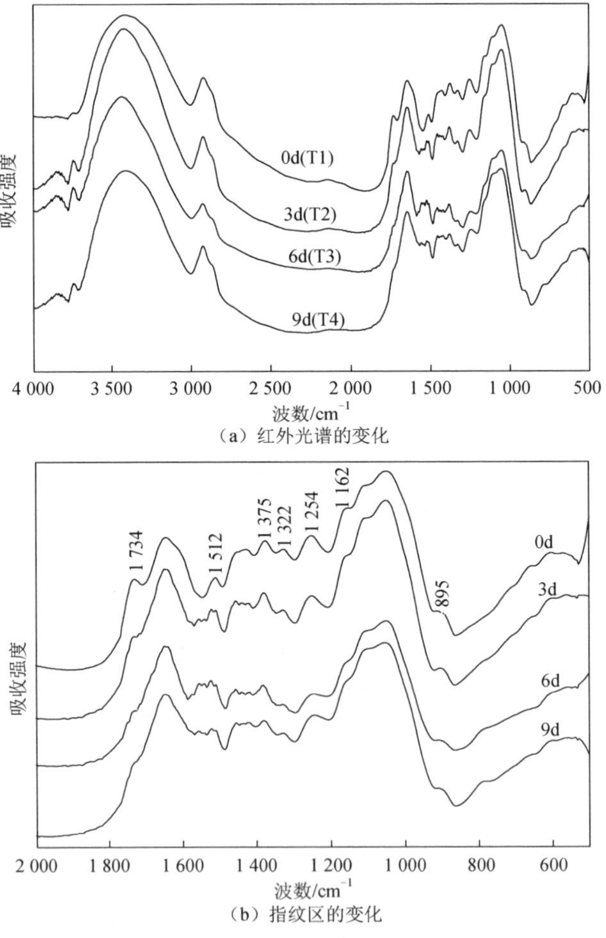

图 6-89　麦秸与牛粪水混合物堆肥过程中麦秸 FTIR 谱图及其指纹区的变化

1 162（cm^{-1}）处的吸收峰强度均减弱，且吸收峰强度随着堆肥时间的延长减弱。1 515～1 509cm^{-1} 是木质素中苯环的骨架伸缩振动峰，1 375cm^{-1} 是纤维素中 C—H 的变形振动峰，1 322cm^{-1} 是纤维素中 C—H 振动峰和丁香基衍生物中 C—O 振动峰，1 254cm^{-1} 木质素中紫丁香基芳香环和 C—O 的伸缩振动峰，1 162cm^{-1} 是纤维素和半纤维素中 C—O—C 振动峰。结合常规分析的结果推断，在堆肥过程中，麦秸木质纤维素结构受到破坏，组成木质纤维素的官能团结构和组成发生了变化，结果出现半纤维素含量降低，纤维素含量略有降低，木质素含量稍有增加，而相应的特征官能团却有所降低。895cm^{-1} 是纤维素中 C—H 弯曲振动峰，堆肥处理后，各处理在该处的吸收峰强度均不同程度增加，以堆肥 3d 的麦秸最强，结合 XRD 谱图的结果，推断该处可能是纤维素结晶区某些官能团的特征吸收峰。

以堆肥预处理 0d（T1）、3d（T2）、6d（T3）和 9d（T4）的物料为原料进行厌氧发酵试验，厌氧发酵过程中麦秸 TS 日产气量的变化见图 6-90（a）。可以看出，各处理日产气量的变化趋势总体相似，随着堆肥时间的延长，物料产气高峰出现时间逐渐后延，产气峰值先增加后降低。这是因为适当的堆肥可以破坏麦秸木质纤维结构，有利于厌氧微生物利用，但堆肥时间过长会消耗过多的麦秸有机物，不利于厌氧微生物利用。试验后期，T2 日产气量下降的速度显著高于其他处理（$P<0.01$），T1、T2、T3 和 T4 累积产气量达到总产气量 80%需要的时间分别为 42、34、40 和 43（d），堆肥 3d 和 6d 麦秸的厌氧产气速率较 CK 分别提前 8d 和 2d，堆肥时间太长反而降低产气速率。

厌氧发酵过程中，各堆肥预处理 CH_4 含量的变化趋势相似［图 6-90（b)］，均为发酵前期迅速增加，之后稳定在 50%～60%，各处理间差异不明显。

表 6-67 结果也表明，堆肥预处理对提高麦秸产气量并无明显促进作用，堆肥时间太长反而会降低麦秸产气量。考虑到堆肥预处理过程中麦秸干物质的损失，将其折算成预处理前初始麦秸 TS 产气量，T1、T2、T3 和 T4 的 TS 产气量分别为 377.50、378.62、314.06 和 292.92（mL/g），经堆肥预处理的 T2、T3、T4 的 TS 产气量分别为 T1 的 100.30%、83.19%和 77.59%，堆肥 6d 和 9d 麦秸的 TS 产气量显著（$P<0.05$）低于未堆肥和堆肥 3d 的麦秸，说明堆肥预处理时间太长会降低麦秸的产气能力。

表 6-67　麦秸堆肥预处理时间对产气特性的影响

堆肥预处理时间/d	发酵物料产气量/（mL/g TS）	平均 CH_4 含量/%	初始物料产气量*/（mL/g TS）	TS 损失率/%	VS 损失率/%
0（T1）	377.50±5.46a	50.64±0.43a	377.50±2.46a	43.75±0.58a	49.22±0.34a
3（T2）	388.85±8.12a	49.59±0.25a	378.62±2.13a	44.43±1.37a	50.88±1.04a
6（T3）	354.71±6.48b	49.99±0.22a	314.06±6.48b	35.80±0.20b	44.00±0.27b
9（T4）	353.65±2.49b	50.02±0.43a	292.92±2.50c	35.13±0.21b	43.39±0.14b

注：同列数值不同小写字母表示差异显著（$P<0.05$）。

* 初始秸秆产气量：产气量（mL/g TS）=累积产气量（mL）÷堆肥前 TS 质量（g）。

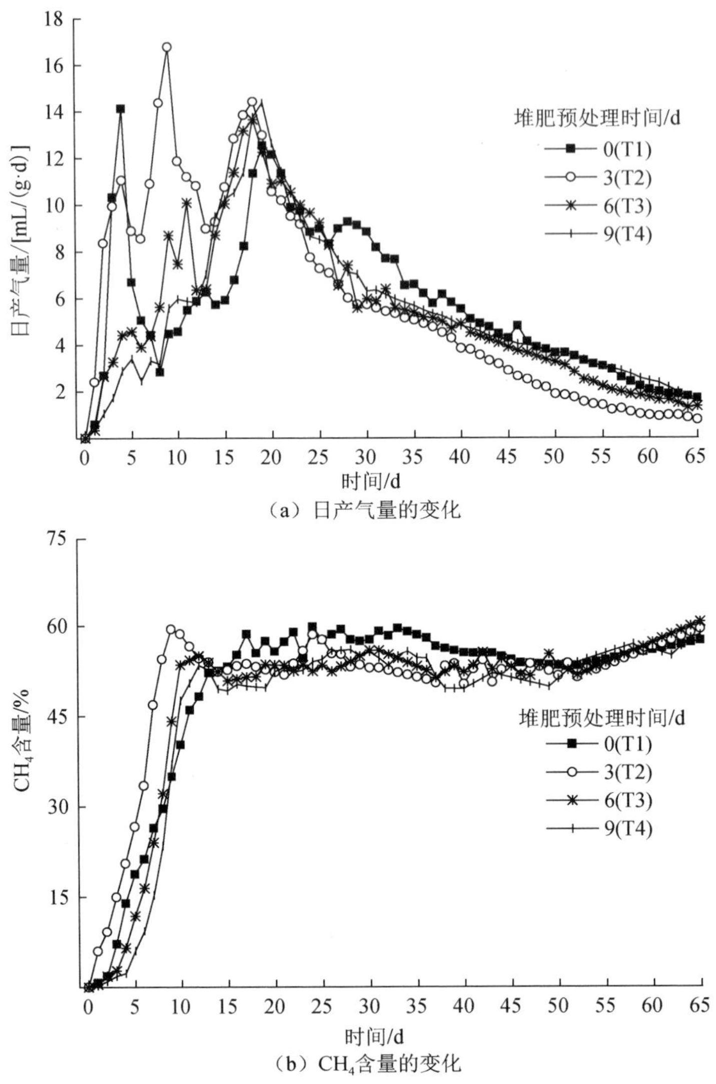

（a）日产气量的变化

（b）CH_4含量的变化

图 6-90　不同堆肥预处理麦秸厌氧发酵过程中日产气量和 CH_4 含量的变化

3）好氧高温堆肥预处理对麦秸厌氧发酵产沼气的影响

好氧高温堆肥过程按堆体中温度变化可分为升温阶段、高温阶段和降温阶段，不同温度阶段所对应的微生物区系不同，且对秸秆分解的程度不同，寻找到既可破坏秸秆木质纤维结构，又可尽可能地减少秸秆易利用有机 C 损失的温度条件，对提高秸秆厌氧产气率十分重要。以麦秸为原料，调节其 C/N 至 30∶1、含水率为 65%后进行高温好氧堆肥，记录堆体温度变化，并于试验开始（T0），堆体温度为 30℃（T1）、40℃（T2）、50℃（T3）、55℃（T4）、70℃（T5）[不同温度对应的堆肥时间分别为 0、6.8、13.5、19.5、23、70（h）] 取样，测定理化指标，并将其作底物，观察其厌氧发酵产沼气特性。

好氧高温堆肥过程中麦秸 TS 质量损失率的结果见图 6-91。堆肥过程伴随着微生物分解利用秸秆有机物的过程，造成堆肥过程中秸秆干物质大量损失。堆肥启动后 23h 内麦秸 TS 质量损失率增加缓慢，仅为 4.06%。之后，随着堆温的不断升高，麦秸 TS 质量损失率迅速增加，增加幅度在试验第 23.06 小时～第 164.26 小时达到最大，之后有所降低，这与堆温的变化一致。堆体较高的堆温伴随着秸秆有机物的大量分解，导致秸秆干物质大量损失。经 238.56h 堆肥处理后，秸秆 TS 质量损失率达 22.45%。

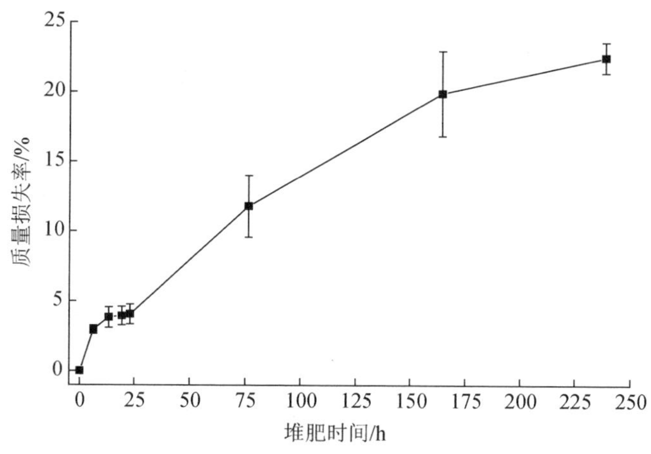

图 6-91　好氧高温堆肥过程中麦秸 TS 质量损失率变化

累积产气量占总产气量的百分比可以反映厌氧发酵过程中发酵原料产气速率。好氧高温堆肥各处理麦秸产气速率变化趋势相似，均为发酵前期迅速增加，25d 后增加速率明显降低，且各处理间无明显差异，表明堆肥预处理对麦秸产气速率并无明显促进作用，这与前面的研究结果并不一致。分析可能的原因是：①堆肥预处理是微生物与物化联合作用的过程，该过程的重复性不稳定；②试验用原料不同，原料特性（包括通气性、理化特性、C/N 等）的差异造成堆肥效果有较大差别；③目前的研究报道均以堆肥时间（即堆肥天数）来衡量堆肥程度，堆肥原料、环境温度、物料含水率、C/N、堆体大小等均影响堆体升温速率、维持高温时间，造成不同研究者的研究结果间无法比较。

经过 45d 的批式厌氧发酵，各处理麦秸 TS 产气量的结果见图 6-92。可以看出，在堆温达到 55℃（23h）前，堆肥预处理对麦秸 TS 产气量无明显影响，当堆温升至 55℃后，堆肥后麦秸的 TS 产气量最大，为 349.92mL/g，之后随着堆肥时间的延长，麦秸 TS 产气量逐渐降低。经过 238.56h 的堆肥处理，麦秸 TS 产气量为 279.31mL/g，仅为堆肥开始麦秸的 85.85%。可见，堆肥时间太长不利于麦秸产气，堆肥预处理对提高麦秸厌氧发酵产气效果并不明显，以堆温达到 55℃时麦秸的产气效果最好，但较堆肥开始仅增加了 7.56%。

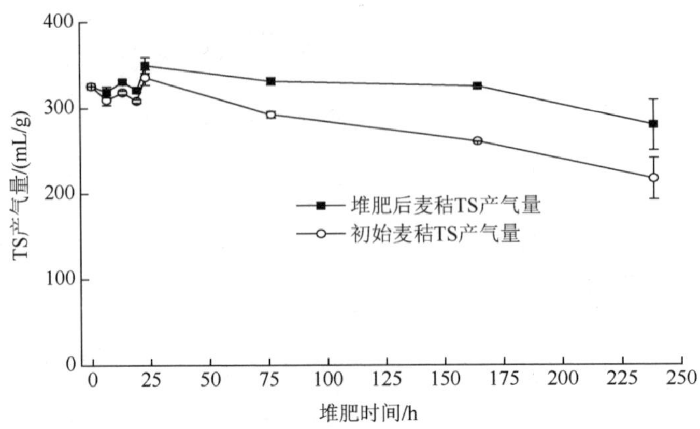

图 6-92　麦秸 TS 产气量随好氧高温堆肥时间的变化

由于堆肥过程造成麦秸干物质的损失，扣除堆肥造成的麦秸干物质损失后，麦秸 TS 产气量见图 6-92。可以看出，麦秸 TS 产气量在堆温达到 55℃（23h）前无明显变化，当堆温升至 55℃后麦秸 TS 产气量迅速降低。经过 238.56h（近 10d）的堆肥处理，麦秸 TS 产气量为 216.60mL/g，较堆肥开始麦秸降低 33.42%。尽管现有的研究大多认为堆肥预处理可以破坏秸秆结构，提高其厌氧生物转化率，但大多是以堆肥后的秸秆干物质为基础计算秸秆干物质产气量，而未考虑堆肥过程造成秸秆干物质损失。尽管堆肥过程可以破坏部分秸秆结构，将部分难降解有机物包裹的易分解有机物释放出来，但堆肥过程造成的大量易分解有机物损失，抵消了这种促进作用，且堆肥预处理时间太长还导致秸秆干物质产气潜力大幅下降。从本研究的结果来看，以堆肥时间评估堆肥程度并不合适，以堆温升至 55℃停止堆肥进行厌氧发酵产沼气更合适。

好氧高温堆肥各处理麦秸厌氧发酵过程中发酵液 TVFA 含量的变化见图 6-93。可以看出，各处理发酵过程中 TVFA 含量变化趋势相似，均为发酵开始的第 10 天～第 15 天迅速增加，之后迅速降低，20d 后降低速率趋缓。从 TVFA 含量看，TVFA 体积质量浓度最大值为 8 564.78mg/L，出现在 T4 处理（55℃）发酵第 12 天；TVFA 峰值最低值为 4 868.50mg/L，出现在 T7 处理（55℃以上 9d）发酵第 8 天。TVFA 的结果与各处理产气的结果一致，再次说明适度堆肥可以破坏秸秆结构，促进其厌氧生物转化，过度堆肥导致其厌氧发酵时水解产酸速率和程度均下降，产气量下降。

4）秸秆堆肥预处理参数优化

前期堆肥预处理中控制物料含水率 55%～70%条件下，依靠微生物作用在堆温达到 55℃时，干物质损失率为 4.06%，堆肥预处理麦秸 TS 含量较初始增加 7.56%，而直接将麦秸做 55℃处理，并未能达到与堆肥相同的效果，堆肥中高温（50～55℃）及微生物共同作用对麦秸组织结构改变起积极作用，但随着处理温度的提高和处理时间的延长，麦秸 TS 产气量逐渐降低。假如采用快速堆肥技术，使秸秆物料堆温快速升高至 50～55℃，甚至 60℃以上，通过缩短升温周期尽可能减少干物质损失，而使容易损失的干物质水解产生有机酸，是否能促进秸秆产沼气进程？为此，开展堆肥预处理工艺参数优化研究。

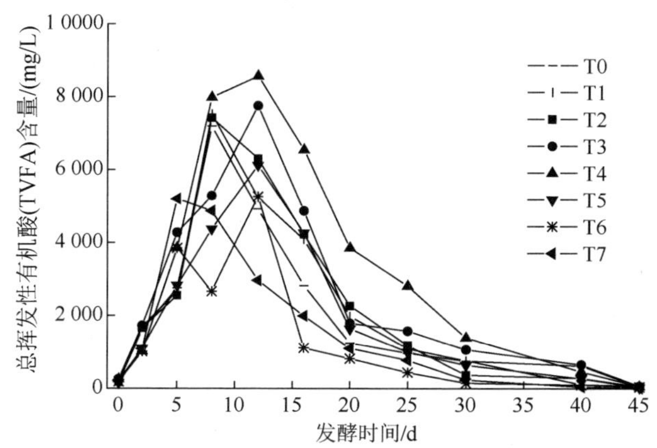

T0～T7 分别代表以堆肥开始，堆体温度达到 30℃、40℃、50℃、55℃、55℃以上 2d、55℃以上 5d 和 55℃以上 9d 的麦秸为原料进行厌氧发酵产沼气。

图 6-93　好氧高温堆肥处理麦秸厌氧发酵过程中 TVFA 含量的变化

用水将麦秸调节成 60%和 65%的含水量，用人粪尿将麦秸调节成 50%、55%、60%和 65% 4 种不同含水量，研究不同处理麦秸堆肥升温过程，由图 6-94 可知，无论翻堆与否，堆温最高的处理为 55%含水率+尿液，翻堆处理 27.8h 达到最高温度 53.1℃，而翻堆前处理 17.3h 达最高温度 52.5℃，达到最高温度的升温速率为 1.82℃/h；其次达到最高堆温的处理是 60%含水率+尿液处理组，翻堆前最高温度可达到 49.5℃，在此温度维持 13.4h，翻堆后维持了 14.8h，达到最高温度的升温速率为 1.79℃/h，翻堆后可达到的最高温度为 51℃。总体上讲，无论是添加水还是添加尿处理组，均表现为降低物料含水率有利于提高秸秆物料升温速率和堆温峰值，并且以 55%含水率效果最佳。

在物料含水率 55%和添加尿液基础上，通过添加娄彻氏链霉菌（*Streptomyces rocheivar*）、棘孢木霉（*T. asperellum*）和速腐剂（DA），考察麦秸升温过程（娄彻氏链霉菌、棘孢木霉和速腐剂分别按照麦秸干重的 1%、1%和 5%添加）。由图 6-95 可知，添加麦秸速腐剂处理的麦秸堆肥升温速率最高，处理 7.5h 后可达 50℃，最高温度出现在 10.2h，达到 55.2℃以上，达到最高温度的升温速率为 3.5℃/h，并且在（55.2±2.5）℃持续 10.8h，经后续翻堆作业后物料仍然能迅速升温，但最高温度仅为 46.6℃。添加棘孢木霉的处理麦秸堆肥升温速率次之，翻堆前最高温度可达 53.2℃，升温速率为 1.6℃/h，至翻堆前在（53.2±2.5）℃持续 13.3h，在温度稍有下降时立刻进行翻堆，翻堆后温度仍然能达到 53.8℃。而添加娄彻氏链霉菌的处理升温效果较差，18.5h 后物料仅升温至 45℃，整个过程中最高温度仅为 48.1℃。总体上讲，在 55%含水率+尿液+5%速腐剂的条件下，升温效果不论从最高温度还是升温速率来看，效果都是最好的，而棘孢木霉处理的升温效果也较理想。

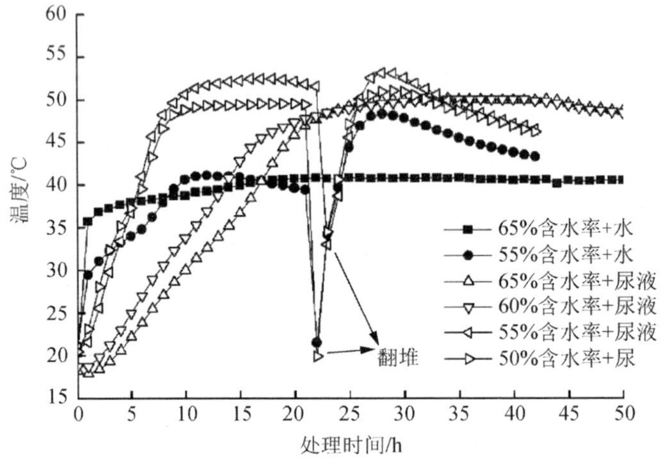

图 6-94　不同堆肥处理对麦秸升温过程的影响

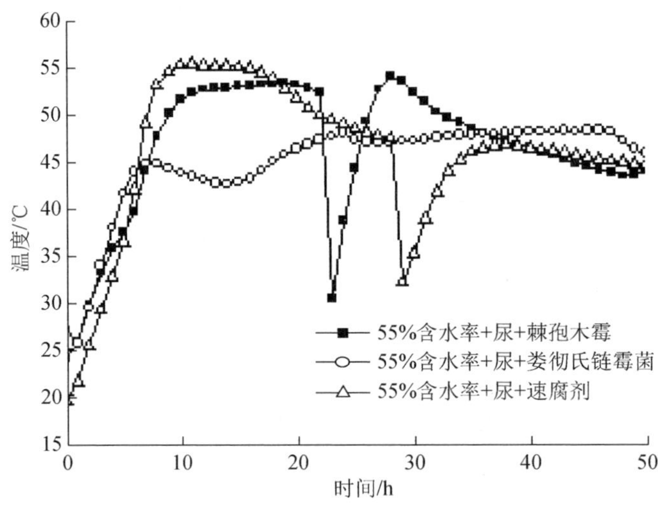

图 6-95　接种麦秸腐熟剂对麦秸堆肥升温的影响

为了考查前述单因子试验中各优化参数的组合处理对秸秆升温效果的影响，在物料含水率 55%、添加人粪尿和速腐剂等参数组合调控措施下，研究搓揉和粉碎对稻麦秸秆升温效果的影响。由图 6-96 可知，搓揉稻秸处理最高温度出现的时间明显早于粉碎稻秸，搓揉稻秸 10.2h 堆肥可达 55.2℃，而粉碎麦秸在 33h 才达到相同的温度，搓揉稻秸能在更短时间上升到最高温度。而从秸秆种类分析看，稻秸处理组不论搓揉还是粉碎的升温效果都优于麦秸，在相同条件下，搓揉稻秸50℃以上温度持续时间是搓揉麦秸的 2 倍以上。

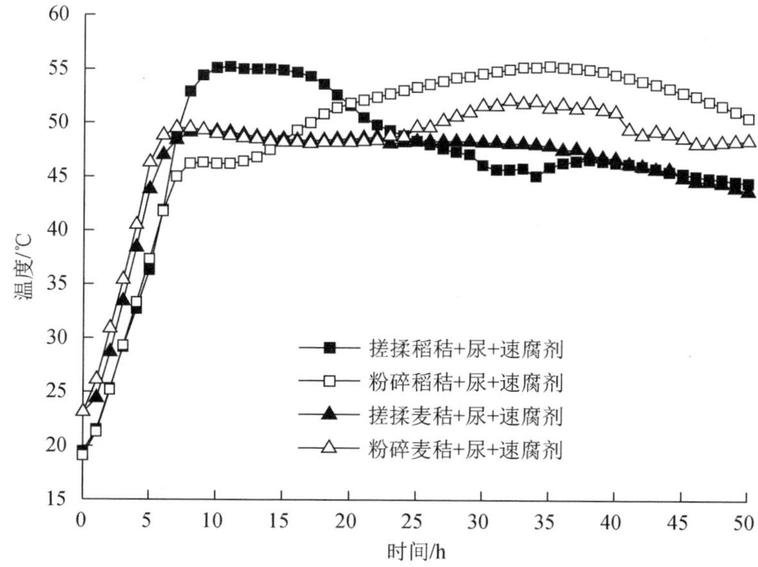

图 6-96　搓揉与粉碎对稻麦秸秆堆肥升温的影响

3. 湿热预处理

在众多的预处理方法中，湿热预处理方法作为一种新兴的绿色反应工艺，由于不需要添加任何化学试剂、降解产物少和易操作等优点而成为近年来研究的热点（Nakhshiniev，2014）。湿热预处理是将物料置于高压状态热水中，在高压下水可以渗透到生物质材料内部，水在高温高压下会解离出 H^+ 和 OH^-，催化半纤维素的水解，并使部分纤维素水解，消除对纤维素酶的空间阻碍，从而提高酶解效率。湿热预处理温度一般为 160～240℃；处理时间从几分钟到数小时，并且随着处理温度的升高而明显缩短（Alvira，2010；Harifara，2016）。此法尚存在以下缺点：一是预处理过程需要大量的水且能耗高，难以实现规模化应用；二是湿热预处理温度高，并且需高压作业，增加了工程化应用的操作难度与安全隐患；三是高温条件下由半纤维素水解而成的单糖会进一步水解生成糠醛和羟甲基糠醛（HMF）等微生物发酵的抑制物，会大大降低湿热预处理的实际效果，并且抑制物产生量随着预处理温度的升高而明显增多。

为探索操作简单、成本更低的湿热预处理方法，以稻秸为原料，研究湿热预处理在温度 80℃、物料含水率 60%及不同处理时间条件下，秸秆预处理对产沼气的影响。试验设置 4 个处理，湿热预处理时间分别为 6h（T1）、12h（T2）、24h

（T3），另设置 CK（即不处理稻秸）。预处理后的稻秸作为厌氧发酵底物进行产沼气试验。厌氧发酵条件为：稻秸干物质浓度为 6%，发酵温度为（37±1）℃，接种率为 65%。

由表 6-68 可以看出，经湿热预处理后，稻秸纤维素、半纤维素含量均有不同程度的降低，木质素含量则略有增加，pH 有较大幅度下降，稻秸水浸提液 COD、TVFA 和 AA 含量均大幅度增加。从各处理的变化幅度来看，与 CK 相比，温和湿热处理 T1 的纤维素和半纤维素含量分别降低 2.95%和 4.30%，木质素含量提高 12.75%，但随着湿热预处理时间的逐渐延长，其变化幅度呈逐渐降低的趋势；稻秸水浸提液各指标除 pH 有较大幅度降低外，其余指标较 CK 均大幅度增加。T1、T2 和 T3 处理稻秸水浸提液 COD 浓度分别增加 47.19%、55.18%和 60.62%，TVFA 浓度分别增加 22.34%、33.98%和 50.12%，AA 浓度分别增加 19.52%、34.02%和 49.37%，并且各处理稻秸水浸提液中 AA 占 TVFA 百分比均超过 85%以上。试验数据的差异显著性分析表明，T1 处理各理化特性指标与 CK 呈极显著差异（P<0.01，除半纤维素外），而温和湿热预处理不同时间（T1、T2 和 T3）之间理化特性指标多无极显著差异。以上结果表明，温和湿热预处理促进稻秸有机物大量溶出，pH 下降，对稻秸纤维素组分破坏效果更加明显，但不同预处理时间对破坏稻秸木质纤维组分效果影响不大。

表 6-68 温和湿热预处理前后稻秸理化特性的变化

处理	纤维素/%	半纤维素/%	木质素/%	pH	COD/（mg/L）	TVFA/（mg/L）	AA/（mg/L）
CK	37.65±0.51aA	26.51±0.38a	7.14±0.31dC	7.12±0.00A	6288±151cB	179.30±24.56cB	158.22±21.06cB
T1	36.54±0.82bB	25.37±0.35ab	8.05±0.53cB	6.76±0.00B	9255±201bA	219.35±8.07bA	189.11±7.77bA
T2	36.09±0.49bB	25.28±0.47b	8.83±0.49bAB	6.71±0.01C	9758±302abA	240.22±18.86abA	212.05±14.72abA
T3	35.72±0.34bB	25.21±0.22b	9.63±0.34aA	6.67±0.02D	10100±161aA	269.16±4.74aA	236.34±3.87aA

注：采用 Duncan 方法分析，同列标有不同大写字母者表示处理间差异极显著（P<0.01）；标有不同小写字母者表示处理间差异显著（P<0.05）。

容积产气率是沼气发酵重要的性能指标。在反应器容积相同情况下，容积产气率越高，生产的沼气就越多，这意味着在工程设计及运用中，达到沼气需求量所设计的发酵系统规模可缩小，可大大节省场地建设面积及工程基建投资成本。图 6-97 显示不同湿热预处理厌氧发酵容积产气率变化，可以看出，湿热预处理厌氧发酵启动第 2 天，容积产气率达到最大，T1、T2 和 T3 分别为 1.42、1.47 和 1.45L/（L·d）；之后容积产气率逐步下降，发酵第 10 天达到第 2 个产气峰值，容积产气率分别为 1.01、1.07、1.11L/（L·d），此后各处理均缓慢降低。而与此同时，CK 容积产气率多明显低于湿热预处理，与 CK 相比，湿热预处理 6h、12h、24h 平均容积产气率分别提高 12.53%、13.87%和 15.44%。

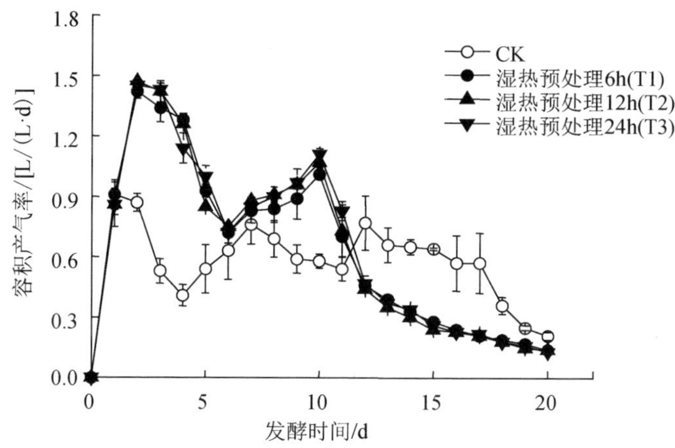

图 6-97　湿热预处理厌氧发酵容积产气率变化

对湿热预处理不同时间底物原料 TS 累积产气量进行比较（图 6-98），发酵 2d 后，与 CK 相比，湿热预处理 TS 累积产气量迅速增大，到发酵第 20 天，不同湿热预处理原料 TS 累积产气量分别较 CK 提高 36.17%（T1）、37.68%（T2）和 40.31%（T3），可见，湿热预处理可以大幅度提高稻秸厌氧发酵 20d 的 TS 累积产气量，加快其能源转化效率，但不同的湿热预处理时间处理之间差异不大。

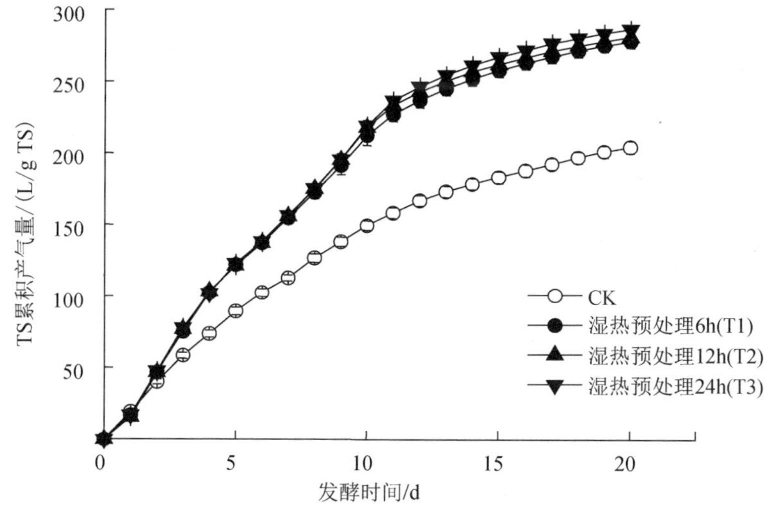

图 6-98　湿热预处理厌氧发酵过程中 TS 累积产气量的变化

从湿热预处理厌氧发酵过程中 CH_4 含量的变化来看（图 6-99），各处理变化趋势基本相同，随着发酵进程的迅速增加，小幅下降后又迅速升高，基本稳定于 50%～60%，各处理发酵 20d 平均 CH_4 含量分别为 44.37%（CK）、47.94%（T1）、

48.67%（T2）和 49.22%（T3），表明湿热预处理有利于提高稻秸厌氧发酵沼气的品质，但不同的湿热预处理时间处理间差异不大。

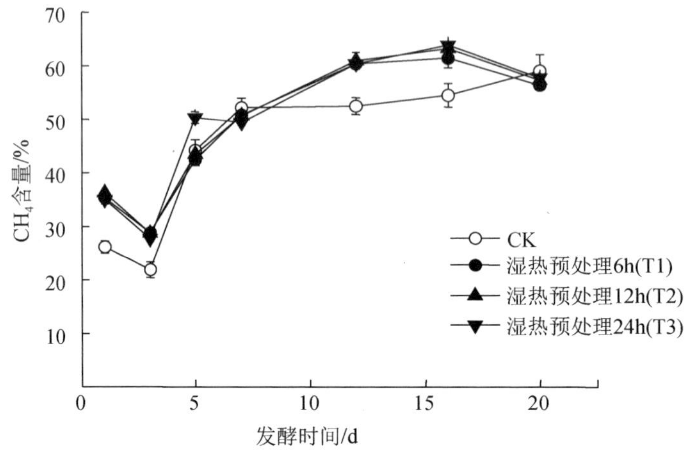

图 6-99　不同湿热预处理厌氧发酵过程中 CH_4 含量的变化

以上结果表明，通过温和湿热预处理提高秸秆厌氧发酵产沼气效果是可行的。但湿热预处理需要额外耗能，在降低额外的能量消耗条件下，如何提高湿热预处理效果，以获得更高效能源净产出与降低工程成本，还需要系统深入的研究。

4. 有机溶剂预处理

秸秆表面存在由脂溶性的脂肪酸、烷烃、脂肪醇、醛类、酮类和酯类等组成的角质蜡状膜，这类物质的存在不利于厌氧微生物和酶进入秸秆内部，影响秸秆厌氧生物转化。以酸、碱预处理为参照，比较不同有机溶剂预处理条件下秸秆质量损失率以及水解速率。

经有机溶剂处理后，秸秆质量损失率均大于 1%（表 6-69）。与 CK 相比，各处理达显著水平（P<0.05），其中，乙醚、氯仿、正己烷 3 种溶剂处理的效果较好，秸秆的质量损失率分别为 1.85%、1.96%和 2.13%。由于秸秆中可溶性脂肪酸含量较少，从本试验结果可推断，有机溶剂去除的主要是蜡质等有机可溶物，这还需要得到蜡质化合物分析结果的佐证。

以不同溶剂预处理后秸秆为底物，进行为期 10d 的水解试验，结果表明，随着水解时间的延长，酶活性逐渐增加，随后逐步下降。酶活性最高峰出现在 80h 左右，其中酸处理的酶活性最高，为 180U/mL，其次为碱处理，酶活性最高为 130 U/mL，有机溶剂处理样和空白 CK 样酶活性差异不大（图 6-100）。

表 6-69　不同有机溶剂预处理对秸秆质量损失率的影响

溶剂名称	秸秆质量损失率/%
CK	0.02±0.01d
乙醇	1.12±0.11c
乙醚	1.85±0.07b
甲苯	1.20±0.12c
氯仿	1.96±0.06b
正己烷	2.13±0.06a

注：不同字母表示差异显著（$P<0.05$）。

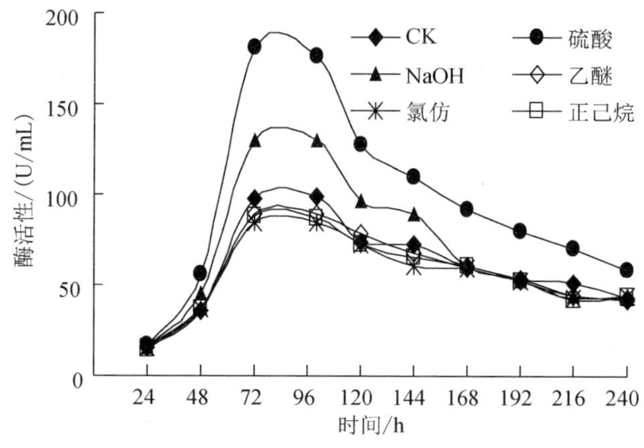

图 6-100　不同溶剂预处理秸秆培养液中酶活性变化

不同溶剂预处理样品经生物降解后，各处理的秸秆质量损失率均高于 CK（图 6-101）。NaOH 预处理后秸秆质量损失率明显高于其他处理，这是因为，经碱

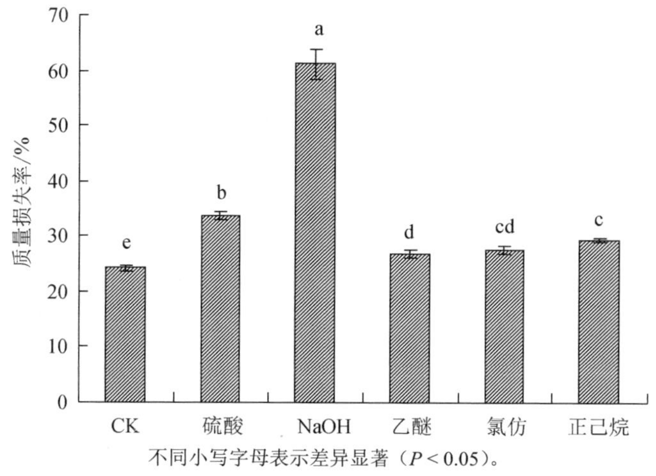

图 6-101　不同溶剂预处理样品生物降解后的秸秆质量损失率

作用后，秸秆中的纤维素结晶被破坏，木质素与纤维素之间的连接被打断，此时秸秆容易被微生物作用分解。酸处理秸秆质量损失率次之，经稀酸作用后，秸秆中的半纤维素水解为木糖，该处理的重量损失主要是由半纤维素和纤维素的溶解所致。有机溶剂处理后秸秆质量损失率虽低于酸碱处理但高于 CK，其中以正己烷的效果最好，质量损失率达 29.4%，比未处理（24.3%）时提高 21.6%。统计分析结果表明，各处理与空白之间的差异显著（P<0.05），正己烷与 CK 之间差异极显著（P<0.01），说明有机溶剂预处理对秸秆的生物降解率有明显的作用。

6.3.3 以秸秆为主的多物料混合厌氧发酵技术

混合厌氧发酵可以促进物料中营养物质的平衡，提高消化池的容积利用效率，还可以获得更大的原料与容积产气率。近年来，人们就秸秆混合厌氧发酵进行了大量研究和探索。李继红等（2008）在中温条件下，将玉米秸秆和土豆进行混合厌氧发酵，结果表明，在两者 TS 比为 4∶1 条件下，混合原料的累积产气量为 439mL/g TS，而玉米秸秆的累积产气量为 309mL/g TS，混合厌氧发酵使玉米秸秆的产气量比单一原料厌氧发酵提高 31.4%。在农村地区，不仅每年产生大量农作物秸秆，还产生畜禽粪污、有机生活垃圾、蔬菜残体等其他有机废弃物，将这些有机废弃物与秸秆一起厌氧发酵产沼气，不但可以解决因废弃物焚烧或丢弃产生的环境问题，同时还可以丰富沼气工程原料来源，提高沼气工程运行效率。

6.3.3.1 多种废弃物混合厌氧发酵技术

1. 多物料混合对水解产酸的影响

以麦秸为主要材料，研究其与猪粪、厨余垃圾、蔬菜残体混合水解产酸的特性，分析水解过程中水解液 pH、COD、SCOD 和 VFAs 的变化。

麦秸（CK）、麦秸+猪粪、麦秸+厨余垃圾、麦秸+蔬菜残体混合水解，pH 表现为先降低后缓慢增加，分别在水解的 7d、7d、5d 和 3d 达到最低，与单一麦秸原料相对，多物料混合促进了水解液 pH 的下降，与单一的猪粪、厨余垃圾及蔬菜残体相比，混合物料水解维持了较低且较稳定的 pH（图 6-102）。

由多种废弃物混合水解 COD 浓度变化可见（图 6-103），麦秸及其多种物料混合处理，COD 浓度的变化趋势相似，均为先增加后缓慢降低。水解前期，由于麦秸中有机物大量溶出，水解液的 COD 浓度迅速增加，麦秸（CK）、麦秸+猪粪、麦秸+厨余垃圾、麦秸+蔬菜残体分别在水解的第 7 天、第 3 天、第 5 天和第 9 天，COD 浓度达到最高，分别为 9 591、15 164、11 544 和 15 001（mg/L），添加猪粪的 COD 浓度最高，添加蔬菜残体的次之，添加厨余垃圾的最低。除添加蔬菜残体外，混合水解加速了麦秸中有机物的溶出，水解液 COD 达到最高峰的时间缩短，峰值增加。之后，由于麦秸中有机物溶出速度低于微生物的分解速度，水解液中 COD 浓度缓慢降低。麦秸+蔬菜残体处理水解液 COD 浓度上升较慢，可能是由于添加蔬菜残体水解前期 pH 较低，对麦秸水解产酸微生物有一定的抑制，导致峰值出现的时间最迟。猪粪、厨余垃圾和蔬菜残体水解液的 COD 浓度在整个水解试验过程中均缓慢降低，这与其较低的初始有机物浓度有关。沼液处理在试验过程中 COD 浓度基本稳定在 200mg/L。从水解液中 COD 浓度变化趋势来看，除麦秸+蔬菜残体外，CK、麦秸+厨余垃圾、麦秸+猪粪水解液最佳出料期为 3～7d，7d 后水解液中 COD 浓度均快速下降。

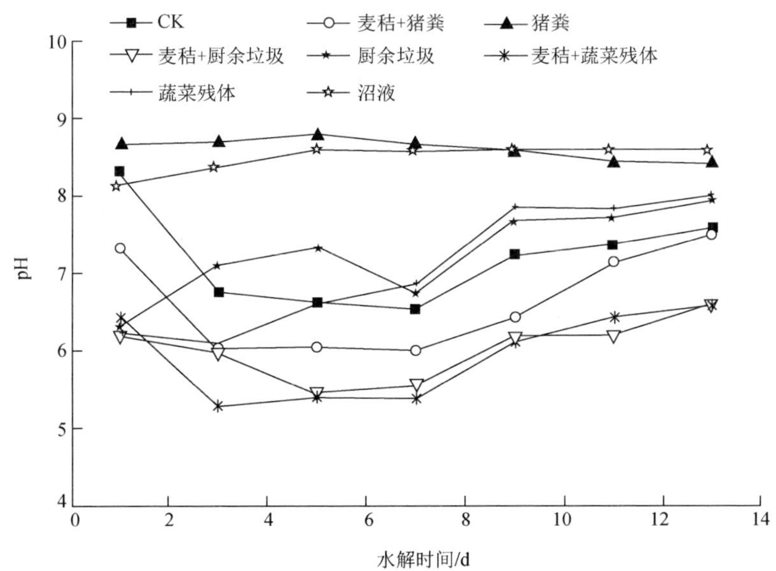

图 6-102　多种废弃物混合水解液 pH 随水解时间的变化

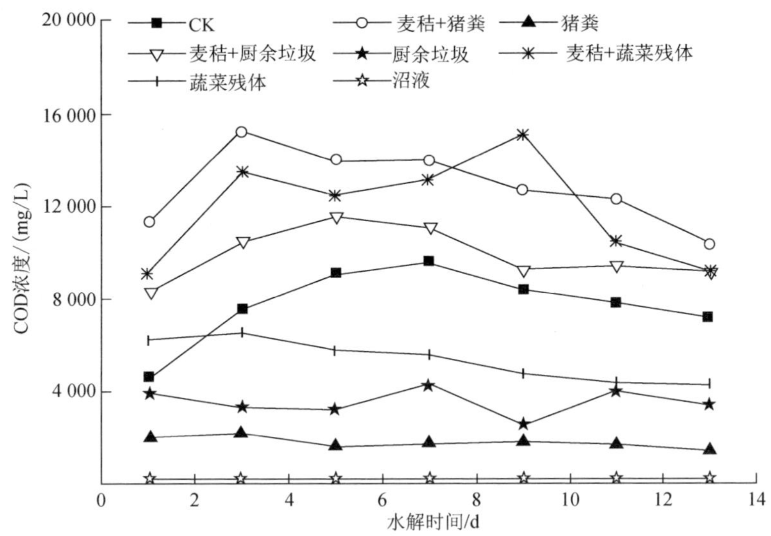

图 6-103　多种废弃物混合水解液 COD 浓度随水解时间的变化

水解液中 COD 包括可溶性的 SCOD 和非可溶性的 COD，SCOD/COD 反映水解液中水溶性有机物占溶液中总有机物的比重。CK、麦秸+猪粪、麦秸+厨余垃圾、麦秸+蔬菜残体等混合水解液中 SCOD/COD 值随水解时间的变化曲线见图 6-104。可以看出，混合水解降低了水解液中 SCOD/COD，这可能是由混合原料中带有大量非可溶性 COD 所致，随着水解的进行，水解液中水溶性有机物不断被微生物分解利用，水解液的 SCOD/COD 进一步缓慢下降。

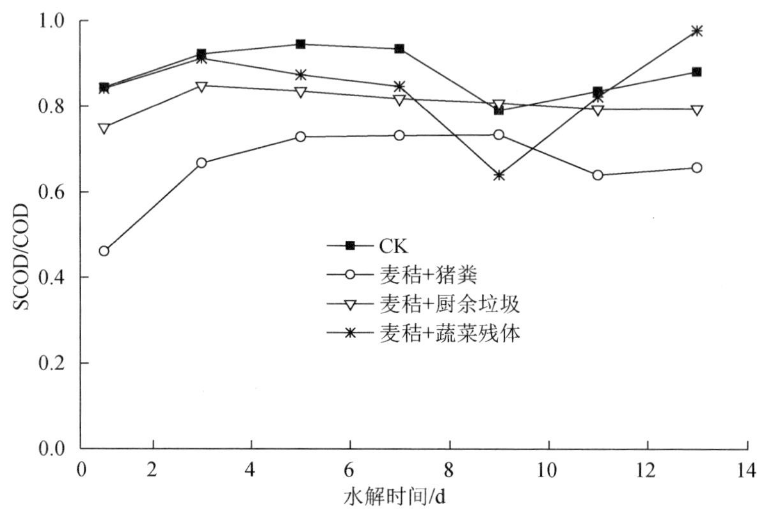

图 6-104　多种废弃物混合水解液中 SCOD/COD 的变化

多种废弃物混合水解对麦秸有机物水解溶出的影响，可以通过单位干物质麦秸的水解率来进行表征，麦秸的水解率，即单位干物质麦秸水解产生 COD 的能力。各处理麦秸水解率结果见图 6-105，可以看出，除添加猪粪的处理外，添加厨余垃圾和蔬菜残体对麦秸有机物水解溶出均无明显的促进作用，添加蔬菜残体对麦秸有机物水解溶出还有一定的抑制作用，而添加猪粪明显促进了麦秸中有机物的水解溶出，单位干物质麦秸水解率较麦秸单独水解提高了 43%～134%，二者间差异极显著（$P<0.01$）。何品晶等（2006）研究发现，有机固体废弃物水解产酸的最优 pH 为 7 左右，过酸或过碱均不利于有机物快速水解产酸。结合 pH 变化的结果可以发现，麦秸+猪粪水解液的 pH 最低为 6.01，远高于麦秸+厨余垃圾的 5.45 和麦秸+蔬菜残体的 5.31，这可能是导致添加猪粪的麦秸有机物溶出量远高于添加厨余垃圾和蔬菜残体的麦秸的重要原因。此外，猪粪中大量的微量元素和矿质元素的添加，促进了水解微生物的活性，也可能是促进麦秸水解的另一个重要原因。

多种废弃物混合各处理水解过程中水解液 TVFA 浓度的变化见图 6-106。CK、麦秸+猪粪、麦秸+厨余垃圾、麦秸+蔬菜残体混合水解液中 TVFA 变化趋势

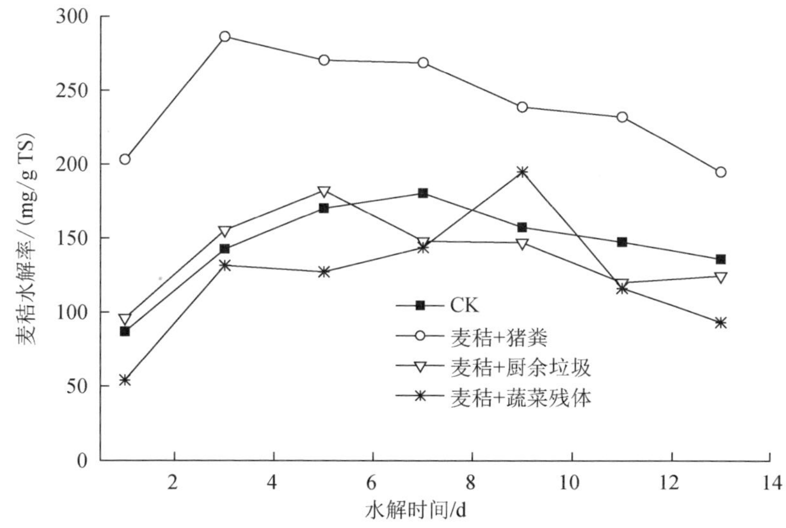

图 6-105　多种废弃物混合各处理麦秸水解率的变化

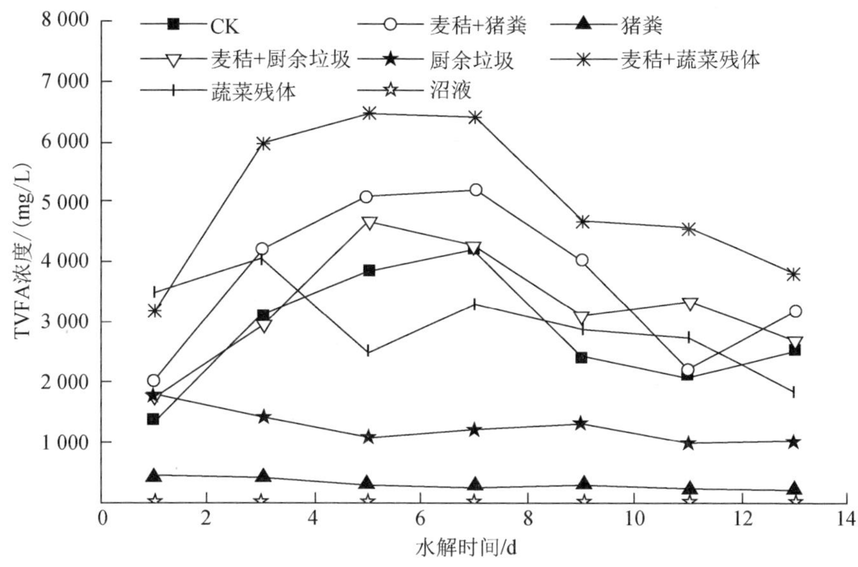

图 6-106　多种废弃物混合水解液 TVFA 浓度随水解时间的变化

相似，均为先增加后降低，这与 COD 的变化趋势一致。水解液中 TVFA 浓度由高到低的顺序为麦秸+蔬菜残体>麦秸+猪粪>麦秸+厨余垃圾>CK。这是因为蔬菜残体中含有大量易分解的有机物质，在水解初期迅速水解酸化，产生大量有机酸。这从蔬菜残体单独水解的结果中可得到验证。CK、麦秸+猪粪、麦秸+厨余垃圾、麦秸+蔬菜残体水解液中 TVFA 浓度分别在试验第 7 天、第 7 天、第 5 天和第 5 天达到最大，分别为 4 220、5 220、4 650 和 6 460（mg/L）。对比各处理 COD 的结果发现，TVFA 出现峰值的时间较 COD 滞后，这符合有机物水解、产酸的一般理论。厨余垃圾水解液中 VFAs 浓度较低，远低于蔬菜残体，但高于猪粪处理，表明蔬菜残体更易水解产酸，厨余垃圾次之，猪粪最差，这与 COD 的结果不同，说明进入水解液中的 COD 不都可以很快被产酸微生物转化为 VFAs。因此，从提高水解液 TVFA 浓度、降低水解液 pH 的角度，添加蔬菜残体的效果最好，添加猪粪最差。

水解试验第 5 天～第 7 天，添加麦秸的各处理水解液中有机酸浓度均处于高峰，之后下降。选择水解试验第 5 天的数据，比较混合水解对麦秸产酸率的影响。将混合水解各处理产生的有机酸总量扣除其他废弃物水解产生的有机酸后，折算到单位干物质麦秸产酸率，结果见图 6-107。可以看出，混合水解各处理麦秸干物质产酸率较麦秸单独水解均有所增加，麦秸+猪粪、麦秸+厨余垃圾、麦秸+蔬菜残体较 CK 分别增加 50.53%、10.95%和 22.05%，添加猪粪明显促进了麦秸水解产酸，添加蔬菜残体次之，添加厨余垃圾的效果最差。

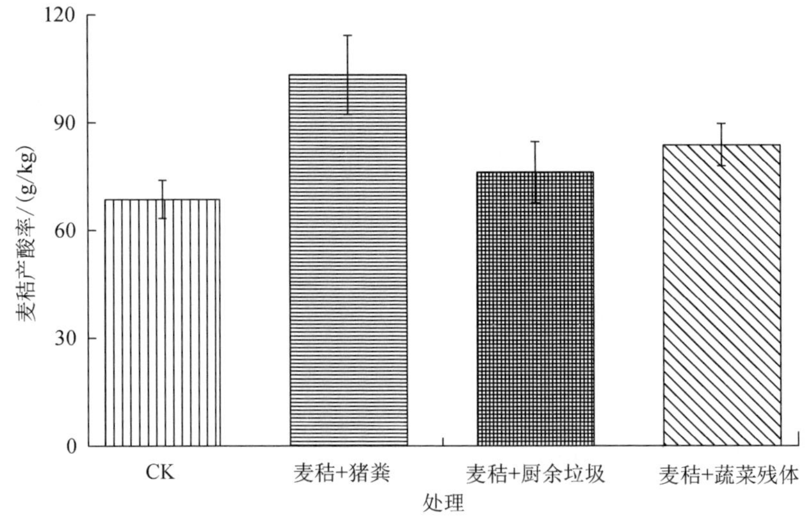

图 6-107　多种废弃物混合水解试验第 5 天添加麦秸各处理的麦秸产酸率

麦秸与猪粪混合，与单独麦秸（CK），麦秸与厨余垃圾、麦秸与蔬菜残体混合相比，对麦秸水解产酸具有更好的促进作用。而麦秸与蔬菜残体混合，早期的 pH 下降明显、VFAs 浓度高，工程中应注意防范因酸化而导致的产气抑制现象。

2. 中药渣与麦秸混合厌氧发酵产沼气

中药渣是中草药和中成药生产加工过程中产生的废弃物。及时有效地对中药渣进行利用，使其不污染环境，更好地为人类健康服务，是中医药产业面临的重要问题之一。

本部分研究在麦秸厌氧发酵中添加中药渣的可能性及对麦秸厌氧发酵产气影响的可能机制。试验将中药渣（葛根药渣，南京海昌中药集团提供）与麦秸按 0%、3%、5%、10%（w/w）比例混合，分别记为 CK、H3、H5、H10，调节 C/N 为 30∶1，35℃条件下发酵 30d。发酵底物性质见表 6-70。

表 6-70　中药渣与麦秸混合厌氧发酵底物基本理化特征

底物	TS/%	VS/%	TC/(mg/g TS)	TN/(mg/g TS)	碳水化合物/TS	蛋白质/TS	纤维素/%	半纤维素/%
中药渣	92.31±0.70*	81.02±1.03	525.10±0.24	20.03±0.46	67.41±1.08	4.56±0.64	26.21±1.30	21.64±0.82
麦秸	90.01±2.03	89.26±0.63	478.83±0.02	5.34±0.18	54.62±0.37	3.41±0.32	39.21±0.11	28.32±0.30
厌氧污泥	5.11±0.03	68.47±1.44	497.63±0.02	14.25±0.13	NA**	NA**	NA**	NA**
底物	木质素/%	镁/(%,d.b.)	钙/(%,d.b.)	铁/(%,d.b.)	锰/(mg/kg)	锌/(mg/kg)	铜/(mg/kg)	镍/(mg/kg)
中药渣	12.56±0.57	2.74±0.26	1.96±0.18	1.63±0.20	286.19±40.62	932.56±87.22	632.33±35.41	—***
麦秸	13.29±0.17	0.83±0.31	0.11±0.03	0.05±0.01	49.02±4.05	65.51±11.03	—***	4.05±1.03
厌氧污泥	NA**	0.03±0.01	0.15±0.02	0.18±0.06	26.37±0.12	567.68±20.16	216.13±22.68	19.63±0.21
底物	砷/(mg/kg)	钼/(mg/kg)	钒/(mg/kg)	镉/(mg/kg)	锑/(mg/kg)	铅/(mg/kg)		
中药渣	18.15±3.32	8.01±1.63	—	26.44±5.98	6.43±0.99	78.27±13.78		
麦秸	—	—	7.51±1.53	—	—	—		
厌氧污泥	18.51±2.33	1.29±0.07	—	—	—	26.49±3.78		

* 每一个值平均重复 3 次取平均值；** 没有分析；*** 浓度低于检测线。

经过 30d 厌氧发酵（图 6-108），中药渣添加量为 5%的处理最好，累积 CH_4 产量达到 13 130mL，TS CH_4 产率为 260.5mL/g，较 CK 提高了 31.4%。当中药渣添加量为 10%时，累积 CH_4 产量略低于中药渣添加量为 5%的处理，而中药渣添加量为 3%的处理效果最差，但明显高于 CK 处理。

比较不同处理蛋白酶、总脱氢酶及辅酶 F_{420} 活力（图 6-109）可见，中药渣与麦秸混合发酵，可以提高发酵系统水解原料的能力与微生物活力。比较不同处理间 ATP 浓度（图 6-110），同样也发现添加中药渣提高了 ATP 浓度。

中药渣中镁、钙和铁含量较为丰富（表 6-70），三者在中药渣中所占比重分别为 2.74%、1.96%和 1.63%。镁、钙离子是能量补充剂，可以提高 CH_4 产量，且可以防止发酵过程发泡，此外，镁离子通常会影响 ATP 的生成。在厌氧发酵系统中，细胞生长所需的 ATP 来源于底物水平磷酸化，低 ATP 供应，除了表现为细胞活力低，还是造成 CH_4 产量低下的原因之一。添加中药渣各处理在发酵第 6 天 ATP 浓度就达峰值，而 CK 的 ATP 浓度峰值发生在第 9 天。添加中药渣各处理 ATP 浓度整体高于 CK，其中添加 5%中药渣处理的 ATP 浓度最高，这表明经过适当比例的中药渣混合，可以使反应系统中产生更多的 ATP，高 ATP 水平展现出更强的代谢能力及产 CH_4 能力（图 6-110）。

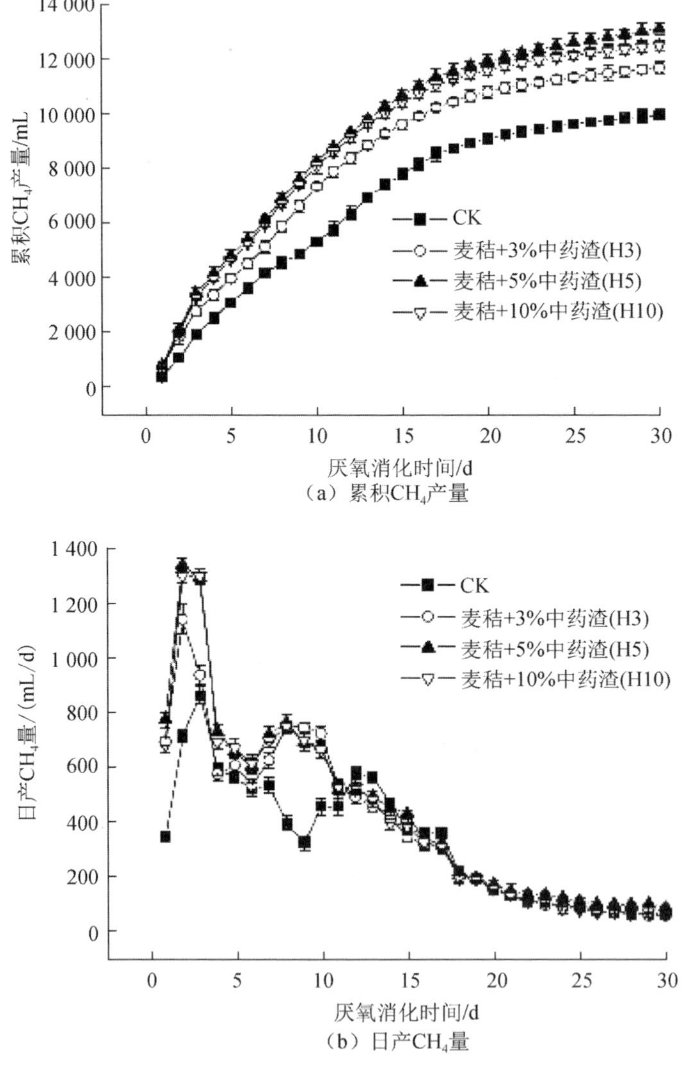

图 6-108　中药渣与麦秸混合厌氧发酵过程中日产 CH_4 量及累积 CH_4 产量变化

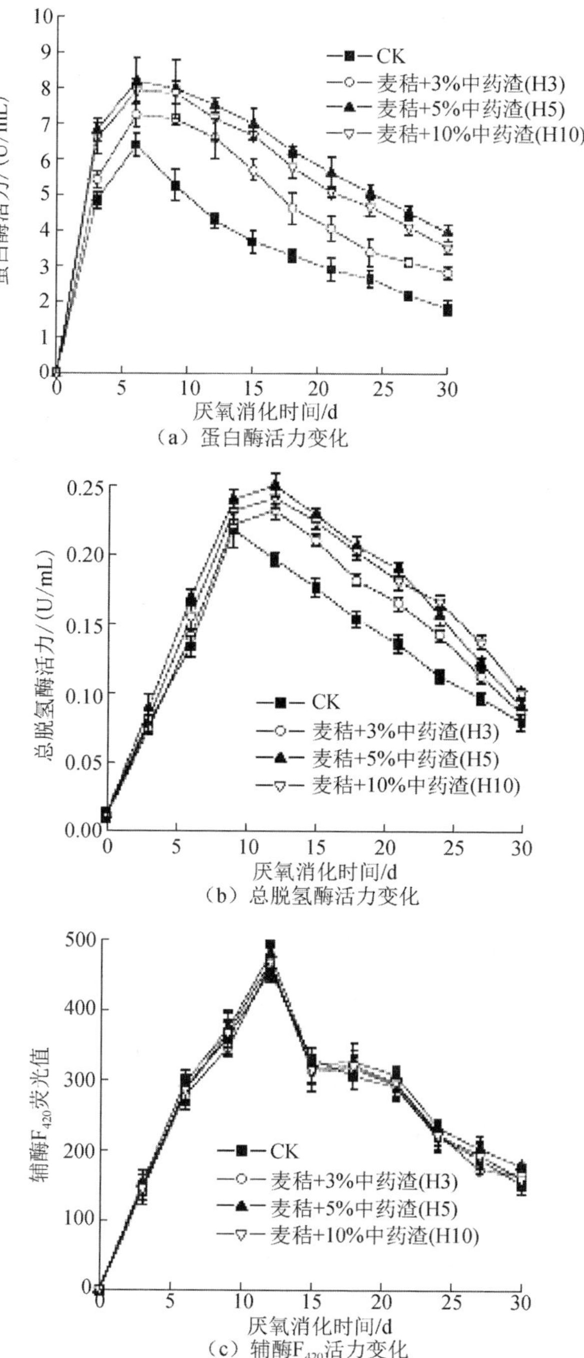

图 6-109　中药渣与麦秸混合发酵系统中蛋白酶、总脱氢酶及辅酶 F_{420} 活力变化

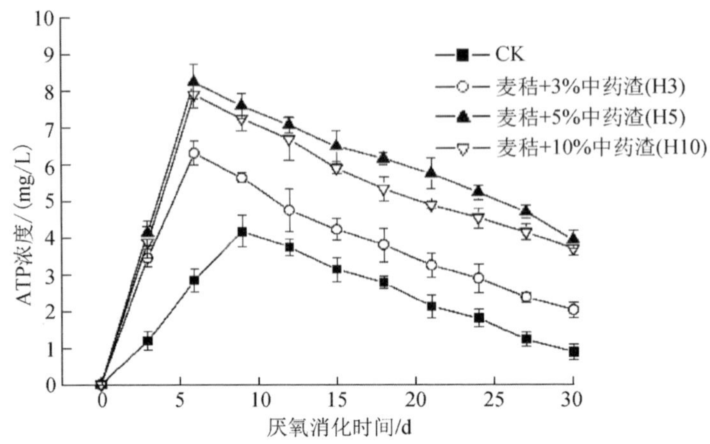

图 6-110 中药渣与麦秸混合发酵过程中 ATP 浓度变化

总之，中药渣与麦秸混合发酵，是其资源化的有效途径之一，且麦秸混合中药渣可促进其产气效率，究其原因，可能是中药渣中含有丰富的微量元素，提高了微生物活性，促进了原料水解。

3. 外源易氧化有机 C 对麦秸厌氧发酵产沼气的影响

多物料混合厌氧发酵是提高秸秆厌氧发酵产沼气效率的重要技术手段。对于混合发酵促进秸秆厌氧生物转化的内在机制，目前一般认为，混合发酵通过稀释发酵物料中可能存在的有毒物质浓度、提高发酵系统营养物质平衡、刺激微生物间的协同作用以及增加厌氧反应器的有机负荷，达到促进发酵物厌氧生物转化的效果。然而，有些机制解释在一些现象中并不适用，如添加外源易分解有机 C 亦可促进秸秆厌氧生物转化。前期的研究亦表明，添加少量 AA 对麦秸厌氧发酵产气有明显的促进作用，随着 AA 添加量的增加，麦秸产气量先增加后降低最后彻底酸化，麦秸干物质产气量提高了 24.95%～42.78%（未发表数据）。以上现象用传统的理论根本无法解释。

由于多物料混合促进秸秆产气的机制并不十分清楚，使得多物料混合发酵技术在工程应用中，难以保证工程高效、持续、稳定运行。

以麦秸为发酵原料，以葡萄糖作为外源易分解有机 C 源，研究不同葡萄糖添加量和不同葡萄糖添加方式对麦秸厌氧发酵产沼气的影响，以期进一步明确外源易分解有机 C 源对秸秆厌氧生物转化的影响效果，丰富混合厌氧发酵理论。

试验包括两部分，即葡萄糖不同添加量和葡萄糖不同添加方式对麦秸厌氧发酵产沼气的影响，葡萄糖不同添加量试验设置 5 个处理，即葡萄糖添加量分别为麦秸 TS 质量的 0%（T0）、1%（T1）、3%（T2）、6%（T3）和 10%（T4）。

1）不同葡萄糖添加量对麦秸厌氧发酵产沼气的影响

经 32d 厌氧发酵处理，麦秸 TS 质量的 0%（T0）、1%（T1）、3%（T2）、6%

（T3）和 10%（T4）葡萄糖添加量各处理产气的结果见表 6-71。可以看出，累积产气量随葡萄糖添加量的增加先增加后降低，即在一定范围内添加葡萄糖对提高发酵罐容积产气率有利，但葡萄糖添加过多容积产气率反而降低。麦秸单位 TS 产气量在葡萄糖添加量为 1%～3%时，没有变化，即 T0 与 T1、T2 间差异不显著。当葡萄糖添加量为麦秸 TS 质量的 6%时，获得麦秸最大 TS 产气量 303.13mL/g；当葡萄糖添加量为麦秸 TS 质量的 10%时，麦秸 TS 产气量下降，为 290.10mL/g。从麦秸 TS 产气量的结果可以看出，葡萄糖添加量太少对麦秸产沼气无明显促进作用，葡萄糖添加量为麦秸 TS 质量的 6%时，对麦秸厌氧发酵产沼气有明显促进作用，麦秸 TS 产气量较对照（T0）提高 9.24%。据此推测添加葡萄糖后可能存在"起爆效应"，葡萄糖在该过程中起"起爆子"的作用，即添加量太少对微生物快速启动影响太小，达到一定量后促使厌氧微生物快速启动，短时间内使系统内厌氧微生物种群数量达到较高水平，从而促进秸秆有机物的分解转化。试验结束时，T0～T4 产气中$\phi_{平均}$（CH_4）分别为 54.96%、55.68%、55.73%、55.35%和 55.48%，表明添加葡萄糖对麦秸厌氧发酵产气中 CH_4 含量有一定促进作用，但差异并不显著（表 6-71）。

表 6-71 不同葡萄糖添加量处理产气结果

葡萄糖添加量	累积产气量/mL	TS 产气量/（mL/g）	$\phi_{平均}$（CH_4）/%
0%（T0）	11 974±146	277.50±3.49b	54.96
1%（T1）	11 461±239	262.18±5.69b	55.68
3%（T2）	12 109±467	271.38±11.13b	55.73
6%（T3）	13 834±1 282	303.13±10.53a	55.35
10%（T4）	13 810±55	290.10±1.30ab	55.48

注：同列不同小写字母表示差异显著（P<0.05）。

2）不同葡萄糖添加方式对麦秸厌氧发酵产沼气的影响

为进一步验证外源易氧化有机 C 的激发效应，设置不同葡萄糖添加方式试验，即装料时一次性添加（T1）、在日产气高峰过后第 3 天一次性添加（T2）、在日产气量进入稳定下降阶段时将等量葡萄糖分两次加入（T3）、日产气量进入稳定下降阶段（日产气量在较低水平）一次性添加（T4）以及不加葡萄糖作为 CK（T0）。各处理葡萄糖添加量均为麦秸 TS 质量的 6%，发酵温度为（35.0±1.0）℃。从图 6-111（a）可以看出，T1 在试验启动后产气量迅速增加，并在试验第 2 天达到峰值，为 13.97×10^2mL，之后迅速下降。T2、T3 及 T4 处理在每次添加葡萄糖后，日产气量均迅速增加，之后产气量又恢复到添加葡萄糖前的水平。

试验结束时，T0、T1、T2、T3、T4 累积产气量分别为 11.97×10^3、13.83×10^3、11.90×10^3、12.71×10^3 和 11.79×10^3（mL），在产气量降低后无论是一次性添加还

是分次添加葡萄糖，反应器累积产气量均低于在试验初期一次性添加葡萄糖的处理。可能是因为葡萄糖是易降解性有机物，在厌氧条件下很快转化为 CH_4 和 CO_2，故在添加葡萄糖后产气量迅速增加。但是，其易降解的特点，造成添加葡萄糖对发酵系统微生物的影响很小，因而在葡萄糖被厌氧微生物消耗后，产气量又恢复到添加葡萄糖前的水平。在试验初期一次性添加葡萄糖则有完全不同的效果，在试验初期，厌氧微生物需要利用大量易分解有机物快速繁殖，在该阶段添加葡萄糖满足了厌氧微生物快速繁殖对易分解有机物的需要，加之秸秆提供的有机 C 源及其他营养物质，添加葡萄糖提高了厌氧微生物活性，表现在整个试验阶段 T3 的日产气量均高于其他处理［图 6-111（b)]。

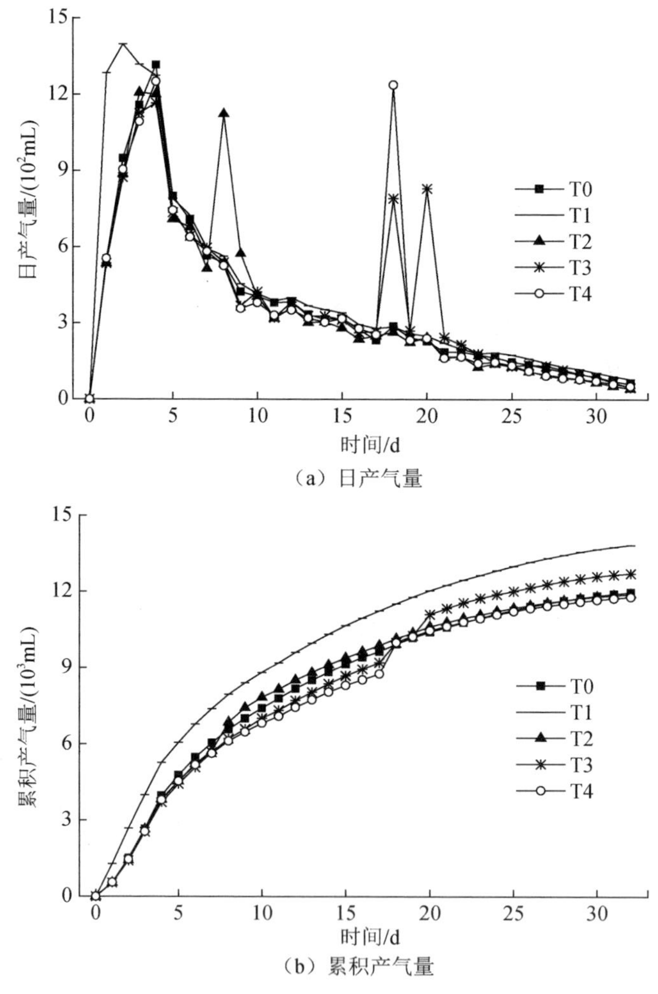

T0 为不加葡萄糖；T1 为装料时一次性添加；T2 为日产气高峰后第 3 天一次性添加；
T3 为日产气量进入稳定下降阶段时将等量葡萄糖分两次加入；T4 为日产气量进入稳定下降阶段一次性添加。

图 6-111　不同葡萄糖添加方式厌氧发酵过程中日产气量和累积产气量的变化

不同葡萄糖添加方式处理的产气结果见表 6-72。扣除外源葡萄糖产气的影响后，除 T1 麦秸 TS 产气量高于 CK 外，T2～T4 麦秸 TS 产气量均低于 CK，表明在产气下降后，无论是一次性添加葡萄糖还是分次添加葡萄糖，对麦秸产气均无促进作用，但在试验初期一次性添加葡萄糖对麦秸厌氧微生物产气有一定的促进作用，麦秸 TS 产气量较 CK 提高 9.24%。产气中 CH_4 含量的结果表明，无论哪种添加方式，添加葡萄糖对产气中 CH_4 含量均有一定的促进作用，在产气下降后添加葡萄糖对提高产气中 CH_4 含量效果更好，但统计学上差异并不显著。

表 6-72　不同葡萄糖添加方式处理的产气结果

葡萄糖添加方式	累积产气量/mL	麦秸 TS 产气量/（mL/g）	CH_4 质量比/%
0%（T0）	11 974±146	277.50±3.49b	54.96
1%（T1）	13 834±1 282	303.13±10.53a	55.35
3%（T2）	11 900±298	257.06±7.09b	56.88
6%（T3）	12 708±753	276.32±17.92b	56.01
10%（T4）	12 215±348	266.19±8.29b	56.44

注：1. 同列不同小写字母表示差异显著（$P<0.05$）。

2. T0 为不加葡萄糖；T1 为装料时一次性添加；T2 为日产气高峰后第 3 天一次性添加；T3 为日产气量进入稳定下降阶段时将等量葡萄糖分两次加入；T4 为日产气量进入稳定下降阶段一次性添加。

4. 猪粪混合促进稻秸厌氧发酵产沼气

为探明猪粪混合促进秸秆厌氧发酵产沼气机制，以猪粪为材料，从有益微生物、营养成分两方面解析猪粪提高秸秆产沼气的原因。试验设 7 个处理，分别为：稻秸（A）、稻秸+猪粪（B）、稻秸+灭菌猪粪（C）、稻秸+营养盐（D）、稻秸+营养盐+猪粪浸提液（E）、稻秸+营养盐+猪粪浸提液+腐熟剂（F）和纯猪粪（G），污泥接种物为发酵原料质量的 12%（干重计），粪草比 3∶7（干重计）。试验在 37℃下进行，共运行 50d。其中：腐熟剂为以本实验室分离获得的秸秆快腐菌制成的腐熟剂，按底物重（干重）5%添加；猪粪浸提液，以猪粪为原料，按水粪比 6∶1，磁力搅拌 30min 后，4 000r/min 离心 10min，获得的浸提液；营养盐由本实验室依据猪粪营养元素含量以及厌氧发酵微生物需要微量元素量配制而成，添加量为每千克稻秸添加 23.5g 营养盐。

不同处理稻秸 TS 产 CH_4 量见表 6-73。与单纯稻秸相比，添加猪粪处理（B、C）或添加营养盐等处理（D、E、F）均显著提高稻秸的 TS 产 CH_4 量与 VS 产 CH_4 量，添加猪粪处理（B、C）与添加营养盐等处理（D、E、F）相比，并没有显著增加稻秸的 TS 产 CH_4 量与 VS 产 CH_4 量，说明添加猪粪增加稻秸产 CH_4 量，主要是猪粪中营养元素的作用。

表 6-73　猪粪混合不同处理稻秸 TS、VS 产 CH_4 量

处理	总产气 CH_4 量/mL	TS 产 CH_4 量/（mL/g TS）	VS 产 CH_4 量/（mL/g VS）
稻秸（A）	8 895.0±114.3c	120.0±7.55b	130.8±4.68b
稻秸+猪粪（B）	11 279.0±260.5b	131.8±12.3a	143.6±13.4a
稻秸+灭菌猪粪（C）	12 091.7±200.3a	142.8±12.1a	155.6±13.2a
稻秸+营养盐（D）	11 199.0±303.1b	151.1±4.09a	164.7±4.46a
稻秸+营养盐+猪粪浸提液（E）	10 948.6±237.8b	147.8±3.21a	161.0±3.50a
稻秸+营养盐+猪粪浸提液+腐熟剂（F）	11 016.2±119.6b	148.7±5.62a	162.0±5.76a
猪粪（G）	7 463.1±314.4d	47.5±6.55c	61.7±4.59c

注：同列不同小写字母表示差异显著（$P < 0.05$）。

6.3.3.2　基于秸秆床的秸秆与养殖污水混合厌氧发酵产沼气

针对分散式养殖场污水处理及秸秆利用的特点，设计一种以打捆秸秆为固定相，以养殖废水为流动相的秸秆床厌氧发酵工艺，以解决多种废弃物无害化及资源化的难题。

1. 有机负荷对秸秆床反应器厌氧发酵产沼气的影响

设计打捆麦秸为固定相，以猪场废水为流动相，固定猪场废水 COD 浓度，设置发酵罐内猪场废水停留时间（hydraulic retention time，HRT）为 1d（T1）、3d（T2）和 5d（T3）3 个处理，即试验过程中每天排出发酵罐内发酵液总量的 100%、33.33%和 20%，同时加入等量的猪场废水，对应的 T1～T3 每天补充的猪场废水容积负荷为 7.20、2.40、1.44[kgCOD/（m^3·d）]。试验于 35℃下进行，共运行 50d。

厌氧发酵过程中各处理日产气量的变化见图 6-112。试验初期，由于反应器内发酵底物浓度较高（该阶段麦秸的水解产酸能力较强以及每天添加的猪场废水），产 CH_4 微生物受发酵液出料的影响较大，较高的容积负荷（较低的 pH）不利于产 CH_4 菌繁殖，结果出现猪场废水停留时间越短日产气量越低的结果。随着试验的进行，麦秸水解产酸能力逐渐减弱，加之大量厌氧微生物在麦秸表面定殖，系统对高容积负荷冲击的耐受力增加，日产气量逐渐增加，且日产气量与猪场废水容积负荷成正比。35d 后，麦秸自身水解产酸能力已经很弱（麦秸厌氧发酵周期一般为 40～45d，30d 后日产气量已很低），对系统有机负荷的贡献很小，发酵液 COD 主要来自每日添加的猪场废水，故出现日产气量 T1>>T2>T3 的结果。试验后第 25 天，T3 的日产气量明显大于 T1、T2，在第 5 天～第 23 天，T2 日产气量稍高于 T1，这与麦秸单独厌氧发酵时 80%的产气量集中在发酵前 25 天的结果一致，表明秸秆床反应器应采用低有机负荷启动的方式。发酵初期由于麦秸自身的水解产酸能力较强，添加较高浓度的外源有机物对系统产气产生抑制，不利于秸秆床反应器快速启动。发酵第 25 天后，T1 的日产气量迅速增加，增加速度和幅

度均明显高于 T2 和 T3，表明秸秆床反应器对高负荷猪场废水具有较强的耐受力。由图 6-113 可以看出，各处理 CH_4 含量的变化趋势相似，均为先增加后降低，达到最低点后迅速回升，之后逐步达到稳定。

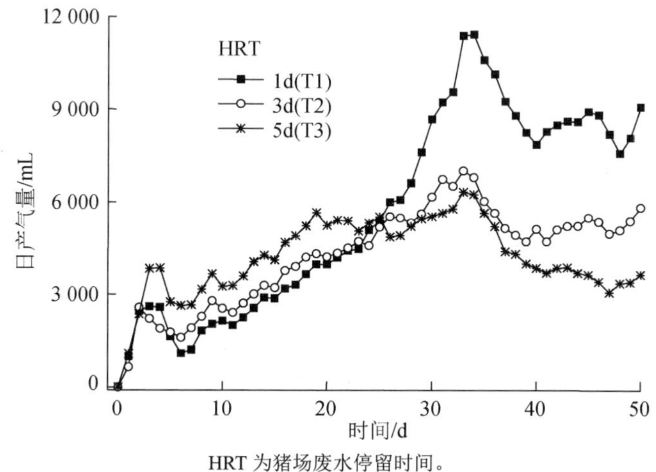

HRT 为猪场废水停留时间。

图 6-112　秸秆床反应器厌氧发酵过程中各处理日产气量的变化

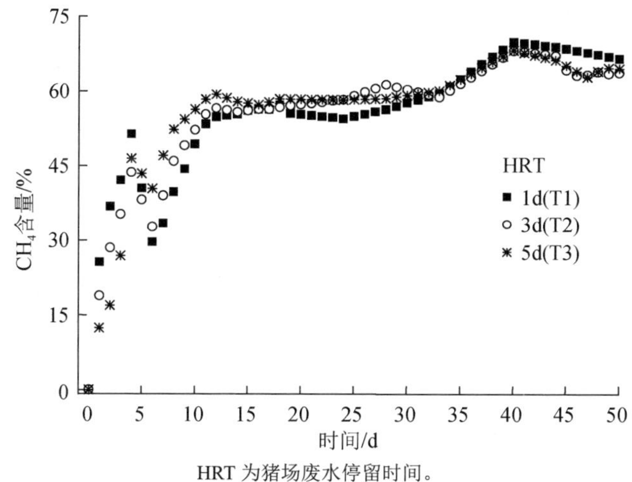

HRT 为猪场废水停留时间。

图 6-113　秸秆床反应器厌氧发酵过程中各处理产气中 CH_4 含量的变化

本试验中，由于采取每天加入猪场废水，同时排出等量发酵液的方式，当排出的发酵液 COD、被厌氧微生物转化为沼气的 COD 和被厌氧微生物用于自身繁殖代谢的 COD 之和，小于麦秸、猪粪水解溶出的 COD 和每天补充的猪场废水 COD 之和时，发酵液 COD 增加，反之降低。由图 6-114 可以看出，各处理发酵液 COD 变化趋势相似，均为先迅速增加后缓慢降低。发酵启动后，随着麦秸有机物的水解溶出以及猪场废水的不断添加，各处理发酵液 COD 不断增加；随着发酵的进行，麦秸中大部分易分解有机物已水解溶出，可分解有机物和难分解有机物水解溶出较慢，相应的反应器日产气量逐步增加，COD 增加速度低于 COD 消耗速度，发酵液 COD 逐渐降低。发酵过程中，各处理发酵液 COD 与外加的猪场废水有机负荷成正比。

为进一步解释高有机负荷、低 HRT 下发酵罐仍能正常产气的现象，对发酵后附着在麦秸的微生物学特性进行初步研究。将各处理厌氧发酵后的麦秸用无菌水浸提，提取浸提液中细菌 DNA，并进行 DGGE 测定。从图 6-115 可以看出，各处理麦秸水浸提液 DGGE 谱图条带分布总体相似，但条带数量和深浅有一定差异。从条带数量看，T1 和 T2 均有较清晰的 11 个条带，T3 可清晰辨别的条带仅为 1、3、4、5、6 和 7，共 6 个条带，条带数量大幅减少。说明不同有机负荷和不同 HRT 处理后，富集在麦秸表面的微生物种类存在较大差异。从条带深浅看，T1～T3 在各条带的颜色深浅均为递减趋势。从各处理麦秸水浸提液 DGGE 谱图的结果看，高有机负荷和低 HRT 促进微生物在麦秸上的定殖，其麦秸微生物种群结构和数量均明显高于低有机负荷和长 HRT 处理的麦秸，这表明采用秸秆床发酵工艺，可以持续系统较为稳定的产气效率。

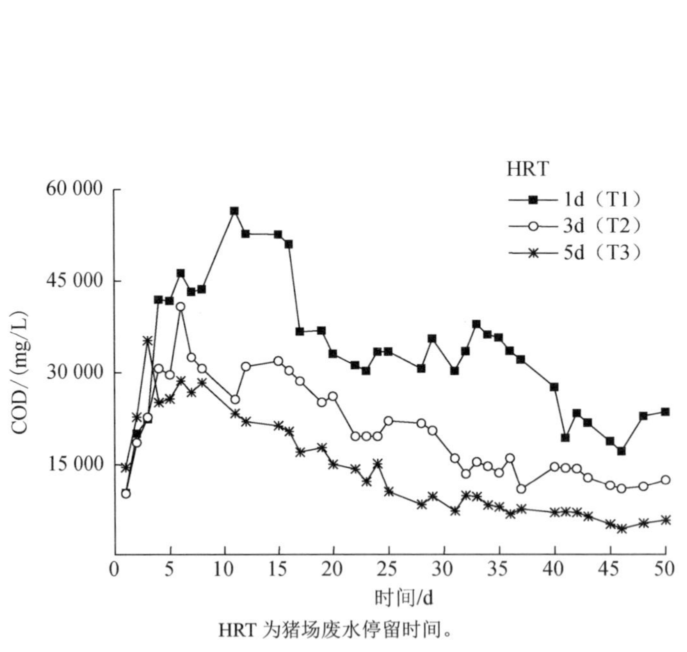

HRT 为猪场废水停留时间。

图 6-114 秸秆床反应器厌氧发酵过程中各处理发酵液 COD 的变化

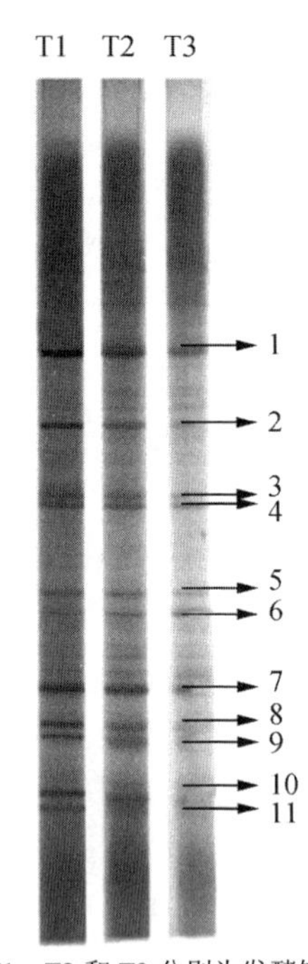

T1、T2 和 T3 分别为发酵罐内猪场废水停留时间 1d、3d、5d。

图 6-115 秸秆床反应器厌氧发酵后麦秸水浸提液细菌 DGGE 谱图

从表 6-74 的结果看，T1～T3 细菌丰度和多样性指数均呈递减趋势，优势度指数呈递增趋势，均匀度指数无明显差异，表明高有机负荷和低 HRT 环境有利于微生物的定殖，微生物丰度和多样性均较高，但微生物中优势种集中程度稍有降低，对微生物均匀度的影响不大。

表 6-74　秸秆床反应器厌氧发酵过程中不同处理细菌丰度、多样性指数、优势度指数、均匀度指数

HRT	丰度	多样性指数	优势度指数	均匀度指数
1d（T1）	43	3.62	0.030 6	0.96
3d（T2）	42	3.58	0.031 0	0.96
5d（T3）	38	3.46	0.032 3	0.95

2. 串联二级反应器对秸秆床反应器系统厌氧发酵产沼气的影响

以上试验证明，以打捆秸秆为固定相、以猪场废水为流动相的方式是可行的，但也发现反应器出水 COD 浓度过高，是否在一级反应器的基础上再串联一个反应器，可降低出水 COD 浓度？为此，设计秸秆+猪场废水（处理 1）、猪场废水（处理 2）和秸秆（处理 3）3 个处理，其中处理 3 为秸秆批式发酵处理，处理 1 与处理 2 均为 2 级反应器，处理 1 与处理 2 第一级反应器不同，第二级反应器相同。处理 1 第一级反应器为秸秆+猪场废水，第二级反应器进水为第一级反应器出水，采用半连续进料，并逐步提高猪场废水有机负荷。试验装置示意图见图 6-116。试验在（37±1）℃下进行，共运行 60d。

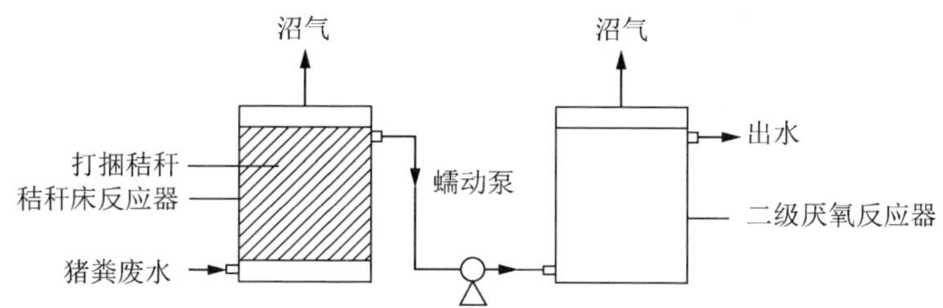

图 6-116　串联二级反应厌氧发酵试验发酵装置示意图

1）第一级反应器（$1^{\#}$）厌氧发酵特性

试验过程中，处理 1 和处理 2 进出水 COD 浓度及猪场废水有机负荷率（organic load rate，OLR）的结果见图 6-117。可以看出，处理 1 出水 COD 浓度先降低后增加，在试验前 20d 较高且保持快速下降趋势，第 20 天～第 35 天相对稳定，之后逐渐增加，45d 后随着进料有机负荷增加，出水 COD 稳定在 8 000～10 000mg/L；处理 2 出水在试验前 35d 维持在较低水平，之后逐渐增加，48d 后稳定在 8 000～10 000mg/L。可以看出，由于前 20d 猪场废水 COD 负荷较低，此阶段出水 COD

主要来自秸秆水解产酸，该阶段秸秆水解产酸速率较快，秸秆有机物大量溶出，造成出水 COD 浓度远高于进水，之后秸秆中易分解有机物水解溶出速率逐渐降低。第 20 天～第 35 天进水带入的 COD 量、秸秆水解产生的 COD 量和厌氧降解的 COD 量达到动态平衡，出水 COD 浓度相对稳定，35d 后秸秆有机物水解溶出速率已明显降低，厌氧微生物分解利用的有机物主要来自猪场废水。但由于猪场废水进料量逐渐增加，即废水 HRT 逐渐降低，造成大量有机物随出水排出，出水 COD 浓度随之增加。

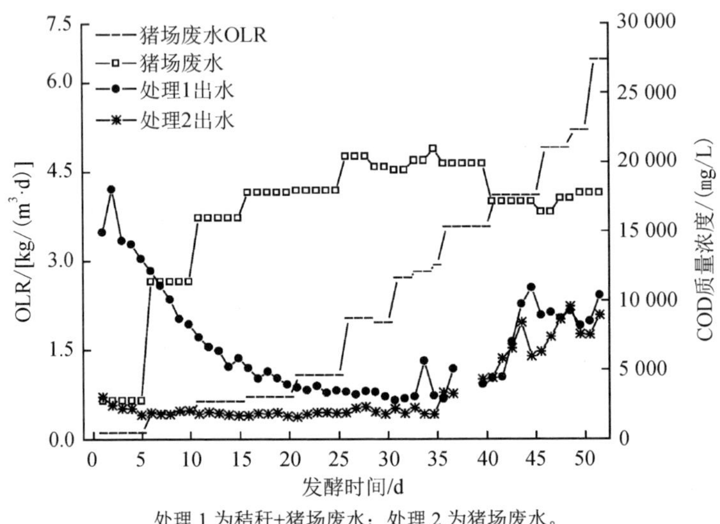

处理 1 为秸秆+猪场废水；处理 2 为猪场废水。

图 6-117 串联二级反应厌氧发酵各处理进出水 COD 浓度及 OLR 变化

各处理厌氧发酵过程中日产气量及 CH_4 体积分数的变化见图 6-118(a)和(b)。可以看出，处理 1 和处理 3 在试验前 20d 日产气量的变化相似，均为先迅速增加，后迅速下降，均在试验第 2 天达到最大。20d 后，随着猪场废水 OLR 的逐渐增加，处理 1 日产气量逐渐增加，处理 2 在试验前 21d 日产气量维持在较低水平，之后缓慢增加，并在第 47 天达到最大，之后在 7 000mL 左右波动，处理 3 由于没有添加猪场废水，其日产气量持续下降。发酵 53d 后，停止添加猪场废水，处理 1 和处理 2 日产气量迅速降低，但处理 1 日产气量下降幅度明显低于处理 2，表明秸秆床反应器更适合废水产量不稳定的中小型养殖场的废水处理。

试验过程中各处理产气中 CH_4 体积分数的变化见图 6-118（b）。可以看出，各处理产气中 CH_4 体积分数的变化趋势相似，均为先迅速增加，之后达到相对稳定。猪场废水沼气中 CH_4 体积分数高于秸秆处理或秸秆与猪场废水混合处理。随着发酵时间的延长，秸秆与猪场废水混合处理发酵沼气中 CH_4 体积分数逐步提高，并与猪场废水基本相同，即在秸秆处理发酵初期添加猪场废水不但不会造成反应器酸化，还可提高产气量和产气中 CH_4 的体积分数。

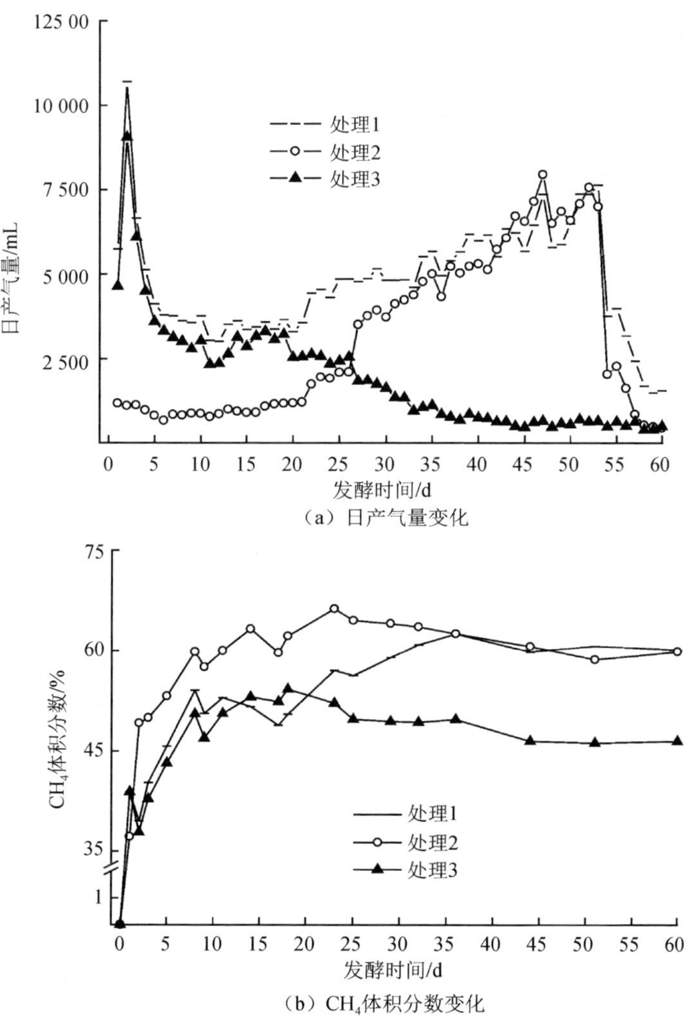

（a）日产气量变化

（b）CH_4体积分数变化

处理 1 为秸秆+猪场废水；处理 2 为猪场废水；处理 3 为秸秆。

图 6-118　串联二级反应器厌氧发酵过程中不同处理日产气量和产气中 CH_4 体积分数的变化

2）第二级反应器（2#）厌氧发酵特性

第二级反应器进水量与第一级反应器进水量相同，反应器 OLR 受进水体积和 COD 浓度的双重影响。试验过程中反应器 OLR 的变化见图 6-119。可以看出，处理 1 反应器 OLR 先降低后增加，从第 2 天的 0.72kg/（m^3·d）降低到第 20 天的 0.16kg/（m^3·d），之后逐渐增加，第 52 天达到 3.73kg/（m^3·d）；处理 2 在试验前 25d 保持在较低水平，OLR 低于 0.12kg/（m^3·d），25d 后逐渐增加，第 52 天达到 3.22kg/（m^3·d）。试验过程中，处理 1 的 OLR 始终高于处理 2。

试验过程中日产气量和产气中 CH_4 体积分数的变化见图 6-120。可以看出，试验前 35d，处理 1 和处理 2 日产气量均缓慢降低并稳定在较低水平，这与该阶段进水 OLR 较低有关，35d 后日产气量迅速增加，第 53 天时处理 1 和处理 2 日产气量分别为 3 911mL 和 2 661mL。在整个发酵过程中，处理 1 日产气量均高于处理 2，这与反应器 OLR 的变化一致，表明在秸秆床反应器串联二级反应器可以获得更多生物质能源。

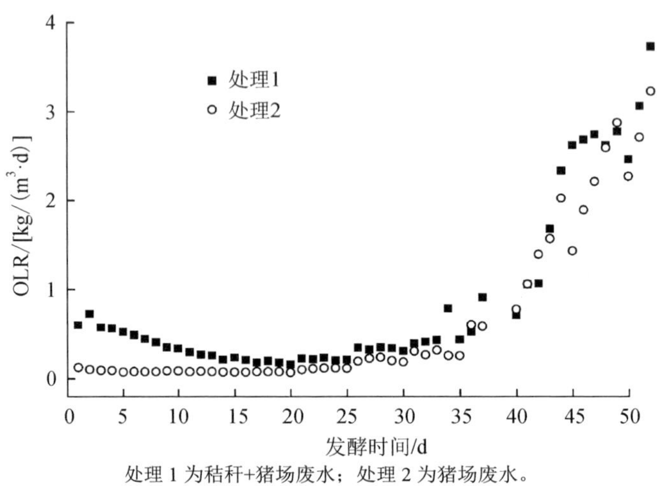

处理 1 为秸秆+猪场废水；处理 2 为猪场废水。

图 6-119　串联二级反应器厌氧发酵试验过程中废水有机负荷率（OLR）随发酵时间的变化

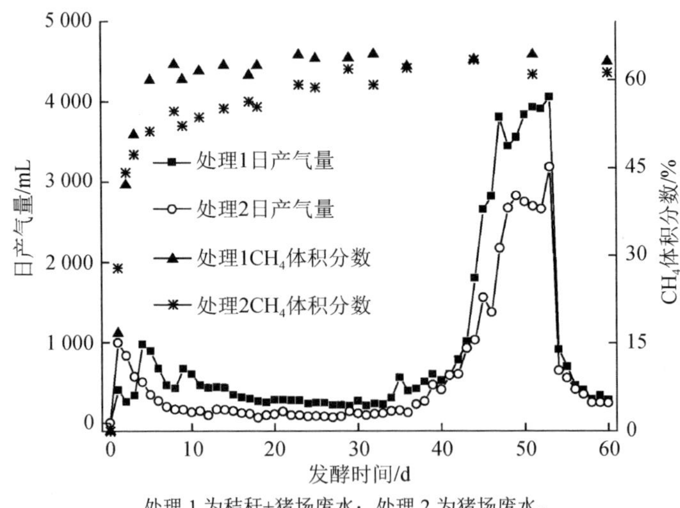

处理 1 为秸秆+猪场废水；处理 2 为猪场废水。

图 6-120　串联二级反应器厌氧发酵试验过程中日产气量和产气中 CH_4 体积分数的变化

从各处理厌氧发酵过程产气中 CH_4 体积分数的变化可以看出，试验启动后，处理 1 和处理 2 产气中 CH_4 体积分数均迅速增加，但与第一级反应器不同，后者沼气中 CH_4 体积分数处理 1 高于处理 2。表明秸秆床反应器出水进一步厌氧发酵，厌氧发酵产气品质更高。

3）系统厌氧发酵产气效果综合比较

经 60d 厌氧发酵后，各处理产气的结果见表 6-75。可以看出，处理 1 累积产气量为 342 360mL，略高于处理 2 与处理 3 之和（338 502mL），即秸秆与猪场废水混合发酵产气量略高于各物料单独厌氧发酵产气量之和，表明采用秸秆床厌氧发酵系统同时处理秸秆和猪场废水并不会影响各物料厌氧生物转化率，且还可以促进原料产气，这与单独秸秆与猪场废水批式厌氧发酵的结果一致。但是，从第一级反应器各处理累积产气量的结果看，处理 2 与处理 3 累积产气量之和为 302 233mL，大于处理 1 的 286 904mL，第二级反应器处理 1 累积产气量为 55 456mL，远高于处理 2 的 36 269mL；秸秆床发酵系统平均 CH_4 体积分数为 57.40%，略低于猪场废水（60.37%），但远高于秸秆（47.32%）；比较不同处理容积产气率，秸秆批次厌氧发酵容积产气率为 0.42m^3/（m^3 • d），秸秆床发酵系统和猪场废水发酵系统第一级反应器容积产气率分别为 1.01、0.68m^3/（m^3 • d），远高于秸秆批次发酵，但秸秆床发酵系统和猪场废水发酵系统两级反应器平均容积产气率分别为 0.61 与 0.41m^3/（m^3 • d），这主要是第二级反应器容积率较低，后续可以通过增加 OLR 来提高系统容积产气率。在本试验条件下，猪场废水 COD 产气量为 387.85mL/g，秸秆厌氧发酵 TS 产气量为 382.11mL/g，扣除猪场废水产气的影响后，秸秆床发酵系统中秸秆 TS 产气量为 394.96mL/g，表明采用以秸秆为固定相，猪场废水为流动相的秸秆床发酵系统，可以促进秸秆厌氧生物转化率。

表 6-75 不同处理系统产气效率结果比较

处理	累积产气量/mL			平均 CH_4 体积分数/%		
	1#	2#	合计	1#	2#	合计
秸秆+猪场废水（T1）	28 6904±17 344a	55 456±14 757a	342 360±2 587a	56.32±0.55a	62.96±0.22a	57.40±0.44a
猪场废水（T2）	187 602±6 515b	36 269±2 370b	223 871±4 144b	60.59±0.67b	59.24±0.15b	60.37±0.51b
秸秆（T3）	114 631±1 742c	—	114 631±1 742c	47.32±0.29c	—	47.32±0.29c

处理	容积产气率/[m^3/(m^3 • d）]		最大容积产气率/（m^3/m^3）		TS 或 COD 产气量/（mL/g）
	1#	2#	1#	2#	
秸秆+猪场废水（T1）	1.01±0.07a	0.20±0.06a	2.14	0.81	394.96±22.44a
猪场废水（T2）	0.68±0.02b	0.13±0.01b	1.59	0.64	387.85±7.18
秸秆（T3）	0.42±0.01c	—	1.81	—	382.11±5.81a

注：同列不同字母表示差异显著（P<0.05）。

3. 秸秆床反应器优化对其厌氧发酵产沼气的影响

对秸秆床反应器厌氧发酵运行状况观察，发现连续运行 35d 后，因秸秆结块间互相黏结，导气性下降，造成秸秆上浮，出现进水短流，秸秆床反应器出水 COD 浓度快速增加现象。为此，对秸秆床反应器进行结构优化，即在秸秆床中设置导气管，且在秸秆床底部预留缓冲空间，以减少进水对发酵系统的冲击。以打捆麦秸（密度为 0.1～0.15kg/cm^3）为材料，设 4 个处理。CK 直接将打捆秸秆装入秸秆床反应器内；处理 1（T1）在秸秆捆向上方向插入 6 根导气管，1 根导气管位于捆体中心，另 5 根导气管在离发酵罐壁 3cm 左右呈圆形均匀分布，导气管内径 8mm，长度 20cm，其他同 CK；处理 2（T2）将秸秆捆固定在距罐底约 5cm 以上位置，其他同 CK；处理 3（T3）同时采取 T1 与 T2 的措施，所有处理均设置二级反应器，在（37±1）℃下，持续运行 45d。

经过 45d 厌氧发酵，各处理产气结果汇总见表 6-76。可以看出，采用增加导气管和发酵罐底部增加缓冲空间的设计，显著提高第一级反应器和发酵系统的累积产气量。T1、T2 和 T3 的第一级反应器（1#）累积产气量和发酵系统累积产气量（合计）分别较 CK 提高 18.90%、9.05%、22.48%和 3.12%、5.88%和 3.11%。秸秆床反应器结构优化提高了发酵系统沼气中 CH_4 体积分数，较 CK 提高 1 个百分点以上。比较各处理容积产气率，秸秆床反应器结构优化使发酵系统容积产气率达到 0.76 m^3/（m^3 • d）以上，显著高于 CK。

表 6-76　秸秆床反应器结构优化各处理产气结果汇总

处理	累积产气量			平均 CH_4 体积分数			容积产气率/[m^3/（m^3 • d）]		
	1#	2#	合计	1#	2#	合计	1#	2#	合计
CK*	234 908±9 356b	132 830±4 708a	367 738±3 324b	57.91±0.58c	68.06±4.96a	60.38±0.15c	0.94±0.04c	0.53±0.02a	0.74±0.01b
T1	279 298±1 1751a	99 900±4 793b	379 198±3 041a	59.92±0.78a	68.19±0.18a	61.86±0.11a	1.12±0.05a	0.40±0.02b	0.76±0.01a
T2	256 173±8 902a	133 198±3 277a	389 370±5 624a	58.06±0.68bc	67.79±1.35a	61.45±0.10b	1.02±0.04a	0.53±0.01a	0.78±0.01a
T3	287 709±7 731a	91 473±3 895b	379 182±3 322a	59.20±0.01ba	68.78±0.56a	61.54±0.12b	1.15±0.03a	0.37±0.02b	0.76±0.01a

注：同列不同字母表示差异显著（P<0.05）。

* CK 直接将打捆秸秆装入秸秆床反应器内；T1 在秸秆捆向上方向插入 6 根导气管，1 根导气管位于捆体中心，另 5 根导气管在离发酵罐壁 3cm 左右呈圆形均匀分布，导气管内径 8mm，长度 20cm，其他同 CK；T2 将秸秆捆固定在距罐底约 5cm 以上位置，其他同 CK；T3 同时采取 T1 与 T2 的措施。所有处理均设置二级反应器，在(37±1)℃下，持续运行 45d。

以上结果表明，采用秸秆床混合厌氧发酵系统，联合处理秸秆与养殖废水，具有以下优点：较秸秆单独发酵，减少了水资源消耗，较单独猪场废水，减少了沼液产生量，且提高了秸秆与猪场废水厌氧反应器容积产气率。如果将秸秆与养殖废水混合物的初始干物质浓度调节至 10%，则每处理 1t 秸秆可至少处理 7t 养殖废水，环境效益明显。

6.3.4　秸秆厌氧发酵过程调控技术

秸秆厌氧发酵过程是一个复杂的过程，涉及多种微生物。为获得稳定高效的厌氧发酵生物转化率，探索研究不同调控手段对厌氧发酵产沼气的影响。

6.3.4.1　外源添加物

1. 氮素添加

一般认为，厌氧微生物适宜的 C/N 条件为 20～35，但不同 C/N 条件对秸秆厌氧发酵系统内 N 素转化及分布，对后续沼渣沼液利用及沼气工程连续运行时底物的 C/N 调控具有重要的指导作用。试验设置初始 C/N 分别为 15∶1（T1）、25∶1（T2）、35∶1（T3）和 45∶1（T4）4 个处理，发酵初始稻秸干物质浓度为 6.40%。在（35±1）℃下，共进行发酵 48d。

厌氧发酵过程中，日产气量变化见图 6-121。各处理日产气量的变化趋势总体相似，均为先增加后降低，在发酵过程中出现 3 个产气高峰。与 T1、T2 不同，T3 和 T4 在发酵前期出现一个产气低谷，几乎不产气，持续 1 周左右，用 5%NaOH 溶液调节 pH 至 7 后，产气很快恢复，并很快达到产气高峰，表明稻秸较高的 C/N 在发酵前期出现酸化抑制产气，而合适的 C/N 则可以避免酸化抑制。这可能是因为调节 C/N 时加入了一定的尿素，尿素在厌氧条件下很快转化为铵态 N 等离子，提高了厌氧系统的缓冲能力和厌氧微生物的活性。

从累积产气量的变化来看［图 6-121（b)］，T1 和 T2 在厌氧发酵前期累积产气量增长迅速，T3 和 T4 在厌氧发酵前期由于酸化的影响，累积产气量增加缓慢，但人工调节 pH 后产气量增加迅速。试验结束时，T1、T2、T3 和 T4 的 TS 累积产气量分别为 240.44、286.82、269.75 和 238.79（mL/g），以 T2 的累积产气量为 100%计，T1、T3 和 T4 的 TS 累积产气量分别为 T2 的 83.83%、94.05%和 83.25%。不同 C/N 对稻秸厌氧发酵产气中 CH_4 含量的影响不大，T1、T2、T3 和 T4 的平均 CH_4 含量分别为 54.37%、53.86%、56.84%和 55.52%。从产气的结果来看，稻秸厌氧发酵合适的 C/N 为（25∶1）～（35∶1），C/N 过高或过低对产气均不利。

对厌氧发酵前后各处理 N 素平衡进行分析，结果见表 6-77。经厌氧发酵后，系统中 N 素以铵态 N 和有机 N（由 TN 扣除无机 N 所得）为主，且随着 C/N 从 15∶1 增加到 45∶1，TN 中铵态 N 的比重由 57.24%下降到 22.95%，而有机 N 的比重从 39.51%增加到 76.47%；厌氧发酵后，各处理 N 素均有较大的损失，T1、T2、T3 和 T4 的 N 素损失率分别为 43.97%、42.94%、33.71%和 32.34%，N 素损失率随着 C/N 的提高而降低；比较不同处理沼液 N 素所占的比例，发现 T1、T2、T3 和 T4 处理沼液中 TN 占系统 TN 的比例分别为 70.23%、62.02%、57.77%和 57.14%，随着 C/N 的增加而降低，即 C/N 越高，厌氧系统中滞留在沼液中的 N

素越少。因此，当利用前批次沼液作为后批次秸秆厌氧发酵接种物时，应依据前期物料 C/N 与 N 素损失，酌情补足 N 源。

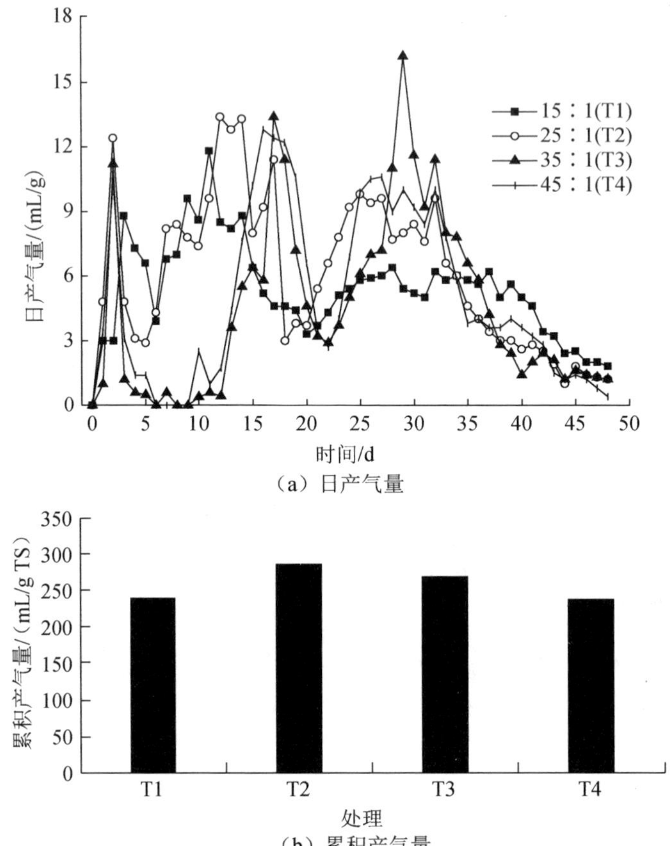

（a）日产气量

（b）累积产气量

T1 的 C/N 为 15：1；T2 的 C/N 为 25：1；T3 的 C/N 为 35：1；T4 的 C/N 为 45：1。

图 6-121　氮素添加厌氧发酵日产气量变化与累积产气量

表 6-77　氮素添加厌氧发酵前后 N 素平衡分析

<table>
<tr><th rowspan="3">C/N</th><th colspan="4">发酵前</th><th colspan="9">发酵后</th></tr>
<tr><th>秸秆</th><th>污泥</th><th>尿素</th><th>总和</th><th colspan="3">沼液</th><th colspan="3">沼渣</th><th colspan="3">总和</th></tr>
<tr><th>TN</th><th>TN</th><th>TN</th><th>TN</th><th>铵态氮</th><th>硝态氮</th><th>TN</th><th>铵态氮</th><th>硝态氮</th><th>TN</th><th>铵态氮</th><th>硝态氮</th><th>TN</th></tr>
<tr><td>15：1（T1）</td><td rowspan="4">276.01</td><td rowspan="4">1 017.12</td><td>1 993.70</td><td>3 286.83</td><td>1 046.60</td><td>59.98</td><td>1 293.30</td><td>7.45</td><td>0.02</td><td>548.28</td><td>1 054.05</td><td>60.00</td><td>1 841.58</td></tr>
<tr><td>25：1（T2）</td><td>960.80</td><td>2 253.93</td><td>498.65</td><td>10.63</td><td>797.70</td><td>4.42</td><td>0.02</td><td>488.40</td><td>503.07</td><td>10.65</td><td>1 286.10</td></tr>
<tr><td>35：1（T3）</td><td>516.43</td><td>1 809.56</td><td>255.40</td><td>1.30</td><td>693.00</td><td>1.76</td><td>0.01</td><td>506.54</td><td>257.16</td><td>1.31</td><td>1 199.54</td></tr>
<tr><td>45：1（T4）</td><td>270.13</td><td>1 563.26</td><td>242.10</td><td>6.15</td><td>604.40</td><td>0.63</td><td>0.01</td><td>453.34</td><td>242.73</td><td>6.16</td><td>1 057.74</td></tr>
</table>

为进一步优化发酵底物 N 素添加条件，研究添加不同形态 N 素对厌氧发酵产气的影响。在中温（35±1）℃条件下，采用批式发酵方式，研究不同 N 源对麦秸厌氧消化过程的影响。试验设 5 个处理，即 CK 与 4 种 N 源，包括氯化铵、硝酸铵、硝酸钾和尿素，将麦秸的 C/N 调节到 30，接种后进行厌氧发酵产沼气，秸秆初始 VS 负荷为 5%，CK 不调节 C/N。

发酵结束时，各处理 VS 产气量和 CH_4 含量的数据见表 6-78。可以看出，添加 N 源的各处理 VS 产气量均大幅提高，添加氯化铵、硝酸铵、硝酸钾和尿素的各处理 VS 产气量较 CK 分别提高 35.37%、44.62%、36.63%和 50.20%。

表 6-78 不同 N 源处理产气特性及发酵前后 VS 含量变化

处理	VS 含量/%			VS 产气量/（mL/g）	CH_4 含量/%
	发酵前	发酵后	分解率		
CK	89.40	67.92	24.03	323.97	64.38
氯化铵	89.40	72.33	19.09	438.57	63.57
硝酸铵	89.40	66.77	25.31	468.53	59.85
硝酸钾	89.40	64.56	27.79	442.63	62.06
尿素	89.40	57.85	35.29	486.60	60.18

但不同 N 源促进产气效果不同，以添加有机 N 源的效果最好，铵硝氮混合次之，单独铵氮最差。笔者前期将猪粪作为 N 源，研究水葫芦厌氧发酵产沼气的特性，结果显示添加猪粪明显改善了水葫芦的厌氧产气特性，VS 产气量提高了 33.81%，牛粪与互花米草混合发酵也有相似的结果。以上结果均显示，添加有机 N 源对促进木质纤维原料产气具有很好的促进作用，工程应用中，在条件允许的前提下，应尽量添加畜禽粪便等有机 N 源代替无机 N 源，既节约成本，又大幅提高产气量。

2. *表面活性剂*

以稻秸为原料，研究在室内中温（35℃）、底物浓度为 8%的条件下，添加碳源麸皮、无机营养盐、表面活性剂，及调节初始 pH 对毛头鬼伞菌（*Coprinus comatus*）水解稻秸速率的影响。

pH 是水解过程的重要参数，pH 的变化是影响酶活性的主要因素。由图 6-122 可知，试验所有处理在水解第 5 天～第 6 天时，pH 降至最低，其中添加麸皮（a）和添加营养盐（b）的处理 pH 变化与 CK 没有差异；调节初始 pH（d）至 6 和 7 的处理，pH 变化先降后升，起始 pH 为 5 的处理 pH 变化不明显；添加 Tween80（c）处理 pH 下降幅度最大，且添加量越高，pH 下降幅度越大，添加 5%Tween80 到第 6 天时 pH 降至 5.42，并维持至试验结束。

稻秸经过生物水解，有机物被分解成可溶性大分子有机物和小分子有机酸，致使水解液中 SCOD 含量增加。从图 6-123 可以看出，各处理的 SCOD 含量随着水解时间的延长表现出先升后降的趋势，在水解前 2d，SCOD 含量上升很快，这可能是稻秸本身的水溶性物质，如淀粉、果胶等可溶性有机成分的作用。3d 后 SCOD 含量开始缓慢提高，并且第 5 天～第 6 天达到高峰，之后各处理的 SCOD 含量开始缓慢下降，可能是因为水解产物为其他微生物所利用，降低了水解液中的 SCOD 量。

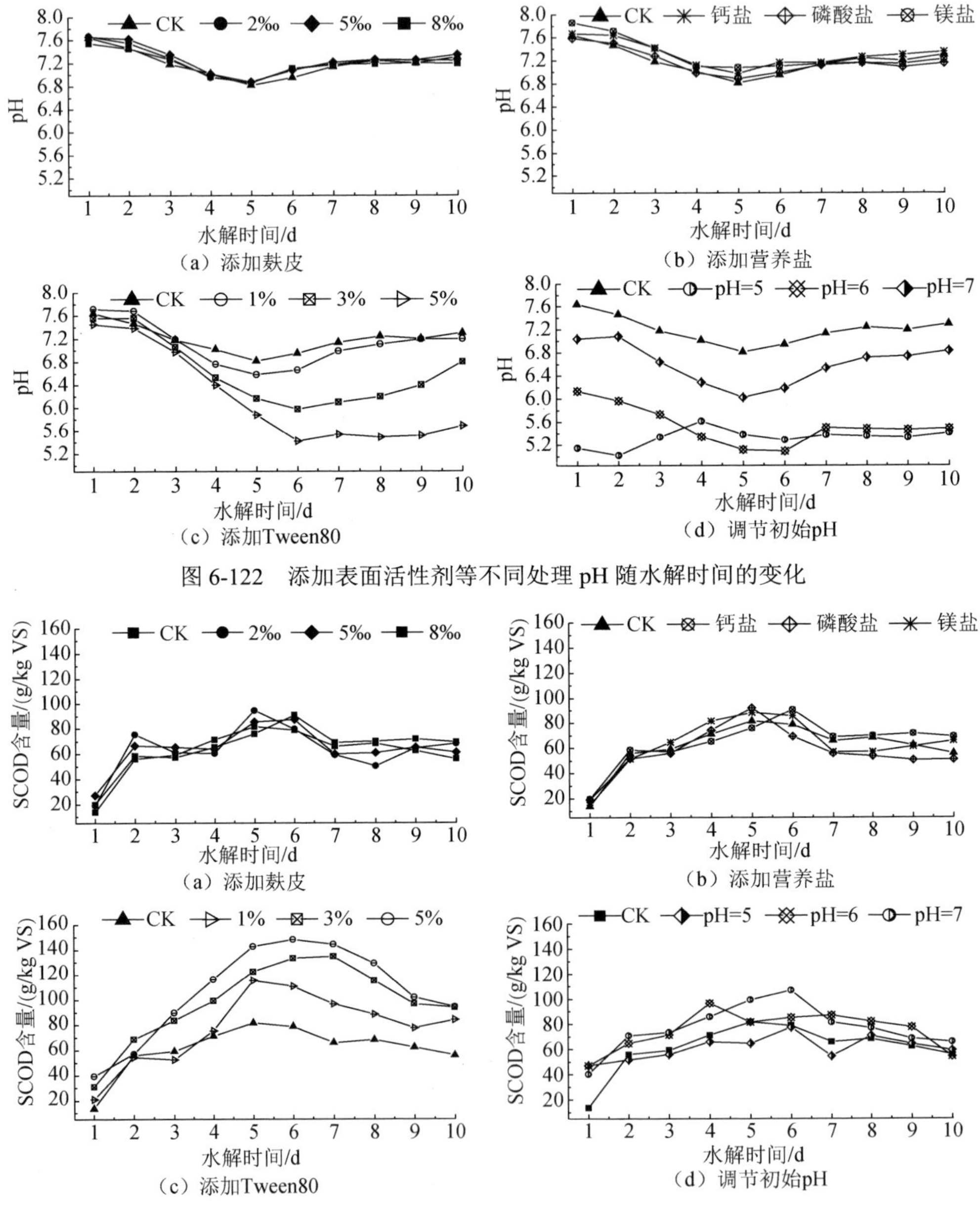

图 6-122　添加表面活性剂等不同处理 pH 随水解时间的变化

图 6-123　添加表面活性剂等不同处理水解液中 SCOD 含量随水解时间的变化

添加麸皮（a）和添加营养盐（b）处理与 CK 相比，SCOD 含量变化差异不显著，初调 pH=7（d）对稻秸可溶性有机物的溶出与 CK 相比有促进作用，SCOD 含量最高值为 106.90g/kgVS 秸秆，比 CK SCOD 含量最高值提高了 31.00%。添加 Tween80（c）处理（已扣除 Tween80 本身的 SCOD 含量）的 SCOD 含量最高值与 CK 相比提高最多，添加量为 1%、3%和 5% Tween80 处理的 SCOD 含量分别为 115.60、134.64 和 148.24（g/kgVS）秸秆，较 CK 分别提高 41.67%、63.33%和 81.67%。

由不同处理水解液中 TVFA 产量变化（图 6-124）可见，各处理水解至第 5 天，TVFA 产量均达到最高值。添加麸皮（a）和添加营养盐（b）处理与 CK 相比无显著差异，这与水解液中 SCOD 含量的结果是一致的；而调节初始 pH（d）和添加 Tween80（c）与 CK 相比，明显影响了水解液中的 TVFA 含量。其中，添加不同量 Tween80 均提高了水解液中 TVFA 含量，而调节初始 pH 处理，影响比较复杂，初调 pH=5 的处理并不能促进稻秸生物水解代谢大量产酸，而初调 pH=6 和 pH=7 的处理能促进水解产酸。Babel 等（2004）对凤梨废弃物水解产酸研究发现，中性 pH 能促进有机酸的产生，较低的 pH 会抑制有机酸的产生。添加 Tween80 的处理随着添加量的增加，TVFA 含量增加，其中添加 3%和 5% Tween80 处理的 TVFA 含量较 CK 分别提高 147.52%和 208.59%，与 CK 间差异极显著（$P<0.01$），表现与水解液中 SCOD 含量的变化趋势高度一致。对于 Tween80 促进纤维素水解的机理，前人给出不同的观点。Park 等（1992）认为表面活性剂能使已完成水解的酶从纤维素与酶结合位点上解吸下来，从而促进水解效率。Qing 等（2010）认为表面活性剂能防止吸附在纤维素表面的酶失活，延长酶活性并加速酶的水解速率，减少酶剂量的使用。本试验中 Tween80 促进稻秸生物水解的机理尚不明确，可能是稻秸表面由木质纤维类大分子组成而具有疏水性，而表面活性剂 Tween80 同时具有疏水性和亲水性，因此，它可能会改变纤维素表面的性质，使其更容易与水解酶接触，提高纤维素的降解率。

稻秸中半纤维素、纤维素等组分水解过程中，先被水解成单糖或二糖，进一步水解成乙酸（AA）、丁酸（BA）和丙酸（PA）等 VFA。添加表面活性剂等各处理水解至第 5 天，水解液中乙酸、丙酸和丁酸所占比例见图 6-125。本试验不同处理体系中乙酸占总脂肪酸（水解液中乙醇、异丙酸、戊酸、异戊酸等含量很少，忽略不计）的比例最大，为 47.25%～73.44%；添加麸皮、添加营养盐处理与 CK 水解液中丙酸浓度较高，丁酸浓度较低，丙酸所占比例在 27.90%～34.39%；而添加 Tween80 和初调 pH 处理中丁酸浓度较高，丙酸浓度较低，丁酸所占比例在 13.77%～32.12%。对产 CH_4 菌来说，最易利用的有机酸依次为乙酸、丁酸和丙酸，而丙酸的积累会导致系统产气量的下降，如何控制稻秸水解过程中丙酸的产生还有待进一步研究。

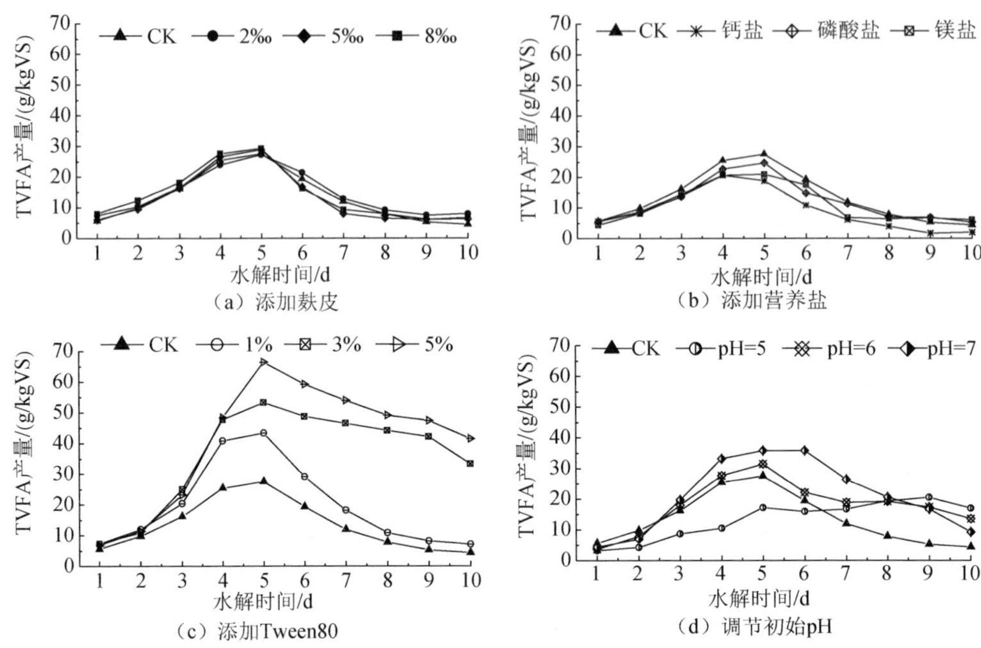

图 6-124　添加表面活性剂等稻秸水解液中 TVFA 产量随水解时间的变化

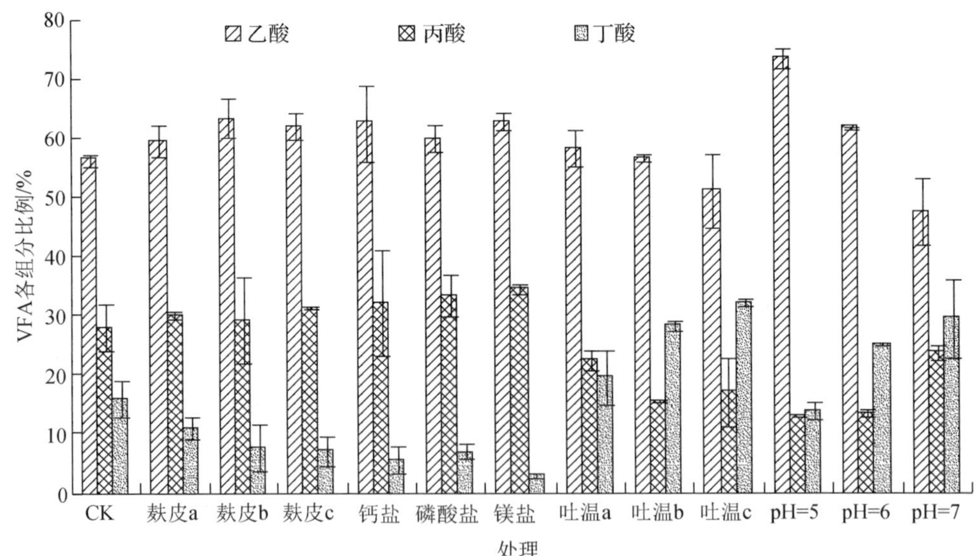

麸皮 a、b 和 c 代表试验设计中按秸秆干重添加 2‰、5‰和 8‰的处理；
吐温 a、b 和 c 代表 Tween80 按稻秸干重添加 1%、3%和 5%的处理。

图 6-125　添加表面活性剂等处理稻秸水解液中 VFA 各组分所占比例

试验以添加 3%和 5%Tween80 处理及 CK 为代表，分析水解液中还原糖的含量。由图 6-126 可知，水解至第 5 天时 3%和 5%的 Tween80 水解液中还原糖含量达到高峰，分别为 8.65%和 9.37%。常景玲等（2006）在 30℃下采用 1%的 NaOH 溶液对稻秸粉预处理 44h 后水解液中还原糖含量为 8.09%。本试验通过添加 Tween80，也获得了与碱处理相近的结果，说明优化后秸秆生物水解也可以达到化学预处理的效果。

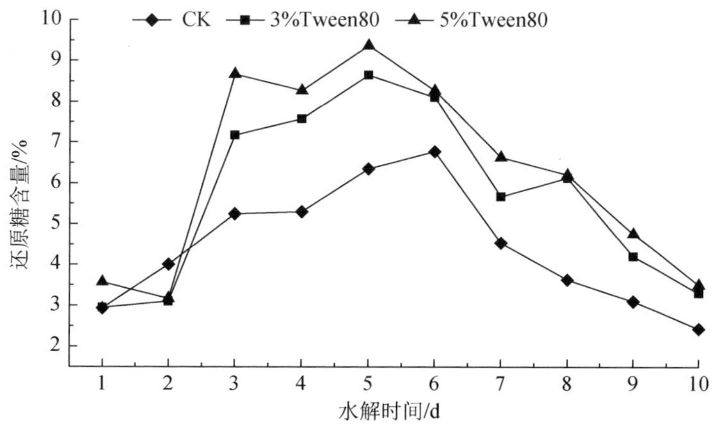

图 6-126　添加 Tween80 稻秸水解液中还原糖含量随水解时间的变化

图 6-127 给出添加 Tween80 水解前后稻秸各组分含量的变化，稻秸经 10d 水解后，纤维素与半纤维素含量明显降低，其中半纤维素降解率最大；3%Tween80 和 5%Tween80 处理的稻秸半纤维素降解率分别为 19.72%和 22.90%，较 CK 分别提高 29.72%和 50.59%。这与方文杰等（2007）将稻草铡碎堆沤预处理一段时间后半纤维素降解率高于纤维素的结果一致。

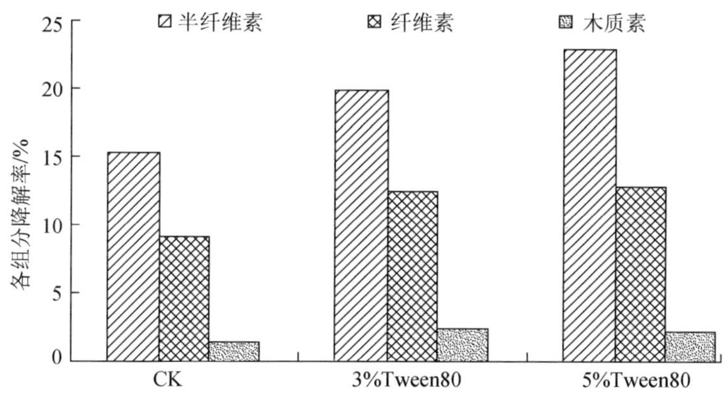

图 6-127　添加 Tween80 水解后稻秸各组分降解率

比较 CK 与添加 Tween80 处理单位质量 SCOD 累积产气量（图 6-128）发现，添加 3%Tween80 和 5%Tween80 水解液厌氧发酵累积产 CH_4 量分别为 146.95mL/g SCOD 和 196.17mL/gSCOD，较 CK 分别提高 34.76%和 79.89%，与 CK 间差异极显著（P<0.01）。这进一步表明，添加 Tween80，不仅增加稻秸水解液中 SCOD 量，而且使得水解液中水溶性有机物更易厌氧发酵产沼气。

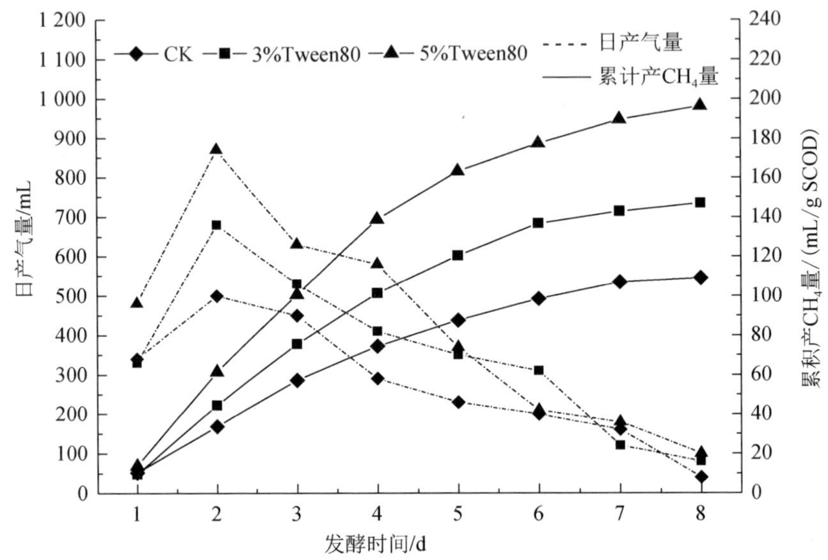

图 6-128　添加 Tween80 稻秸水解液日产气量及累积产 CH_4 量

将添加 3%Tween80 和 5%Tween80 处理 5d 后的稻秸水解液进行产气试验。结果表明（图 6-129），稻秸水解液日产气量第 2 天即达到产气高峰，且第 2 天添加 3%Tween80、5%Tween80 处理和 CK CH_4 含量分别达到 51.92%、55.76%和 39.76%。这与高白茹等（2010）稻秸干式厌氧发酵启动 10d 以后 CH_4 含量才达到 55%左右的结果相比，大大缩短了产气启动时间。分析原因，可能是稻秸经生物预处理后，水解液中产生大量可被微生物直接利用的物质，因而能大大缩短厌氧发酵的启动时间。

3. 电子载体——血晶素

血晶素，又称氯化血红素、盐酸血红素、氯化高铁血红素，蓝黑色结晶或粉末，无臭无味，不溶于水及醋酸，微溶于 70%～80%乙醇，溶于酸性丙酮，溶于稀氢氧化钠溶液。分子式为 $C_{34}H_{32}ClFeN_4O_4$，分子量 651.94。血晶素是人工合成的血红素的氯化物，其化学性质与血红素类似。氯化血红素一般从猪血中提取，在医药、食品、化工、保健品、建筑以及化妆品行业中有广泛的应用。在食品工业中，血晶素可代替肉制品中的发色剂亚硝酸盐和人工合成色素；在制药行业中，它可作为半合成胆红素原料，而且可用于制备抗癌特效药；在临床上，它可制成血红素补铁剂；在化妆品工业中，它是一种重要的原料。血晶素作为铁元素补充剂，具有生物利用度高、无体内铁蓄积中毒以及胃肠刺激等不良反应的优点。血晶素以分子形式吸收，可直接被肠道黏膜摄取，是现代医学公认的防治缺铁性贫血的吸收率高、效果好的生物铁源，无铁腥味，不刺激胃肠，是婴幼儿、孕妇首选的补铁、补血产品。

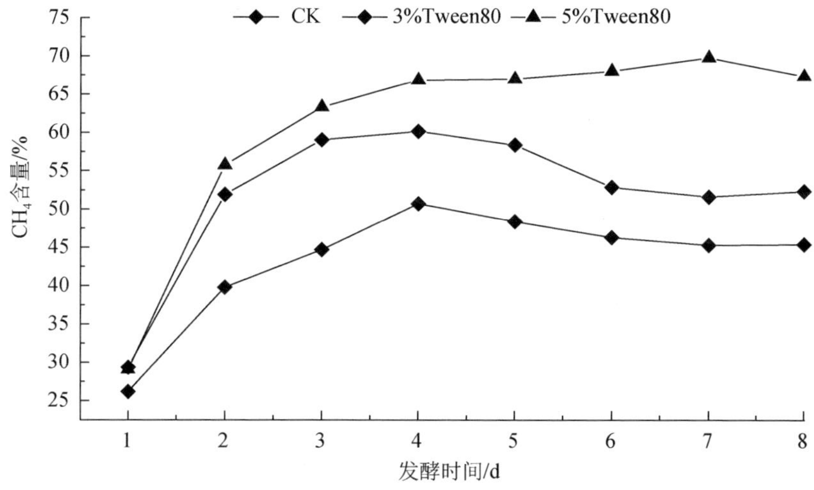

图 6-129　添加 Tween80 稻秸水解液沼气中 CH_4 含量

尽管血晶素在其他领域已有广泛应用，但在环境领域的应用较少。基于血晶素特殊的结构，血晶素可作为电子载体利用，在厌氧发酵中，可作为电子载体利用。本部分研究考察添加外源电子载体血晶素对麦秸厌氧发酵产 CH_4 的影响及其机制。

1）添加外源电子载体血晶素对麦秸厌氧发酵产 CH_4 的影响

在厌氧瓶中添加 1mg/L 的血晶素，设计 CK（不添加血晶素，正常搅拌速率 100r/min）、添加血晶素（搅拌速率 100r/min）、添加血晶素静置发酵 3 个处理，发酵系统内麦秸干物质浓度为 6%，发酵温度为 37℃，试验共运行 45d。

结果发现，添加血晶素提高了产 CH_4 菌的活性，进而提高了产 CH_4 效率，累积 CH_4 产气量为 12 227.8mL，麦秸干物质产 CH_4 率达 257.4mL/gTS，较 CK 提高 20.6%，并且发酵系统还原力有明显提高。初步阐明添加血晶素对 CH_4 产量有促进作用，换用工业级血晶素进行发酵试验，发酵效果相当。

试验过程中脱氢酶活动、蛋白酶活力、辅酶 F_{420} 荧光值和 TVFA 浓度、ORP（oxidation-reduction potential，溶液的氧化还原电位）和 $NADH/NAD^+$、日产 CH_4 量及累积 CH_4 产量变化见图 6-130～图 6-133。

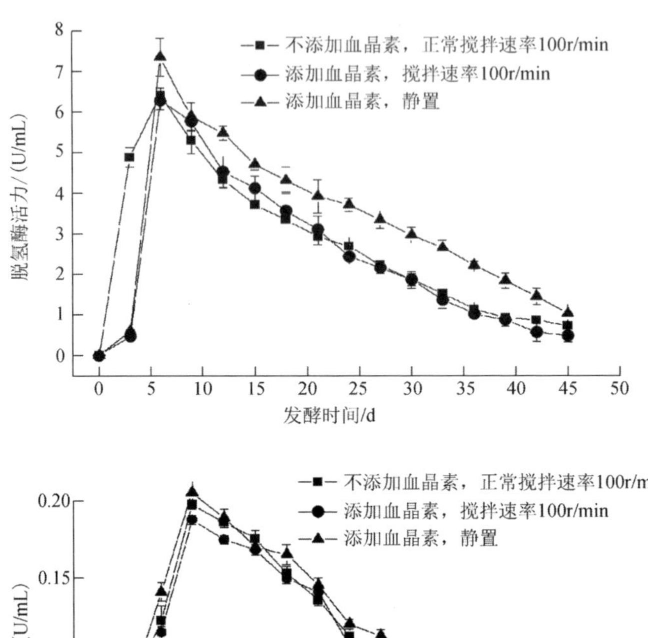

图 6-130　添加血晶素发酵过程中脱氢酶活力和蛋白酶活力的变化

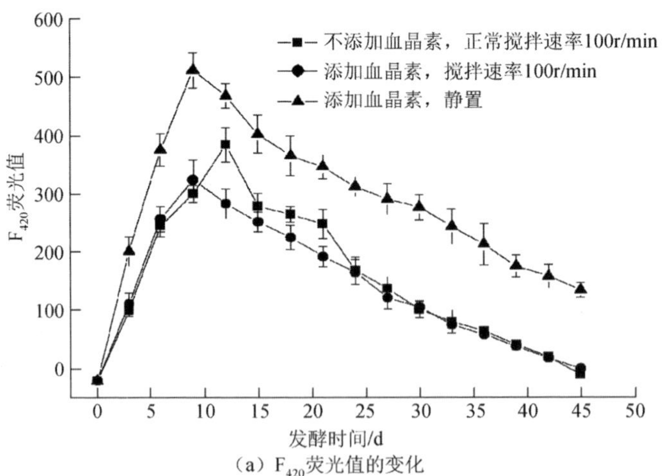

（a）F_{420}荧光值的变化

图 6-131　添加血晶素发酵过程中辅酶 F_{420} 荧光值和 TVFA 浓度的变化

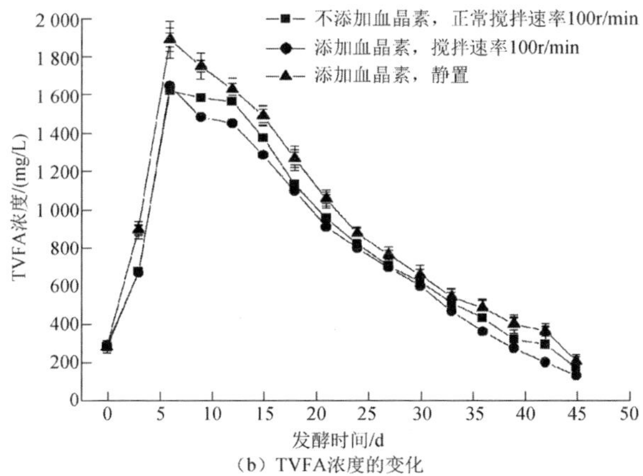

（b）TVFA浓度的变化

图 6-131（续）

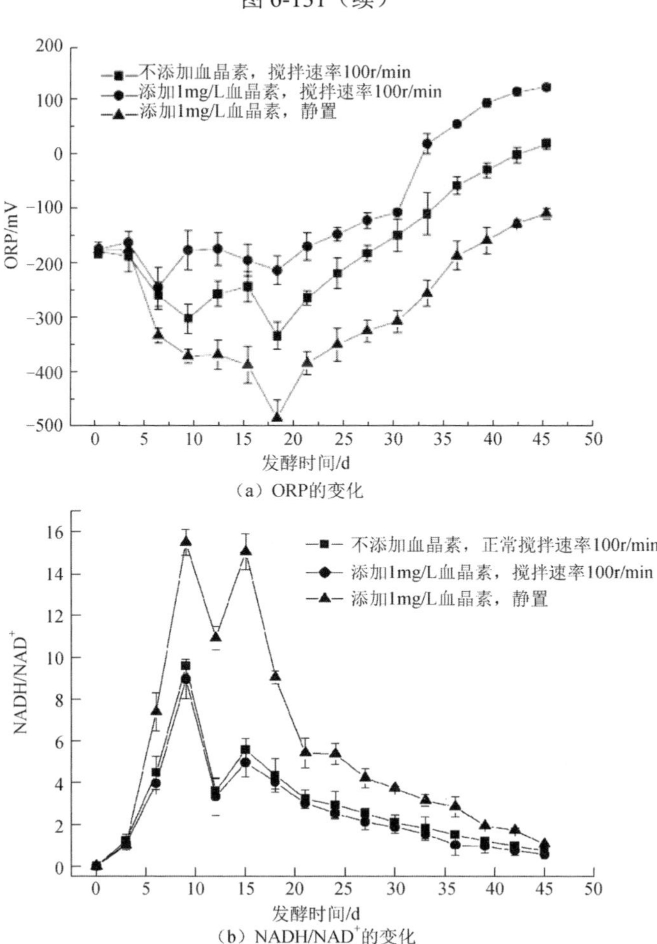

（a）ORP的变化

（b）NADH/NAD$^+$的变化

图 6-132　添加血晶素发酵过程中 ORP 和 NADH/NAD$^+$的变化

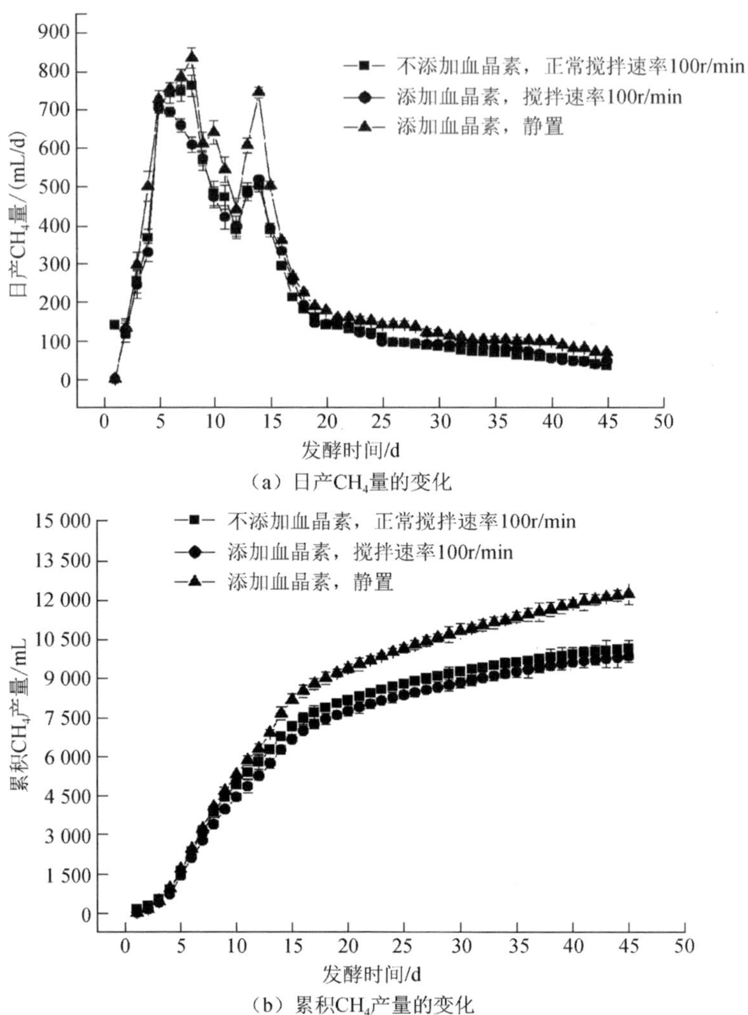

(a) 日产CH_4量的变化

(b) 累积CH_4产量的变化

图 6-133　添加血晶素发酵过程中日产 CH_4 量及累积 CH_4 产量的变化

厌氧发酵后麦秸的扫描电镜照片见图 6-134。可以看出，添加血晶素静置培养的处理，覆盖在麦秸表面的菌体数量最多，发酵性能最好。推测发酵过程中 ATP 产生量也会增加，菌体生长量增加。

2）近红外稀土荧光纳米晶标记血晶素

为探明添加电子载体促进秸秆产气的机制，探索近红外稀土荧光纳米晶标记血晶素技术。稀土离子具有超敏跃迁性能，常被用作研究材料局域结构对称性的荧光探针。纳米材料表面结构的无序化和表面结构对称性的降低，会造成表面稀土离子所占据格位对称性的变化和晶体场能级位置的变化，在稀土光谱上表现为谱线的宽化、移动和劈裂。因此，研究稀土离子在纳米材料中的发光行为，为揭示纳米材料的微观环境提供了强有力的工具。通过稀土荧光纳米晶标记血晶素的方法为研究血晶素在发酵过程中的作用提供了直观的可视化手段。相比于有机染料和半导体量子点等传统的生物荧光材料，稀土纳米材料具有较大 Stokes 位移、高光化学稳定性、低毒性等优点。近年来，近红外发光的稀土掺杂氟化物纳米材料由于在生物组织中具有较大的穿透力，被广泛用于生物领域的荧光标记等研究中。因此，在上述添加血晶素改善厌氧消化还原环境的基础上，进一步研究其微生物菌系，为分析血晶素增强厌氧发酵的作用机制提供基础。

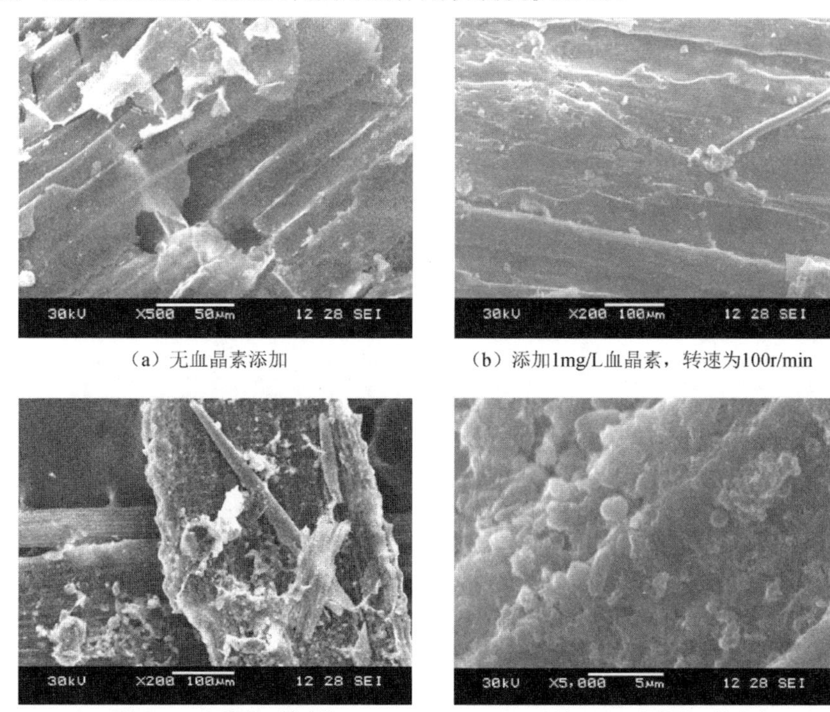

（a）无血晶素添加

（b）添加1mg/L血晶素，转速为100r/min

（c）添加1mg/L血晶素，转速为0

（d）添加1mg/L血晶素，转速为0

图 6-134　添加血晶素厌氧发酵后麦秸扫描电镜图

采用溶剂热法制备油酸包覆的具有高效近红外荧光的 $NaGdF_4$：Nd^{3+}纳米晶，通过稀盐酸刻蚀除去油酸，使其表面带羟基基团，进而利用其与血晶素分子上羧基基团的静电吸附作用实现荧光标记，得到 $NaGdF_4$：Nd^{3+}@heme（简写为 NPs@heme）纳米复合材料。

图 6-135（a）～（f）是 NPs@heme 纳米复合材料的性能测试图。图 6-135（a）和（b）中，纳米复合材料红外谱图中具有明显的血晶素 C—H 振动，而复合材料的颜色也从白色转为灰褐色，初步表明血晶素与 NPs 连接；图 6-135（c）是 NPs@heme 纳米晶的近红外荧光谱，激发波长为 785nm；图 6-135（d）热重分析表明纳米复合材料中血晶素的重量占比较大，达到 66%。这些结果表明，NPs 和 heme 实现高效连接。光谱和电镜测试也都表明 NPs@heme 具有较强的近红外光发射，且具有较好的分散性，有利于其进一步的生物成像应用。

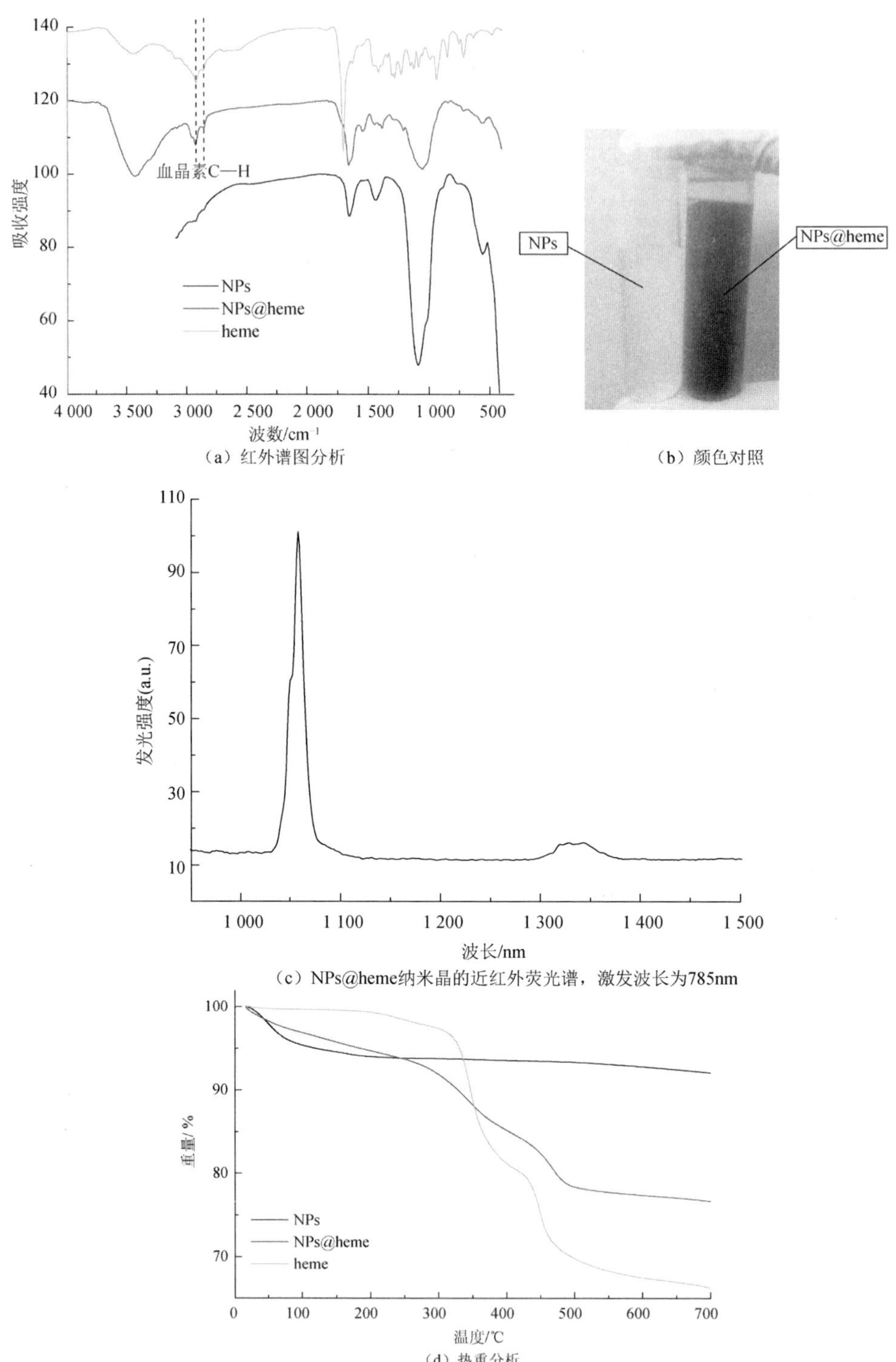

（a）红外谱图分析

（b）颜色对照

（c）NPs@heme纳米晶的近红外荧光谱，激发波长为785nm

（d）热重分析

图 6-135　NPs@heme 纳米复合材料的性能测试图

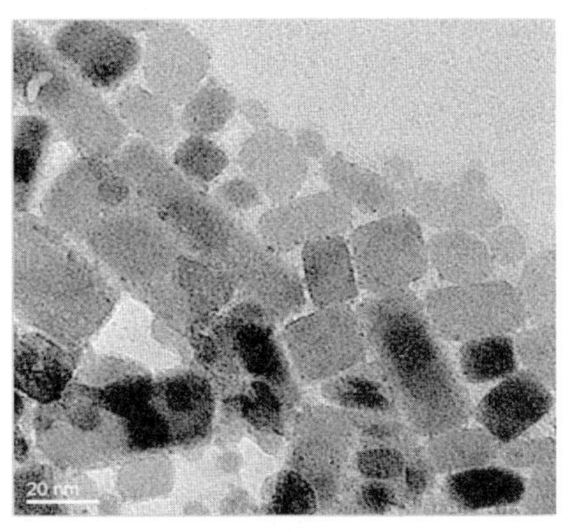

（e）NPs透射电镜图

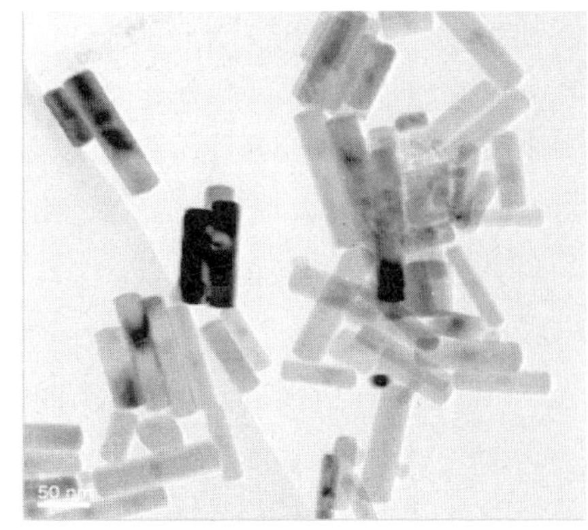
（f）NPs@heme透射电镜图

图 6-135（续）

为研究添加 NPs@heme 对活性污泥中细菌活性的影响，我们通过检测污泥中 VSS（挥发性悬浮固体）脱氢酶活性（Dehydrogenase activity，DA）（可表征微生物的整体活力水平）来表征活细胞的量。在污泥中添加不同剂量的 NPs@heme，厌氧中温培养 24h 后分别检测 VSS 和 DA 的变化（图 6-136）。结果发现，当 NPs@heme 浓度达 500μg/mL 时，细胞的量及活力变化依然较小。可见，采用近红外稀土纳米晶来标记血晶素用于生物学研究具有可行性。

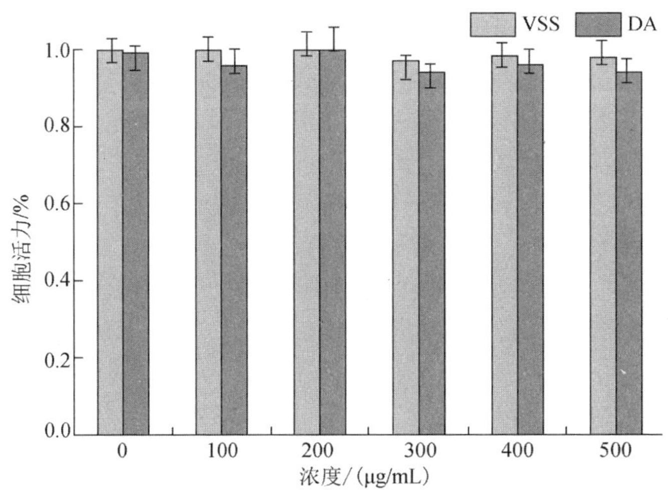

图 6-136　不同剂量的 NPs@heme 对细胞活力的影响

3）添加外源电子载体血晶素提高 CH_4 产量的机制解析

在厌氧消化过程中，有机物主要经历水解、酸化和产 CH_4 3 个阶段，将 3 个阶段的关键微生物分离，得到 3 种菌群（发酵细菌、产乙酸菌、产 CH_4 菌）的培养液，用近红外荧光光谱仪分别检测 3 种菌群的荧光强度（图 6-137）。结果发现，

产 CH_4 菌群中检测到比较明显的荧光强度，发酵菌群中荧光强度次之，而在产乙酸菌群中几乎没有检测到荧光。结合近红外荧光成像系统，仅仅在产 CH_4 菌群中检测到明显的红色荧光（图 6-138），而其他两种菌群中没有检测到红色荧光。初步推断，血晶素在厌氧消化的复杂微生物体系中，对产 CH_4 菌的作用较明显，所以对产 CH_4 阶段起关键作用，而对产乙酸阶段作用则不明显。

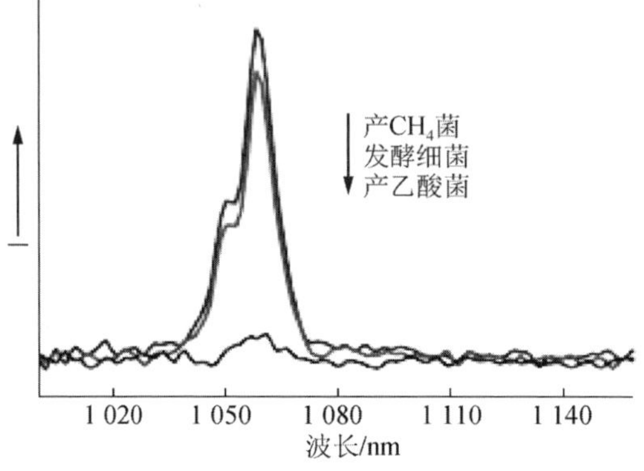

图 6-137　3 种不同菌群的近红外荧光图谱

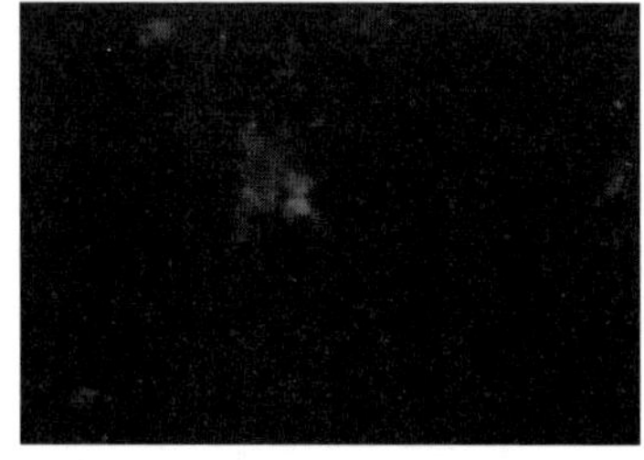

图 6-138　产 CH_4 菌中检测到红色荧光信号

外源电子载体可以代替细胞内原有的电子载体，与其竞争相关酶的结合位点，改变电子流向。在污泥的厌氧消化过程中，有机物主要经历水解、酸化和产 CH_4 3 个阶段，而且这些代谢反应主要通过酶的催化作用来进行。本试验研究外源电子载体在厌氧消化过程中涉及的 3 种关键酶：蛋白酶、乙酸激酶和辅酶 F_{420}。其中，蛋白酶与蛋白质的水解转化有关；乙酸激酶在乙酸的形成过程中起关键作用；辅酶 F_{420} 是产 CH_4 菌的一种特有辅酶。

图 6-139 列出这 3 种关键酶在厌氧消化过程中活性的变化。在分别添加 NPs@heme 及 heme 的处理中，辅酶 F_{420} 的活性明显高于 CK，其次是蛋白酶活性部分升高，而乙酸激酶的活性较 CK 无明显变化。结合上述荧光检测试验结果（仅在产 CH_4 菌中检测到荧光），可以推断外源电子载体在厌氧消化过程中对产 CH_4 阶段起重要作用。这为进一步阐述外源电子载体在极其复杂的多菌群共同作用下的厌氧消化体系中的作用机制奠定了基础，并为后续筛选更多的适用于厌氧消化体系的外源电子载体提供了依据。

将稀土纳米晶标记的血晶素（NPs@heme）用于厌氧发酵试验。在麦秸 TS 浓度为 4%，中温发酵 30d 后，添加 NPs@heme 处理的麦秸 TS 产 CH_4 率达到 238.6mL/g TS，接近未标记的添加血晶素处理的产气率（250.7mL/g TS）。并且 NPs@heme 用于试验中，可以有效改善厌氧发酵环境，提高该过程还原力。结合微生物菌群的分离，采用近红外光荧光检测系统，可在产 CH_4 菌中检测到明显的荧光，该现象进一步解释血晶素用于提高辅酶 F_{420} 活性的现象。

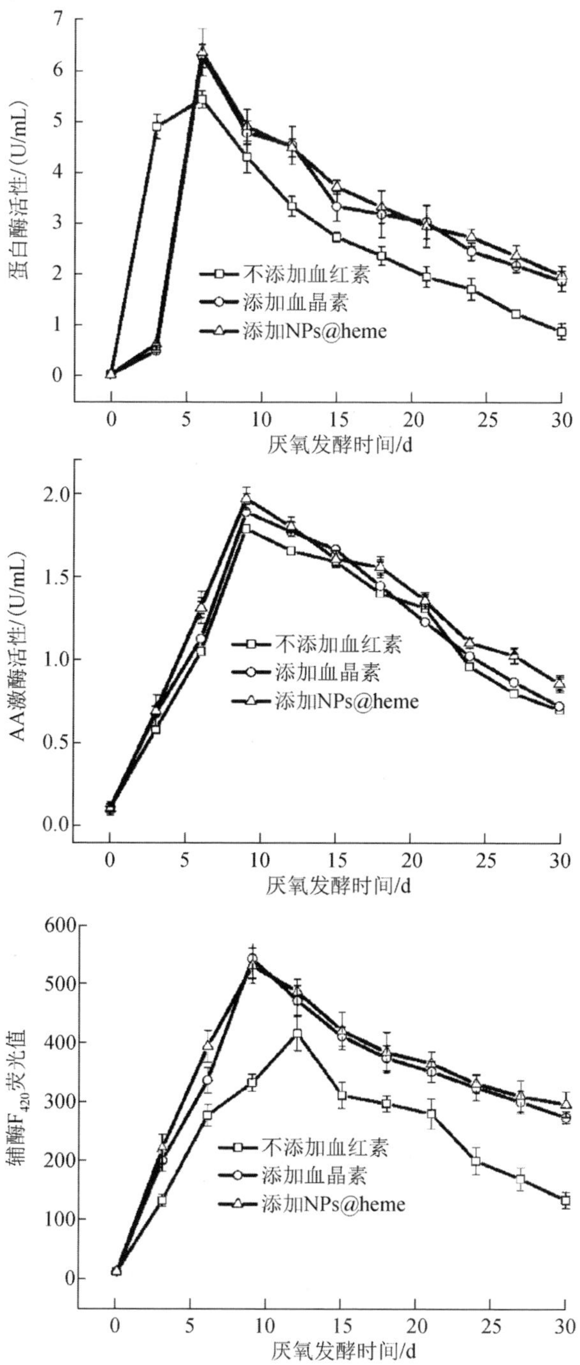

图 6-139　添加 NPs@heme 发酵过程蛋白酶、乙酸激酶、辅酶 F_{420} 活性的变化

6.3.4.2　发酵工艺参数优化

1. 底物浓度和接种率

底物浓度是影响发酵系统中厌氧微生物活性和效率的重要因素。底物浓度太低，底物中的有机物大多被厌氧微生物用于新陈代谢，产气量很少；底物浓度太高，容易导致有机酸大量积累，甚至导致系统酸化。因此，获得合适的底物浓度对提高厌氧发酵罐效率和底物利用率有重要意义。接种率是影响发酵系统运行效率的又一重要因素。接种率太低，发酵启动缓慢，甚至失败；接种率太高，造成大量有机物被厌氧微生物用于自身繁殖和新陈代谢，造成有机物的浪费。因此，确定合适的接种率是提高有机物生物转化率的重要参数。试验以稻秸为原料，设置 3 个发酵浓度，即 12%、16%和 20%（w/v），2 个接种比例（稻秸质量与接种物质量比分别为 1∶1 和 3∶1），研究不同发酵 TS 浓度和接种率对稻秸厌氧发酵产气的影响。

从图 6-140 可以看出，在接种量较小的情况下，不同底物浓度处理发酵初期

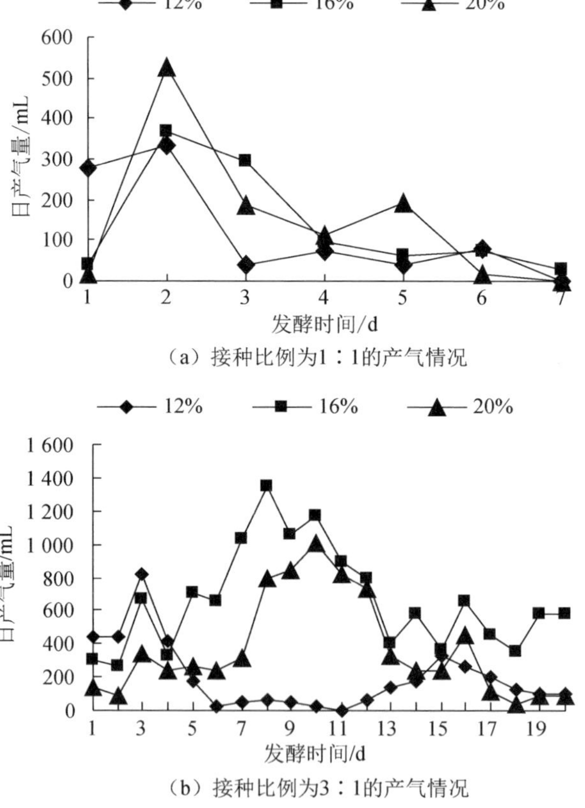

（a）接种比例为1∶1的产气情况

（b）接种比例为3∶1的产气情况

图 6-140　不同接种比例厌氧发酵过程中日产气量的变化

的日产气量均明显下降，7d 后几乎不产气，拆罐后测定 pH 均处于 6.2 以下，表明各处理都已酸化。当加大接种量至稻秸 TS 的 3 倍后，各底物浓度处理在前 3d 均达到小高峰，以 12%为最高，16%次之，随后 12%处理长期处于低日产气量，可能原因是发酵物料明显分层后导致物料与接种物接触不充分。16%处理日产气高峰出现于 7d，高达 1 400mL，而 20%处理日产气高峰出现于 10d，高达 1 000mL，随后均下降并逐渐趋于稳定。

从图 6-141 不同接种比例厌氧发酵 20d 的累积产气量来看，不同底物浓度处理间的差异明显，16%处理>20%处理>12%处理，其中 16%处理前 20d 的平均日产气量为 600mL，而 20%处理的仅接近 350mL。从图 6-142 CH_4 含量来看，无论接种量大小如何，各底物浓度处理中 CH_4 含量最先达到 50%水平的时间至少为 7d。当接种量较小时，随着底物浓度的提高，CH_4 含量缓慢升高，可能是底物浓度越高，酸化速度明显高于产 CH_4 菌消纳挥发酸的速度，从而造成酸中毒现象。当加大接种量后，16%处理和 20%处理分别在第 7 天和第 8 天 CH_4 含量超过 50%，比 12%处理提前 4d，随后 16%处理和 12%处理的 CH_4 含量均稳定于 60%左右，而 20%处理的在 50%附近波动。

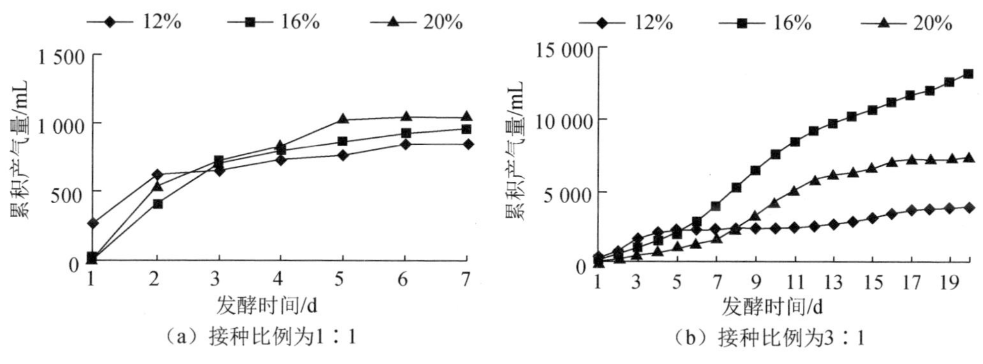

图 6-141 不同接种比例厌氧发酵过程中累积产气量的变化

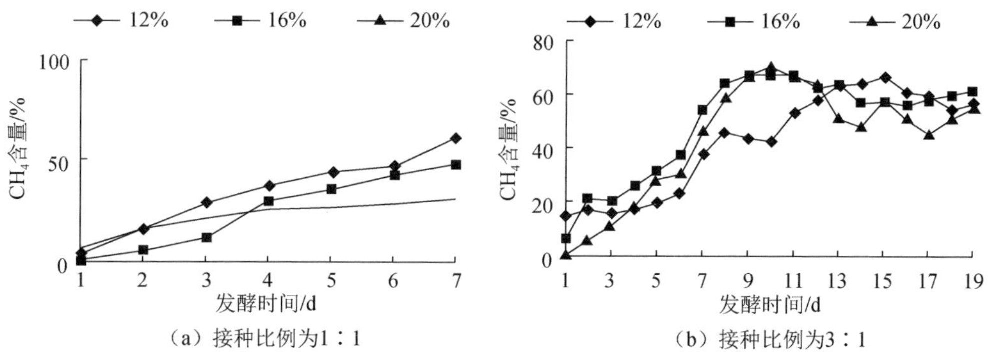

图 6-142 不同接种比例厌氧发酵过程中 CH_4 含量的变化

总体上讲，纯稻秸厌氧发酵时必须加大接种量，并且发酵浓度以16%为最佳，启动快，发酵第7天即达产气高峰并且CH_4含量超过50%，前20d的平均日产气量为600mL左右，产气速度明显加快，大大缩短发酵周期。

从表6-79可以看出，不同底物浓度处理发酵后沼液的pH处于8左右，表明加大接种量后，各处理均没有出现酸化现象。从SCOD/COD来看，以16%处理为最低，12%处理为最高，表明16%处理中产CH_4菌活性好，对可利用物质的转化率高，这与各处理的产气量情况相符。另外，从发酵20d后的单位原料VS产气率来看，16%处理高达203.06mL/g VS，已达常规稻秸发酵产气潜力350mL/g VS的60%，表明采用适宜的发酵浓度可以大大提高产气潜力，也可以缩短发酵周期。

表6-79　接种比例3：1厌氧发酵后各处理的运行数据

处理	发酵后沼液				产气效果			
	pH	COD/（mg/L）	SCOD/（mg/L）	SCOD/COD	初始VS/g	发酵残渣VS/g	产气量/mL	单位原料VS产气量/mL
12%	7.87	20 683	9 693	0.47	90.33	26.00	4 018	62.46
16%	8.09	20 912	5 724	0.27		25.23	13 220	203.06
20%	8.42	44 342	16 103	0.36		23.75	7 380	110.84

注：产气量仅为发酵20d的累计产气量，下同。

2. 秸秆与发酵液接触比

秸秆厌氧发酵过程是固体废弃物经厌氧微生物作用转化为气体（CH_4和CO_2）的过程。秸秆与发酵液的接触比例对秸秆有机物分解是否有影响并不清楚。在中温（37±1）℃条件下，以破碎麦秸为原料，发酵浓度为10%（w/v），采用批次进料和沼液每天回流方式，通过在反应器底部设置不同高度的多孔滤板使秸秆与游离发酵液接触比例分别为100%（T1）、50%（T2）和0%（T3），研究秸秆与游离发酵液接触比例对产沼气特性的影响。

不同麦秸与发酵液接触比处理发酵过程中pH的变化情况见图6-143。厌氧发酵初始的pH在7.3～7.5，这是加入沼液的pH较高所致。各处理pH变化趋势相似，发酵初期pH有所降低，随后pH迅速升高，发酵第20天时pH达最高（其中T1和T3处理pH高于8.0），随后pH逐渐下降并稳定在7.5～8.0，明显高于最佳的厌氧发酵pH（6.8～7.2）。这可能与装料配方中添加尿素（调节物料C/N为30）导致氨挥发，或发酵接种物为猪粪发酵沼液有关，表明在秸秆厌氧发酵中，若以畜禽粪便沼液作为接种物，必须考虑接种物中的氮素，以减少无机氮源的添加。

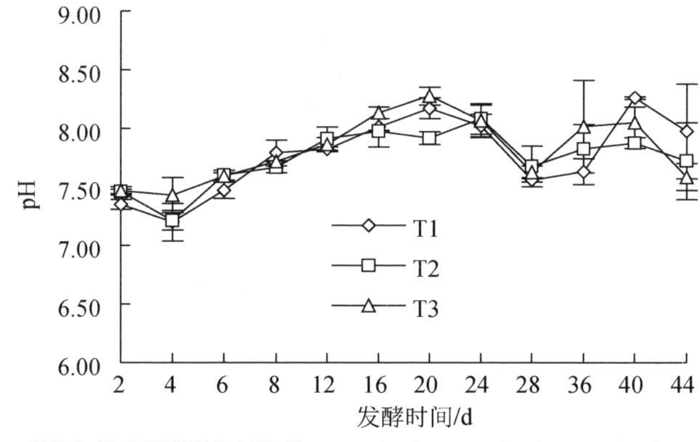

秸秆与游离发酵液接触比例 100%（T1）、50%（T2）、0%（T3）。

图 6-143　不同麦秸与发酵液接触比处理发酵液中 pH 变化曲线

不同麦秸与发酵液接触比处理发酵过程中 COD 的变化情况见图 6-144。厌氧发酵过程是厌氧微生物通过复杂的生物化学反应将发酵底物中的有机物转化为 CH_4 和 CO_2 的过程，其中水溶性有机物迅速被厌氧微生物分解利用，而难降解的大分子有机物则被特定微生物分解并缓慢融入发酵液中，使发酵液中的 COD 大幅增加，因此，厌氧发酵液中 COD 含量的高低与发酵底物水解程度的好坏密切相关。从图 6-144 可知，发酵第 2 天不同处理发酵液中 COD 含量差异明显，其中 T2 和 T3 处理均高于 20 000mg/L，并且明显高于 T1 处理；随后各处理均迅速降低，T2 和 T3 降低至 10 000mg/L，随后稍有增加，而 T1 处理在发酵第 6d 天出现另一峰值，基本与发酵第 2 天相当（16 427mg/L）；从发酵第 8 天开始至发酵结束，各处理发酵液中 COD 浓度变化趋势基本一致。表明通过调节秸秆与游离发酵液之间的接触比例，提高反应器中秸秆物料的有效浓度，采用渗滤液每天回流方式，仅对发酵初期（0～7d）发酵液中 COD 浓度有影响。

作为厌氧发酵过程中关键的中间产物，VFAs 的主要成分为乙醇、乙酸、丁酸、丙酸、乳酸等，是沼气发酵过程的重要调控指标。从图 6-145 可以看出，各处理发酵液中 VFAs 的变化趋势存在差异。但总体上看，各处理在发酵前期（15d）均以乙酸型发酵为主，T1 处理中初始的乙酸含量较高，随后呈现逐渐降低趋势［图 6-145（a)］，T2 和 T3 处理均表现为初始乙酸含量较低，随后逐渐升高，至发酵第 14 天时达到峰值，随之逐渐降低，并且 T3 处理峰值明显高于 T2 处理［图 6-145（b）和（c)］。已有研究表明，丁酸浓度超过 3 000mg/L 导致产气过程失败。但本试验中各处理发酵液中丁酸的含量均偏高，并且在 T1 和 T3 处理发酵后期丁酸表现为主要的 VFAs 组分，各处理均没有抑制产气的现象出现，具体原因还有待进一步研究。从 TVFA 变化情况分析来看，TVFA 含量表现出 T1<T2<T3，即随着麦秸与游离发酵液接触比例的减少，TVFA 出现明显增加趋势。

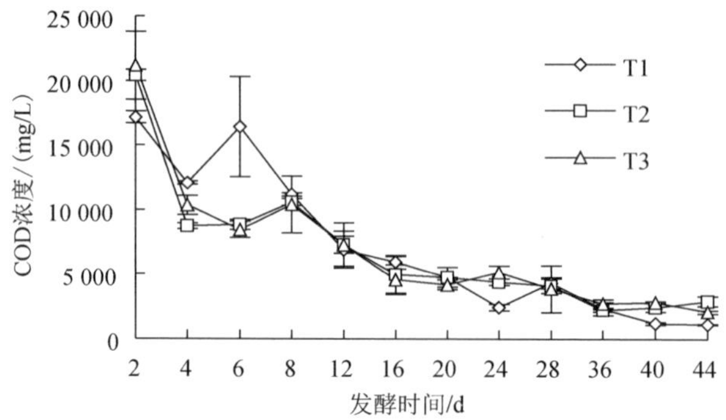

秸秆与游离发酵液接触比例 100%（T1）、50%（T2）、0%（T3）。

图 6-144　不同麦秸与发酵液接触比处理发酵液中 COD 浓度变化曲线

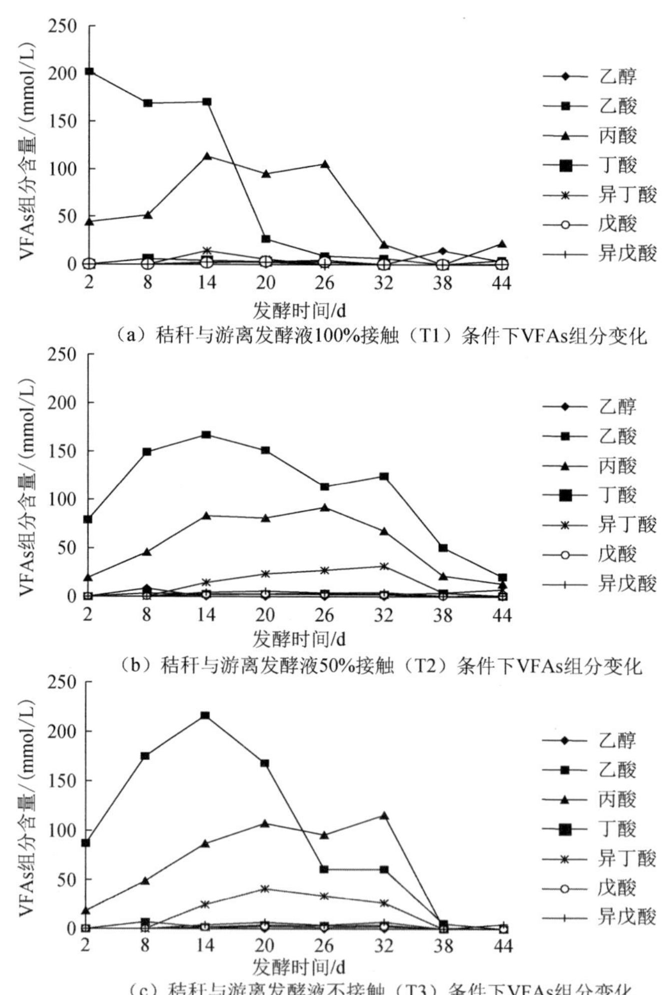

（a）秸秆与游离发酵液100%接触（T1）条件下VFAs组分变化

（b）秸秆与游离发酵液50%接触（T2）条件下VFAs组分变化

（c）秸秆与游离发酵液不接触（T3）条件下VFAs组分变化

图 6-145　不同麦秸与发酵液接触比处理发酵液中 VFAs 组分和 VFAs 变化

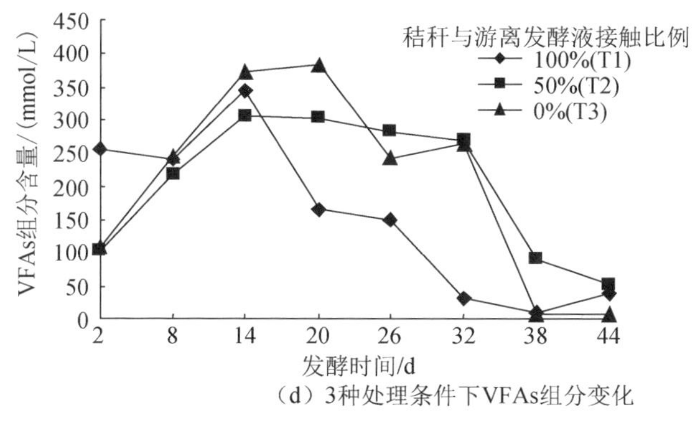

（d）3种处理条件下VFAs组分变化

图 6-145（续）

各处理厌氧发酵容积产气率和累积 TS 产气率变化情况见图 6-146。试验共 44d，各处理容积产气率变化趋势呈现先增加后降低再增加，随后逐渐波动下降的规律，其中 T1 处理的产气峰值出现于第 7 天［0.82L/（L・d)］，而 T2 和 T3 处理的产气峰值均出现于第 5 天，T3 处理的产气峰值［0.80L/（L・d)］高于 T2 处理，表明降低秸秆与游离发酵液的接触比例，通过渗滤液每天回流方式，有利于厌氧发酵产气峰值的提前。但从累积 TS 产气量来看，对原料产气率无影响，发酵第 10 天至发酵结束，各处理的累积 TS 产气量变化趋势基本一致，这与图 6-144 中发酵液 COD 的变化趋势结果一致。

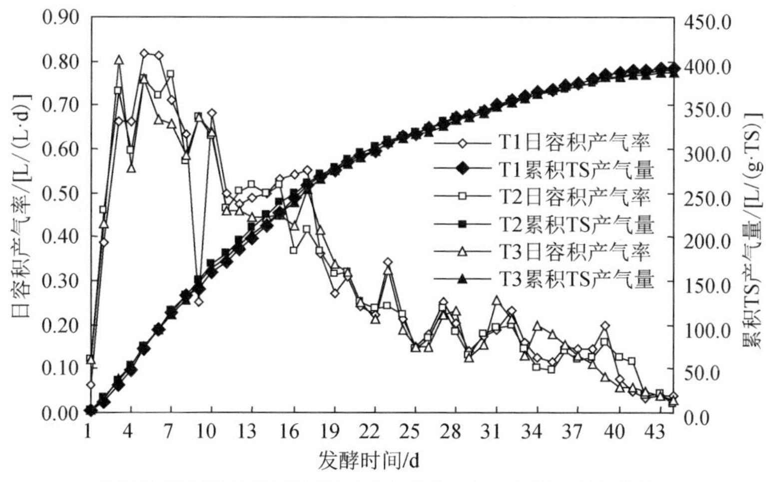

秸秆与游离发酵液接触比例 100%（T1）、50%（T2）、0%（T3）。

图 6-146　不同麦秸与发酵液接触比处理厌氧发酵日容积产气率和 TS 累积产气量变化曲线

从图 6-147 厌氧发酵产沼气中 CH_4 体积分数的变化来看，各处理变化趋势基本相同，随着发酵进程的推进，发酵第 6 天～第 7 天各处理沼气中 CH_4 体积分数超过 50%，并稳定于 50%～55%，表明降低秸秆与游离发酵液的接触比例，通过渗滤液每天回流方式，对秸秆产沼气中 CH_4 体积分数的变化无影响。

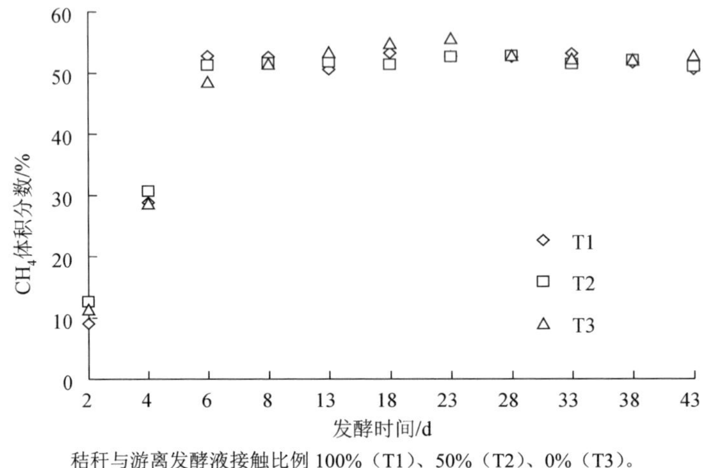

秸秆与游离发酵液接触比例 100%（T1）、50%（T2）、0%（T3）。

图 6-147　不同麦秸与发酵液接触比处理厌氧发酵产沼气中 CH_4 体积分数变化曲线

试验结束时，各处理 VS 产气量和发酵前后 VS 含量变化情况见表 6-80。可以看出，T2 和 T3 处理 VS 产气量分别比 T1 处理降低 1.31%、1.96%，表明降低秸秆与游离发酵液的接触比例，通过渗滤液每天回流方式，对秸秆 VS 产气量无影响。

表 6-80　不同麦秸与发酵液接触比处理产气特性及发酵前后 VS 含量变化

秸秆与游离发酵液接触比例	VS 含量/%			VS 产气量/（mL/g VS）	CH_4 含量/%
	发酵前	发酵后	分解率		
100%（T1）	87.99	56.69	35.57	495.20	52.22
50%（T2）	87.99	57.18	35.02	488.70	51.79
0%（T3）	87.99	57.51	34.64	485.50	52.67

3. 发酵液回流

干式厌氧发酵具有沼液产量少、需水量少、热容量小、单位反应器废弃物处理能力强等特点，受到研究者的青睐。国内外在这方面进行了大量研究，取得了一定的进展。然而，由于干式发酵含水率低、物料无法像湿式发酵一样完全浸没于发酵液中，系统传质传热效果相对较差。采取发酵液回流可以缓解传质传热差的问题。回流量以及回流频次可能影响回流效果，为此，以秸秆为材料，在底物浓度为 18%条件下，研究不同回流量及回流方式对秸秆产气的影响。

不同回流量处理的累积产气量见图 6-148。不同回流量处理间累积产气量的差异不明显。其中，0.6L/d 的回流量处理略高于其他处理，各回流量处理与不回流处理间无较大差异。结果表明，在底物浓度为 18%条件下，发酵液回流对提高产气的效果不明显。究其原因可能是在此种条件下，秸秆自压缩程度不大，秸秆保持相对疏松状态，且在底物浓度为 18%时，秸秆表面吸附水较多，不影响发酵罐内的传质均匀。

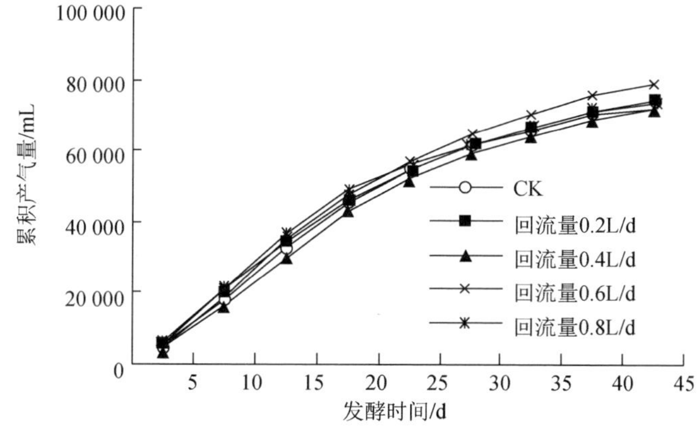

图 6-148　不同回流量处理的累积产气量

为减少回流产生的能耗，设置不同回流方式，即不回流（CK）、每天回流（A）、产气趋势下降后回流（B）和两相法回流（C）4 个处理，不同回流装置见图 6-149 和图 6-150。

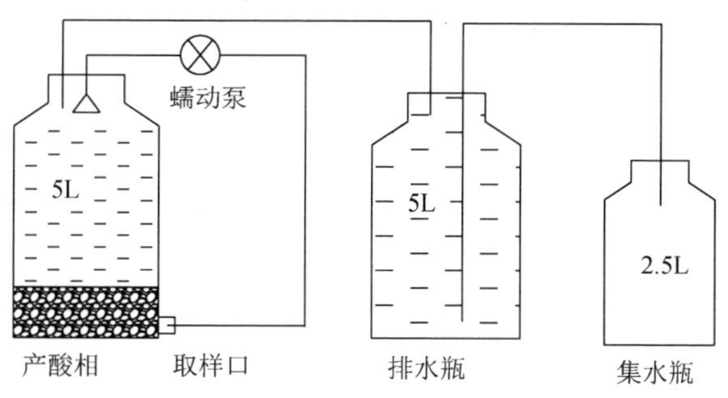

图 6-149　秸秆厌氧发酵回流装置

3 种不同回流方式处理的产气量（图 6-151）均高于不回流的 CK 处理，分别提高 9.53%、23.13%和 12.74%。说明在秸秆干式发酵中渗滤液的回流有助于提高产气效率。试验中设计的两相法处理回流的时间与 b 处理相同。两相厌氧消化工艺由 Pohland 和 Ghosh 于 1971 年提出，该工艺基于参与厌氧消化的两类微生物（即产酸菌和产 CH_4 菌）在营养需要、生理和动力学上存在差异的情况，将产酸菌和产 CH_4 菌分别在各自独立的反应罐内培养（图 6-150），使两类细菌的生长和代谢均达到最佳状态，从而提高整个系统的处理效能。同时，在产 CH_4 罐前设置产酸罐，一方面可通过控制产酸罐的产酸速率来避免产 CH_4 罐超负荷运行，另一方面还提高了整个厌氧发酵系统抗负荷冲击的能力，进而提高了系统运行的稳定性。从图 6-151 的累积产气量中可以看出，处理 C 在前 30d 的产气量、产气速率是最高的，但随着回流次数的增多，产 CH_4 相中的污泥不断被回流至产酸相中，两相的相分离开始不明确，使得产气速率相对于其他回流处理开始下降，因此在两相法厌氧工艺中，是否需要回流以及如何回流还有待进一步研究。通过对 4 个处理的 TS 产气量（图 6-152）的对比发现，处理 B 的产气量大于处理 A，原因可能是每天渗滤液的频繁回流使得浓度相对较高的 TVFA 影响产 CH_4 阶段微生物活性，导致渗滤液中有机物降解的恶化。针对秸秆的厌氧消化，该机制还有待进一步研究。

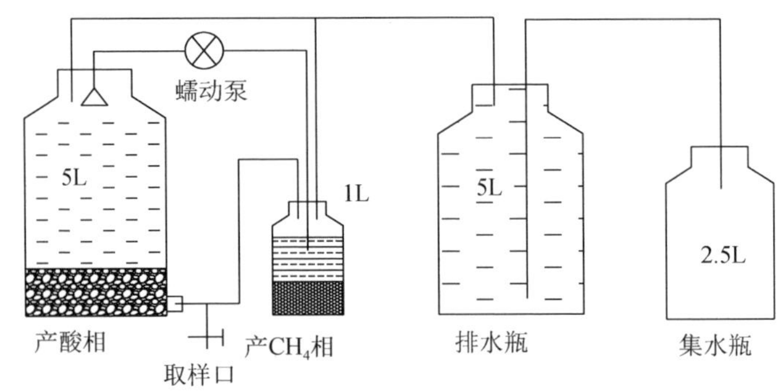

图 6-150 两相法厌氧发酵回流装置

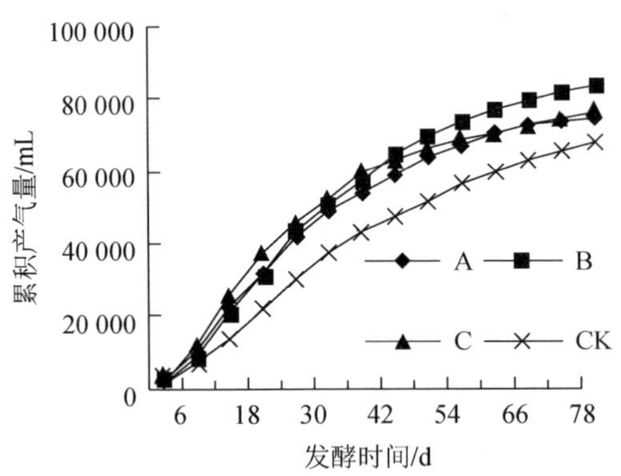

A 为每天回流；B 为产气趋势下降后回流；C 为两相法回流；CK 为不回流。

图 6-151 渗滤液不同回流方式处理下的累积产气量

不同回流方式处理渗滤液中 COD、VFAs、pH 的变化见图 6-153～图 6-155。发酵前 30d，处理 A 中 COD 含量相对高于其他处理，处理 B 次之，而处理 C 和 CK 处理的 COD 都相对较低，这是渗滤液的回流将底物表面被水解出的小分子物质溶解而造成的。处理 C 由于设置了产 CH_4 相（图 6-156），较 A、B 添加了更多的水，降低了 COD 和 VFAs 浓度。VFAs 含量的变化趋势与 COD 的变化趋势相似，先升高后降低。各处理之间的差异也与 COD 的差异一致。滤液 pH 在前期有一个酸化的过程，CK 的酸化程度最大，达到相对平稳的时间比其他 3 个回流处理的时间长。这进一步证实了在厌氧消化过程中渗滤液的回流可将底物之间局部积累的酸冲刷、溶解至滤液，防止反应器内局部酸化。

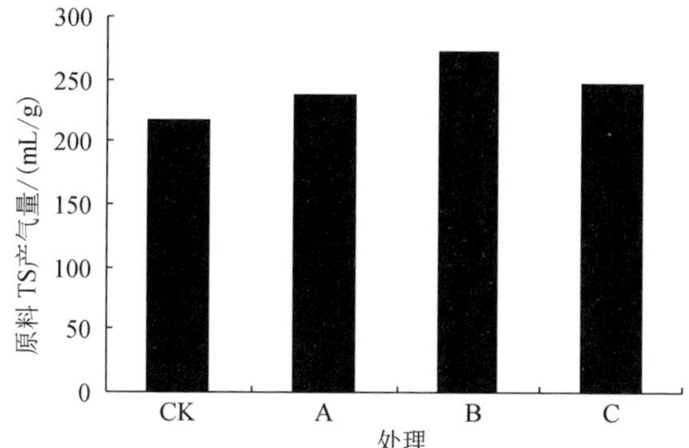

A 为每天回流；B 为产气趋势下降后回流；C 为两相法回流；CK 为不回流。

图 6-152　渗滤液不同回流方式处理的原料 TS 产气量

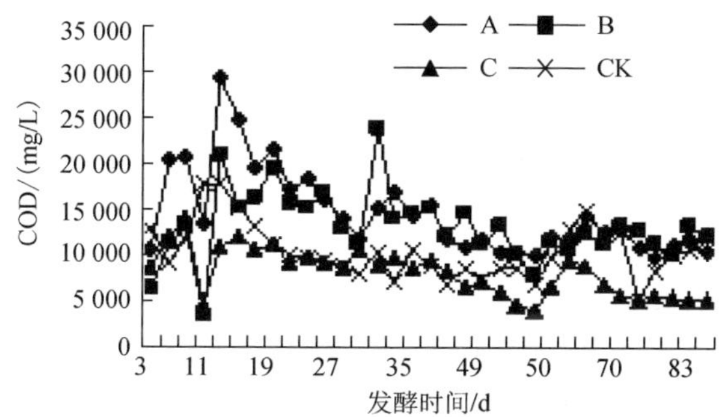

A 为每天回流；B 为产气趋势下降后回流；C 为两相法回流；CK 为不回流。

图 6-153　渗滤液不同回流方式处理下滤液 COD 变化

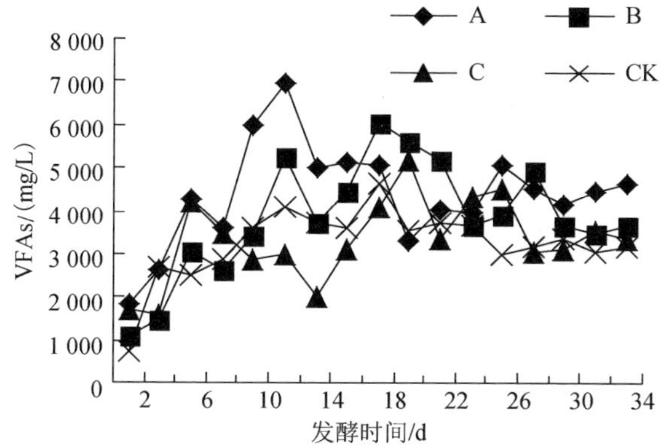

A 为每天回流；B 为产气趋势下降后回流；C 为两相法回流；CK 为不回流。

图 6-154　渗滤液不同回流方式处理下滤液 VFAs 变化

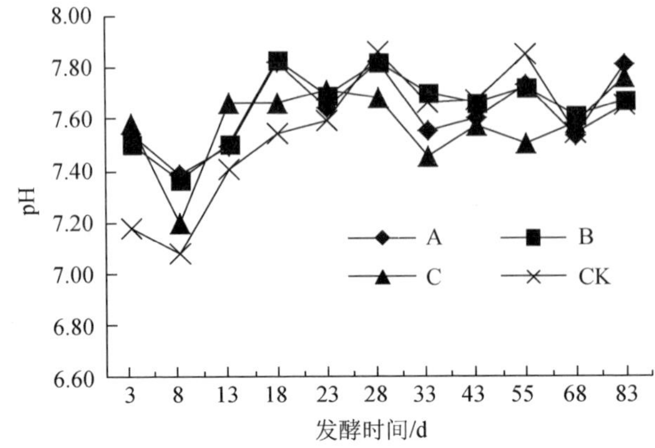

A 为每天回流；B 为产气趋势下降后回流；C 为两相法回流；CK 为不回流。

图 6-155　渗滤液不同回流方式处理下滤液 pH 变化

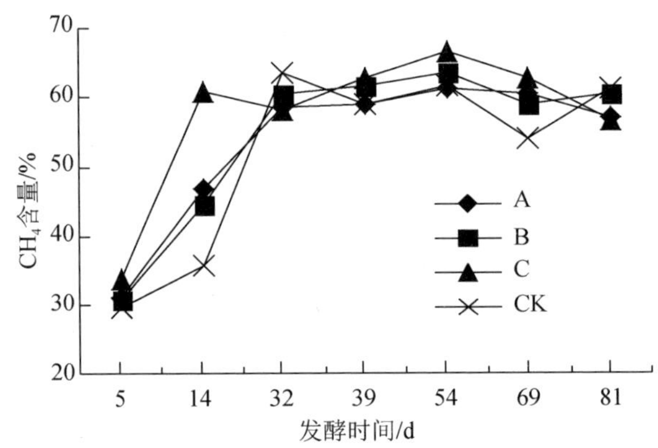

A 为每天回流；B 为产气趋势下降后回流；C 为两相法回流；CK 为不回流。

图 6-156　渗滤液不同回流方式处理下气体 CH_4 含量变化

比较发酵前后原料纤维素、半纤维素和木质素降解率（表 6-81），其中处理 B 的纤维素、半纤维素、木质素降解率高于其他处理，这与产气量、产气潜力的变化情况相一致。

表 6-81　发酵前后原料的纤维素、半纤维素、木质素以及灰分的比较

不同处理	纤维素/%	半纤维素/%	木质素/%	灰分
入罐前	29.50	30.57	7.52	6.65
出罐 CK	22.94	18.88	9.20	13.43
出罐 A	21.59	19.20	9.97	14.43
出罐 B	20.52	17.49	9.51	13.93
出罐 C	20.73	18.09	10.74	17.05

注：CK 为不回流；A 为每天回流；B 为产气下降后回流；C 为两相法回流。

在秸秆厌氧发酵中，当底物浓度低于 18%时，渗滤液回流对秸秆厌氧发酵产气率影响不大，不同回流量方式处理间也无明显差异。而当底物浓度提高到 20%以上时，渗滤液回流可明显提高秸秆厌氧发酵的产气率，每天回流与产气趋势下降后回流以及两相法回流 3 种处理的总产气量与不回流相比分别提高 9.53%、23.13%、12.74%，以产气趋势下降后回流方式总产气量最高。

4. 麦秸生物炭添加对猪粪中温厌氧发酵产气特性的影响

生物炭是由生物质在部分或完全缺氧的条件下经热解炭化产生的一类高度芳香化、较稳定且难溶性物质。国内外有关生物炭添加对畜禽粪便厌氧发酵产气影响的研究只有少量报道，且结果并不一致。例如，Mumme 等（2014）研究发现添加生物炭可以提高鸡粪、牛粪和藻类及其混合物的产气潜力和 CH_4 含量；而 Inthapanya 等（2012）研究却发现，添加生物炭在提升牛粪厌氧消化产气潜力的同时，降低了气体中的 CH_4 含量，且过量的生物炭对提升牛粪厌氧消化产气潜力没有作用。除添加量外，生物炭自身的特性对厌氧消化产气和产 CH_4 潜力也有显著的影响，如 pH、比表面积和孔径大小、表面功能基团等，会调控厌氧发酵体系物质传递与转化、微生物代谢与协同作用等过程。

以不同制备温度的麦秸生物炭为材料，在（37±1）℃条件下，采用序批式方法，探讨生物炭添加对猪粪厌氧发酵产气特性的影响。

添加不同热解温度麦秸生物炭对猪粪厌氧发酵产气的影响见图 6-157，可以看出，累积产气量的总体变化趋势为前期快速增长，之后增加速率变小，并逐渐趋于平稳，这与大部分猪粪厌氧发酵研究结果相似；添加生物炭后，系统的累积产气量显著（$P<0.05$）高于 T0 处理，至试验结束时，T1～T3 处理的累积产气量达 260.7～288.7mL/g VS，较 T0 处理增幅为 77.1%～96.1%（表 6-82）。

消化时间 T_{90}（即反应过程的累积产气量达到总累积产气量的 90%所需要的时间），是表征消化性能和消化效率的重要指标。T0 中，T_{90} 为 35d；添加生物炭后，T_{90} 分别为 40d、30d 和 26d。可见，添加生物炭处理 T2 和 T3 系统中消化效率明显提高。这可能是由于添加这两种生物炭后系统的缓冲能力和微生物的活性得到增强，底物消耗速率增加。

表 6-82 麦秸生物炭添加各处理中温厌氧发酵的产气量和 CH_4 含量

处理	累积产气量/（mL/g VS）	平均 CH_4 含量/%	产 CH_4 量/（mL/g VS）
T0	147.2±8.3b	52.7±2.1b	91.9±6.8b
T1	260.7±18.5a	63.4±3.7a	163.7±13.1a
T2	270.0±11.9a	65.0±1.2a	177.4± 4.8a
T3	288.7±16.7a	66.4±1.6a	185.5±10.3a

注：不同小写字母表示不同处理间差异显著（$P<0.05$）。

T0 为对照，T1～T3 分别代表添加麦秸经 400、500 和 600℃烧制而成生物炭，分别以 BC400、BC500 和 BC600 表示。

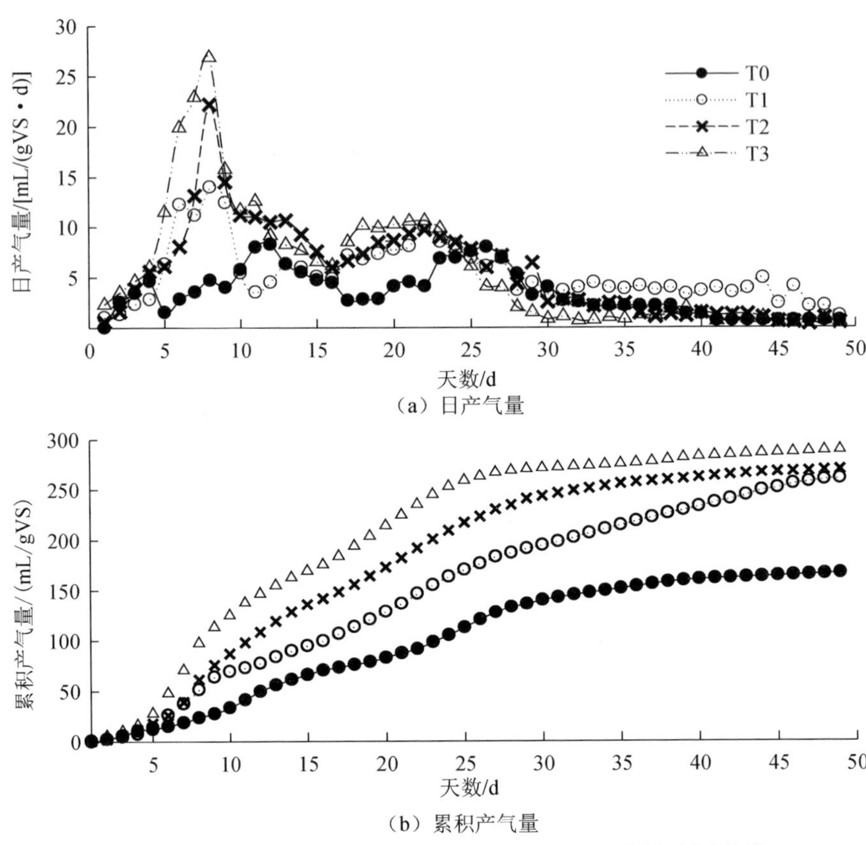

T0 为对照，T1～T3 分别代表添加麦秸经 400、500 和 600℃烧制而成生物炭，分别用 BC400、BC500 和 BC600 表示。

图 6-157　麦秸生物炭添加对猪粪厌氧发酵日产气量及累积产气量的影响

整个厌氧发酵过程中，添加生物炭处理的 CH_4 产量显著（$P<0.05$）高于 T0 处理，增幅为 78.1%～101.8%（表 6-82）。此变化趋势与厌氧发酵过程中产气速率的变化密切相关。值得注意的是，T1 处理发酵 30d 后，产 CH_4 率反而出现小幅增加，并维持在 2.25～3.34mL/g VS。这可能是由于添加 BC400 后，促进了厌氧发酵系统中微生物的互营作用，进而导致电子传递增强；但其与 BC500 和 BC600 对厌氧反应体系的影响差异尚需进一步探究。

添加 BC600 的处理累积产气量和 CH_4 产量均最高，其次为 BC500，BC400 最低（表 6-82）。这与麦秸生物炭自身的特性密切相关。对同一物料而言，制备温度是影响产物特性最主要的驱动因子。随着热解温度的增加，生成的生物炭中挥发性 C 含量逐渐降低，而 pH、可溶性离子浓度（EC）、固定 C、灰分含量，以及比表面积和孔隙度均逐渐增加，这与前期研究结果相似。其中，比表面积（S_{BET}）

和总孔隙度（V_{total}）的增加对厌氧消化系统有直接的促进作用。一方面，可以为厌氧微生物提供更大的接触面积，对微生物的生长和累积提供了更有利的场所；另一方面，微环境的形成增加微生物种间的直接电子转移，促进菌群间的互营，进而极大地促进 CH_4 产生效率。此外，较高温度获得的麦秸生物炭表面可能带有更多裸露的羰基，可与 CO_2 结合，降低 CO_2 含量，提高 CH_4 含量。因此，添加 BC600 的处理累积产气量和 CH_4 产量均最高，同时大大缩短发酵延滞期。

不同热解温度的麦秸生物炭处理的产气特性存在明显的差异。特别是第 10 天～第 40 天，各处理间差异较为明显（图 6-157）。添加 BC400 的处理，产气特性明显有别于另外两种生物炭添加处理：系统前期累积产气量较少，但第 26 天后有持续增加的趋势［图 6-157（b）］，这说明，与其他两种生物炭添加处理相比，BC400 对猪粪厌氧消化存在一定的延滞期。造成这一差异的主要原因是，BC400 较低的 S_{BET} 和 V_{total} 无法短时间内促进厌氧微生物的增殖和活化，因此其对底物的转化效率较其他生物炭处理略低。对于不同麦秸生物炭表面功能基团对厌氧消化产气特性的影响尚需进一步探究。

6.4 秸秆基料化技术

6.4.1 秸秆基料化概念及内涵

目前在生产上应用或已报道的秸秆综合利用技术和途径已经达到数十种，为便于相关技术的推广应用和数据统计，国家和地方的多数文件或规划将其归纳为肥料化、饲料化、燃料化、基料化、原料化 5 个主要途径，简称“五料化”。

“五料化”中的“肥料化、饲料化、燃料化、原料化”，在相关文件或文献中有较为明确的技术内容与方法，且表述基本一致。但秸秆基料化利用的表述则存在概念不清、统计内容及数据差异较大的现象，影响秸秆基料化技术进步与市场的开拓。

6.4.1.1 秸秆基料化的常见表述

1999 年科技部在全国范围内征集秸秆综合利用技术（产品）时，初步将秸秆基料化利用归为秸秆食用菌基料技术。2008 年国务院办公厅《关于加快推进农作物秸秆综合利用的意见》（国办发〔2008〕105 号）将其表述为“以秸秆为基料的食用菌生产”。此后，国家发展改革委和农业部《关于印发编制秸秆综合利用规划的指导意见的通知》（发改环资〔2009〕378 号），国家发展改革委、农业部、财政部联合印发的《“十二五”农作物秸秆综合利用实施方案》，以及国家发展改革委办公厅、农业部办公厅联合印发的《秸秆综合利用技术目录（2014）》（发改办环资〔2014〕2802 号）中，在阐述秸秆基料化利用时，将其表述为“做好秸秆栽培食用菌，建设一批秸秆栽培食用菌生产基地”。与此同时，河南、河北、安徽、浙江、上海、甘肃等省（直辖市）在发布的秸秆综合利用规划或人大常委会通过的《关于促进农作物秸秆综合利用和禁止露天焚烧的决定》等文件中，也均将秸秆基料化利用归结为秸秆栽培食用菌利用方式。然而，湖北省、江苏省及昆明市等在“十二五”秸秆综合利用规划中，除将秸秆栽培食用菌归为基料化利用外，还将秸秆用于作物栽培基质作为基料化利用的重要途径。江苏省人民政府在《省政府关于全面推进农作物秸秆综合利用的意见》（苏政发〔2014〕126 号）中更加明确指出，要积极发展秸秆育苗、花木基质、草坪基料、温室大棚育苗等生产企业，拓展秸秆基料化利用途径，带动秸秆基料产业发展。潘亚东等（2014）研究也认为农作物秸秆经加工可制成食用菌培养基料、育苗基料、花木基料、草坪基料等。以上分析可见，对秸秆基料化利用方式的表述存在如下问题：在全国层面上存在着认识片面、单一，技术更新不足，仅将其作为食用菌栽培基料，不利于秸秆资源化利用的途径拓宽、项目支持和技术进步；各地认识不同，技术内容不一致，必然会造成对秸秆资源基料化利用统计数据上的差异，不利于国家宏观掌握利用现状和谋求长远规划。此外，各类文章、文献及技术标准中也常出现基料与基质混用或定义不同，致使相关管理部门、科研单位以及秸秆利用企业无所适从。因此，对秸秆基料化的概念、内涵进行更加明确的定义，并阐明其利用潜力与发展方向，可促进秸秆综合利用技术的进步。

6.4.1.2　秸秆基料化概念及内涵

秸秆基料（基质）是指以秸秆为主要原料加工或制备的、主要为动物、植物及微生物生长提供良好条件和一定营养的有机固体物料。它主要包括秸秆食用菌生产栽培基质、秸秆植物育苗与栽培基质、动物饲养过程中所使用的秸秆垫料，还包括固体微生物制剂生产所用的吸附物料，以及逆境环境条件下用于阻断障碍因子或具有保水、保肥等功能的秸秆物料。随着科技进步，秸秆基料（基质）必将有更多、更广阔的用途。

秸秆基料（基质）与肥料的区别在于：肥料是指用于提供植物营养，保持或改善土壤物理、化学性能以及生物活性，能提高农产品产量、改善农产品品质、增强植物抗逆性的有机、无机、微生物及其混合物料，它的主要功能在于提供植物营养；而《蔬菜栽培基质》（NY/T 2118—2012）中基质被定义为，能够代替土壤，为栽培作物提供适宜养分和 pH，具备良好的保水、保肥、通气性能和根系固着力的混合轻质材料，组分包括草炭、蛭石、珍珠岩、木屑、作物秸秆、畜禽粪便、树皮和菌渣等。于鑫等（2009）认为，栽培基质除了支持、固定植株，更重要的是具有中转站的作用，使来自营养液的养分、水分得以中转，植物根系从中按需选择吸收。可见基料（基质）的主要功能是为植物生长提供条件，特别是具有固定根系、协调水汽、固持养分等功能，其次才是营养功能。在农业部肥料登记管理中，基质产品按肥料登记管理程序执行，但基质产品不能作为肥料登记，这表明肥料与基质有各自的特点且区分明显。

秸秆基料（基质）与饲料的区别在于：饲料是指能提供动物所需养分元素，促进动物生长、生产和健康，且在合理使用下安全、有效的可饲物质，它强调的是可饲物料；而秸秆基料用作动物饲养中垫料（包括接触性与非接触性垫料），不是动物可食物料，其主要作用在于吸收水分、调节温度、构建舒适环境。在发酵床养殖中，秸秆基料垫料除上述功能外，还能为动物排泄物生物降解提供水分协调，减轻有害、有毒物质的负面影响以及促进微生物生长繁殖等。因此，秸秆基料与饲料是完全不同的物料。

在《食用菌栽培基质质量安全要求》（NY/T 1935—2010）中，将栽培基质定义为为食用菌生长繁殖提供营养的物质。虽然该定义表述存在一定的狭窄性与歧义，但在原料要求中仍以农作物秸秆及其副产物为主要原料，且该标准中，基质英译名为 cultivar substrate，原意则为栽培介质，且 substrate 与 medium 时常混用；此外，还可以表述为 Potting mixes（培养土）。此外，在《无公害食品——食用菌栽培基质安全技术要求》（NY 5099—2002）中，食用菌栽培基质生产原料包括水、主料、辅料及土壤等，意味着食用菌栽培基质起着为食用菌生长繁殖提供介质环境与供应养分的双重功能。因此，本文定义的秸秆基料（基质）更准确地表述食用菌栽培基质的功能与作用。

基质与基料本质上是同一种物料，两个词之间可互用。从以上分析中可见，“基质”一词更能代表其功能与作用，将基质表述为基料，是为更简洁地概括秸秆的 5 种不同利用途径。

6.4.1.3　秸秆基料化利用发展前景

秸秆基料（基质）化作为秸秆综合利用的 5 个主要途径之一，受到国家及各级政府的高度重视。从国务院办公厅发文要求推进“秸秆生物转化食用菌技术”，到各省市秸秆综合利用规划与推动秸秆禁烧和综合利用的各文件，均提出要大力扶持、引导和带动秸秆基料化产业发展。这表明推进与发展秸秆基料（基质）化利用和技术提升，符合中央到地方的各级政府文件精神，已获得或将要获得政策扶持与财政资金支持。

基质栽培是保护性（设施）栽培中一项重要的技术措施，而保护性（设施）栽培作为一种先进的农业增产技术，已在世界范围内广泛应用。其中，无土栽培技术因具有避免土传病虫害及连作障碍、肥料利用率高、节水以及生产条件可控等诸多优点，已在世界 100 多个国家推广应用。无土栽培中，固体基质栽培，与水培、雾培相比，设施简单、投资成本低，且固体基质所形成的根际环境养分、水分、pH 和温度等变化缓慢，栽培管理简单，栽培技术容易掌握，与土壤栽培有许多相似之处，因而在无土栽培中栽培面积占 90%以上。此外，固体基质还可以被用于盐碱土改良介质、城市和公路绿化、草坪建植、大树移栽、园艺苗圃、屋顶花园、盆栽花卉、育苗、改良并活化土壤，提高土壤有机质含量等。近几年随着中国机插秧面积逐年增加，水稻育秧基质需求量逐年提高，而农作物秸秆作为基质最主要的原料之一，其应用的市场空间必然会稳步提升。

养殖污染已成为农业面源污染最重要的污染源，而垫料养殖（发酵床养殖）技术，作为一种控制畜禽粪便排放与污染的养殖废弃物管理技术，正在国内推广应用。其基本做法是在经过特殊设计的养殖舍内，填入有机垫料，动物排泄物被有机垫料中微生物迅速降解、消化，达到零排放的目的。而农作物秸秆是有机垫料最主要的原料之一。近年来，江苏省农业科学院还发明直接将打捆稻秸或麦秸作为基础垫料，进行生猪养殖，获得了成功，大大增长了秸秆垫料利用的潜力。

稻秸和麦秸作为食用菌栽培的最主要碳源，通过食用菌菌丝的生长和子实体的发育转化为质优、味美的蛋白质。其中，稻麦秸秆可用于栽培以蘑菇、草菇、姬松茸为主的草生菌，木质素含量较高的秸秆可用于栽培香菇、平菇、木耳等木生菌。郁建强等（1999）认为，每人每日摄取 300g 的食用菌，从中能获得大约 10g 的优质蛋白，这对解决因人口增加与气候变化引发的粮食危机，会起到重要作用。以秸秆基料用量与食用菌产量 1∶1 比例推算，中国食用菌栽培秸秆潜在需求达 1.5 亿 t，而目前该方面的秸秆利用量仅为 2 400 万 t。可以预见，不久的将来，随着食用菌保健功能与自动化、智能化生产技术的开发，食用菌将会越来越多地走向千家万户的餐桌，而秸秆作为食用菌生产的最主要原料，必然会成为市场的亟须资源。

综上所述，农作物秸秆的基料化利用，利用方式多样、市场广阔、利用潜力巨大。基料化利用作为秸秆利用的重要技术途径，在未来推动秸秆综合利用进程中必将显示出其举足轻重的地位。

6.4.2　秸秆食用菌基料制备技术及应用

我国人工栽培的食用菌品种已达 40 多种，且每种食用菌还有许多不同品种或菌株。其中大部分的食用菌，如双孢蘑菇、草菇、平菇等草腐菌，其共同特点是以秸秆、果壳等农业废料作为培养料的碳源，以畜禽粪便为氮源，通过微生物菌丝生长、子实体发育，将原来贮存在秸秆中的能量，转移到食用菌子实体中，再由子实体转移到人体中。对菌糠的化学成分进行分析发现，栽培过食用菌的秸秆成分已经发生很大的变化，其干物质占原重的 50%左右，被菌丝分解的部分，约

1/3 用于菌体合成，即菌体蛋白，为人类提供优质菌类蛋白，1/3 用于呼吸消耗，另外 1/3 则以新的形式存在于菌床残渣中。随着人们生活水平的不断提高与食用菌栽培技术的不断进步，食用菌产业得到快速发展，用于栽培基质的秸秆消耗量也越来越多。

近年来，农业生产在减量化、再利用、再循环、可控制的“4R”原则的基础上，不断发展多种循环模式，以实现现代农业生产的物质、能量良性循环的目标。食用菌作为连接点将养殖业、种植业和加工业结合起来，形成一个高效、清洁的生产过程。在这个生产网络中，投入的物质能量可以在系统内实现多次循环转化，相继出现了秸秆—食用菌—有机肥模式、秸秆—食用菌—畜禽—有机肥模式、畜禽—沼气—食用菌、秸秆—食用菌—菌糠种菇循环模式等多种技术模式，这些模式的出现使农业生态系统向良性循环发展。

6.4.2.1　秸秆栽培双孢蘑菇基料要求

双孢蘑菇是全世界栽培最广泛，销售量最大的食用菌。2013 年中国双孢蘑菇产量为 237.7 万 t，2014 年增长至 250.5 万 t，占同期中国食用菌总产量的 7.2%。双孢蘑菇是典型的草腐真菌，生产过程中可有效地降解利用农作物秸秆中的木质素、纤维素和半纤维素等物质。双孢蘑菇的原料有主料和辅料组成，主料为农作物秸秆和畜禽粪便。农作物秸秆中稻秸、麦秸和玉米秸秆都可以用来制作双孢蘑菇培养料。

作为双孢蘑菇培养料的农作物秸秆要求干燥、新鲜，没有腐烂和霉变。麦秸和玉米秸秆的长度需要铡成 20～30cm，并碾破后使用，以增加其吸水性和提高发酵质量。

双孢蘑菇不仅需要丰富的碳、氮源作为基本营养，而且在吸收利用碳、氮等营养时，需要一定的 C/N。据报道，双孢蘑菇菌丝体的生长和子实体的分化、发育的最适 C/N 为（15～17）∶1。根据这个要求，在配制双孢蘑菇培养料时，原材料的 C/N 应在（30～33）∶1，如 N 素过多，C 素过少，就会出现氮素营养过量，菌丝营养生长过盛，子实体形成迟缓，生殖生长受到抑制；如 N 素过少，C 素过多，则营养生长差，菌丝不旺盛，生长无力，子实体瘦小，质量差。粪草比例除在营养上影响物料的 C/N 外，还对培养料的通气状况有影响，即草多粪少，培养料通气性好；粪多草少，则通气性差。

中国目前栽培双孢蘑菇的原料，南方地区以稻秸为主，北方地区以麦秸为主。但是近年来随着机械化水平的提高，小麦以机械收割代替了人力收割，麦秸直接还田利用比例较大。在部分北方地区，如山西、河北、河南、山东等地，玉米种植面积大，年产玉米秸秆数量多，以玉米秸秆为原料栽培双孢蘑菇越来越多，这不仅为“南菇北移”提供充足的培养原料，也可解决玉米秸秆的出路问题。玉米秸秆与麦秸相比，有一层坚硬的表皮组织，蜡质较多，更加不易腐解，因此，玉米秸秆较麦、稻秸需要更长的发酵腐熟时间。但玉米秸秆培养料结构疏松，透气性好，双孢蘑菇在玉米秸秆培养料中生长速度较快。有研究表明在玉米秸秆和牛粪 1∶1 的条件下，蘑菇产量和麦秸为基质的产量没有显著差异。

根据上述原则和实践结果，生产上常用的双孢蘑菇培养料配方如下。

配方 1：稻秸 700kg、麦秸 300kg、鸡粪 1 000kg、菜籽饼粉 80kg、尿素 15kg、过磷酸钙 12kg、石膏 13kg、石灰 13kg。

配方 2：稻秸 2 000kg、干牛粪 1 300kg、菜籽饼粉 80kg、尿素 30kg、过磷酸钙 30kg、石灰 50kg、碳酸氢铵 30kg、石灰粉 50kg。

配方 3：麦秸 1 000kg、玉米秸秆 500kg、干牛粪 180kg、尿素 8kg、碳酸氢铵 25kg、过磷酸钙 12kg、石膏 50kg、石灰粉 50kg。

6.4.2.2　双孢蘑菇培养料发酵

栽培蘑菇的培养料必须经过发酵腐熟后才能用于栽培生产，发酵质量直接关系到蘑菇的产量。目前国内的双孢蘑菇培养料生产工艺已经由传统的室外堆置过渡到二次隧道发酵方式，工艺的改进实现了双孢蘑菇的周年生产，明显提高了生产效率，优化了培养料的理化性质，提升了产品品质，实现增产创收。

培养料一次隧道发酵步骤：将截成 30cm 的稻麦秸秆用铲车推进预湿池反复碾压和浸水，根据实际栽培面积进行投料，预湿后的稻麦秸秆捞起建堆，按照“一层草一层粪”原则预堆 2d，含水量控制在 60%～65%；把预湿好的原料用铲车和疏松机等进料设备均匀地输送到 1 号一次发酵隧道，调节风机开停时间和通气量，确保培养料有氧发酵，若培养料水分不足，可在料堆表面喷水。发酵 4d 后翻堆（根据料温情况而定，一般当料温达到 75～80℃后就可以翻堆）到 2 号一次发酵隧道，在两个隧道之间进行翻堆。一般来说一次发酵大约 2 周，一次发酵之后发酵料的质量标准为，秸秆呈咖啡色，具有弹性，一拉就断，含水量 65%～70%，用手稍用力握料，指间渗出 1～2 滴水，pH 在 7.5～8.0。培养料疏松、不黏结成团，没有臭味。

培养料二次隧道发酵步骤：当培养料完全疏松后即可通过输送带进入巴氏消毒房进行二次发酵，门窗密闭，通过电脑室控制隧道内培养料的温湿度。开启风机内循环状态，使温度上升至 58～62℃，保持 8h；之后导入新鲜空气，将培养料的温度降至 48～52℃，维持 4～5d；然后通风，在 8h 内把温度冷却至 30℃以下，即可进入菇房铺料播种。二次发酵后培养料的质量标准为，培养料为棕褐色，腐熟均匀，秸秆富有弹性，无异味、氨味，具有浓郁的培养料香味，不粘手，可见白色放线菌菌落，紧握料有水汁，但不混浊，含水量为（65±2）%，C/N 为（18～20）∶1，pH 为 7.2～7.7。

6.4.2.3 双孢蘑菇培养料中微生物群落结构

双孢蘑菇培养料发酵是一个类似堆肥的过程，在此过程中，各种嗜热微生物的生理代谢和群落演替发挥了至关重要的作用。培养料的堆置发酵过程经过 3 个阶段，即升温、高温和降温阶段。培养料建堆初期，微生物旺盛繁殖，分解有机质，释放热量，不断提高料堆温度。在升温阶段，料堆中的微生物以中温好气性种类为主，主要有芽孢细菌、蜡叶芽枝霉、出芽短梗霉、曲霉属、青霉属、藻状菌等。由于中温微生物的作用，料温升高，几天内即达 50℃以上，进入高温阶段。在高温阶段，料堆中的复杂有机大分子物质，如纤维素、半纤维素、木质素等进行强烈分解，微生物主要是嗜热真菌、嗜热放线菌（高温放线菌、高温单胞菌）、嗜热细菌（如枯草杆菌）等。嗜热微生物的活动，使料温维持在 50～70℃的高温状态，从而杀灭病菌、害虫，软化料堆，提高持水能力。当高温持续几天之后，料堆内部出现缺氧，营养状况急剧下降，微生物生命活动强度减弱，产热量减少，温度开始下降，进入降温阶段。此时应及时翻堆，再进行第二次发热、升温，再翻堆。经过 3～5 次翻堆，培养料经微生物的不断作用，物理和营养性状更适合食用菌菌丝体的生长发育需要。

微生物群落演替是决定双孢蘑菇培养料发酵成功的关键因素之一。微生物群落演变过程受培养料原材料特性和一次发酵环境条件的影响。季节的变化不仅影响堆温也影响堆置物料的质量。对江苏省金坛区银湖食用菌有限公司的培养料进行采样分析，利用 DGGE 分析两个不同季节双孢蘑菇培养料一次发酵不同阶段和二次发酵结束后料中细菌的菌落结构（图 6-158）。发现双孢蘑菇培养料中具有丰富的细菌群落，其中细菌种类丰富程度远远高于人们用传统的分离方法所获得的类群。在发酵的不同阶段，堆温和物料的理化性状不断发生变化，培养料中的细菌群落结构也在发生变化。不同季节双孢蘑菇培养料发酵过程中细菌结构有一些不同。由于培养料中细菌的生长繁殖和更替会受环境温度影响，春季培养料中的细菌多样性大于冬季。但不同季节细菌丰度和多样性的变化趋势较为一致，即细菌群落结构随着发酵时间与发酵阶段变化，均会发生变化。Székely 等（2009）使用 DGGE 的方法，同时采用基于内切酶 *BsuR* Ⅰ 和 *Hin6* Ⅰ 酶切的 T-RFLP 的方法对冬季和夏季蘑菇培养料进行菌落结构分析，发现夏季的环境温度高，导致培养料中高温菌的出现早于冬季。

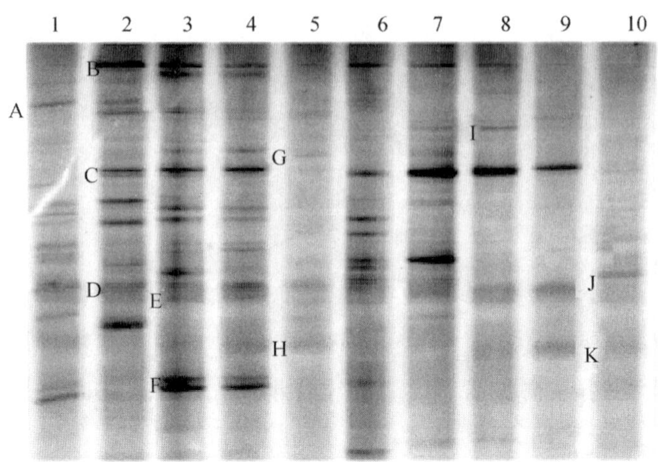

1～5 为春季不同发酵时期。1 为建堆初期；2 为一次翻堆；3 为二次翻堆；4 为三次翻堆；5 为二次发酵。6～10 为冬季不同发酵时期。6 为建堆初期；7 为一次翻堆；8 为二次翻堆；9 为三次翻堆；10 为二次发酵。A～K 分别代表割胶回收测序的条带。

图 6-158 春季和冬季双孢蘑菇培养料发酵不同阶段的 16S rDNA V3 PCR 产物 DGGE 图谱

对 DGGE 主要条带的测序分析（表 6-83），可以揭示培养料中细菌的主要优势种属在发酵进程中的演变规律。在培养料中发现嗜温菌如假单胞菌（*Pseudomonas*），它是生长迅速、生态幅比较广泛的细菌种属。此外，发现一些具有木质纤维素降解功能的细菌菌种，如高温嗜热栖热菌（*Thermus thermophilus*）在一次发酵和二次发酵中均存在，因为二次发酵过程中经过巴氏消毒后环境温度控制在 48～50℃维持 4～5d，这种高温菌容易成为主导菌群。大量研究结果证明，在堆肥高温期，主要微生物是链霉菌和微单胞杆菌，其中 87%的高温菌属于杆菌属，且多数细菌具有纤维素降解能力。二次发酵过程中检测到属于放线菌门（Actinobacteria）的嗜热裂孢菌（*Thermobifida*）也具有较强的纤维素和半纤维素降解能力。随着木质纤维素逐步降解，培养料逐步变成双孢蘑菇菌丝生长的培养基质。细菌在培养料的发酵过程中起着重要的作用，因此，根据细菌的种类和作用调节发酵的工艺，控制培养料中细菌的种群，充分发挥有益菌种的协同作用，杜绝有害菌的生长，对于提高双孢蘑菇培养料质量、增加蘑菇产量有着重要意义。

表 6-83 DGGE 特征条带测序结果

条带序号	种属	相似度/%	GenBank 序列号	分类
A	芽孢杆菌属（*Bacillus* sp.）B2101	99	JX266369.1	厚壁菌门（Firmicutes）
B	黄杆菌属（*Flavobacterium* sp.）M1-I3	99	HG934362.1	拟杆菌门（Bacteroidetes）
C	球形芽孢杆菌属（*Lysinibacillus* sp.）Tc20	100	KF856718.1	厚壁菌门（Firmicutes）
D	嗜热栖热菌（*Thermus thermophilus* strain）S1	100	JN115087.1	异常球菌—栖热菌（Deinococcus-Thermus）

续表

条带序号	种属	相似度/%	GenBank 序列号	分类
E	莓实假单胞菌（*Pseudomonas fragi* strain）13-18	100	KJ817444.1	变形菌门（Proteobacteria）
F	土壤芽孢杆菌（*Solibacillus silvestris* strain）CM3HG10	100	KM277365.1	厚壁菌门（Firmicutes）
G	不可培养的细菌克隆（Uncultured bacterium clone）C35_D63_H_B_F10	100	EF559131.1	—
H	褐色嗜热裂孢菌（*Thermobifida fusca*）YX	98	NR_102917.1	放线菌门（Actinobacteria）
I	不可培养的细菌（Uncultured bacterium）	86	LN565458.1	—
J	不可培养的微酸菌目（Uncultured *Iamia* sp. Isolate DGGE gel band）XJC-30	99	KF630627.1	放线菌门（Actinobacteria）
K	不可培养的根瘤菌（Uncultured *Rhizobiales* bacterium clone）CNY_01150	100	JQ401159.1	变形菌门（Proteobacteria）

6.4.2.4　菌糠的再利用

以秸秆为原料的培养基栽培食用菌后，通过食用菌菌体的生物固氮作用、酶解作用等一系列生物转化过程，粗蛋白质、粗脂肪含量均比栽培前提高 2 倍以上，纤维素、半纤维素、木质素和抗营养因子如棉酚等均被不同程度降解，其纤维素降低 50%以上，木质素降低 30%以上，棉酚降低 60%以上，同时还产生多种糖类、有机酸和生物活性物质。上述一系列生物转化过程不仅增加原料中有效营养成分的含量，而且提高营养物质的消化利用率。菌糠是良好的有机肥料，还田可以增加土壤有机质、改善土壤理化性状、减少农田化肥使用量。目前大部分地区菌糠未能得到有效利用，遗弃的菌糠还造成环境污染。因此，充分开发利用菌糠肥料，既可做到废物利用、改善环境，又可减少种植业对化学肥料的依赖，降低种植成本，实现经济效益与生态效益双赢。

6.4.3　秸秆植物栽培基料制备技术及应用

无土栽培技术是传统工业生产向现代化、规模化、集约化转化的新型栽培技术，因具有高产、优质、可避免土传病害及连作障碍等优势，在世界范围内得以飞速发展，也是近年来发展最快的农业新技术之一。基质栽培是无土栽培的重要类型，能充分反映无土栽培的水平。基质质量关乎作物的存活、生长与发育。目前，国内外大量采用蛭石、草炭等作为基质，但是草炭价格高、存贮量有限且短期内不可再生，世界上很多国家已经禁止开发。因此开发一种来源广泛、性能稳定、养分丰富、价格低廉且无污染的基质原料对基质栽培规模化生产至关重要。中国秸秆产量巨大、种类繁多，秸秆资源十分丰富。秸秆中含有丰富的氮磷钾及多种微量元素，开发利用秸秆等有机固体废弃物作为栽培基质成为无土栽培的选材方向和研究热点。利用秸秆作为有机生态型无土栽培基质，既能够解决因焚烧秸秆造成的污染问题，又能降低农业生产成本，具有重要的理论意义和实践价值。

前人通过大量的试验证明，秸秆经过堆肥充分腐熟后与蛭石、珍珠岩、炉渣等无机基质按一定比例配合，可以作为育苗基质，能够促进蔬菜的生长，还能够提高蔬菜的品质，增强蔬菜的抗逆性。理想的基质首先要具备较好的理化性状，应具有以下特点：①可以满足种类较多的植物栽培，并且满足植物各个时期生长的需求；②有较轻的容重，操作方便，有利于基质的运输；③有较大的总孔隙度，吸水饱和后，通气孔隙度仍较大，能提供足够的氧气；④绝热性能好，不会因夏季过热、冬季过冷而损伤植物根系；⑤吸水量大，持水性强；⑥本身不带土传病虫害。评测基质的指标有：基质粒径、容重、总孔隙度、通气孔隙度、持水孔隙度、气水比、pH、EC 等。

油菜、玉米、小麦、棉花秸秆发酵之后都可以用来作为有机基质。C/N、秸秆长度、N 源是影响发酵过程的重要参数，通常 C/N 在 25～35 较为合适，但是针对不同的秸秆又有差别。在秸秆发酵之前应将秸秆处理成合适的颗粒大小。秸秆长度直接影响基质容重、总孔隙度和孔隙比，过大或过小都不利于植物根系的生长。将秸秆控制在一定长度范围内，可以促进发酵进程，增强发酵效果，以合适的 N 源来调节 C/N。在农作物秸秆发酵前需要添加 N 源，如鸡粪、尿素、复合肥等。无机 N 源较有机 N 源更容易被微生物利用，因为有机 N 源中的 N 要经过从有机 N 转化成无机 N 的过程，而无机 N 可直接被微生物利用。但是有机 N 持续释放更有利于微生物的长期利用，因此要根据发酵材料的特性来选择合适的 N 源。

秸秆基质制备工艺流程包括秸秆堆腐、物料配比及基质性状调控 3 个部分。生产技术流程见图 6-159。

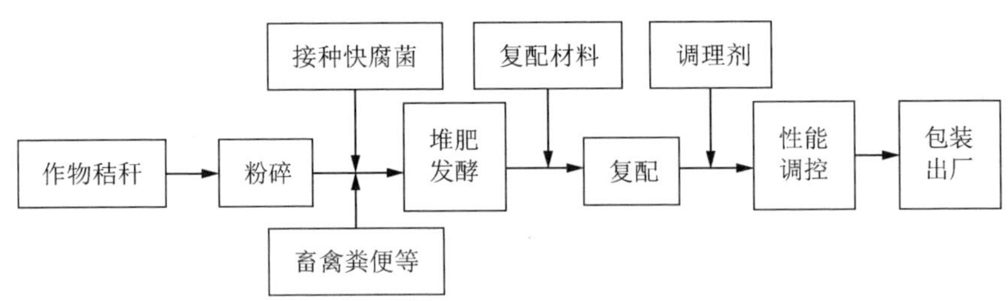

图 6-159　秸秆栽培基质生产技术流程图

秸秆堆腐：秸秆因自身物理、化学性质或生物学稳定性达不到栽培基质的基本要求，不能直接作为基质使用，必须经过堆腐处理。为使秸秆堆腐操作方便、缩短堆腐时间，保证物料腐熟均匀，生产上需要将秸秆进行粉碎处理，一般秸秆粉碎长度 4～5cm，稻麦秸秆粉碎长度小于 10cm。秸秆长度对持水孔隙度、容重有显著影响。有研究表明秸秆长度为 1cm 的处理有利于提高发酵秸秆持水性能、孔隙度和容重，从而增加基质的水分含量以及固定根系的能力。为了加速发酵进程，用于基质原料的秸秆发酵，应先与鸡粪、猪粪等畜禽粪便混合，以调整 C/N。混合比例取决于基质用途与基质标准。在配置过程中应注意鸡粪的盐分含量较高，添加不宜过量，而牛粪的含 N 量偏低，需要补充 N 素化学肥料如尿素等。秸秆堆腐应调节含水量在 60%～70%。生产上也可以用秸秆吸附养殖污水或沼液沼渣，然后进行有氧堆肥，在秸秆利用的同时，可以消纳养殖污水，减少污水排放产生的二次污染。在冬季或寒冷地带进行秸秆堆肥，还需要接种外源有机腐熟剂。秸秆堆腐发酵过程中应严格监测各项理化性状动态变化，以腐熟度作为综合评价指标衡量堆腐产品的质量标准。堆腐后物料质量标准应符合表 6-84 的要求，其中稳定性是指当物料含水量在 35%左右，常温培养 72h，物料温度能够维持室温。物理指标，如温度、气味、颜色等随着堆腐过程的变化比较直观，可以用作定性的判断标准；化学指标如 C/N、氨化合物、有机化合物、阳离子交换量、腐殖质含量等，生物学指标如微生物种群和数量、酶种类及活性、植物毒性指标及一些卫生指标，则可用作定量判断标准。单一指标无法全面反映实际堆腐过程的腐熟特征，应采取综合指标进行评判。

表 6-84　物料腐熟要求

类型	指标	描述	腐熟度等级		
			高	中	低
物理	温度	堆肥温度	≥50℃，5～10d，并稳定		
化学	C/N	物料 TN 和 TOC 含量/（g/kg）	<20	20～30	>30
生物	种子发芽势	发芽数和根长/%（72h）	>150	100～150	<150
	根系建成指标	测量植物高度/cm	>30	20～30	<20

传统发酵采用人工堆肥翻堆方式，是目前国内最为常见的发酵方式。但传统发酵极易使物料受到外界杂菌的污染而影响成品的品质，同时存在劳动强度大、效率低、发酵不充分、腐熟效果差、堆料质量不稳定等缺陷。采用机械化自动搅拌设备，可大大提高发酵工艺效率与发酵产品质量。目前应用于秸秆等物料基质生产的发酵工艺及设备主要有：条垛式堆肥及翻抛机、槽式堆肥翻抛设备、隧道式发酵及配套设备。

堆腐秸秆与其他物料复配：单一秸秆、粪便等有机物料堆肥发酵后，由于存在 EC 偏高，容重、通气空隙不适宜等物理性状缺陷，不能直接作为基质应用，还需要通过与其他物料复配来改善物理性状。此外，有机物料的生物稳定性差，物理性状不稳定，也需要通过与无机物料混合改善其稳定性。通常添加的物料有蛭石、珍珠岩、煤渣、泥炭、土壤等。复配与调制参数应符合表 6-85 和表 6-86 中相关参数的要求。秸秆复合基质作为一种轻型基质，其容重、密度和总孔隙度适中，在复配时应控制珍珠岩的添加比例。国内的容器育苗实践表明，密度大于 0.78g/cm^3 的基质透水保水性能差，而小于 0.3g/cm^3 的基质，因结构过于疏松不能固定苗木，浇水会出现苗木倾斜的现象。珍珠岩的密度比水轻，在大量灌水时会浮在水面，致使下层珍珠岩颗粒与根系脱离，造成根伤，植株也容易倒伏。因此切忌复配时为了降低密度而添加过量的珍珠岩和蛭石。经验表明，通常珍珠岩添加比例不超过 30%。另外基质材料配比要考虑不同基质材料理化性质及幼苗生物学特性。秸秆基质复配后，各项理化指标往往不能同时达到理想的范围，添加某种物料在改善一部分性状的同时，往往会对其他指标产生一定程度的负面作用。因此最佳配方的选择还需要通过基质栽培试验验证，并以作物生长状况作为重要的参考标准。

表 6-85　基质物理性状指标

项目	指标
容重/（g/cm^3）	0.20～0.60
总孔隙度/%	>60
通气孔隙度/%	>15
持水孔隙度/%	>45
气水比	1：（2～4）
相对含水量/%	<35.0
阳离子交换量/（以 NH_4^+ 计，cmol/kg，1cmol=0.01mol）	>15.0
粒径大小/mm	<20

表 6-86　基质化学性状指标

项目	指标
pH	5.5～7.5
电导率/（mS/cm）	0.1～0.2
有机质/%	≥35.0
水解性 N/（mg/kg）	50～500
速效 P/（mg/kg）	10～100
速效 K/（mg/kg）	50～60
硝态氮/铵态氮	（4～6）：1
交换性钙/（mg/kg）	50～200
交换性镁/（mg/kg）	25～100

基质调控：人工制备秸秆基质材料本身的缺陷，即复配之后仍然存在保水保肥性差的问题。如畜禽粪便混合比例高，会造成基质盐分含量过高，影响秸秆基质的应用效果和应用领域，需要添加调理剂，来进一步改善其理化性质。通常添加高吸水树脂、生物炭等材料，可以弥补基质保水保肥性能的不足。另外，腐殖酸、硅藻土、保水剂等材料也常被用作调理剂，以降低基质盐分与提高基质保水保肥能力。

6.5　秸秆吸附养殖粪污水及资源化技术

集约化养殖业的迅速发展，在产生巨大的社会效益和经济效益的同时，也产生大量的畜禽粪便和废水，若不妥善处理将给生态环境带来巨大的污染风险。养殖场排放的粪、尿等，因含水量高，难以直接进行有氧堆肥发酵，而采用厌氧消化处理方法，虽然可无害化并获取一定的生物质能，但其沼液的后续处理或利用仍然存在一定困难。

秸秆木质纤维素含量高，具有较强的吸水能力，且每千克生物质瞬间完全燃烧释放约 15 000kJ 热能，如果缓慢氧化也会释放相同的能量，利用堆肥过程产生的代谢热可以实现生物干燥，对此，国内外已有大量研究。汤国辉（1994）提出利用秸秆生物质热能加热地温构建生物热温室。陈立平（2000）利用微生物代谢产生的热处理糖蜜酒精废液。Papadimitriou（1997）开发了利用厕所废水添加有机物的液态堆肥装置。邓良伟（2004）进行了以玉米秸秆、稻秸、麦秸为载体吸收猪场废水的堆肥发酵试验，以探讨利用堆肥过程处理猪场废水的可行性。结果表明，秸秆与猪场废水联合堆肥发酵可以有效地处理与利用猪场废水，秸秆吸收猪场废水的能力可以达到（1∶5.94）～（1∶6.65）。此后，邓良伟等（2005）又进一步优化堆肥工艺，在夏季可使玉米秆吸收猪场废水的比例达到 1∶9.43，即每吨玉米秸秆，可处理猪场废水 9.43t，堆肥处理后的产品完全符合国家有机肥料质量标准。

为实现秸秆吸附养殖粪污水技术工程化，作者开展相关研究，期待开发出操作更简单、成本更低的秸秆吸附养殖粪污水与资源化技术体系。

6.5.1　秸秆吸附养殖污水特性

以打捆麦秸、稻秸（80cm×40cm×40cm，密度分别为 80.7kg/m^3、92.2kg/m^3）为材料，污水为猪场低浓度养殖污水，COD 为 302mg/kg，TN 为 102.2mg/kg，在模拟条件下，观察秸秆吸附污水特性。

1. 秸秆吸附污水量动态变化

1）打捆麦秸、稻秸吸附污水量随喷淋时间的动态变化

将打捆秸秆放在镂空板上，确保渗滤水能及时排出，采用喷淋头喷淋，喷淋通量设置为 156.25L/（m^2·h），每隔一段时间测量秸秆质量，计算污水与秸秆质量比，观察秸秆吸附污水速度。结果见图 6-160。

由图 6-160 可见，稻麦秸秆吸附污水量随着喷淋时间的延长而增加，喷淋开始 5h 内，秸秆捆吸附污水速度较快，5h 时污水与秸秆质量比达到 2 以上，此后吸附污水速度降低，逐渐趋于平衡。稻麦秸秆捆比较，喷淋前 5h，稻秸捆的吸附污水速率大于麦秸捆，可能原因是稻秸捆的密度大于麦秸捆，稻秸之间的空隙相

对较小，容易固持污水；另外麦秸表面较多蜡质，污水吸附效果较差。据此，单捆秸秆进行喷淋吸附时，若以秸秆吸附污水量达到其自身质量的 2 倍为目标，水稻秸秆需要连续喷淋 4h，小麦秸秆需要喷淋 5h 以上。

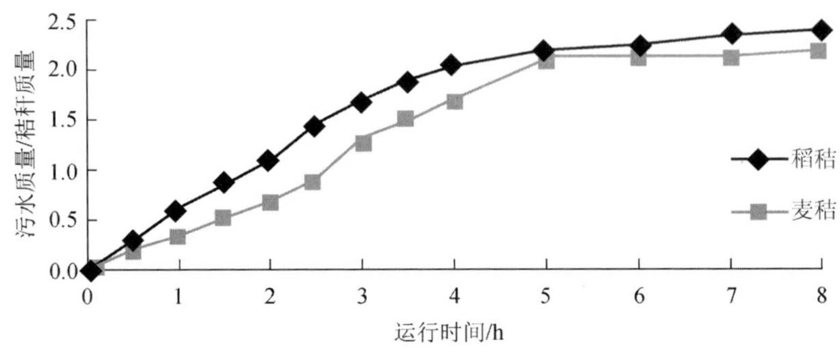

图 6-160　秸秆吸附污水量随时间的动态变化

2）秸秆吸附污水量随喷淋流量动态变化

以打捆麦、稻秸为材料，将秸秆放在镂空板上，采用喷淋方法，水滴平均直径大约为 0.5mm，将流量分别控制在 5、10、15、20（L/h），喷淋 2h，不同秸秆污水吸附量动态变化结果见图 6-161。

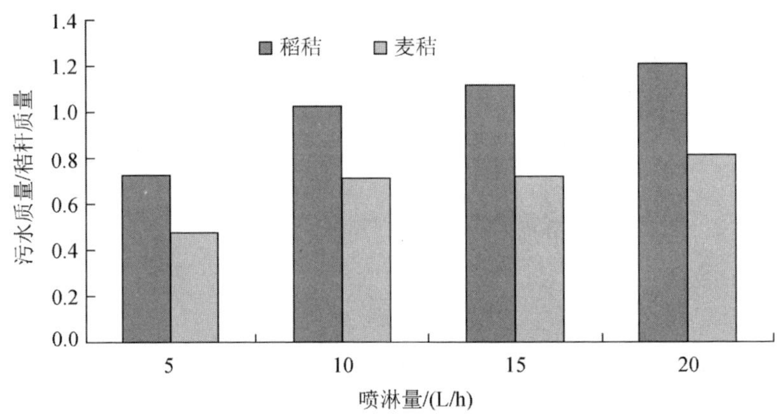

图 6-161　秸秆污水吸附量动态变化

从图 6-161 可以看出，秸秆捆吸附养殖污水量随着喷淋量的增加而增加，5L/h 处理喷淋 2h 条件下，秸秆污水吸附量最少，当喷淋流量为 10L/h 时，秸秆捆污水吸附量显著增加。随着喷淋流量的进一步提高，秸秆污水吸附量呈缓慢增加之势，表明秸秆吸附污水的能力不会随着喷淋流量的增加而成倍增加。由此推断，单捆秸秆选用 10L/h 的喷淋流量较为适宜，即喷淋通量（打捆秸秆截面积）为 31.25L/（m^2 • h）。实际操作中，秸秆捆要堆砌 2m 以上，即至少堆砌 5 层打捆秸秆。为确保 5 层秸秆的需水量，应采用 5 倍喷淋通量，即 156.25L/（m^2 • h）。

2. 秸秆捆渗滤水动态变化

为探明养殖污水渗滤特征与动态变化，选用长宽高规整的秸秆捆（质量为 11.1kg），在秸秆捆下面垫上 9×5=45 个方盒，每个方盒外径长宽为 9.5cm×6.0cm，有效容积为 0.52L。通过观察方盒内收集水量来判断秸秆中渗滤水特征与动态变化。以稻秸为材料，采用喷淋方式，喷淋通量为 156.25L/（m^2 • h），连续运行 4h，收集每 1h 最后 6min 的渗滤水，分析秸秆吸附污水重量及渗滤水量，结果见表 6-87。

表 6-87　单捆稻秸污水吸附量与渗滤量随喷淋时间的动态变化

指标	喷淋时间			
	1h	2h	3h	4h
秸秆吸附总污水量/L	7.40	13.10	20.00	24.00
单位时间内秸秆吸附污水量/L	7.40	5.60	6.90	4.00
单位时间内秸秆渗滤水量/L	42.62	44.33	43.09	46.01
6min 收集污水量/L	4.36	4.42	4.47	4.73

从表 6-87 可以看出，稻秸吸附污水量随喷淋时间的延长而增加，这与前述结果相同。而吸附污水速度则随着喷淋时间的延长而下降，与此相对应的是污水渗滤量逐渐增加。为进一步分析污水渗滤平面分布情况，将每个盒子的收集水量（0～0.5L）分为 10 个等级，每 0.05L 一个等级，用不同灰度进行区分见图 6-162（a）～（d）。

由图 6-162（a）～（d）可见，秸秆渗滤水并未呈现平均分布，而是相对集中在 3 个区域，且均靠近秸秆捆边缘。同时，秸秆两端区域的下渗点也不在同一侧，在不同纵剖面上，渗滤点位置存在差异。这表明污水在下渗过程中，基本是垂直向下，较少横向渗滤，即便是同一捆秸秆，污水向下渗滤的路径也不完全相同。这可能是受秸秆打捆工作方式的影响，秸秆打捆是通过打捆机逐层数次冲压而成，秸秆捆内部秸秆呈现片状，且秸秆中心的密度相对于周边较高，因而造成了渗滤水路径不规律特征。

通过对不同时间段渗滤水收集量及分布情况观察，随着喷淋时间的延长，横切面上水分向下渗滤范围逐步扩大。喷淋 4h 后，底部每个方盒内均收到渗滤水，且秸秆捆边缘渗滤水量逐步增加，在第 3 小时结束时，从边缘 24 个方盒中收集的渗滤水量占总渗滤水量的 81%。

同样试验条件下，以麦秸为材料，结果表明，麦秸捆污水渗透特征与稻秸捆略有差异。喷淋初始阶段，稻秆捆渗滤点相对集中，而麦秸捆则分布较为均衡，几乎整个横切面都有渗滤，但 1h 后，渗透水主要集中到一侧。这可能是因为小麦秸秆比水稻秸秆平滑，且小麦秸秆表面蜡质层较厚，导致污水顺着所有空隙渗透，随着秸秆吸水膨胀与小孔隙堵塞，渗滤水会顺着秸秆排列方向流动，导致渗滤水流向一侧。整个喷淋时间内，麦秸捆渗漏点的分布总体上没有太大的变化，表明麦秸捆渗漏相对稻秸捆较为稳定，在第 4 小时时，边缘 24 个方盒子收集的渗滤水量为总渗滤水量的 73%，远低于稻秸捆边缘渗滤的污水量。

0.19	0.44	0.42	0.04	0.24	0.04	-	-	0.06
0.11	0.19	0.01	0.01	0.16	0.07	-	0.05	0.03
-	0.17	0.02	-	0.10	0.04	-	0.22	0.19
-	0.12	-	-	0.08	-	0.13	0.31	0.09
-	0.04	-	0.06	0.02	-	0.26	0.39	0.07

（a）喷淋1h时渗滤水分布情况

0.22	0.41	0.05	0.04	0.35	0.22	0.04	0.01	0.01
0.12	0.21	0.06	0.02	0.26	0.14	0.07	0.09	0.06
0.10	0.10	0.03	0.04	0.09	0.08	0.03	0.12	0.09
0.03	0.06	0.02	0.03	0.07	0.04	0.01	0.12	0.18
0.02	0.01			0.03	0.01	0.21	0.32	0.15

（b）喷淋2h时渗滤水分布情况

0.23	0.44	0.32	0.12	0.21	0.18	0.01	0.03	0.11
0.11	0.13	0.01	0.03	0.02	0.09	0.05	0.09	0.02
0.09	0.12	0.01	0.01	0.02			0.02	0.02
0.03	0.08	0.03			0.02	0.02	0.21	0.20
0.32	0.04	0.02	0.03	0.12	0.11	0.26	0.22	0.22

（c）喷淋3h时渗滤水分布情况

0.23	0.35	0.23	0.03	0.31	0.13	0.08	0.12	0.08
0.10	0.10	0.02	0.01	0.05	0.05	0.01	0.04	0.06
0.15	0.03	0.01		0.03	0.01	0.02	0.01	0.08
0.18	0.12	0.02	0.03	0.04	0.03	0.05	0.19	0.13
0.21	0.12	0.04	0.02	0.14	0.12	0.21	0.30	0.40

（d）喷淋4h时渗滤水分布情况

图 6-162　不同喷淋时间渗滤水的分布情况

6.5.2 秸秆吸附养殖污水工程技术

6.5.2.1 污水喷淋吸附技术

1. 秸秆捆堆砌方法

在喷淋吸附条件下，污水大多由秸秆捆边缘渗滤。因此，在多层秸秆捆堆砌时，应采取交错堆砌方式，如果可能，可选择不同规格秸秆捆堆砌在一起，以使各层秸秆捆尽可能地交错堆砌。需要特别注意的是，应尽量避免垂直方向形成上下贯通的空隙，以尽可能地截留渗滤污水，促进秸秆吸附污水。

2. 污水喷淋方法

依据开始阶段秸秆吸附污水较慢、此后逐步增加的特点，应采取边堆积边喷淋的方法，即每堆放一层，就喷淋污水一次，保证秸秆堆砌完成前，每捆秸秆均被润湿，以提高后续吸附效果。喷淋时，可以采用低流速连续喷淋方法，喷淋 4h 左右，待秸秆充分浸润后，停留数小时后继续喷淋，以提高秸秆的污水吸附效率。

3. 喷淋工程技术

在地平面上，建设防渗防漏的地面，防雨防腐蚀的钢架大棚、防水墙、斜坡、粪污导水系统、集水井、筛网等，安装水泵与喷淋系统，将农作物秸秆堆积在钢架大棚场地内，由水泵将集水井中污水提升并通过喷淋系统不断喷淋，从秸秆渗滤下来的污水再排入集水井，在反复喷淋的过程中逐步让秸秆吸附饱和粪污水。饱和吸附粪污水的秸秆，采用装卸车辆运送至堆肥厂或进行厌氧发酵场，进行无害化处理（图 6-163 和图 6-164）。

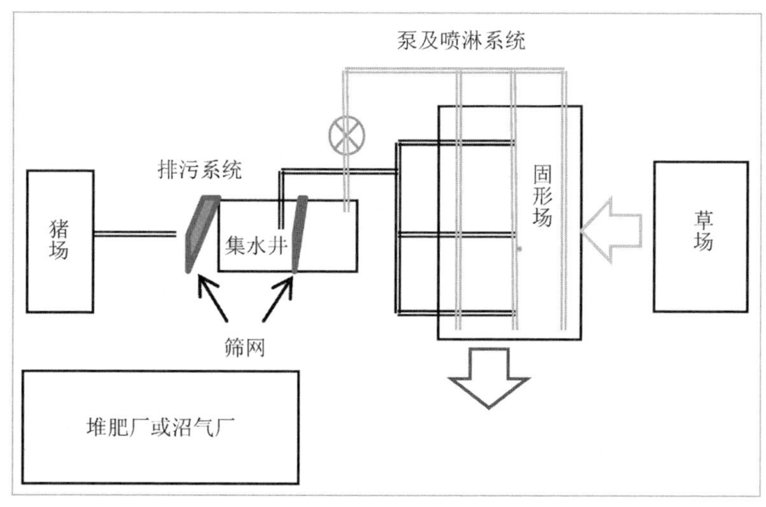

图 6-163　秸秆吸附养殖污水平面布局示意图

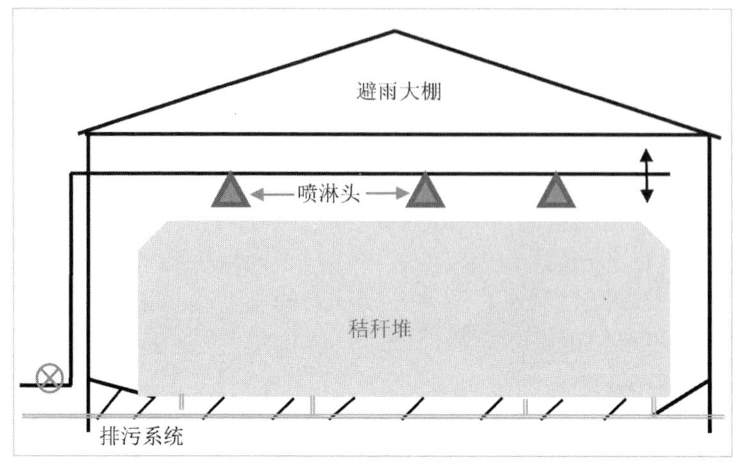

图 6-164　秸秆吸附养殖污水喷淋系统示意图

6.5.2.2　污水浸泡吸附技术

为探索更多秸秆吸附养殖污水工艺技术，将稻麦秸秆捆浸泡于污水中，秸秆捆吸附污水量随时间变化结果见表 6-88。

表 6-88　不同浸泡时间污水质量/秸秆质量

类型	30s	1min	2min	5min
稻秸捆	2.7	3.2	3.4	3.5
麦秸捆	2.2	2.5	2.6	2.9

由表 6-88 可见，采用浸泡方式，秸秆捆吸附污水量远高于喷淋吸水量。稻秸捆吸附污水量高于麦秸捆，且吸水速率也高于麦秸捆，浸泡 1min，稻秸捆吸水量已达自身质量的 3.2 倍，而麦秸捆仅为 2.5 倍。浸泡比喷淋吸附更多养殖污水的原因，一方面可能是喷淋时秸秆内部有大量小的孔隙，阻碍了污水的进入，而浸泡时水压能快速排出秸秆间隙中的空气；另一方面浸泡可以使秸秆全方位充分吸收水分，使秸秆充分吸水膨胀，一定程度上增加了持水性。

6.5.2.3　秸秆浸泡吸附污水工程技术

通过动力装置，将漂浮在水面上的秸秆捆压入污水中，并停留在污水中 30s～2min（可调），使秸秆捆充分吸收污水，然后输送到地面，待沥干后，送到后续处理场地。

在养殖场靠近污水收集池旁边，建造一个入料池，池壁高于地面，入料池一端开口，出口采用梯形设计，并与浸泡槽相连接，浸泡槽高度与入料池相同。在入料池和浸泡槽连接处架设疏导轮和一台直径 1.5m 的转压轮，秸秆捆通过疏导轮被传送到转压轮下，转压轮将秸秆捆压入浸泡槽，浸泡槽水面以下设置有滚轴，可以阻止秸秆上浮，使秸秆捆完全浸泡在水中，通过滚轴秸秆捆向前移动，经过一定时间移动，使秸秆充分吸水。在浸泡槽的末端，是一个向上的斜坡，通过滚轴转动与秸秆捆自身浮力，秸秆捆被推送到地面，待秸秆捆水分淋干后，运送到后续处理场地。其工艺流程详见图 6-165 和图 6-166。

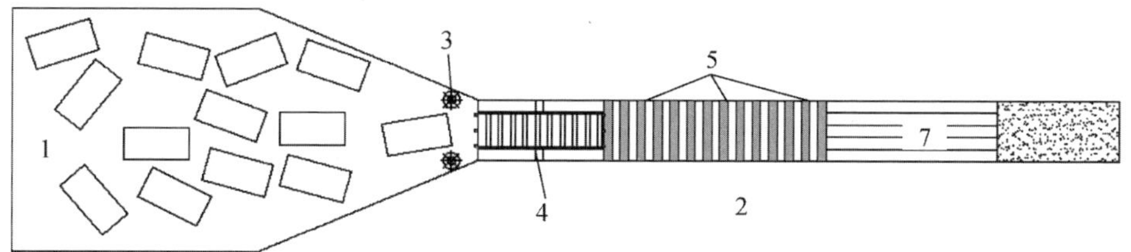

1 为入料池；2 为浸泡槽；3 为疏导轮；4 为转压轮；5 为滚轴；7 为斜坡。

图 6-165　秸秆浸泡吸附污水工艺流程示意俯视图

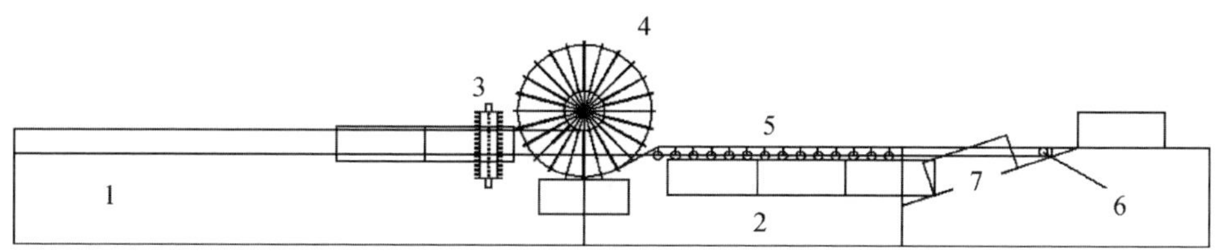

1 为入料池；2 为浸泡槽；3 为疏导轮；4 为转压轮；5 为滚轴；6 为排污口；7 为斜坡。

图 6-166　秸秆浸泡吸附污水工艺流程示意侧视图

6.5.3　吸附养殖粪污水的秸秆资源化技术

6.5.3.1　吸附养殖粪污水秸秆厌氧发酵技术

以麦秸和牛粪水为原料，设置麦秸与牛粪水质量比为 1∶4（T1）、1∶3（T2）和 1∶2（T3）以及秸秆与蒸馏水质量比 1∶4（T4）4 个处理，空白 CK 为仅添加 600g 牛粪水，进行厌氧发酵产气试验，试验共进行 65d。

（1）厌氧发酵日产气量变化（图 6-167）。可以看出，各处理日产气量的变化趋势总体相似，均为先增加后降低。发酵启动 18d 后，T1、T2 和 T3 的日产气量大小依次为 T1>T2>T3，并保持这种趋势直到试验结束，说明初始含水率对秸秆厌氧发酵产气的影响非常明显。31d 后，T1 的日产气量明显大于 T4，差值最大达 0.46L/d，表明将牛粪水与麦秸混合发酵可以提高麦秸的日产气量和产气周期。

（2）沼气中 CH_4 含量动态变化（图 6-168）。可以看出，除 CK 外，各处理的 CH_4 含量均为先迅速增加，17d 后基本稳定在 50%～60%。试验结束时，T1～T4 的平均 CH_4 含量分别为 48.78%、50%、50%和 48.57%，各处理间差异不显著，表明混合发酵对 CH_4 含量的影响不大。

（3）麦秸原料产气量（表 6-89）。经过 65d 的厌氧发酵处理，扣除牛粪水产气的影响后，T1、T2、T3 和 T4 麦秸干物质累积产气量分别为 0.41、0.36、0.30 和 0.35（L/g）。随着厌氧发酵系统初始含水率的提高，TS 累积产气量增加。与 T4 相比，T1 的 TS 累积产气量提高了 17.14%，表明将牛粪水与麦秸混合发酵对提高麦秸的产气潜力有一定的促进作用。厌氧发酵后，T1～T4 的 TS 损失率分别为 64.01%、52.86%、49.18%和 52.25%，添加牛粪水可以促进秸秆干物质的分解，TS 损失率的结果与产气的结果一致。

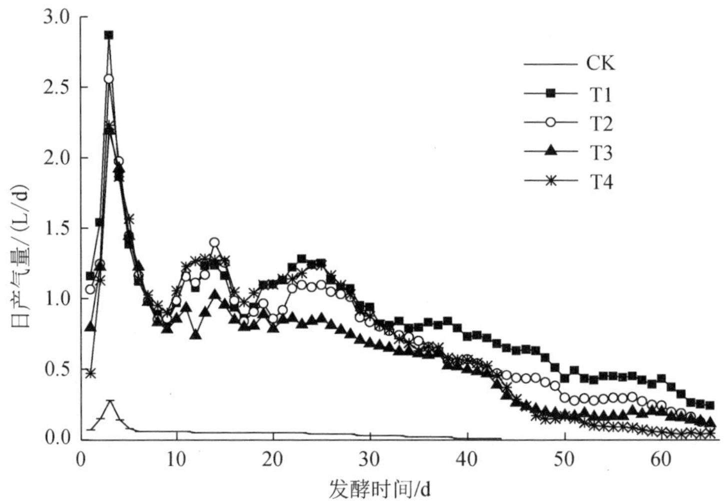

T1、T2、T3 分别为麦秸与牛粪水质量比 1∶4、1∶3、1∶2；
T4 为麦秸与蒸馏水质量比 1∶4；CK 为仅添加 600g 牛粪水。

图 6-167　麦秸与牛粪水混合厌氧发酵过程中日产气量变化曲线

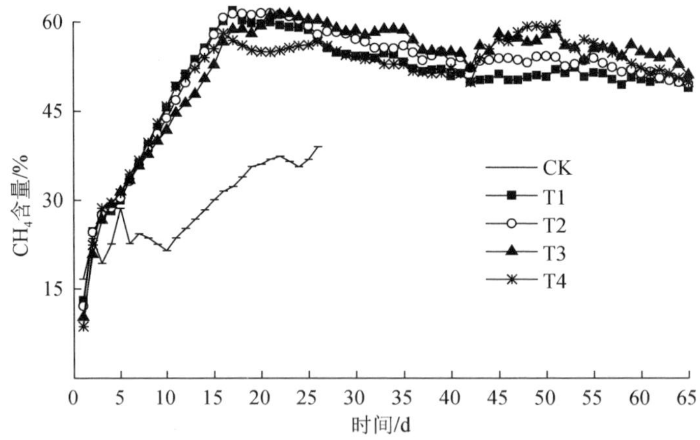

T1、T2、T3 分别为麦秸与牛粪水质量比 1∶4、1∶3、1∶2；
T4 为麦秸与蒸馏水质量比 1∶4；CK 为仅添加 600g 牛粪水。

图 6-168　麦秸与牛粪水混合厌氧发酵过程中 CH_4 含量的变化

表 6-89 麦秸与牛粪水混合厌氧发酵不同处理原料产气情况

处理	累积产气量/L	累积产 CH_4 量/L	麦秸产气量/L	麦秸产 CH_4 量/L	麦秸 TS 累积产气量/（L/g）	麦秸 TS 累积产 CH_4 量/（L/g）	TS 损失率/%
CK	1.72						
T1	55.78	27.09	54.05	26.62	0.41	0.20	64.01
T2	48.36	23.80	47.06	23.45	0.36	0.18	52.86
T3	40.15	19.42	39.28	19.19	0.30	0.15	49.18
T4	45.71	22.11	45.71	22.11	0.35	0.17	52.25

注：T1、T2、T3 分别为麦秸与牛粪水质量比 1∶4、1∶3、1∶2；T4 为麦秸与蒸馏水质量比 1∶4；CK 为仅添加 600g 牛粪水。

（4）厌氧发酵前后，麦秸基本理化特性的变化见表 6-90。可以看出，经过厌氧发酵，麦秸沼渣中 C 下降幅度均在 20%左右，N 和 P 含量均大幅增加，增加幅度分别为 30%和 78%左右，各处理间差异不显著。这是因为在厌氧发酵过程中，厌氧微生物大量分解利用秸秆中的有机 C，C、H、O 元素被转化为 CH_4 和 CO_2 带出系统，N 和 P 相对浓缩。此外，由于厌氧微生物对麦秸有机物的大量分解，麦秸的表面变得疏松多孔，比表面积大幅增加，对 N、P 的吸附能力增加。

表 6-90 麦秸与牛粪水混合厌氧发酵前后麦秸理化特性的变化

处理	C/%	N/%	P/（g/kg）	纤维素/%	半纤维素/%	木质素/%
CK	41.23	1.11	1.74	37.60	30.70	11.50
T1	32.30	1.46	3.05	26.31	18.29	12.48
T2	33.24	1.48	3.27	29.15	21.01	12.36
T3	33.92	1.43	3.29	30.34	23.52	12.23
T4	33.34	1.39	2.76	29.66	22.81	12.35

注：T1、T2、T3 分别为麦秸与牛粪水质量比 1∶4、1∶3、1∶2；T4 为麦秸与蒸馏水质量比 1∶4；CK 为仅添加 600g 牛粪水。

以上结果表明，将牛粪水与麦秸混合发酵产沼气可以正常进行，且可以延长产气期两周以上。但是，麦秸与牛粪水混合比例对厌氧发酵产气量影响较大，随着 TS 浓度的增加，麦秸产气量降低，CH_4 含量变化不大，以初始麦秸与牛粪水混合比（质量比）1∶4 的产气效果最好，麦秸 TS 产气量为 0.41L/g。与 CK 相比，麦秸与牛粪水混合发酵产气量提高了 17.14%，表明将牛粪水与麦秸混合发酵对提高麦秸的产气量有促进作用。

6.5.3.2 吸附养殖粪污水秸秆好氧堆肥技术

试验共设 5 个处理，分别记作 T1、T2、T3、T4 和 T5。T1 为麦秸与沼渣质量比 1∶1 混合物；T2 为麦秸吸附沼液质量比 1∶2 混合物；T3 为麦秸与牛粪质量比 1∶1 混合物；T4 为麦秸吸附牛粪水质量比 1∶2 混合物；T5 为麦秸，用尿素调节物料 C/N 为 35∶1。各处理均采用条垛式堆制方式进行，共堆肥 60d。

1. 小麦秸秆和奶牛场废弃物混合堆肥温度变化

温度影响微生物的活动能力，进而影响微生物对有机物料的腐解，同时温度变化也反映堆肥过程中微生物活动强度及堆肥进程。秸秆与奶牛场废弃物混合堆肥各处理温度变化趋势基本相同，均经过快速升温、高温和降温 3 个阶段（图 6-169）。T1、T2、T3、T4 和 T5 处理堆温分别在堆肥开始后的 2d、3d、2d、3d 和 3d 超过 50℃，50℃以上的持续天数分别为 30d、17d、41d、12d 和 24d，均符合粪便无害化卫生标准（GB 7959—1987）（表 6-91）。其中 T3 处理持续天数最长，T4 处理持续时间最短，这主要归因于各处理有机物质含量与组成不同，致使微生物代谢过程产生差异。各处理分别在堆肥后的第 6 天、第 5 天、第 5 天、第 3 天和第 7 天达到相应的堆肥最高温度 74.3℃、60.6℃、72.3℃、59.1℃和 66.0℃（表 6-91）。

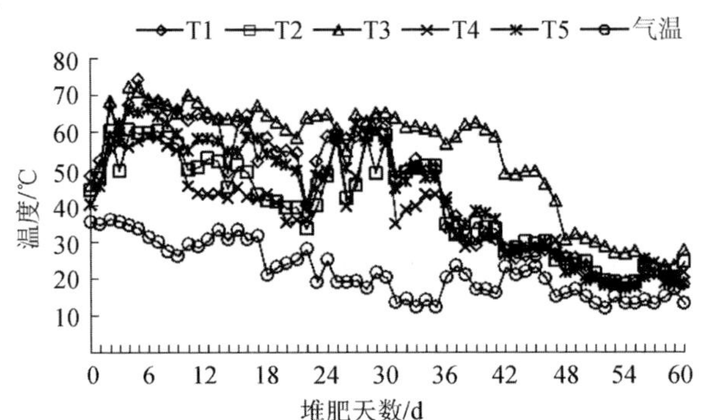

T1 为麦秸与沼渣质量比 1∶1 混合物；T2 为麦秸吸附沼液质量比 1∶2 混合物；T3 为麦秸与牛粪质量比 1∶1 混合物；T4 为麦秸吸附牛粪水质量比 1∶2 混合物；T5 为麦秸，用尿素调节物料 C/N 为 35∶1。

图 6-169　小麦秸秆与奶牛场废弃物混合堆肥不同处理堆体温度变化

表 6-91　小麦秸秆与奶牛场废弃物混合堆肥过程温度特性

处理	达 50℃所需天数/d	最高温度/℃	达最高温度天数/d	高温维持天数/d	
				≥50℃	≥60℃
T1	2	74.3	6	30	16
T2	3	60.6	5	17	3
T3	2	72.3	5	41	34
T4	3	59.1	3	12	0
T5	3	66.0	7	24	8

注：T1 为麦秸与沼渣质量比 1∶1 混合物；T2 为麦秸吸附沼液质量比 1∶2 混合物；T3 为麦秸与牛粪质量比 1∶1 混合物；T4 为麦秸吸附牛粪水质量比 1∶2 混合物；T5 为麦秸，用尿素调节物料 C/N 为 35∶1。

2. 小麦秸秆与奶牛场废弃物混合不同处理堆肥物料的碳、氮含量变化

有机质是堆肥过程中微生物赖以生存和繁殖的基本条件，有机质提供微生物代谢的能源和 C 源，堆肥过程是微生物利用有机质进行生长繁殖将有机质降解为

CO_2 等无机质的过程，因而堆肥有机 C 变化能在一定程度上反映堆肥的进程。有些学者通过研究堆肥过程中有机 C 的降解率来判断堆肥的腐熟度。本试验各堆肥处理的有机 C 含量均随堆肥进程呈下降趋势，各处理的有机 C 含量在高温堆肥前期下降较快，后期趋于平缓。这归因于在高温堆肥初期升温速度较快，高温加速了有机质的分解，随着堆肥温度的降低，有机质的分解速度减缓。这与鲍艳宇等（2010）、张鸣等（2010）和高伟等（2006）的研究结果相一致。60d 堆肥结束后，各处理有机 C 含量分别降低了 14%、5.5%、15.8%、4.45%和 10.7%，其中 T3 处理的有机 C 含量下降幅度最大，T1 处理次之，T2 处理下降幅度最小，可能原因是 T3 处理含牛粪和 T1 处理含沼渣，它们与小麦秸秆混合后更有利于微生物活动。各处理 TOC 含量在高温期分别下降了 12.07%、4.77%、14.8%、4.25%和 9.14%，占堆肥全过程 TOC 含量下降的 86.21%、86.72%、93.67%、95.51%和 85.42%。各处理 50℃以上高温持续天数分别为 30d、17d、41d、12d 和 24d，与堆肥全过程各处理的相应有机 C 含量降幅呈极显著正相关（r=0.965，P<0.01）。可见在堆肥过程中保持合理的高温持续时间有助于加速有机质的降解，堆肥结束时，各处理 TOC 含量在 342.39～430.89g/kg［图 6-170（a)］。

堆肥中 N 素变化对堆肥产物品质有重要的意义。试验中 T1 处理 TN 含量随着堆肥进程的逐渐增加，到 54d 达到最大值 31.38g/kg，随后有所减少并保持稳定。T3 和 T5 处理的 TN 含量在前 30d 逐渐增加，随后有所下降。T2 处理和 T4 处理的 TN 含量在堆肥结束后增加较少，其中 T2 处理的 TN 含量先缓慢增加，36d 后缓慢降低，T4 处理的 TN 含量先缓慢增加，42d 后下降。堆肥结束时，T1、T2、T3、T4 和 T5 处理的 TN 含量分别比堆肥开始时增加 66.75%、50.89%、77.05%、43.08%和 74.12%，主要原因在于高温堆肥过程中，尽管有氨气挥发引起堆肥 N 素的损失，但是由于堆肥总固形物减少，仍表现为堆肥 TN 含量升高。堆肥结束时，各处理堆肥产物 TN 含量依次为 T3>T1>T5>T2>T4。这由各处理初始物料 TN 含量差异所致，其中牛粪和沼渣与小麦秸秆混合物的 TN 含量远高于沼液和牛粪水与小麦秸秆混合物的 TN 含量［图 6-170（b)］。

堆肥过程是在微生物作用下有机 C 被消耗并转化为 CO_2 和腐殖质的过程，其中部分有机 N 转化为铵态 N，部分 N 以 NH_3 形式挥发散失，部分铵态 N 通过硝化作用转化为硝酸盐和亚硝酸盐，还有部分被生物体吸收重新转化为有机 N。堆肥过程也是 C/N 不断下降的过程，C/N 值在一定程度上反映堆肥产物的腐熟程度。试验中 T1、T3 和 T5 处理的 C/N 随着堆肥进程呈逐渐降低的趋势，并最终趋于稳定，这归因于 3 种处理前期有机质分解剧烈，而 N 素损失相对较少；T2 和 T4 处理的 C/N 前期逐渐减少，而在第 42 天后逐渐增加，这可能源于有机 C 分解缓慢和 N 素损失较大所致［图 6-170（c)］。试验结束时各处理 C/N 分别由 24.29、54.04、24.82、60.78 和 36.63 降为 12.55、33.82、11.45、40.59 和 18.79。依据吴银宝等（2003）以 C/N 小于 20 为达到腐熟的标准进行评价，则本试验中 T2 和 T4 处理的 C/N 均大于 20，都未达到腐熟。但本试验中主要物料为小麦秸秆，因此上述研究者所提出的 C/N 腐熟标准可能不适用于本试验腐熟度的判断。将 C/N 作为堆肥腐熟指标的争议一直存在，如 Morel 等（1985）认为 C/N 小于 20 只是堆肥腐熟的必要条件，他提出采用堆肥终点 C/N 与初始 C/N 的比值（T 值）来评价腐熟度，并认为当 T 值小于 0.6 时堆肥才达到腐熟，也有研究认为 T 值应在 0.53～0.72 或 0.49～0.59。本试验结束时，各处理 T 值分别为 0.52、0.63、0.46、0.67 和 0.51，与上述研究结果一致。

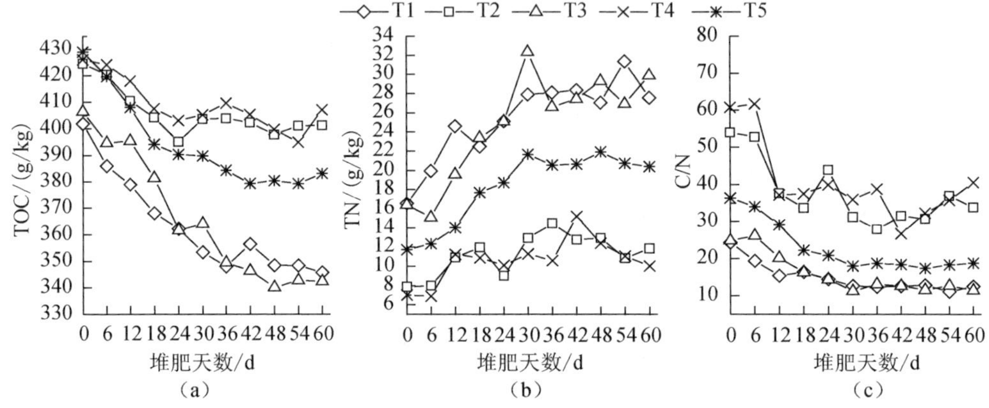

T1 为麦秸与沼渣质量比 1∶1 混合物；T2 为麦秸吸附沼液质量比 1∶2 混合物；T3 为麦秸与牛粪质量比 1∶1 混合物；T4 为麦秸吸附牛粪水质量比 1∶2 混合物；T5 为麦秸，用尿素调节物料 C/N 为 35∶1。

图 6-170 小麦秸秆与奶牛场废弃物混合堆肥物料的 TOC、TN 和 C/N 的变化

3. 小麦秸秆与奶牛场废弃物混合不同处理堆肥物料的 DOC 含量变化

DOC 是堆肥微生物直接可利用的 C 源，有机物料分解中产生的 DOC 强烈影响整个分解过程，可通过测定有机物料经浸提过滤后溶液中 DOC 量来表征其含量。本试验各处理在 60d 的堆制过程中，T1 和 T3 处理的 DOC 变化趋势相同，前 24d 先增加后减少，分别在第 18 天和第 6 天达到最大值 2.59 和 2.96（g/kg），在随后的第 30 天和第 42 天又出现两个高峰，分别为 2.49、2.59 和 2.25、3.02（g/kg），42d 后趋于减少；T2、T4 和 T5 处理的 DOC 呈先增加后减少的趋势，均在第 6d 达到峰值，分别为 2.11、1.94 和 2.39（g/kg）。本试验所有处理在前 6 天均属堆肥初始阶段，该时段堆温迅速升高，物料中易分解的脂肪和碳水化合物等有机物被微生物矿化和分解，并且分解速度较快，生成较多的 DOC；此后随着有机物分解速度的减慢，原来分解的 DOC 又被微生物利用，DOC 含量又有所降低（图 6-171）。T1 和 T3 处理由于有机质含量高，堆肥过程中微生物代谢活动活跃，DOC 含量要高于其他处理，T2、T4 和 T5 处理的原料组成相似，因而 DOC 变化趋势也相似。Iannotti 等（1994）进行的城市固体废弃物堆肥 DOC 动态变化趋势与本试验相同，

但 Leita（1991）和 Murwira 等（1990）进行城市固体废弃物和牛粪堆肥时，发现堆肥过程中 DOC 含量却始终下降，说明在不同的堆肥物料和堆肥条件下，DOC 含量的动态变化规律并不完全相同。

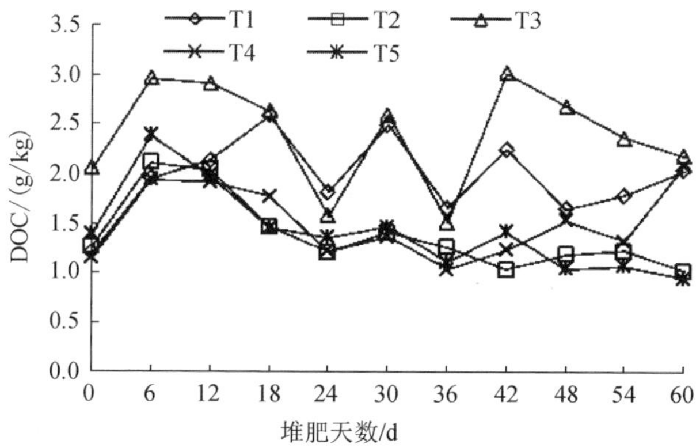

T1 为麦秸与沼渣质量比 1∶1 混合物；T2 为麦秸吸附沼液质量比 1∶2 混合物；T3 为麦秸与牛粪质量比 1∶1 混合物；T4 为麦秸吸附牛粪水质量比 1∶2 混合物；T5 为麦秸，用尿素调节物料 C/N 为 35∶1。

图 6-171　小麦秸秆与奶牛废弃物混合堆肥物料 DOC 含量变化

Garcia 等（1992）对城市废物堆肥的研究表明，当 DOC 在堆肥中的含量小于 5g/kg 时堆肥达到腐熟。本试验结束时各处理的 DOC 含量分别为 2.04、1.02、2.18、2.09 和 0.95（g/kg），均小于 5g/kg。若以上述标准评价，各处理堆肥均已腐熟。但也有研究指出堆肥过程中的 DOC 含量变化比较复杂。能否把 DOC 含量作为腐熟度指标一直存在争议。

4. 小麦秸秆与奶牛废弃物混合不同处理堆肥物料的 TP 和 TK 含量变化

各堆肥处理过程中 TP 含量均呈上升趋势，与关升宇（2006）研究牛粪发酵过程中的 TP 变化趋势相似。在堆肥结束时，T1、T2、T3、T4 和 T5 处理的 TP 含量分别由开始时的 9.81、3.47、10.71、2.23 和 2.11（g/kg）增加到 12.02、4.80、20.06、3.49 和 4.40（g/kg），堆肥结束时的 TP 含量比堆肥开始时分别增加 22.52%、38.32%、87.30%、56.50%和 108.53%。这是由于高温堆肥过程中 P 素较 N 素稳定，尽管 P 素在不同形态间相互转化，但不会挥发损失，所以随着堆肥总质量的下降而含量上升。在堆肥结束时，不同堆肥处理 TP 含量依次为 T3>T1>T2>T5>T4，堆肥过程中，T1 和 T3 处理的 TP 含量高于其他处理，这由 T1 和 T3 处理的初始物料中 TP 含量较高且堆制后总固形物量下降较多所致［图 6-172（a)]。

各堆肥处理过程中 TK 含量均呈上升趋势，各处理 TK 含量分别由开始时的 24.59、25.02、24.67、26.54 和 24.53（g/kg）增加到 30.04、32.44、39.49、33.02 和 38.54（g/kg），堆肥结束时的 TK 含量比堆肥开始时分别高 22.16%、29.66%、60.07%、24.42%和 57.11%。主要原因是堆肥过程中微生物代谢活动分解有机质，使堆肥的质量减少，进而增加 TK 含量。在堆肥结束时，不同处理 TK 含量依次为 T3>T5>T4>T2>T1［图 6-172（b）］。

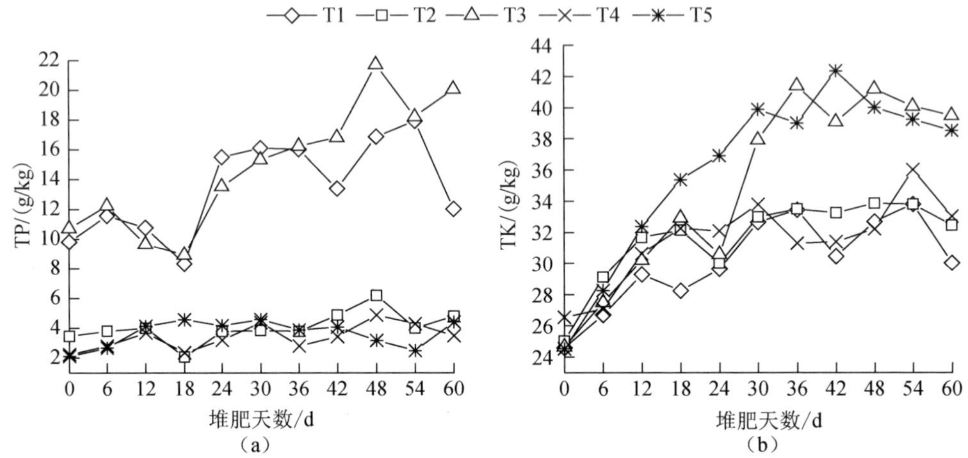

T1 为麦秸与沼渣质量比 1∶1 混合物；T2 为麦秸吸附沼液质量比 1∶2 混合物；T3 为麦秸与牛粪质量比 1∶1 混合物；T4 为麦秸吸附牛粪水质量比 1∶2 混合物；T5 为麦秸，用尿素调节物料 C/N 为 35∶1。

图 6-172 小麦秸秆与奶牛废弃物混合堆肥物料全磷（TP）和全钾（TK）变化

堆肥结束时，各堆肥产物总养分（$N+P_2O_5+K_2O$）含量分别由开始时的 50.94、36.34、51.76、35.78 和 34.35（g/kg）增加到 69.61、49.10、89.45、46.54 和 63.33（g/kg），其中 T3 处理总养分含量最高，T1 次之，各堆肥终产物均符合国家有机肥的总养分含量标准，是一种肥效较高的有机肥。

以上结果表明，小麦秸秆分别与沼渣、牛粪混合或小麦秸秆吸附沼液、牛粪水堆肥后，50℃以上堆体温度持续天数分别为 30、17、41、12 和 24（d），持续时间均超过 7d，所有处理均符合粪便无害化卫生标准（GB 7975—1987）对堆肥过程高温时间的要求。

6.6 秸秆制作盆钵技术

农作物秸秆是一种天然植物纤维原料，具有可再生和降解性能，同时具有较高的比强度和比模量，利用植物秸秆制备可降解复合材料已成为一个研究热点，并取得了一定的成果（Ramesh, 2016; Ramamoorthy et al., 2015）。美国用植物纤维与废塑料加工而成的复合材料已被大量用作托盘和包装箱，用以替代木质产品。其利用小麦秸秆纤维和麦粒淀粉制成的快餐盒比用纸板包装盒和土豆淀粉制成的快餐盒保温时间更长，且废弃后还可以很好地转化成肥料。英国 Brunel 大学将经过分离和提纯的麦草纤维与热塑性淀粉混合后再进行热压加工，制作热成型制品，可用作包装材料和建筑材料。Avérous 等（2006）采用挤塑和注塑成型工艺，研究麦草纤维作为芳香族高聚物——聚乙二酸—对苯二甲酸乙二醇酯的填料。利用秸秆纤维制备可降解盆钵容器，可有效提高秸秆综合利用的附加值。

目前，国内外育苗采用的容器主要是塑料钵。塑料钵育苗有许多优点，制作成本低、质量轻、保水性好，深受消费者青睐。但是，塑料制品的生产原料主要是不可再生的石油、煤炭等资源；其化学性质十分稳定，在环境中降解需要上百年的时间，存留在土壤中影响土壤透气性和植物根的生长（Webb et al.，2013）。因此，大量生产与使用塑料制品不仅会增加人类对地球不可再生资源的消耗，也对土壤质量造成严重威胁。因此，随着生态环境的持续恶化和人们资源与环境意识的提高，生物可降解盆钵容器越来越受到人们的关注。

秸秆盆钵容器成型技术是利用农作物秸秆的重要途径之一，是近年来国内外秸秆综合利用新的研究方向之一。随着现代农业的发展，容器育苗越来越被广泛采用，国内外蔬菜、花卉与苗木等的育苗方式正在由传统的露地育苗转向容器育苗。容器苗与裸根苗相比有如下优点。①运苗以及栽植时，苗根不会受到损伤，根系失水较少，移植后成活率高。②可在一定程度上打破季节限制，延长移栽时间，利于栽种茬口调整和劳动力的安排。对于林木而言，小苗木发芽生长后也能够继续进行造林，大大提高了造林时间安排上的灵活性。③可降低立苗困难土壤的种植难度，提高成功率，特别是在多石质、浅土层、干旱等类型的土壤上，裸根苗移栽极难成功，而使用盆钵容器苗则可以取得良好的效果。

中国秸秆盆钵容器制作技术研究起步于 20 世纪 90 年代初期。中国包装总公司自主研发了一种湿法制作育苗和栽培用的纸浆容器工艺，并开发了相应的半自动化生产设备。目前，该工艺技术仍然被一些国内企业使用，由于生产加工成本高，主要外销日本和欧美市场。20 世纪 90 年代中期，郭康权等（1995）以玉米秸秆为材料，通过粉碎和高温模压的方法成功生产出植物育苗盆钵，开创了以农作物秸秆机械化生产生物可降解育苗容器的先河。同期，中国科技大学等科研团队成功研制出以稻糠、花生壳等为原料生产育苗栽培容器、可降解餐具等的工艺。张欣悦等（2013）研制了一种新型水稻植质钵育秧盘制备方法，产品成本为市场上育秧盘的 1/10，该育秧盘达到产业化生产的技术要求，可以实现产业化生产。

但是，农作物秸秆是一种非均质的、各向异性的天然高分子材料，主要由纤维素、半纤维素和木质素等聚合物组成，既不能被普通溶剂溶解也不能被高温熔融。在模具中将秸秆压缩成型生产容器（如盆钵）过程中，由于秸秆纤维本身结构的特殊性，易出现界面湿润性差、界面黏合性差等现象，造成秸秆纤维不易加工利用（武国峰等，2016）。改善秸秆纤维加工性能的主要途径包括：破坏秸秆纤维的物理结构，减弱或抵消纤维分子间的氢键作用，分离出纤维高分子，降低纤维分子热运动的活化能及添加增塑剂提高秸秆纤维的流变性能（陈晓浪等，2010）。物理方法耗能大，成本高，不适于大规模处理；化学处理易造成环境二次污染，导致秸秆本身某些优良特性丧失，不利于秸秆环境友好型利用。

因此，秸秆的流变性能是制约秸秆压缩成型的瓶颈，改善秸秆纤维流变性能是实现秸秆压缩成型利用的必要前提。本节主要通过对秸秆进行生物改性，提高其流变性能，进而以改性秸秆纤维为原材料，与自主研发的大豆蛋白改性脲醛树脂胶黏剂一起，经混炼、模压、成型工艺，形成秸秆盆钵制备技术，开发秸秆材料化利用的新途径。

6.6.1 秸秆生物改性技术

微生物降解过程主要使聚合物主链的任何处均可能断裂，表现为降解初期相对分子质量减少较快，质量减少较小；其次是生物质高分子链的解聚，一般是在大分子末端断裂，生成自由基，然后按链锁机理迅速逐一脱出单体；再次是大分子链段中的弱键分解，即大分子中相对较弱的化学键的分解。微生物降解可以改变秸秆的结构和成分，降低纤维素、木质素及半纤维素的分子量，降低植物纤维的醇羟基和酚羟基的化学极性，从而改善秸秆纤维的流变性能。

6.6.1.1 微生物改性对秸秆纤维物化性质的影响

生物预处理可以改善秸秆纤维的物化性质，是一种提高秸秆纤维综合利用的前期处理方式。研究微生物改性与秸秆纤维物理、化学结构之间的变化规律，可有效改善秸秆纤维的材料化利用途径。

本试验所用的小麦秸秆取自江苏省农业科学院粮作所（西农 979），所用微生物菌剂为江苏省农业科学院农业资源与环境研究所筛选分离的单一菌种——娄彻氏链霉菌。试验首先向粉碎烘干的小麦秸秆粉中添加尿素，调节体系 C/N 为 30∶1，然后用营养液调节体系含水率至 65%～70%，再接种娄彻氏链霉菌，混匀，装于 250mL 锥形瓶中并置于电热恒温箱中培养，每 3d 翻搅 1 次。采用正交平衡区组设计，考察秸秆纤维物理化学结构变化与微生物改性之间的相关性。

1. 微生物改性与秸秆物化性能回归模型建立

本节采用多元二次非线性回归方程对秸秆质量损失率、压缩强度、纤维素、半纤维素和木质素与微生物发酵条件间的函数关系进行拟合。拟合的多元二次非线性方程式为

$$f(x)=\beta_0+\sum_{j=1}^{n}\beta_j x_j+\sum_{j=1}^{n}\beta_{jj}x_{jj}^2 \tag{6-11}$$

式中，x_j、x_{jj} 表示自变量，$f(x)$ 表示因变量，β_0 是偏回归系数常数，β_j、β_{jj} 为偏回归系数。

质量损失率、压缩强度、纤维素、半纤维素及木质素的计算结果见表 6-92，以质量损失率、压缩强度、纤维素、半纤维素及木质素含量作为目标函数［因变量 $y=f(x)$］，以菌液体积、培养温度、麦秸粒径、发酵时间及误差列为自变量（x_i），采用 SPSS 17.0 分析软件计算，建立目标函数与各试验因子间的回归模型（表 6-93），表 6-94 是偏回归系数显著性检验结果。

表 6-92　L_9（3^4）正交平衡区组设计及结果

序号	因素					指标				
	x_1/mL	x_2/℃	x_3/目	x_4/d	x_5	质量损失率 y_1/%	压缩强度 y_2/MPa	纤维素 y_3/%	半纤维素 y_4/%	木质素 y_5/%
1	4（−2）	35（−1）	10（−2）	10（1）	4（2）	2.37	44.08	48.65	23.43	17.75
2	4	40（1）	20（−1）	0（−2）	1（−2）	7.93	46.97	51.51	27.37	11.27
3	4	45（2）	40（1）	15（2）	3（1）	11.33	39.58	55.29	28.93	8.37
4	4	30（−2）	60（2）	5（−1）	2（−1）	13.52	36.94	55.66	23.01	9.26
5	8（−1）	40	10	5	3	4.22	45.91	40.97	28.12	22.30
6	8	35	20	15	2	12.28	46.34	51.46	24.83	14.45
7	8	30	40	0	4	7.75	43.41	54.58	30.04	8.61
8	8	45	60	10	1	5.33	35.93	49.72	29.70	7.91
9	12（1）	45	10	15	1	3.49	42.56	42.36	29.52	19.86
10	12	30	20	5	4	12.31	46.99	52.11	24.15	15.91
11	12	35	40	10	2	10.06	40.99	58.44	22.25	10.39
12	12	40	60	0	3	7.24	36.14	46.02	27.14	13.41
13	16（2）	30	10	0	2	4.23	48.39	52.34	27.57	12.14
14	16	45	20	10	3	7.27	41.65	52.83	29.76	10.77
15	16	40	40	5	1	12.41	42.47	57.35	23.80	10.07
16	16	35	60	15	4	11.56	42.42	53.85	21.65	10.40

注：x_1 为菌液体积；x_2 为培养温度；x_3 为麦秸粒径；x_4 为发酵时间；x_5 为误差列；（−2）、（−1）、（1）和（2）表示因素水平序号。

分析采用多元线性回归向后分析法，不考虑交互作用。为了明确回归模型是否有意义，采用 F 检验对回归方程进行显著性检验（表 6-93）。结果可见，5 个模型的确定系数 R^2 均大于 0.7。$0 \leqslant R^2 \leqslant 1$，直接反映回归方程中所有自变量变异占总变异的百分比。R^2 值越接近 1，表示回归模型的拟合效果越好。对回归模型进行显著性检验，5 个模型的回归项 P 值分别为 0.089、0.002、0.000、0.006 和 0.007。除质量损失率回归模型没有达到显著回归，其余均达到显著或极显著回归。纤维素的回归模型极显著（$P<0.01$），压缩强度、半纤维素和木质素的回归模型显著（$P<0.05$），说明建立的 4 个二次回归模型拟合程度较高，回归模型方程有效，能够反映麦秸发酵初始水平与物料压缩强度、纤维素、半纤维素以及木质纤维降解率的相关性（表 6-94）。

表 6-93　麦秸物化指标与试验因子（菌液体积、培养温度、麦秸粒径、发酵时间及误差列）相关性回归方程

序号	回归方程	R^2	P 值
1	$y_1=6.903-0.463x_1+0.558x_3+0.196x_4+0.026x_1^2-0.004x_2^2-0.007x_3^2-0.123x_5^2$	0.708	0.089
2	$y_2=54.805-0.397x_4-3.033x_5-0.004x_2^2-0.002x_3^2+0.026x_4^2+0.584x_5^2$	0.853	0.002**
3	$y_3=64.353-2.156x_1-0.469x_2+0.887x_3+0.546x_4-0.945x_5+0.024x_1^2-0.011x_3^2+0.016x_4^2$	0.954	0.000**
4	$y_4=94.631+0.740x_1-4.127x_2-0.033x_3-0.715x_4+0.354x_5-0.040x_1^2+0.060x_2^2+0.032x_4^2$	0.903	0.006**
5	$y_5=-44.130+1.636x_1+3.100x_2-0.596x_3+0.742x_5-0.084x_1^2-0.040x_2^2+0.006x_3^2$	0.860	0.007**

注：x_1 为菌液体积；x_2 为培养温度；x_3 为麦秸粒径；x_4 为发酵时间；x_5 为误差列。R^2 为模型确定系数。

** 表示差异极显著。

表 6-94　偏回归系数差异显著性检验

变异原因		质量损失率		压缩强度		纤维素		半纤维素		木质素	
		t 值	*P* 值	*t* 值	*P* 值	*t* 值	*P* 值	*t* 值	*P* 值	*t* 值	*P* 值
常数项		1.268	0.240	15.103	0.000**	14.913	0.000**	4.995	0.002**	-1.425	0.192
一次项	x_1	-0.536	0.607	—	—	-4.369	0.003**	1.723	0.129	2.336	0.048*
	x_2	*	—	—	—	-5.566	0.001**	-4.058	0.005**	1.871	0.098
	x_3	3.198	0.013*	—	—	8.888	0.000**	-1.847	0.107	-4.214	0.003**
	x_4	1.456	0.183	-1.296	0.227	2.223	0.062	-3.345	0.012*	—	—
	x_5	—	—	-1.228	0.251	-2.449	0.044*	1.052	0.328	1.379	0.205
二次项	x_1^2	0.607	0.561	—	—	4.759	0.002**	-1.891	0.101	-2.441	0.041*
	x_2^2	-2.235	0.056	-2.584	0.029*	—	—	4.453	0.003**	-1.806	0.109
	x_3^2	-2.742	0.025*	-6.340	0.000**	-8.052	0.000**	—	—	3.241	0.012*
	x_4^2	—	—	1.342	0.213	-1.700	0.133	2.372	0.049*	—	—
	x_5^2	-0.927	0.381	1.204	0.259	—	—	—	—	—	—

* 表示差异显著，** 表示差异极显著。

从偏回归系数差异显著性检验表（表 6-94）可以看出，因子 x_3 的一次项和二次项对质量损失率的影响达到显著水平；x_2 和 x_3 的二次项对压缩强度的影响达到显著或极显著水平；x_1、x_2、x_3 和 x_5 的一次项及 x_1 和 x_3 的二次项对纤维素的影响达到极显著或显著水平；x_2 和 x_4 的一次项和二次项对半纤维素的影响达到极显著或显著水平；x_1 和 x_3 的一次项和二次项对木质素的影响达到显著水平。因此可得，试验的各个因子中菌液体积对纤维素和木质素的影响最大，培养温度对压缩强度、纤维素和半纤维素的影响最大，麦秸粒径对质量损失率、压缩强度、纤维素和木质素的影响最大，发酵时间对半纤维素的影响较大。

2. 微生物改性对秸秆纤维性能影响作用的主次分析

微生物发酵因素对秸秆纤维性能指标的贡献率主次见表 6-95（不考虑二次项因素影响）。根据方差分析结果可知，影响微生物发酵麦秸质量损失率的因素依次是麦秸粒径、发酵时间、菌液体积和培养温度；影响微生物发酵麦秸压缩强度的因素依次是麦秸粒径、培养温度、发酵时间和菌液体积；影响微生物发酵麦秸纤维素的因素依次是麦秸粒径、菌液体积、培养温度和发酵时间；影响微生物发酵麦秸半纤维素的因素依次是培养温度、发酵时间、菌液体积和麦秸粒径；影响微生物发酵麦秸木质素的因素依次是麦秸粒径、培养温度、菌液体积和发酵时间。

表 6-95　微生物发酵因素对麦秸纤维性能指标的贡献

来源	质量损失率		压缩强度		纤维素		半纤维素		木质素	
	F 值	P 值	F 值	P 值	F 值	P 值	F 值	P 值	F 值	P 值
修正	150.47	0.007**	2.905	0.285	25.115	0.039*	40.810	0.024*	17.645	0.055
x_1	17.786	0.054	0.627	0.663	20.060	0.048*	24.443	0.040*	10.821	0.086
x_2	4.889	0.158	1.050	0.413	2.462	0.257	146.68	0.007**	15.482	0.059
x_3	395.78	0.003**	8.907	0.103	64.084	0.015*	8.873	0.103	50.808	0.019*
x_4	254.68	0.004**	0.806	0.554	2.642	0.275	42.989	0.023*	9.714	0.093
x_5	23.045	0.042*	0.427	0.701	6.135	0.140	3.858	0.206	3.883	0.205
排序	$x_3>x_4>x_5>x_1>x_2$		$x_3>x_2>x_4>x_1>x_5$		$x_3>x_1>x_5>x_4>x_2$		$x_2>x_4>x_1>x_3>x_5$		$x_3>x_2>x_1>x_4>x_5$	

* 表示差异显著，** 表示差异极显著。

3. 微生物改性对秸秆纤维物料性能影响规律

微生物发酵因素对秸秆纤维物料性能的影响见图 6-173。由各因素对麦秸纤维物料质量损失率、压缩强度、三素组分含量贡献率的分析可知，误差列对纤维物料性能的影响较小，可以忽略不计。故以下对菌液体积、培养温度、麦秸粒径和发酵时间的影响规律进行分析。

由图 6-173（a）可以看出，质量损失率随着麦秸粒径的增大先逐渐增加后基本保持不变，随着发酵时间的延长有增加趋势，在第 3 水平时出现降低趋势，结合其他因素的影响，为保持质量损失率大小基本一致，可以控制各因素水平在第 2（−1）水平。压缩强度与各因素水平间差异不显著，但从图 6-173（b）可以看出，当菌液体积和发酵时间处于第 3（1）水平，培养温度和麦秸粒径处于第 4（2）水平时，物料压缩强度最小，即发酵物料压缩率相同时，需要的压缩力最小。图 6-173（c）为纤维素含量与各因素水平之间的关系图，可以看出，纤维素含量随着菌液体积量的增加先降低后逐渐增加，随着麦秸粒径的增大先增加后降低。麦秸发酵物料中菌液体积过少，发酵物料体系微生物数量较少，纤维素降解率相对较低。而菌液体积较大时，一方面微生物的好氧发酵受到限制，纤维素降解率降低，另一方面娄彻氏链霉菌通过产生纤维素酶来降解纤维素，产生过多的葡萄糖会抑制纤维素酶的作用，进而导致纤维素含量较高，若要保持较高的纤维素降解率，则菌液体积可以选择第 2（−1）水平。当麦秸粒径逐渐增大时，发酵物料体系内部溶解氧相对含量降低，导致娄彻氏链霉菌生长受限，纤维素降解率相对较小，因此麦秸粒径较小时，可以保证物料纤维的降解率。图 6-173（d）可以看出，半纤维素含量随着培养温度的升高先降低后逐渐增加，随着发酵时间的延长逐渐降低。当培养温度和发酵时间在第 2（−1）水平时，半纤维素含量最低，说明此温度、发酵时间内比较适宜物料中半纤维的降解；从图 6-173（e）可以看出木质素含量随着菌液体积的增大先逐渐增加后减小，随着麦秸粒径的增大而逐渐减少。菌液体积和麦秸粒径增大时，发酵物料体系溶解氧含量减少，物料处于厌氧状态，物料中厌氧菌群相对占优势，且有研究报道厌氧菌群利于秸秆木质素的降解。

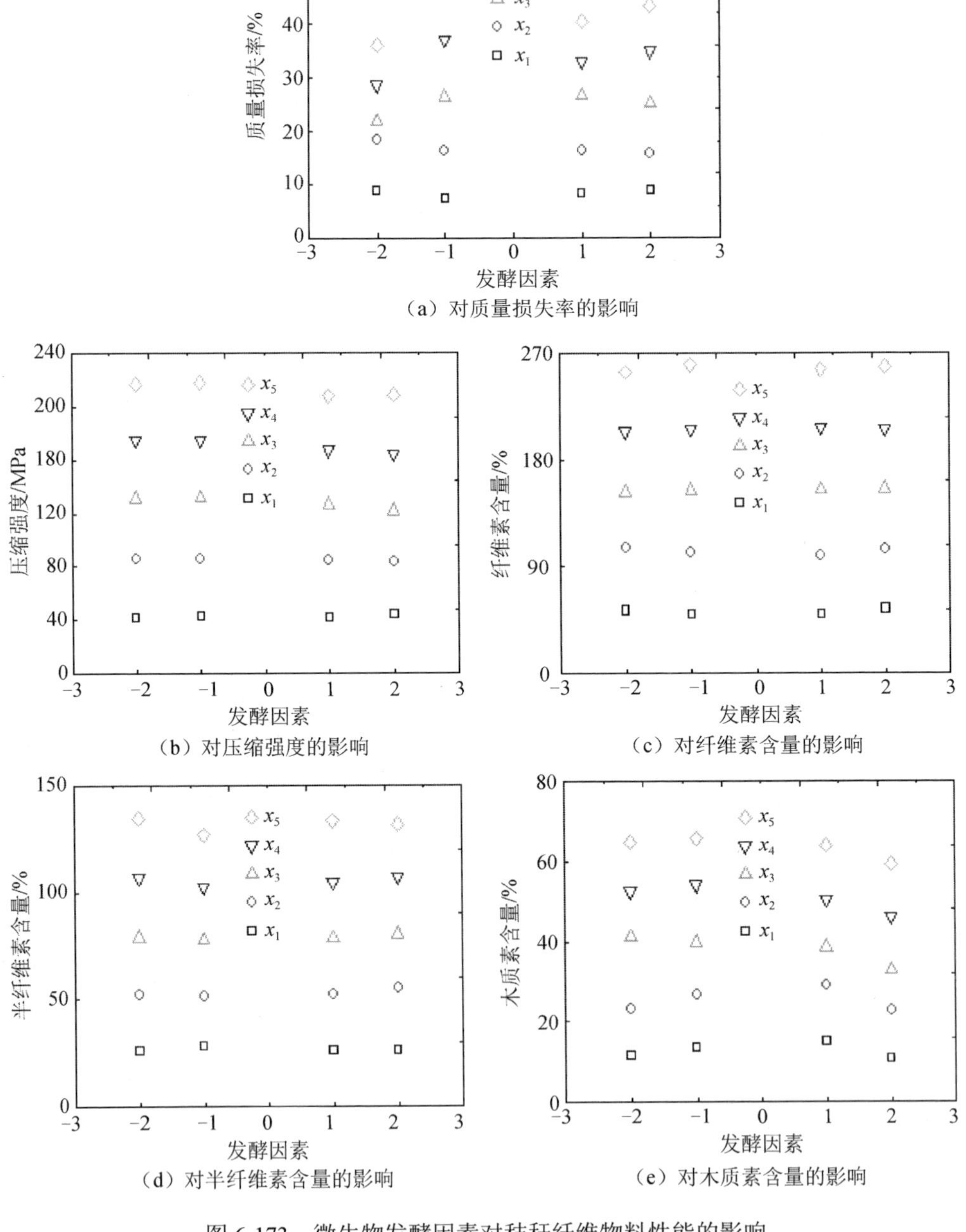

（a）对质量损失率的影响

（b）对压缩强度的影响

（c）对纤维素含量的影响

（d）对半纤维素含量的影响

（e）对木质素含量的影响

图 6-173　微生物发酵因素对秸秆纤维物料性能的影响

根据上述结果分析，可以得出，以质量损失率、压缩强度、半纤维素含量、木质素及纤维素含量分别为考察指标，对应优化组合分别为 x_1（2）x_2（2）x_3（1）x_4（−1）、x_1（1）x_2（2）x_3（2）x_4（1）、x_1（2）x_2（−1）x_3（2）x_4（−1）、x_1（2）x_2（−2）x_3（1）x_4（−1）和 x_1（2）x_2（−2）x_3（1）x_4（1）。

4. 微生物改性与秸秆纤维物料性能相关性分析

为分析微生物发酵对麦秸生物降解特性及压缩性能的影响程度，试验进一步对各个发酵因素与质量损失率、压缩强度、纤维素、半纤维素和木质素含量指标，及各考察指标间的相关性进行分析。结果表明，麦秸粒径及培养温度对秸秆降解效果影响最大（表 6-96）。

表 6-96　发酵因素与麦秸物料降解各指标之间的相关系数

指标	质量损失率	压缩强度	纤维素	半纤维素	木质素
菌液体积	0.035	0.126	0.105	−0.093	−0.024
培养温度	−0.280	−0.371	−0.350	0.523*	0.047
麦秸粒径	0.483	−0.800**	0.401	−0.218	−0.680**
发酵时间	0.135	−0.160	−0.005	−0.151	0.082
空列	0.035	0.129	0.011	−0.166	0.130
质量损失率	1	−0.140	0.690**	−0.517*	−0.493
压缩强度		1	−0.104	−0.064	0.447
纤维素			1	−0.420	−0.808**
半纤维素				1	0.017
木质素					1

* 表示差异显著（$P<0.05$），** 表示差异极显著（$P<0.01$）（皮尔逊双侧检验）。

由表 6-96 中微生物发酵因素与麦秸降解各指标间的相关性分析可知，压缩强度和木质素含量均与麦秸粒径存在极显著负相关，半纤维素含量与培养温度呈正相关，可见压缩强度、木质素含量及半纤维素含量适宜作为评价麦秸微生物降解特性的指标。质量损失率和纤维素与发酵因素之间没有达到显著相关，但质量损失率与纤维素和半纤维素含量存在显著或极显著相关，纤维素含量与木质素含量呈极显著负相关。针对麦秸纤维不易加工利用的缺陷，本文通过接种娄彻氏链霉菌发酵的方式实现麦秸纤维的降解，降低发酵物料的压缩性能，改善麦秸纤维的加工性。综上所述，为提高发酵麦秸物料的加工性，应适当降低麦秸粒径大小，提高麦秸降解程度。

5. 数学模型优化

在试验结果分析及模型拟合的基础上，采用综合加权法进行试验方案优选。综合加权法中考察指标所占比例为：质量损失率：压缩强度：半纤维素含量：木质素含量：纤维素含量= 35：35：10：10：10，初定最佳方案为：x_1（2）

x_2（1）x_3（1）x_4（−1）。通过综合加权法分析，可以看出优化方案所得结果与表 6-92 正交平衡区组设计方案中 15 组方案十分接近，与第 4 组方案较接近，故对综合考察指标的优化方案进行验证。具体试验参数见表 6-97。

表 6-97　综合加权考察指标优化方案试验参数的验证

序号	菌液体积/mL	培养温度/℃	麦秸粒径/目	发酵时间/d	结果	质量损失率/%	压缩强度/MPa	纤维素/%	半纤维素/%	木质素/%
优化方案	16	40	40	5	实测值	12.42	40.43	42.72	21.73	8.96
					预测值	12.71	41.39	41.24	22.24	7.04
					误差/%	2.33	2.37	−3.46	2.35	−21.43
重复第 4 组	4	30	60	5	实测值	12.46	37.93	55.73	22.83	8.23
					预测值	10.64	38.94	56.90	23.09	5.39
					误差/%	−14.61	2.66	2.10	1.14	−24.51
重复第 15 组	16	40	40	5	实测值	12.01	42.47	57.35	23.80	10.07
					预测值	11.73	41.42	37.31	23.41	7.04
					误差/%	−2.33	−2.47	−34.94	−1.64	−23.44

注：误差=（预测值−实测值）/实测值×100%。

由表 6-97 可知，除木质素含量外，与重复试验第 15 组相比，优化试验方案中各考察指标因子实测值与模型拟合回归方程预测值的误差在±5%的误差范围内，回归模型的可信度较高。从实测值结果可以看出，优化方案与第 15 组方案是较佳组合方案。因此，综合考察指标模型最佳组合为：菌液体积为 16mL，培养温度为 40℃，麦秸粒径 40 目和发酵时间 5d，微生物发酵麦秸物料的质量损失率为 12.42%，压缩强度为 40.43 MPa，纤维素含量为 42.72%，半纤维素含量为 21.73%及木质素含量为 8.96%。为了降低经济成本，方案适当降低菌液体积为 4%，其他因素同最佳组合因素水平，结果实测质量损失率为 11.84%，压缩强度为 40.75MPa，纤维素含量为 47.94%，半纤维素含量为 22.74%及木质素含量为 8.13%。两种最优试验方案结果误差基本保持在±5%范围内。因而回归模型寻优过程给出上述两种较佳组合。

通过分析微生物发酵对农作物秸秆纤维组分及加工性能的影响，明确秸秆纤维降解成分与微生物发酵因素间的关系，得到的具体结论如下：

（1）建立菌液体积、培养温度、麦秸粒径和发酵时间与发酵后秸秆物料的质量损失率、压缩强度、纤维素、半纤维素及木质素含量的二次回归模型，模型显著性检验可靠（P<0.05）。

（2）发酵条件对秸秆物料性质的影响不同，但呈现出一定的规律，可根据生物改性后秸秆的用途选择相应的发酵工艺。

（3）综合考察指标模型的最佳组合为：菌液体积为 16mL，培养温度为 40℃，麦秸粒径 40 目和发酵时间 5d，微生物发酵麦秸物料的质量损失率为 12.42%，压缩强度为 40.43MPa，纤维素含量为 42.72%，半纤维素含量为 21.73%及木质素含量为 8.96%。

6.6.1.2　微生物改性秸秆纤维加工性能影响

生物技术能耗低、所需环境条件温和等优点得到人们的广泛认可。堆肥发酵是一种环境友好型的秸秆改性方式（Adesh, et al., 2008）。在堆肥过程中，秸秆纤维能够一定程度地降解，同时产生一定量的菌体蛋白。此外，半纤维素在堆肥过程中的降解，减弱了纤维素、半纤维素和木质素的相互作用力，可有效改善秸秆纤维的成型加工性能（Omar, et al., 2012）。

以水稻秸秆为例，采用生物处理方法对秸秆纤维进行改性，通过添加不同的秸秆腐熟剂、腐熟堆肥改善秸秆纤维加工性能。按照 5%（秸秆腐熟剂与稻秸质量百分比）比例的接种量，将秸秆腐熟剂、腐熟堆肥与粉碎后的水稻秸秆纤维混合均匀，调节秸秆物料含水率至 60%，C/N 至 30∶1。将混合均匀的物料堆制在户外呈圆锥状，用塑料薄膜覆盖，定期翻堆，保证有氧发酵，时间控制在 30d 之内。其中秸秆腐熟剂为处理Ⅰ、腐熟堆肥为处理Ⅱ、不添加接种剂的水稻秸秆纤维堆肥为处理Ⅲ和未对水稻秸秆纤维进行堆肥处理的 CK 为处理Ⅳ。

1. 水稻秸秆纤维发酵过程中温度变化

每天定时测定 1 次堆体温度，测定部位分别为堆体中部距地面 20、50 和 80（cm）处，将温度平均值作为堆体温度，同时测定堆体附近的环境温度。

水稻秸秆纤维堆体温度有一定的差异（图 6-174）。经过处理后水稻秸秆纤维堆体的温度均有不同程度的升高。表明添加接种剂可提高水稻秸秆堆中微生物的生命活动能力，能提高水稻秸秆纤维的降解速率。

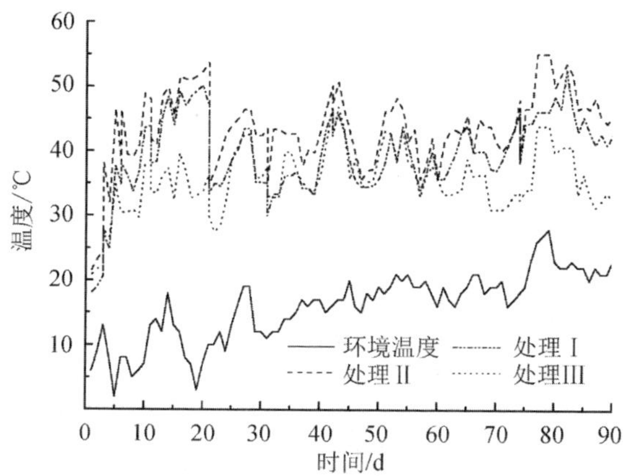

图 6-174　不同处理条件下水稻秸秆纤维堆体的温度变化

2. 水稻秸秆纤维发酵过程中流动特性

流动特性表征秸秆纤维颗粒的流动性，常用 Carr 流动指数评价法进行反映，试验中采用堆积角（静态）、压缩率、抹刀角、均匀度 4 个指标评价秸秆颗粒的流动性能，满分为 100 分，4 项指标分别为 25 分。

不同生物处理水稻秸秆纤维的流动性见表 6-98。可以看出，与未堆肥处理试样相比，处理Ⅰ、Ⅱ和Ⅲ的堆积角、压缩率、抹刀角、均匀度均有所降低。根据 Carr 指数评价法，可以得出处理Ⅱ的秸秆纤维易于流动，处理Ⅰ的为一般流动，处理Ⅲ和Ⅳ的属不易流动。原因可能在于堆肥过程是水稻秸秆中纤维素和半纤维素及部分木质素被微生物利用的过程，也是水稻秸秆纤维由大分子变为小分子的过程。

表 6-98　不同处理方法对水稻秸秆纤维流动特性的影响

处理方法	堆积角/（°）	压缩率/%	抹刀角/（°）	均匀度	Carr 指数
Ⅰ	32.2	26.2	76.0	9.0	64.0
Ⅱ	31.9	21.9	62.0	7.0	71.0
Ⅲ	33.7	31.3	78.0	14.0	53.0
Ⅳ	34.3	39.5	91.0	17.0	42.5

注：Ⅰ为秸秆腐熟剂；Ⅱ为腐熟堆肥；Ⅲ为不添加接种剂的稻秸纤维堆肥；Ⅳ为稻秸纤维未堆肥处理。

从图 6-175 可以看出，经过处理Ⅰ、Ⅱ和Ⅲ堆肥处理后的水稻秸秆纤维颗粒均匀度提高，这受发酵过程中微生物新陈代谢产生的菌体蛋白的影响；与未堆肥处理的水稻秸秆纤维相比，堆肥处理后的水稻秸秆纤维颗粒粒径均明显变大；接种秸秆腐熟剂和腐熟堆肥的水稻秸秆颗粒在 10～20 目的质量分数达 50%，接种腐熟堆肥的水稻秸秆颗粒在 10 目以上的质量分数达到 30%。此外，菌体蛋白在秸秆纤维颗粒运输或加工过程中具有润滑剂作用，有利于提高秸秆纤维的流动性。

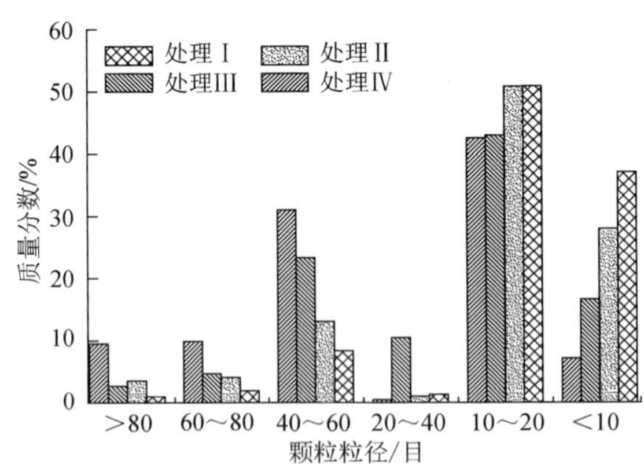

Ⅰ为秸秆腐熟剂；Ⅱ为腐熟堆肥；Ⅲ为不添加接种剂的稻秸纤维堆肥；Ⅳ为稻秸纤维未堆肥处理。

图 6-175　不同处理条件下水稻秸秆纤维的粒径分布

3. 水稻秸秆纤维发酵过程中流变性变化

采用转矩流变仪表征堆肥处理对水稻秸秆纤维流变性能的影响程度。设定一定的温度、转速、进料量及时间，测定水稻秸秆纤维在不同堆肥处理条件下扭矩变化。

不同处理条件下的水稻秸秆纤维流变性能见图 6-176。从图 6-176 可以看出，处理Ⅱ作用后水稻秸秆纤维塑化峰最大，其次是处理Ⅰ、Ⅲ和Ⅳ。塑化峰的大小反映秸秆纤维的流变行为和秸秆纤维表观黏度的大小。试验结果表明，堆肥处理显著提高了水稻秸秆纤维的塑性和黏度，因为堆肥发酵过程中伴随着纤维素和半纤维素的降解，木质素含量也相对增加。秸秆纤维是一种黏弹性材料，黏性增加有利于提高秸秆物料塑性，减少模塑压力，降低模塑温度，有利于加工成型（Wu 等, 2015）。

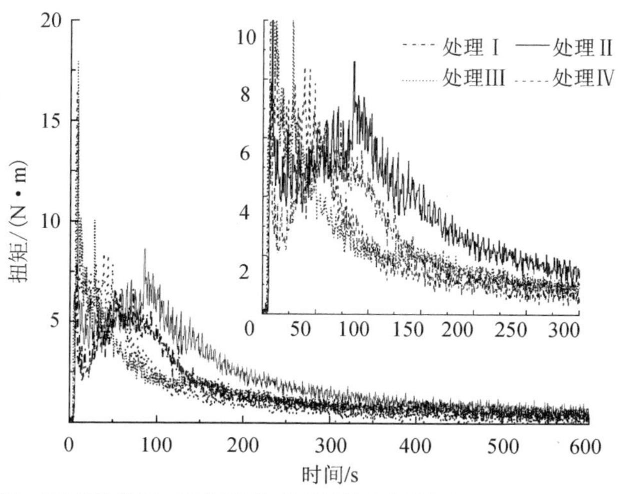

Ⅰ为秸秆腐熟剂；Ⅱ为腐熟堆肥；Ⅲ为不添加接种剂的稻秸纤维堆肥；Ⅳ为稻秸纤维未堆肥处理。

图 6-176　不同处理条件下的水稻秸秆纤维流变性变化

4. 水稻秸秆纤维发酵过程中压缩性变化

秸秆纤维为黏弹性材料，秸秆压缩过程中伴随应力松弛和蠕变的过程。其中，应力松弛是秸秆压缩过程中非常重要的流变特性。因而，检测物料应力松弛规律对了解压缩后物料性能质量具有指导意义。物料应力松弛规律的检测主要利用微机控制电子万能试验机自动采集压力和位移，分析物料压缩性规律。

不同处理条件下的水稻秸秆纤维压缩性能变化见图 6-177。可以看出，在相同压缩率时，处理Ⅱ的压力最大，其次是处理Ⅰ，处理Ⅳ压力最小；在相同压力时，处理Ⅱ的压缩率最小，其次是处理Ⅰ，处理Ⅳ的压缩率最大。可见，经过堆肥处理后，水稻秸秆颗粒的刚性有所提高，这是因为随着秸秆成分中纤维素、半纤维素的分解，秸秆的相对结晶度提高，秸秆颗粒表面变得粗糙，颗粒间相对移动时摩擦力变大，增加了秸秆纤维在压缩过程中移动的阻力。

5. 水稻秸秆纤维发酵过程中热稳定性分析

不同处理条件下的水稻秸秆纤维热稳定性分析见图 6-178。可以看出，第 1 个阶段为室温（25℃）到 100℃，各处理条件下的水稻秸秆纤维 DTG 曲线在 70℃均出现分解峰，差热分析法（differential thermal analysis，DTA）曲线上均出现明显的吸热峰，对应的热重（DTG）曲线上有明显的质量损失，主要是由于水蒸气挥发吸热引起的，与处理Ⅳ相比，处理Ⅰ、Ⅱ和Ⅲ在 DTA 曲线上峰高较小，在

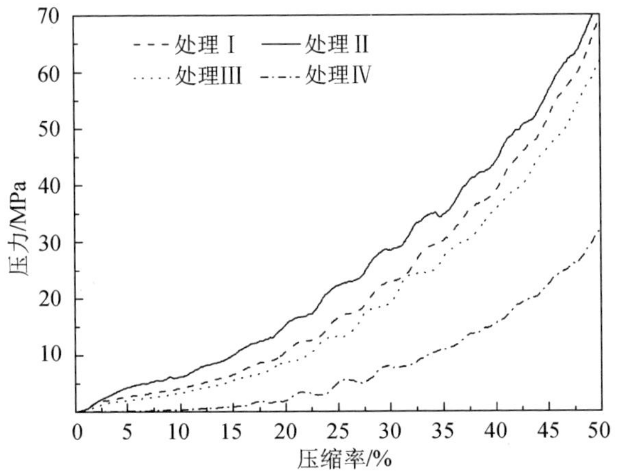

Ⅰ为秸秆腐熟剂；Ⅱ为腐熟堆肥；Ⅲ为不添加接种剂的稻秸纤维堆肥；Ⅳ为稻秸纤维未堆肥处理。

图 6-177 不同处理条件下的水稻秸秆纤维压缩性能变化

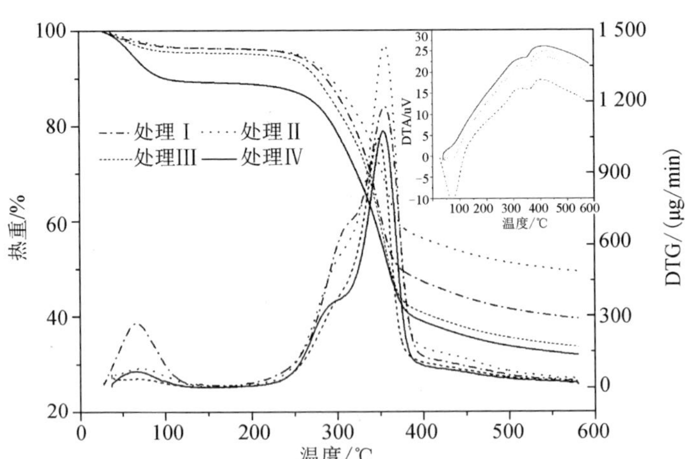

Ⅰ为秸秆腐熟剂；Ⅱ为腐熟堆肥；Ⅲ为不添加接种剂的稻秸纤维堆肥；Ⅳ为稻秸纤维未堆肥处理。

图 6-178 不同处理条件下的水稻秸秆纤维热稳定性分析

DTG 曲线上峰高较高；第 2 个阶段为 300～400℃，在 DTG 曲线上，各处理条件下的水稻秸秆纤维在 350℃左右出现一个分解峰，但是峰强度不同，这是由于水稻秸秆纤维经过处理后，残留的半纤维和纤维素含量不同。同时，处理Ⅲ和Ⅳ在这个峰的左侧分别有一个肩缝，分别为 280℃和 300℃，处理Ⅰ和Ⅱ水稻秸秆纤维的肩缝不明显，在 DTG 曲线上，在 300℃和 400℃处各有一个放热峰，分别是由半纤维素和纤维素分解放热引起的；第 3 个阶段在 400℃以上，大部分的木质素和难分解物质在该阶段完成。处理Ⅰ、Ⅱ、Ⅲ和Ⅳ的水稻秸秆纤维残余量分别为 39.4%、49.4%、33.5%和 31.90%，说明水稻秸秆经过堆肥处理后，热分解温度提高，堆肥过程中易分解的半纤维素和纤维素已被微生物消化利用。

6. 水稻秸秆纤维发酵过程中生物处理形貌变化

扫描电镜广泛应用于材料科学，可以分析材料微观区域化学成分及晶体结构。在进行扫描电镜观察前，要对样品作相应的处理。扫描电镜样品制备要求是：尽可能使样品的表面结构完好，没有变形和污染，样品干燥并且有良好的导电性能。

不同处理条件下的水稻秸秆纤维形貌变化见图 6-179。可以看出，处理Ⅳ的水稻秸秆纤维排列整齐，结构致密，表面光滑，无明显的破损和孔隙。处理Ⅰ、Ⅱ和Ⅲ水稻秸秆纤维中木质素、纤维素和半纤维素结构均被破坏，表面有明显的裂痕，纤维结构松散，说明秸秆纤维结构骨架发生了变化，增加了纤维暴露的面积。处理Ⅱ水稻秸秆纤维表面破坏程度最高，其次是处理Ⅰ，最后是处理Ⅲ。这说明不同接种剂对秸秆纤维降解程度不同。秸秆纤维降解程度直接关系到秸秆纤维的加工性能。

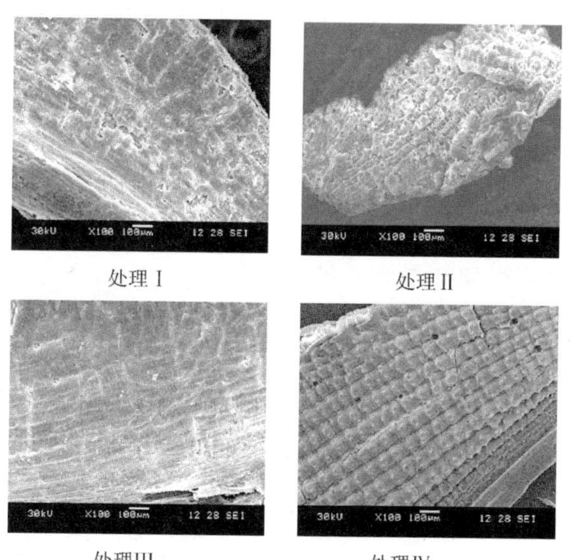

Ⅰ为秸秆腐熟剂；Ⅱ为腐熟堆肥；Ⅲ为不添加接种剂的稻秸纤维堆肥；Ⅳ为稻秸纤维未堆肥处理。

图 6-179　不同处理条件下的水稻秸秆纤维微观结构

水稻秸秆纤维经微生物堆肥处理后，物理结构发生了变化，加工性能得到了明显改善。

（1）接种腐熟堆肥的水稻秸秆纤维中微生物活性较高，秸秆纤维降解充分，Carr 指数评价法表明经该法处理后的秸秆纤维易于流动。

（2）堆肥处理后水稻秸秆纤维的塑性和黏度增加，常温压缩时刚性提高，表明秸秆纤维间的缠绕和表观黏度增加。

（3）堆肥处理后水稻秸秆纤维中纤维素和半纤维素发生分解，处理Ⅰ、Ⅱ、Ⅲ和Ⅳ的水稻秸秆纤维质量残留率分别为 39.4%、49.4%、33.5%和 31.9%。

（4）对水稻秸秆纤维微观结构分析结果表明，堆肥处理后秸秆纤维的结构由原来致密、光滑、排列整齐变为结构松散、明显裂痕、纤维柔软疏松。

6.6.1.3　微生物改性秸秆纤维化学结构变化

秸秆主要是由纤维素、半纤维素和木质素 3 种主要成分构成的一种复杂的高分子材料，大分子链段运动、结晶化、取向等运动形式和过程的存在使生物质材料表现出黏弹性行为。秸秆化学结构与其加工性能有着密切联系。微生物处理秸秆可对秸秆进行降解，有效破坏纤维分子间或分子内次价键结合，改变秸秆的化学组成及微观构造，并显著改善纤维与其他高分子材料复合的界面性能。

将水稻稻秸（0.5～1cm）、菌丝、尿素和营养液依次加入 PVC 塑料桶中，混合均匀，用保鲜膜包覆 PVC 桶口（以免水分挥发过快，同时在保鲜膜上扎一些小孔，以促进好氧发酵），放入人工气候箱中（30℃，相对湿度 65%），完成发酵试验。试验中每隔两天补一次营养液，以保持混合物料恒重。处理 1 的 C/N 为 20，接种量为 2.4%，30d；处理 2 的 C/N 为 25，接种量 0.8%，20d。试验结束后，将秸秆放入 60℃烘箱中烘干。试验中菌丝的制备方法为：将 4℃保藏的娄彻氏链霉菌接种到高氏一号固体培养基活化培养 3d 后（30℃），转接至高氏一号液体培养基中培养 2d（180r，30℃），离心获得菌丝（4 000r/min，10min），备用。菌丝干重为 5.69%。

1. 水稻秸秆纤维的结晶形态变化

秸秆纤维分子结构中存在结晶区与非结晶区，直接影响纤维的化学反应性能、均一性以及纤维增强材料的使用性能。图 6-180 是娄彻氏链霉菌发酵前后水稻秸秆纤维的 XRD 图谱。由图 6-180 可知，原秸秆在 2θ 为 16.3° 及 22.3° 处的衍射峰显示出典型的纤维素Ⅰ结晶图谱。发酵前后的水稻秸秆纤维衍射峰的数目没有发生变化，而是特征峰发生了偏移。与原秸秆相比，处理 2 的 2θ 由 22.3° 衍射角向左偏移了 0.6°。处理 1 与处理 2 的 2θ 由 16.3° 衍射角分别迁移至 15.4°、15.2°，向左迁移了 0.9° 和 1.1°。处理 2 的峰形较未处理秸秆变尖，且强度变高。

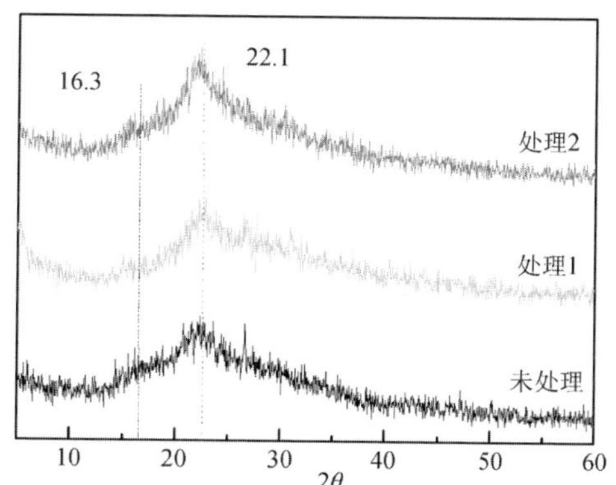

处理 1 的 C/N 为 20，接种量为 2.4%，30d；处理 2 的 C/N 为 25，接种量 0.8%，20d。

图 6-180　生物发酵前后水稻秸秆纤维的 XRD 图

利用 Segal 经验法计算水稻秸秆纤维的结晶度。公式为

$$CrI - I_{002} - I_{am} / I_{002} \times 100\% \tag{6-12}$$

式中，CrI 为 X 射线结晶度指数；I_{002} 为晶格衍射角的极大强度；I_{am} 为非结晶背景衍射的散射强度。

对于纤维素 *I*，I_{am} 为 $2\theta = 16.3°$ 附近的衍射强度，I_{002} 为 $2\theta = 22.1°$ 附近的衍射强度。可得原秸秆与处理 1、处理 2 的稻秸纤维素结晶度指数分别为 32.0、46.1、48.3，处理 1、2 分别提高了 44.1%、50.9%，表明娄彻氏链霉菌发酵相对提高了水稻秸秆材料的结晶度。主要是由于好氧发酵过程中半纤维素和木质素的部分降解，使无定形组分部分去除。

2. 水稻秸秆纤维的化学结构变化

发酵前后水稻秸秆的 FTIR 图见图 6-181。由图 6-181 可知，发酵后的稻秸在 3 400cm^{-1} 处峰值减弱，对应醇类、酚类、有机酸的减少，这是由于降解初期，以娄彻氏链霉菌为主的复合菌种对秸秆中的纤维素、半纤维素等大分子糖类及秸秆蜡质的降解，导致这些官能团的减少。2 920cm^{-1} 和 1 372cm^{-1} 属于甲基与亚甲基结构的吸收峰，发酵后吸收峰的强度明显减弱，这是因为纤维素和半纤维素降解为小分子，从而秸秆中的甲基和亚甲基的结构减少，吸收峰减弱。1 726cm^{-1} 处属于半纤维素中未共轭酮/醛的羰基的伸缩振动，此峰明显减弱，说明半纤维素有一定程度的降解。1 635cm^{-1}、1 609cm^{-1}、1 515cm^{-1} 等为芳香环骨架振动吸收峰，此吸收峰减弱意味着芳香环解链或者被取代，即木质素的芳香烃结构有一定程度的降解，即秸秆中的木质素有一定程度的降解。1 045cm^{-1} 处的吸收强度显著减弱，主要是醚键的非对称伸缩振动和碳氧键的伸缩振动减弱，说明纤维素或半纤维结构中醚键发生断裂，可以验证纤维素和半纤维素的降解。

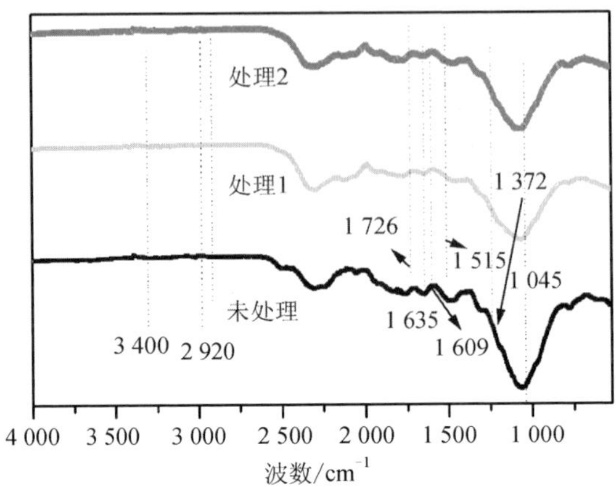

处理 1 的 C/N 为 20，接种量为 2.4%，30d；处理 2 的 C/N 为 25，接种量 0.8%，20d。

图 6-181　生物发酵前后水稻秸秆纤维 FTIR 图

3. 水稻秸秆纤维的热性能变化

差示扫描量热仪（DSC）测试是在程序控制温度下，测量物质的物理、化学性质及其变化过程。该技术在表征材料的热性能、物理性能、机械性能及稳定性等方面有广泛应用，对材料的研究开发和质量控制具有很重要的实际意义。

图 6-182 表示水稻秸秆纤维 DSC 曲线，该曲线向下凹表示吸收热量。DSC 曲线反映的是物质热容量的变化，曲线的变化主要是由样品结构和聚集态结构的变化引起的。未处理稻秸、处理 1、处理 2 的峰值分别为 93.24℃、112.72℃、97.68℃，峰的起始温度分别为 39.38℃、45.40℃、47.64℃，可以看出水稻秸秆发酵后 DSC 曲线峰值向高温方向偏移，外推起始温度也向高温偏移，且峰宽变宽。水稻秸秆热焓 ΔH 分别为 124.6、103.9、93.6（J/g），娄彻氏链霉菌发酵后水稻秸秆焓变减小，与未处理稻秸相比，处理 1、2 焓变降低了 16.6%、24.9%。ΔH 的降低，表明随着温度的升高，发酵后的水稻秸秆材料热效应变化速率降低，也就是说发酵后水稻秸秆的热稳定性增高。这主要是由于娄彻氏链霉菌在发酵过程中将水稻秸秆中低分子量的纤维素分子段、半纤维素和木质素的无定形组分降解，以及秸秆表面蜡质减少，耐热性物质的含量相对提高的缘故。发酵后水稻秸秆的热稳定性提高，结晶度提高，这与结晶度分析结果一致。

以上结果表明：

（1）娄彻氏链霉菌好氧发酵可以使水稻秸秆纤维中部分官能团发生裂解，使纤维素、半纤维素、木质素、蜡质发生降解，并且使表面粗糙度增加，孔隙变大，秸秆硅结构暴露明显，从而秸秆内三素的相互作用力减弱，极性降低，有利于与非极性材料进行复合。

（2）娄彻氏链霉菌好氧发酵可以使水稻秸秆纤维衍射峰发生偏移，相对结晶度提高；由差示扫描量热分析可得，水稻秸秆纤维焓变较原秸秆降低了 16.6%、24.9%，热稳定性略有提高。

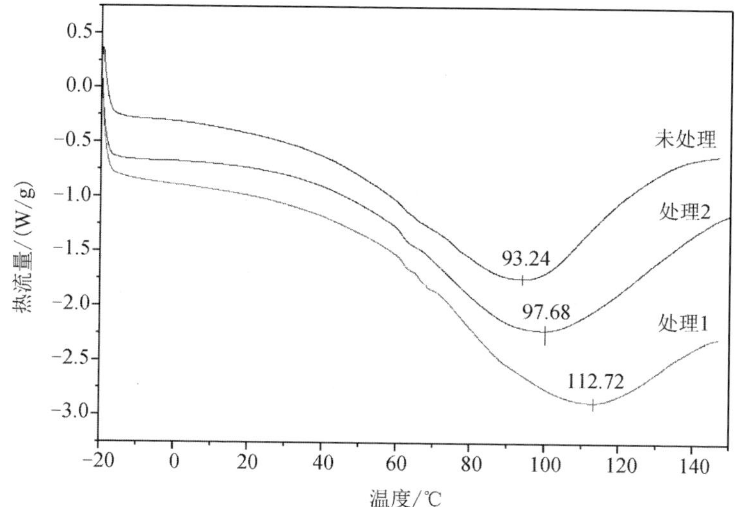

处理 1 的 C/N 为 20，接种量为 2.4%，30d；处理 2 的 C/N 为 25，接种量 0.8%，20d。

图 6-182　生物发酵前后稻秸纤维 DSC 曲线

6.6.1.4　生物改性技术对秸秆/低密度聚乙烯（LDPE）共混体系流变行为的影响

木质纤维化学结构中含有大量极性羟基和酚羟基，使纤维材料表面呈现强极性和亲水性。而热塑性塑料等聚合物表面系非极性或极性很小。因此，木质纤维材料与塑料共混过程中界面相容性成为影响木质复合体系研究的重点（Svetlana et al.，2012; Nourbakhsh et al.，2010）。微生物处理秸秆可以降低木质纤维中的醇羟基和酚羟基的化学极性（Omar et al.，2012），改善复合体系流变性（Knutsen et al.，2009），可有效解决亲水的极性木质纤维表面与疏水的非极性塑料基体界面融合性的问题。

以稻秸粉为例，首先用尿素调节稻秸粉 C/N 为 30∶1。用蒸馏水调整体系含水率至65%～70%，接种一定量的娄彻氏链霉菌（菌落计数法，孢子浓度为2.81×10^{7}个/mL），混合均匀后在 30℃恒温培养箱中静置培养。发酵结束后沸水浴灭活 4h 后置于鼓风干燥箱中（105±2）℃干燥 12h。然后将发酵麦秸物料与 LDPE 按照干质量比 3∶7 进行热融合试验，混炼温度为 160℃，转子转速设定为 60r/min，进料量为 40g，混炼时间为 40min，并借助美国莫赛飞世尔科技 MiniJet Ⅱ微量注射成型仪制样。微生物发酵工艺方案见表 6-99。

表 6-99　微生物发酵工艺方案

处理	处理条件
0	未经处理麦秸（CK）
1	不接菌发酵 10d
2	不接菌发酵 20d
3	接菌量为 2%，发酵 10d
4	接菌量为 2%，发酵 20d
5	接菌量为 16%，发酵 10d

续表

处理	处理条件
6	接菌量为 16%，发酵 20d
7	接菌量为 16%，1%的淀粉，发酵 10d
8	接菌量为 16%，1%的淀粉，发酵 20d

1. 麦秸/LDPE 共混体系流变性分析

图 6-183 展示不同处理麦秸粉/LDPE 共混物料的转矩流变。可以看出，共混物料加入密炼室后，转矩从 0 点开始呈现上升趋势，达到峰值后缓慢趋于平衡。在温度和转子作用下，物料开始粘连，扭矩增大。随着时间的推移，热和剪切力协同作用，物料开始塑化或熔融，分子间由粘连转向塑化，当密炼室物料均匀后，受力达平衡。

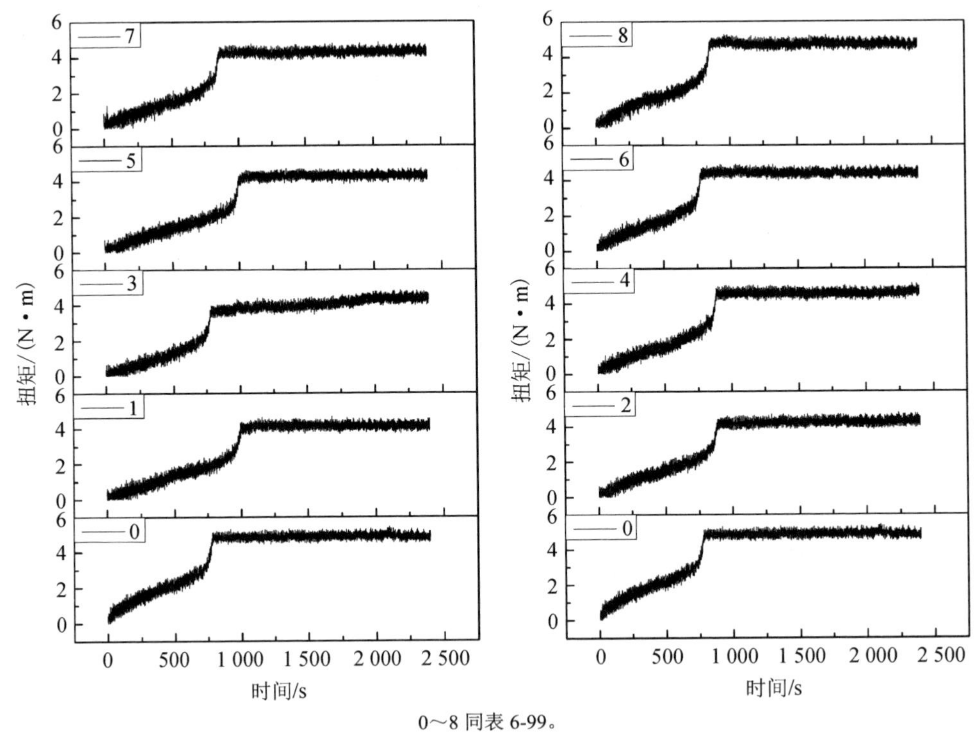

0～8 同表 6-99。

图 6-183　麦秸/LDPE 共混物料转矩流变性能

比较发酵对秸秆流变性能的影响，由图 6-183 以及表 6-100 可得，经过微生物发酵的麦秸与 LDPE 共混体系的扭矩小于未发酵物料，这是因为接种娄彻氏链霉菌之后，麦秸中的半纤维素、木质素、纤维素等大分子物质降解，并且它们之间的非共价键等相互作用被打破，细胞壁的强度降低，从而在与 LDPE 混合的过程中具有更好的流变性。发酵相同天数时，随着接菌量的增加，物料峰值扭矩略有增加，分析是由于菌种较多，竞争氧气，使发酵不彻底，使麦秸中的多糖不能较彻底的降解，麦秸的流变性得不到较好的改善。发酵过程中添加一定量的淀粉，共混物料扭矩有所增加，可能是由于淀粉属于多糖，在微生物发酵过程中分解为葡萄糖，进行热融合试验后使麦秸粉的黏度变大。发酵天数为 10d 时，麦秸粉的流变性并没有因为添加淀粉而发生太大程度的改变。发酵天数为 20d 时，麦秸粉的流变性由于添加了淀粉而变差，这是因为淀粉在发酵过程中为微生物提供营养的同时被降解为小分子的糖类，使得麦秸粉的黏度增大，流变性略变差。

表 6-100　麦秸/LDPE 共混体系转矩流变数据

编号	t/s	峰值扭矩/（N · m）	平衡扭矩/（N · m）
0	784	4.926	4.857
1	1 011	4.275	4.119
2	890	4.321	4.327
3	797	3.908	4.346
4	888	4.688	4.665
5	1 018	4.238	4.310
6	787	4.559	4.383
7	866	4.394	4.353
8	852	4.88	4.684

注：0～8 同表 6-99。

3 号峰值扭矩 3.908N · m 最小，平衡扭矩为 4.346N · m，说明，相同条件下，3 号共混物料分子间的作用力较弱，当在热和剪切力作用下，物料之间可能发生一定的交联，导致平衡扭矩有所上升。总体而言，接种微生物后麦秸与 LDPE 共混物料的流变性能有所改善。

2. 麦秸/LDPE 共混材料拉伸强度变化

由图 6-184 可得，麦秸/LDPE 共混材料的拉伸强度和断裂伸长率均有大幅提高。与 0 号相比，试验组中 3、6 和 7 号拉伸强度分别由 11.9 MPa 提高至 13.18、13.85 和 15.54（MPa）。而随着发酵时间的延长，拉伸强度有所下降，但仍高于未处理物料。表明麦秸粉发酵时，LDPE 浸入麦秸粉和微纤表面空隙并将其包裹，成为麦秸粉和微纤之间的黏合剂，此时麦秸粉之间互相接触、缠结、交叉，力学性能有所提高。且 3、6、7 号共混材料的断裂伸长率分别由 2.5%提高到 3.4%、4.5%、4.1%。由此说明经过发酵处理的麦秸粉的流变性提高，从而塑性增加，与未经处理的麦秸粉与 LDPE 制成的木塑复合材料相比，塑化程度大幅改善。

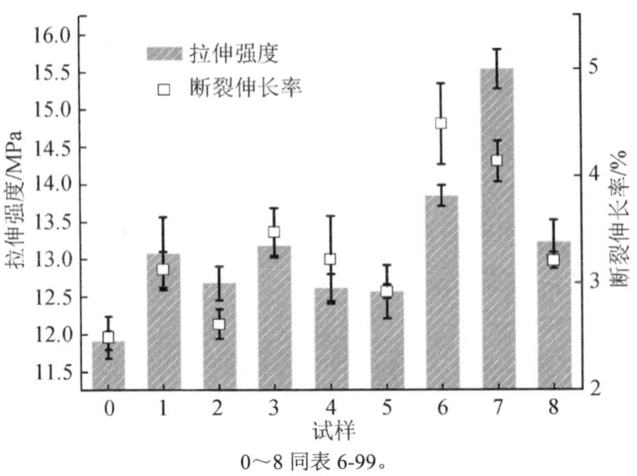

图 6-184　麦秸/LDPE 共混材料拉伸强度和断裂伸长率

3. 麦秸/LDPE 共混材料界面融合性

由图 6-185 可以看出，未经处理的麦秸纤维（0）表面光滑且在 LDPE 中有团聚现象，不能均匀地分散于 LDPE 基体中。与 LDPE 制成的木塑复合材料的断裂面上拔出的纤维表面光滑且端部平整，无或少有 LDPE 粘连现象，说明麦秸与 LDPE 相容性差，同样也印证了未处理麦秸/LDPE 共混材料拉伸强度小于发酵组的结果。

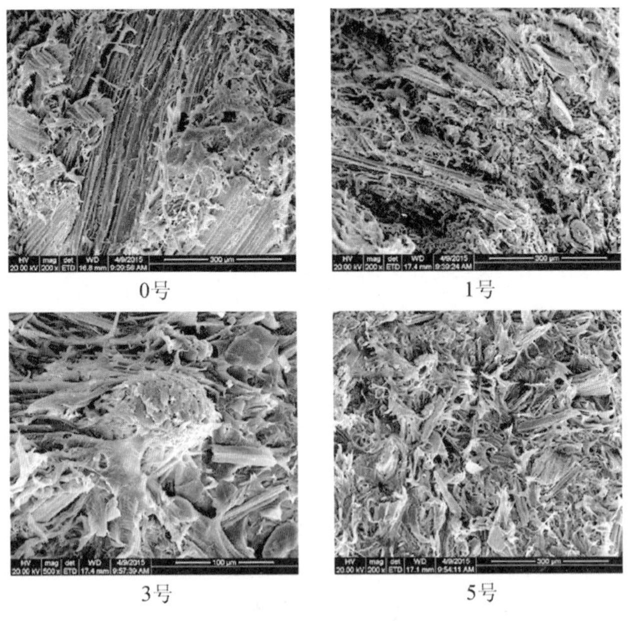

0、1、3、5（号）同表 6-99。

图 6-185　麦秸/LDPE 共混材料的拉伸断裂面微观形貌图

经过发酵处理的麦秸纤维表面粗糙，含有裂缝、微隙且卷曲，断面麦秸纤维外层部分出现剥离脱落，受到不同程度的破坏（1 号、3 号和 5 号）。可以看出，木塑复合材料的断裂面参差不齐，麦秸纤维有断裂现象，且被拔出的麦秸纤维连有部分 LDPE，表明麦秸经过发酵处理，麦秸纤维与 LDPE 界面结合性得以改善，麦秸粉在塑料基体中也起到了传递应力、消耗能量的作用，使得共混材料的力学性能得到提高。

其中 3 号处理压制成的木塑复合材料，断裂面未出现较大的空洞和缺陷，表明麦秸与 LDPE 结合致密、均匀且黏结力较大。扫描电镜结果表明，发酵处理麦秸与 LDPE 两相界面融合性提高。

4. 麦秸/LDPE 共混体系熔融指数

由图 6-186 可得，与用未经处理麦秸粉制成的木塑复合材料（0 号）相比，经过不同发酵条件处理的麦秸粉制成的木塑复合材料，熔体流动速率（melt flow rate，MFR）均有大幅提高。由此可得，经过发酵处理后，麦秸的流变性能得到提高，在高温条件下可以迅速呈近似熔融状态。与 0 号相比，试验组 1、2、5、7（号）MFR 分别由 3.44 提高至 5.149 9、5.062 0、5.440 1、5.059 2（g/10min），MFR 明显变大。其中 1、2 为不接菌发酵 10d、20d，MFR 变大是因为空气中有一定的微生物，可以将麦秸进行一定程度的降解。与之前的转矩流变仪试验结果进行对比，可得经过发酵处理的麦秸粉的流变性能得到了改善。

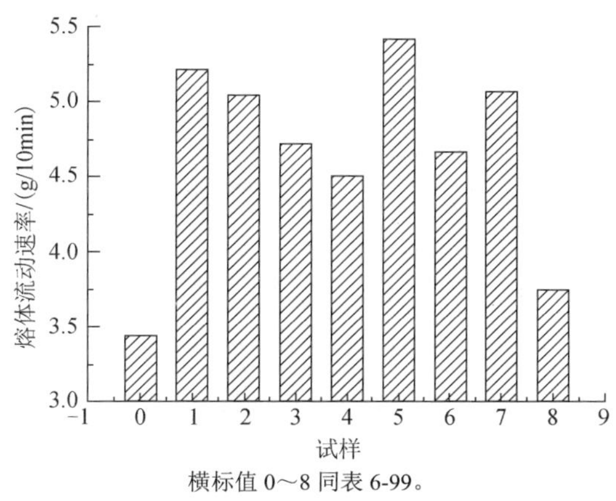

横标值 0～8 同表 6-99。

图 6-186　麦秸/LDPE 共混熔体流动速率变化

试验组 5 为接菌量 16%发酵 10d，MFR 值最大，为 5.440 1g/10min，表明接种微生物起到润滑作用。通过接种微生物进行发酵，一方面可提高麦秸与 LDPE 共混材料流变行为，可能使麦秸表面的极性减弱，与塑料相容性有所提高，另一方面是通过微生物作用，麦秸大分子如纤维素、半纤维素和木质素等碳水化合物降解成低分子物质，分子间作用力减弱，物料扭矩减弱，流变性相对提高。

5. 麦秸/LDPE 共混材料表面接触角分析

由图 6-187 可得，3 组样品的表面接触角均小于 90°，5 号样品较大为 85°，3 号为 83°，0 号为 78°。比较可得，CK 组（0 号）的表面接触角最小，且在相同的时间内由 82° 下降到 77°，下降的速度较快；3 号由 84.5° 下降到 82.5°，下降速度较慢；5 号由 88° 下降到 85°，下降速度介于 0 号与 3 号之间。说明未经处理的麦秸粉制成的木塑复合材料结合不够紧密，导致水一滴入样品表面就渗透下去。而 3 号样品下降较慢，说明麦秸粉与塑料结合较好，较为均匀地分布于基体之间。

以上结果表明：

（1）采用微生物发酵麦秸与 LDPE 共混材料的平衡扭矩减小，共混材料的流变性能改善；随着接菌量的增加，共混材料的拉伸强度和断裂伸长率均有所提高。随着发酵时间的延长，拉伸强度和断裂伸长率出现降低趋势，但整体来看，发酵麦秸/LDPE 共混材料的力学强度是增加的，发酵麦秸与 LDPE 界面相容性和两相分散性提高。

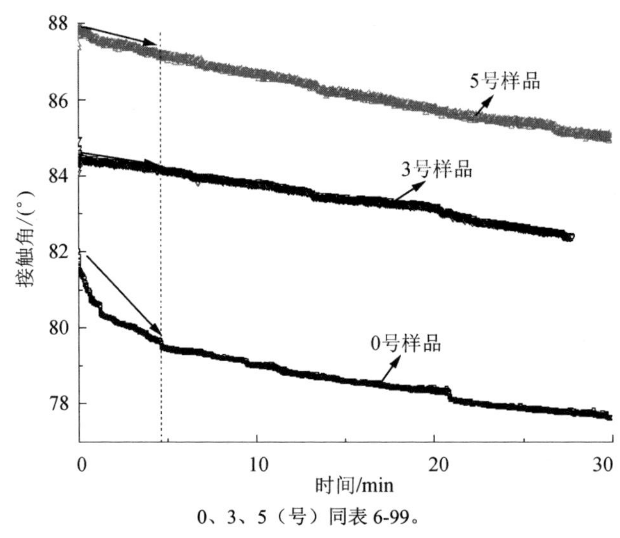

0、3、5（号）同表 6-99。

图 6-187　麦秸/LDPE 共混材料表面动态接触角变化趋势

（2）与未发酵麦秸/LDPE 共混材料相比，发酵麦秸/LDPE 共混材料的熔体流动速率数最高提高了 58.14%，流变性能改善；复合材料表面接触角增加，表明疏水性提高。麦秸经过微生物发酵，可改善秸秆的加工性能，增强与塑料的融合性，提高共混材料的力学性能。

6.6.2　秸秆盆钵加工技术

6.6.2.1　秸秆纤维成型原理

通过对秸秆成分的特性、压力成型过程中黏结机制以及粉粒在成型时的粒子特性分析，综合阐述秸秆容器成型原理。

1. 秸秆容器成型过程中化学成分

秸秆纤维成分主要为纤维素、半纤维素和木质素，其中木质素属于非晶体，没有熔点，当温度为 70～110℃时木质素黏合力开始增加，木质软化程度随着温度的增加而增加，适当加以一定的压力可使其与纤维素紧密连接并与相邻颗粒互相胶接，冷却后即可固化成型。

2. 物料成型粒子特性

成型过程的粒子特性主要研究在成型过程中碎料粒子在成型条件下的流动特性以及粒子间的充填特性。秸秆容器成型碎料的主要物质形态为不同粒径的粒子，失去流动性和充填性，秸秆容器将不能成型。

秸秆碎料在压缩成型过程中有两个阶段的变化。第 1 阶段为压缩初期，是成型模具在刚接触秸秆碎料颗粒的一个时段。该阶段秸秆碎料中传递了较低的压力，改变原先松散堆积的固体颗粒排列结构，使碎料颗粒内部孔隙减少。第 2 阶段为增压时期，该阶段秸秆碎料大颗粒在压力作用下破裂，变为更小的粒子，并发生塑性流动或变形，粒子充填空隙，粒子间更加紧密接触而互相啮合。粒子间结合更牢固，是由于部分残余应力贮存于秸秆容器薄壁内部。

3. 物料黏结机制

秸秆容器制品成型受多种因素影响，包括压力、成型工艺、秸秆生化特性、模具类型等。秸秆容器成型后内部的黏结方式及黏结力大小，与上述诸多因素有关，可造成容器制品强度和刚度上的差异。

在秸秆压制成型试验中，秸秆碎料在压力作用下，细小的颗粒间容易发生紧密充填，其成型容器的密度和强度较秸秆不破碎和较低压力下的成型容器明显增强。当秸秆碎料进行容器热压成型时，成型容器颗粒间的黏结力，一部分是由于构成秸秆物料的化学成分转换为黏结剂形成的，另一部分是由于在一定温度下，添加的黏合剂与秸秆纤维表面的活性基团发生交联反应，复合体系分子内、分子间在聚集体中彼此贯穿、重叠缠结在一起，界面层胶接强度提高，有效提高成型容器的强度。

6.6.2.2　秸秆盆钵成型工艺参数

1. 压缩成型压力

压缩成型压力是指压缩成型时液压机通过凸模对物料充满型腔和固化时，在分型面单位投影面上施加的压力，简称成型压力。施加成型压力的目的是：促使物料流动冲模，增大塑件的密度，提高塑件的成型质量；克服黏合剂在成型过程中因化学变化释放的低分子物质及水分蒸发等产生的胀模力，使模具闭合；保证塑件具有稳定的尺寸、性状，减少飞边，防止塑件变形。

2. 压缩成型温度

压缩成型温度是指压缩成型时所需的模具温度。它是使物料流动、充模及固化成型的主要影响因素，决定了成型过程中聚合物交联反应的速度，从而影响塑件的性能。

随着温度的变化物料黏度和流动性会发生很大变化。温度升高，物料从固态转变成塑性体，黏度由大变小，流动性相对提高。然后交联反应开始，随着温度的继续升高，交联反应速度增大，物料黏度由小变大，流动性能下降。因此，在闭模时迅速增大成型压力，使物料在温度还不是很高、流动性能较好时充满型腔是非常重要的。温度升高能加快物料交联反应速度，缩短固化时间，从而缩短压缩周期。但是，过高的温度会造成固化速度太快而物料流动性迅速下降，从而引起充模不足。温度过高还可能引起物料分解、变色。另外，高温下外层固化比内层快得多，会造成内层挥发物难以排除，降低成型容器的力学性能，而且容器易产生变形、肿胀、开裂、翘曲等缺陷。但温度过低会导致成型容器固化速度慢且固化不完全。因此，压缩成型过程中，要根据压缩制品的特点，选取合适的成型温度。

3. 压缩成型时间

压缩容器成型时，在一定温度和压力保持一定时间，才能使其充分固化，保证容器的性能，这一时间称为压缩成型时间。压缩成型时间与物料的种类（秸秆性能、黏合剂种类、挥发物含量等）、成型形状、压缩成型工艺条件（压力和温度）以及操作步骤（排气、预压、预热）等有关。压缩成型温度升高，物料固化速度加快，所需压缩成型时间减少，因而压缩成型时间随模具温度的提高而缩短。压缩成型压力对压缩成型时间的影响虽不及压缩成型温度那么明显，但随着压力的增大，压缩成型时间也略有减少。

6.6.2.3 秸秆盆钵技术工艺流程

秸秆容器成型技术因秸秆种类、产品要求、使用途径不同有所差别。针对秸秆盆钵和秸秆育苗容器（秸秆育苗容器是秸秆盆钵的一种特殊的产品）而言，两者的主要技术路线相似，包括秸秆破碎、黏合剂制作、物料混合和压缩成型等过程。

1. 秸秆破碎

利用具有除尘装置的秸秆粉碎机将自然晾晒后的秸秆进行破碎，通过筛分仪进行筛选，对不合格的秸秆进行重新粉碎和筛选，破碎后的秸秆粉料放置指定位置，防火防潮贮存。

2. 黏合剂合成

根据秸秆容器的用途和要求，在胶黏剂制备装置中依次按照一定的比例加入相应的物料，控制温度、时间、pH 等参数。制备好的黏合剂用洁净的贮存容器，在有效期内使用。

3. 物料混合

按照一定的比例将破碎后的秸秆粉、胶合剂及其他助剂放入高速混料机中，按规定速度挡位与搅拌时间进行混合搅拌，同时达到脱水的目的。搅拌混合后将物料装入指定容器，立刻使用不宜存放；同时需要立即清洁搅拌机。

4. 模压成型

首先开启秸秆容器成型机加热模具至需要的温度，当模具温度升至设定温度时，根据秸秆容器产品的质量，称取相应质量的混合物料放入秸秆容器成型机的模具中，根据模压产品种类和物料性质设定相应的温度、压力、开模时间、保压时间、固化时间等参数。

5. 产品修整

模压成型的产品毛坯需要进行修整方可成为产品，包括修整花盆毛边及打通底部透水孔。注意将不合格产品与合格产品进行分开码放。

6. 包装入库

将修整好的合格产品按要求进行包装入库。

6.6.2.4　成型工艺配方对秸秆盆钵理化性能的影响

秸秆盆钵成型过程中基体树脂黏合剂种类、用量及秸秆粉粒径、用量对成型盆钵理化性能有较大影响，因而研究基体树脂，稻壳粒径、含量对了解盆钵力学性能十分必要。进一步探讨湿循环处理对秸秆盆钵力学强度的影响，为完善秸秆盆钵加工制作成型工艺及使用年限提供理论依据（孙恩惠等，2014）。

1. 秸秆盆钵力学性能

参照 GB/T 1040.4—2006、GB/T 17657—1999 标准测试稻壳粉/改性脲醛树脂

模压成型材料的拉伸强度（tensile strength，TS）、静曲强度（modulus of rupture，MOR）和弹性模量（modulus of elasticity，MOE）。拉伸强度测试，将试样在HY—0580型微机控制电子万能试验机上测试，夹距为50mm，拉伸速率10mm/min，试样规格为100mm×25mm×2.5mm静曲强度和弹性模量采取3点支撑装置，加载速度10mm/min，取样部位同上，试样规格为100mm×50mm×2.5mm，测试试样取自花盆底部。

将稻壳、稻壳粉分别与脲醛树脂（UF）、大豆蛋白改性脲醛树脂（SUF）按照干物质质量比1∶0.5模压成秸秆花盆，初步探讨改性前后的基体树脂对秸秆成型材料力学性能的影响。由表6-101可知，以SUF为基体树脂模压的花盆静曲强度和弹性模量显著高于UF（$P<0.05$）（除稻壳粉静曲强度外）。这是由于UF树脂改性后黏度、固形物、胶合强度均有改善，改性后树脂聚合物活性基团较多，相对分子质量增大，胶接强度升高，胶层内聚力与秸秆/树脂界面的胶接力基本相等，胶层致密，分子在其聚集体中彼此贯穿、重叠缠结在一起，界面层具有较好的柔性和胶接性，成型花盆表现出较高力学性能。因而选择合适的基体树脂对改善花盆理化性能有很大影响。

表6-101　稻壳/改性脲醛树脂成型花盆的力学性能

基体树脂	增强材料	成型材料配比	静曲强度（MOR）/MPa	弹性模量（MOE）/GPa	拉伸强度（TS）/MPa
脲醛树脂（UF）	稻壳	1∶0.5	54.07cB	9.67bB	17.49bB
	稻壳粉	1∶0.5	74.01aA	9.93bB	15.70cC
大豆蛋白改性脲醛树脂（SUF）	稻壳	1∶0.5	64.85bAB	13.46aAB	20.93aA
	稻壳粉	1∶0.5	70.60abA	15.30aA	18.13bcB

注：同列不同小写字母表示差异显著（$P<0.05$）；同列不同大写字母表示差异极显著（$P<0.01$）。

稻壳粉作为增强材料的秸秆花盆静曲强度、弹性模量高于稻壳作增强材料的秸秆花盆（参照基体树脂SUF），这个可能是由于稻壳粉表面粗糙度较大，比表面积相对增加，细胞壁薄，壁腔小，在热加工中易压成扁带状，柔性增加，胶接强度增大。而稻壳表面硅质层面大，相对光滑，润湿性差，阻碍胶合层形成牢固的胶合力，且稻壳粒径相对大，易在复合材料界面形成空洞缺陷，导致稻壳/改性脲醛树脂花盆静曲强度和弹性模量下降。而以稻壳作为增强材料的花盆拉伸强度显著优于稻壳粉，这与稻壳自身特性相关，在高温热压下，稻壳纤维分子结晶性增大，抗拉强度有所增强。

2. 大豆蛋白改性脲醛树脂用量对秸秆盆钵力学性能的影响

图6-188和图6-189为稻壳粉用量与树脂SUF配比对秸秆花盆力学性能的影响（增强材料为稻壳粉）。由图6-188可知，秸秆花盆静曲强度、弹性模量随着基体树脂用量的增加呈先增后降的倒V形趋势。图6-189分析，在试验范围内，拉

伸强度随着基体树脂用量的增大而增大，但超过一定用量后，拉伸强度增幅变小。随着基体树脂用量的增加，复合材料体系中活性基团如羟基、羟甲基脲等含量相应提高，分子间脱水缩聚生成预缩聚物，基体树脂内部交联度增大，内聚力提高，基体树脂与稻壳粉接触量、接触面积增大，减少了材料之间的空隙，使稻壳粉与基体树脂间的结合更加紧凑牢固，进而有效提高秸秆花盆的力学性能。基体树脂用量增加，体系水分相对增加，热压过程中，热量由外向内传导速率提高，稻壳粉热塑性增加，利于材料成型。若基体树脂用量继续增大，不仅成本增加，对秸秆花盆的力学性能也无促进作用。因为过多的水分促进胶层水解，破坏胶接界面的物理吸附力及化学键合，胶接强度及胶接耐久力随之降低。且固化过程中基体树脂体积收缩产生的收缩应力增大，同时，基体树脂与稻壳粉热膨胀系数相差较大，在热压时产生较大的热应力，导致材料内部应力增加。在冲击力作用下，接触面材料引发应力聚集，瞬间扩展而断裂，从而造成复合材料的静曲强度和弹性模量降低。基体树脂用量越多，拉伸强度相对较高，基体树脂自身内聚力过大，产品脆性变大，且成本较高。因此，综合静曲强度、弹性模量考虑，当稻壳粉与树脂用量比为 1∶0.5 时，静曲强度、弹性模量及拉伸强度性能较好。

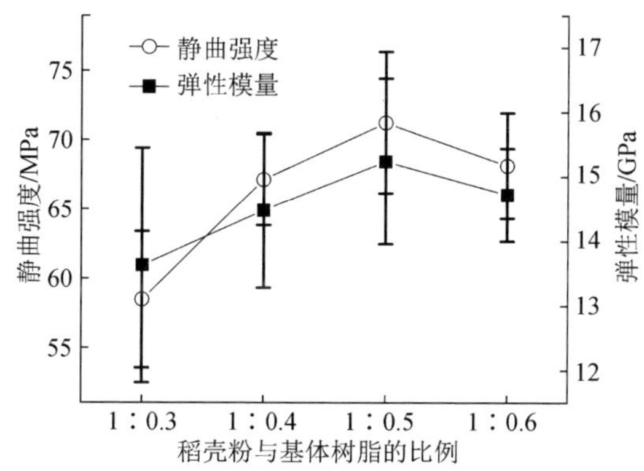

图 6-188　增强材料与基体树脂配比对花盆静曲强度及弹性模量的影响

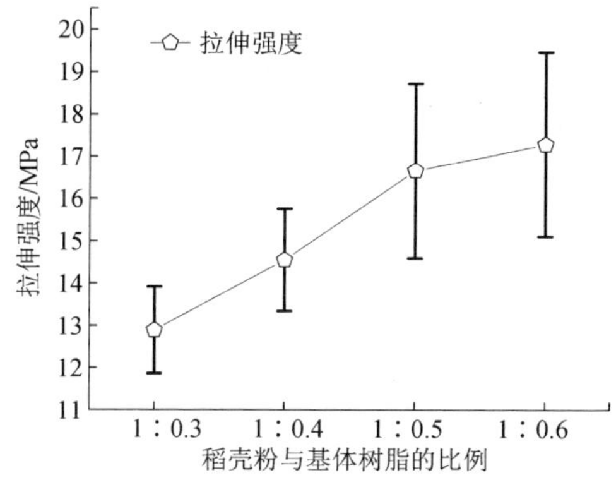

图 6-189　增强材料与基体树脂配比对花盆拉伸强度的影响

3. 稻壳与稻壳粉比例对秸秆盆钵力学性能的影响

研究表明，不同粉碎细度的秸秆原料，对制成秸秆花盆的成型质量及强度有较大影响。图 6-190 和图 6-191 是稻壳占稻壳粉的不同比例对秸秆花盆力学性能的影响（基体树脂为 SUF）。由图可见增强材料大小对复合材料的静曲强度（MOR）及弹性模量（MOE）影响较大。随着稻壳与稻壳粉之比的增加，秸秆复合材料静曲强度及弹性模量先增加后逐渐降低。当稻壳与稻壳粉之比为 3∶7 时，秸秆复合材料静曲强度、弹性模量较好，说明复合材料混合过程中，稻壳粉可有效地充填稻壳，易与黏合剂形成有效胶钉，提高界面胶层的胶接强度。另外在合适的配比下，稻壳含量较低时，可较好地调节体系膨胀系数大小，使复合材料内部应力减弱，稻壳粉在复合体系中能均匀分散，与稻壳/树脂形成连续相，导致复合材料的静曲强度和弹性模量有所提高。当稻壳质量分数大于 30%时，由于稻壳纤维间存在较大的压缩空隙，引起应力恢复，可能造成复合材料内部出现空隙、分层现象，

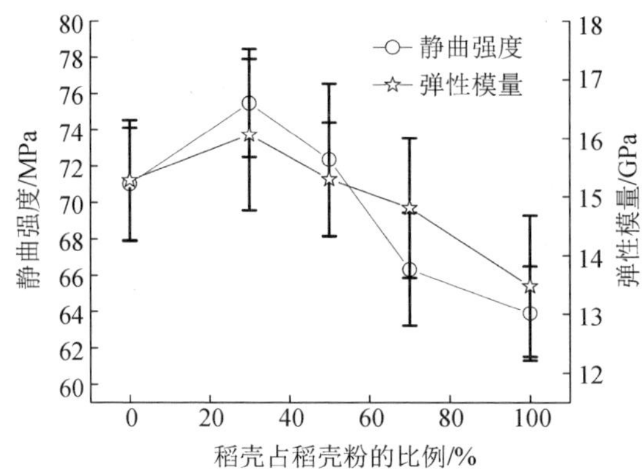

图 6-190　稻壳用量对花盆静曲强度及弹性模量的影响

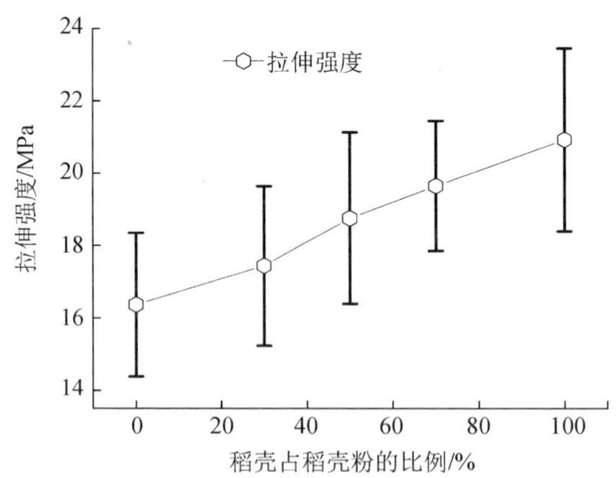

图 6-191　稻壳用量对花盆拉伸强度的影响

导致静曲强度、弹性模量下降。随着稻壳质量分数的增加，花盆拉伸强度显著提高，而材料的拉伸强度与纤维的长短有关，一般来说纤维越长，材料的拉伸强度越大。结合图 6-190 和图 6-191 可知，当稻壳占稻壳粉比例为 3∶7 时，花盆既有很高的拉伸强度，又可保持较高的静曲强度和弹性模量。说明以稻壳与稻壳粉作为增强材料压制成型花盆时，二者具有协同效应，使材料综合性能提高。

6.6.2.5　湿循环处理对秸秆盆钵力学性能的影响

湿循环处理试验是评价和研究各种材料在一定环境下的耐老化性能和老化规律的一种手段。湿循环老化可以研究湿循环处理引起的秸秆花盆内部纤维材料结构变化与分子降解行为特征。

花盆湿循环处理：固定花盆压制工艺，增强材料与基体树脂质量比为 1∶0.5，分别以 UF、SUF 为基体树脂，稻壳、稻壳粉为增强材料，压制成型 4 种类型花盆，按照 GB/T 17657—1999 中 4.25 规定进行湿循环加速老化处理（WCT），同时以自然放置于室内的 4 种花盆作为对照（CK）。湿循环方法：将处理试件浸于 pH 为（7±0.5），温度为 20℃的水槽中，试件垂直于水平面并保持水面高于试件上表面，浸泡 72h。取出试件，擦干试件表面附水。试件表面垂直放置在-10℃冰柜中，冷冻 24h。冷冻后，立即放到 70℃干燥箱内烘 72h。重点考察试件经 3 次湿循环试验处理后的静曲强度、弹性模量及拉伸强度的变化，并对试样进行热稳定性分析及表面形貌观察。

1. 秸秆盆钵力学强度变化

图 6-192 是 UF/稻壳、UF/稻壳粉、SUF/稻壳和 SUF/稻壳粉 4 种花盆样品经湿循环处理后静曲强度、弹性模量及拉伸强度的变化趋势图，CK 为各样品未经湿循环处理的对照。

从图 6-192 中可以看出，湿循环处理后花盆各项力学指标均有不同程度的下降。其中，与 CK 比较，拉伸强度变化幅度较大（$P<0.05$）；静曲强度与弹性模量降低幅度不显著。以稻壳为增强材料为例，当基体树脂为 UF 时，花盆静曲强度、弹性模量及拉伸强度分别降低 21.97%、24.91%和 15.09%；当基体树脂为 SUF 时，花盆静曲强度、弹性模量及拉伸强度分别降低 9.92%、15.37%和 30.10%。这是由于湿循环处理促使 UF 基体树脂中醚键断裂，相对削弱了材料内部分子间作用力。而 SUF 基体树脂引入了大豆蛋白水解物，大豆蛋白所含的非极性隐形疏水残基，通过一定的水解，与羟甲基脲反应能力增强，形成结构紧凑的网状骨架，阻止水分子楔入，提高了 SUF 基体树脂的耐水性，因而静曲强度和弹性模量降解幅度相对较小。与 UF 作为基体树脂相比，SUF 作为基体树脂成型花盆的拉伸强度降低幅度较大，分析可能是由于大豆蛋白与稻壳纤维间形成的界面氢键削弱，使拉伸强度下降。

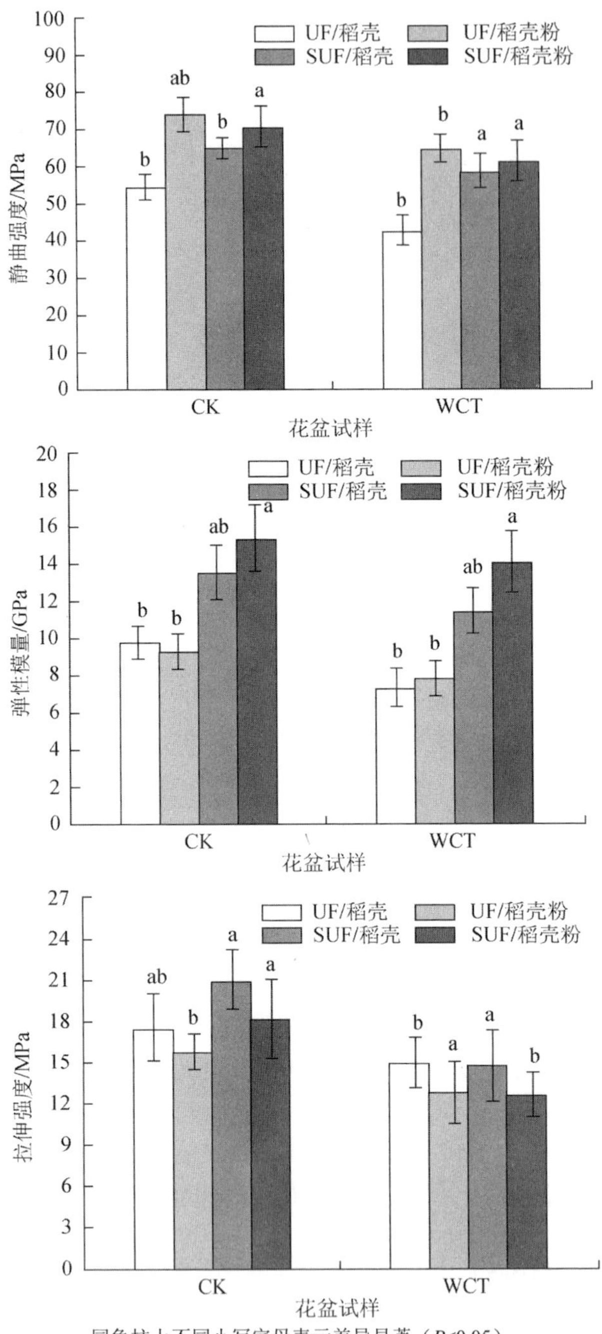

同色柱上不同小写字母表示差异显著（$P<0.05$）。

图 6-192　花盆湿循环处理前后力学性能变化

另外，湿热环境下，在材料结构内产生湿热变形与应力，导致基体树脂、纤维或界面发生破坏，使材料结构的刚度和强度发生变化。通常湿热老化对复合材料存在两方面的影响，一是水分对基体树脂化学键有一定的作用；二是热的作用加速水分子扩散和提高基体树脂的固化度。水分子由复合材料表面逐渐浸透于界面，削弱界面化学键，甚至使其断裂，表现为静曲强度下降。

拉伸强度主要表征纤维材料承受外力的能力，而基体树脂起到传递应力的作用。湿循环处理中，水分的渗透，会破坏基体树脂的化学键，而纤维受力后，基体树脂的传递作用降低。当水分接触时，复合材料组分中的纤维膨胀，聚合物基质间产生裂隙，又使更多的水分渗入复合材料，稻壳与聚合物界面结合质量的下降导致材料弹性模量和静曲强度的下降，且在湿润状态下，稻壳纤维素材料的膨胀率比基体树脂大，使基体树脂处于内部压力下。当反复处于内部压力之下时，基体树脂遭受持久损害，出现微裂和变形，且基体树脂在水分作用下，小分子键水解断裂，削弱分子间力，表现为复合材料界面破裂。高温处理使材料中的基体树脂固化程度增加，引起性能的提高。各种作用强弱不同和相互消长，使纤维材料力学性能出现起伏，最终纤维材料力学性能下降。

2. 秸秆盆钵热稳定性分析

图 6-193 是以稻壳粉为增强材料、SUF 为基体树脂的秸秆花盆（$m_{稻壳粉}/m_{SUF}$ = 1∶0.5）的热重分析图。从图 6-193 可以看出，本研究试样具有典型的秸秆热分解特征曲线。

不同试样热分解过程均有 3 个阶段。经过初期的水分析出阶段后，在 40～220℃发生微量的失重，主要是木质纤维素发生解聚或“玻璃化转变”的一个缓慢过程。接着试样因析出大量的挥发性物质而产生明显的失重，直至 390℃失重趋势有所减缓。在 250～380℃质量损失率最大，该区域是木质纤维素热裂解的主要阶段，也是热裂解过程中最主要的吸热阶段。分析这部分的热解主要是由于材料中半纤维素、纤维素及不定型木质素的分解和煅烧。

通过比较发现，不同试样的 DTG 曲线在最大质量损失率区域内表现出明显的差异。未处理秸秆花盆 DTG 曲线相对平滑，而湿循环处理秸秆花盆的 DTG 曲线则在 300℃左右出现一个“肩状峰”，与未处理秸秆花盆相比，DTG 出现最大质量损失率的温度向高温侧偏移（29.5℃）的特征。研究发现对于小颗粒生物质样品来说，在较低加热速率下，纤维素和半纤维素的热解可能导致 2 个分离的 DTG 峰，出现分离的现象取决于试样中半纤维素相对于纤维素的组分质量分数，半纤维素质量分数越高的木质纤维材料越容易在该温度范围内出现转折现象。秸秆花盆经湿循环处理后，材料在水分、湿度等因子的作用下，秸秆纤维及胶黏剂组分的聚合物分子间作用力遭到削弱，纤维素、半纤维素、木质素以及胶黏剂分子发生局部降解，形成链长不一的低稳定性的低聚分子链段和小分子有机物，因此热解速率和模式均发生改变。湿循环处理秸秆花盆最大热分解温度有所升高，可能是由不定型结构被降解，材料相对结晶度提高所致，但具体的反应机理及过程有待进一步细化研究。试验表明，水分对以 SUF 为基体树脂、稻壳作为增强材料制作花盆内部材料的分子结构有一定破坏力，可加速花盆老化。

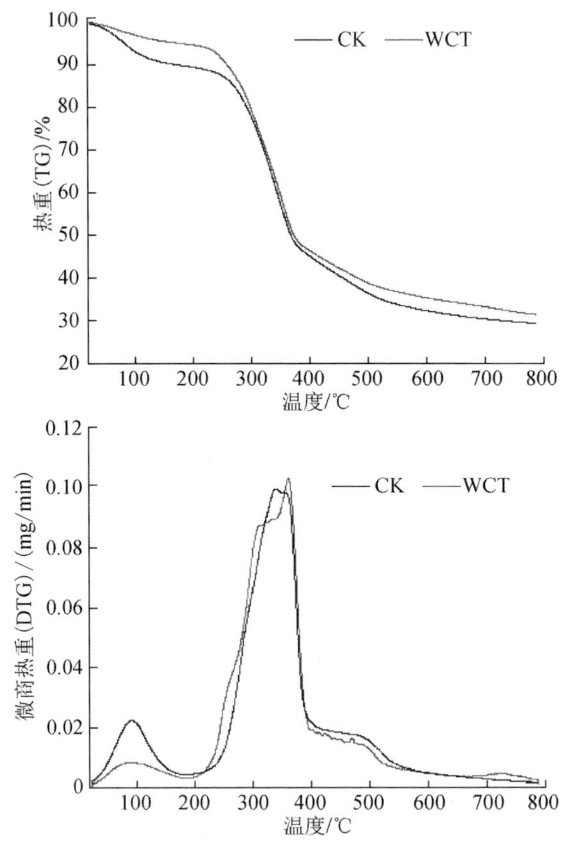

CK、WCT 分别代表未经湿循环处理和经湿循环处理的花盆；
增强材料与基体树脂比例为 1∶0.5，其中，增强材料为稻壳粉，基体树脂为大豆蛋白改性脲醛树脂。

图 6-193　样品热重分析曲线

3. 秸秆盆钵形貌结构变化

图 6-194 为花盆样品表面扫描电镜照片，样品类别同上。从图 6-194 可知，与 CK 相比，WCT 花盆表面形貌出现较深长的沟槽及裂纹，且表面呈凹凸不平的特点，粗糙度变大，少量的增强体与树脂发生分离现象，这是由温度变化产生热

应力损伤及吸湿结晶化而致。宏观力学性能的测试发现，其静曲强度、弹性模量及拉伸强度都有一定程度的降低，表明湿循环处理可促使稻壳粉和基体树脂之间作用力削弱，从而降低材料的力学性能。

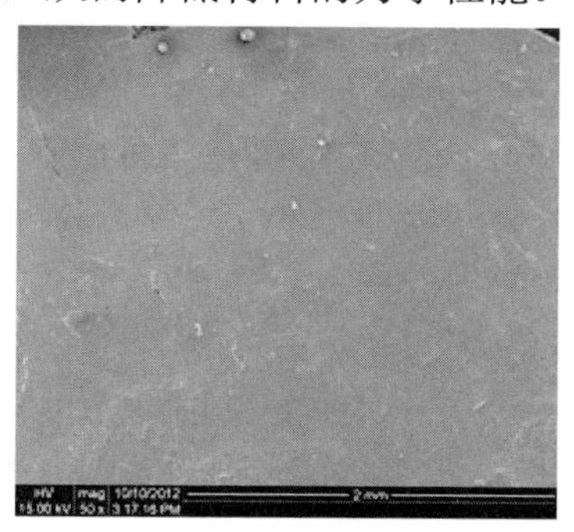

（a）未处理花盆（CK）

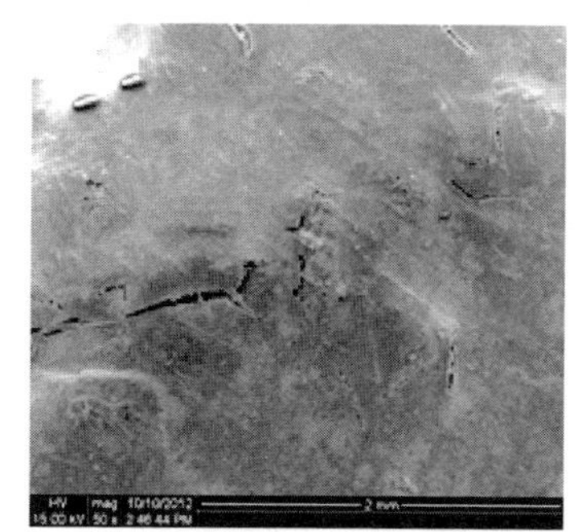

（b）湿循环处理花盆（WCT）

CK、WCT 分别代表对照、湿循环处理的花盆；增强材料与基体树脂比例为 1∶0.5。其中，增强材料为稻壳粉，基体树脂为 SUF。

图 6-194　花盆湿循环处理前后的扫描电镜图（×50 倍）

以 SUF 为基体树脂，稻壳粉为增强材料，经混炼、热压、成型工序，制备出一种环保花盆。研究成型材料对模压花盆力学性能的影响，得出以下结论。

（1）大豆蛋白改性脲醛树脂（SUF）和稻壳粉分别作为基体树脂及增强材料对秸秆花盆的力学性能有较大的改善。随着 SUF 基体树脂用量的增加，秸秆花盆的静曲强度、弹性模量及拉伸强度都有所提高。当增强材料为稻壳粉，基体树脂为 SUF，增强材料与基体树脂用量比为 1∶0.5 时，材料的力学性能较好。增强材料的形貌对花盆力学性能有较大影响，当增强材料与基体树脂用量比为 1∶0.5，基体树脂为 SUF 时，随着稻壳质量分数的增加，秸秆花盆静曲强度和弹性模量先增加后降低，拉抻强度一直增加。当稻壳与稻壳粉之比为 3∶7 时，秸秆花盆综合性能较好。

（2）湿循环处理花盆试验，以稻壳为增强材料为例，当基体树脂为 UF 时，花盆静曲强度、弹性模量及拉抻强度分别降低 21.97%、24.91%、15.09%。当基体树脂为 SUF 时，花盆静曲强度、弹性模量及拉抻强度分别降低 9.92%、15.37%和 30.10%。表明花盆经湿循环处理后力学性能下降。

（3）材料的微观结构表明湿循环处理使复合材料中稻壳和基体树脂界面易分离。

6.6.2.6　秸秆盆钵外观要求

符合规定标准，上下一致，无明显色斑和色差。表面平整整洁、质地均匀，无划痕、无气泡、无皱折、边缘光滑、规整。无破裂、无霉变、无剥离、底部小孔修整圆润光滑，放置平稳。外观设计见图 6-195。

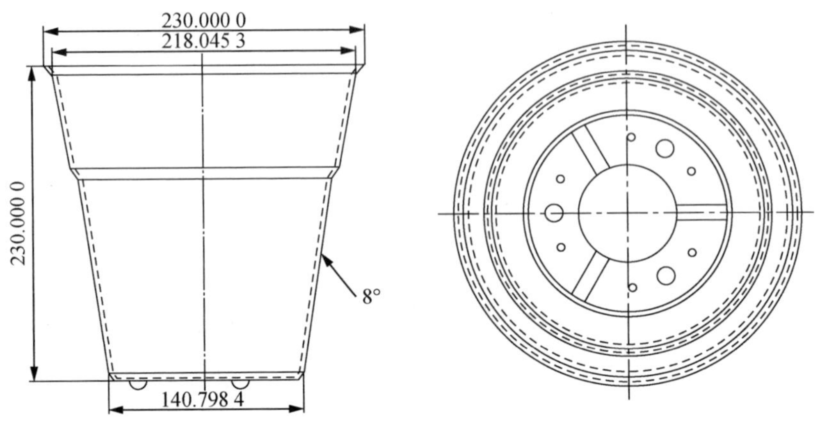

图 6-195　秸秆盆钵外观设计图（单位：mm）

秸秆盆钵微生物指标见表 6-102。

表 6-102　秸秆盆钵微生物指标

项目	指标
大肠菌群/（个/50cm^2）	不得检出
霉菌数量/（CFU/g）	50

秸秆盆钵理化指标见表 6-103。

表 6-103　秸秆盆钵理化指标

项目	指标
耐温试验（60℃水浴 45min）	无变形、起皮、起皱
耐压试验　产品重量≤100g	≥50
产品重量>100g	≥60
跌落试验　距水泥地 0.8m　高处底部朝下自由跌落一次	无裂损
含水量/%	≤17
重金属	
总汞（以 Hg 计）/（mg/kg）	≤5
总镉（以 Cd 计）/（mg/kg）	≤3
总铅（以 pb 计）/（mg/kg）	≤100
总砷（以 AS 计）/（mg/kg）	≤30
总铬（以 Cr 计）/（mg/kg）	≤300
生物可降解性	
霉菌侵蚀试验级	≥IV
需氧堆肥试验生物降解率/%	≥60
甲醛释放限量/（mg/100g）	≤30

注：生物可降解性按照 GB/T 20197—2006 进行；霉菌侵蚀试验和需氧堆肥试验按 GB/T 18006.2—1999 进行；甲醛释放量按照 GB/T 18580—2001 进行。

6.6.3 秸秆盆钵应用效果

6.6.3.1 秸秆盆钵经济成本及市场分析

根据目前华东市场原材料的最新市场报价：稻壳（20 目）：246 元/t，大豆蛋白改性脲醛树脂：2 200 元/t。以高度为 14cm 左右的花盆为例，秸秆花盆制作成本为 0.67 元/只，而同规格塑料花盆成本在 0.75 元/只以上（采用再生 PE）。因此，秸秆花盆制作成本比塑料花盆低 10%以上。秸秆花盆外观光滑有光泽，吸水率小于 10%，耐水性好，且秸秆花盆拉伸强度大于 15MPa，可满足盆花栽培与拌匀要求。该类产品替代塑料花盆制品，不仅有利于减少因使用塑料制品产生的“白色污染”，促进农作物秸秆资源化利用，且花盆废弃后埋入土壤具有较好的降解性，市场开发前景十分广阔。

近期，首条秸秆花盆工业化生产线在南京浦口区永宁镇建成，技术受让方为南京江浦某秸秆园艺制品有限公司。该公司项目总投资约 250 万元，建立了 4 条热压成型生产线及一条秸秆花盆胶黏剂生产线（图 6-196），年秸秆花盆生产能力 500 万只（以 16cm 规格计），产值 800 万元，年消耗各类农作物秸秆约 720t。本项目的建立，为当地秸秆高值化利用提供了一条新的技术途径。

图 6-196　秸秆盆钵应用

6.6.3.2 秸秆盆钵适宜地区

本技术可适宜于所有生产农作物秸秆的区域，适宜于水稻、小麦、玉米、甘蔗、高粱、棉花、大豆、油菜等农作物秸秆。由于地理位置、气候条件、社会文化等的不同，各地区的作物秸秆结构组成有所不同，在应用本技术时，需要依据所用秸秆原料的不同，对容器成型参数做适当调整或修正。

参 考 文 献

鲍习峰，2012．麦秸与奶牛废水混合厌氧发酵技术研究[D]．南京：南京农业大学．

鲍习峰，叶小梅，常志州，等，2012．麦秸与奶牛场废水高固体混合厌氧发酵产甲烷研究[J]．环境化学，31(9)：1387-1392．

鲍艳宇，周启星，娄翼来，等，2010．奶牛粪好氧堆肥过程中不同含碳有机物的变化特征以及腐熟评价[J]．生态学杂志，29(11)：2111-2116．

鲍艳宇，周启星，颜丽，等，2008．畜禽粪便堆肥过程中各种氮化合物的动态变化及腐熟度评价指标[J]．应用生态学报，19(2)：374-380．

曹杰，2014．打捆秸秆两相厌氧发酵相分离技术研究[D]．南京：南京农业大学．

曹杰，陈广银，常志州，等，2014．猪粪水有机负荷对秸秆床反应器厌氧生物产沼气的影响[J]．中国环境科学，34(5)：1200-1206．

常景玲，李慧，2006．预处理对作物秸秆纤维素降解的影响[J]．江苏农业科学(4)：177-179．

陈广银，鲍习峰，叶小梅，等，2012．堆肥预处理对麦秸与奶牛废水混合物厌氧产沼气的影响[J]．中国环境科学，32(12)：1921-1932．

陈广银，鲍习峰，叶小梅，等，2013．堆肥预处理对麦秸与奶牛废水混合物厌氧产沼气的影响[J]．中国环境科学，33(1)：111-117．

陈广银，曹杰，常志州，等，2015．有机酸预处理对麦秸理化特性及厌氧生物产沼气的影响[J]．太阳能学报，36(10)：2559-2564．

陈广银，曹杰，叶小梅，等，2015．pH 值调控对秸秆两阶段厌氧发酵产沼气的影响[J]．生态环境学报，24(2)：336-342．

陈广银，杜静，常志州，等，2014a．基于改进秸秆床发酵系统的厌氧发酵产沼气特性[J]．农业工程学报，30(20)：244-251．

陈广银，杜静，常志州，等，2014b．外源葡萄糖对麦秸厌氧发酵产沼气的影响[J]．生态与农村环境学报，30(6)：780-784．

陈广银，吕利利，常志州，等，2013．水解液出料和回流对秸秆水解产酸的影响研究[J]．中国环境科学，33(11)：2006-2012．

陈广银，马慧娟，常志州，等，2013．堆肥预处理温度控制促进麦秸厌氧发酵产沼气[J]．农业工程学报，29(23)：179-185．

陈广银，郑正，常志州，2011．不同氮源对麦秸厌氧消化过程的影响[J]．中国环境科学，31(1)：73-77．

陈广银，郑正，常志州，等，2011．碱处理对互花米草理化特性的影响研究[J]．中国环境科学，31(3)：423-430．

陈立平，陈开正，吴鸿翔，等，2000．采用生物热能蒸发处理糖蜜酒精废液[J]．环境科学研究，13(3)：60-62．

陈晓浪，胡书春，周祚万，2010．改性处理对水稻秸秆纤维结构和性能的影响[J]．功能材料，41：275-277．

邓良伟，李建，谭小琴，等，2005．秸秆堆肥化处理猪场废水影响因子的研究[J]．农业环境科学学报，24(3)：506-511．

邓良伟，谭小琴，李建，等，2004．利用秸秆堆肥过程处理猪场废水的研究[J]．农业工程学报，20(6)：255-259．

董臣飞，丁成龙，许能祥，等，2013．稻草饲用品质及茎秆形态特征的研究[J]．草业学报，22(4)：83-88．

董臣飞，丁成龙，许能祥，等，2014．不同水稻品种谷草双优收获期研究[J]．草业学报，23(1)：65-72．

杜静，常志州，陈广银，等，2015．秸秆批式和半连续式发酵物料浓度对沼气产率的影响[J]．农业工程学报，31(15)：201-207．

杜静，常志州，陈广银，等，2016．温和湿热预处理对稻秸理化特性及生物产沼气的影响[J]．中国环境科学，36(2)：485-491．

杜静，常志州，王世梅，等，2008．不同底物沼气干发酵启动阶段的产酸特征研究[J]．江苏农业科学(1)：225-227．

杜静，常志州，叶小梅，等，2011．底物浓度和接种率对稻秸沼气启动的影响[J]．农业环境科学学报，30(7)：

1456-1459.

杜静，陈广银，叶小梅，等，2015. 秸秆与游离发酵液接触比例对产沼气特性的影响[J]. 中国环境科学，35(3)：811-816.

杜静，朱德文，常志州，等，2013. 导气措施与渗滤液回流方式对干发酵产沼气影响中试[J]. 农业机械学报，44(10)增刊：143-148.

方文杰，刘广青，李秀金，等，2007. 堆沤处理对稻草厌氧消化产气的影响[J]. 生态与农村环境学报，23(4)：63-66.

高白茹，常志州，叶小梅，等，2010. 堆肥预处理对稻秸厌氧发酵产气量的影响[J]. 农业工程学报，26(5)：251-256.

高白茹，常志州，叶小梅，等，2011. 外源无机添加物对稻秸厌氧消化性能的影响[J]. 中国沼气，29(1)：11-15.

高白茹，常志州，叶小梅，等，2012. 稻秸沼渣矿化特征及对青菜生长和品质的影响[J]. 中国环境科学，32(4)：647-652.

高伟，郑国砥，高定，等，2006. 堆肥处理过程中猪粪有机物的动态变化特征[J]. 环境科学，27(5)：986-988.

高新昊，刘兆辉，李晓林，等，2009. 秸秆基质的配比优化及在设施番茄栽培上的应用效果研究[J]. 土壤通报，40(5)：1147-1150.

高新昊，张志斌，郭世荣，2006. 玉米与小麦秸秆无土栽培基质的理化性状分析[J]. 南京农业大学学报，29(4)：131-134.

关升宇，2006. 牛粪发酵过程中的氮磷转化[D]. 哈尔滨：东北农业大学.

桂维阳，许能祥，程云辉，等，2014. 稻秸中吡虫啉和三环唑的降解动态及其残留[J]. 江苏农业学报，30(5)：1153-1160.

桂维阳，许能祥，董臣飞，等，2015. 青贮稻草中吡虫啉与三环唑降解动态及饲用安全性[J]. 江苏农业科学，43(12)：259-262.

郭康权，赵东，查养社，等，1995. 植物材料压缩成型时粒子的变形及结合形式[J]. 农业工程学报，11(1)：138-143.

何丽鸿，陈明杰，潘迎捷，2009. 采用变性梯度凝胶电泳研究双孢蘑菇培养料后发酵过程中的细菌群落结构[J]. 微生物学报，49(2)：227-232.

何品晶，潘修疆，吕凡，等，2006. pH 值对有机垃圾厌氧水解和酸化速率的影响[J]. 中国环境科学，26(1)：57-61.

胡清秀，卫智涛，王洪媛，2011. 双孢蘑菇菌渣堆肥及其肥效的研究[J]. 农业环境科学学报，30(9)：1902-1909.

黄红英，武国峰，孙恩惠，等，2014. 秸秆块墙体日光温室在苏北地区应用效果试验[J]. 农业工程学报，30(14)：170-178.

李静，高兰阳，沈益新，2008. 乳酸菌和纤维素酶对稻草青贮品质的影响[J]. 南京农业大学学报，31(4)：86-90.

李继红，杨世关，郑正，等，2009. 互花米草中温厌氧发酵木质纤维结构的变化[J]. 农业工程学报，25(2)：199-203.

李瑞鹏，2012. 秸秆牛粪混合堆肥制作蘑菇栽培基料技术研究[D]. 南京：南京农业大学.

李瑞鹏，常志州，周立祥，等，2012. 麦秸和奶牛场废弃物联合堆肥试验研究[J]. 江苏农业学报，28(1)：65-71.

李晓博，李晓，李玉，2009. 双孢蘑菇生产中木质素、纤维素和半纤维素的降解及利用研究[J]. 食用菌(2)：6-8，10.

李旭华，刘海林，张石蕊，2006. 不同处理稻草混合青贮料对奶牛生产性能的影响[J]. 湖南饲料(6)：29-31，44.

李玉春，陈广银，常志州，等，2012. 碳氮比对稻秸厌氧发酵过程的影响[J]. 中国沼气，30(4)：25-29.

李云龙，2016. UV-A 和空气湿度对于水稻秸秆降解行为的影响[D]. 南京：南京师范大学.

梁枝荣，安沫平，通占元，等，2001. 玉米秸秆栽培双孢蘑菇夏季出菇试验[J]. 食用菌学报，8(1)：34-38.

刘广青，张瑞红，等，2006. 批式与两相高温厌氧消化厨余和杂草废弃物对比研究[J]. 中国农业大学学报(6)：111-115.

刘克鑫，CHEN T H，CHYNOWETH D F，1989. 城市垃圾的高固体浓度发酵试验及其农业利用[J]. 农业现代化研究，10(5)：37-39.

刘艳伟，吴景贵，2011. 有机栽培基质的研究现状与展望[J]. 北方园艺(10)：172-176.

吕利利，2013. 打捆麦秸水解产酸技术参数的优化研究[D]. 南京：南京农业大学.

吕利利，叶小梅，陈广银，等，2013. 混合水解对打捆麦秸水解产酸的影响研究[J]. 环境工程学报，7(11)：4519-4524.

马慧娟，2013. 预处理对麦秸生物产沼气的影响研究[D]. 南京：南京农业大学.

马慧娟，陈广银，杜静，等，2013．预处理对打捆麦秸贮存和厌氧生物产沼气的影响[J]．环境科学，34(9)：358-363．
彭学文，吴志会，解文强，等，2011．利用小麦秸秆栽培双孢蘑菇高产配方筛选研究[J]．河北农业科学，15(9)：38-40．
潘亚东，马君，孙大明，2014．黑龙江省农作物秸秆资源综合利用现状和建议[J]．农机化研究(11)：253-257．
钱晓雍，沈根祥，黄丽华，等，2009．畜禽粪便堆肥腐熟度评价指标体系研究[J]．农业环境科学学报，28(3)：549-554．
钱玉婷，2009．秸秆常温降解菌的筛选及其生长特性研究[D]．南京：南京农业大学．
全桂香，常志州，叶小梅，等，2009．秸秆沼气干发酵快速启动条件与影响因素的研究[J]．江苏农业科学(3)：366-368．
孙恩惠，黄红英，武国峰，等，2014．稻壳粉/改性脲醛树脂模压成型材料的力学性能[J]．农业工程学报，30(13)：228-237．
谭小琴，邓良伟，伍钧，等，2006．猪场废水堆肥化处理过程中微生物及酶活性的变化[J]．农业环境科学学报，25(1)：244-248．
汤国辉，1994．生物能温室温度及其影响因素研究[J]．南京农业大学学报，17(2)：17-22．
王鸿泽，王之盛，康坤，等，2014．玉米粉和乳酸菌对甘薯蔓、酒糟及稻草混合青贮品质的影响[J]．草业学报，23(6)：103-110．
王琳，李敏，魏启舜，等，2015．双孢蘑菇培养料发酵过程中细菌群落结构分析[J]．江苏农业学报，31(3)：653-658．
王彦苏，2015．乳酸菌对水稻秸秆青贮发酵品质的影响[D]．南京：南京师范大学．
王彦苏，张一凡，严振亚，等，2014．水稻秸秆青贮饲料中可培养微生物多样性分析及优势乳酸菌的分离鉴定[J]．草地学报，22(3)：586-592．
魏启舜，王琳，赵荷娟，2015．南京地区双孢蘑菇工厂化栽培低产成因及其改进建议——以南京市高淳区固花食用菌专业合作社为例[J]．江苏农业科学，43(10)：295-297．
吴晓杰，韩鲁佳，2005．乳酸菌制剂对早籼稻青贮饲料品质的影响[J]．中国农业大学学报，10(3)：35-39．
吴银宝，汪植三，廖新，等，2003．猪粪堆肥腐熟指标的研究[J]．农业环境科学报，22(2)：189-193．
武国峰，黄红英，常志州，等，2015．秸秆块墙体日光温室结构设计及应用效果初探[C]．全国设施园艺产业发展与安全高效栽培技术交流会．中国湖北武汉，中国园艺学会．
武国峰，黄红英，孙恩惠，等，2015．不同墙体材料日光温室的保温性能[J]．江苏农业学报，31(2)：441-448．
武国峰，黄红英，孙恩惠，等，2016．堆肥处理对秸秆纤维加工性能的影响[J]．化工新型材料，44(1)：225-227．
武国峰，徐跃定，常志州，等，2015．秸秆块墙体日光温室保温蓄热性能分析[J]．农业环境科学学报，34(12)：2402-2409．
熊凯祥，2012．秸秆厌氧发酵相分离技术研究[D]．南京：南京农业大学．
徐霄，叶小梅，常志州，等，2009．秸秆干式厌氧发酵渗滤液回流技术研究[J]．农业环境科学学报，29(6)：1273-1278．
许彩云，靳红梅，等，2016．麦秸生物炭添加对猪粪中温厌氧发酵产气特性的影响[J]．农业环境科学学报，35(6)：1167-1172．
许能祥，丁成龙，顾洪如，等，2010．添加乳酸菌和米糠对水稻秸秆青贮品质的影响[J]．江苏农业学报，26(6)：1308-1312．
许能祥，丁成龙，顾洪如，等，2011．稻秸、象草和杂交狼尾草青贮的研究[J]．草地学报，19(1)：142-149．
许能祥，董臣飞，顾洪如，等，2015．α-淀粉酶对不同NSC含量稻草青贮品质的影响[J]．草业学报，24(11)：146-154．
许能祥，顾洪如，董臣飞，等，2015．稻草在自然风干过程中的养分变化及适宜青贮时间研究[J]．草业科学，32(8)：1344-1351．
许智，叶小梅，常志州，等，2011．温度对厨余垃圾和人粪尿污水混合液的水解酸化影响[J]．中国沼气，29(3)：9-11．
许智，叶小梅，常志州，等，2012．稻秸、餐厨垃圾及人粪尿混合厌氧发酵[J]．环境工程学报，6(7)：2447-2453．
闫翠珍，2015．秸秆块压缩性能及流变特性研究[D]．南京：南京农业大学．
杨明韶，2010．农业物料流变学[M]．北京：中国农业出版社．
叶小梅，常志州，2008．有机固体废弃物干法厌氧发酵技术研究综述[J]．生态与农村环境学报，24(2)：76-79，96．

于建光，李瑞鹏，陆建刚，等，2013．秸秆牛粪堆制基料理化性状对双孢蘑菇产量和品质的影响[J]．食用菌，35(1)：21-23．

于鑫，孙向阳，张骅，等，2009．有机固体废弃物再生环保型无土栽培基质研究进展[J]．北方园艺(10)：136-139．

郁建强，殷戎一，1997．发展食用菌生产优化秸秆利用[J]．资源节约和综合利用(3)：48-49．

曾广宇，周国英，2007．双孢蘑菇堆肥发酵研究现状[J]．北方园艺(12)：237-239．

张鸣，高天鹏，刘玲玲，等，2010．麦秸和羊粪混合高温堆肥腐熟进程研究[J]．中国生态农业学报，18(3)：566-569．

张荣，2015．棘孢木霉的筛选、鉴定及厌氧发酵生物预处理应用的研究[D]．南京：南京农业大学．

张欣悦，汪春，李连豪，等，2013．水稻植质钵育苗盘制备工艺及参数优化[J]．农业工程学报，29(5)：153-162．

张雪辰，邓双，王旭东，2015．快腐剂对畜禽粪便堆肥过程中腐熟度的影响[J]．环境工程学报，9(2)：888-894．

张晔，余宏军，杨学勇，等，2013．棉秆作为无土栽培基质的适宜发酵条件[J]．农业工程学报，29(12)：210-217．

赵学强，陈广银，常志州，等，2013．不同有机固体废弃物水解产酸特性研究[J]．中国沼气，31(3)：12-16．

朱瑾，叶小梅，常志州，等，2011a．稻秸生物水解的影响因子[J]．江苏农业学报，27(4)：763-769．

朱瑾，叶小梅，常志州，等，2011b．不同因素对秸秆两相厌氧消化的影响[J]．农业工程学报，27(增 1)：79-85．

ADESH K, SUNITA G , LATA N, 2008. Evaluation of thermophilic fungal consortium for paddy straw composting[J]. Biodegradation, 19(3): 395-402.

AlVIRA P, TOMAS-PEJO E, BALLESTEROS M, et al., 2010. Pretreatment technologies for an efficient bioethanol production process based on enzymatic hydrolysis: A review [J]. Bioresource Technology, 101 (13): 4851-4861.

AVÉROUS L, DIGABEL F Le, 2006. Properties of biocomposites based on lignocellulosic fillers[J]. Carbohydrate Polymers, 66(4): 480-493.

BABEL S, FUKUSHI K, 2004. Effect of acid speciation on solid waste liquefaction in an anaerobic acid digester[J]. Water Research, 38(9): 2416-2422.

DONG C F, DING C L, XU N X, et al., 2013. Double-purpose rice (*Oryza sativa* L.) variety selection and their morphological traits [J]. Field Crops Research, 149: 276-282.

GARCIA C, HERNANDEZ L, COSTA F, et al., 1992. Evaluation of the maturity of municipal waste compost using simple chemical paramenters[J]. Communications in Soil Science and Plant Analysis, 23(13-14):1501-1512.

RABERMANOLONTSOA H, SAKA S, 2016. Various pre-treatments of lignocellulosics[J]. Bio-resource Technology, 199:83-91.

IANNOTTI D A, GREBUS M E, TOTH B L, et al., 1994. Oxygen respirometry to assess stability and maturity of composted municipal solid waste[J]. Journal of Environmental Quality, 23(6): 1177-1183.

INTHAPANYA S, PRESTON T, LENG R, 2012. Biochar increases biogas production in a batch digester charged with cattle manure[J]. Livestock Research for Rural Development, 24 (12): 212.

KNUTSEN J S, LIBERATORE M W, 2009. Rheology of high solids biomass slurries for biorefinery applications[J]. Journal of Rheology, 53(4):877-892.

LEITA L, DE NOBILI M, 1991. Water soluble fractions of hearvy metal during composting of municipal solid waste[J]. Journal of Environmental Quality, 20(1):73-78.

MEDINA E, PAREDES C, PÉREZ-MURCIA M D, et al., 2009. Spent mushroom substrates as component of growing media for germination and growth of horticultural plants[J]. Bioresource Technology, 100(18): 4227-4232.

MOREL T L, COLIN F, GERMON J C, et al., 1985. Methods for the evaluation of the Maturity of Municipal Refuse Compost[M]. London & New York: Elsevier Applied Science Publish.

MUMME J, SROCKE F, HEEG K, et al., 2014. Use of biochars in anaerobic digestion[J]. Bioresource Technology, 164: 189-197.

MURWIRA H K, KIRCHRMANN H, SWIFT M J, 1990. The effect of moisture on the decomposition rate of cattle manure[J]. Plant and Soil, 122(2):197-199.

NAKHSHINIEV B, BIDDINIKA M K, GONZALES H B, et al., 2014. Evaluation of hydrothermal treatment in enhancing rice straw compost stability and maturity[J]. Bioresource Technology, 151:306-313.

NOBLE R, GAZE R, 1994. Controlled environment composting for mushroom cultivation: substrates based on wheat and barley straw and deep litter poultry manure[J]. The Journal of Agricultural Science, 123(1): 71-79.

NOURBAKHSH A, ASHORI A, 2010. Wood plastic composites from agro-waste materials: analysis of mechanical properties[J]. Bioresource Technology, 101(7): 2525-2528.

OMAR F, ANDRZEJ K B, HANS P F, et al., 2012. Biocomposites reinforced with natural fibers[J]. Progress in Polymer Science, 37(11): 1552-1596.

PAPADIMITRION E K, CHATIPAVLIDIS I, BALIS C, 1997. Application of composting to olive mill wastewater treatment[J]. Environmental Technology, 18(1):101-107.

PARK J W, TAKAHATA Y, KAJIUCHI T, et al., 1992. Effects of nonionic surfactant on enzymatic-hydrolysis of used newspaper[J]. Biotechnology and Bioengineering, 39(1): 117-120.

QING Q, YANG B, WYMANC E, 2010. Impact of surfactants on pretreatment of corn stover[J]. Bioresource Technology, 101:5941-5851.

RAMAMOORTHY S K, SKRIFVARS M, PERSSON A, 2015. A review of natural fibers used in biocomposites: Plant, animal and regenerated cellulose fibers[J]. Polymer Reviews, 55(1): 107-162.

RAMESH M, 2016. Kenaf (*Hibiscus cannabinus* L.) fibre based bio-materials: A review on processing and properties[J]. Progress in Materials Science, 78-79: 1-92.

SONG T, CAI W, JIN Q, et al., 2014. Comparison of microbial communities and histological changes in Phase I rice straw-based Agaricus bisporus compost prepared using two composting methods[J]. Scientia Horticulturae, 174: 96-104.

STRAATSMA G, THISSEN J T N M, AMSING J G M, et al., 2000. Adjustment of the composting process for mushroom cultivation based on initial substrate composition[J]. Bioresource Technology, 72(1): 67-74.

SVETLANA B, MARKO H, TIMO K, 2012. Accelerated weathering of wood-polypropylene composites containing minerals[J]. Composites:Part A, 43(11): 2087-2094.

SZÉKELY A J, SIPOS R, BERTA B, et al., 2009. DGGE and T-RFLP analysis of bacterial succession during mushroom compost production and sequence-aided T-RFLP profile of mature compost[J]. Microbial Ecology, 57(3): 522-533.

VAUGHN S F, KENAR J A, THOMPSON A R, et al., 2013. Comparison of biochars derived from wood pellets and pelletized wheat straw as replacements for peat in potting substrates[J]. Industrial Crops and Products, 51: 437-443.

VERDONCK O, 1988. Composts from organic waste materials as substitutes for the usual horticultural substrates[J]. Biological Wastes, 26(4): 325-330.

WEBB H K, ARNOTT J, CRAWFORD R J, et al., 2013. Plastic degradation and its environmental implications with special reference to poly(ethylene terephthalate)[J]. Polymers, 5(1): 1-18.

WU G F, QU P, SUN E H, et al., 2015. Physical, Chemical, and Rheological properties of rice husks treated by composting process[J]. Bioresources, 10(1): 227-239.

XI Y L, CHANG Z Z, YE X M, et al., 2014. Methane production from wheat straw with anaerobic sludge by heme supplementation[J]. Bioresource Technology, 172:91-96.

XI Y L, CHANG Z Z, YE X M, et al., 2015. Enhanced Methane Production from Anaerobic Co-Digestion of Wheat Straw and Herbal-Extraction Process Residues[J]. Bioresources, 10(4): 7985-7997.

第 7 章 区域秸秆全量利用实施效果与运行机制

7.1 区域秸秆全量利用与主要模式

7.1.1 区域秸秆“还田主导型”全量利用模式及长效运行机制

近年来，农作物秸秆露天无序焚烧现象严重，已成为一大社会公害，不仅浪费资源，而且污染环境。

社会各界围绕农作物秸秆禁烧和综合利用做了大量工作，但长期以来，众多研究成果仅限于田块尺度或单项技术突破，难以解决区域秸秆全面禁烧、全量利用与秸秆利用全程技术等问题。对此，作者提出“区域统筹，整体推进”的思路，着眼区域秸秆全量利用，探索创建不同区域秸秆全量利用模式，攻克关键技术，集成创新配套技术，构建全程技术体系，以实现区域秸秆全量利用并可持续发展的目标。

在江苏省自主创新项目资助下，作者以泗洪县车门乡为样本，开展以秸秆还田为主体的区域秸秆全量利用技术研究。经过近 4 年的努力，成功构建了区域秸秆“还田主导型”全量利用模式，并取得较为显著的效果。

所谓“区域秸秆‘还田主导型’全量利用模式”，是指特定区域内 60%以上秸秆产生量依靠直接还田利用，其他多种途径秸秆利用量约占 40%，或秸秆直接还田数量位于土壤适宜与最大允许还田数量之间。这是基于实现区域秸秆全面禁烧、禁抛与全量利用目标而采取的一种重要策略。

为进一步优化与完善技术模式，作者以问卷调查与入村入户走访方式，随机调查 4 个村 100 户农民家庭与 8 个村级干部，对样本区项目实施效果进行分析，同时，还就该模式可持续发展问题，提出相关政策建议，以期为“还田主导型”秸秆利用模式的应用推广提供技术支撑。

1. 样本区现状解析

车门乡，位于江苏省泗洪县西南岗地区，是江苏省最贫困地区之一。在试验前（2012）调查获知：全乡下辖 8 个行政村，总人口 28 466 人，其中农业人口 24 464 人，占 85.9%，是典型的农业乡镇。该乡地处南北过渡地带，年均气温 15.1℃，年降雨量 960.4mm，年无霜期 203d，耕地面积 7.5 万亩，兼具稻麦两熟和麦玉两熟的轮作制度。

项目实施前，依据车门乡作物产量水平和收获指数，估算出车门乡小麦、水稻、玉米秸秆产生量分别为 4.63 万、2.82 万、1.17 万（t），共 8.62 万 t。此外还有约 0.4 万 t 花生与大豆秸秆，农民作饲料与燃料使用。小麦、水稻、玉米秸秆可收集量分别为 2.78 万、1.98 万、0.93 万（t），计 5.69 万 t。秸秆利用状况为：小麦、水稻和玉米秸秆还田率分别为 33.2%、25.0%和 2.2%，折算还田秸秆量为 2.27 万 t，加上未还田田块 15cm 留茬秸秆量 1.53 万 t，实际还田秸秆量为 3.80 万 t；收集利用秸秆为 1.6 万 t，其中 1 万 t 为玉米秸秆，销售给当地奶牛场作饲料利用，还田与收集利用秸秆量约占秸秆产生总量的 62.64%；所剩秸秆中除少数稻秸为农民自用外，全乡约有 37%左右秸秆被焚烧或遗弃。

2. 样本区秸秆全量利用方案制订与实施

围绕车门乡秸秆全量处理目标，编制区域秸秆全量利用规划，并围绕规划实施中的关键与配套技术进行攻关与集成优化，同时还与当地乡、县政府以及主管部门紧密结合，进行大量组织发动、宣传与技术示范等工作，整体推进车门乡秸秆全量利用。

（1）编制车门乡“还田主导型”秸秆全量利用规划。依据车门乡经济发展、农机装备水平与秸秆产业化利用可行性等，规划 2012～2018 年全乡秸秆利用以还田为主，到 2015 年，小麦秸秆还田率由 33%提高到 70%，水稻秸秆还田率由 25%提高到 50%，玉米秸秆还田率由 2.2%提高到 30%，维持并稳定提高玉米秸秆饲料化利用率，逐步增加秸秆收集利用水平。2016 年后，逐步降低小麦秸秆还田量，通过秸秆制粒成型燃料，提高秸秆离田利用率。同时，提出调整种植结构与作物品种，减少秸秆产生，延长秸秆离田可收集时间或增加旱作作物秸秆可收集数量等。

（2）攻克秸秆全量还田农机农艺融合技术难题。基于样本区秸秆全量还田技术难点问题，着重开发与半喂式、全喂式收割机配套的秸秆粉碎抛撒装置，使全喂式收割机秸秆粉碎细度由 10～15cm 降低到 8～10cm，半喂式收割机秸秆粉碎细度降低到 5～8cm，秸秆田间摊铺均匀度变异系数降低到 0.17，提高秸秆还田作业效果；创新研制稻收麦播秸秆覆盖还田同步技术与配套装备，不仅使小麦播种时间提早 5d，降低了因小麦晚播造成的产量损失，且每亩耕种费用降低 47～85 元；开发可与手扶、中型四轮拖拉机配套的田间镇压装置，单机作业效率可达 200 亩/d，作业成本低于 2 元；发明麦秸还田化感负效应的减缓技术，确保麦秸全量还田条件下水稻秧苗全苗与壮秧。

（3）集成秸秆还田技术体系并进行示范与技术培训。在解决全量秸秆“还下去”技术难题的同时，还围绕“还得好”等问题，集成配套稻秸粉碎匀铺反旋或深耕、深旋等耕作技术，小麦摆播镇压、肥料运筹与麦秸还田泡田旋耕、麦秸化感效应减缓等技术。通过农机农艺技术深度融合，形成秸秆全量还田与稻麦优质高产稳产的全程技术体系。

秸秆还田难题问题的解决与配套技术体系的形成，从技术上极大地提高了秸秆还田作业效率与效果。为进一步打消农民对秸秆全量还田可能影响耕种与作物产量的顾虑，每年每季均召开全乡稻麦秸秆全量还田技术现场会，同时现场培训村干部与种田大户、农机手等，有力地推动了秸秆全量还田技术的实施。

（4）积极配合地方政府落实配套政策与整体推进。在编制全乡秸秆全量利用规划的同时，主动与当地乡政府、县主管领导沟通，并汇报实现区域秸秆全量利用所需要的配套农机装备、收贮运所需要的土地及装备等条件，获得上级政府各类资金支持，增加与更新装备。同时，乡政府成立秸秆全面禁烧与全量利用领导、工作与技术指导小组，利用各种形式宣传与普及秸秆禁烧与综合利用的相关政策与知识，提高农民环境意识与增长农民秸秆还田利用、稻麦高产栽培技能等。

3. 样本区“还田主导型”秸秆全量利用模式实施效果

（1）村干部与农民对秸秆焚烧危害的认识与对秸秆利用途径的了解程度提高。与 2012 年的调查数据相比，此次调查发现农民对秸秆焚烧危害的认识更加全面，60%以上农民认识到秸秆田间焚烧不仅会影响交通，引发火灾，造成人身伤害、财产损失，还会污染空气。此外 5%左右农民知道秸秆田间焚烧会影响地力。对秸秆利用途径的了解程度由单一的收集打捆制粒成型作燃料，增加到秸秆肥料化、饲料化、基料化，甚至 5%～10%的人知道秸秆原料化与除秸秆制粒外的其他能源化利用途径（表 7-1）。相对普通农民，村干部的认识水平更高。

表 7-1　项目实施后农民及村干部对秸秆利用途径的了解情况　（单位：%）

人员	年	肥料化	饲料化	能源化	原料化	基料化
农民	2012	0	0	36.5	0	0
	2016	95	65	10	5	26
村干部	2016	100	86	20	16	34

（2）农机装备水平提高。由表 7-2 可见，经过近 4 年的添置与更新，除手扶拖拉机数量下降外，其他农机保存量与总动力都显著增加，特别是大于 75 马力拖拉机数量增加了 2.4 倍，极大地保障了秸秆全量还田所需要的大功率拖拉机数量。

表 7-2　项目实施前后车门乡农业机械社会保有量变化　（单位：台）

年份	收割机	安装粉碎装置数量	秸秆还田机	>75 马力拖拉机	手扶拖拉机
2012	169	105	116	116	2 000
2016	216	213	121	275	1 920

（3）区域秸秆还田利用率显著提高，秸秆处置率显著降低。由表 7-3 可见（当地政府上报统计数据），样本区秸秆综合利用率达到 92.3%，其中秸秆还田量占秸秆产生总量的 70.8%，较 2012 年增加 120%。为进一步了解农民对秸秆利用

的直接感受，对所访 100 户农民家庭秸秆利用情况进行调研。秸秆利用率虽然低于政府统计数据，但相对 2012 年增加 22%。这些结果均表明，近 4 年的秸秆全量利用工作整体推进取得了可喜的成绩。但也看到这期间秸秆收集利用量占比下降 49.1%。进一步调查发现，由于秸秆还田可以获得补贴，同时，秸秆禁烧责任部门为方便监督管理，更多强调秸秆还田，使得原有的秸秆收集利用企业处于无秸秆可收的尴尬境地。

表 7-3　项目实施前后车门乡主要作物秸秆利用率变化　　（单位：%）

年份	作物种类	秸秆还田量*	收集利用量	堆弃或焚烧量
2012	小麦	60.0	2.2	37.8
	水稻	34.4	17.7	47.9
	玉米	2.2	73.9	23.9
平均值		32.2	42.3	36.5
2016	小麦	90.0	5.0	5.0
	水稻	60.0	30.4	9.6
	玉米	62.5	29.0	8.5
平均值		70.8	21.5	7.7

* 是由秸秆直接全量还田量与留茬还田量相加而成。

对项目区随机采集土壤样本进行分析，结果见表 7-4。连续秸秆全量还田，使土壤有机质、TN 以及速效 P、K 均有不同程度的提高。

表 7-4　项目实施前后土壤养分含量变化

年份	TN/%	有机质/%	速效 P/（mg/kg）	速效 K/（mg/kg）	pH
2012	0.09	1.39	13.03	117.43	7.64
	0.10	1.59	6.22	122.46	7.28
	0.11	1.76	11.38	132.53	7.58
2014	0.11	1.78	14.52	192.77	7.29
	0.15	2.04	13.13	143.18	7.29
	0.12	2.43	16.98	150.83	7.54

4. 区域秸秆“还田主导型”全量利用模式长效运行机制与政策建议

通过实地随机调查发现，区域秸秆“还田主导型”全量利用模式实施近 4 年的效果卓著，但如实现可持续发展，还需要改进与完善以下工作。

（1）秸秆利用宣传还需持续增强。虽然通过宣传普及与秸秆利用现场培训等途径，农民对秸秆焚烧的环境危害认识程度已有提高，秸秆利用知识已有掌握，但还需要进一步提高农民环境意识特别是责任意识，以增强农民自觉遵守秸秆禁烧相关政策与秸秆利用的主动性、责任感，同时需要不断提高农民利用秸秆的技术水平。

（2）秸秆还田技术到位率与还田技术水平有待进一步提高。随着农机不断改进与创新、装备水平提高、农机农艺融合增强，操作更简单、作业成本更低的秸秆还田装备与技术不断出现，需要不断因地制宜优化组合秸秆还田技术，确保秸秆还田技术应用更科学、成本更低、效率更高。此外，还需要构建农机手的奖励、惩罚与监督机制，以确保秸秆粉碎匀铺还田与后续耕种作业技术到位，使秸秆还田技术真正成为一种秸秆利用、土壤培肥与作物高产、农民持续增收的有效途径。

（3）逐步增加秸秆离地利用水平。由于缺乏深耕、深旋等农机装备，经过近 4 年的持续稻麦秸秆全量还田，部分田块出现表层土过分疏松，农民开始担心如果长期高强度秸秆还田，会影响耕种质量与作物高产稳定。此外，麦秸全量还田会引起稻田温室气体排放增加。因此，从现实需要与环境保护角度出发，应减少麦秸还田面积与数量，增加麦秸离田利用率，逐步增大秸秆离田商业化利用比例，使秸秆碳与能量资源得到更充分的利用。

7.1.2　区域秸秆“产业主导型”全量利用模式与长效运行机制

区域秸秆“产业主导型”全量利用模式，是指一定区域范围内，如乡镇区域内，建有秸秆产业化利用的大型或中型骨干企业，单一企业年收集利用秸秆量占区域内可收集秸秆量 60%以上。依靠骨干企业的产业化秸秆利用，结合机械化直接还田秸秆利用，基本可实现区域内秸秆全量利用目标。

秸秆产业化的利用，是秸秆禁烧与全量利用工作的最重要目标，也是秸秆禁烧、禁抛与利用工作长效运行的基础与保障，更是建设资源节约型国家与生态文明社会所追寻的重要目标。

2016 年 5 月，农业部办公厅与财政部办公厅在“关于开展农作物秸秆综合利用试点”通知中，明确要求：在现有政策基础上，积极研究加快产业扩张和技术扩散的政策措施，进一步提高秸秆工业化利用率和利用水平。

然而，秸秆资源具有分散、密度低、体积蓬松等特点，使得原料收集困难，且原料价格高而不稳，直接影响秸秆利用产业的可持续发展。秸秆原料价格合理且稳定供应，已成为“产业主导型”区域秸秆全量利用模式成功运行，且可持续发展的重中之重。田宜水（2010）在大量调研分析的基础上，认为目前生物质燃料的物流成本一般占发电厂燃料总成本的 50%～70%，是生物质产业的一大瓶颈，原料的稳定供应已成为企业必须要考虑的关键问题。因此，优化秸秆产业的原料供应物流系统，科学合理的设计生物质收集、贮存、运输各个环节，努力降低生物质物流成本显得尤为重要。

国内外学者在降低秸秆收集成本与秸秆贮运模式优化等方面做了很多研究。Caputo 等（2005）认为生物质原料收购价格增加、资源密度降低、运输车辆价格增加、运输车辆容量下降等因素都会使电厂运行成本增加，从而导致发电厂的经济效益降低；王雪等（2016）比较分析了秸秆收贮运分散型和集约型等多种物流模式的特点，提出采用定性、定量分析相结合秸秆收贮站选址方法，构建基于系统化、智能化、信息化的秸秆物流网络系统，是有效降低秸秆物流网络成本和供应链风险、提高秸秆收贮运效率的重要途径；吴金卓等（2015）基于可供使用生物质燃料数量、每个月可以采购的生物质燃料数量限制、电厂每个月的需求量、生物质燃料在收贮站和电厂的贮存平衡关系、电厂库存限制等约束条件，构建了以生物质燃料供应成本最小化为目标的生物质燃料到厂成本优化模型。陈明江等（2015）分析了县域秸秆燃料化利用模式，即农户自行将稻麦秸秆收拢集中—经纪人（收贮中介）上门收购秸秆—将秸秆收集后交给秸秆加工专业户（秸秆加工厂承租人）—终端用户，认为，该模式存在着以下不足：①投资规模过大、产业链长、资金投入过大；②严重依赖政府政策扶持；③秸秆收集效率低；④内部的管理比较松散，难以稳定供应。内蒙古赤峰市探索形成“农保姆”“产品置换”“能保姆”3 种方式相结合的原料保障体系，实现了既增加农牧民收入，又确保企业原料供应的稳定与安全的双赢结果。但需要的先决条件是：一是按照市场化的运营方式，企业完成秸秆收集、贮存、运输、生产以及产品销售的整个过程；二是秸秆产品有明确的产品标准和较为稳定的售价，能够在市场上进行公开交易并参与市场竞争；三是综合效益突出。但事实存在以下不足：①秸秆利用企业本身受市场影响，难以保证产品持续高效；②企业难以独立组织可以与千家万户农民打交道、且具明显季节性特征的庞大原料收贮运队伍；③考虑秸秆运输成本问题，原料供应对企业周边区域有一定的依赖性，一旦区域种植结构调整或外来企业对原料竞争或与当时秸秆禁烧与利用主导措施有冲突（如强调还田率等），企业则难以得到稳定的原料供应或较为稳定的价格。

为保证“产业主导型”区域秸秆全量利用模式可持续运行，以江苏省苏南、苏中以及苏北等不同地区的 4 个乡镇为对象，对正在或即将运行的“产业主导型”区域秸秆全量利用模式进行系统深入的调查与研究，特别对秸秆收贮运中关键的“谁组织、向谁收、什么时段收、怎么收、放哪里、什么价、如何保证年年收”等问题做了深入思考。在此基础上，从政府、农民以及企业三者之间关系角度，分析秸秆原料有效保障面临的问题，提出区域秸秆全量利用“产业主导型”模式长效运行机制的对策与政策建议。

7.1.2.1　“产业主导型”模式秸秆原料有效保障面临的问题

本文案例所选择的 4 个企业，两个为利用秸秆制取生物天然气企业（标记为 A、B 企业），一个为秸秆热解气化发电企业（标记为 C 企业），另一个为工厂化栽培双孢菇企业（标记为 D 企业），某个企业 1 期工程年秸秆需求量分别为 1 万、4 万、3 万、4 万（t）（干秸秆）。4 个企业中，B、D 两个企业为地方政府招商引资项目，与当地政府合作关系较为密切，A、C 两个企业为企业自主投资行为，与当地政府有联系，C 企业已投资运行约 5 年，A、B、D 企业为新建企业，自 2016

年秋季开始收集秸秆。A、B、C、D 4 个企业所在乡镇耕地面积分别为 3.47 万、10.50 万、4.21 万、11.30 万（亩），秸秆可收集量分别为 1.76 万、5.8 万、2.1 万、6.2 万（t），4 个企业年秸秆利用量均超过区域秸秆可收集量的 60%，甚至是秸秆可收集量的 1.2 倍以上。理论上讲，4 个企业各自所在乡镇的秸秆可收集量应该满足企业对原料数量的需求，但通过实地调研以及秸秆收集方案策划，发现仍存在秸秆原料供应问题，主要表现在以下几个方面。

（1）秸秆收集难度大且成本高。作者前期采用实地与问询调研相结合的方法，归纳了秸秆收集困难的主要客观原因为“收种季节重叠、收集时间短”“收集受天气影响大”“收集效益低、农民意愿不强”以及“收集机械效率不高、装备水平低”等。此次调研还发现：①江苏省水网地区地下水水位高，排水困难，影响机械下田作业，特别是影响大型机械下田，如：地处高邮湖的金湖银涂镇，稻收时 20%左右农田仍有积水，其余大部分农田土壤质地仍很软，一旦遇到下雨，雨水很难短期内排干，加重了秸秆收集难度；②田块小且零碎，降低了机械有效作业时间，如：武进礼嘉镇平均每个行政村稻麦耕地面积为 960 亩左右，且分散在农户手中，户均麦稻播种面积不足 2 亩；③道路狭窄，运输困难，虽然江苏省实施了自然村道路硬质化工程，但一般道路仅为 4m 宽，对体积庞大的秸秆运输而言，交会车或礼让行人十分困难；④种植大户缺少粮食晒场或烘干设备，需要待稻谷在田间自然风干，延长了水稻收割期，更加重了收种季节矛盾。

（2）政府缺少对秸秆全量利用的区域统筹。本文调研的 4 个案例中，虽然有两个企业是当地政府招商引资立项的，当地政府也十分关注企业秸秆原料供应问题，但由于现行秸秆利用、秸秆禁烧管理上的条块分割，大量资金都用于补贴秸秆还田。秸秆禁烧部门为便于监督管理，也极力推动秸秆还田。在所调查的 4 个乡镇中，除苏南武进礼嘉镇有本级财政资金补助秸秆收集，其他 3 个乡镇本级财政均无专门资金预算补贴秸秆收集。而上级用于秸秆利用财政资金的 80%以上都安排用于秸秆还田补贴，结果造成秸秆利用企业原料收贮运既无配套上级财政资金支持，也因大量秸秆还田而无秸秆可收。

（3）政府主导地位与作用、农民—企业间互利互惠关系尚未建立。在“秸秆生产—收集—贮存—运输—利用”网络中，秸秆利用看似一种简单的企业行为、经济关系，但由于秸秆禁烧的社会属性与秸秆利用的市场属性交织一起，仅仅依靠单一的市场行为、经济活动规则来推动秸秆产业化利用是困难的。调查中发现，秸秆生产者与秸秆终端利用企业在秸秆收集问题上存在以下情况，它们均会影响秸秆原料的可持续获得与秸秆全面禁烧工作。

一是在禁烧压力下，农民自愿或迫于压力，将秸秆留田，但又担心企业无法及时收集秸秆或不能完全清除田间秸秆，会给下茬耕作与适时播种带来困难，由此会产生一定的经济损失。一旦出现风险，如得不到及时有效处理，会直接影响下年度企业秸秆收集计划。

二是在禁烧压力下，农民自愿或迫于压力，在开始阶段将秸秆交由企业收集。但随着秸秆利用途径的多元化与秸秆利用效益的提高，农民不再愿意无成本或低成本地将秸秆交由企业，或不遵守原有协议，将秸秆销售给其他企业或高价销售，使企业无法实现秸秆原料的稳定供应。

三是农民环境意识提高，自觉配合企业将自己无法处置的秸秆收集起来，并且愿意承担或部分承担由此造成的风险。企业与农民关系紧密，合作持久。

出现上述前两种情况，会造成农民与企业间秸秆原料生产、收集利用难以持久，即便是第 3 种情况，单纯地依靠农民的觉悟，也并非长久之计。仍需要创新机制，特别是需要具有主导地位的乡镇政府发挥作用，并贯彻始终，构建政府主导下的农民与企业风险共担（以企业为主）和秸秆利用利润共享机制，这样才能确保秸秆利用产业可持续发展。

7.1.2.2　“产业主导型”模式长效运行机制与对策

1）技术层面

（1）建立多元联合投资、利益共享机制。在“秸秆生产—收集—贮存—运输—利用”网络中，各环节可获利益，主要取决于秸秆终端利用企业的效益。企业效益的高低一方面取决于企业自身管理、市场以及产品价值，但更依赖于秸秆原料的成本。为了保证网络运行的高效、稳定，作为网络中起关键与主导作用的企业，应主动联合社会资本并积极参与秸秆收贮环节投资与运行。同时，应建立二次分配机制，在企业效益较好时，拿出部分利润，用于网络前端参与者的分配，特别是应让秸秆生产者获得秸秆利用的利益，形成利益共享机制，确保“秸秆生产—收集—贮存—运输—利用”网络稳定且可持续运行。

（2）采取有效措施，延长秸秆收集时间。可供秸秆收集时间，不仅影响秸秆收集数量，同时影响秸秆收集装备投资数量。延长秸秆收集时间，可减少装备投资，提高秸秆收运装备投资效率；同时，可确保收集秸秆数量的完成。依据本文 4 个案例调研资料，作者提出以下措施：①调整种植结构，如增加或扩大部分中稻、杂交中稻或早熟晚粳水稻品种栽种面积，以使部分水稻能够提早收获，或者改部分水稻为种植能源玉米，以错开秸秆收集时期；②示范推广稻田小麦套播技术，特别是在苏中苏北地区，在不影响小麦正常播种情况下，可适当延长水稻收获期；③投资建设粮食烘干设备，可让部分稻田水稻能够提早收割，使整个区域内水稻收获与稻秸收集作业时间拉长，增加水稻收割与稻秸收集机械作业时间。

2）管理层面

（1）强化乡镇政府在秸秆禁烧与综合利用中的主导作用，做好“区域统筹、整体推进”工作。①以乡镇区域为尺度，围绕区域秸秆全量利用目标，由乡镇政府主导并负责，做好区域内还田秸秆与企业收集秸秆数量、收集季节与收集区域的统筹工作，以保证土壤培肥地力提升所需还田与企业所需原料秸秆数量之间的平衡，并合理布局。②构建政府主导的“农民—政府—企业”三者间利益互惠、三方共赢的新型关系。现有中央或地方各级政府有关秸秆禁烧与综合利用文件中都明确规定，县、乡政府是所属区域秸秆禁烧与利用工作的第一负责人，县、乡镇两级政府，特别是乡镇政府，应充分利用一切资源，以主导者的角色，主动协调好秸秆禁烧与利用之间、秸秆生产者与利用者之间、不同秸秆利用企业之间等矛盾，以确保区域秸秆全量利用工作可持续发展。③乡镇政府或上级业务主管部门在进行农作物种植结构与种植制度调整时，要充分考虑秸秆利用企业对原料的需求，并及时向企业通报。同样，企业对秸秆需要量或需要种类因技术或市场变化发生改变时，应及时向当地政府或业务主管部门汇报，以便及时调整秸秆还田数量或改变秸秆用途。

（2）设立乡镇区域秸秆收集风险基金。以乡镇区域为单元，设立秸秆收集风险基金，主要用于：一是因天气原因，无法及时收集秸秆，给种植者因小麦迟播或水稻迟栽造成的产量损失；二是为拉长秸秆收集时间，进行必要的种植结构调整，可能给种植者造成的收益降低。风险基金来源：一是各级政府用于秸秆收集利用补贴的部分财政资金；二是从企业支付的秸秆原料收购资金中抽取少部分；三是其他来源，如上级发放的秸秆综合利用奖励资金等。秸秆收集风险基金由乡镇财政部门负责管理，由秸秆利用企业与区域所在农民代表负责监督。

3）政策层面

（1）下放与调整乡镇级以上政府秸秆禁烧与综合利用财政资金的分配权。乡镇政府作为负责秸秆禁烧与综合利用最基层、最直接责任人，对区域内秸秆禁烧与全量利用工作最了解，同时最需要拥有调控手段。因此，建议将乡镇级以上政府秸秆禁烧与综合利用财政资金的分配权集中到乡镇级人民政府，或者由乡镇政府提出资金使用计划（如还田与收集利用补贴比例），上级政府再行分配，让乡镇政府对本区域内秸秆的不同途径进行统筹安排，以便使财政资金在秸秆禁烧与综合利用中发挥最大的效益。

（2）建立更系统完善的税收、融资优惠政策（用电、用地、运输及专项补贴，如农机、电、气等产品补贴），以使秸秆产业化工作平稳且可持续的发展。

7.1.3　区域秸秆“多元利用型”全量利用模式与长效运行机制

区域秸秆“多元利用型”全量利用模式，是指一定区域范围内，如乡镇区域内，除秸秆还田外，还有其他两种以上秸秆利用途径，依靠多家企业或多种途径与还田技术组合，实现区域内秸秆全量利用的目标。

现阶段或可预见未来数年间，采用多种秸秆利用途径组合，实现区域内秸秆全量利用将是最为常见及重要的方式。江苏省作为全国秸秆综合利用率较高的省份，“十二五”期末，秸秆综合利用率已达到 88%，高于全国 8 个百分点；就秸秆利用途径而言，秸秆肥料化利用（含机械化还田）占 45.37%，能源化利用占 21.87%，基料化利用占 3.28%，饲料化利用占 5.18%，工业原料化利用占 6.48%，其他途径利用占 5.82%，呈现出明显的秸秆利用“五化”并举的态势。

2015 年国家发改委、财政、农业、环保四部委联合下发了《关于进一步加快推进农作物秸秆综合利用和禁烧工作的通知》（发改环资〔2015〕2651 号），要求“探索秸秆综合利用方式的合理搭配和有机耦合模式，推动区域秸秆全量利用。”2016 年 5 月，农业部办公厅与财政部办公厅在《关于开展农作物秸秆综合利用试点 促进耕地质量提升工作的通知》中，又明确提出“多元利用、农用优先”原则，即因地制宜，多元利用，突出肥料化、饲料化、能源化利用重点，科学确定秸秆综合利用的结构和方式。

因而，构建秸秆多元利用模式并探索建立可持续发展机制，对推进区域秸秆全量利用意义重大且十分迫切。

为此，选择江苏省典型乡镇，对区域内秸秆多元利用现状进行调研分析，总结区域秸秆“多元利用型”全量利用模式可持续发展面临的问题，同时提出相关政策建议。

1. 区域秸秆“多元利用型”全量利用模式现状解析

1）样本区基本现状

以南京市六合马鞍街道为对象，采取走访与面商形式进行实地调查。该街道地处六合西北部，水陆交通相当便利，宁连、宁淮等高级公路和宁启铁路穿镇而过，滁河流经此地，区位优势独特。据 2016 年调查，马鞍街道共辖 12 个居民委员会，415 个村民小组，人口 4.86 万，其中从事农业人员 7 810 人。境内地势北高南低，属丘陵缓坡地带，平原占 80%以上。年平均气温 15.1℃，年降雨量 979.5mm，年均无霜期 226d。土地面积 131 平方公里，耕地 4.8 万亩，山林 1.5 万亩，可供养殖水面达 2.56 万亩，全年粮食播种面积 10.9 万亩；土壤类型主要有江淤土、马肝土、黄白土等，土壤有机质含量在 16mg/kg 以上。

2）样本区秸秆产生与利用状况

2014 年，马鞍街道粮食播种面积为 10.90 万亩，其中小麦、水稻、油菜、玉米等作物播种面积分别为 2.75 万、6.56 万、3.51 万与 1.05 万（亩），此外，蔬菜播种面积 8.69 万亩。农作物秸秆产生量为 6.81 万 t，其中：麦秸 1.24 万 t、稻秸 3.58 万 t、油菜秸 0.83 万 t（油菜秸农民自用或还田或遗弃，故暂不考虑）、玉米秸 1.16 万 t。依据顾克军等（2015）估算，在留茬 15cm 条件下，全街道稻麦秸秆可收集量为 3.22 万 t（其中稻麦秸秆可收集量分别为 2.51 万 t 和 0.71 万 t），在留茬 5cm 条件下，可收集量为 3.8 万 t（其中稻麦秸秆分别为 3.01 万 t 和 0.79 万 t）。

2014 年马鞍街道稻麦秸秆还田率分别为 32.01%和 70.78%，面积分别为 2.099 万和 1.946 万（亩）。未还田面积按留茬 5cm 估算，可收集稻麦秸秆量为 2.28 万 t。

此外，玉米秸秆可收集秸秆量 1.04 万 t，合计为 3.32 万 t。

除秸秆还田外，秸秆离地利用主要有秸秆炭化、成型颗粒燃料、膨化饲料与产沼气等途径，涉及 1 个合作社 3 家企业，年消耗秸秆约 3 万 t。其中：道河王湖村秸秆沼气站，年消纳秸秆 500t；某燃料有限公司将秸秆制粒为成型燃料，年生产能力 2.5 万 t，实际消耗秸秆 1.0 万 t；某秸秆炭化企业，设计消耗秸秆 1.5 万 t，实际消耗 1.0 万 t；某饲料有限公司是南京市内唯一一家以秸秆为主要原料加工生产畜禽饲料的企业，该企业主要以玉米秸、稻草和少量麦秸为原料，通过汽爆膨化工艺将秸秆加工为奶牛、羊饲料，年消耗秸秆 1 万 t 以上，且产能将进一步增加。

从以上数据上看，马鞍街道可收集利用秸秆与街道内企业实际需要原料秸秆量基本平衡。但进一步调查发现，除沼气工程 100%秸秆来自当地农田外，其余 3 家企业所利用秸秆的 40%以上是通过外购渠道获得的，约 60%秸秆由企业自行组织收集，其中还包括来自马鞍街道周边其他乡镇的部分秸秆，企业实际处理本地秸秆量低于 50%，即不超过 1.5 万 t，仅占街道可收集利用秸秆量的 50%左右。

3）“多元利用型”模式运行中遇到的困难与问题

依据上述调查情况，并与当地马鞍街道政府、秸秆利用企业与农民就秸秆禁烧、收集利用、企业可持续发展等问题进行座谈，认为秸秆多元利用模式存在以下问题或困难。

（1）区域秸秆禁烧与全量利用的社会公益目标与秸秆利用企业的完全市场行为并未一致。一方面，就地方政府而言，鼓励支持秸秆利用企业的重要且最直接的目标是解决本区域内秸秆出路问题，以实现秸秆全量利用；但客观上在稻麦轮作区，因收种季节矛盾突出，可供秸秆收集时间短，企业本身投入能力有限，有限的收集装备很难在短时间内完成秸秆收集任务，只能依赖外购以满足秸秆原料的需求；另一方面，政府主导与统筹协调作用缺失，未能从区域秸秆禁烧与全量利用目标出发，对秸秆生产、秸秆还田、秸秆离地利用进行统筹，以协调各自利益与相互关系，结果出现部分秸秆无出路与企业无法从当地收集到足量秸秆等相互矛盾的现象。

（2）区域内秸秆利用企业内部存在秸秆原料竞争。竞争主要表现在两个方面：一是原料收集区域竞争，企业规划用地等因素，使得秸秆利用企业在区域空间地理位置上分布不匀，如马鞍街道的秸秆炭化和秸秆成型颗粒燃料公司，两企业相隔不足 500m，客观上难以避免对秸秆收集区域的竞争；二是原料数量与价格竞争，市场、技术、企业投资能力、内部管理等因素，使得不同秸秆利用企业间效益不同。如果缺乏对区域内企业原料供应有效调控，长此以往必然会造成企业对秸秆原料数量与收集价格的竞争，结果不仅会影响企业可持续发展，同时也会影响区域秸秆禁烧与全量利用目标的长效实现。

（3）区域内秸秆利用企业与直接还田、作为柴薪等秸秆利用及区域外部大型秸秆利用企业对秸秆原料的竞争。表现形式为：一是强调秸秆还田或秸秆还田补贴获利多，造成大部分秸秆还田而使秸秆利用企业无法收到足量秸秆，或因收集秸秆价格高，农民追逐当前利益而秸秆不还田或少还田，以致土壤地力难以持续提升；二是因种植结构调整，秸秆产生量降低、原料供应减少；三是来自区域外部大型秸秆利用企业对原料的竞争等。

2. 对策建议

（1）统筹规划、合理布局。应以县域或以乡镇区域为尺度，围绕区域秸秆全量利用目标，以“区域统筹、整体推进”为工作原则，统筹协调区域内秸秆生产量与利用量之间的平衡，宏观调控区域内农作物种植结构调整与产业化秸秆原料需求关系，统筹好区域内秸秆收集与秸秆还田关系，以保证土壤地力提升与企业所需原料的同步推进，并进行时间和空间上的合理布局；组织协调并解决好不同秸秆利用途径之间、不同秸秆利用企业之间对秸秆的需求平衡，确保区域秸秆综合利用工作有序开展。此外，要依据企业利用秸秆数量与种类等因素，合理规划布局秸秆利用企业，如果确因工业用地等因素，无法实现秸秆利用企业空间位置上的合理布局，可以考虑就近、低本的原则，分散划定企业专用秸秆堆贮场，以减少企业对秸秆原料收集区域的竞争。

（2）建立动态补偿调控机制，以协调当前利益与长远利益、社会生态效益与经济效益、农民与企业、企业与企业的利益关系。在保证培肥地力与地力提升所需要还田秸秆数量的前提下，按农业部、财政部办公厅“关于开展农作物秸秆综合利用试点”通知精神，以“多元利用、农用优先”为原则，对不同秸秆利用途径设置动态补偿标准，一方面确保秸秆优先农用，另一方面激发秸秆利用企业推动技术进步，实现秸秆高值利用，构建更强大的市场驱动力，驱动秸秆全量利用，实现秸秆全面禁烧目标。

（3）税收调控机制。从更宏观层面，建立国家税收调控机制，在确保秸秆全面禁烧前提下，实现不同途径秸秆利用企业之间均衡和可持续的发展。

7.2　区域稻麦秸秆全量利用长效运行机制

当前，稻麦秸秆仍存在露天无序焚烧与随意丢弃现象，究其原因在于秸秆利用成本高、效益低，导致企业积极性不高，难以引导社会资本流向秸秆综合利用产业。稻麦秸秆利用应该在以行政手段抓好稻麦秸秆禁烧的同时，加快拓展秸秆在能源化、饲料化、基料化、肥料化与原料化生产中的利用途径，完善财政补贴、拓展投融资渠道，并确保财政资金投入的长期性和有效性，促进稻麦秸秆综合利用，逐步建立区域稻麦秸秆全量利用的长效运行机制。

7.2.1 完善与健全稻麦秸秆全量利用法律与技术规范

7.2.1.1 加强组织领导，完善相应法规规范与保障体系

推进稻麦秸秆全量利用，须从政府重视、法律规范、监督检查等方面加以完善。一是加强组织领导，实行区域责任制，成立分管省、市、县（区）、乡镇、村责任人为成员的稻麦秸秆全量利用领导小组，并根据区域实际情况，组织编制稻麦秸秆综合利用实施方案，确保做到科学规划、合理布局、高效实施；二是加强立法，进一步完善秸秆禁烧法规，将稻麦秸秆全量利用纳入相关法律条例，从法律上明确责任主体、执法主体及处罚手段，规范各主体的权利、义务；三是健全秸秆资源化利用政策支持体系。比如，根据《可再生能源法》，研究制定秸秆能源化利用的配套政策措施，放宽市场准入，加强产业指导，建立健全的秸秆综合利用利益驱动机制和政策导向机制；四是建立稻麦秸秆全量利用考核督查机制，制定行政问责、责任追究、适时通报和考核奖惩制度，并严格执行和兑现；五是对进行秸秆收贮及综合利用的企业和用户建立长期奖惩机制。例如对使用秸秆产品作为生产燃料的企业和秸秆利用合格示范点进行奖励。同时，依法严惩秸秆技术、产品、原料造假者，加强环境管制，杜绝秸秆露天焚烧和随意弃置等行为。

7.2.1.2 制订稻麦秸秆全量利用相关技术标准与规范

技术规范是有关设备使用工序，工艺执行过程以及产品、劳动、服务质量要求等方面的准则和标准。为了使涉及秸秆利用技术研究的科研机构、生产秸秆产品的企业以及拥有秸秆的农民在市场上公平竞争，以保证秸秆的公平交易，政府应制定和完善秸秆利用的相关标准（高翔，2010）。结合前文的技术体系，根据多年推广稻麦秸秆还田、压块固化、秸秆食用菌基料等综合利用技术的经验进行规范集成，形成专业技术作业规范，建立相关的行业标准和技术规程；发挥中介服务组织、大型秸秆利用企业的作用，尽快建立秸秆综合利用产业相关地方标准，研究制定秸秆成型燃料、秸秆有机肥、秸秆天然气等秸秆深加工产品的地方标准；完善秸秆加工及收贮设备、生物质锅炉及污染物排放等的行业标准，保证产品质量，规范企业生产及市场秩序，使秸秆产业化利用走上规范化道路，从而提高稻麦秸秆全量利用水平，确保秸秆全量利用产业健康有序发展。最终形成“政府引导、部门联动、企业主体、资金支持、社会监督”的稻麦秸秆全量利用长效机制。

7.2.2 建立“靶向”精准支持政策和有效的激励机制

目前从事秸秆资源化利用的企业多是规模小、投资少、技术力量有限的小型企业。对于大量的秸秆处理小型企业很难及时消化和应付，而且由于秸秆的季节性、产量变化等特点及处理技术的限制，秸秆资源化项目相对效益偏低，因此，

小型企业很难与其他有成熟工艺的大企业进行市场竞争（刘金鹏等，2011）。部分地方政府虽然制定了一些秸秆利用支持政策，如秸秆还田补贴、秸秆制粒用电补贴、农机具购置补贴、秸秆发电厂销售电价补贴等，在江苏省苏南部分区县还对秸秆收集进行补贴，但总体上秸秆补贴政策覆盖面不够宽，系统性不强，利益纽带不紧密，政策激励机制不健全，社会资本投资秸秆收集的积极性不高，秸秆利用的龙头型和骨干型企业不多（张斯梅等，2014）。为了提高秸秆综合利用率，应针对不同用途的秸秆利用，建立秸秆终端消费者补贴机制，出台提供财政资金、拓展融资渠道、给予税收优惠等经济激励政策，针对秸秆利用主体的相关行为提供不同形式的补贴，如秸秆还田可提供还田机械补贴，在秸秆离田的收贮运环节开展补贴等，建立"靶向"精准激励机制。

7.2.2.1 找准财政补贴的对象与环节

（1）在补贴对象上，应侧重于秸秆终端用户补贴。一是加强对秸秆还田农户的补贴。目前稻麦秸秆处理仍以还田为主，促进稻麦秸秆还田的补贴对象主要是实施秸秆还田的农机手或农机服务组织，忽略了稻麦秸秆还田农户这个重要主体。随着机械服务费用的不断上涨，将有更多的农户对秸秆还田的支付意愿值低于实际需支出的水平，单一补贴农机手的政策是不利于稻麦秸秆还田的长期发展的（王舒娟，2012）。因此，应适当进行补贴对象的调整，加大转移支付力度，把农机秸秆粉碎还田作业补贴纳入其中，按照"谁还田，补给谁"的原则，将补贴资金直接发放到农户手中，确保应补尽补，给予农户更多利用稻麦秸秆的经济激励。二是直接补贴秸秆利用企业。企业的秸秆资源化利用行为能够解决秸秆的焚烧问题，具有环境保护的特点。为了鼓励企业尽可能多地利用秸秆，除了建立完善的秸秆交易市场、提供技术支持等政策，政府可以对秸秆利用企业按秸秆使用量和使用方式进行直接补贴，秸秆利用量越大，企业所获得的补贴就相对越多，但补贴金额要合理（尹昌斌等，2016）。政府在制定补贴标准时要充分考虑成本因素，不能太低，应对企业和农户产生积极的导向作用和激励作用。

（2）在补贴方向上，应加大对稻麦秸秆利用全链条中薄弱环节的补贴，如收集利用等配套机械设备与设施的补贴力度。农村劳动力机会成本高，方便农户收集稻麦秸秆的打捆机等机械设备的严重匮乏，是农户出售稻麦秸秆的约束条件（王焱镤等，2015）。此外，稻麦秸秆焚烧处罚、禁烧补贴都无益于提高农户稻麦秸秆还田的意愿。为进一步提高稻麦秸秆利用效率，可以为收贮经纪人、合作社或企业配备秸秆打捆机等机器设备，以建立完善的秸秆收贮点。因此，政府部门应完善秸秆综合利用补贴政策，对购置联合收获机、秸秆还田机、黄贮收获机、小麦秸秆切碎机、秸秆捡拾打捆机等秸秆收集收贮经纪人、合作社或企业终端用户给予机械购置补贴，为农户出售稻麦秸秆节约劳动力成本。除此之外，稻麦秸秆收集、贮存和运输也是制约秸秆大规模利用的主要瓶颈，还应对秸秆收购和利用企业的收贮运环节进行补贴。

7.2.2.2　探索秸秆利用的税收和信贷优惠措施

税收与信贷优惠是促进秸秆产业化利用、提高企业市场竞争力、扶持企业发展的必要手段。国外有关政策主要集中在秸秆新型能源化利用方面。美国对可再生能源发展规定了技术开发抵税和生产抵税两种抵免企业所得税的措施，可再生能源生产税为生物质发电提供了 1.8 美分/（kW・h）的税收减免政策；欧盟各国主要实施生物质能源免税和差额碳税政策两种方式来激励生物质能源产业化发展（Ericsson，2004）；丹麦从 1993 年开始对工业排放的 CO_2 进行征税，并将税款用来补贴秸秆发电等可再生能源的研究（丁翔文等，2009）。在信贷优惠方面，西班牙对个人和企业投资的生物质发电项目实施了贷款利息减免计划；丹麦政府明文规定，银行要为秸秆发电等可再生能源产业提供低息贷款（靳贞来等，2015）。在制订并实施税收和信贷优惠政策时，可以借鉴世界各国生物质产业税收优惠的现行做法，将秸秆资源纳入我国的《再生资源回收管理办法》，同时将与政策相符的秸秆利用项目纳入《资源综合利用企业所得税优惠目录》（2015 年版），并享受与之相关的各项优惠政策。同时实施投资抵免、减免增值税等政策，实施秸秆收贮和加工利用企业信贷优惠政策，对秸秆开发利用企业进行免税、低息或贴息贷款等优惠政策，对符合小微企业标准的秸秆收贮和加工利用企业提供融资服务，并使其享受既定的税收优惠，解决秸秆综合利用企业面临的“三难”（用地难、用电难、融资难）问题。

7.2.3　创新稻麦秸秆全量利用全程支持模式

7.2.3.1　构建稻麦秸秆能源化利用投融资新模式

随着项目融资的发展，政府和社会资本合作（public-private partnership，PPP）开始出现并广为流行，简称 PPP 模式，即公私合作，是公共基础设施中的一种项目融资模式，现成为中国政府广为推广的投融资模式之一。该模式作为一种新型的项目融资模式，不仅可以使民营资本更多地参与到项目中，从而提高资金效率，降低项目建设投资风险，在一定程度上保证国家和民营企业的利益，而且能够在减轻政府初期建设投资负担和风险的前提下，更好地为社会和公众提供服务。针对稻麦秸秆能源化利用投资主体单一、投资环节不合理、投资效率低下等问题，应结合地区实际，安排必要的财政资金支持秸秆能源化开发利用，积极探索政府、社会共同投资的 PPP 模式。

通过引导多种经济主体的参与，构建政府引导、企业带动、社会参与、多方投入的秸秆资源化利用融资渠道。一是积极鼓励社会资本投资秸秆资源化利用 PPP 项目。针对秸秆资源化利用的关键装置和设备开发建设，及机械装置后期的运行维护、利用与处置等关键环节，设计 PPP 运行模式，吸引专门特许经营企业进入，出台对装置装备建设和运行的财政补贴政策，有效解决盈利偏低的瓶颈。二是有效激发秸秆资源化利用 PPP 项目投资方的积极性。强化对秸秆资源化利用的针对性补贴，注重提升秸秆资源化利用工程的整体运行效果，设计系统全面的支持政策，充分调动项目各方积极性，构建利益关系均衡的秸秆全量利用产业链和价值链。三是切实加强对秸秆资源化利用 PPP 项目的监测监管。加强对政府财政资金使用的监管，防止挪用或流失，提高财政资金的使用效率。建立健全项目监督体系，采取专家评估、第三方评估、异地评估等方式，对项目实施过程和成效进行评估监测，及时优化调整项目实施方案，有效提高秸秆资源化利用 PPP 项目的成功率。

7.2.3.2 探索引进清洁发展机制，搭建秸秆碳交易平台，提高企业效益，加速技术进步

清洁发展机制（clean development mechanism，CDM）是发达国家为应对气候变化，实现温室气体减排义务，为发展中国家提供资金和技术，实施温室气体减排项目的合作共赢机制。对于发达国家而言，CDM 提供了一种灵活的履约机制，使其能以较低成本履行义务；而对于发展中国家，通过 CDM 项目引进国外的先进技术、设备和管理理念，提高秸秆综合利用的技术水平，可以获得部分资金援助和先进技术，促进其可持续发展（孙高洋，2008）。

CDM 为生物质能源产业（包括秸秆综合利用）实现其资源环境价值提供了合理有效的途径，企业可以通过“碳交易”实现部分资源的环境效益；同时，CDM 也是促进企业自愿承担社会责任的一种积极的激励手段。目前，秸秆发电企业处于亏损状态，除新兴产业普遍存在的技术瓶颈、财税支持不足、缺乏管理经验等问题以外，最主要的制约因素是秸秆发电等生物质能源产业的资源环境外部性得不到应有的补偿（张兵等，2012）。因此，开发 CDM 项目是秸秆发电等生物质能源产业实现减排收益，弥补经济亏损，并尽可能实现净收益的有效途径和手段。CDM 项目对于确定秸秆全量利用的经济、环境与生态效益，设计秸秆全量利用的终端补贴的形式、数量及模式无疑具有借鉴意义。

7.2.3.3 扶持构建秸秆全量利用全程产业链

稻麦秸秆的利用新途径更多强调的是秸秆作为资源方面的属性。解决稻麦秸秆利用问题必须要有以其为原料的利用企业，通过构建稻麦秸秆产业链条，使稻麦秸秆的资源性得到最大化的发挥，促进稻麦秸秆利用企业的长足发展（朱立志等，2013）。一方面按照“减量化、再利用、资源化”循环经济的理念指导秸秆利用产业发展，实现资源利用节约化、生产过程洁净化、产业链接生态化、废物循环再生化，开辟和建立稻麦秸秆多元化利用途径，重点推广“稻麦秸秆—家畜养

殖—沼气—农户生活用能”“沼渣—高效肥料—种植”等循环利用模式（尹昌斌等，2013），鼓励稻麦主产区建设秸秆生态循环农业工程，充分利用好秸秆资源；另一方面，切实将稻麦秸秆资源转变为农民增收渠道，完善稻麦秸秆回收、初加工、运输、深加工、产品、销售等环节的衔接，形成从“田里”到“厂里”到“市场”的稻麦秸秆产业链条，使稻麦秸秆“五料”产业与其他利用新途径协调发展，形成一定规模的稻麦秸秆全量利用产业网络。

同时，拓宽秸秆有机肥、秸秆饲料在农业生产和畜牧养殖等产业中的消耗途径，引导燃煤企业对锅炉进行生物质燃料改造。最终形成“秸秆制成品多渠道消耗+秸秆生产加工龙头企业+秸秆规模化收贮实体+从事田间秸秆机械化收集的专业合作社、经纪人”一体化的秸秆综合利用产业链条（图 7-1）。

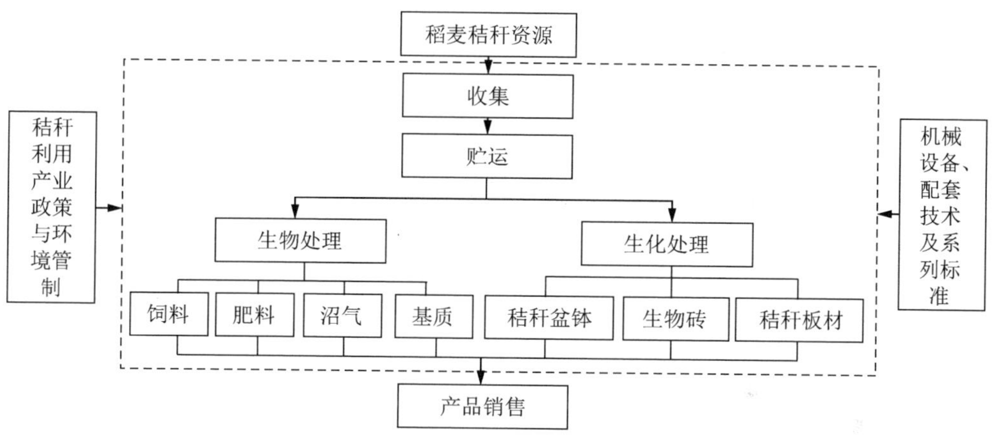

图 7-1　区域稻麦秸秆全量利用产业链

7.2.4　建设多元主体共同参与的稻麦秸秆收贮运服务体系

针对稻麦秸秆收集、贮藏、运输、利用等问题，加快建立健全政府推动、企业和合作组织牵头、农户参与、市场化运作的秸秆资源化利用服务体系，收贮运服务体系和市场服务体系，充分调动企业、农民合作组织和广大农民的积极性，尽快建立集连接市场、开发市场、服务市场于一体的秸秆全量利用社会化服务网络。同时，要加大稻麦秸秆科学利用的宣传、引导与培训，推广秸秆全量利用技术与模式。

鼓励有条件的地方和企业建设秸秆贮存基地，发展秸秆收贮、运输等合作组织，推广稻麦联合收获、秸秆捡拾打捆全程机械化，建立和完善秸秆田间机械化处理体系（张斯梅等，2014）。同时，充分利用原有粮食收贮机构的人员和场地，建设完备的收贮站点网络和交易平台；按照各行业秸秆利用标准，规范收贮中心及站点建设，配备相应的秸秆工艺处理设备和必备的贮运设施，以及完善的防雨、防潮、防火、防雷和晒场等设施；鼓励农民专业合作组织和经纪人等开展秸秆收集、贮运和综合利用服务，积极促进稻麦秸秆供应专业合作组织建设，将广大农户有效地组织起来，采取加盟连锁等现代运作方式，将秸秆原料生产与供应纳入物流体系，提升组织化水平，提高作业效率，降低作业成本，为稻麦秸秆规模化、产业化利用创造条件。在引进消化吸收国外先进技术的基础上，通过自主创新，形成秸秆收贮运的经济、实用、高效的加工利用体系，有效解决打包难、破料难、运输难等技术性问题。引导建立一批万吨级规模的秸秆能源化、饲料化、肥料化、基料化加工利用企业，整体提高秸秆利用水平。

7.2.5 明晰并平衡稻麦秸秆全量利用相关利益主体责任

由于秸秆分布较为分散、收获季节性强等特点，秸秆的收集、贮存和运输成为大规模利用的主要瓶颈。在秸秆利用过程中，主要有政府、企业、农民、中介服务组织和科研机构等主体参与。农民是秸秆的拥有者，科研机构具有相关的技术和信息，企业生产秸秆资源化产品，政府具有行政和资金分配权力，中介服务组织是连接政府、企业、农民之间的桥梁和纽带，各利益主体之间相互联系，相互制约，相互影响，各自发挥不同的作用。具体表现为：农民通过卖出秸秆得到一定的经济收入；企业向科研机构购买技术、向农民购买秸秆原料生产秸秆资源化产品，销售获利；科研机构利用政府的资金支持进行秸秆利用技术的研究，并向秸秆利用企业提供技术与信息；中介服务组织为企业提供服务策略、协助政府部门进行宣传教育、共同开展高效服务；政府依据秸秆利用相关的技术标准和政策法规，通过宣传教育、资金补贴等形式激励秸秆利用主体的积极性，同时运用行政权力进行监督管理，加强环境管制，更好地促进稻麦秸秆的资源化利用，并制约其他相关利益主体的行为（图 7-2）。

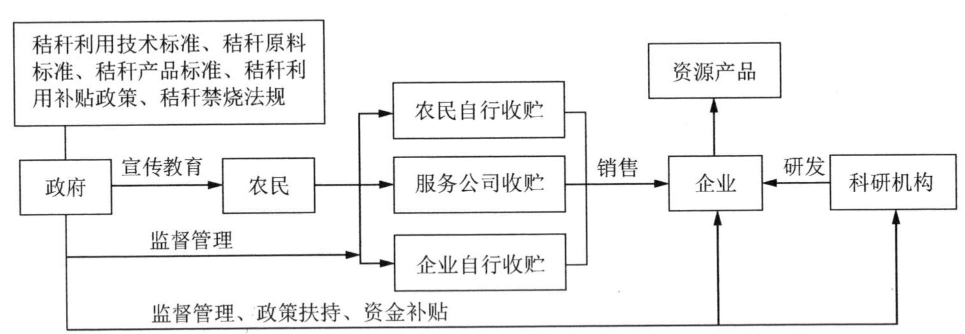

图 7-2　稻麦秸秆全量利用体系

稻麦秸秆全量利用是促进区域生态保护的一个系统工程，应遵循“区域统筹、收还结合、政策引导、市场运行”的秸秆全面禁烧与全量利用工作思路。通过政府引导、机制创新、市场运作、财政补贴等多种手段，实现稻麦秸秆“综合离田利用与秸秆机械还田并举、坚决禁止焚烧”的目标。

参考文献

陈明江，高庆生，曲浩丽，等，2015. 县域秸秆燃料化利用模式分析与发展建议[J]. 江苏农业科学，43(6)：318-320.

赤峰市委农村牧区工作部专题调研组，2015. 秸秆工业化生态循环综合利用的成功模式——赤峰市秸秆转化利用情况系列调查[J]. 松州学刊，171(2)：14-17.

丁翔文，张树阁，王俊友，2009. 德国和丹麦农作物秸秆利用技术与装备考察报告[J]. 农机科技推广(12)：51-55.

高翔，2010. 江苏省农作物秸秆综合利用技术分析[J]. 江西农业学报，22(12)：130-133，140.

顾克军，张斯梅，顾东祥，等，2015. 稻秸还田与播后镇压对稻茬小麦产量与品质的影响[J]. 核农学报，29(11)：2192-2197.

胡越，2010. 生物质能秸秆发电：可再生能源的开发与利用[J]. 科技传播，24：196-198.

靳贞来，靳宇恒，2015. 国外秸秆利用经验借鉴与中国发展路径选择[J]. 世界农业(5)：129-132.

刘金鹏，鞠美庭，刘英华，等，2011. 中国农业秸秆资源化技术及产业发展分析[J]. 生态经济(5)：136-141.

孙高洋，2008. 中国针对CDM机制的策略选择研究[J]. 环境保护(4)：4-8.

王舒娟，2012. 江苏省农户秸秆综合利用的实证研究[D]. 南京：南京农业大学.

王雪，常志州，王效华，2016. 秸秆供应链物流网络系统研究概况及几点思考[J]. 农业资源与环境学报，33(1)：10-16.

王焱镤，朱利群，2015. 基于能值理论的江苏省稻麦秸秆综合利用生态足迹分析[J]. 安徽农业科学，43(24)：193-196.

吴金卓，林文树，王立海，2015. 秸秆发电企业燃料供应成本优化模型及应用[J]. 企业物流，34(3)：257-261.

尹昌斌，黄显雷，赵俊伟，等，2016. 玉米秸秆还田的受偿意愿分析——基于河北、山东两省的农户调查数据[J]. 中国农业资源与区划，37(7)：87-95.

尹昌斌，周颖，刘利花，2013. 我国循环农业发展理论与实践[J]. 中国生态农业学报，21(1)：47-53.

于建光，贺笑，王宁，等，2016. 水肥管理减缓麦秸还田对水稻生长负面效应研究[J]. 土壤通报，47(5)：1218-1222.

张兵，张宁，李丹，等，2012. 江苏省秸秆类农业生物质能源分布及其利用的效益[J]. 长江流域资源与环境，21(2)：181-186.

张斯梅，杨四军，石祖梁，等，2014. 江苏省稻麦秸秆收集利用现状分析及对策[J]. 生态与农村环境学报，30(6)：706-710.

朱立志，冯伟，邱君，2013. 秸秆产业的国外经验与中国的发展路径[J]. 世界农业(3)：114-117.

CAPUTO A C, PALUMBO M, PELAGAGGE P M, et al., 2005. Economics of Biomass Energy Utilization in Combustion and Gasification Plants: Effect of Logistic Variables[J]. Biomass and Bioenergy, 28(1): 35-51.

ERICSSON K, HUTTUNEN S, NILSSON L J, et al., 2004. Bioenergy policy and market development in Finland and Sweden[J]. Energy Policy, 32(15): 1707-1721.